花生生物技术研究

Studies on Peanut Biotechnology

王兴军　张新友　主编

科学出版社

北　京

内 容 简 介

本书共 11 章，首先介绍了花生属植物的基本特点，野生花生的地理分布、分类进化及野生花生资源的利用等情况；随后系统总结了国内外花生的组织与细胞培养，在离体再生的基础上开展的花生转基因研究和取得的成果；详细总结了花生各种分子标记开发，利用分子标记构建连锁图谱，进行基因和 QTL 定位的研究成果；全面阐述了花生的基因克隆、功能基因组学、抗逆、突变体的创建和应用等领域的进展；尽管花生的蛋白质组学、非编码 RNA 和基因组学研究才刚刚起步，本书也对这些新兴的领域做了总结和展望；最后，本书单设一章专门介绍了转基因生物安全及管理办法。

本书内容丰富，突出理论与技术创新相结合，有较强的实用性和可操作性，可供广大农业科研人员、农业院校师生及政府相关决策部门参考。

图书在版编目（CIP）数据

花生生物技术研究／王兴军，张新友主编. —北京：科学出版社，2015.10
ISBN 978-7-03-045704-2

Ⅰ.①花… Ⅱ.①王… ②张… Ⅲ. ① 花生–生物工程–研究
Ⅳ. ①S565.2

中国版本图书馆 CIP 数据核字(2015)第 220613 号

责任编辑：王海光 夏 梁 / 责任校对：郑金红
责任印制：徐晓晨 / 封面设计：北京铭轩堂广告设计公司

科学出版社 出版
北京东黄城根北街 16 号
邮政编码：100717
http://www.sciencep.com

北京东华虎彩印刷有限公司 印刷
科学出版社发行 各地新华书店经销
*
2015 年 10 月第 一 版 开本：787 × 1092 1/16
2015 年 10 月第一次印刷 印张：24 1/4
字数：556 000

定价：150.00 元

(如有印装质量问题，我社负责调换)

编写委员会名单

主　　编　王兴军　张新友

副 主 编　唐荣华　毕玉平　赵传志　路兴波

编写人员　王兴军　张新友　唐荣华　毕玉平　赵传志
路兴波　单　雷　夏　晗　侯　蕾　柳展基
赵术珍　廉玉姬　李国卫　崔　凤　隋炯明
徐晓辉　熊发前　王晶珊　韩锁义　韩柱强
赵文祥　李爱芹　李膨呈　黄冰艳　杜　培
齐飞艳　石　磊　贺梁琼　王鹏飞　蒋　菁

审稿人员　王兴军　张新友　赵传志

序　　言

花生（*Arachis hypogaea* L.）油脂含量为50%左右，蛋白质含量为12%～36%。花生原产于南美洲，目前在世界100多个国家和地区均有种植。我国是花生生产、加工和消费大国，我国花生种植面积约7000万亩，仅次于印度，居世界第二，总产量约1500万吨，为世界第一，占世界花生总产量的40%以上。我国花生种植面积广阔，除西藏和青海以外各省（自治区）均有种植，在保障我国食用油安全方面起着重要的作用。

新中国成立后，我国花生研究、生产技术和加工等方面都有了很大进步。经过几次品种的更新换代和栽培措施的改进，花生亩产由新中国成立初期的不足70 kg，增至目前的240 kg左右，彻底改变了花生是低产作物的观念。然而，当前我国花生生产也存在着一些问题，如产量的进一步提高难度大，病虫危害严重，生产成本高，品质改良滞后等。此外，黄曲霉毒素污染也比较普遍。要解决这些问题，除要继续发挥传统技术的作用外，还必须借助现代生物技术的应用。目前，生物技术已经成为种质创新、培育突破性品种的重要手段，在水稻、玉米、棉花、大豆等作物上已经得到广泛应用，并取得了重大成果。生物技术的应用也必将对花生的改良起到重大推动作用。

山东省农业科学院和河南省农业科学院牵头，组织全国花生育种和生物技术研究领域的专家学者，将世界花生生物技术的研究成果系统总结于《花生生物技术研究》一书中。该书在介绍相关生物技术的基础上，总结了这些技术在花生方面取得的成果，内容涵盖了花生的组织和细胞培养、分子标记开发和应用、基因克隆和转基因、突变体和远缘杂交创新种质、花生非编码RNA、蛋白质组学和基因组学等。《花生生物技术研究》是目前国内第一本较系统、全面的花生生物技术的书籍，对花生种质创新、新品种培育、生物技术等领域的科研人员有很好的参考价值。该书的出版也必将对我国花生的基础和应用研究乃至整个花生产业的发展发挥积极的推动作用。

油菜和花生都是油料作物，我相信该书的出版也必将对油菜生物技术的研究有很好的借鉴和促进作用。

傅寿云

2015年9月3日

前　言

花生是我国重要的油料作物和植物蛋白质的来源，我国花生种植面积居世界第二，单产、总产均居世界第一。目前，我国食用油供给严重不足，食用油及其原料进口量不断增长，大力发展花生生产和加工是缓解我国食用油供给不足的有效途径。然而，我国花生生产也面临着一系列问题，如病虫害危害严重、黄曲霉毒素污染、产量和品质进一步提高困难等。由于花生的遗传背景狭窄，利用传统手段解决上述问题面临着许多局限。随着分子生物学及相关新技术的发展，利用生物技术创新种质，改良作物性状已经得到广泛应用。加强花生生物技术研究，创新花生种质，拓宽花生遗传基础，对培育有突破性的花生新品种具有重要意义。

近10年来，花生生物技术蓬勃发展，尽管与水稻、玉米、棉花等作物相比还有较大差距，但在花生组织和细胞培养、分子标记开发和应用、基因克隆和转基因研究等方面都已经取得了可喜的进展。在蛋白质组学、非编码RNA及基因组学方面也开展了卓有成效的工作。最近，两个花生野生种全基因测序已经完成，栽培花生全基因组测序也取得了良好进展。这些工作的完成将极大地推动花生基础和应用研究的进程，对花生种质创新、育种技术提高及花生产业的可持续发展都会产生重要影响。

在这种背景下，本人与国内花生研究的同行，对当前花生生物技术研究取得的成果进行了较全面的总结，希望能够方便广大花生科研人员的查阅与参考。参加本书编写的人员主要是国内长期从事花生及生物技术研究的专家学者，本书是全体编写人员辛勤汗水的结晶，本人在此对所有编写人员表示衷心的感谢！本书的撰写历时两年多，期间占用了我本应陪伴家人的大部分节假日时间，特别感谢我的家人对我的支持和理解！感谢在本书的编写期间，在学术和精神方面给予我支持的所有专家和朋友！

限于编者水平，虽已尽心尽力，不足之处依然难免，望读者不吝指正。

王兴军

2015年6月20日

目　录

第一章 花生属植物概述

第一节 花生属植物简介

一、花生的形态特征

花生属（*Arachis* L.）植物属于豆科（Leguminosae），蝶形花亚科（Papilionaceae），为一年生、两年生或多年生植物。花生属植物具有地上开花、地下结果等共同的特征。目前花生属中已经鉴定了 80 个种，花生栽培种（*Arachis hypogaea* L.）为异源四倍体，具有花生属植物的典型特点，为一年生草本植物，直立或匍匐生长，地下结果。

花生栽培种的根系属于直根系，由主根、侧根和许多次生细根组成。花生根系发达，主根入土可达 2 m，但主要分布在地面下 30 cm 左右的土层中。花生的根部有根瘤分布，能起到固氮的作用，能使花生在较为贫瘠的土地上正常生长。不同花生品种的根瘤数量不同，差异十分显著。成年花生株高 30～80 cm，在基部分枝，根据分枝特性的不同，可将花生栽培种分为密枝亚种和疏枝亚种。密枝亚种的花生可能会有 3～5 级分枝，分枝数多，一般在 10 个分枝以上。疏枝亚种一般会有 3 级分枝，分枝数在 5～10 个。根据主枝和侧枝的长度，以及主枝和侧枝的夹角，又可将花生分为匍匐型、半匍匐型和直立型 3 种。花生为偶数羽状复叶，互生，常由 2 对小叶组成。小叶倒卵形、倒卵状椭圆形或倒卵状长圆形，长 2～6 cm，宽 1.5～3 cm，先端圆形，基部近圆形或阔楔形，全缘。叶柄长 5～9 cm，托叶大而显著，条状披针形，基部与叶柄合生（Krapovickas，1960；王传堂和张建成，2013）。

花生为总状花序，花单生或数花簇生于叶腋处。花为两侧对称花冠，由一枚旗瓣、两枚翼瓣和两枚龙骨瓣组成，其中旗瓣较大，翼瓣和龙骨瓣较小，翼瓣和龙骨瓣离生，花多黄色。花初生期无花梗，有细长的花梗状的花萼管，花冠和雄蕊着生于花萼管的喉部。花生雄蕊 10 个，一般情况下 2 个雄蕊退化，无花药，8 个花药分为两种类型，4 个为球形，4 个为长圆形或棒状；花柱细长，延伸于花萼管喉部之外，柱头羽毛状，子房柄短。花生单株开花数在 50～200 朵。早熟品种开花时间可持续 60～70 天，晚熟品种可持续 90～120 天。花生的开花量虽多，但有效花期内的开花量只占总开花量的 60%左右。不论哪个品种和类型，基部两对侧枝的开花量都占全花量的 80%～90%。子房着生于花萼管的基部，长长的花柱由花冠贯穿花萼管与基部的子房相连，子房内有 2～4 个胚珠。花为两性花，闭花授粉，授粉后花冠和花萼管很快萎蔫，受精卵开始分裂（Krapovickas，1960；王传堂和张建成，2013）。图 1-1 示不同发育时期的花生植株及其根、茎、叶、花、雄蕊、雌蕊、果针和荚果等。

在花生受精卵分裂的同时，其子房迅速伸长。受精卵只分裂少数几次，便停止分裂，但子房继续伸长并向地性生长，当伸长的子房被推入土壤中后，停止分裂的原胚在土壤

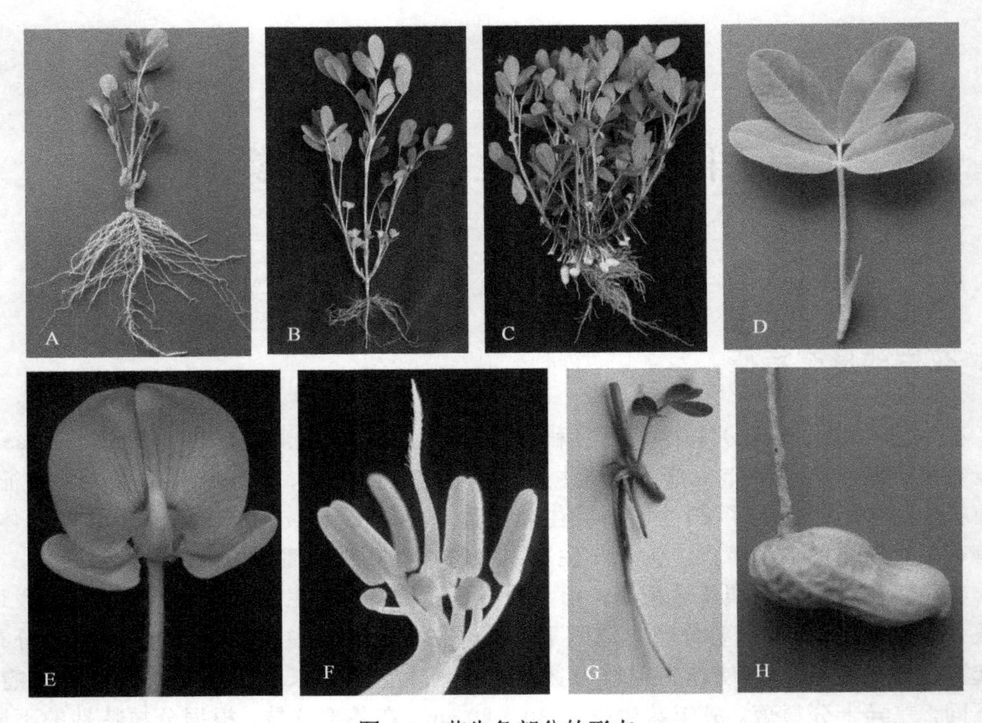

图 1-1　花生各部分的形态

A. 幼苗；B. 初花期的植株；C. 具有大量果针和幼嫩荚果的植株；D. 复叶；E. 花，示旗瓣、翼瓣、龙骨瓣；F. 雌蕊和雄蕊；G. 入土前和入土后的果针；H. 荚果

的黑暗条件下恢复细胞分裂，开始胚胎和荚果的正常生长发育。花生荚果多为两室，也有三室以上的，室与室之间无隔膜，但从外形上可以清晰地看出有深浅不一的束腰，在不同品种花生中这个束腰缢缩的程度不同，有的很深有的较浅。传统上人们根据荚果的束腰、果嘴、种子多少等将花生荚果性状分为 7 类，即普通形、茧形、斧头形、葫芦形、蜂腰形、串珠形和曲棍形（王传堂和张建成，2013）。在这些类型中，普通形、茧形和串珠形的束腰较浅，而蜂腰形、葫芦形、斧头形的束腰深。不同类型的花生，其荚果和种子的大小有很大区别，荚果表面的网纹深浅也不同。

二、花生属的分布及不同区组划分

花生野生种起源于南美洲大陆，花生属各类野生种质资源分布在南美洲的大片区域，东起大西洋海岸，西至安第斯山脉，南到乌拉圭南纬 34 度地区，北临亚马孙河口，主要分布国家有巴西、巴拉圭、阿根廷、玻利维亚和乌拉圭，在玻利维亚南部和阿根廷北部有集中分布，那里高温、多样的气候条件为花生野生种的发展与演化提供了非常适宜的外部环境。巴西西南部的马托格罗索地区是野生花生资源最丰富的地区（周蓉等，1996）。花生属中最古老的种 *A. guaranitica* 生长在巴拉圭的阿曼拜省（Amambay），位于巴西的南马托格罗索州和巴拉圭的边界地区，因此，有人认为花生属起源于此（Williams and Simpson，1994）。Ferguson 等（2005）利用地理信息系统（geographic information system，GIS）对 3514 份野生花生资源进行分析，研究了野生花生种的分布范围、丰度、环境特点，分析了花生野生种的分布与江河流域的相关性。研究结果表明，每个野生种的分布区域非常狭窄，这与花生的地下结果特性相关，地下结果严重限制了一个特定野生种的自然分布范围。栽培花生 A 基因组的可能供体 *A. duranensis* 的分布范围与栽培花生 B 基因组供体的 *A. ipaensis* 有重叠。同时，*A. duranensis* 的分布区域与四倍体野生花生 *A. monticola* 最近，而后者被认为是栽培花生亲缘关系最近的野生种。这些研究结果为花生栽培种形成的假设提供了更多的信息，即地理分布上的重叠和相邻为两个种的杂交提供了有利的条件。

花生属中已经鉴定了 80 个种，其中早期鉴定的 69 个种是由 Krapovickas 和 Gregory 完成的，后来的 11 个种是由 Valls 和 Simpson 鉴定的。根据其形态特征、地理分布和杂交是否可育等特点，可将这些种划分为不同的区组。表 1-1 列出了迄今为止已经描述的花生属的所有种及它们所在的区组。在区组划分上经历了几个阶段，1969 年 Krapovickas 最早将花生属分为 6 个区组，后经他本人和 Gregory 的几次修订，划分为 7 个、8 个区组，1994 年将花生属划归为 9 个区组（Krapovickas and Gregory，1994；Valls and Simpson，2005）。Krapovickas 和 Gregory 对 69 个种的总结和描述于 1994 年以西班牙语出版，为方便交流和引用，2007 年译成英文。下面简略介绍他们对花生属 9 个区组的特点和地理分布情况的总结。

1. 花生区组

花生区组（*Arachis*）是最大的一个区组，共 33 个种，该区组也是最重要的区组，因为它包括了花生栽培种及与栽培种亲缘关系最近的野生种，如 *A. monticola*、*A. ipaënsis*、*A. duranensis*、*A. glandulifera*、*A. diogoi*、*A. correntina*、*A. kuhlmannii*、*A. kempff-mercadoi* 和 *A. stenosperma* 等。花生区组的花生为一年生或多年生植物，无根状茎（rhizome）或匍匐茎（stolon），直根系，无膨大。主茎直立，侧枝匍匐或丛生。4 小叶复叶，托叶的边缘分开。花分布于整个侧枝，花托发达，旗瓣张开，橘黄色或黄色，背面无红色条纹。地下结果，一般为两节，每节单粒种子，或一节，内有多粒种子。果针垂直或倾斜生长，果皮光滑或具有网纹（Krapovickas and Gregory，1994）。

花生区组野生种的分布范围形成了一个包括位于西经 57°～58°的中轴和东西两个侧翼的大片区域（图 1-2），另外，还有一片位于大西洋海岸的里约热内卢地区。中轴部分位于巴拉圭河和乌拉圭河流域，南至拉普拉塔河，中轴最北面的帕雷西斯（Parecis）山脉将巴拉圭河盆地与亚马孙河流域分开，由于帕雷西斯山脉的阻隔，中轴地区的花生无法再往北延伸。在这条中心轴上，以多年生花生为主，几乎所有这些野生种都沿河分布，有些种适应了周期性的水淹环境，如 *A. diogoi*、*A. helodes* 和 *A. kuhlmannii*。在这些地区也有一些一年生的野生种，如 *A. hoehnei* 和 *A. valida*，这些野生种生长于马托克罗索潘塔纳尔湿地，该地区常年受到洪水侵扰。

东翼向北伸展至托坎廷斯河（Tocantins river）流域，西翼向北伸展至马莫雷河（Mamoré river）和瓜波雷河（Guaporé river）流域，在玻利维亚的特立尼达（Trinidad）和瓜雅拉米林（Guayaramerín）之间。两翼的北部主要是一年生野生种，多数适应于长期的水淹环境，如生长在贝尼河流域的 *A. benensis*、*A. trinitensis* 和 *A. williamsii*，以及生长在托坎廷斯河流域的 *A. palustris*。西翼向南伸展的区域中分布着一年生野生种，包括

表 1-1　花生属已经描述的区组和种（Bertioli et al.，2011）

区组	种名	命名人
Arachis	*Arachis batizocoi*	Krapov. & W.C. Greg.
	Arachis benensis	Krapov., W.C. Greg. & C.E. Simpson
	Arachis cardenasii	Krapov. & W.C. Greg.
	Arachis correntina	(Burkart) Krapov. & W.C. Greg.
	Arachis cruziana	Krapov., W.C. Greg. & C.E. Simpson
	Arachis decora	Krapov., W.C. Greg. & Valls
	Arachis diogoi	Hoehne
	Arachis duranensis	Krapov. & W.C. Greg.
	Arachis glandulifera	Stalker
	Arachis gregoryi	C.E. Simpson, Krapov. & Valls
	Arachis helodes	Mart. ex Krapov. & Rigoni
	Arachis herzogii	Krapov., W.C. Greg. & C.E. Simpson
	Arachis hoehnei	Krapov. & W.C. Greg.
	Arachis hypogaea L.	Linnaeus
	Arachis ipaënsis	Krapov. & W.C. Greg.
	Arachis kempff-mercadoi	Krapov., W.C. Greg.& C.E. Simpson
	Arachis krapovickasii	C.E. Simpson, D.E. Williams, Valls& I.G. Vargas
	Arachis kuhlmannii	Krapov. & W.C. Greg.
	Arachis linearifolia	Valls, Krapov. & C.E. Simpson
	Arachis magna	Krapov., W.C. Greg. & C.E. Simpson
	Arachis microsperma	Krapov., W.C. Greg. & Valls
	Arachis monticola	Krapov. & Rigoni
	Arachis palustris	Krapov., W.C. Greg. & Valls
	Arachis praecox	Krapov., W.C. Greg. & Valls
	Arachis schininii	Krapov., Valls & C.E. Simpson
	Arachis simpsonii	Krapov. & W.C. Greg.
	Arachis stenosperma	Krapov. & W.C. Greg.
	Arachis trinitensis	Krapov. & W.C. Greg.
	Arachis valida	Krapov. & W.C. Greg.
	Arachis vallsii	Krapov. & W.C. Greg.
	Arachis villosa	Benth.
	Arachis williamsii	Krapov. & W.C. Greg.
Caulorrhizae	*Arachis pintoi*	Krapov. & W.C. Greg.
	Arachis repens	Handro
Erectoides	*Arachis archeri*	Krapov. & W.C. Greg.
	Arachis benthamii	Handro
	Arachis brevipetiolata	Krapov. & W.C. Greg.
	Arachis cryptopotamica	Krapov. & W.C. Greg.
	Arachis douradiana	Krapov. & W.C. Greg.
	Arachis gracilis	Krapov. & W.C. Greg.

续表

区组	种名	命名人
Erectoides	*Arachis hatschbachii*	Krapov. & W.C. Greg.
	Arachis hermannii	Krapov. & W.C. Greg.
	Arachis major	Krapov. & W.C. Greg.
	Arachis martii	Handro
	Arachis oteroi	Krapov. & W.C. Greg.
	Arachis paraguariensis	Chodat & Hassl.
	Arachis porphyrocalyx	Valls & C.E. Simpson
	Arachis stenophylla	Krapov. & W.C. Greg.
Extranervosae	*Arachis burchellii*	Krapov. & W.C. Greg.
	Arachis lutescens	Krapov. & Rigoni
	Arachis macedoi	Krapov. & W.C. Greg.
	Arachis marginata	Gardner
	Arachis pietrarellii	Krapov. & W.C. Greg.
	Arachis prostrata	Benth.
	Arachis retusa	Krapov., W.C. Greg. & Valls
	Arachis setinervosa	Krapov. & W.C. Greg.
	Arachis submarginata	Valls, Krapov. & C.E. Simpson
	Arachis villosulicarpa	Hoehne
Heteranthae	*Arachis dardani*	Krapov. & W.C. Greg.
	Arachis giacomettii	Krapov., W.C. Greg., Valls & C.E. Simpson
	Arachis interrupta	Valls & C.E. Simpson
	Arachis pusilla	Benth.
	Arachis seridoënsis	Valls, C.E. Simpson, Krapov. & R. Veiga
	Arachis sylvestris	A. Chev.
Procumbentes	*Arachis appressipila*	Krapov. & W.C. Greg.
	Arachis chiquitana	Krapov., W.C. Greg. & C.E. Simpson
	Arachis hassleri	Krapov., Valls & C.E. Simpson
	Arachis kretschmeri	Krapov. & W.C. Greg.
	Arachis lignosa	(Chodat & Hassl.) Krapov. & W.C. Greg.
	Arachis matiensis	Krapov., W.C. Greg. & C.E. Simpson
	Arachis pflugeae	C.E. Simpson, Krapov. & Valls
	Arachis rigonii	Krapov. & W.C. Greg.
	Arachis subcoriacea	Krapov. & W.C. Greg.
Rhizomatosae	*Arachis burkartii*	Handro
	Arachis glabrata	Benth.
	Arachis nitida	Valls, Krapov. & C.E. Simpson
	Arachis pseudovillosa	(Chodat & Hassl.) Krapov. & W.C. Greg.
Trierectoides	*Arachis guaranitica*	Chodat & Hassl.
	Arachis tuberosea	Bong. Ex Benth
Triseminatae	*Arachis triseminata*	Krapov. & W.C. Greg.

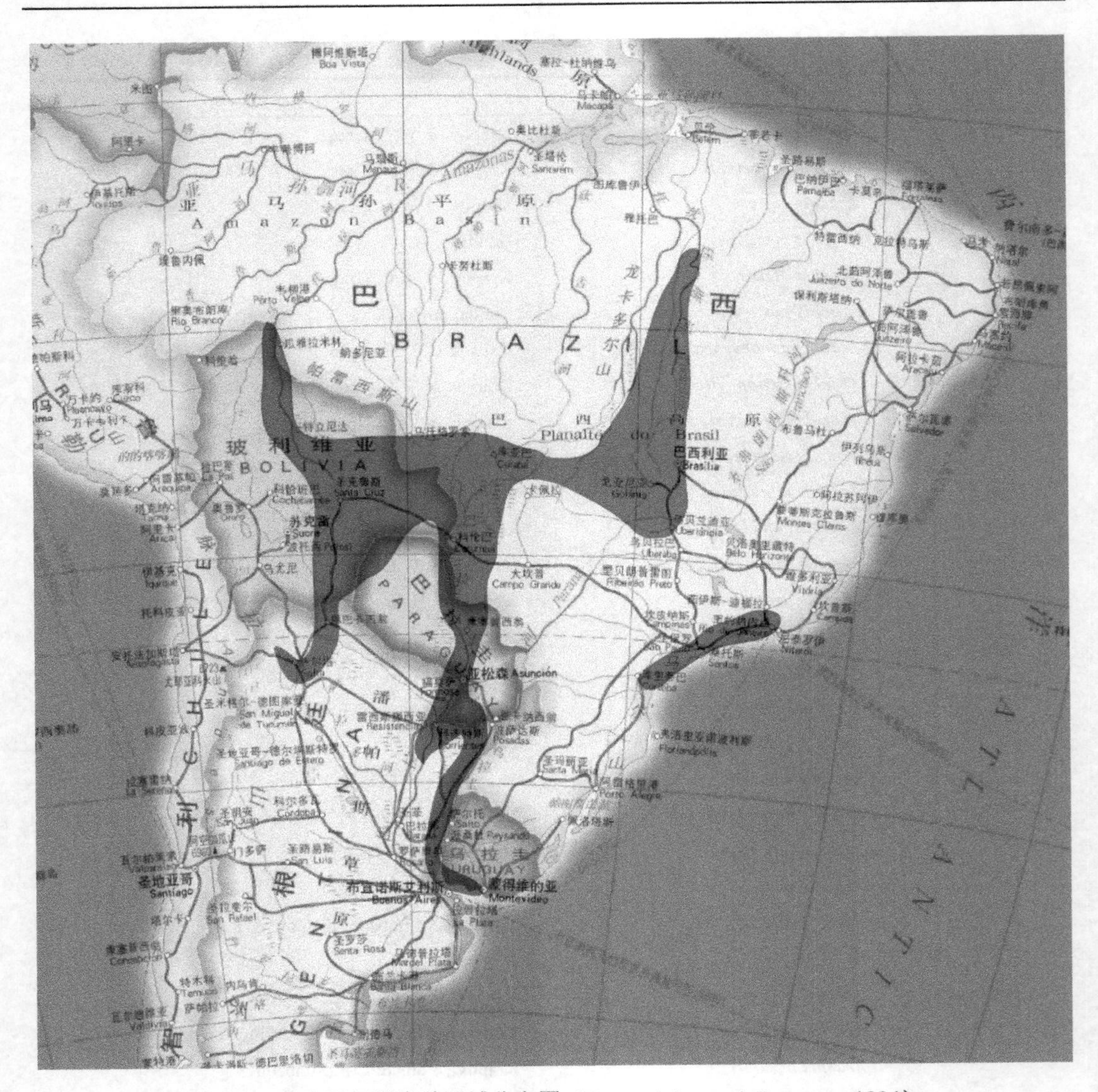

图 1-2　花生区组野生种区域分布图（Krapovickas and Gregory，1994）

A. batizocoi、*A. duranensis* 和 *A. ipaënsis*，这些种适应了周期性干旱的环境。其中，生长于海拔 300～950 m 的 *A. batizocoi* 和生长于海拔 250～1250 m 的 *A. duranensis* 的分布区域，从干燥的高原地区一直延伸到安第斯山脉。以上两个种和另一个一年生野生种 *A. monticola*（生长地区的海拔为 1350～1560 m）是已知的能够生长在最高海拔的花生属野生种（Krapovickas and Gregory，1994）。

2. 大根区组

大根区组（caulorrhizae）花生为多年生植物，直根系，无膨大。分枝丛生或匍匐生长，茎节处生根，茎中空。4 小叶复叶，托叶边缘不融合。花分布于整个侧枝，花托发达，长达 10 cm 或更长。旗瓣张开，一般为黄色。果针短，垂直或倾斜生长。地下结果，果实两节，两节之间有丝状连接（isthmus），较短，或长达 5 cm，每节内单粒种子，果皮光滑，网纹不明显。染色体 $2n=20$。*A. pintoi* 和 *A. repens* 均属于大根区组。

该区组的分布范围从巴西的戈亚斯州（Goiás）、巴伊亚州（Bahia）和米纳斯吉拉斯州（Minas Gerais）之间的边界区域，直达大西洋海岸，该区组的代表种 *A. pintoi* 就是在大西洋海岸采到的（Krapovickas and Gregory，1994）。

3. 根茎区组

根茎区组（rhizomatosae）花生为多年生植物，具根状茎。直根系，无膨大。侧枝匍匐生长，4 小叶复叶。花分布于整个侧枝，花托发育良好，旗瓣张开，橘黄色，少为黄色。地下结果，两节，两节之间的丝状连接短，果针短，果针近垂直生长。*A. burkartii* 和 *A. glabrata* 均属于根茎区组。

该区组的四倍体种分布于花生属野生种分布范围的中间位置，对应于 *A. glabrata* 的分布区域。*A. glabrata* 的分布范围南至阿根廷科连特斯（Corrientes）的北面、米西奥内斯（Misiones）的南面。在巴拉圭东部常见，但没有越过巴拉圭河。向北沿着马托格罗索潘塔纳尔湿地（Mato Grosso Pantanal）的边缘一直扩展至南马托格罗索州（Mato Grosso do Sul）和马托格罗索州（Mato Grosso），其北面的界限为库亚巴州（Cuiabá）以北约 70 km 的地方。其生长区域向东延伸至戈亚斯州的东南部、米纳斯吉拉斯州的西端、圣保罗州（São Paulo），最东边的界限在圣保罗州的 Pirassununga 附近。该区组的二倍体种 *A. burkartii* 的分布范围更偏南一些，除了阿根廷科连特斯最东北部和米西奥内斯的东南部的很小区域以外，其分布范围与根茎区组的其他野生种基本没有重叠（Krapovickas and Gregory，1994）。

4. 直立区组

直立区组（erectoides）为多年生植物，根常有粗大的分枝。地上分枝直立或丛生，4 小叶复叶。花簇生于植株基部，花托发育良好，旗瓣橘黄色，旗瓣正面有红色条纹。果针长，水平生长，入土浅。地下结果，果实两节，每节中单粒种子，两节之间有发达的丝状连接。果皮光滑，网纹不明显。染色体 $2n=20$。*A. paraguariensis* 和 *A. major* 均属于该区组。

根据该区组植物的根是否具有粗的分枝，直立区组的野生种可分为两类，第一类的根具有粗的分枝，第二类的根没有粗的分枝。第一类分布于玛塔克罗索潘塔纳尔湿地周围的红壤土地。第二类分布于该区组的最西南边，从南马托格罗索州的博多科纳山脊北面，直达巴拉圭的 Paraguarí 地区，生长在浅色沙土中，河道附近有生长，多生长在不会被周期性洪水侵扰的高地（Krapovickas and Gregory，1994）。

5. 围脉区组

围脉区组（extranervosae）花生为多年生植物，根部具有膨大的块根，常多个块状结构连在一起。主茎直立而侧枝匍匐生长，托叶边缘不融合。4 小叶复叶，叶片上面亮绿色，有光泽。花小至中等大小，沿枝条分布于整个侧枝。花托长约 4 cm，旗瓣为橘黄色或黄色，背面有红色条纹。地下结果，果实两节，两节之间的丝状连接短。果针上常具不定根，果针有的短，近垂直生长，有的长达 20 cm，水平生长。果皮光滑，网纹不明显，被一层浓密的绒毛覆盖。染色体 2*n*=20。*A. macedoi* 和 *A. burchellii* 均属于围脉区组。

围脉区组野生种主要分布在戈亚斯州、托坎廷斯州（Tocantins）、玛托克罗索州的中部地区，米纳斯吉拉斯州西部突出区域的北侧等地区。有几个野生种的分布超出了这些州的范围，如 *A. prostrata* 在巴伊亚州的西部也有发现。该区组的主要野生种生长在一种特殊的土壤中，即上面是一薄层土壤，下面是多碎石的基质（Krapovickas and Gregory，1994）。

6. 匍匐区组

匍匐区组（procumbentes）花生为多年生植物，直根系，无膨大。侧枝匍匐生长，极少丛生。4 小叶复叶，一般无毛，或接近无毛，托叶边缘不融合。花分布于整个侧枝，花托发达，旗瓣张开，黄色或橘黄色，正面有红色条纹。地下结果，果实两节，两节之间的丝状连接长，果针长，水平生长，入土浅。果皮光滑，无网纹。染色体 2*n*=20。*A. rigonii* 为匍匐区组。

匍匐区组野生种沿着巴拉圭河分布，从位于南回归线上的康赛普西翁（Concepción）向北，马托格罗索潘塔纳尔湿地南北两侧，直至玻利维亚的圣克鲁斯-德拉谢拉（Santa Cruz de la Sierra）。该区组一般生长在周期性淹水的土壤中（Krapovickas and Gregory，1994）。

7. 异形花区组

异形花区组（heteranthae）花生为一年生或两年生植物，直根系上有细的分枝，主茎直立，侧枝匍匐生长。4 小叶复叶，托叶基部分开，顶端针状。二型花，分布于整个侧枝。一种花非常小，花托长 0.3～2 cm，花萼和花冠闭合，长 2～3 mm；另一种是正常花，具有较大的花托，花萼和花冠均较大，旗瓣橘黄色或黄色，背面或双面具有红色条纹。果针水平生长，入土浅。地下结果，果实两节，两节之间有丝状连接，每节中有单粒种子。果皮上密布绒毛，网纹不明显。染色体 2*n*=20。*A. dardani* 为异形花区组。

异形花区组是典型的分布于巴西东北部地区（Nordeste region）的野生花生，该地区的 9 个州中均有分布，该区组的野生种分布范围很少越过米纳斯吉拉斯州的南部和戈亚斯州的西部。在亚马孙河口的 Marajó 岛收集到的 *A. dardani*，是唯一越过亚马孙河的野生花生种（Krapovickas and Gregory，1994）。

8. 三粒区组

三粒籽区组（triseminatae）花生为多年生植物，直根系，根无膨大。主茎直立，侧枝丛生。托叶基部有部分融合，形成一短的管状结构，尖端呈锥形。4 小叶复叶。花小，分布于整个侧枝，花托长约 4.5 cm，旗瓣橘黄色，正面基部有一个明显的紫色斑点，旗瓣背面有暗红色条纹。果针长，水平生长，入土较浅。地下结果，果实常为 3 节，每节内单粒种子，两节之间丝状连接长。果皮光滑，网纹不明显，果皮上被一层浓密的绒毛。染色体 2*n*=20。

A. triseminata 是该区组的代表种，分布于巴西的巴伊亚州、伯南布哥州（Pernambuco）

的南部，米纳斯吉拉斯州的北部及圣弗朗西斯河流域附近，最常见的生长地点是圣弗朗西斯河两侧 40～50 km 的地方，生长于密实的粉砂土（compacted silty soil）中（Krapovickas and Gregory，1994）。

9. 三叶区组

三叶区组（trierectoides）花生为多年生植物，胚轴肥厚粗大，呈纺锤形。根有粗的分枝，茎直立。3 小叶复叶，托叶边缘融合形成一管状结构，包被 1～2 个节间。花簇生于植株的基部，花托发达，旗瓣橘黄色，上有红色条纹。果针长，长者可达 1 m，水平生长，入土浅。地下结果，果实两节，每节内单粒种子，两节之间有明显的丝状连接。果皮光滑，网纹不明显。染色体 $2n=20$。

三叶区组包括两个种，均分布于巴拉圭河（Paraguay river）与帕拉纳河（Paraná river）流域分界线的高地，生长于海拔 400～700 m。北边至戈亚斯州的雅塔伊（Jataí），位于阿拉瓜亚河（Araguaia river）与 Paranaíba 河流域的分界线附近，生长于海拔 700 m 的地方（Krapovickas and Gregory，1994）。

第二节　花生属植物细胞学研究

花生属植物从染色体倍性上可分为二倍体和四倍体，从染色体基数上有 9 和 10 两种情况（$2n=2x=18$，$2n=2x=20$，$2n=4x=40$）。花生区组的绝大多数野生种为二倍体（$2n=2x=20$），只有 *A. monticola* 是四倍体，花生栽培种是异源四倍体（allotetraploid，AABB，$2n=4x=40$）。花生区组中也有少数野生种，如 *A. decora*、*A. palustris* 和 *A. praecox* 的染色体数目为 18 条（$2n=2x=18$）。另外，直立区组中的一个种 *A. porphyrocalyx* 的染色体数也是 18（Fernandez and Krapovickas，1994）。其他区组中的花生野生种多为二倍体，一般为 $2n=2x=20$，在根茎区组中有的种为 $2n=4x=40$，如 *A. glabrata*。即使在同一个区组中，不同的种在形态、染色体特点、亲和性等方面也存在一定的差异。人们对花生区组的野生种核型分析做了大量细致的工作，根据染色体特点、不同野生种间杂交的亲和性等结果，将花生区组的种划分为 3 种基因组类型，即 A、B 和 D 基因组。花生区组中多数种具有对称核型，主要由中间着丝粒染色体组成，这些种被划分为 A 基因组或 B 基因组（图 1-3）。而 D 基因组种的染色体为不对称核型，由亚中着丝粒和近端着丝粒染色体组成，花生区组中属于该基因组类型的种只有一个，即 *A. glandulifera*（图 1-3）（Smartt et al.，1978；Singh and Moss，1982，1984；Singh，1986；Stalker，1991；Singh and Smartt，1998）。

属于 A 基因组的种数目最多，其染色体组型一致，都包含一对小染色体，即“A 染色体”，其长度是最长染色体的一半，A 基因组的代表种是 *A. duranensis*（Seijo et al.，2004；Robledo et al.，2009），多种证据表明该种是栽培种 A 基因组的供体（Kochert et al.，1996；Seijo et al.，2004；Moretzsohn et al.，2013）。在 B 基因组和 D 基因组中都没有这个小染色体。B 基因组的染色体组型与 A 基因组相比，没有 A 染色体，但其中有一对染色体在接近着丝粒处有一个次缢痕，B 基因组的代表种是 *A. ipaënsis*（Smartt et al.，1978），该野生种很可能是栽培种 B 基因组的供体（Kochert et al.，1996；Seijo et al.，2004；Moretzsohn et al.，2013）。B 基因组内的种尽管都是一年生植物，但在形态、地理分布、染色体组型、不同种之间的杂交亲和性上还存在较大差异，后来人们利用新技术分析 B 基因组内部种的染色体组型差异，结合不同种的地理分布、rDNA 位点、表型、杂交亲和性等多方面的数据，对 B 基因组进行更加细致的分析，将 B 基因组划分成 3 种基因组类型，即 B、F 和 K 基因组类型（Robledo et al.，2009；Stalker，1991；Robledo and Seijo，2008，2010）。将 B 基因组内染色体缺失着丝粒异染色质的称为狭义的 B 基因组，而 F 和 K 基因组类型的多数染色体上都具有着丝粒异染色质，只是它们异染色质的数量和分布不同（图 1-3）（Robledo and Seijo，2010）。另外，荧光原位杂交（fluorescence *in situ* hybridization，FISH）和 4′，6-二脒基-2-苯基吲哚（DAPI）染色分析结果表明，在花生区组中 $2n=2x=18$ 的 3 个种的基因组类型是一样的，而与以上 5 种类型不同，称为 G 基因组（Silvestri et al.，2014）。

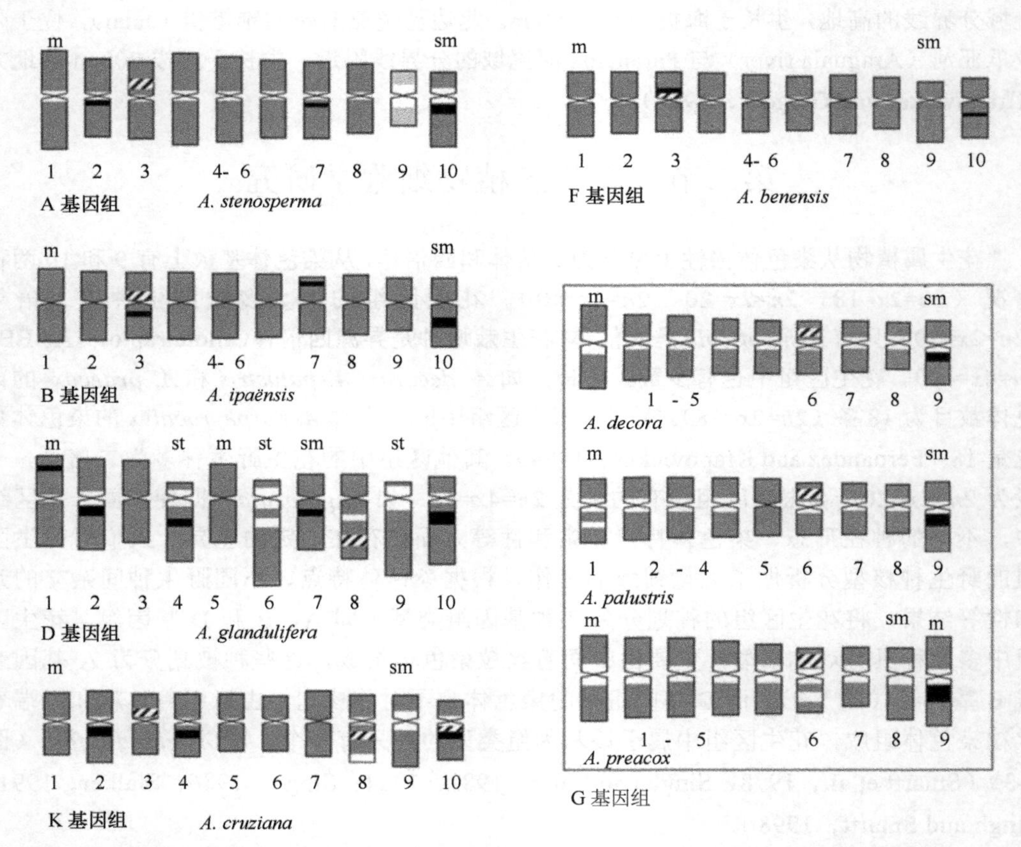

图 1-3　花生区组 6 类基因组核型示意图（Robledo and Seijo，2008，2010；Silvestri et al.，2014）

我国科研工作者在花生属植物细胞学分析方面也做了大量有益的工作，曾子申和利容千（1985）的花生染色体核型分析是我国花生细胞学研究的最早报道，他们以栽培品种鄂花 2 号为材料，观察了染色体的数目、臂长、着丝粒位置、随体的有无等。詹英贤等（1988）对花生的 4 个变种——*A. hypogaea* var. *hypogaea*、*A. hypogaea* var. *hirsuta*、*A. hypogaea* var. *fastigiata* 和 *A. hypogaea* var. *vulgaris* 进行核型分析，明确了这些材料的染色体数，详细比较了不同类型花生染色体的长度等。唐荣华等（1990）通过对花生属6个区组野生种核型的研究，张新友（1992）通过对7个种的核型进行研究分析，讨论了这些野生种间的进化关系。

第三节　四倍体栽培花生的来源

一、四倍体栽培花生的祖先野生种

花生野生种大多是二倍体，而栽培花生是异源四倍体，四倍体栽培花生的来源一直是人们非常关心的问题。目前，大家比较普遍接受的观点是，栽培花生是由A基因组的野生花生和B基因组的野生花生杂交后，经过染色体自然加倍而成的。然而，哪个野生种是A基因组、B基因组的供体种？是单一起源还是多起源？是二倍体杂交后染色体加倍还是先产生未减数的配子然后杂交产生的？对这些问题，人们还没有一个明确的答案。人们根据野生种的地理分布，细胞学特征、杂交的亲和性及分子标记的分析等，提出了四倍体栽培花生祖先野生种的各种可能性。最初人们根据不同野生种的地理分布、形态、染色体组型、杂交亲和性及杂种细胞中染色体联会等的结果，因此，最初推断*A. batizocoi*可能是栽培花生的B基因组供体种，A基因组的供体种可能是花生区组中的其他野生种。后来的研究表明，*A. batizocoi* 属于 K 基因组类型。*A. batizocoi*与花生区组中其他野生种在染色体组型方面有很大差异，与其他野生种杂交时，杂种染色体联会时双价体减少，单价体增多。另外，*A. batizocoi*与花生区组中其他野生种的种间杂种花粉成活率显著低于其他组合杂种的花粉成活率，这些结果表明*A. batizocoi*的基因组与花生区组中其他野生种的基因组差异较大（Singh and Moss，1982；Smartt et al.，1978；Singh and Moss，1984）。*A. batizocoi*与花生区组的两个四倍体亚种杂交时，与*A. fastigiata*形成的F_1杂种，其染色体更易形成三价体（Singh and Moss，1984）。*A. batizocoi*在形态上也与*A. fastigiata*更为相似。因此，*A. batizocoi*与*A. fastigiata*亚种亲缘关系更近，而与*A. hypogaea*亚种的亲缘关系较远，更可能是*A. fastigiata*亚种的B基因组供体种。那么，*A. hypogaea*亚种的B基因组供体就可能是其他野生种，这就预示着四倍体栽培花生可能不是单一起源（Singh and Moss，1984）。

然而，不同研究者根据研究结果提出了自己的观点，多数观点与上述结论并不一致。已经有多个野生种被人们认为是栽培花生A基因组或B基因组的供体种，如*A. correntina*、*A. duranensis*、*A. cardenasii*、*A. trinitensis*都曾被认为是A基因组的可能供体，而*A. ipaensis*、*A. batizocoi*、*A. williamsii*被认为可能是B基因组的供体种。形态特征及其差异、杂交亲和性的差异及染色体组的特点，是得出这些结论的主要依据（Krapovickas，1973；Gregory MP and Gregory WC，1976；Singh and Smatt，1998；Fernandez and Krapovickas，1994；Lavia，1999）。

分子生物学的发展和分子标记的应用，为人们提供了研究花生野生种之间及野生种与栽培种之间亲缘关系的新工具。相关研究为人们提供了大量宝贵资料，让人们能从分子水平上分析花生不同种之间的相似性和差异。Kochert等（1991）首次用限制性片段长度多态性（RFLP）分析美国 8 个栽培种和 14 个野生花生的遗传多样性及亲缘关系，其研究结果表明，*A. duranensis* 和 *A. ipaensis* 分别是栽培种的 A 基因组和 B 基因组的供体，另外，*A. spegazzinii* 与栽培种的亲缘关系也较近。随后他们又利用核 DNA 和叶绿体 DNA 对野生花生和栽培花生进行 RFLP 分析，进一步确认了 *A. duranensis* 和 *A. ipaensis* 分别是栽培种的 A 基因组和 B 基因组的供体。另外，叶绿体 RFLP 分析的结果表明，两个野生种在杂交形成四倍体过程中，*A. duranensis* 是母本而 *A. ipaensis* 是父本（Kochert et al.，1996）。Raina 等（2001）以随机扩增多态性 DNA（RAPD）和简单序列重复间多态性（ISSR）分析栽培种和野生种，发现这两种标记可显示不同亚种和植物学变种之间存在丰富的多态性，栽培花生和野生四倍体花生 *A. monticola* 相似程度很高，研究结果还表明，栽培种的供体野生种可能是 *A. villosa* 和 *A. ipaensis*。

Gimenes 等（2002）利用 AFLP 分子标记分析了来源于 7 个区组的 20 个种及 9 个栽培种，花生区组的材料被聚到一组中，这一组又可分为 3 个亚组，其中 *A. monticola*、*A. duranensis* 和 *A. ipaensis* 与 9 个四倍体栽培种的关系最近，被划分到一个亚组，说明 *A. duranensis* 和 *A. ipaensis* 很可能是四倍体栽培种，*A. monticola* 是 A 基因组和 B 基因组的供体。利用 AFLP 揭示的这些材料间的亲缘关系与利用形态特征、杂交亲和性所揭示的亲缘关系是一致的（Kochert et al.，1991，1996）。Milla 等（2005）利用 AFLP 标记分析了花生区组的属于 26 个种的 108 份材料，研究了它们的种内和种间关系，结果表明这些材料的遗传距离为 0～0.5，野生种之间的平均距离为 0.3，远远高于栽培种间的遗传距离 0.05。根据遗传距离的分析比较发现，与四倍体种遗传距离最近的 3 个 A 基因组野生种依次是 *A. helodes*、*A. simpsonii* 和 *A. duranensis*。与四倍体种遗传距离最近的 B 基因组野生种是 *A. ipaensis*。利用简单序列重复（SSR）标记对 60 个四倍体花生和 36 个野生花生的遗传多样性分析表明，*A. duranensis* 与四倍体花生的亲缘关系最近，支持该野生种是四倍体花生 A 基因组供体的观点（Moretzsohn et al.，2004）。

利用荧光原位杂交（FISH）和基因组原位杂交（genomic *in situ* hybridization，GISH）技术对野生种和四倍体栽培种及四倍体野生种进行分析，推测四倍体花生的起源和可能的野生种供体，多项研究结果都比较一致地表明，*A. duranensis* 和 *A. ipaensis* 是最可能的 A 基因组和 B 基因组的供体。利用 FISH 技术对花生栽培种所有植物变种类型、野生四倍体种及 7 个被推测是四倍体花生祖先的野生二倍体花生进行分析，结果表明，在花生栽培种和 *A. moticola* 中，FISH 信号的大小、数目、在染色体上的位置及异染色质条带都非常相似，而在野生二倍体花生中存在较大差异，FISH 结果与这些种的地理分布结果相结合，推测栽培花生是由 *A. moticola* 驯化而来，而 *A. moticola* 的野生种祖先是 *A. duranensis* 和 *A. ipaensis*（Seijo et al.，2004）。后来，同一个研究小组又利用 FISH 技术对 11 个非 A 基因组（或广义的 B 基因组）野生种进行 5S rDNA、18S rDNA、25S rDNA 定位，以 $DAPI^+$（4′, 6-diamidino-2-phenylindole）检测异染色质的情况，分析这些材料与四倍体花生的亲缘关系，结果表明 *A. ipaensis* 最可能是四倍体花生的 B 基因组供体（Robledo and Seijo，2010）。着丝粒异染色质带是目前检测的花生属中不同种普遍存在的（Raina and Mukai，1999），只有少数种例外，如 *A. ipaënsis*，与四倍体花生中的 B 基因组组型非常相似，其他没有着丝粒异染色质带的还有 *A. gregoryi*、*A. magna*、*A. valida*

和 *A. williamsii*，这些野生花生的亲缘关系应该是较近的（Robledo and Seijo，2010）。上面提到了多个野生种被认为可能是花生四倍体种的祖先，这些二倍体野生种包括 *A. correntina*、*A. duranensis*、*A. cardenasii*、*A. villosa*、*A. ipaensis*、*A. batizocoi* 和 *A. williamsii*。Seijo 等（2007）利用 GISH 技术对这些野生二倍体种与四倍体种进行比较分析，研究结果与 FISH 分析的结果是一致的，认为 *A. duranensis* 和 *A. ipaensis* 最有可能是四倍体花生的 A 基因组和 B 基因组的供体。栽培种花生和野生四倍体花生 *A. monticola* 的基因组杂交结果高度相似，为四倍体花生单一起源提供了证据。

还有人利用不同类型的标记，分析花生的遗传多样性和不同种之间的亲缘关系，如利用 SSR 标记分析结果表明，*A. monticola* 与 *A. hypogaea* 之间的差异很小，可被划分到一组（Naito et al.，2008），*A. duranensis* 可与 *A. monticola* 和 *A. hypogaea* 聚为一组，支持该野生种是四倍体花生供体的假设（Moretzsohn et al.，2004）。内含子序列分析的结果表明，栽培种花生和 *A. monticola* 的 A 基因组供体是 *A. duranensis*，B 基因组的供体是 *A. ipaensis*（Moretzsohn et al.，2013）。rDNA 内部转录间隔区（internal transcribed spacer，ITS）也被用来研究花生属不同种间的亲缘关系（Bechara et al.，2010），这里就不一一介绍了。总体来讲，多数数据支持四倍体花生的二倍体祖先是 *A. duranensis* 和 *A. ipaensis*。这两个野生花生全基因组测序已经完成，而四倍体花生全基因组测序也已经取得重要进展，全基因组序列信息的获得将为解释四倍体花生的起源提供更加系统全面的数据。

二、花生多倍化过程和栽培花生的来源

在花生属中共有 4 个多倍体花生种，最重要的一个是花生栽培种 *A. hypogaea*，属于异源多倍体，目前世界各地广泛栽培，具有重要的经济价值。另一个具有重要经济价值的花生多倍体是 *A. glabrata*，它是一个同源四倍体，该四倍体花生是一种饲料作物，在美国和澳大利亚均有种植。*A. monticola* 是一个野生四倍体花生，与栽培花生相比，有以下两个重要特点：第一，其所处的野生环境是栽培花生无法生存的；第二，一个果针上的两粒种子被分别包被在两个荚果中，两个荚果之间被一个细长的柄（isthmus）所连接。从野生二倍体 *A. pintoi* 中自然产生了一种三倍体 *A.pintoi*。

四倍体花生是二倍体野生花生正常配子杂交后，再经无性的体细胞染色体加倍（somatic chromosome doubling）形成的，还是通过有性过程形成的未减数配子（unreduced gamete，2*n*）结合形成的？尽管曾有人提出花生的多倍化可能是由于未减数配子的融合（Seijo et al.，2007），但大多数人都认为四倍体花生是野生二倍体花生杂交以后，经过染色体自然加倍而形成的。然而，对三倍体花生 *A. pintoi* 的研究所获得的结果（Lavia et al.，2011），让人们不得不重新思考这个问题。*A. pintoi* 是二倍体野生花生，是一种优质饲料作物，在哥伦比亚和巴西均有种植。从二倍体 *A. pintoi* 中分离得到了一个高产的三倍体株系，染色体组型分析发现，三倍体 *A. pintoi* 中的 3 套染色体的每一套都与二倍体 *A. pintoi* 的染色体完全相同。利用 FISH 检测 rDNA 的结果表明，二倍体和三倍体 *A. pintoi* 染色体上 rDNA 的位置、数目和大小都相同。减数分裂过程中三价体的高频率形成，表明该三倍体花生中的 3 套染色体的相似程度非常高。对花粉粒的观察分析发现，三倍体 *A. pintoi*

能够产生未减数的配子（Lavia et al.，2011）。这些证据说明，三倍体 *A. pintoi* 的多倍化是同源多倍化的结果，是先通过有性过程形成未减数配子，由未减数配子融合形成的。在一些早期的研究中也曾观察到花生野生种中未减数配子形成的情况（Simpson and Davis，1983；Singsit and Ozias- Akins，1992）。由此可见，四倍体花生也可能是通过未减数配子的融合这条途径形成的。

四倍体花生是单一起源还是多起源的？这也是人们非常感兴趣的问题。事实上多数多倍体植物都是多起源的（Doyle et al.，1990; Soltis DE and Soltis PS，1993，1995，1999）。然而，花生则被认为是单一起源的（Kochert et al.，1996），该文作者根据对属于 17 个种的 40 份材料进行的 RFLP 分析及它们的细胞遗传学研究结果，结合前人多方面的研究结果，详细讨论了花生的起源问题，认为“栽培花生起源于 *A. duranensis*，其作为母本与作为父本的 *A. ipaensis* 杂交，在这个杂交的基础上，异源四倍体或者是通过杂种 F_1（AB）代染色体加倍，或者是通过 F_1 代（AB）未减数配子的融合形成。之后，这个异源四倍体被人们用于不同环境的种植，经过不同选择压力的长期筛选，最终驯化成现在不同亚种和植物学变种”（Kochert et al.，1996）。GISH 分析结果表明，花生的亚种和栽培花生的所有变种，都来源于一个四倍体群体，或者是来源于不同的四倍体群体，但这些群体都来源于相同的两个二倍体祖先（Seijo et al.，2007）。

Kochert 等（1996）还认为，栽培花生的起源地应该在阿根廷北部和玻利维亚南部，因为 *A. ipaensis* 只在玻利维亚南部被发现，*A. duranensis* 的多个 accession 也在该地区分布。野生四倍体花生 *A. monticola* 只分布在阿根廷最西北部一个非常小的地区，这个区域与 *A. duranensis* 和 *A. ipaensis* 的分布也是重叠的。对 *A. monticola* 在生化、分子标记、杂交亲和性等方面的分析结果都表明，该四倍体花生与栽培花生非常相似，有时被认为是栽培花生的直接祖先，GISH 研究结果也支持这种说法（Seijo et al.，2007）。然而，考古学发现的古老花生样本却都在这个区域之外，如在秘鲁海岸附近的 Huarmey Valley 发现了大约 5000 年前的 *A. hypogaea* 样本，这是迄今发现的最早的四倍体花生样本（Bonavia，1982）。在阿根廷北部和玻利维亚南部没有发现古花生样本，其原因可能与当地的气候条件不适合样本的长期保存相关。在中国也发掘出了一些古花生样本。

栽培花生的驯化时间也是一个有意思的问题。人类进入南美洲以后，才有可能对花生进行驯化，而人类进入南美洲的具体时间也是一个不好确定的问题，时间在 10 000~50 000 年前（Cavalli-Sforza et al.，1994）。迄今发现的最早的四倍体花生样本就是在秘鲁海岸附近挖掘出的大约 5000 年前的样本（Bonavia，1982），那么，四倍体花生的起源和驯化应该在这个时间之前。

三、四倍体栽培花生的分类

为了便于描述，人们将花生的分枝用字母和数字标注，花生的主茎用 n 表示，一对子叶侧枝和主茎上的第一级分枝用 n+1 表示，第二级分枝用 n+2 表示，以此类推（图 1-4）。根据花生的营养枝和生殖枝（花序）的分枝模式，可将栽培花生分为两个亚种，即交替开花亚种（*A. hypogaea* subsp. *hypogaea* L.）和连续开花亚种（*A. hypogaea* subsp. *fastigiata*

Waldron)。交替开花亚种花生如 Virginia 型的主茎（*n*）不开花，为营养枝，在子叶侧枝和其他 *n*+1 侧枝上营养枝和生殖枝成对交替出现，在这种分枝模式下，*n*+1 分枝的第一对侧枝总是营养枝，然后是生殖枝，在更高水平的分枝中重复进行。交替开花型花生的花序为简单花序，种子具有休眠特性，生育期为 120～150 天。这类花生分枝多，为匍匐型或丛生型（Gibbons et al.，1972；Shashidhar et al.，1986）。连续开花亚种花生如 Spanish-Valencia 型，主茎开花，为生殖枝，生殖枝或花序连续着生在子叶侧枝和其他侧枝上节位上，在这些侧枝上，第一分枝总是生殖枝。绝大多数的 *n*+2 和 *n*+3 分枝都是生殖枝。该类花生均为直立型，花序为单花序或复花序，荚果集中着生在主茎周围，种子不休眠，生育期一般为 90～120 天（Gibbons et al.，1972；Shashidhar et al.，1986）。

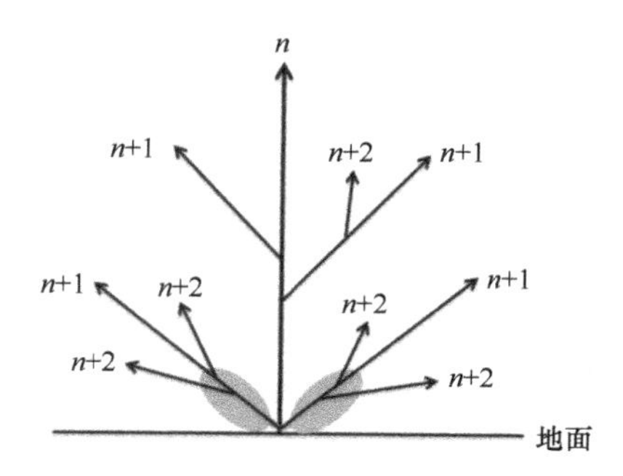

图 1-4 花生分枝图示（Shashidhar et al.，1986）

花生在其原产地由于地理隔离和自然变异而产生了许多变异类型，阿根廷学者 Krapovickas 将南美洲花生原产地划分为 6 个地理区域，即巴拉圭河与巴拉那（Parana）河流域（Ⅰ区）、托坎廷斯河与圣弗朗西斯河流域（Ⅱ区）、亚马孙河流域南部（Ⅲ区）、亚马孙河流域西南部即玻利维亚区（Ⅳ区）、上亚马孙河和西海岸及秘鲁区（Ⅴ区）及巴西东北部地区（Ⅵ区）。根据地理分布和其他特征，将栽培花生的两个亚种分为 4 个植物学的变种，交替开花亚种又分为密枝变种（var. *hypogaea*）和茸毛变种（var. *hirsuta* Kohler），密枝变种的主茎较短，主要分布在Ⅳ区，而茸毛变种的主茎较长，主要分布在Ⅴ区。将连续开花亚种又分为疏枝变种（var. *fastigiata*）和珠豆变种（var. *vulgaris* Harz）。疏枝变种为简单花序，其分布区域很广，在Ⅰ、Ⅱ、Ⅲ、Ⅴ和Ⅵ区均有分布，而珠豆变种为复杂花序，分布在Ⅰ、Ⅱ和Ⅵ区（Gregory et al.，1980）。后来，他们又在连续开花亚种中增加了秘鲁变种（var. *peruviana*）和赤道变种（var. *aequatoriana*）。因此，栽培花生目前包括 6 个植物学变种（图 1-5）（Gregory et al.，1980；Krapovickas and Gregory，1994）。

中国农业科学院油料作物研究所的孙大容等（1998）对花生栽培种类型进行了系统的研究，根据花生分枝模式将花生栽培种分为交替开花亚种（密枝亚种，*A. hypegaea* ssp. *hypogaea*）和连续开花亚种（梳枝亚种，*A. hypegaea* ssp. *fastigiata*）。在交替开花亚种内又分为普通型（相当于国际上的密枝变种，var. *hypogaea*）和龙生型（相当于国际上的茸毛变种，var. *hirsuta*）；在连续开花亚种内又分为多粒型（相当于国际上的疏枝变种，var. *fastigiata*）和珍珠豆型（相当于国际上的珠豆变种，var. *vulgaris*）。这一分类与 Krapovickas 和 Gregory 的分类基本一致。孙大容等对这 4 种类型花生特点进行了详细的描述。

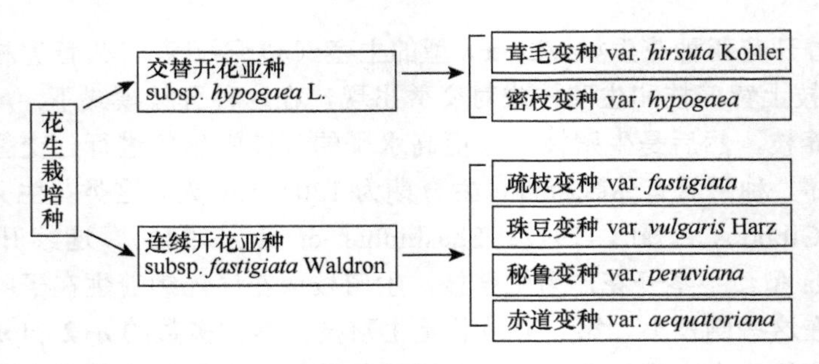

图 1-5　花生栽培种的分类

普通型花生主要特征是交替开花，主茎上完全是营养芽，n+1 和 n+2 分枝上营养枝与生殖枝交替着生，该类型按照生长习性分为丛生型和蔓生型，分枝性强，茎枝粗细中等，植株上茸毛不明显，茎枝花青素积累不明显。小叶倒卵圆形，深绿色，叶片大小中等。荚果似茧形，大部分有果嘴，无龙骨，荚壳表面平滑，壳厚，网状脉纹明显，荚壳与种子之间有较大的空隙，典型的双仁荚果，种子椭圆形，种皮多淡红色、褐色。普通型花生百仁重 80 g 左右。普通型花生生育期较长，多为晚熟和极晚熟品种，春播 145～180 天。种子休眠期长，一般 50 天以上（孙大容等，1988）。

龙生型花生主要特征为交替开花，主茎不着生花，n+1 和 n+2 侧枝上花序枝与营养枝交替着生，分枝性特别强，在适宜条件下单株分枝可达 120 条，蔓生性明显，多数分枝匍匐地面生长，茎枝长而多，较细，茎上有少量花青素积累。植株上遍布茸毛，茸毛长而密。小叶倒卵圆形，叶面和叶缘有明显的茸毛，叶片呈灰绿色。荚果以多仁果为主，有明显的果嘴和龙骨状突起，脉纹明显，有网状和直纹两种，荚果壳较薄，有腰，果柄脆弱。种子椭圆形，色暗。小叶倒卵圆形，狭长。种子休眠性较强。多为晚熟和极晚熟品种，春播生育期 150 天以上（孙大容等，1988）。

珍珠豆型花生主要特征是连续开花，主茎基部侧枝上有营养枝，也有生殖枝，主茎梢端花枝不发达而形成小枝梢。第一侧枝（n+1）的第一节通常为营养枝，除少数分枝外，基本上连续着生花枝，茎枝较粗，分枝性较弱，茎枝积累少量花青素；叶片椭圆形，叶色较淡，呈黄绿色。荚果小，茧状，典型荚果 2 仁，果壳薄，花期短而集中，主茎可着生花，分枝性弱，生育期短，春播 120～130 天，种子休眠期短或无。珍珠豆型花生百仁重 50～60 g（孙大容等，1988）。

多粒型花生主要特征为连续开花，主茎上除基部营养枝外，各节均有生殖枝，生育后期可见主茎上遍布果针。分枝性弱，一般栽培条件下只有 5～6 条，枝粗壮直立。根茎部有潜伏花芽，地下闭花受精结实情况普遍。地上只有茎基部几节果针可以入土结实，结果非常集中。茎枝上有稀疏的长茸毛，花青素含量高，呈紫红色。叶片长椭圆形，小叶大于其他类型花生，黄绿色，叶脉较明显。荚果为串珠形，含 3～4 粒种子，果壳脉纹平滑，果喙不明显，果腰不明显。种子在荚果中着生紧密，种子接触处有明显的斜面，种皮光滑，多为红色或红紫色，种子休眠期短，但比珍珠豆型花生休眠性强。生育期短，早熟性状突出，春播 120 天左右。多粒型花生百仁重 30～75 g（孙大容等，1956）。

在长期花生育种实践中，经常将交替开花型和连续开花型两种类型的花生进行杂交，杂交后代中产生了一些在分枝类型上与两个亲本不同的个体，它们兼具两个亚种分枝类型的一些特点，不能用原来连续开花型或交替开花型的标准来区分，如主茎开花，这是连续开花亚种的特点，但这些个体侧枝上花序的排列又是交替的；另一种情况是主茎不开花，这是交替开花亚种的特点，但这些个体侧枝上的花序是连续排列的。根据亲本组合不同，还有其他多种情况。目前，许多改良的品种属于中间型，该类型适应性广，丰产性好，具有重要的应用价值（禹山林，2008）。

第四节 花生远缘杂交及野生资源利用

一、花生野生种的利用价值

花生野生种起源于南美洲大陆，花生属各类野生种质资源分布在南美洲的大片区域，高温、多样的气候条件为花生野生种的发展与演化提供了非常适宜的外部环境。野生花生种质资源十分丰富，具有许多栽培花生不具备的优良性状，有些野生种质材料对叶斑病、锈斑、青枯病、病毒病等具有很高的抗性，甚至具有免疫性（唐荣华等，1994），如 *A. diogoi* 和 *A. correntina* 有很好的番茄斑萎病毒（TSWV）抗性，在抗病毒花生研究方面有重要价值（Lyerly，2000）。野生花生还具有抗虫、抗逆和适应性强的特性（孙中瑞和于善新，1983；周蓉等，1990）。有的野生花生具有花多、花期长，结果多（李丽容等，1994），蛋白质含量、氨基酸含量和含油量高等特性（Basha and Pancholy，1984；唐荣华等，1988），具有重要的应用价值。

尽管栽培花生在形态上表现出较大的差异，如分枝特性、开花特性、茎的直立或匍匐性、荚果的大小、叶片的大小和形态等，但多数研究表明，栽培花生的遗传多样性低。由于栽培种和野生种的倍性不同，产生了生殖隔离，阻碍了自然条件下栽培种和野生种之间的基因交流，限制了栽培花生遗传基础的进一步拓展。另外，在花生的遗传育种实践中，对少数种质材料的过度使用，使得目前生产上常用的栽培种花生的遗传背景非常狭窄，适应生物胁迫和非生物胁迫的能力降低。在目前的状态下，要通过常规育种技术实现花生品种培育的新突破，获得高产、高抗、优质的花生新品种是非常困难的。因此，挖掘野生花生抗源和优异基因资源，通过适当途径将这些基因资源转入栽培花生，拓宽花生的遗传背景，对花生栽培种的改良有重要意义。

二、花生属种间杂交研究

远缘杂交是将野生种有益基因导入栽培种的有效方法之一。但利用远缘杂交改良栽培花生的抗逆、抗病性有两个重要的限制因素，一是栽培种和多数野生种的染色体倍性不同，栽培种是四倍体，野生种是二倍体；二是有些野生种与栽培花生杂交是不亲和的。尽管在花生上开展远缘杂交有很多困难，但由于野生种优异基因利用的潜在价值，科研工作者很早就开始探索花生远缘杂交技术。

最早的花生杂交试验报道可以追溯到 1938 年，Hull 和 Carver 以栽培种花生与根茎区组的 *A. glabrata*，以及其他 3 个未命名的野生种进行杂交，但最终未获得杂种。Gregory（1946）重复进行了 *A. hypogaea* × *A. glabrata* 组合的杂交试验，同样未能有所突破。之后，杂交组合 *A. hypogaea* × *A. villosulicarpa* Hoehne 和 *A. hypogaea* × *Arachis* sp.获得了荚果。从外形上看，杂种荚果要比母本自交所得荚果略小，但荚果中是已经褐化的早期败育的种子。Krapovickas 和 Rigoni（1951）将栽培种与花生区组多年生野生种 *A. villosa* var. *correntina* Burkart 杂交，首次成功获得到了远缘杂交种子，实验的成功鼓舞着后续研究者对花生远缘杂交进行不断的探索。

在随后的 30 多年间，报道了 *A. hypogaea* 与 *A. villosa*、*A. hypogaea* 与 *A. duranensis*、*A. hypogaea* 与 *A. helodes*、*A. hypogaea* 与 *A. cardenasii*、*A. hypogaea* 与 *A. chacoense*、*A. hypogaea* 与 *A. villosa correntina*、*A. hypogaea* 与 *Arachis.* sp. 9901 GKP、*A. hypogaea* 与 *A. villosa correntina*、*A. hypogaea* 与 *A. diogoi*、*A. monticola* 与 *A. diogoi*、*A. hypogaea* 与 *A. glabrata*、*A. monticola* 与 *A. marginata*、*A. villosa* 与 *A. hagenbeckii*、*A. duranensis* 与 *A. villosulicarpa*、*A. hypogaea* 与 *A. villosulicarpa*、*A. batizocoi* 与 *A. duranensis*、*A. batizocoi* 与 *A. villosa*、*A. batizocoi* 与 *A. villosa correntina*、*Arachis.* sp.10038 GKP 与 *A. batizocoi*、*A. villosa* 与 *A. villosacorrentina* 等一系列杂交组合（Kumar 等，1957；Raman，1959；Smartt and Gregory，1967；Varisai Muhammad，1973；Halward and Stalker，1987；Gibbons and Turley，1967；Periasamy and Sampoornam，1984；Stalker et al.，1979）。Krapovickas 等（1974）还报道了一例 *A. batizocoi* 与 *A. hypogaea* 的自然杂交组合。

Gregory 等在 1963～1977 年，运用来自于花生属的 7 个区组，代表至少 50 个种的 91 个亲本，先后进行了 358 个组内和 717 个组间杂交，共计实施了 42 283 次组内杂交授粉，79 843 次组间授粉。最后在 1075 个杂交组合中，有 296 个组合杂交成功。研究结果表明，不同区组的野生种杂交只能获得极少量的后代，且后代全部不育，花生区组内的种与花生区组外的种无法进行有性杂交，但区组内杂交是较容易成功的，而且后代有较好的育性，只有少数后代植株不育（Gregory MP and Gregory WC，1979；Stalker，1985，1991）。

Halward 和 Stalker（1987）在多个六倍体杂种和二倍体野生种之间配制杂交组合，进行种间杂交试验发现，以 *A. cardenasii* Krap. *et* Greg.nom. nud.（coll.GKP 10017）（2*n*=20）作为母本，花粉在柱头上不能萌发，或是花粉管的伸长受到限制，没有果针产生；以 *A. duranensis* Krap. *et* Greg.nom.nud.（coll. K7988）（2*n*=20）或 *A. batizocoi* Krap. *et* Greg.（coll. K9484）（2*n*=20）作为母本，只有很少的果针产生，而且在受精后 10 天左右，杂种胚败育；以两个六倍体杂种（*A. hypogaea*×*A. batizocoi* 和 *A. hypogaea*×*A. cardenasii*）作为母本，果针发育良好，但是所有的荚果小、皱缩，种子褐化。

通过对花生区组种间杂种 F_1 分析表明，栽培种的 A、B 两个染色体组具有部分同源性，进化过程中 A 染色体组相对比较保守，而 B 染色体组则比较活跃易变（张新友，1994b）。具 A 染色体组的野生种与栽培种亲缘关系更近，杂种后代中更容易发生基因交换。通过对直立区组种间杂种 F_1 分析，结果表明直立区组的不同种可能拥有同一染色体组，但相互易位等染色体结构变异已导致该染色体组发生分化（张新友，1991，1992a，1992b，1994a）。对直立区组与匍匐区组间 11 个杂种的分析表明，这两个区组间亲缘关系较近，两个染色体组之间具有一定的相似性，但也存在着频繁的相互易位。对花生区组与直立区组、花生区组与匍匐区组的杂种 F_1 的分析表明，花生区组与直立区组和匍匐区组的亲缘关系较远，但也存在部分同源性，通过杂种减数分裂中染色体的联会、交叉与交换，能够将直立区组和匍匐区组的优良基因转移到栽培种的 A 或 B 染色体组中。

国际半干旱热带地区作物研究所（ICRISAT）从 20 世纪 70 年代开展了系统的花生细胞学方面的研究，建立了全面系统的花生细胞学研究方法（Singh et al.，1980），对野生种质资源细胞学研究和野生资源的利用进行了系列报道。Singh 等对野生花生的染色体进行了分析，研究了种间杂交的亲和性、杂种花粉的育性，栽野三倍体杂种的育性，探索了同源四倍体和双二倍体途径在野生种利用中的价值（Singh and Moss，1982，1984a，1984b；Singh，1986a，1986b）。这些系统的杂交试验，为花生属植物科学完整的分类提供了依据，同时也为后来的花生育种工作中野生种的利用提供了宝贵的参考资料。

三、远缘杂交不亲和性及克服方法

大量的研究表明种间杂交成功率相当低，杂种生活力较差。在常规条件下，栽培花生与花生区组的大多数野生种杂交表现出一定的亲和性，而与花生区组以外的其他区组野生种杂交，大多表现出杂交不亲和或亲和力弱。在不亲和的杂交组合中，除个别能够观察到受精前障碍以外，大多数表现为可以受精，但杂种在发育的早期退化，只能形成果针或空果。利用石蜡切片研究豫花 15 号×*A. correntina*、豫花 15 号×*A. macedoi* 杂种胚的发育动态，发现豫花 15 号×*A. correntina* 的胚胎发育正常，与品种间杂交胚胎发育基本同步，而豫花 15 号×*A. macedoi* 杂种胚的发育却有很大差异。豫花 15 号×*A. macedoi* 杂种胚在授粉后前 12 天胚胎发育与对照相似，17～27 天胚胎发育明显落后于对照，基本停留在球形胚阶段，同时珠被内层迅速向内增生，并很快充塞整个胚囊，挤压幼胚，抑制了幼胚的进一步发育，至第 45 天，几乎形成一个“实心”的胚珠，但外观并不表现出明显的褐化、皱缩等退化现象，只是胚珠明显小于对照，后期大小几乎不变（张新友等，2013）。通过测定杂种胚发育过程中赤霉素、生长素、细胞分裂素和 ABA 的含量及其变化规律发现，不亲和组合豫花 15 号×*A. macedio* 在胚胎发育关键时期，几种促进生长发育的激素水平明显低于对照，而 ABA 含量明显高于对照（张新友等，2013）。

通过胚的离体培养能有效挽救发育停止的杂种胚，根据胚珠和幼胚的发育状况决定离体培养的方法和条件。当胚珠长度＞3 mm 时，直接解剖胚珠，将分离出的幼胚接种到琼脂培养基上诱导愈伤组织或器官分化。对于长度＜3 mm、解剖比较困难的胚珠，先接种到液体培养基上使其进一步生长。对球形或心形早期的胚进行愈伤组织诱导，对心形胚晚期或已经分化出子叶原基的胚进行器官诱导（张新友，2012）。

Sastri 等（1992）研究表明，在大多数杂交组合中，花粉育性不是杂交失败的主要原因。一年生野生种比多年生野生种有更高的成功概率，因为多年生野生种的柱头较小，且被保护环包围。张新友等（1999）通过对 35 个不亲和种间组合的 1366 枚胚珠解剖，观察到了珠被增生抑制幼胚发育、幼胚先于周围组织退化和周围组织先于幼胚退化等 3 种杂种胚败育类型。其中，以栽培种作母本的组合多数表现为珠被增生抑制幼胚发育；直立区组或匍匐区组野生种与花生区组野生种杂交，如 *A. stenophylla*×*A. batizocoi*、*A. appressipila*×*A. duranensis* 杂种胚败育多表现为第二个类型；而花生区组野生种作母本，如 *A. duranensis* × *A. stenophylla* 的杂交胚败育多属于周围组织先于幼胚退化类型。

徐静（2006）对授粉后获得的杂种胚胎进行石蜡切片观察，发现胚胎败育的直接原因是珠被向内增生。对该时期的材料进行内源激素含量测定，发现与亲和杂交组合相比，不亲和杂种胚胎中 ABA 含量及 ABA 与生长素、细胞分裂素和赤霉素等激素的比值，在发育关键时期保持了较高的水平，而生长素、赤霉素和细胞分裂素则维持在较低的水平。胚胎内源激素含量与胚胎发育密切相关，内源激素合成的紊乱是导致胚胎败育的重要原因。

远缘杂交后代由于生理上的不协调而不能形成正常的生殖器官，或虽能开花，但由于减数分裂过程中染色体不能正常联会、不能产生正常配子而不能繁衍后代，因而多表现为不育。双二倍体与栽培种的杂交后代也与同源四倍体的后代一样，高度不育。克服不育的方法主要有染色体加倍法、回交法、蒙导法、逐代选择、改善营养条件等。

人们一直在探索利用不同的方法解决远缘杂交时遇到的问题。Stalker（1981）首次以花生区组内二倍体野生种作桥梁，实现了直立区组与栽培种花生的杂交，以 *A. rigonii* 为母本，*Arachis.* sp.为父本进行杂交，有正常的二价体的形成，但是 F_1 并没有产生足够的花用于细胞学检查。F_1 经过加倍后回交获得 F_2C_1，每个花粉母细胞平均产生 2.8 个单价体，18.5 个二价体，0.04 个三价体，0.04 个四价体。F_2C_1 和栽培种花生、*A. stenosperma*（收集编号 HLK 410）和 *A. duranensis*（收集编号 K 7988）进行了杂交研究，多价体出现的概率非常低，从而为花生属不亲和性野生种质资源的利用提供了新的思路，在花生育种上具有重要意义。

亲本之间染色体倍性的差异是导致杂交不亲和、杂种不育、杂种衰败、杂种稳定慢的重要因素之一。通过适当选择和调整杂交亲本及杂种后代的染色体倍性，即所谓的染色体倍性操作，可以有效降低种间杂交的难度，提高野生种质的利用效率。目前，野生种利用包括六倍体、三倍体、同源四倍体、双二倍体、四倍体等途径。

六倍体途径（hexaploid route）：四倍体栽培种与二倍体野生种杂交形成三倍体，这些三倍体杂种育性很低，自交难以结实。通过秋水仙碱处理人工加倍可获得六倍体，使其育性得到明显恢复。六倍体杂种与四倍体栽培种杂交，可快速降低染色体数目，六倍体也可经过自交降低染色体数目，结合严格的染色体数目检查和育性选择，最终能够获得 40 条染色体的后代，用于进一步的品种培育。

三倍体途径（triploid route）：尽管栽培种与野生种杂交形成的三倍体杂种育性很低，但减数分裂过程仍然可以形成少量具有生命力的配子，在适宜的生态条件下少数组合的三倍体杂种能够结实，形成染色体数目不等的杂种后代，经过自交、回交和严格选择，得到稳定可育的四倍体。Singh 和 Moss（1984）报道，他们利用栽培花生与二倍体野生种杂交获得的三倍体杂种，在英国多年保持不育，但将这些杂种的插条种植在印度后能够开花结果，获得具有不同染色体数目的后代。

同源四倍体途径（autotetraploid route）：花生属二倍体野生种的种子萌发后，用秋水仙碱处理幼苗的生长点，获得同源四倍体材料。以栽培种与同源四倍体杂交获得杂种 F_1 植株，表现出较强的杂种优势，植株生长非常茂盛，育性差。育性植株通过自交，随着世代增加，会不断分离出直立型植株，但多数不育。利用其中一些可育材料进一步与栽培种回交，将野生型的优异基因转入栽培种中。从理论上讲同源四倍体途径是可行的，但由于同源四倍体与栽培种的遗传背景差异较大，后代育性恢复十分困难。印度国际半干旱热带地区作物研究所在这方面做了大量尝试，并成功获得了一些抗锈病的株系，但由于育性差，很难进一步应用到育种中（Singh et al.，1980；Singh，1986）。

双二倍体途径（amphidiploid route）：采用花生区组的二倍体野生种进行杂交，获得杂种植株，确认为二倍体后，切取枝条扦插繁殖成植株，用秋水仙碱加倍成双二倍体。用双二倍体与栽培种进行杂交选育。Singh 等（1980）曾经利用该方法获得了由不同野生种杂交而来的 50 多个双二倍体，这些双二倍体与栽培种进行杂交，其中 8 个组合成功获得后代，他们的形态学和细胞学特点与来源于同源四倍体的后代相似。利用双二倍体途径进行栽培种与野生种种间杂交实现基因转移是可行的。

如果利用栽培种花生可能的祖先种 *A. duranensis* 和 *A. ipaensis* 杂交获得双二倍体，那么，这个双二倍体就是一个合成的四倍体栽培花生，利用这种策略改良栽培花生时，也称为重新合成途径。这样一个来源于野生种的四倍体，用于栽培种的遗传改良时有明显的优势。迄今为止，用此方法已经合成了多个来源于 A、B 基因组的野生种杂种（Upadhyaya et al.，2011），研究显示，有些合成的四倍体花生材料具有很高的晚斑病抗性（Mallikarjuna et al.，2012）。

四倍体途径（tetraploid route）：*A. monticola* 是花生区组另一个四倍体种，与栽培种杂交具有很好的亲和性，可产生完全可育的杂种后代（Singh et al.，1980），因此，该野生种甚至被认为是半野生种或栽培种的一个亚种。河南省农业科学院和广西农业科学院在栽培种和 *A. monticola* 之间先后配制了 21 个杂交组合，经过多代回交选择，育成了远杂 0025、桂花 26 号等品种。桂花 26 号是广西农业科学院采用贺县大花生与野生种 *A. monticola* 杂交后代 F_8 作母本，粤油 223 作父本进行复交选育而成的，具有单株结荚多、出仁率高、抗叶斑病、抗锈病、抗倒伏等优良性状。2000～2002 年在广西花生品种区试中，3 年 18 个点次平均荚果产量比对照种桂花 17 号增产 22.10%，达极显著水平（周翠球等，2005；禹山林，2008）。

将二倍体野生种的优良基因导入栽培种的几种方法各有优缺点，由于后代不育、遗传重组的限制、倍性差异、基因组不兼容等，预期基因较难整合到基因组中，即使获得杂种，遗传重组也是有限的。因而，从远缘杂交中可简单获得可育的、具有 40 条染色体的后代，但不能保证外来基因整合到花生基因组中。近年来，研究者进行了多方面的探索以准确鉴定真正成功导入的预期基因。殷冬梅等（2003）利用 RAPD 技术对栽培种与花生属野生种的杂交后代进行了分子标记鉴定，可以检测到来自野生种的 DNA 特异片段。杜培等（2013）利用高度保守的重复序列 5S rDNA 和 45S rDNA 作探针对白沙 1016 根尖细胞中期染色体进行荧光原位杂交（FISH）分析，发现两探针在白沙 1016 的 12 条染色体上能产生杂交信号，其中 1 对染色体长臂与短臂、2 对染色体短臂、3 对染色体长臂具有杂交信号。综合 $DAPI^+$ 染色带纹和染色体长度、臂比、面积等特征，可以将白沙 1016 大部分染色体区分开，为精确鉴定远缘杂交后代种质奠定了坚实的基础。

四、野生花生资源利用的成果

ICRISAT 利用不同二倍体野生种进行杂交加倍合成了不同的人工四倍体，如利用 *A. duranesis* 和 *A. batizocoi* 合成了一个人工四倍体，将其命名为 ISATGR 278-18；利用 *A. magna* 和 *A. batizocoi* 合成了另一个人工四倍体 ISATGR 5B。这些人工合成四倍体具有较强的抗病性，通过与不同品种进行杂交和回交，将抗病性状转入栽培花生中，获得了多个具有锈病和叶斑病抗性的渐渗系，这些渐渗系的抗病水平与其供体野生型亲本相似（Kumari et al.，2014）。

由于根茎区组具有对于叶斑病和许多病毒病的优良抗性，美国和国际半干旱热带地区作物研究所尝试将无毛花生（*A. glabrata*）的优良基因转入栽培种。然而，仅在花生区组的部分种中取得了成功。Stalker 等（1995）研究表明，*A. hypogaea* 与 *A. monticola* 杂交时相对容易产生六倍体杂交种，但是后代不像 *A. monticola* 那么好，多为一粒果，影响其作为优良亲本的应用价值。花生区组二倍体野生种中，有许多材料对于影响花生产量的病虫害有很好的抗性，因而其在花生改良中比 *A. monticola* 有更好的应用前景（Stalker and Campbell，1983；Lynchet al.，1995；Stalker and Moss，1987；Stalker et al.，1995）。

我国自 20 世纪 70 年代以来从美国和 ICRISAT 引进了一批野生花生材料，保存于武昌国家种质野生花生圃中。中国农业科学院油料作物研究所对收集到的大量花生品种资源进行了抗青枯性鉴定，筛选出了以协抗青、台山三粒肉等为代表的几个疏枝亚种抗源。在二倍体野生花生中发现了 27 份抗青枯病材料。陈本银等以花生属 5 个区组的 79 份野生花生种质为材料，系统鉴定了野生花生对青枯病的抗性反应，从中发掘出高抗青枯病的种质 15 份。从 20 世纪 80 年代起我国多个单位开始大规模研究花生远缘杂交，尝试利用野生花生资源，把野生花生的优良基因转移到栽培花生中。

河南省农业科学院通过远缘杂交的方法，培育出了一系列高产、优质、抗病性好的品种，如远杂 9102 和远杂 9614 等。远杂 9102 是由白沙 1016 与野生花生 *A. chacoense* 杂交选育而成的珍珠豆型品种。该品种植株直立疏枝，百果重 165 g，出米率 73.8%，夏播生育期 100 天，蛋白质含量 24.2%，含油量 57.4%。该品种高抗花生青枯病，抗叶斑病、锈病、网斑病和病毒病。于 2002 年通过国家审定。1999～2000 年参加全国花生区试，两年平均亩①产荚果 263.7 kg，籽仁 203.84 kg，分别比对照中花 4 号增产 7.17%和 14.9%。该品种适应性广，可在河南、河北、山东、安徽等省种植。2013 年对此品种进行春播和夏播高产实验，最高折亩产分别高达 522.24 kg 和 427.39 kg。远杂 9102 成功聚合了高产、早熟、高油、高抗青枯病、高固氮能力、广泛生态适应性等优良性状，2002～2012 年累计推广 3300 万亩，是我国当前年度种植面积最大的小果型品种之一，也是世界上推广面积最大的花生种间杂交品种（禹山林，2008）。

用远杂 9102 作母本，豫花 11 号作父本杂交，经系谱法选择育成了远杂 9614 花生品种。远杂 9614 属中间型花生品种，植株直立，分枝较少，荚果普通形，较大，种子休眠性强。该品种抗倒性强，高抗病毒病，中抗网斑病、叶斑病。百果重 208.7 g，百仁重 92.6 g，出仁率 71.9%。全生育期 123.7 天。粗脂肪含量 52.65%，粗蛋白质含量 27.04%。2004～2005 年参加湖北省花生品种区域试验，两年区域试验平均亩产荚果 318.1 kg，比对照中花 4 号增产 11.2%。2008 年通过湖北省审定。

远杂 9307 是以白沙 1016 为母本，以（福清×*A. diogoi*）F_2（福清×*A. diogoi* 杂交形成的三倍体 F_1，经染色体加倍成六倍体的自交后代）为父本杂交，经系统选育而成。2002 年通过全国农作物品种审定委员会审定。该品种是典型的珍珠豆型品种，产量显著高于白沙

① 1 亩≈666.7m^2。

1016。该品种高抗青枯病，抗叶斑病、网斑病和病毒病，抗旱性强，耐瘠薄；早熟，饱果率高，籽仁一致性好。种子休眠性强。2000 年和 2001 年两年区试平均荚果亩产 212.71 kg，籽仁亩产 156.57 kg，分别比对照白沙 1016 增产 9%和 14.15%。2001 年在全国花生生产试验中，平均荚果亩产 248.86 kg，籽仁亩产 181.48 kg，分别比对照白沙 1016 增产 10.94%和 15.93%。

远杂 9847 是以豫花 15 号为母本，以豫花 7 号×*Arachis* sp.30136 的三倍体 F_1 为父本进行杂交，种植 F_1 依次获得 F_2～F_5，期间连续进行单株筛选和株行比较试验，获得符合育种目标的优系培育而成。该品种具有高产、高油、综合抗性好的特点。在 2007 年和 2008 年河南区试中，荚果平均产量为 4180.88 kg/hm^2，籽仁平均产量为 3454.5 kg/hm^2，在 2008 年和 2009 年全国北方大花生区试中，平均荚果产量为 4736.7 kg/hm^2，平均籽仁产量为 3366.75 kg/hm^2。该品种高抗网斑病，抗叶斑病、锈病、病毒病和根腐病，分别于 2010 年和 2011 年通过河南省审定，国家鉴定。远杂 9847 苗期长势强，花期叶片稍黄，收获时叶片仍为绿色，不早衰，生育期 111 天（徐静等，2014）。

广西农业科学院在野生花生种质利用方面，从 20 世纪 80 年代开始也开展了卓有成效的工作，他们通过三倍体、六倍体、同源四倍体、双二倍体等多种途径，利用栽培种（母本）与野生种（父本）进行远缘杂交，配制了 200 多个不同的组合，育成了多个带有野生种血缘的花生新品种及大量具有优异性状的中间材料。桂花 20 号和桂花 22 号是利用贺粤 1 号与 *A. correntina* 杂交获得的三倍体通过自然加倍，从其后代中选育出来。桂花 26 号则含有 *A. monticola* 的血缘。桂花 30 号也是通过远缘杂交，利用三倍体途径培育而成的具有野生种血缘的品种。一般来讲，通过远缘杂交利用野生种的优异基因资源，技术上的难度较大，所需时间较长，如桂花 22 号花生品种的培育，前后经过 9 年 12 代的选育（周汉群等，2003）。很多栽培种与野生种杂交后代的中间材料具有良好的抗病性（唐荣华和周汉群，2000）。

第五节　花生地下结果特性研究

一、植物地下结果及环境适应意义

地下结果（geocarpy）特性是植物在进化过程中，对不良环境的一种适应策略（谭敦炎等，2010），以此也可推断花生发源地环境条件应该是比较恶劣的。地下结果在多种植物中存在，地下结果还可分为前入土型和后入土型。前入土型又可分为地下芽地下结实，白番红花就属于这种类型的地下结实植物，下位子房一直被埋在土中，开花时其下位子房约在地下 2 cm 处，花被管伸长将花蕾推出地面，在地上授粉，子房在地下受精（张洋和谭敦炎，2009）。前入土型的另一种情况则是地上地下两型结实，这类植物在地下地上都能形成花，地下花着生在根茎上，闭花受精，果实从分化到成熟始终被埋在地下，而地上花则在地上结实。两型豆是这类植物的典型代表，两型豆地上花形成的果实和地下花形成的果实，在大小上差异较大，但其胚胎发育过程基本相同，两型豆的胚胎发育类型属柳叶菜型（单憬岗等，2009）。后入土型包括主动地下结实、两型地下结实和被动地下结实。花生属于后入土型的主动地下结实。后入土被动地下结实指的是着生在植株基部的花发育成果实后，在河水、风砂等外力作用下被埋入地下。而后入土两型地下结实指的是地上花着生在根颈处，结实后由于主根的收缩作用，将果实拉入土中（谭敦炎等，2010）。根据现有研究，已经发现具有地下结实特性的植物存在于 24 科 57 属中，而具有地上/地下两型结实的植物存在于 13 科 34 属中，在有些植物类群中地下结实、地上/地下结实现象同时存在，如菊科、十字花科、豆科和玄参科植物（谭敦炎等，2010）。由此可见，很多地下结实植物与花生的结果特性并不完全相同，花生的地下结实属于后入土主动地下结实型，有其独特性。

地下结实植物通常分布在缺少水分或光照、土壤扰动频繁及环境波动较大的地区，是植物对其生境条件长期适应和进化的结果。人们试图从不同的侧面解释植物地下结实的生物学意义。在多变和较恶劣的生境中，母株所在位点的条件相对较好，地下结果可将种子留在母株附近，这可使种子萌发和发育成植株的概率增大，可保持种群在原有生境中的优势，这就是“母株位点理论”（mother-site theory）（Zohary，1937）。在干旱环境中，地下种子可在相对湿润的土壤中保持活力，有利于其萌发和幼苗建成。例如，生长在沙漠中的 *Amphicarpum purshii* 位于地面的种子更容易过度失水而导致萌发率非常低，而处于地下的种子则能保持相对较高的萌发率（Kaul et al.，2000; Cheplick and Quinn，1987）。另外，在某些地区，严重的植食压力可能是地下结实现象出现的进化动力之一，埋在地下的花和果实可以很好地躲避地上食草动物的取食。在火灾频繁发生的地中海和热带丛林地区，不少植物具有地下结实特性。火灾会对草本植物地上部分造成严重破坏，将种子埋在地下可以避免地面火灾的伤害。在高海拔冻融交替的土壤和低温环境中，为降低环境因子对繁殖的影响，果实埋藏在地下可持续发育较长的时间，保障安全成熟（单憬岗等，2009；谭敦炎等，2010）。

然而，地下结实也存在明显的进化劣势。地下果实和种子通常比较密集地分布在母株附近，这些种子会在相对集中的时间内萌发，这将不可避免地导致子代不同个体之间及母株与子代之间的竞争，从而对物种分布、种群增长、迁移产生重要影响，促进了种群隔离和物种形成的速度。通过对 3000 多份野生花生材料的分析发现，绝大部分野生花生种地理分布较狭窄。有 19 个种的最大分布范围在 100 km 之内，另外 12 个种的最大分布范围在 200 km 以内（Furguson et al.，2005）。也有一些种的分布范围较大，如 *A. repens* 的分布范围超过 3600 km，这很可能不是该种自然的分布，而是人们引种这种植物作为饲料作物栽培而产生的结果（Furguson et al.，2005）。地下结实植物往往表现出种群内杂合水平低，种群间杂合水平高的特点。地下种子可能遭到地下捕食者取食，而较大的地下果实需要植株付出较高的能量代价，因此，地下结实只能在特定生境条件下才得以进化（单憬岗等，2009）。

二、花生的结果特性

花生的地下结果特性是其区别于其他多种豆科植物的重要特点。花生在地上开花，卵子在地上完成受精过程，受精卵开始分裂，然而，受精卵在地上分裂几次便停止，胚珠和子房也没有能够膨大形成种子或果实，而是形成一针状结构，称为果针。果针是由什么形成的？尽管大多数文献都称其为 gynophore（即子房柄），但根据早期的观察，果针是由子房伸长而成，并非真正的子房柄（Smith，1950）。果针具有正向地生长的特性，在正常的昼夜交替的自然状态下，子房在地上不能膨大形成荚果。当不断伸长的果针进入土壤后，在黑暗、潮湿、营养充足的土壤中，果针停止伸长，而胚胎及其所在的子房部分开始膨大，启动了荚果发育的过程。如果人为地阻止花生果针入土，果针在光照条件下会逐渐衰老，顶端部位不能膨大形成荚果。图 1-6 示花生不同发育时期的果针及果针不同部位发育成的荚果柄和荚果。

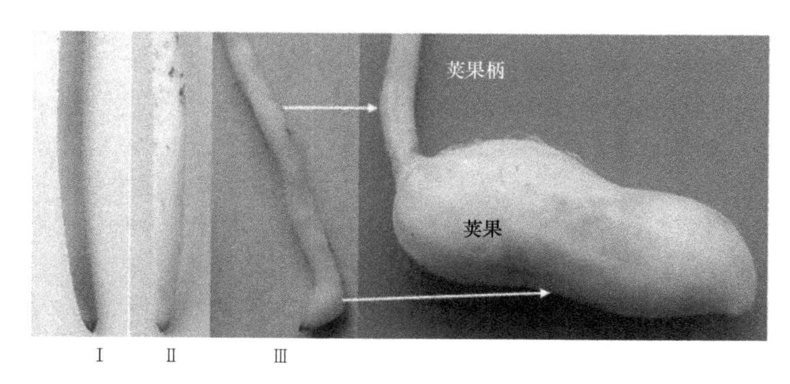

图 1-6 果针发育的不同时期

I. 地上生长的果针；II. 入土不久荚果还没有膨大的果针；III. 入土后荚果开始膨大的果针

三、花生地下结果机制研究

20 世纪 50～90 年代，有多项关于花生地下结果特性的研究，由于花生果针在光照条件下不能形成荚果，人们认识到黑暗在花生荚果发育中的关键促进作用，同时也注意到果针入土以后其他环境条件的变化可能对荚果发育有影响，如湿度、机械刺激、营养成分等。华南师范大学的潘瑞炽教授在这一方面做了大量工作。他将地上未入土的果针包裹上不同层数的纱布，使得处理的果针能够接受不同强度的光照，结果表明，包裹的纱布层数越多，果针形成荚果的概率越高。这些果实的形态与地下结果的形态不同，但这些果实的种子都能成功萌发（潘瑞炽等，1983）。这些果实形态与地下结果形态的差异可能是由于湿度、营养成分差异及果实所受到的机械刺激不同而引起的。Thompson 等（1985）研究了光对花生离体胚珠生长的影响，明确了白光、红光和蓝光对胚珠的抑制作用，其研究结果还表明，胚珠组织是感知光信号的位点。尽管人们很早已经认识到光在花生荚果发育中的重要作用，但人们探索光信号在花生荚果发育过程中作用机制的研究非常有限。Thompson 等（1992）利用来源于其他植物光酶色素的抗体检测了光敏色素在花生果针入土前后的分布模式和积累水平。也有研究推测，胚珠感知光信号后产生 ABA，而 ABA 抑制胚胎发育（Ziv and Kahana，1988）。

除光照以外，花生果针入土时所受到的机械刺激也被认为是诱导荚果发育的重要因素，研究表明，每天用手轻轻摩擦果针数十次，可以成功诱导果针在地上结果，所获得的种子能够成活（潘瑞炽等，1983）。因此，他得出结论，机械刺激在诱导花生结实方面发挥重要作用。后来的研究表明，花生在黑暗条件下进行液体培养，能够正常结果，由于果针在液体培养基中所受的机械刺激很小，因此，是否可以得出结论，黑暗和机械刺激均能独立地诱导花生结果？黑暗和机械刺激是诱导花生结果的两条平行途径，还是这两条途径在某个位点交叉？这是非常有意思的问题。

早期对花生荚果发育的研究涉及荚果发育过程中激素含量测定、施加外源激素、通过离体培养系统研究不同激素对荚果发育的影响等。鉴于当时的试验条件和不同试验设计的差异，这些方面的研究都比较初步，而且有些结果相互矛盾。在果针入土后激素含量变化方面，目前较为确定的是，果针入土后乙烯释放量大幅度增加，ABA 含量则明显降低（Shlamovitz et al.，1995）。在生长素的变化方面则存在分歧，Jacobs（1951）和潘瑞炽等（1989）的结果显示，果针入土后顶端生长素含量迅速增加，膨大子房的生长素含量比未膨大子房生长素含量高。但也有研究显示，在果针和荚果发育初期生长素含量变化不大，但分布模式不同（Shlamovitz et al.，1995；Moctezuma，1999）。张海燕等（2004）测定了未入土果针不同部位 GA_3 和 IAA 的含量，结果表明果针顶端 GA_3 和 IAA 含量最高，中间次之，基部含量最低。随着果针在地上的伸长，果针各个部位的 GA_3 和 IAA 含量均降低。花生荚果发育初期植物激素的信号转导途径的变化规律、光信号对激素合成和信号转导的调控、果针顶端胚胎所在区域和果针次顶端不包含胚胎的区域对这些信号反应的差异等，迄今未见报道。而另一些植物激素，如油菜素内酯、茉莉酸及茉莉酸甲酯等在花生荚果发育方面的作用和积累模式，都没有报道。

近几年又有尝试从分子水平上解释花生地下结果机制的报道。梁炫强及其团队的研究结果表明，未入土的果针中两个与衰老相关的基因高水平表达，导致地上果针的衰老，而无法开始正常的荚果膨大过程（Chen et al.，2012）。另外，该研究团队的结果还表明，地上果针中的木质素合成相关基因高水平表达，也是影响花生荚果膨大的关键因素。山东省农业科学院通过对入土前、入土后但荚果尚未膨大、入土后荚果刚刚开始膨大的果针的基因表达谱进行分析，发现果针入土后由于光信号的变化，发生了一系列的基因表达变化，这些变化涉及多种信号途径、多种激素，从而引起了细胞的生长、分裂和分化的变化，最终启动花生荚果发育（Xia et al.，2013）。

参考文献

杜培，张新友，李丽娜，等. 2013. 珍珠豆型花生品种白沙 1016 核型分析. 中国油料作物学报, 35(3): 257-261

李丽容，林少璇，廖小妹，等. 1994. 花生野生资源品质分析及杂交试验. 中国油料, 16(2): 22-26

潘玲华，蒋菁，钟瑞春，等. 2009. 花生属植物起源、分类及花生栽培种祖先研究进展. 广西农业科学, 40(4): 344-347

潘瑞炽，陈惜吟，罗蕴秀. 1983. 花生入地结荚的原因研究. 植物生理学报, 9(2): 109-115

单憬岗，张义，耿世磊，等. 2009. 豆科两型豆地上、地下花的比较胚胎学研究. 北京大学学报(自然科学版), 45(3): 395-401

孙大容，王玉莹，万文藻. 1988. 中国栽培花生品种的分类. 北京：农业出版社

孙中瑞，于善新. 1983. 花生野生种质利用展望. 花生学报, 2: 18-20

谭敦炎，张洋，王爱波. 2010. 被子植物地下结实和地上/地下结实的生态适应意义. 植物生态学报, 34(1): 72-88

唐荣华，周汉群，蔡骥业. 1988. 花生属野生种质的生化特性. 广西农业科学, 2: 14-18

唐荣华，周汉群，蔡骥业. 1990. 花生属野生种的核型分析及其进化. 中国油料, 1: 5-9

唐荣华，周汉群，蔡骥业. 1994. 花生栽野种间杂交研究. 广西农业科学, 1: 5-8

唐荣华，周汉群. 2000. 化生属野生杂种后代抗青枯病研究. 中国油料作物学报, 22(3): 61-65

王传堂，张建成. 2013. 花生遗传改良. 上海: 上海科学技术出版社: 1-50
徐静，张新友，汤丰收，等. 2014. 花生新品种远杂 9847 选育及启示. 河南农业科学, 43(10): 38-41
徐静. 2006. 花生种间杂交亲和性及杂种胚胎发育研究. 新乡: 河南师范大学硕士学位论文
殷冬梅，张新友，汤丰收，等. 2003. 花生属野生种质的 RAPD 鉴定.河南农业科学, (11): 15-17
禹山林. 2008. 中国花生品种及其系谱. 上海: 上海科学技术出版社: 146-181
曾子申，利容千. 1985. 花生染色体核型的研究. 中国油料, 1: 15-17
詹英贤，吴爱忠，程明. 1988. 花生四个类型的染色体组型分析. 中国农业科学, 21(1): 61-67
张新友，刘恩生，殷冬梅. 1999. 胚珠和胚离体培养在花生种间杂交中的应用//卢翠乔，吴丁. 植物生理学与跨世纪农业研究. 北京: 科学出版社: 162-168
张新友，徐静，汤丰收，等. 2013. 花生种间杂种胚胎发育及内源激素变化. 作物学报, 39(6): 1127-1133
张新友. 1991. 花生属拟直立型组野生种在栽培种改良中的应用. I: 对花生锈病和叶斑病的抗性. 华北农学报, 4(6): 30-35
张新友. 1992a. 花生属拟直立型组种间杂种一带及其双二倍体研究. 花生科技, (2): 5-8
张新友. 1992b. 花生属拟直立型组野生种在栽培种改良中的应用. II：染色体组型分析. 华北农学报, 7(1): 47-55
张新友. 1992c. 花生属拟直立型组与花生组杂交亲和性及杂种一代研究//中国科学技术协会首届青年学术年会论文集. 北京: 中国科学技术出版社: 146-151
张新友. 1994a. 花生属拟直立型组种间杂交亲和性及染色体组变异机制的探讨//第三届全国青年作物遗传育种学术会论文集. 北京: 中国农业科技出版社: 108-112
张新友. 1994b. 花生组内种间杂交亲和性及杂种一代研究. 河南农业科学, (3): 1-4
张新友. 1996. 花生属拟直立型组的染色体组分化状况与机制探讨//中国油料作物科学技术新进展-96 油料作物学术年会论文集. 北京: 中国农业科技出版社: 352-356
张新友. 2012. 挖掘利用近缘野生种质，加强花生种质创新. 作物杂志, 6: 6-7
张洋，谭敦炎. 2009. 地下结实植物白番红花的繁育系统与传粉生物学. 生物多样性, 17(5): 468-475
周翠球，周汉群，钟瑞春，等. 2005. 花生新品种桂花 26 选育研究. 广西农业科学, 2: 165-166
周汉群，唐荣华，周翠球，等. 2003. 花生亲和种远缘杂交育种研究. 花生学报, 32(增刊): 155-161
周蓉，段乃雄，陈小媚. 1996. 花生属野生植物资源. I 种群分布和搜集保存. 中国油料, 18(2): 78-81
周蓉，段乃雄，谈宇俊. 1990. 花生叶部病害抗病性种质鉴定. 花生科技, 2: 33-34
Bajaj YPS, Kumar P, Singh MM. 1982. Interpcific hybridization in the genus through embryo culture. Euphytica, 31: 365-370
Basha SM, Pancholy SK. 1984. Variations in the Methionine-rich Protein Composition of the Genus *Arachis*. Peanut Science, 11(1): 1-3
Bechara MD, Moretzsohn MC, Palmieri DA, et al. 2010. Phylogenetic relationships in genus *Arachis* based on ITS and 5.8S rDNA sequences. BMC Plant Biology, 10: 255
Bertioli DJ, Seijo G, Freitas FO, et al. 2011. An overiew of peanut and its wild relatives. Plant Grenetic Resources: Characterization and Vtilization, 9: 134-149.
Cavalli-Sforza LL, Menozzi P, Piazza A. 1994. America. *In*: Cavalli-Sforza LL, Menozzi P, Piazza A. History and Geography of Human Genes. Prinston NJ: Prinston University Press: 302-342
Cheplick GP, Quinn JA. 1987. The role of seed depth, litter, and fire in th seedling establishment of amphicarpic peanutgrass(*Amphicarpum purshii*). Oecologia, 73: 459-546
Doyle JJ, Doyle JL, Brown AHD, et al. 1990. Multiple origins of polyploids in the *Glycine tabacina* complex inferred from chloroplast DNA polymorphism. PNAS, 87: 714-717
Ferguson ME, Jarvis A, Stalker HT, et al. 2005. Biogeography of wild *Arachis(*Leguminosae): distribution and environmental characterization. Biodiversity and Conservation, 14: 1777-1798
Fernandez A, Krapovickas A. 1994. Cromosomasy Evolución en Arachis(Leguminosae). Bonplandia 8: 187-220
Gibbons RW, Bunting AH, Smartt J. 1972. The classification of varieties of groundnut(*Arachis hypogaea* L.). Euphytica, 21(1): 78-85
Gibbons RW, Turley AC. 1967. Grain legume pathology research team. Botany and plant breeding. The Annual Report of the Agricultural Research Council of Central Africa: 86-90
Gimenes MA, Lopes CR, Valls JFM. 2002. Genetic relationships among *Arachis* species based on AFLP. Genetics and Molecular Biology, 25(3): 349-353

Grabiele M, Chalup L, Robledo G, et al. 2012. Genetic and geographic origin of domesticated peanut as evidenced by 5S rDNA and chloroplast DNA sequences. Plant Systematics and Evolution, 298(6): 1151-1165
Gregory MP, Gregory WC. 1979. Exotic germplasm of *Arachis* L. interspecific hybrids. J Heredity, 70: 185-193
Gregory WC. 1946. Peanut breeding program underway. Research and farming 69th annual report, North Carolina Agric Exp Sta: 42-44
Halward TM, Stalker HT. 1987. Comparison of embryo development in wild and cultivated *Arachis* species. Annals of Botany, 59: 9-14
Hammons RO. 1970. Registration of Spancross peanuts(Reg. No.3). Crop Science, 10: 459-460
Hull FH, Carver WA. 1938. Peanut improvement. Florida Agri Exp Sta Annual Report: 39-40
Kaul V, Koul AK, Sharma MC. 2000. The underground flower. Current Science, 78: 39-44
Ketring DL. 1981. Reproduction of peanuts treated with a cytokinin-containing preparation. Agron J, 73: 350-352
Kochert G, Halward T, Branch WD, et al. 1991. RFLP viariability in peanut(*Arachis hypogaea*)cultivars and wild species. Theor Appl Genet, 81: 565-570
Kochert G, Stalker HT, Gimenes M, et al. 1996. RFLP and cytogenetic evidence on the origin and evolution of allotetraploid domesticated peanut, *Arachis hypogaea*(Leguminosae). Am J Bot, 83: 1282-1291
Koppolu R, Upadhyaya HD, Dwivedi SL, et al. 2010. Genetic relationships among seven sections of genus *Arachis* studied by using SSR markers. BMC Plant Biology, 10: 15
Krapovickas A, Fernandez A, Seeligmann P. 1974. Recuperacion de la fertilidad en un hibrido interespecifico esteril de *Arachis*(Leguminosae). Bonplandia Ⅲ, 11: 129-142
Krapovickas A, Gregory WC. 1994. Taxonomia del genero *Arachis(*Leguminosae). Bonplandia, 8: 1-186
Kumar LSS, Cruz RD, Oke JG. 1957. A synthetic allohexaploid in *Arachis*. Current science, 26: 121-122
Kumari V, Gowda MVC, Tasiwal V, et al. 2014. Diversification of primary gene pool through introgression of resistance to foliar diseases from synthetic amphidiploids to cultivated groundnut(*Arachis hypogaea* L.). The Crop Journal, 2: 110-119
Lavia GI, Ortiz AM, Robledo G, et al. 2011. Origin of triploid *Arachis pintoi*(Leguminosae)by autopolyploidy evidenced by FISH and meiotic behaviour. Ann Bot, 108(1): 103-111
Lyerly JH. 2000. Evaluation of *Arachis* species for resistance to tomato spotted wilt virus.Raleigh, NC: North Carolina State University M.S. Thesis
Mallikarjuna N, Jadhav DR, Reddy RK, et al. 2012. Screening new Arachis amphidiploids, and autotetraploids for resistance to late leaf spot by detached leaf technique. European Journal of Plant Pathology, 132(1): 17-21
Milla SR, Isleib TG, Stalker HT. 2005. Taxonomic relationships among *Arachis* sect. *Arachis* species as revealed by AFLP markers. Genome, 48: 1-11
Mnzava NA. 1983. Induction of aerial ovary enlargement in *Arachis hypogaea*. Acta Hort(ISHS), 137: 329-334
Moretzsohn MC, Gouvea EG, Inglis PW, et al. 2013. A study of the relationships of cultivated peanut(*Arachis hypogaea*)and its most closely related wild species using intron sequences and microsatellite markers. Annals of Botany, 111: 113-126
Moretzsohn MC, Hopkins MS, Mitchell SE, et al. 2004. Genetic diversity of peanut(*Arachis hypogaea* L.)and its wild relatives based on the analysis hypervariable regions of the genome. BMC Plant Biology, doi: 10.1186/1471-2229-4-11
Moretzsohn MC, Leoi L, Proite K, et al. 2005. A microsatellite-based, gene-rich linkage map for the AA genome of *Arachis(Fabaceae)*. Theor Appl Genet, 111: 1060-1071
Moss JP, Stalker HT, Pattee HE. 1988. Embryo rescue in wide crosses in *Arachis* 1. Culture of ovules in peg tips of *Arachis hypogaea*. Annals of Botany, 61: 1-7
Moss JP, Stalker HT. 1987. Embryo rescue in wide crosses in *Arachis* 3. *in vitro* culture of peg tips of *A. hypogaea* selfs and interspecific hybrids. Peanut Science, 14: 70-74
Moss JP. 1981. Utilization of wild *Arachis* species as a source of *Cerocospora* leaf spot resistance in groundnut breeding. *In*: Manna GK, Sinha U. Perspectives in Cytology and Genetics. New delhi, India: Hindasia: 673-677
Naito Y, Suzuki S, Iwata Y, et al. 2008. Genetic diversity and relationship analysis of peanut germplasm using SSR markers. Breeding Science, 58: 293-300
Periasamy K, Sampoornam C. 1984. The morphology and anatomy of ovule and fruit development in *Arachis hypogaea* L. Annals of Botany, 53: 399-411
Proite K, Leal-Bertioli SCM, Bertioli DJ, et al. 2007. ESTs from a wild *Arachis* species for gene discovery and marker development. BMC Plant Biol, doi: 10.1186/1471-2229-7-7
Raina SN, Rani V, Kojima T, et al. 2001. RAPD and ISSR fingerprints as useful genetic markers for analysis of genetic diversity, varietal identification, and phylogenetic relationships in peanut(*Arachis hypogaea*)cultivars

and wild species. Genome, 44(5): 763-772
Raman VS. 1959. Studies in the genus *Arachis*. Ⅶ. A natural interspecific hybrid. Indian Oilseeds J, Ⅲ: 226-228
Robledo G, Lavia GI, Seijo G. 2009. Species relations among wild *Arachis* species with the A genome as revealed by FISH mapping of rDNA loci and heterochromatin detection. Theor Appl Genet, 118: 1295-1307
Robledo G, Seijo G. 2008. Characterization of the *Arachis*(Leguminosae)D genome using fluorescent insitu hybridization(FISH)chromosome markers and total genomic DNA hybridization. Genet Mol Biol, 31: 717-724
Sastri DC, Moss JP. 1982. Effects of growth regulators on incompatible crosses in the genus *Arachis* L. J Expt Bot, 53: 1293-1301
Seijo JG, Lavia GI, Fernández A, et al. 2004. Physical mapping of 5S and 18S-25S rRNA genes evidences that *Arachis duranensis* and *A. ipäensis* are the wild diploid species involved I n the origin of *A. hypogaea*(Leguminosae). Am J Bot, 91: 1294-1303
Seijo JG, Lavia GI, Fernández A, et al. 2007. Genomic relationships between the cultivated peanut(*Arachis hypogaea*, Leguminosae)and its relatives revealed by double GISH. American Journal of Botany, 94: 1963-1971
Shlamovitz N, Ziv M, Zamski E. 1995. Light, dark and growth regulator involvement in groundnut(*Arachis hypogaea* L.)pod development. Plant Growth Regulation, 16: 37-42
Silvestri MC, Ortiz AM, Lavia GI. 2014. rDNA loci and heterochromatin positions support a distinct genome type for x = 9 species of section *Arachis*(*Arachis*, Leguminosae). Plant Systematics and Evolution, 301(2): 555-562
Simpson CE, Davis KS. 1983. Meiotic behavior of a male-sterile triploid *Arachis* L. hybrid. Crop Science, 23: 581-584
Simpson CE, Krapovickas A, Valls JFM. 2001. History of *Arachis* including evidence of *A. hypogaea* L. progenitors. Peanut Science, 28(2): 78-80
Simpson CE, Smith OD. 1975. Registration of tamnut 74 peanut(Reg. 19). Crop Science, 15: 603-604
Simpson CE. 2001. Use of wild Arachis species/introgression of genes into *Arachis hypogaea* L. Peanut Sci, 28: 114-116
Singh AK, Moss JP. 1982. Utilization of wild relatives in genetic improvement of *Arachis hypogaea* L. 2. Chromosome complements of species section Arachis. Theoretical And Applied Genetics, 61: 305-314
Singh AK, Moss JP. 1984a. Utilization of wild relatives in genetic improvement of *Arachis hypogaea* L.: Part 5: genome analysis in section Arachis and its implications in gene transfer. Theor Appl Genet, 68(4): 355-364
Singh AK, Moss JP. 1984b. Utilization of wild relatives in genetic improvement of *Arachis hypogaea* L.: Part 6: fertility in triploids: cytological basis and breeding implications. Peanut Science, 11(1): 17-21
Singh AK, Sastri DC, Moss JP. 1980. Utilization of wild arachis species at ICRISAT. *In*: Proceedings of the International Workshop on Groundnuts, 13-17 October 1980, ICRISAT Center Patancheru, India
Singh AK. 1986a. Utilization of wild relatives in genetic improvement of *Arachis hypogaea* L.: Part 7: autotetraploid production and prospects in interspecific breeding. Theor Appl Genet, 72: 164-169
Singh AK. 1986b. Utilization of wild relatives in genetic improvement of *Arachis hypogaea* L.: Part 8: synthetic amphidiploids and their importance in interspecific breeding. Theor Appl Genet, 72(4): 433-439
Singsit C, Ozias-Akins P. 1992. Rapid estimation of ploidy level in *in vitro*-regenerated interspecific Arachis hybrids and fertile triploids. Euphytica, 64: 183-188
Smartt J, Gregory WC, Gregory MP. 1978. The genomes of Arachis hypogaea 1. Cytogenetics studies of putative genome donors. Euphytica, 27: 665-675
Smartt J, Gregory WC. 1967. Interspecific cross-compatibility between the cultivated peanut *Arachis hypogaea* L. and other members of the genus *Arachis*. Oleagineux, 22: 455-459
Smartt J. 1978. The genomes of *Arachis hypngaea* 2. The implications in interspecific breeding. Euphytica, 27: 677-680
Smith BW. 1950. *Arachis hypogaea*. Aerial flower and subterranean fruit. American Journal of Botany, 37: 802-815
Soltis DE, Soltis PS. 1993. Molecular data and the dynamic nature of polyploidy. Crit Rev Plant Sci, 12: 243-273
Soltis DE, Soltis PS. 1995. The dynamic nature of polyploidy genomes. PNAS, 92: 8080-8091
Soltis DE, Soltis PS. 1999. Polyploidy: recurrent formation and genome evolution. Trends Ecol Evol, 14: 348-352
Stalker HT, Campbell WV. 1983. Resistance of wild species of peanuts to an insect complex. Peanut Sci, 10: 30-33
Stalker HT, Dalmacio R. 1986. Karyotype analysis and relationships among varieties of *Arachis hypogaea* L. Cytologia, 51: 617-629
Stalker HT, Dhesi JS, Parry D, et al. 1991. Cytological and interfertility relationships of *Arachis* section *Arachis*, SM. J Bot, 78: 238-246
Stalker HT, Moss JP. 1987. Speciation, cytogenetics, and utilization of Arachis species. Adv Agronomy, 41: 1-40
Stalker HT, Wynne JC, Company M. 1979. Variation in progenies of an *Arachis hypogaea* × diploid wild species

hybrid. Euphytica, 28: 675-684
Stalker HT, Wynne JC. 1979. Cytology of interspecific hybrids in section *Arachis* of peanuts. Peanut science, 6: 110-114
Stalker HT. 1981 Hybrids in the Genus *Arachis* between sections erectoides and *Arachis*. Crop Science, 21(3): 359-362
Stalker HT. 1985. Cytotaxonomy of *Arachis*. P. 65-79. In: Moss JP. Proc. Intern. Workshop on Cytogenetics of Arachis. Int. Crops Res. Inst. Semi-Arid Tropics, Patancheru, A. P., India
Stalker HT. 1991. A new species in section Arachis of peanuts with a D genome. Am J Bot, 78: 630-637
Thompson LK, Burgess CL, Skinner EN. 1992. Localization of phytochrome during peanut(*Arachis hypogaea*)gynophore and ovule development. Am J Bot, 79: 828-832
Upadhyaya HD, Sharma S, Dwivedi SL. 2011. *Arachis*. *In*: Chittaranjan K. Wild Crop Relatives: Genomic and Breeding Resource, Legume Crops and Forages. Springer: 1-29
Valls JFM, Simpson CE. 2005. New species of *Arachis* from Brazil, Paraguay, and Bolivia. Bonplandia, 14: 35-64
Varisai Muhammad S. 1973a. Cytological investigations in the genus *Arachis* L. Ⅱ. Triploid hybrids and their derivatives. Madras Agric J, 60: 1414-1427
Varisai Muhammad S. 1973b. Cytological investigations in the genus *Arachis* L. Ⅲ. Tetraploid interspecific hybrids and their derivatives. Madras Agric J, 60: 1428-1432
Varisai Muhammad S. 1973c. Cytological investigations in the genus *Arachis* L. Ⅳ. Chiasma frequentcy interspecific hybrids and their derivatives. Madras Agri J, 60: 1433-1437
Zhang XY, Liu ES. 1993. Crossability between *Arachis hypogaea* L. and ereotoides species *A*. sp.9990 GKP. Aoata Agriculture Boreali Sinica, 01(8 suppl): 16-20
Ziv M, Kahana O. 1988. The role of the peanut(*Arachis hypogaea*)ovular tissue in the Photo-morphogenetic response of the embryo. Plant Science, 57: 159-164

第二章　花生组织与细胞培养研究

第一节　植物组织培养及研究进展

一、植物组织培养的概念和发展历史

广义的植物组织培养（plant tissue culture）是指将植物的离体器官、组织或细胞在人工控制的条件下培养，使其毛长、分化并再生成完整植株的技术，有时也称为植物组织和细胞培养。狭义的植物组织培养主要是指愈伤组织的培养。植物组织与细胞培养始于20世纪初，1902年，德国植物学家Haberlandt提出植物细胞具有全能性的观点，他认为高等植物的组织和器官可以不断分割直到单细胞，如果每个细胞都有母体一样的功能，就可将植物的单个细胞从母体植株上分离出来，通过体外培养技术，从而形成一个新的植物体（Haberlandt，1902）。但当时由于所用培养基及成分过于简单及选用的实验材料都是已高度分化的细胞，而且没采取消毒技术，培养的细胞仅存活了几个月并且没能分裂，虽经过长期试验探索但Haberlandt本人并未能取得成功。

20世纪30年代以前进行的植物组织培养，主要以较大的外植体作培养材料，所用培养基也比较简单，主要是无机盐和糖类，因而培养效果较差。1934年，White在无机盐和糖类的培养基中加入了酵母提取物，以番茄根尖切断为材料，建立了第一个活跃生长的无性系，使根的离体培养首次获得了成功（White，1934）。之后，White（1937）发现B族维生素维生素B_1、维生素B_6和烟酸对培养离体根的生长具有重要作用。同时，还发现吲哚乙酸（IAA）在控制植物生长中有重要作用。1934年，Gautheret在含Knop溶液和葡萄糖的培养基中加入了水解酪蛋白，以山毛柳和黑杨形成层组织为外植体进行培养，发现形成层组织可被诱导形成愈伤组织，之后不断增生形成瘤状突起物（Gautheret et al.，1934）。1937年，Gautheret发现IAA能促进柳树形成层生长，并诱导形成愈伤组织。与此同时，Nobécourt和Sur la pérennité et（1939）用胡萝卜根作外植体，在培养基中加入了IAA，首次用液泡化的薄壁细胞建立了类似的连续生长的组织培养物。因此，Haberlandt、White和Nobécourt一起被誉为植物组织培养的奠基人。20世纪40年代初，又有研究者发现椰子汁对植物生长具有明显的作用，如在曼陀罗幼胚培养基中添加椰子汁，可提高外植体的成活率（Overbeek et al.，1941）。后来发现椰子汁对胡萝卜组织的生长也具有促进作用（Steward et al.，1943）。椰子汁在组织培养中起主要作用的是腺嘌呤类激素或类似物，以后这一物质在多种作物的组织培养中得到广泛的应用。以上研究主要探索了植物组织培养中需要的无机盐、糖类和激素，为随后各种培养基的发展奠定了基础；同时培养材料的种类和范围也扩大了，不仅仅局限于使用已分化完全的器官和组织。

从20世纪40年代后期开始，植物组织培养进入了一个十分活跃的时期，Skoog和Tsui（1948）发现腺嘌呤或腺苷可以解除外植体培养过程中生长素等的抑制作用，促进

愈伤组织的生长，还发现腺嘌呤与生长素的比例是控制芽和根形成的主要条件之一。1956年，Miller 等从鲱精子 DNA 中分离出 6-呋喃氨基嘌呤并定名为激动素（kinetin），尔后，玉米素、异戊烯基腺嘌呤和其他细胞分裂素等植物激素相继被发现，后人将与激动素活性类似的一类化合物统称为细胞分裂素（cytokinin），细胞分裂素可诱导已经成熟并高度分化的组织或器官发生细胞分裂。之后，研究者从不同方面进一步完善植物组织培养的营养条件，建立了各种培养基，其中以 MS 培养基应用最广泛，它由 Murashige 和 Skoog 于 1962 年在培养烟草细胞时设计，另外，还有 White、B_5、N_6 等培养基。虽然各种培养基成分不同，但它们的营养元素都主要包括无机物、有机物、植物生长调节物、附加物、天然添加物，如椰子汁、酵母提取物等。

在建立培养基的同时，研究者也在不断改进培养方法，早期的组织培养多采用固体培养，后来研究者引入了动物和微生物培养中采用的液体培养方法，如用胡萝卜根愈伤组织作外植体进行了液体培养（Steward et al.，1952）。当时建立的液体培养方法虽然有很多优点，但液体培养要求严格无菌条件，而且培养时还要具有一定的起始密度。为了便于培养小细胞团或单细胞，研究者又进行了改进，创立了看护培养技术，可以将悬浮培养的细胞接种到一薄层的固体培养基中，进行单细胞的培养，并建立了烟草单细胞无性系（Muir et al.，1954）。

20 世纪 60 年代以来是植物组织和细胞培养迅速发展的阶段，这一时期的突出成果之一就是花药/花粉培养和单倍体育种。自 1964 年印度学者 Guha 等用曼陀罗花药培养得到单倍体植物以来，该技术得到了迅速发展，迄今为止，至少在 23 个科 52 个属 300 多个种的植物中获得成功。通过花药或花粉培养进行的单倍体育种，已成为一种重要的育种技术。

在组织培养成功应用的同时，原生质体培养技术也受到研究者的重视，因为原生质体可以从外界摄取病毒、细菌颗粒及蛋白质和核酸等大分子，在基因工程研究中具有明显的优势。另外，利用原生质体可进行细胞融合，种间原生质体融合可打破种间界限，培育新的杂种植株。1960 年，Cocking 等用真菌纤维素酶分离番茄幼根原生质体获得成功，并开创了分离植物原生质体的新方法（Cocking，1960）；1970 年，Nagata 等首次以烟草细胞原生质体为材料获得再生植株；1972 年，Carlson 等用 $NaNO_3$ 作融合剂，使粉蓝烟草和郎氏烟草原生质体融合，获得了第一个体细胞杂种（Carlson et al.，1972）；1978 年，Melchers 等首次获得番茄和马铃薯间体细胞杂种——“Pomato”（Melchers et al.，1978）。20 世纪 80 年代以来，原生质体融合的技术得到了极大的改进和发展，其中，Kao 等（1974）建立的聚乙二醇（PEG）诱导细胞融合的方法得到了广泛应用。

二、植物再生途径

细胞全能性学说是植物组织培养的理论基础，全能性只是植物细胞的一种潜在能力，在绝大多数情况下，植物细胞全能性的表达都要经过一个从分化状态到脱分化的愈伤组织的中间阶段，然后进行再分化和植株再生。但在少数情况下，可不需要经历愈伤组织这一中间阶段直接进行再分化。通常在组织培养条件下，从外植体到形成愈伤组织可分为 3 个时期：诱导期、分裂期和形成期。各个时期并没有完全的界限，同一愈伤组织中可以存在不同时期的细胞。新鲜的愈伤组织经过一段时间的生长后，由于培养基中养分、水分的消耗和代谢物的积累而受到毒害作用，生长变慢、趋于老化，因此，在诱导后，一般情况下需要对愈伤组织进行继代培养。进行继代培养的最适时间就是愈伤组织的细胞处于旺盛分裂时，这时继代后的愈伤组织容易再分化形成芽和根，最终获得完整的再生植株。愈伤组织的再分化有两种发育途径：器官发生和体细胞胚胎发生。

1. 植物器官发生途径

器官发生途径是指离体培养的组织、细胞在诱导条件下经分裂和增殖再分化再生植株的过程。这种发生途径通常有两种：器官直接发生不定芽途径和器官间接发生不定芽途径。前者是指外植体在分化培养基上不经过愈伤组织而直接分化出不定芽的途径。后者是指外植体首先在切口处形成愈伤组织，然后进行器官分化，产生大量的不定芽，最后形成小苗。通过愈伤组织再生植株一般需要愈伤组织诱导和不定芽分化两个步骤，经愈伤组织形成再生芽的周期较长。

离体器官发生是植物再生完整植株的最主要的方式之一。它不仅在大量无性繁殖植物上具有重要的应用价值，而且是通过基因工程技术改良植物品种的前提和基础，如体细胞杂种的培养、利用花粉培养获得单倍体和转基因育种等。同时，由于离体条件下植物器官再生的环境因素比较容易控制，因此它也是研究植物发育问题的重要实验系统之一。因而，深入研究植物离体器官发生的机制既具有重要的实践价值，也具有重要的理论意义。

离体器官发生的研究最早可以追溯到 1908 年，Winkler 通过培养长叶蝴蝶草的叶切段，直接再生了花芽。20 世纪 30～50 年代，多种植物不同营养器官的直接再生获得了成功。例如，White（1943）通过培养番茄的根尖，获得了再生植株。Skoog 和 Tsui（1948）则诱导了营养芽的直接形成。20 世纪 70 年代初离体生殖器官的再生进入快速发展时期。Tran（1973）通过薄层培养诱导了烟草花芽的直接再生。陆文梁等（1988）以风信子的花被片、雄蕊和胚珠为外植体获得了再生植株。后来又以小麦稃片和颖片外植体获得了小穗的离体再生植株（White，1943；Skoog and Tsui，1948；Tran et al.，1973；陆文梁等，1988，1992）。迄今为止，被子植物中几乎所有器官都可以在离体条件下得到再生。

2. 植物体细胞胚发生

植物的体细胞胚胎发生是指体细胞在特定的条件下，未经性细胞融合，通过与合子胚发生类似的途径发育出新个体的形态发生过程。体细胞胚胎发生途径中，先由外植体分化为胚状体（即体细胞胚，简称体胚），胚状体的发育过程与受精卵发育成胚的过程一样，要经历原胚、球形胚、心形胚、鱼雷形胚和子叶形胚等几个时期，最后长成完整植株。胚状体的发生及其再生植株的过程是对植物细胞全能性的最有力证据。胚胎发生途径中，体胚一般起源于单个细胞，能够克服再生植株的嵌合现象，是获得再生植株的理想途径。体细胞胚胎发生途径也分为两种：一是从组织或细胞直接发生，不经过愈伤组织；二是经过愈伤组织阶段再分化为体胚，这是最普遍的一种方式。

植物体细胞胚胎发生的研究最早始于19世纪50年代末。Steward等（1958）发现，离体条件下胡萝卜根细胞可产生一种与合子胚类似的能够发育成完整植株的胚状结构，揭开了植物体胚研究的序幕，并通过试验证实了植物细胞具有全能性的假设。此后，在玉米、大豆、棉花等许多草本植物中也成功地诱导了体胚，并获得了再生植株。在木本植物上，体胚发生的研究起步较晚。Durzan和Chalupa（1976）首次报道了班克松、花旗松和白云杉胚类似结构的相关研究。几年以后，在杉属植物中通过胚性组织获得了可发育形成完整植株的体胚。此后，一系列针叶树种通过组织培养相继获得了体胚。20世纪90年代，我国科学家先后对经济和粮食作物、木本植物和观赏性草本植物的体胚发生进行了研究。研究内容集中在体胚发生体系的建立、人工种子制备、体胚发生的生理生化因素等。目前在多种植物中能够通过体胚发生途径获得再生植株，如棉花、小麦、枸杞、香蕉、落叶松等已形成较完善的再生体系。此外，人们对体胚发生的影响因素、与体胚发生发育关系密切的代谢物质的动态变化（如碳水化合物、蛋白质、氨基酸、激素等）以及这些代谢物对体胚发生的影响进行了系统的研究（张献龙等，1992；向太和等，1997；崔凯荣等，1997；高述民等，2001）。

目前，体胚发生途径已成为植物界中广泛应用的一条途径，它在植物人工种子的生产、优良种质的保存、原生质体的培养、高效的再生和遗传转化体系的建立及基因工程育种和诱变育种等方面有着重要作用。近年来，在植物体胚发生机制方面的研究已有了一定的进展，但植物体胚发生过程很复杂，受多种因子调控，涉及外植体的类型和基因型、内源激素的水平、培养基的种类、培养基中植物调节物质的种类和浓度、基因表达的情况等。过去20多年，研究者极力寻找与体细胞胚发生过程中表达方式改变有关的基因，但至今发现的绝大部分基因是在体细胞胚发生后才起作用的，如*AGL15*（*AGAMOUS-like15*）、*BBM*（*BABY BOOM*）、*LEC*（*LEAFYCOTYLEDON2*）和*WUS*（*WUSCHEL*）等基因可提高体细胞胚发生率或维持体胚发生（Ellen et al.，2003；Kim et al.，2002；Sandra et al.，2001；Jianru et al.，2002）。有些基因突变后可产生畸形胚，如拟南芥*lec1*突变体的胚柄细胞发生纵向分裂，胚柄的某些部位产生两列细胞，形成畸形胚柄（Lotan et al.，1998）。但这些基因在体细胞从营养生长向胚性生长的过程中并不起作用。而*SERK*基因比较特殊，如来自胡萝卜的*SERK*基因只在胚性细胞中表达，且只在球形期以前表达，而不在非胚性细胞和球形期后的体胚中表达。体胚发生的机制尚不清楚，培养过程中还有很多问题尚待解决，如胚状体发育畸形、某些物种或同一物种的某些品种体胚诱导频率低、木本植物体胚成苗率低等（马骥等，2005；乔利仙等，2012；贾彩凤等，2004）。利用植物体胚发生途径，深入了解体胚发生的分子机制，不仅有助于阐明一些关键因子在植物体胚发生过程中的作用，解决体胚分化过程中的瓶颈问题，而且对揭示体胚发生这一特定细胞分化过程的本质、破解生命活动和个体发育机制具有重要意义。

组织培养技术已经渗透到生物学科的各个领域，它为研究植物细胞、组织分化及器官形态建成的规律提供了实验条件，促进了营养生理、细胞生理等研究的发展。同一植物所有细胞均来自受精卵，它们具有相同的遗传物质，但可以分化成不同的形态，即使同一个细胞，在不同条件下也可能分化成不同的类型。那么，细胞为什么会分化成不同的形态，如何去控制细胞的分化使其更好地为人类所利用，这些问题已成为当今植物学领域最令人感兴趣的。从20世纪开始，研究者在这一领域开展了广泛的探索，逐渐清楚了影响分化的多种内外因素，如细胞的极性，细胞在植物体中的位置，细胞的发育时期，各种激素和某些化学物质以及光照、温度、湿度等物理因素。细胞分化是发育生物学的一个核心问题，它是基因选择性活化或阻遏的结果。基因活化或阻遏使细胞在结构、生理生化特性上发生改变，导致细胞向着不同的方向分化。在一个已分化的成熟细胞中，通常仅有少数基因处于活化状态，而各个细胞在不同的时间、空间和内外条件下，基因表达的情况是不同的，因而就出现了机能和形态的差异。所以，细胞分化的基本问题就是一个具有全能性的细胞通过什么方式使小部分特定基因活化，而大部分遗传信息不再表达，最终使细胞表现出所执行的功能。目前，这个问题还没有得到清楚的阐明，但利用组织培养技术已初步揭示了细胞分化的某些规律和机制。例如，研究者已证实植物生长调节剂是离体培养条件下调控细胞分化和再分化的主要因素，其中生长素和细胞分裂素是两类主要的植物调控激素，生长素用量与细胞分裂素用量的比值高时，有利于根的分化、抑制芽的形成；比值低时，有利于芽的分化，抑制根的形成；比例适中时，促进愈伤组织的生长。细胞分化是细胞对化学环境变化的一种反应。细胞内外化学物质的变化是细胞分化的物质基础。细胞内极性建立是细胞分化开始的第一步。在分化的控制上，激素的调节作用是十分重要的，但调控因子十分复杂。

三、植物组织培养技术的应用

1. 植物的快速繁殖

植物快速繁殖最成功的事例之一就是兰花的快繁。1960年，Morel通过球茎组织培养获得了兰花组培苗，使兰花的繁殖系数大为提高，从而形成了20世纪风靡全球的“兰花工业”。目前，可通过组织培养繁殖的兰花品种已超过150种。继兰花快繁成功后，快繁技术已在花卉、苗木、蔬菜等，甚至一些濒危植物中成功应用，有些已用于商品化生产，如百合、菊花、紫罗兰、杜鹃、草莓、香蕉等。由于组织培养法繁殖植物的明显特点是快速，因此，组织培养技术对一些繁殖系数低、不能用种子繁殖的名特优植物品种的繁殖意义尤为重大。

2. 脱毒苗的生产

在利用组织培养技术培育植物脱毒苗方面，最成功的事例之一就是马铃薯脱毒苗的生产。马铃薯感染病毒后，症状并不明显，但产量大幅度下降。1952年，Morel发现采用茎尖培养方法可以除去植物体内的病毒（Morel et al.，1952）。之后他以马铃薯为材料培育出了无病毒植株。由于植物茎尖分生组织细胞分裂很快，在初期不含病毒，如果在感染病毒之前，将其切下放在合适的培养条件下让其发育成完整的植株，那么由无病毒的茎尖分生组织培养获得的植株就不含病毒。现在，几乎所有种植马铃薯的国家，都在生产中使用这一技术，使用这种技术培育出的脱毒马铃薯品种已达到上百个（肖关丽等，2003；李凤云，2008）。继马铃薯脱毒苗培育成功后，甘薯、甘蔗、葡萄、菊花、花椰菜及其他多种经济作物脱毒相继成功，很多植物都已在生产上推广应用。

3. 花药培养和单倍体育种

通过花药或花粉离体培养可产生单倍体植株，单倍体植株再进行染色体加倍，可得到一系列纯系。这一技术可以加快基因纯合进度，大大缩短育种年限。自20世纪60年代花药培养获得植株以来，已获得小麦、玉米、橡胶、柑橘等多种作物花培植株，并已在多种作物中培育出一些新品种，如水稻品种新秀、花育1号等。利用花药培养育成的冬小麦京花1号具有丰产、优质、抗病、抗倒伏、抗寒、抗干热风、适应性强、落黄好等优点，比对照增产15%以上，曾是北方冬麦区的主要推广品种之一（胡道芬，1984）。

4. 原生质体融合和体细胞杂交创造新种质

通过原生质体融合，可部分克服有性杂交不亲和性，获得体细胞杂种，从而创造新种质或育成优良品种。利用细胞融合将长穗偃麦草的染色体小片段导入济南17，创建了耐盐、耐旱体细胞杂种新品种山融3号，2005年在盐碱地和旱地大面积示范种植，平均亩产达到232.5 kg（夏光敏和陈穗云，2001）。利用甘蓝型双低油菜品种与播娘蒿原生质体融合，从体细胞杂种的自交后代群体中，筛选出2份黄籽高油、低芥酸、低硫苷材料（忻如颖等，2010）。

5. 获得体细胞无性系变异

体细胞离体培养结合组培过程中的定向筛选，获得无性系变异培养新品种已在许多作物上获得成功，该技术特别适于抗性育种。利用小麦成熟胚诱导愈伤组织，转入含0.5%NaCl培养基上进行耐盐筛选，获得小麦耐盐突变体RS8901-17（陆莉等，1996）；利用γ射线照射小麦幼胚离体培养出愈伤组织，选育出高产优质无性系变异新品种——核生2号（吕善勇，1994）。以花生胚小叶为外植体，利用平阳霉素进行了离体诱变，并在培养基中添加NaCl作筛选压，得到了一批耐盐体细胞无性系，有些无性系后代的种子在0.7%NaCl中仍然有较高的发芽率（Zhao et al.，2013）。

第二节 花生组织培养研究进展

高效的植株再生体系是开展花生基因工程研究的必要条件之一，花生同其他豆科作物一样，通过组织培养获得再生植株比较困难。20世纪90年代以来，花生再生技术得到了较大的发展，以不同器官、组织为外植体，通过体细胞胚胎发生途径和器官发生途径再生植株获得成功，植株的再生效率也得到了较大的提高。但是花生组织培养由于受基因型、培养基成分、外植体类型及生理状态等多种因素的影响，不同类型花生组织培养的效率还有待进一步提高。

一、花生再生的器官发生途径

1. 不定芽直接再生途径

在20世纪80年代就有有关花生器官发生途径再生植株的研究，至今已有多种外植体可以通过器官发生获得再生植株。不定芽直接再生途径的材料来源包括成熟种子幼叶、子叶和无菌苗的带叶茎段等。常用培养基为添加高浓度的6-BA或配合低浓度2，4-D的MS培养基。外植体的类型、生长调节物质和基因型是影响植株再生频率的主要因素。

外植体的类型：Narsimhulu等（1983）以栽培花生无菌苗的上胚轴、下胚轴、胚小叶、子叶为外植体，均能诱导出不定芽。在添加2 mg/L IAA和KIN的培养基上，上胚轴、下胚轴、子叶不经愈伤组织能直接分化出不定芽。之后，Mckently（1990）和陈由强等（2000）分别以无菌苗的胚轴、带胚轴的子叶和带叶茎段在高浓度6-BA培养基中培养，获得了很高的不定芽诱导率。印度国际半干旱热带地区作物研究所的研究人员以成熟种子的子叶为外植体，在改良MS诱导培养基上培养，能从子叶节伤口处诱导出大量芽点，90%以上外植体长出芽点，随后在培养基中添加2 μmol/L BA诱导芽点伸长，平均每个外植体获得4～8个枝条（Sharma and Anjaiah，2000）。该方法所用的外植体，取材方便，再生效率高，因此，目前很多研究者的再生体系和遗传转化体系都是在此基础上建立起来的。

生长调节物质：植物生长调节物质在花生器官发生中起着非常重要的作用。以西班牙型花生叶片为外植体，在含1 mg/L NAA的MSB_5培养基（MS盐类添加B5维生素）上分别添加不同浓度的细胞分裂素BA、2-ip、4PU、KIN、TDZ或ZT，比较芽诱导率，结果表明10 mg/L TDZ的诱导效果最好，诱导率为34.7%（Akaska et al.，2000）。高国良等（2007）在Sharma研究的基础上，研究了不同浓度的BA与2, 4-D配比对花生子叶外植体丛生芽诱导的影响，结果表明，最佳激素组合为20 μmol/L 6-BA+7.5 μmol/L 2, 4-D，平均诱导率为91.5%。以花生成熟种子的子叶为外植体，在含5 mg/L BAP和2 mg/L 2, 4-D的改良MS培养基上培养4周或先在只含20 mg/L BAP的培养基上培养2周，再转移到含15 mg/L BAP的改良MS培养基上培养2周，可获得90%以上的不定芽诱导率（Tiwari and Tuli，2008）。苗利娟等（2008）也得到了类似的结果，认为较高浓度的6-BA（8 mg/L）、较低浓度的NAA（1 mg/L）和低浓度的ABA（1 mg/L）配合使用，不定芽诱导率可达80%以上。

基因型：与其他植物一样，基因型是花生再生的重要影响因素。邹湘辉等（2003）利用11个花生品种萌发8～10天的幼苗的叶片切段诱导不定芽再生，结果表明，不同品种的不定芽再生频率差异非常大，芽诱导率高于70%的有6个品种，其中汕油523芽诱导率最高，为93.1%，这些品种中芽诱导率最低的是汕油31，仅为9.5%。有人研究了来源于非洲、亚洲、美洲和欧洲的不同类型的花生，结果表明，芽诱导率受基因型影响，芽诱导率最高的是西班牙型花生，瓦伦西亚型次之，芽诱导率最低的是弗吉尼亚型，芽诱导的难易与来源地无关（Matanda and Prakashb，2007）。隋炯明等（2012）根据Sharma和Anjaiah（2000）建立的方法，以花生成熟种子的子叶从中间纵切为二作为外植体直接诱导丛生芽，在实验中外植体接种4～5天后开始膨大变绿，2周左右出现丛生芽芽点。芽点主要出现在子叶与胚轴分离的伤口周围，纵切面虽然有愈伤组织出现，但愈伤组织在培养过程中无芽点分化。不同类型的品种丛生芽的诱导率差异很大，一般情况下，珍珠豆型品种的诱导率比较高，而龙生型和多粒型品种诱导率相对较低。

2. 不定芽间接再生途径

不定芽间接再生途径的材料来源包括上胚轴、下胚轴、幼叶、茎尖和胚小叶等。常用培养基为添加 NAA 和 BAP 或 6-BA 的 MS 培养基。影响植株再生频率的主要因素包括生长调节物质、外植体的类型和生理状态、基因型。

生长调节物质：在培养基的各成分中，激素所产生的影响最大，在诱导不定芽过程中，一般情况下生长素类的 NAA 效果比 IAA 好，细胞分裂素以 BA 最好，但也有例外。在诱导愈伤组织培养基中生长素和细胞分裂素的比例非常重要，细胞分裂素可以显著提高花生丛生芽的诱导频率（Venkatachalam et al.，1999；Cucco and Jaume，2000）。花生外植体诱导形成带芽点的愈伤组织后，需要转至分化培养基上促使不定芽分化及植株再生，这时通常在培养基中添加细胞分裂素。Mckently（1990）将长芽点的愈伤组织转入含 5 mg/L BA 的 MS 培养基后，84%的芽点能形成不定芽，每块愈伤组织平均出芽 1～3 个。在以花生幼叶和成熟种子胚小叶为外植体的研究中，发现愈伤组织诱导培养基中 IAA（或 NAA）和 BAP（或 BA）的配合使用及其浓度配比对不定芽诱导起着重要作用，其效果优于单独使用生长素或细胞分裂素（Eapen and George，1993；Chengalrayan et al.，1994；Lingstone et al.，1995；方小平等，1996；Faustinelli et al.，2009；雷萍萍等，2009）。

有研究表明，在培养基中添加一定浓度的 TDZ 可提高外植体芽的诱导率。梁丽琨等（2004）研究了 TDZ 等激素对花生成熟胚外植体分化的影响，结果表明，低浓度 TDZ（0.2 mg/L）对胚轴和幼叶的诱导效果较好。诱导培养基中 TDZ 和 NAA 配合使用，胚轴和幼叶的分化率都比单独使用 TDZ 时要好，胚轴最高分化率达 93%，幼叶最高分化率可达 97.8%。利用 TDZ 诱导花生外植体分化，可在短期内获得正常的再生植株。但 TDZ 容易使丛生芽在形成过程中出现矮化现象，芽的伸长受抑制，幼叶产生的丛生芽呈拳头状（王关林，1997）。为使不定芽能发育成苗，必须及时将外植体转入不含激素的 MS 培养基或含有低浓度 NAA 和 BA 的培养基中培养。

外植体的类型和生理状态：利用花生幼苗上胚轴、下胚轴、子叶、幼叶在含有不同浓度 TDZ、NAA 和 BA 的 MSB_5 培养基上诱导丛生芽，发现外植体种类对不定芽诱导效果有较大影响，上胚轴芽诱导率为 70%，下胚轴为 18.7%，幼叶为 14.3%，在子叶上没能获得不定芽（何红卫和宾金华，2003）。雷萍萍等（2009）的研究却有不同的结果，其认为幼叶再生能力高于子叶和下胚轴，以白沙 1016 幼叶、子叶和下胚轴为材料，不定芽诱导率分别为 91.4%、7.4%和 0。梁丽琨等（2004）的研究表明，花生成熟胚 3～5 天龄的幼叶和胚轴在低浓度 TDZ 的诱导下，均可分化产生高频不定芽。转到无激素 MS 培养基或含 0.5 mg/L BA+0.4 mg/L NAA 的 MS 培养基后形成丛生芽，幼叶分化率高于胚轴，但胚轴分化成苗较快。

基因型：Guy 等（1978）以美国的 3 个代表性栽培品种为试验材料，研究子叶愈伤组织的诱导，在 MS 基本培养基上添加 2 mg/L 的 2, 4-D、NAA、KT，从培养开始后的第 30 天，出现了旺盛增殖的愈伤组织，品种间差异明显，推测这种差异与外植体的蛋白质、氨基酸、油分等的含量有关。李春娟等（2005）的研究也认为基因型对花生胚小叶外植体再生有较大影响。刘风珍等（2009）对 16 个基因型花生的胚小叶在愈伤诱导、不定芽分化的研究也得出了类似的结论。隋炯明等（2012）以不同类型花生的 18 个品种成熟种子的胚小叶为外植体，对不定芽诱导及植株再生进行了研究，将胚小叶外植体培养在添加 1 mg/L NAA 和 6 mg/L BAP 的诱导培养基上，4 周后转移到添加 4 mg/L BAP 的培养基上进行培养。结果表明，所有的供试品种芽点诱导率均高于 60%，但五大类型间及品种间存在显著差异，龙生型平均诱导率最高（87.2%），其次是珍珠豆型（81.5%），多粒型最低（63.1%）。诱导率达 90%以上的有 3 个品种，分别为 Krapts、3127 和托克逊小花生，都是龙生型品种。芽点诱导率 80%～90%的有花育 22 号、鲁花 14 号、鲁花 8 号、鲁花 12 号、鲁花 13 号，前 3 个品种为中间型品种，后两个为珍珠豆型。将形成芽点的外植体转移到添加 4 mg/L BAP 的培养基上后，部分外植体从芽点上分化出不定芽，继续培养不定芽伸长并再生成植株。多粒型内的不同品种间植株再生率无显著差异，再生率为 14.8%～22.0%。普通型（25.3%～87.0%）、中间型（17.5%～87.0%）、龙生型（16.3%～83.1%）内品种间均存在显著性差异。珍珠豆型植株再生率尽管也存在显著性差异，但再生率均较高。

二、体细胞胚发生途径

材料来源包括子叶、子叶节、上胚轴、下胚轴、幼叶、茎尖、胚小叶等。常用培养基为添加 2, 4-D 和 6-BA 的 MS 培养基或 MSB_5 培养基。大量研究表明，植物材料的内在因素和组织培养的外部条件两方面的许多因素都会影响植株再生效果。

生长调节物质：不同研究所选用的品种、外植体的类型、培养基的成分不同，所采用的生长调节物质的种类和浓度差异也很大。Baker 等（1994，1995）比较了 2, 4-D（5～60 mg/L）和 NAA（20～50 mg/L）对幼胚培养诱导体细胞胚的影响，结果表明，2, 4-D 的诱导效果好于 NAA，最高诱导率可达 94%，20 mg/L 2, 4-D 的诱导效果最好。国内研究同样表明，高浓度的 2, 4-D（10～40 mg/L）有利于体胚的形成（庄伟建等，1999；周蓉等，2001；张书标和庄建伟，2001；李丽等，2005）。

李丽等（2005）选用丰花 2 号、鲁花 11 号和农大 8183 个花生品种的胚小叶为外植体，在 MSB_5 培养基中分别添加不同浓度的 2, 4-D（1 mg/L、5 mg/L、10 mg/L、15 mg/L、20 mg/L）作为诱导培养基，以 MSB_5 为继代培养基，研究 2, 4-D 浓度对花生体细胞胚胎发生的影响。结果表明，2, 4-D 浓度对花生胚小叶脱分化及再分化有显著影响，低浓度的 2, 4-D 对外植体脱分化有利，而较高浓度对再分化有利，诱导体细胞胚的最适 2, 4-D 浓度为 15 mg/L。高浓度 2, 4-D 诱导的体细胞胚存在较严重的畸形，往往发育不全，特别是缺乏茎生长点，不易萌发成苗。畸形体细胞胚可选择在含有低浓度 BA、KT 和 TDZ 的培养基中萌发形成再生植株。

赵明霞等（2011）也分析了在培养基上添加不同浓度 2, 4-D 对花生胚小叶体胚诱导率的影响。结果表明，所用花生品种及 2, 4-D 浓度，对花生体胚诱导频率有着显著影响。花育 23 号在添加 5 mg/L 2, 4-D 的培养基上获得了较高的体胚诱导率（74.6%）；花育 20 号在添加 5 mg/L 和 10 mg/L 2, 4-D 的培养基上体胚诱导率均很高，分别达 78.9%和 80.1%；花育 22 号、花育 25 号和鲁花 11 号在添加 10 mg/L 2, 4-D 的培养基上，体胚诱导率最高，分别为 92.9%、91.3%和 92.3%。研究表明，随着 2, 4-D 浓度的增大，外植体褐化率升高，花育 20 号和花育 23 号褐化现象更为严重。花育 22 号、花育 25 号和鲁花 11 号在培养基上添加少于 10 mg/L 2, 4-D 时无褐化现象，在添加 20 mg/L 2, 4-D 时褐化率分别为 29.5%、28.7%和 18.8%。而在添加 20 mg/L 2, 4-D 的培养基上，花育 20 号和花育 23 号的褐化率约为 40%。

其他生长调节物质对体细胞胚的诱导也有很大影响，有时效果甚至优于 2, 4-D。有研究表明，毒莠定（PIC）用于直接诱导成熟胚轴产生体细胞胚的效果要优于 2, 4-D 和 NAA，激素的类型和浓度在很大程度上影响正常体细胞胚的数目（Mckently et al., 1991）。以野生花生 *Arachis glabrata* 叶片为外植体诱导体细胞胚时，也发现毒莠定有利于体细胞胚的诱导（Vidoz et al., 2004）。

体胚萌发后，通常需要转移到添加激素或其他植物生长调节物质的培养基上使植株再生。将形成体胚的外植体分别转移到不含激素或添加 BAP、GA_3、ABA、TDZ 的培养基上，以促进体胚萌发形成再生植株。结果表明，添加的激素不同，植株再生率也存在显著差异。5 个供试品种在添加 4 mg/L BAP 的培养基上体胚萌发均正常，植株再生率很高，最高可达 80%以上，每个外植体上可获得 10～20 个再生小苗。供试的 5 个花生品种在未添加激素或添加 GA_3 和 ABA 的培养基上体胚萌发成苗率较低，分别为 3.2%～23.8%、0～24.6%和 0～3.9%，在这 3 种培养基上体胚萌发后容易形成不正常的胚根。TDZ 对诱导体胚萌发成苗有较好的作用，并且每个体胚外植体可以分化出大量的再生小苗，但植株再生率因品种及添加 TDZ 浓度不同而存在显著差异（Zhao et al., 2012）。也有研究表明，添加 0.005 mg/L TDZ 的 MSB_5 培养基有利于体胚的伸长，外植体能够长成完整的植株（Chengalrayan et al., 1994）。

比较 TDZ 和 2, 4-D 诱导体细胞胚的发生过程，TDZ 诱导体胚的过程中通常可见到愈伤组织的形成，组织学切片证实不定芽起源于愈伤组织表层，为多细胞起源；而 2, 4-D 诱导的体细胞胚发生，不经过愈伤组织阶段，由胚小叶表皮及表皮下的数层细胞分裂直接形成胚性细胞团，进而发育成胚状体，为单细胞起源。可见，TDZ 和 2, 4-D 对花生外植体分化的作用是不同的（林荣双等，2003；梁丽琨等，2004）。

外植体的类型：外植体的基因型和来源类型对体细胞胚的形成影响很大，有研究报道未成熟胚轴是诱导产生体细胞胚很好的材料（George，1993；Mckently et al., 1995）。国内有人研究了未成熟子叶、未成熟胚轴和成熟胚轴在培养基（MS+40 mg/L 2, 4-D+0.5 mg/L KT）上的体细胞胚的诱导效果，发现成熟胚轴最适合体细胞胚诱导（庄伟建，1999；张书标和庄伟建，2001）。邓向阳和卫志明（2000）以幼胚子叶为外植体在含 2, 4-D 的培养基中诱导体细胞胚，体细胞胚发生频率达 75%以上，每个子叶形成体胚 3 个以上。赵明霞等（2011）以花生成熟种子的胚小叶为外植体诱导体细胞胚，5 个品种的体细胞胚发生频率在 74.6%～92.9%。

基因型：花生再生频率受多种因素的影响，即使在相同培养基上不同基因型品种的再生频率差异也很大。Chengalrayan 等（1994）比较了 18 种不同基因型花生体胚的诱导率，结果表明，体胚的诱导、成苗均与基因型密切相关。Mckently（1995）以胚轴为外植体，诱导体细胞胚，发现疏枝亚种的诱导率显著低于密枝亚种和珍珠豆型品种。Baker 等（1995）也发现花生品种间体胚诱导率差异较大。国内很多学者也对不同基因型花生体胚的诱导率进行了研究。晏立英等（2000）调查了 11 个花生品种种子上胚轴的体细胞诱导效果，在 MS+5 mg/L 毒锈定培养基上，胚性愈伤组织发生率和产胚量与品种类型有关，珍珠豆型花生品种胚性愈伤组织发生率和产胚量高于普通型花生品种。李丽等（2005）研究也发现不同品种的体细胞胚诱导频率存在差异。乔利仙等（2012）以成熟种子胚小叶为外植体，将花生五大类型 17 个品种的胚小叶外植体分别培养在的 MSB_5 培养基（添加 10 mg/L 2，4-D）上诱导体胚形成，4 周后将形成体胚的外植体转移到添加 4 mg/L BAP 的培养基上进行培养，每隔 4 周继代一次，直至植株再生。结果表明，不同类型间体胚诱导率和植株再生率存在显著差异，中间型品种的体胚诱导率和植株再生率较高且差异小，分别为 84.1%～91.2%和 81.1%～97.0%；珍珠豆型和普通型的品种间体胚诱导率稍低且差异较大，分别为 43.9%～85.0%和 42.2%～82.2%，而它们的植株再生率较高且差异较小，分别为 94.3%～96.5%和 88.1%～98.7%；多粒型品种体胚诱导率和植株再生率均最低，分别为 32.2%～50.0%和 41.2%～55.1%；龙生型体胚诱导率和植株再生率均表现为中等。大量研究表明，花生不同类型间再生能力存在显著差异（Daimon et al.，1991；Chengalrayan et al.，1994；Mckently et al.，1995；Baker et al.，1995；晏立英等，2000；李丽等，2005；乔利仙等，2012）。

第三节　植物原生质体培养研究进展

一、植物原生质体的概述

原生质体（protoplast）是指细胞通过质壁分离，能够和细胞壁分开的那部分物质。植物原生质体是指去除细胞壁被质膜所包围的、具有生活力的细胞，其结构包括细胞膜、细胞质（包括各种细胞器、细胞骨架系统及胞质溶液）和细胞核等部分。原生质体技术是指在原生质体的分离、培养基础上进行的一系列技术操作，主要包括原生质体分离、原生质体培养、植株再生、原生质体融合或体细胞杂交等生物技术。

植物细胞在高渗溶液中发生质壁分离，植物细胞壁内的原生质体收缩、变圆，与细胞壁脱离，这种质壁分离细胞的细胞壁被切破时，可获得游离的原生质体。1892 年，Klercker 利用质壁分离的方法获得了 *Stratiotes aloides* 细胞的原生质体。之后，人们将洋葱表皮组织的薄片浸在 1.0 mol/L 的蔗糖溶液中，当细胞发生质壁分离时用解剖刀切开表皮细胞，获得了少量的原生质体（Chambers and Höfler，1931）。在此研究基础上，Whatley 等（1951）利用甜菜组织分离原生质体时，先把甜菜组织置于渗透压稍微高的蔗糖溶液中，再逐渐增加溶液中的蔗糖浓度到 1.0 mol/L，以促使质壁分离，随后组织被切成薄片，转移到 0.5 mol/L 的蔗糖溶液中，促使膨大的原生质体从细胞壁的切口处被挤出。利用同样的方法成功分离获得了萝卜表皮和黄瓜果肉的原生质体。利用机械法成功分离原生质体的前提是植物细胞必须通过处理发生明显的质壁分离。这种原生质体分离方法存在操作烦琐、分离组织来源受限和产量低等局限性。

1960 年，英国诺丁汉大学的植物生理学家 Cocking 用一种由疣孢漆斑菌（*Myrothecium verrucaria*）培养物制备的高浓度纤维素酶处理番茄幼苗，成功制备出大量的具有活性的原生质体，第一次证实采用酶解方法可以获得大量的、有活性的原生质体，为植物原生质体培养和体细胞杂交的研究奠定了坚实的基础。Takebe 等（1968）从培养的烟草叶肉原生质体获得完整的再生植株，极大地推动了这方面的研究。此后，植物原生质体的研究取得了迅速的发展，原生质体培养成功的作物种类不断增多，培养方法不断改进。Fujimura（1985）利用水稻分离、培养原生质体并获得再生植株，打破了禾本科植物一直未能获得原生质体再生植株的局面，随后，小麦、玉米等作物的原生质体研究相继有所突破。1986年，单个原生质体培养获得成功，为在单细胞水平上研究原生质体的生理特性及遗传操作提供了条件。目前，大部分作物的原生质体和多种果树的原生质体分离、培养已获得成功，甚至难以实现植株再生的蝴蝶兰也在原生质体培养中获得高频再生植株（Shrestha et al.，2007）。

植物原生质体虽然去除了细胞壁，但是其细胞膜、细胞质和细胞核等细胞结构保持完整，保留了植物全套遗传物质，因此，植物原生质体仍然与植物细胞一样进行正常的新陈代谢，具有植物细胞的全能性。植物原生质体具有以下特点。首先，植物原生质体在适宜培养条件下，经细胞壁再生、细胞分裂与分化，可发育形成完整的植株；第二，因植物原生质体没有细胞壁这一障碍，可增强细胞膜外物质的转运、氧的传递等，有助于外源基因的吸收和体细胞杂交；第三，植物原生质体也有利于胞内各种产物的分泌，通过原生质体的固定化培养，使细胞内物质分泌到胞外，不经过细胞破碎过程，可直接从培养液中分离、纯化获得有用的次生代谢产物；第四，植物原生质体因失去细胞壁的保护作用，较容易受渗透压等环境条件变化的影响，因此，植物原生质体培养过程中，必须添加适宜种类和浓度的渗透稳定剂，以免原生质体在培养过程中遭到破坏。

采用酶解原生质体分离技术，可同时获得大量来源于同组织的、遗传特性相同的原生质体，为细胞生物学、发育生物学甚至病毒学的研究提供了优良的起始材料。目前，植物原生质体被广泛应用于细胞壁再生、细胞骨架、细胞分裂、气孔生理和种质资源的超低温保存等研究中。由于植物原生质体没有细胞壁障碍、细胞同步性较好、一次性可操作的群体数量大、易于吸收外源DNA分子，因此，植物原生质体的研究越来越受到重视、研究领域也越来越广泛。如今，有关原生质体的研究已从分离、培养原生质体和植株再生的阶段转变到用体细胞杂交技术实现多基因控制的优良农艺性状的转移，以及研究杂交种的核质互作机制的阶段。原生质体多用于以下方面的研究。

1. 种质资源的保存

种质资源（germplasm resource）即遗传资源（genetic resource），是指在作物育种中可以用来进行作物改良的品种、类型、近缘种或野生种及野生种系的总称，是人类用以选育新品种的物质基础。种质资源主要采用超低温保存。原生质体超低温保存具有细胞超低温保存的全部优点，可为相关研究提供所需的材料，如超低温保存的原生质体可为进行细胞低温伤害研究提供好的实验材料。目前，超低温保存技术已应用于禾本科、茄科和豆科植物的原生质体。

2. 原生质体融合

植物原生质体融合是通过物理或化学方法，诱导不同种、属甚至科间的原生质体融合的过程，又称为体细胞杂交。体细胞杂交使来自不同亲本的遗传物质相互融合，可克服杂交不亲和、创造新的种质资源、缩短育种年限、将野生种的优良性状应用于植物育种改良。通过体细胞杂交不仅能实现核基因组的转移，而且可实现胞质基因组的转移与重组。

3. 突变体筛选

原生质体的来源为植物的外植体，理论上，原生质体的再生植株与供体在遗传和形态上是一致的，但许多植物原生质体再生植株中，不仅出现了与供体形态、遗传特性相同的个体，也出现了一些形态和遗传特性与供体不同的个体，即产生了再生植株的变异，它是体细胞无性系变异（somaclonal variation）的一种。这种变异体在种质资源保存研究中不利于供体材料原有性状和遗传特性的保留，但在种质资源的拓宽研究中，这种变异的产生增加了获得新优材料的可能，为农作物改良和品种选育提供了多样的种质资源。

4. 遗传转化

由于原生质体没有细胞壁，可以作为遗传转化的受体系统应用于植物的基因转化研究中。其优点为：植物原生质体容易摄取外源遗传物质，如细胞器、细菌、病毒、质粒和DNA分子；同一组织或器官可以产生遗传上基本一致的原生质体；基因转化过的原生质体采用琼脂糖或海藻胶包埋培养，可避免嵌合体的发生。

5. 基础研究

植物原生质体为细胞生物学、发育生物学、细胞生理学、病毒学等学科的基础理论研究提供了理想的实验材料，可用于研究细胞壁的再生、膜结构、细胞膜的离子转运及细胞器的动态表现、光合作用、物质跨膜运输。此外，原生质体还可用于研究气孔开关机制、物质储运、细胞膜的作用和病毒侵染机制及复制动力学等。由于原生质体的抗性与植株水平的抗性一致，也可作为实验材料用于植物抗性测定研究。

二、原生质体的分离、纯化与培养

1. 原生质体的分离

分离得到大量活力旺盛的原生质体是植物原生质体培养成功的关键。采用生长旺盛、生命力强的细胞、组织或器官是获得高活力原生质体的前提，是影响原生质体的细胞壁再生、细胞分裂、愈伤组织形成乃至植株再生的重要因素。植物的子叶、下胚轴、叶片、叶柄、愈伤组织、悬浮培养细胞系、原球茎、花瓣等均可作为分离原生质体的材料。同一种植物不同基因型的原生质体脱分化与再分化所需的条件不同，因此，相同条件下不同品种的再生能力也不同。现有条件下，并不是所有植物种都能获得原生质体再生植株。

植物原生质体的分离方法有两种，即机械分离法和酶解分离法。机械分离法分离原生质体时，首先必须促使细胞产生质壁分离。这种方法只有能发生高度质壁分离的细胞才能分离获得原生质体，且原生质体的产量少，对细胞质浓密、液泡小的分生组织细胞不适用。目前一般都采用酶解分离法分离原生质体。分离植物原生质体时，首先将生长旺盛的植物细胞、组织或器官，置于适当的渗透压、温度、pH等条件下处理，引起质壁分离，然后加入适量的细胞壁水解酶进行酶解，使细胞壁分解，接着分离去除细胞壁碎片和组织碎片之后，才能得到原生质体。酶解分离法可在较短时间内获得大量原生质体，但是对原生质体有一定的毒害作用。

分离植物原生质体时，影响其产量和活力的主要因素是酶的种类和组成。植物细胞壁主要由纤维素、半纤维素和果胶质组成，纤维素占干重的25%～50%，半纤维素约占53%，果胶质约占5%，因此，制备植物原生质体时主要采用纤维素酶和果胶酶等，但有些组织原生质体分离除了使用纤维素酶和果胶酶之外，还需要加入半纤维素酶和其他酶类。例如，分离大麦糊粉层原生质体时，还需要半纤维素酶；从小孢子、花粉母细胞或较老的植物细胞中分离原生质体时，需添加蜗牛酶。各种商品酶的纯度和成分也不相同，如崩溃酶是一种复合酶，包含昆布多糖酶、木聚糖酶、纤维素酶和果胶酶等成分；商品半纤维素酶包含 β-葡聚糖酶、半乳聚糖酶和木聚糖酶等成分。因此，从植物不同物种、不同组织或器官分离原生质体时，应选择适宜的商品酶的种类和组成。酶溶液对分离的原生质体有一定的毒害，添加 $AgNO_3$ 可减少酶解时产生的乙烯量，加入过氧化物歧化酶可减轻活性氧和自由基对细胞膜的伤害（Palmer，1992）。

2. 原生质体的纯化

植物材料经过一段时间的酶解后，酶解混合物中常常混杂亚细胞碎片、维管束成分、未去壁的细胞、细胞器和其他碎片及破碎的原生质体等，这些混杂物和酶溶液会对原生质体产生不良的影响。因此，要分离纯化健康饱满的原生质体，必须去除这些杂物。纯化原生质体时，首先，把酶解过的悬浮液通过孔径为 60～200 目的不锈钢筛网过滤，收集滤液，过滤时要加入一些培养基或原生质体洗液进行清洗。然后，采用上浮法或下沉法分离、纯化原生质体。上浮法是将滤液和 21%～25%的蔗糖混合；下沉法是将滤液与 13%的甘露醇混合，然后将其加到 23%蔗糖溶液顶部，形成一个界面。两种方法均在 1000 r/min 下离心 5～10 min，优质原生质体将悬浮在蔗糖溶液的顶部，形成原生质体带，用吸管轻轻地将原生质体带吸出，用原生质体洗液悬浮离心，重复 2～3 次。在显微镜下，用细胞计数板计数并统计原生质体产量。最后，将原生质体稀释到所需的密度，用于培养或融合。

3. 原生质体活力的测定

原生质体培养之前，通常要进行活力的检查。通过形态特征可识别原生质体活力，将分离纯化的原生质体放入略降低渗透压的洗涤液或培养基中，可观察到被高渗透溶液缩小的原生质体又恢复原状，说明此原生质体有活力。此外，测定原生质体活力的方法还有观察胞质环流法、荧光素双乙酸酯（fluoresein diacetate，FDA）法等，其中最常用的是 FDA 法。FDA 本身无荧光，无极性，可自由渗透完整的质膜，当原生质体具有活力时，FDA 被原生质体的酯酶分解形成可发出荧光的极性物质——荧光素，荧光素不能透过质膜，便累积在原生质体内，在紫外光的照射下，发出绿色荧光，因此，具有活力的原生质体发出绿色荧光，而无活力的原生质体因不能分解 FDA，无法产生荧光。

4. 原生质体培养

（1）原生质体培养方法

植物原生质体培养是指将分离纯化的原生质体按一定密度接种于培养基中，在适宜培养条件下进行培养，形成完整植株的培养技术。原生质体培养一般经过细胞壁再生，细胞分裂成细胞团、愈伤组织（或胚状体），植株再生等几个过程。原生质体培养经过分裂、分化、发育成完整植株不仅是融合细胞植株再生的基本条件，也是体细胞无性系变异体筛选及转基因研究的基础。原生质体培养主要有液体浅层培养（liquid thin layer culture）、固体平板培养（solid culture）、固液双层培养（liquid over solid culture）、饲喂层培养（feeder layer culture）和看护培养（nurse culture）等，下面就每种培养方法进行简单介绍。

液体浅层培养是将植物原生质体悬浮于液体培养基中，在静止条件下进行培养，经过细胞壁再生，分裂形成细胞团的过程。其主要优点是操作简单，在培养过程中容易添加新鲜的培养基。但缺点是原生质体容易发生粘连，添加培养基时容易造成污染，原生质体培养中自身释放的有毒物质可能会影响原生质体的进一步分裂、分化等过程。

固体平板培养也称琼脂糖平板培养（agarose bead culture）或包埋培养（embedding culture）。将原生质体悬浮于液体培养基后，与凝固剂（如低熔点琼脂糖）按一定比例混合，在培养皿底部形成薄层，凝固后封口培养。有些作物原生质体的培养中还用到藻酸盐微珠、钙-琼脂糖和钙-藻酸盐等。在芸薹属的种间体细胞杂交种的生产中利用半固体琼脂糖包埋的方法成功获得了再生植株（Lian et al.，2011a）。由于原生质体被固定在相应的位置，有利于定点跟踪和观察，也可有效防止原生质体所释放的有毒物质的扩散。

固液双层培养是比较简便的培养方法。原生质体培养前，先在培养皿的底部制备一层含琼脂或琼脂糖的固体培养基，然后在其上进行原生质体液体浅层培养，或在固体培养基表面加上一层接种有原生质体的半固体培养基。这种方法有利于固体培养基中的营养成分慢慢地向液体中释放，以补充培养物对营养的消耗，同时培养细胞所分泌的一些有害物质，也可被固体培养基部分吸收，有利于原生质体的分裂和生长。Power 等（1976）报道这种培养方法可促进矮牵牛原生质体的分裂。

饲喂层培养是指将原生质体与经射线照射处理不能分裂的同种或不同种原生质体混合后进行包埋培养，或将处理的原生质体包埋在固体层中，待培养的原生质体在其上液体层中培养。这种方法培养的原生质体密度可比正常的密度低。

看护培养也称共培养，是将原生质体与其同种或不同种的植物细胞共同培养以提高其培养效率的一种方法。主要用于低密度原生质体培养、难以获得再生植物的原生质体培养等。早在棉花和香蕉的原生质体培养中，采用看护培养方法提高了原生质体培养的植板率，并获得了高频再生植株或体细胞杂交种（Peeters et al.，1994; Megia et al.，1992）。

（2）原生质体培养基

由于分离的原生质体没有细胞壁，对培养基的营养条件要求比较高。最常用的培养基是改良 MS（Murashigi and Skoog，1962）、B_5（Gamborg et al.，1968）和 KM8p（Kao and Michalluk，1974）培养基等，其他培养基均是在这几种培养基的基础上发展起来的。V-KM（Binding and Krumbiegel-Schroeren，1984）培养基由 KM8p 多次改进获得，是目前适用范围比较广的一种培养基，已在 200 多种原生质体培养中应用并成功获得了愈伤组织或再生植株。

在酶解和培养初期，培养基应保持相对较高的渗透压，需添加较高浓度的渗透稳定剂来保持原生质体的稳定性，随着原生质体细胞壁的再生和细胞的持续分裂，可逐步降低渗透剂的浓度以提高细胞的耐受力。渗透稳定剂的种类和浓度对原生质体的培养影响很大，常用甘露糖、山梨醇、葡萄糖、蔗糖和麦芽糖等，浓度为 0.4～0.5 mol/L。这类物质既能保持培养基的渗透浓度，也是原生质体分裂、分化和植株再生所必要的碳源。

培养基中氮源的种类和浓度的调节也很重要。铵态氮和硝态氮的用量及其比例要根据培养的原生质体及其他试验条件而定。罗建平等（2000）研究发现，高浓度 NH^+抑制原生质体分裂。另外，培养基中添加谷氨酰胺、天冬酰胺、精氨酸、丝氨酸、腺嘌呤、水解酪蛋白、肌醇和椰乳等有机物，均可促进细胞壁的再生、细胞分裂和细胞团的形成。

植物生长调节剂对原生质体生长起着很重要的作用。不同植物原生质体培养对植物生长调节剂的种类、浓度和组合比例要求不同。一般植物原生质体培养需添加适当比例的生长素和细胞分裂素。在原生质体不同生长阶段，如起始分裂、细胞团的形成、愈伤组织形成及器官发生、胚状体的发生等不同时期，应适当调整植物生长调节剂的种类、浓度或比例。

三、植物原生质体培养的研究进展

原生质体的培养、植株再生是体细胞杂交育种研究的瓶颈，这促使研究人员开发、创新了更多培养方法，如利用电刺激、添加非离子表面活性剂和人工气体载体等方法提高再生频率，这些方法复杂多样。在作物的育种工作中，原生质体融合作为一种导入新特性的技术，各国都投入了大量的人力和物力，对水稻、小麦、马铃薯、棉花等主要作物原生质体培养技术进行研究与应用，取得了显著的成效。

1. 水稻原生质体培养

禾谷类植物中水稻原生质体的研究最先取得进展，Wakasa 等（1984）培养的由悬浮细胞系分离的原生质体形成了愈伤组织，但未获得再生植株；Fujimura（1985）首先报道了粳稻日本晴的原生质体植株再生。水稻原生质体研究主要集中于探究影响原生质体再生植株的因素，如分离材料的基因型、来源、培养条件和生理状态等，雄性可育系和不育系原生质体的植株再生等。

在基因型研究方面，吴家道等（1994）用 14 种籼稻和 2 种粳稻的种子诱导出愈伤组织，但只有 7 个籼稻品种和 2 个粳稻品种建成了悬浮细胞系，在这 9 个悬浮细胞系分离的原生质体中，只有 3 个籼稻品种和 2 个粳稻品种通过培养获得了愈伤组织，最终只有 1 个籼稻品种和 2 个粳稻品种的原生质体培养获得了再生植株，水稻原生质体培养和植株再生能力与基因型密切相关。

叶片和胚性悬浮细胞系是水稻原生质体分离的主要材料来源。Gupta 和 Pattanayak（1993）首次利用水稻叶肉原生质体培养获得再生植株。颜昌敬（1988）以水稻叶片为材料诱导愈伤组织，建立胚性悬浮细胞系，然后分离、培养原生质体，原生质体经器官分化或胚状体途径实现植株再生。陈安和等（2000）从水稻无菌苗的叶鞘分离获得了原生质体，缩短了分离原生质体的时间，解决了难以分离大量原生质体的原始材料问题，但未能获得再生植株。Jenes 和 Pank（1989）提出，水稻原生质体分离、培养时，应先选择原生质体分离、培养特性较好的基因型，然后建立悬浮细胞系，这是原生质体植株再生的关键。为获得较理想的悬浮细胞系，贾勇炯等（1994）利用水稻种子、种子幼根分生组织诱导愈伤组织，分别建立了悬浮细胞系，并对这两种悬浮细胞系进行了比较，认为用种子诱导愈伤组织，可提高原生质体再生植株的成功率。虽然水稻胚性悬浮细胞系被广泛应用于原生质体分离培养和再生植株研究（Jain et al.，1995；Giri and Reddy，1998；Aditya and Baker，2003），但存在难以建立长期保持胚性细胞系的培养体系、再生植株不育或形态异常等问题。而利用未成熟胚来源的愈伤组织（Wu and Zapata，1992）、盾片（scutellum）（Ghosh Biswas et al.，1994）分离原生质体，经培养均成功获得了再生植株，同时避免了上述问题。

培养条件和生理状态也是影响原生质体培养、植株再生的因素。AA 培养基（Müller and Grafe，1978）有利于水稻悬浮细胞系的建立（Wakasa et al.，1984）。在 N_6（Chu，1981）培养基中添加 2, 4-D 提高了悬浮细胞和原生质体的分裂频率（徐明良等，1996）。以 N_6 和 MS 为基本培养基对水稻幼穗进行愈伤组织诱导，以继代培养过的愈伤组织为材料分离、培养原生质体，均获得了再生植株（张智奇等，1994）。

在原生质体培养研究中，水稻是首个获得可育再生植株的作物。有关水稻原生质体雄性可育系的研究较多，而有关雄性不育系原生质体植株再生的报道极少。Yamada 等（1986）和 Wang 等（1989）分别利用胞质雄性不育系（cytoplasmic male sterility，CMS）A-58 MS 和 C1，采用悬浮细胞系筛选和优化培养基成分的方法成功获得了再生植株；在水稻野败型细胞质雄性不育系原生质体培养中，获得了 183 株再生植株，其方法将植株再生率提高了 40%（Xue and Earle，1995）；以光敏核不育水稻的成熟胚为外植体诱导愈伤组织，建立胚性悬浮细胞系，进行原生质体培养，成功获得了再生植株（朱根发和余敏君，1995）。

2. 小麦原生质体培养

由于小麦原生质体培养困难，容易丧失再生能力，其研究落后于水稻。有关小麦原生质体的研究主要集中于原生质体培养、植株再生和遗传转化等方面。最早小麦原生质体以叶片（Bandyopadhyay and Ghosh，1986；Sarhan and Cesar，1988）、愈伤组织和悬浮细胞系（Maddock，1987；Hayashi et al.，1988）为材料进行分离，但原生质体分裂次数有限，未能获得再生植株。以小麦推广品种 CD2AB 的花药为材料，诱导胚性愈伤组织，建立胚性悬浮细胞系，分离原生质体，培养并获得再生植株（Harris et al.，1988）。从此，小麦的原生质体培养研究不断取得突破性进展，在这些研究中，常以幼胚（郭光沁等，1990；夏光敏等，1995）、幼穗（任延国等，1988）、花药和成熟胚诱导的胚性悬浮细胞系（Hayashi et al.，1988）或胚性愈伤组织为材料分离原生质体（Gu and Liang，1997；葛台明等，2000；张小红等，2010），培养并成功获得再生植株。

一般认为，以胚性悬浮细胞系为材料分离的原生质体进行培养时，大多先经细胞团和愈伤组织阶段，然后经器官发生或体细胞胚发生途径再生植株，在此过程中，虽然细胞分裂频率高、重复性好，但植株再生频率低。小麦原生质体分离、培养获得再生植株的报道中绝大部分以胚性悬浮细胞系为材料（Li et al.，1992a，1992b；Pauk et al.，1994；Yang et al.，1994；夏光敏等，1995）。由胚性愈伤组织分离的原生质体活力强、再生能力强，在适合条件下，可不经过愈伤组织阶段，直接由单个原生质体形成体细胞胚或再生植株，缩短了植株再生周期，大幅提高了再生频率，但缺点是胚性愈伤组织内部生理状态不均一、稳定性差、分裂频率较低、重复性差（郭光沁等，1993）。采用建立 I 型胚性愈伤组织悬浮体系的方法，能较好地解决这一问题（郭光沁等，1993；Yang et al.，1994）。在禾谷类组织培养中习惯上把结构较致密、表面颗粒大（1 mm 左右）、呈瘤状的愈伤组织称为 I 型胚性愈伤组织，主要由小而胞质丰富、排列紧密的细胞组成，这类愈伤组织在分化培养基上容易产生体细胞胚并分化出植株。II 型胚性愈伤组织表现为松散、小颗粒状、组织化程度较低、生长迅速，但植株分化能力弱（Krautwig and Loerz，1995）。目前，以 II 型胚性愈伤组织为材料分离原生质体，培养获得再生植株的报道较少（Gu and Liang，1997；葛台明等，2000；张小红等，2010），部分研究报道获得了可育再生植株，但其频率很低（Pauk et al.，1994）。

3. 马铃薯原生质体培养

最早的马铃薯原生质体培养是利用普通栽培种的块茎分离原生质体，培养获得愈伤组织，但未分化成苗。Butenko 等（1977）用普通栽培种的原生质体培养分化出再生植株，但其染色体数不正常。与此同时，美国的 Shepard 和 Totten（1977）通过改进技术，培养重要商业品种 Russet Burbank 的叶肉原生质体，获得了形态完整的再生植株。在马铃薯的不同种属中也相继报道了原生质体培养、植株再生的研究结果。在 *Solanum. tuberosum* 原生质体培养研究中，利用单细胞培养方法获得了再生植株（Wenzel et al.，1979）；在栽培种马铃薯的叶肉原生质体培养研究中获得了再生植株（Tavazza and Ancora，1986）；在马铃薯栽培品种 Delaware 的原生质体培养时，培养基中添加硫代硫酸银，提高了植株再生率（Ehsanpour and Jones，2001）；利用四倍体马铃薯茎尖分离原生质体，培养获得了再生植株（Thomas，1981）；此外，在马铃薯其他种属的原生质体培养中也成功获得了再生植株，如 *S. dulcamara*（Binding and Nehls，1977）、*S. nigrum*（Nehls，1978）、*S. phureja*（Schumann et al.，1980）、*S. aviculare*（Gleddie et al.，1985）和 *S. numpapita*（Espejo et al.，2012）等。我国有关马铃薯原生质体的研究也有很多，不同研究者所用的材料和方法存在很大的差异（李耿光和张兰英，1988）。

4. 棉花原生质体培养

棉花原生质体培养始于 1973 年（Beasley and Ting，1973），此后有不少关于棉花原生质体培养的研究报道，但只得到了小细胞团或愈伤组织。直到 1986 年才首次报道了海岛棉品种的子叶原生质体培养并获得再生植株（El-Shihy and Evans，1986）。在陆地棉原生质体培养中，我国学者首先取得突破，陈志贤等（1989）和佘建明等（1989）分别以陆地棉 3118、晋棉 4 号、Coker 312 和 Coker 201 的下胚轴来源的胚性悬浮细胞系为材料进行原生质体分离，培养并首次获得了陆地棉原生质体的再生植株。他们系统地研究了影响陆地棉原生质体培养和胚胎发生的有关因素，如氮源、激素等，并阐述了以具有再生能力的胚性愈伤组织为材料分离原生质体的观点。Peeters 等（1994）以陆地棉珂字棉 312 为材料分离原生质体，采用看护细胞培养法进行原生质体培养，获得了再生植株。李仁敬等（1995）和孟庆玉等（1996）选用新疆长绒棉品种建立胚性悬浮细胞系分离原生质体，并得到了再生植株；吕复兵等（1999）以陆地棉珂字棉 201 为材料分离原生质体，培养获得了再生植株。Sun 等（2005a，2005b）以野生棉克劳茨基棉和陆地棉珂字棉 201 的不同外植体为材料分离原生质体，采用液体浅层培养方法成功获得了大量的再生植株。目前，对棉花不同种（亚洲棉、克劳茨基棉、戴维逊氏棉、陆地棉和海岛棉）的不同外植体（子叶、下胚轴、叶片和茎）开展了原生质体分离与培养研究，在陆地棉、海岛棉和克劳茨基棉的原生质体培养中均成功获得了再生植株。

5. 芸薹属作物原生质体培养

在芸薹属作物原生质体培养中，最早获得成功的是单倍体甘蓝型油菜的叶肉细胞原生质体的分离和培养（Kartha et al.，1974）。Glimelius（1984）首次报道利用几种芸薹属植物的下胚轴分离原生质体，建立了一个生长迅速、再生能力强的原生质体培养体系。此后，下胚轴在芸薹属的原生质体培养中得到了广泛的应用。芸薹属原生质体细胞壁的再生、细胞分裂、分化和植株再生能力受基因型影响显著。在芸薹属 6 种基本的基因型中，具 AA 基因组的芸薹和白菜型油菜及其相关种的原生质体的培养最难，长期以来进展不大。有人认为控制芸薹属原生质体再生的基因定位在 C 基因组上，具 C 基因组的甘蓝和甘蓝型油菜原生质体植株再生频率高，具 A 基因组的白菜型油菜再生能力差（Murata and Orton，1987）。而 Zhao 等（1995b）提出种子发芽期间的光照对芸薹属的原生质体分离、培养和植株再生起着十分重要的作用。在弱光下生长的双二倍体甘蓝型油菜（基因组 AACC）子叶原生质体的再生能力最高，二倍体白菜型油菜（基因组 AA）次之，二倍体甘蓝（基因组 CC）最差；与此相反，以光照条件下萌发的幼苗的子叶为材料分离、培养原生质体时，仅在二倍体甘蓝型油菜中形成植株再生。

目前，芸薹属植物原生质体培养技术日趋成熟。芸薹属 3 个基本种白菜（*Brassica campestris*）（Ulrich et al.，1980；Zhao et al.，1995a，1995b；刘凡等，2006）、甘蓝（*B. oleracea*）（Hansen and Earle，1994；Veera et al.，2009；Kie kowska and Adamus，2012）和黑芥（*B. nigra*）（Narasimhulu et al.，1993）的原生质体均成功获得了再生植株。芸薹属 3 个复合种甘蓝型油菜（*B. napus*）（Glimelius，1984；Zhao et al.，1995a）、芥菜型油菜（*B. juncea*）（Kirti and Chopra，1990；Bonfils et al.，1992；Lian and Lim，2001）和埃塞俄比亚芥（*B. carinata*）（Jaiswal et al.，1990）原生质体也都成功获得了再生植株。此外，芸薹属植物利用原生质体培养获得无性系变异体的研究也有一些进展。熊新生等（1988）在甘蓝原生质体再生植株中发现了二倍体和四倍体，还发现了部分非整倍体。Sheng 等（2011）在花椰菜下胚轴原生质体的再生植株中也发现了少量的四倍体和六倍体植株。

6. 果树原生质体培养

苹果的原生质体研究始于 1977 年（Pan et al.，1997）。柑橘原生质体培养技术首先由 Vardi 等（1975）报道，国内外先后发表的柑橘原生质体培养的报道中至少有 9 个种（品种）获得再生植株（Deng et al.，1988；Kunitake et al.，1991）。马锋旺和李嘉瑞（1998，1999）对山杏和中国李的原生质体分离和培养进行了比较系统的研究，都获得了再生植株。葡萄的原生质体培养也有相关研究报道（于向荣等，1999）。草莓的原生质体研究始于 20 世纪 80 年代中后期，以草莓试管苗幼叶或叶柄为材料分离原生质体，培养获得了再生植株；以草莓花药愈伤组织的悬浮细胞系为起始材料，成功获得了原生质体再生植株（Zhang，2004）。

香蕉的原生质体培养也取得较大进展。根据染色体倍数及其形态学性状，香蕉可分为二倍体（*AA*、*AB*、*BB*）、三倍体（*AAA*、*ABB*）和四倍体（*AAAA*、*AAAB*、*AABB* 和 *ABBB*）

等类型（Simmonds and Shepherd，1955）。栽培香蕉多为三倍体，少数为二倍体和四倍体。自从第一次从香蕉中分离获得原生质体以来，香蕉原生质体培养已在多个品种中获得成功，从二倍体香蕉 *Musa acuminate* ssp. *burmannica* cv. Long Tavoy（AA）未成熟合子胚来源的胚性悬浮细胞系分离获得了高产量的原生质体，采用看护培养法诱导了愈伤组织（Megia et al.，1992），获得了各种大小的体细胞胚，并由体细胞胚再生成植株（Megia et al.，1993）。有人利用继代培养 3～4 天的胚性细胞团分离获得大量原生质体，并获得了再生植株，这些研究明确了利用胚性细胞团进行原生质体分离、培养、植株再生的最佳时期（Assani et al.，2001；Xiao et al.，2007）。一些难以建立再生体系的香蕉种，如 *Musa* svp.的原生质体分离、培养和植株再生也获得了成功（Assani et al.，2006）。有关煮食蕉和巴西水果蕉原生质体的研究较多，如 cv. Bluggoe（Megia et al.，1993；Panis et al.，1993）、巴西水果蕉（Matsumoto and Oka，1998）、cv. Grande Naine（Assani et al.，2001）、cv. Gros Michel、cv. Currarc Enano、cv. Dominico（Assani et al.，2002）和 *M. paradisiacal* Linn.（Dai et al.，2010）等均获得了原生质体再生植株。目前，共有 12 种香蕉原生质体培养获得再生植株。

第四节　植物体细胞融合研究进展

一、原生质体融合与体细胞杂交

原生质体融合（protoplast fusion）是在自发或人工操作条件下（适宜的物理条件和化学试剂），使遗传性状不同的两种细胞的原生质体进行融合，以获得兼有双亲遗传性状的、稳定的新杂种细胞的过程。由于融合细胞来源于植物的体细胞，不经过有性阶段，因此，也被称为体细胞杂交（somatic hybridization）。原生质体融合能打破物种生殖隔离，克服有性杂交不亲和；可转移数量性状、多基因控制性状等优异的农艺性状，扩大遗传资源，创造远缘杂种，创新异质种质资源；可选择性地转移胞质基因和基因组，创造胞质杂种，为核质互作和细胞质基因遗传提供良好的研究材料。原生质体融合研究始于 1970 年 Power 的工作，在原生质体培养成功的基础上，许多研究者开始从事体细胞杂交法在作物育种应用上的研究。第一个体细胞杂种于 1972 年在美国诞生，Carlson 诱导粉蓝烟草和郎氏烟草的原生质体融合，获得了杂交植株。1973 年，Keller 和 Melchers 提出高 Ca^{2+} 高 pH 法可诱导原生质体融合。原生质体融合早期的研究主要集中在茄科的烟草属、曼陀罗属和矮牵牛属，后来逐渐转移到茄属、番茄属、颠茄属，十字花科的芸薹属、拟南芥属，伞形科的胡萝卜属、欧芹属等双子叶植物，并取得突破性进展，但在此期间，仅有少数研究实现了目标性状的转移。

二、植物原生质体融合研究的意义

体细胞杂交技术是一种突破物种生殖隔离、创造远缘杂交种的新途径。这一技术具有以下优点。

克服远缘杂交不亲和，将不同亲缘关系的植物基因组进行融合，以促进对野生基因资源的利用（Fehér et al.，1992；Glimelius et al.，1991）。传统有性杂交是利用遗传性状不同的亲本进行交配，以组合两个或多个亲本的优良性状于杂交种中，实现父母双亲遗传信息的转移和重组。不同遗传背景之间的有性杂交可获得比亲本更优良的杂交后代，但是远缘杂交的不亲和、杂交亲本的花期不遇、结实率低或不育、杂种夭亡等限制了远缘杂交在育种实践上的应用。植物原生质体融合能克服有性杂交不亲和，有效地将野生种的优良性状向栽培种转移，可创造出其他方法难以得到的新种质。新物种中被转移的基因为双亲自身携带，因此，不存在潜在的安全性问题。植物原生质体融合，在植物的遗传理论研究和育种实践中具有十分重要的意义。

可同时转移细胞核和细胞质基因，使双亲核基因组、线粒体基因组和叶绿体基因组三者都以单亲传递或双亲传递形式在杂种细胞中共存或重组，从而产生多种多样的、有性杂交无法实现的新型材料（Akagi et al.，1989）。通过原生质体融合可获得胞质杂种。作物的一些重要性状，如胞质雄性不育、除草剂抗性等是由胞质基因控制的。通过原生质体融合能够实现胞质基因控制的优异性状的转移，胞质不育性材料的获得是培育杂交种的有效途径。体细胞杂种及其后代同时具有双亲的核基因和胞质基因，或具有一个亲本的细胞核和双亲本细胞质，因而在理论上是研究核质关系、细胞分裂与分化等课题的理想起始材料，也是研究杂交种染色体组成和遗传平衡等发育遗传等基本理论的理想实验体系。

可转移多基因控制的性状，如作物的产量、品质、抗逆性等，创造新的种质资源（Li et al.，1999）。作物栽培品种常常缺乏某些抗性性状，影响产量、品质等。野生种虽然具有很多优良的抗性基因，但因栽培种和野生种之间的亲缘关系较远，体细胞杂交可打破作物远缘杂交的生殖障碍，将作物近缘野生种的很多优良性状转入栽培种中，有利于拓宽遗传基础，丰富种质资源，用于作物的遗传研究（张宝红，1995；Sun et al.，2005a）。

利用不对称体细胞杂交，可使少数供体基因组进入受体，供体染色体片段渐渗到受体的染色体中，使得外源基因或基因组在作物中能够很快稳定遗传，减少回交次数，加速杂交种在育种中的利用（Bates et al.，1987；Sigareva and Earle，1997）。非对称融合在一定程度上能克服体细胞不亲和，获得育种所需的优良材料。融合前对供体原生质体进行处理，使其染色体片段化，在融合原生质体细胞发育过程中发生丢失，得到非对称杂种。非对称杂种中只保留有供体部分遗传物质，获得的杂种不必多代回交就能够得到应用，可大大缩短育种年限。

三、植物原生质体融合方法

1. $NaNO_3$融合法

Power 等（1970）以 0.25 mol/L 的 $NaNO_3$ 溶液为融合诱导剂，对玉米和燕麦根尖原生质体进行细胞融合，观察到其融合现象，认为钠离子能中和原生质体表面的阴性电荷而促进融合。Carlson 等（1972）也用 $NaNO_3$ 溶液诱导原生质体融合，培养获得了第一个植物体细胞杂交种。$NaNO_3$ 的钠离子可以中和原生质体膜表面负电荷，引起原生质体集聚，促进细胞融合。$NaNO_3$ 对原生质体没有损害，但融合效率低。

2. 高 Ca^{2+}、高 pH 融合法

Wallin 等（1974）报道了高 Ca^{2+}、高 pH 溶液诱导烟草原生质体融合的方法，其认为高 Ca^{2+}和高 pH 可以改变质膜表面离子特性，有利于原生质体融合。Melchers 和 Labib（1974）用此方法诱导两种叶绿素缺陷型突变体烟草原生质体融合，成功再生出烟草体细胞杂种。

3. 聚乙二醇（PEG）融合法

在大豆和小麦原生质体融合试验中，Kao 和 Miehayluk（1974）首次应用 PEG 诱导原生质体融合，显著提高了融合频率。PEG 法结合高 Ca^{2+}、高 pH 法，把大豆和烟草的原生质体融合频率提高到 10%～35%（Kao，1974）。PEG 是一种水溶性的高分子多聚体，具有带负电荷的醚键，有轻微的负极性，可与带正极性基团的蛋白质和碳水化合物形成氢键，在原生质体表面形成分子桥，使原生质体发生粘连和融合，在高 Ca^{2+}、高 pH 溶液处理下，与质膜结合的分子被洗脱，导致电荷平衡失调并重新分配，使两个原生质体膜上的正电荷与负电荷连接起来，形成具有共同质膜的融合体。PEG 融合法具有费用低、简便、融合效率较高的优点，被广泛应用于体细胞杂交研究中。研究表明，适当延长 PEG 处理时间或提高 PEG 浓度，或在 PEG 融合液中加入伴刀豆球蛋白、二甲基亚砜等添加物，有利于提高原生质体的融合频率（Kao and Miehayluk，1974）。Chaud 等（1988）研究还发现，PEG6000 最适于诱导植物原生质体融合；PEG 经高温、高压灭菌后会被氧化分解产生自由基，对细胞具有毒害作用，抑制细胞的持续分裂。因此，PEG 融合液使用前最好通过过滤除菌避免自由基的形成，从而减少对细胞的毒害作用。

4. 电融合法

电融合法由 Sencia 等（1979）首创，后经 Zimmermann 和 Seheurieh（1981）、Spangenberg 等（1990）进一步完善。与 PEG 融合法相比，电融合法具有操作简单，融合过程快速，融合效率高，对细胞无毒害作用，能促进细胞分裂和植株再生等优点，缺点是电融合法需要昂贵的仪器设备。电融合法的基本过程是在高频交流电场作用下，原生质体极化成为偶极子，原生质体聚集在一起，排列形成串珠状。通过调节可以使原生质体之间呈点接触状态，在较强直流电脉冲作用下，原生质体相互接触的脂膜被击穿，发生融合。融合液的组成成分、融合池的类型、原生质体的密度、电场强度及其作用时间、直流脉冲强度和脉冲次数等都会影响细胞融合效果和频率。Schweiger 等（1987）将电融合法与微培养法相结合，建立了单对原生质体融合技术，这种技术不仅改进了融合方法，而且解决了融合细胞筛选问题，是一种将原生质体融合、融合细胞的筛选和培养与植株再生融为一体的技术，具操作程序简单、融合效率高的优点，是一种非常有前途的融合技术。

5. 激光诱导融合法

激光诱导融合法是利用光钳使一个细胞接近一个目标细胞，促使两细胞紧密接触，用紫外激光脉冲辐射细胞接触处的质膜，质膜发生光击穿，开始扰动，其通透性发生变化，产生微米量级的微孔，促使细胞发生融合（贾雅丽等，2002）。

四、植物原生质体融合方式

1. 原生质体的对称融合

原生质体对称融合是指融合时双方原生质体均带有核基因组和细胞质基因组的全部遗传信息，对称融合形成对称杂种，其结果是在导入有用基因的同时，也带入了融合亲本全部不利基因。因此，比较容易产生育性低、不良性状多的体细胞杂种，在生产中很难得到运用。即使得到有一定育性的杂种，也需要多次回交才能去除进入杂种的不利基因，育种效率低。

在原生质体融合研究中，如果融合亲本基因组染色体之间不存在相互排斥现象，那么通过体细胞杂交可获得种间、属间甚至亲缘关系更远的双二倍体杂种，克服杂种育性差的问题。远缘种原生质体融合可使双亲的遗传物质都整合到杂种中，但杂种常具有形态异常或不育等不理想性状。最典型的例子为马铃薯与番茄的原生质体融合，虽然获得了二者的体细胞杂种，经鉴定杂种均具有双亲的遗传特性，但未能结合双亲的优点，反而失去了各自原有的有益性状。一些研究报道，对称融合细胞在培养过程中也发生单亲或双亲基因组丢失的现象，如 Babiychuk 等（1992）采用对称融合方法进行烟草和龙葵原生质体融合，获得的杂种中只有 1 条龙葵染色体，为高度非对称杂种。柑橘育种中常存在有性杂交不亲和、败育或多胚现象等问题，利用对称体细胞杂交技术可有效解决这些问题（Liu et al.，1999）。在马铃薯中，利用属内或属间的对称融合技术开展了创新性的育种研究，取得了卓有成效的进展（Butenko et al.，1977；Austin et al.，1988；Guo et al.，2010）。

2. 原生质体的非对称融合

原生质体的非对称融合即利用 γ 射线等辐射某一种原生质体，将其细胞核选择性地破坏，再用抑制剂使第二种原生质体的细胞质失活，保留其细胞核中的优良基因，从而实现优良细胞核基因和所需胞质的优化组合。或将被打碎的细胞核的染色体片段中个别基因渗入到后者原生质体染色体内，实现有限基因的转移，在保留亲本之一全部优良性状的同时，改良其某个不良性状。

原生质体的非对称融合试验中常用的细胞质抑制剂有碘乙酸（iodoacetic acid，IA）、碘乙酰胺（iodoacetamide，IOA）和罗丹明（rhodamine-6-G，R-6-G）。IA 和 IOA 的主要作用机制为两者均不可逆地与磷酸甘油醛脱氢酶上的—SH 结合，抑制该酶活性，从而阻止甘油醛-3-磷酸氧化生成甘油酸-3-磷酸，使糖酵解不能进行。R-6-G 是一种亲脂染料，能够抑制线粒体氧化磷酸化过程而导致线粒体失活，处理后的细胞单独培养不能生长和分裂，用于体细胞杂交，只有融合体发生互补作用才能生长，从而筛选出杂种。

异源原生质体融合前，供体和受体原生质体已被处理过，通过非对称细胞融合获得的体细胞杂种含有受体全部遗传信息的同时，也具有供体的部分遗传信息，并可获得胞质杂种。非对称原生质体融合具有以下优点：首先，可转移细胞质的优良性状，传统有性杂交只是细胞核发生重组，无法传递父本的细胞质基因到后代，而非对称细胞融合可将某些细胞质遗传的基因转移到杂种细胞中，如细胞质雄性不育、抗除草剂等特性。其次，可克服体细胞杂交不亲和，提高育性，缩短育种年限。在传统育种中，远缘杂交常导致花粉败育、不结种子或结的种子不正常而不能繁殖后代，需要多次回交才能恢复育性，而通过非对称体细胞杂交，可获得只转移部分供体基因的杂种，从而提高育性，缩短育种年限。

总而言之，通过对称融合和非对称融合可产生具有两个融合亲本所有遗传物质的对称杂种、双亲部分遗传物质发生丢失的非对称杂种、仅具有一方融合亲本核遗传物质的胞质杂种。自 Zelcer 等（1978）首次用 X 射线辐射过的烟草（*Nicotiana tabacum*）和林烟草（*N. sylvestris*）的原生质体进行融合获得丢失供体亲本全部染色体的胞质杂种以来，非对称融合得到了快速的发展。

五、体细胞杂种的筛选和鉴定

1. 体细胞杂种的筛选

PEG 诱导的融合、电融合及其他融合方法均以群体融合为主，融合亲本的原生质体混合在一起，融合频率较低，发生融合的异核体数量有限。因此，在融合群体中含有两个亲本发生融合的异源融合细胞、同源融合细胞、未融合的亲本原生质体。融合群体经培养后获得的再生植株群体中，可能存在异源融合植株、同源融合植株或两种亲本的再生植株等，因此，需要采用一些方法来筛选融合杂种细胞或杂种植株。主要有机械选择法和互补选择法两种。

机械选择法主要利用融合双亲原生质体的形态特征或物理特性差异进行筛选。例如，在子叶和下胚轴原生质体的融合中，子叶因含叶绿体而呈绿色，下胚轴含浓厚的细胞质，在倒置显微镜下可根据颜色将异源融合细胞筛选出来，这种选择方法已成功应用于芸薹属的体细胞杂种的筛选研究中，但准确度不高，效率较低，很难应用于形态特征相似的体细胞杂种的筛选。对没有明显差异的原生质体融合细胞可采用荧光激活细胞分拣术（FACS）进行筛选，该技术主要基于不同荧光染料标记的原生质体发光不同的原理，如采用异硫氰酸荧光素（FITC）和异硫氰酸罗丹明（RITC）分别标记双亲原生质体，二者分别使细胞核发出绿色和红色荧光，从而利用流式细胞仪可将杂种细胞区分开来，在白菜和花椰菜的体细胞杂种的筛选中，利用此法可分拣出 80%的杂种细胞。

互补选择法是指根据两个具有不同生理或遗传特性的亲本，在形成融合细胞时能产生互补作用，具有互补特性的杂种细胞才能在特定的培养基上存活、生长，淘汰非杂种细胞的方法，包括叶绿素缺乏互补方法和营养缺陷型互补选择法等。叶绿素缺乏互补方法是用叶绿体缺失突变体与野生型互补来选择杂种细胞的方法；以不能利用硝酸盐（缺失硝酸还原酶）类型的烟草和抗氯酸盐类型的烟草为融合亲本进行原生质体融合，培养在以硝酸盐为唯一氮源的培养基上，由于杂种植株具有硝酸还原酶活性，可以利用硝酸盐正常生长，而它的两种亲本细胞不能存活，据此筛选，这种方法为营养缺陷型互补选择法。

2. 体细胞杂交种的鉴定

体细胞杂交种鉴定常用形态学特征有叶片、叶柄、花器、花的大小和花色、株型、植株生长特性、开花习性等。一般体细胞杂交种具有两个亲本的中间型或某一亲本的特性。由于体细胞杂交种具有较广泛的形态学变异，因此形态学特征鉴定法仅能作为初步的参考依据。要准确地鉴定体细胞杂交种的特性，必须采用细胞学、分子生物学等分析手段。

体细胞杂交种的染色体数目通常会加倍，具有不同形态特征的染色体，因此，染色体数目、染色体大小、着丝粒位置是鉴定体细胞杂交种的重要依据。主要通过染色体计数、染色体的核型分析、染色体的形态差异进行鉴定。如果两个融合亲本的染色体形态差别较大，则通过核型分析可鉴定杂交种中的染色体来源，但有的植物染色体差别不大，用染色体核型和差异分析难以比较。

利用流式细胞仪（flow cytometer，FCM）对单细胞或其他生物粒子进行定量分析和分选的技术手段，称为流式细胞术，该技术具有速度快、精度高、准确性好等优点，是目前最先进的细胞定量分析技术。流式细胞术能够快速测定单个细胞或细胞器的生物学性质，把特定的细胞或细胞器从群体中加以分类收集。在植物原生质体融合研究领域，流式细胞术可通过直接测定细胞 DNA 含量来快速鉴定植株染色体倍性，已被应用于花椰菜、青花菜、包叶甘蓝、甘蓝型油菜等芸薹属作物体细胞杂交种的倍性鉴定中（Sunberg and Glimelius，1991；Lian et al.，2011a）。

同工酶分析是体细胞杂种鉴定中普遍应用的方法之一。体细胞杂种的同工酶谱既可能同时出现双亲特有的谱带，也有可能出现新的杂种带或丢失部分亲本条带。Bauer-Weston 等（1993）通过过氧化物酶、酯酶、葡萄糖磷酸变位酶等同工酶分析了拟南芥与甘蓝型油菜不对称融合杂种的不对称特性，结果 3 种酶均清晰地显示了杂种带。同工酶可作为遗传标记应用于杂种鉴定，其优点是比较稳定，不易受环境影响，在种子和幼苗期就可以鉴定，且所需植物材料少，为共显性，杂交后代隐性性状不为显性性状所掩盖。

染色体原位杂交（chromosome *in situ* hybridization，CISH）的基本原理是，根据核酸分子碱基互补配对原则，将由放射性或非放射性标记的外源 DNA 片段变性为单链，与经过变性的染色体 DNA 进行杂交，再经过相应的检测手段，显示外源核酸在染色体上的位置，从而快速、直观、准确地确定待测基因在染色体上的位置。荧光原位杂交（fluorescence *in situ* hybridization，FISH）技术和基因组原位杂交（genomic *in situ* hybridization，GISH）技术（Schwarzacher et al.，1989）也陆续用于体细胞杂交种鉴定。采用 FISH 可成倍地提高信号检出率；GISH 技术更直接简便，不仅可与整条染色体杂交，而且在细胞分裂任何时期均可观察杂交位点，它可以非常直观地鉴定出体细胞杂种的核基因组来源、重组及缺失情况，为体细胞杂种鉴定提供最直接的证据，得到了广泛的应用（Jelodar et al.，1999；Szarka et al.，2002；Cheng and Xia，2004）。夏光敏等（2006）曾多次运用 GISH 技术进行杂交种的鉴定，如 2006 年应用 GISH/FISH 染色体组型分析技术将一抗旱基因定位在小麦与茅草杂交新品种山融 3 号的 5A 染色体的短臂上。

分子生物学技术也能为体细胞杂种鉴定提供直接的证据，目前，已有许多标记技术应用于体细胞杂种鉴定中。常用的鉴定植物体细胞杂种细胞核基因组的分子生物学检测方法有随机扩增多态性 DNA（randomly amplified polymorphic DNA，RAPD）、限制性片段长度多态性（restriction fragment length polymorphism，RFLP）、扩增片段长度多态性

（amplified fragment length polymorphism，AFLP）、短串联重复（short tandem repeat，SSR）、Southern 杂交等。

RAPD 是最先用于鉴定融合杂交种的分子标记手段，因其 DNA 用量少，可用于试管苗期检测，现在仍被广泛采用。Przetakiewicz 等（2002）将特异结合翻译和非翻译连接区的锚定引物与随机引物结合使用进行 PCR 扩增，结果表明，近缘杂种植株综合了融合双亲的 DNA 特征带型。采用 RAPD 分子标记手段，在芸薹属、棉花等作物的体细胞杂种的鉴定中也获得了很好的效果（Lian et al.，2011；Sun et al.，2004；Yang et al.，2007）。另外，Naess 等（2001）将 RAPD 和 RFLP 技术结合使用，准确、可靠地鉴定了马铃薯杂种。

Southern 杂交技术也广泛应用在体细胞杂种的鉴定中。在不对称体细胞杂种鉴定中，以供体 DNA 为探针，受体 DNA 为封阻进行 Southern 杂交，能成功鉴定不对称杂种（Liu et al.，1999）。Moriguchi 等（1997）采用地高辛标记，对水稻的 rDNA 和线粒体 DNA 进行标记，鉴定了胞质杂交种的真实性。2004 年，Scotti 等利用 *rpl5* 和 *rpsl4* 线粒体 DNA 基因作探针对 *S. tuberosum* 和 *S. commersonii* 的融合杂种进行鉴定，发现 *rpl5* 和 *rpsl4* 基因位点是线粒体基因重组较多的位点。

AFLP 标记是基于 PCR 技术选择性扩增基因组 DNA 酶切片段所产生的扩增产物的多态性。基因组 DNA 先用限制性内切核酸酶切割，然后将双链接头连接到 DNA 片段的末端，接头序列和相邻的限制性位点序列，作为引物结合位点。AFLP 结合了 RFLP 和 PCR 技术的特点，具有 RFLP 技术的可靠性和 PCR 技术的高效性，同时能克服 RFLP 带型少、信息量小及 RAPD 技术不稳定的缺点。该技术有效地应用到了体细胞杂交种的鉴定中（Brewer et al.，1999；Guo et al.，2002）。

微卫星 DNA（microsatellite DNA）序列或短串联重复（SSR）序列，是一种由 2～5 个核苷酸为重复单位的串联重复序列。在胡萝卜与川西獐牙菜的体细胞杂交和棉花体细胞杂交研究中，采用 SSR 技术有效地鉴定了体细胞杂种的特性（Sun et al.，2004；李子东等，2005；Yang et al.，2007）。在花椰菜和黑芥的非对称体细胞杂交研究中，张丽等（2008）采用了 SRAP 标记从再生植株中检测到融合双亲的特征带，证实了其杂种的特性。Scarano 等（2002）利用 ISSR 标记技术快速地鉴定了葡萄柚和宽皮柑橘种间体细胞杂交种的特性。

六、原生质体融合与体细胞杂交研究进展

通过不同物种间的体细胞杂交，可以使植物中的优良性状在杂种中相互组合，进而获得新的种质。2000 年后，体细胞杂交技术无论在双子叶还是单子叶植物中都有了长足的发展，主要集中在禾本科、茄科、十字花科、伞形科、豆科、菊科、百合科、芸香科等 8 科、29 属、36 种植物中（张改娜和贾敬芬，2007），其中 85%为属间体细胞杂交。小麦的体细胞杂交研究比较突出，如小麦与其多种近缘属间植物进行体细胞杂交，不仅获得了再生植株，而且这些新品系和株系存在一些优良的农艺性状，如高品质、抗虫、耐盐和抗旱等。高羊茅的胞质雄性不育通过体细胞杂交转移到多花黑麦草。芸香科不同种属间也获得了多种体细胞杂种。一些有经济价值的木本植物的原生质体培养也获得了成功。

1. 水稻体细胞杂交研究进展

禾谷类植物的体细胞杂交在水稻上最先取得进展，水稻体细胞杂交主要围绕创造新胞质不育系和种质资源创新的目标进行。水稻体细胞杂交的最早成功事例是由日本学者Terada 等（1987）完成的，他们将稗草与水稻的原生质体融合，获得了杂种。Kyozuka 等（1989）利用非对称体细胞杂交技术将籼稻雄性不育基因转入到粳稻，并获可育杂种植株，其雄性不育性状可稳定地遗传给后代，将其用于育种实践，可有效地缩短育种周期。为了创造新的水稻种质资源，广泛进行了栽培稻与不同野生稻之间的体细胞杂交研究，获得了体细胞杂种。Hayashi 等（1988）用栽培稻与 4 种野生稻（*Oryza officinalis*、*O. eichingeri*、*O. brachyantha*、*O. perrieri*）分别进行电融合，采用看护培养方法获得了再生植株，其核型分析、形态学和同工酶分析结果显示，再生植株均为体细胞杂种。其中，栽培种与 3 种野生种（*O. officinalis*、*O. eichingeri* 和 *O. perrieri*）之间的体细胞杂种分别开出正常的花，花粉具有活力，仅栽培种与紧穗野生稻（*O. eichingeri*）获得了杂交后代。颜秋生等（1999）利用栽培稻 02428（*O. sativa*）与药用野生稻（*O. officinalis*）进行融合，经鉴定野生稻抗褐飞虱性状成功地渗入栽培稻，使栽培稻具有较强的褐飞虱抗性。Akagi 等（1995）亦通过非对称体细胞杂交将线粒体基因组由水稻胞质雄性不育品种转移到可育品系中。水稻的一些性状也可通过体细胞杂交方法导入到异源物种中，如Kisaka 等（1994）将抗 5-甲基色氨酸的水稻与对 5-甲基色氨酸敏感的胡萝卜进行原生质体融合，得到水稻与胡萝卜的不对称胞质杂种植株，杂种植株形态像胡萝卜，但植株叶片窄、无叶裂，对 5-甲基色氨酸具有抗性。栽培稻与多种属间植物的体细胞杂交也已获得成功，如稗草（*Echinochlod oryzicola* Vasing）、大黍（*Panicum maximim*）、大麦（*Hordeum vulgare* L.）、菰茭白（*Zizania latifolia*）和 *Porteresia coarctata* 等（辛化伟等，1997；Terada et al.，1987；Kisaka et al.，1998；Jelodar et al.，1999；Liu et al.，1999），丰富了育种种质资源。通过非对称体细胞杂交成功地将疣粒野生稻中的白叶枯病抗性导入到栽培稻中（朱永生等，2004）。Tao 等（2008）获得了 C3 植物粳稻 8411 与 C4 植物非洲狼尾草之间的体细胞杂种，再生植株具有 C4 循环固定 CO_2 的特征。

2. 小麦体细胞杂交研究进展

小麦的体细胞杂交的成果显著，已广泛应用在小麦耐盐、抗旱和品质改良的研究中。1991 年，山东大学的夏光敏团队开始进行小麦与属间植物的对称及非对称体细胞杂交研究，将与小麦不同亲缘关系的属间植物经 ^{60}Co-γ 射线或紫外线照射后作为供体，用 PEG 法诱导融合，融合产物经培养形成杂种细胞系及杂种植株。他们利用普通小麦与无芒雀麦进行不对称体细胞杂交，获得了杂种白化苗（Xiang et al.，1999）。夏光敏等（1996）在小麦与高冰草体细胞杂交及再生能力恢复研究中获得了属间可育体细胞杂种；对小麦与高冰草体细胞杂种的 F_2 代进行同工酶和蛋白质分析，结果表明，双亲的遗传物质均在杂种中稳定存在并正常表达，而且产生了特异的新蛋白质（杨键等，1999；Xiang et al.，2001）。在小麦中，利用非对称体细胞杂交已经获得了多种近缘属之间的体细胞杂种，包括高冰草（Xia and Chen，1996；Cheng and Xia，2004；Cui et al.，2009）、新麦草（*Psathyrostachys juncea*）（Li and Xia，2004）、羊草（*Leymus chinensis*）（Xia and Chen，

1996；Chen et al.，2004）、簇毛麦（*Haynaldia villosa*）（Xia et al.，1998）、中间偃麦草（*Elytrigia intermedia*）和多花黑麦草（*Lolium perenne*）（Cheng and Xia，2004）、*Avena sativa*（Xiang et al.，2003a，2003b）、*Setaria italic*（Xiang et al.，2004）、*Bromus inermis*（Xiang et al.，1999），他们还利用小麦和拟南芥进行原生质体融合（Deng et al.，2007），并对这些杂种后代进行了细胞学和分子生物学鉴定。陈凡国等（2001）对普通小麦与玉米的不对称体细胞杂交进行了研究，支大英等（2002）在进行普通小麦与玉米的体细胞杂交中，获得了完整再生植株。

小麦与两种远缘禾谷类作物燕麦和玉米（Xiang et al.，2004；Xu et al.，2003）及一种远缘禾草（青苗碱谷）（Xiang et al.，2004）的不对称体细胞杂交也获得了大量杂种克隆及再生植株。Szarka 等（2002）获得了小麦和玉米的体细胞杂种并进行了基因组 DNA 测定，结果在体细胞杂交种中即可检测到小麦的 DNA，玉米的基因组也同样整合到体细胞杂种中。在以上小麦的体细胞杂交研究中，发现杂种细胞具有优先生长的特性，即在融合后的混合培养物中，杂种细胞比未融合的双亲细胞生长迅速，优先形成杂种克隆；还发现了杂种细胞的再生能力互补现象，即分化能力很低或丧失的双亲原生质体，由于融合而恢复其再生能力或再生能力增强的现象。这两个发现使小麦体细胞杂交可以省去筛选环节而变得简便有效，在理论上为研究细胞的生长发育与遗传的关系提供了新的实验系统。

3. 马铃薯体细胞杂交研究

利用体细胞杂交克服马铃薯野生种和栽培种间的生殖障碍，将野生种和近缘野生种的抗真菌、抗细菌、抗病毒的特性引入普通栽培种，提高栽培种的抗病性是马铃薯体细胞杂交的重要目的之一。Butenko 等（1977）利用体细胞融合技术将二倍体野生种 *S. chacoense* 与栽培品种融合，获得了对马铃薯 Y 病毒（PVY）具有抗性的杂种后代。随后，利用体细胞融合技术将野生资源的许多抗病性成功地导入到了马铃薯栽培种中，获得抗马铃薯 Y 病毒、X 病毒（PVX）、M 病毒（PVM）、卷叶病毒（PLRV）和抗马铃薯晚疫病的体细胞杂种（Gibson et al.，1988；Rokka et al.，1994；Valkonen and Rokka，1998；Thieme et al.，2008；Pehu et al.，1990；Fahmy and Abdou，1988；Helgeson et al.，1993；Carrasco et al.，2000）。

在马铃薯抗细菌病的研究方面，通过体细胞杂交获得了抗 *Erwinia carotvorasoftrot* 及抗枯萎病的马铃薯体细胞杂种（Austin et al.，1988；Fock et al.，2001）。用 PEG 和电融合方法将二倍体马铃薯 *S. chacoense* 抗枯萎病的抗性导入 *S. tuberosum* L.中，发现绝大部分体细胞杂种为六倍体，这种倍性比较稳定，3 年后仍可保持六倍体特性（Cai et al.，2004；Guo et al.，2010）。Austin 等（1993）以 *S. tuberosum* L.和 *S. bulbocastanum* 为融合亲本成功获得了抗线虫的体细胞杂种。有研究发现植株的抗病程度与亲本基因组的组成密切相关，Laurila 等（2003）通过体细胞杂交将 *S. tuberosum* 和 *S. acaule* 进行融合，杂种植株依据来自 *S. acaule* 核基因组成分的多少呈现出不同程度的耐环腐病特性。我国研究人员利用电融合技术在马铃薯体细胞杂交方面做了一些研究，获得了体细胞杂种，并从形态学、细胞学和同工酶等方面做了详细鉴定（蔡兴奎等，2004；Guo et al.，2010），成效较好。

4. 棉花体细胞杂交研究

在棉花原生质体再生植株获得成功的基础上，将陆地棉珂字棉 201 的胚性悬浮细胞系原生质体与二倍体野生棉克劳茨基棉的胚性愈伤组织原生质体（Sun et al.，2004）、斯笃克氏棉（*Gossypium. stockii*）的不成熟体细胞胚原生质体（Sun et al.，2005）、比克氏棉（*G. bickii*）的叶片原生质体（Sun et al.，2005）和戴维逊氏棉（*G. davidsonii*）叶片原生质体进行融合（Sun et al.，2006），在 KM8p 培养基上进行液体浅层培养，均获得了再生植株，为建立棉花体细胞杂种的生产体系奠定了坚实的基础。Yang 等（2007）在棉花对称体细胞杂交实验中获得了不对称杂种；Fu 等（2009）采用供体受体融合方法获得了栽培种和野生种之间的体细胞杂种，鉴定时发现杂种中野生种亲本的部分染色体丢失，这种丢失可减少供体中不利基因导入到受体的机会。Sun 等（2011）获得了四倍体棉花（*G. hirsutum* L. cv. ZDM-3）和二倍体野生型棉花（*G. klotzschianum*）之间的体细胞杂种，杂种表现为两个亲本的中间型，染色体数等于两个亲本染色体数之和。

5. 芸薹属体细胞杂交研究

芸薹属植物是最早开展体细胞杂交研究的种属之一。通过体细胞杂交已经成功获得了芸薹属作物与很多远缘物种之间的杂种，使很多性状得到改良，如对不同病虫害的抗性、脂肪酸含量和细胞质雄性不育等。至今，通过原生质体融合已成功获得了甘蓝（*B. oleracea*）与芸薹（*B. campestris*）（Jourdan et al.，1989；Lian et al.，2011a，2011b；Lian，2012）、普通白菜（*B. napus*）（Yarrow et al.，1990）、芜菁（*B. rapa*）（Cardi and Earle，1997）、芥菜（*B. juncea*）（Arumugam et al.，2000；Lian et al.，2011b）、*B. spinescens*（姚星伟等，2005）、黑芥（*B. nigra*）（张丽等，2008）等芸薹属内及甘蓝与 *Moricandia arvensis*（Toriyama et al.，1987）、*M. nitens*（Yan et al.，1999）、白芥（*Sinapis alba*）（Hansen and Earle，1997）、亚麻荠（*Camelina sativa*）（Hansen，1998）、紫罗兰（*Matthiola incana*）（Sheng et al.，2008）等属间的体细胞杂交种植株。除此之外，芸薹属作物在十字花科族间体细胞杂交研究中也成功获得了杂种（Sigareva et al，1999；Jiang et al.，2009；涂玉琴等，2009），这些种间、属间和族间体细胞杂交种为芸薹属作物品种改良提供了十分丰富的变异类型和育种桥梁材料。

杂种优势在育种上有极大的利用价值，而实现杂种优势育种最简便有效的方法就是利用雄性不育系。目前，大部分蔬菜采用的都是细胞质雄性不育（cytoplasmic male sterility，CMS）的不育系。为了将萝卜（ogura）CMS 转移到商业化的甘蓝型油菜品种中，Pelletier 等（1983）从杂交组合♀萝卜（含 ogura 胞质）×♂（甘蓝）×♂（甘蓝型油菜）中获得了具高芥酸含量和低温缺绿不良性状的甘蓝型油菜 CMS 株系，然后以春性油菜品种 Brutor 与此融合，获得再生植株，从再生植株中，发现 5 株雄性不育且不缺绿的植株，通过一个世代的回交筛选出春性甘蓝型油菜萝卜胞质雄性不育株系，花药不开裂，仅有空瘪的花粉囊。进一步将该不育系与冬性甘蓝型油菜品种 Bienvenu 进行对称性细胞融合，从 5 株完全雄性不育的体细胞杂种中，筛选出冬性甘蓝型油菜品种 Bienvenu 的核基因组与雄性不育的萝卜细胞质基因组在杂种植株中发生重组的 CMS 个体。Lian 等（2011c）应用对称体细胞杂交技术向叶用芥菜成功转移了花椰菜中的 ogura 雄性不育胞质。Sakai 和 Imamura（1990）采取“供体–受体”融合体系，即核、质双失活技术，不仅将只存在于萝卜中的 Koscrlls 胞质基因转入了甘蓝型油菜中，而且将萝卜中的恢复基因 *Rf* 导入甘蓝型油菜中。Barsby 等（1987）利用原生质体融合得到了抗 triazine 的 Polma CMS 不育系。胡琼(2004)也通过对称性融合获得了甘蓝型油菜与新疆野油菜(*S. arvensis*)的不育体细胞杂种，与甘蓝型油菜亲本连续回交后产生不育性稳定的、与 Polma 不育胞质不同的新型甘蓝型油菜不育系。Prakash 和 Chopra（1990）用白菜型油菜及芥菜型油菜（*B. juncea*）分别与 *B. oxyrrhina* 进行原生质体融合，在后代中得到了新的细胞质雄性不育系 *Oxy* CMS。Lian 等（2012b）把油菜型白菜的 Anand CMS 特性导入芥菜中，获得了雄性不育的体细胞杂种。

黑斑病是甘蓝的重要病害，而 *C. sativa*、*S. alba*、*Trachystoma ballii* 和 *Diplotaxis catholica* 都较抗黑斑病。Gaikwad 等（1996）用芥菜（*B. juncea*）和欧白芥（*S. alba*）作亲本进行体细胞杂交，虽然所得杂种的生活力低下，但与芥菜回交后，BC1 不仅恢复了生活力，还表现出对黑斑病的抗性。为了将抗黑斑病的抗性转移到甘蓝中，以不抗黑斑病的甘蓝为融合亲本分别与抗黑斑病的野生植物欧白芥和亚麻芥（*C. sativa* L.）进行原生质体融合，经鉴定发现再生的体细胞杂种高抗黑斑病，证实野生欧白芥和亚麻芥的黑斑病的抗性成功导入了甘蓝中（Hansen and Earle，1997；Sigareva et al.，1999）。Kirti 等（1995）通过融合技术把 *T. ballii* 抗黑斑病的性状转移到了芥菜型油菜中。

黑胫病和根肿病是芸薹属作物两种重要的病害。黑胫病和根肿病是由 *Leptosphaeria maculans* 和 *Plasmodiophora brassicae* 病原菌引起的，在欧洲重病区的甘蓝型油菜每年因这两种病的危害而大幅度减产。在芸薹属作物中，白芥对黑胫病不同病原具有抗性。Snowdon 等（2000）对甘蓝型油菜与白芥的体细胞杂种回交后代进行了基因组原位杂交和抗病研究，在回交三代中由于附加了白芥的一个近端染色体片段，植株在苗期和成株期都表现出高抗黑胫病的能力。此外，一些具有正常甘蓝型油菜核型的植株，原位杂交没有信号，其苗期对黑胫病敏感，但成株期抗黑胫病，表明抗性基因可能已经渗入。Sjödin 和 Glimelius（1989）利用 *B. juncea* 和 *B. napus* 之间的非对称体细胞杂交筛选获得了抗黑胫病植株。此外，有人利用抗根肿病的日本萝卜和花椰菜进行体细胞杂交获得了既抗根肿病又可育的体细胞杂种（Hagimori et al.，1992），也获得 *B. juncea* 和紫甘蓝的抗 TuMV 的体细胞杂交种（Chen et al.，2005），为芸薹属抗病性育种提供了良好的材料。

十字花科蔬菜另一毁灭性病害是软腐病。Ren 等（2000）用芜菁（*B. rapa* L.）和对软腐病高抗的甘蓝作亲本，经体细胞杂交得到体细胞杂种。杂种群体内对软腐病的抗性差异很大，有的植株抗性甚至超过高抗亲本甘蓝。黑腐病是危害甘蓝的主要病害，甘蓝型油菜中存在抗黑腐病基因。Hansen 和 Earle（1997）利用原生质体融合技术，将甘蓝型油菜中的抗黑腐病基因转移到了甘蓝中。Lian 等（2011c）成功地将青花菜的枯萎病的抗性导入叶用芥菜中。

十字花科植物中有许多优良的野生种质资源，它们对油菜脂肪酸的改良具有重要的应用价值。Fahleson 等（1988）将芸芥与甘蓝型油菜原生质体进行融合，在回交后代中获得了高芥酸的甘蓝型油菜。Fahleson 等（1994）进行了 *Thlaspi perfoliatum* 与油菜的原生质体融合，在后代材料中检测到二十四烯酸含量明显增加。Skarzahinskaya 等（1996）通过原生质体融合技术将具有重要经济价值的羟基脂肪酸植物 *Lesquerella fendleri* 中可控制合成羟基脂肪酸的基因转入甘蓝型油菜中。在国内，利用甘蓝型油菜和诸葛菜（*Orychophragmus violaceus*）进行体细胞杂交，Hu 等（2002）筛选出了高芥酸、高棕榈酸、低芥酸的再生植株；Ma 等（2006）在体细胞杂种的后代中获得了脂肪酸组成有较大变异的植株，特别是一些高亚油酸的材料。

6. 果树体细胞融合研究

自 Ohgawara 和 Kobayashi（1985）采用 PEG 诱导融合首次获得柑橘属与枳属的属间体细胞杂种以来，体细胞杂交技术在柑橘上的应用迅速发展。柑橘原生质体融合主要采用叶肉原生质体与胚性愈伤组织原生质体融合模式，但也有采用胚性愈伤组织原生质体与胚性愈伤组织原生质体融合模式的。由于柑橘的叶肉原生质体难以分裂、分化形成再生植株，因此，采用这种模式产生的种间或属间的体细胞杂种是胚性愈伤组织来源的二倍体植株或双二倍体植株（Liu and Deng，2001；Guo et al.，2007；Cai et al.，2010）、二倍体胞质杂种（Liu and Deng，2002；Deng et al. 2000a，2000b；Guo et al.，2006；Cai et al.，2009）和同源四倍体植株（Guo et al.，2006）。

体细胞杂交技术是柑橘砧木育种行之有效的途径。柑橘体细胞杂种主要用于培育新型多抗砧木和作为培育三倍体无籽柑橘品种的亲本材料。Grosser 等（1995）将不抗柑橘速衰病毒（*Citrus tristeza* virus，CTV）的砧木酸橙与柠檬和枳橙融合，得到了抗 CTV 的体细胞杂种。Guo 等（2007）将不抗柑橘裂皮病毒（*Citrus exoconis* virus，CEV）的砧木枳与抗 CEV 的红橘进行融合，得到了抗 CEV 的体细胞杂种。以柚子和橘为融合亲本，进行体细胞融合获得了能够替代酸橙的新型优良砧木，有些杂种在苗期表现出很好的生长势（Grosser and Chandler，2000）。利用体细胞杂交技术培育多抗砧木的研究取得了可喜的成果，研究发现四倍体体细胞杂交砧木上嫁接的树冠面积比传统砧木上嫁接的小，但产量高，并显示抗 CTV 和疫霉属（*Phytophthora*）病菌的优势（Grosser et al.，2000；Grosser and Gmitter，2010，2011）。

在接穗品种培育及作为三倍体无核育种亲本培育等方面也有较好的成效，获得的部分杂交种已成为在育种上有重要价值的新种质（Guo et al.，2004；Grosser and Gmitter，2005；Wu et al.，2005）。Dambie 等（2011）为了获得适合地中海盆地栽培的砧木，以 *Poncirus trifoliata* 和 *Citrus reticulata* 为材料进行了属间体细胞杂交，对获得的体细胞杂种进行了性状鉴定，为地中海盆地的柑橘生产丰富了种质资源。在柑橘体细胞杂种的生产、后代生物学性状特性鉴定、核质基因互作等研究方面也取得了一定进展（Cheng et al.，2003；Orczyk et al.，2003；程运江，2003；Grosser and Gmitter，2010）。

大量的病毒、真菌病害和虫害造成香蕉品质和产量的大幅度下降。选育高产、高抗的优良品种是香蕉产业可持续发展的根本出路。栽培香蕉品种的多倍性和不育等特性限制了通过传统杂交育种方法对香蕉的改良。自从 Bakry（1984）首次分离、获得香蕉原生质体以来，关于香蕉原生质体培养和体细胞杂交的研究也相继获得成功。最初，人们采用 PEG 诱导香蕉原生质体融合，但是没有获得成功（Chen and Ku，1985）。Matsumoto 等（2002）以二倍体野生蕉和来源于三倍体的香蕉品种为融合亲本，采用电融合法进行原生质体融合，以水稻胚性悬浮细胞作为看护细胞，培养 40～60 天，细胞经分裂、分化发育形成体细胞胚，体细胞胚进而萌发、成熟转变成完整的再生植株。同样，Assani 等

（2005）以三倍体香蕉和二倍体香蕉为融合亲本，较系统地研究了电融合法与 PEG 法对香蕉原生质体融合的影响，结果显示，采用 PEG 法时原生质体双融合频率比较高，采用电融合法时细胞分裂频率、体细胞胚发生和植株再生频率较高。Xiao 等（2009）分别用紫外线照射和碘乙酰胺处理供体和受体原生质体，采用 PEG 融合方法，成功获得了原生质体融合再生植株。

在几十年的研究中，在原生质体融合和体细胞杂交研究方面发生了一些明显的变化。第一，原生质体融合的植物种类发生变化，原生质体融合研究从以模式植物为主转移到以经济作物和粮食作物为主；第二，原生质体融合方式发生变化，原生质体的融合方式从以前的对称融合为主转变为对称、非对称融合同时发展；第三，融合技术不断改变，从早期的 $NaNO_3$ 诱导融合，逐步发展到 PEG 诱导融合为主，现在采用电场诱导融合的研究不断增多；第四，原生质体融合目标发生变化，原生质体融合由追求新、异转变为育种和优异种质资源的创新，即采用原生质体融合技术进行定向育种或种质资源的创新；第五，杂种的鉴定方法由细胞学和形态学鉴定，发展到各种分子水平的鉴定。

第五节　花生原生质体培养和体细胞融合

花生是我国四大油料作物之一，但由于花生栽培品种遗传基础狭窄、抗性差，严重影响其产量和品质。尽管育种家努力培育抗病品种，但由于花生栽培种中缺乏高抗性品种资源，抗病品种的选育一直是一个难以解决的问题。花生栽培种可与花生区组的野生种杂交，但结实率很低，与其他区组的野生种杂交不亲和。花生属的种间杂交不亲和是应用花生野生种资源的瓶颈，这严重限制了花生野生资源的利用和育种进展。

与其他作物一样，花生原生质体分离、培养及原生质体融合早已有相关的研究报道。Oeclk（1982）把栽培种花生叶片在 0.3 mol/L 的甘露醇溶液中切碎，在 0.2%纤维素酶、1%软化酶及 1%半纤维素酶组成的酶液中振荡处理 16 h，分离得到了原生质体。Rugma 和 Cocking（1985）利用花生成熟叶片、子叶和根尖组织分离、培养原生质体，但未能获得再生植株。同年，Mhatre 等（1985）用栽培种的叶片分离原生质体，经培养获得愈伤组织，但未能获得再生植株。Li 等（1993）以野生种花生（*Arachis paraguariensis*）叶片为材料诱导愈伤组织，然后分离原生质体，采用看护培养法，促进了原生质体的分裂，获得了再生植株。Venkatachalam 和 Jayabalam（1996）从未成熟叶片中分离到了原生质体，经体细胞胚途径获得了再生植株。周蓉和陈小媚（1999）以苗龄 15～20 天的花生幼叶为材料研究了影响花生叶片原生质体分离与培养的影响因素。邢道臣等（2003）以鲁花 10 号的体细胞胚作为供体，进行了原生质体分离与培养条件的研究，但未能获得再生植株。

体细胞杂交作为克服花生属种间杂交不亲和性及利用花生属野生种质资源的方法，具有广泛的应用前景，但目前仍处于探索阶段。Bajaj 和 Gosal（1988）以栽培种和花生区组二倍体野生种 *A. villosa* 的幼叶为材料，对原生质体的分离与融合的适宜条件进行了研究，但未获得再生植株。目前，只有 Li 等（1995）用 PEG 和 $CaCl_2$ 为介质，诱导栽培种花生未成熟子叶原生质体分别与野生花生 *A. glabrata* 及 *A. digoi* 幼叶原生质体进行融合，通过器官分化途径获得了再生植株。邢道臣等（2002）从花生品种鲁花 14 号的体细

胞胚和近缘野生种 *A. cannadacii* 的胚性愈伤组织中分离得到了原生质体，用PEG法融合，诱导出小愈伤组织，但未能获得再生植株。王相伟等（2006）分别对花生栽培种及其近缘野生种 *A. cannadacii* 和 *A. rigonii* 进行了体细胞融合与培养，液体培养基中添加植物生长调节物质 NAA 和 BAP，得到了小愈伤组织，但最终褐变死亡，未对小愈伤组织的杂交种性进行鉴定。黄玲等（2009）以栽培种花育 20 号为材料，采用液体培养方法同样获得了愈伤组织，并把愈伤组织培养到 7～9 mm 大小，但最终也未能得到再生植株。乔丽仙等（2012）将分离花生栽培种 Krapts 和野生种 *A. stenosperma* 幼叶获得的原生质体采用 PEG 法融合后，进行液体浅层培养，5 周后获得的愈伤组织被鉴定为体细胞杂交种。

虽然国内外已经对花生体细胞杂交进行了相关的研究，并积累了一定的研究基础，但要获得花生与其野生种之间的体细胞杂交种，并将其应用到育种中还需要做大量的工作。

参 考 文 献

蔡兴奎，柳俊，谢从华. 2004. 马铃薯栽培种与野生种叶肉细胞融合及体细胞杂交种鉴定. 园艺学报, 31(5): 623-626

陈安和，肖训焰，王一惠. 2000. 水稻叶肉原生质体的分离与培养. 西南师范大学学报, 25(4): 611-615

陈凡国，张学勇，夏光敏. 2001. 普通小麦与玉米不对称体细胞杂交的研究. 西北植物学, 21(5): 826-833

陈由强，朱锦懋，叶冰莹，等. 2000. 花生体细胞胚和丛生芽的诱导及扩繁培养. 福建师范大学学报(自然科学版), 16(2): 75-79

陈志贤，李淑君，岳建雄，等. 1989. 从棉花胚性细胞原生质体培养获得植株再生. 植物学报, 31: 966-969

程运江. 2003. 柑橘体细胞胞质遗传及叶绿体 SSR 引物开发研究. 武汉: 华中农业大学博士学位论文

崔凯荣，王晓哲，陈雄，等. 1997. 小麦胚状体发生中 DNA、RNA 和蛋白质的合成动态. 核农学报, 11(4): 209-1214

邓向阳，卫志明. 2000. 幼胚长度、2, 4-D 浓度、光强度等对花生体细胞胚发生的影响及高效再生系统的建立. 植物生理学报, 26(6): 525-531

方小平，许泽永，张宗义，等. 1996. 花生小叶外植体植株再生及农杆菌介导的基因遗传转化. 中国油料, 18(4): 52-56

高国良，杨庆利，徐静，等. 2007. 花生子叶再生系统的建立. 花生学报, 36(1): 32-35

高述民，陆帼一，杜慧芳. 2001. 大蒜胚状体发育分化中特异蛋白和某些生理生化变化. 植物生理学通讯, 37(3): 207-1210

葛台明，章荣德，秦发兰，等. 2000. 冬小麦原生质体培养的胚状体直接发生. 生物工程学报, 16(5): 609-613

郭光沁，夏光敏，李忠谊，等. 1990. 小麦原生质体再生细胞直接形成体细胞胚和再生植株. 中国科学(B 辑), 9: 970-974

郭光沁，许智老，卫志明，等. 1993. 用 PEG 法向麦原生质体导入外源基因获得转基因植株. 科学通报, 38(13): 1227-1231

何红卫，宾金华. 2003. 花生上胚轴的丛生芽诱导和植株再生. 华南农业大报, 24(3): 46-49

何晔，张新，陈菊萍，等. 2007. 花生胚小叶体细胞植株再生系统的建立. 安徽农业科学, 35(26): 8135- 8137

胡琼. 2004. 属间体细胞杂交创建甘蓝型油菜细胞质雄性不育系及其鉴定. 中国农业科学, 37(3): 333-338

黄玲，赵凯，孔贺，等. 2009. 花生原生质体分离与培养. 中国农学通报, 25(14): 47-50

贾彩凤，李悦，瞿超. 2004. 木本植物体细胞胚胎发生技术. 中国生物工程杂志, (3): 26-29

贾雅丽，郭周义，田振. 2002. 激光微束与光钳系统及其在生物学中的应用. 激光生物学报, 11(5): 381-386

贾勇炯，陈放，李英，等. 1994. 从水稻根部悬浮培养细胞分离原生质体及植株再生. 生物工程学报, 10(2): 168-172

李春娟，单世华，万书波，等. 2005. 花生胚小叶外植体再生影响因素研究简报. 花生学报, 34(3): 36-38

李凤云. 2008. 马铃薯茎尖脱毒效果影响因素的研究. 中国马铃薯, 22(4): 201-204

梁丽琨，林荣双，肖显华，等. 2002. 添加物影响花生外植体再生及基因转化. 生物技术, 12(3): 6-8

李耿光，张兰英. 1988. 马铃薯叶肉原生质体再生植株研究. 植物学报, 30(1): 21-24
李丽，万勇善，刘风珍. 2005. 2, 4-D 浓度对花生体细胞胚发生的影响. 生物技术, 15(3): 77-79
李仁敬，孟庆玉，李淑君，等. 1995. 新疆长绒棉胚性悬浮细胞原生质体培养. 中国棉花, 25(1): 23-24
李子东，邵菲，蔡云飞，等. 2005. 胡萝卜与川西獐牙菜不对称体细胞杂交种的核 / 质基组特征. 植物生理与分子生物学报, 31(3): 254-260
梁丽琨，林荣双，由翠荣，等. 2004. 不同激素对花生离体培养分化的影响. 植物研究, 24(2): 187-192
林荣双，王庆华，梁丽琨. 2003. TDZ 诱导花生幼叶的不定芽和体细胞胚发生的组织学观察. 植物研究, 23(2): 169-171
刘凡，赵泓，秦帆. 2006. 结球白菜下胚轴原生质体培养及其体细胞胚植株再生. 植物学通报, 23(3): 275-280
陆莉，张焕英，李桂荣. 1996. 小麦耐盐突变体 RS8901-17. 作物品种资源, (1): 55
罗建平，贾敬芬，月华. 2000. 沙打旺胚性原生质体培养优化及高频再生植株. 生物工程学报, 16(1): 17-21
吕复兵，张献龙，刘金兰. 1999. 陆地棉原生质体培养与植株再生. 华北农学报, 14: 73-78
吕善勇. 1994. 高产优质小麦新品种——核生 2 号. 山东农业科学, 4: 12-13
马锋旺，李嘉瑞. 1998. 山杏原生质体培养再生植株. 园艺学报, 25(3): 224-229
马锋旺，李嘉瑞. 1999. 中国李原生质体培养及植株再生. 西北农业大学学报, 27(3): 61-65
马骥，乔琦，肖娅萍，等. 2005. 防风组织培养中畸形胚状体的发生和控制. 西北植物学报, 25(3): 552-556
孟庆玉，孙严，李仁敬. 1996. 新疆长绒棉胚性悬浮细胞原生质体的培养及再生. 新疆农业科学, 6: 249-251
苗利娟，黄冰艳，张新友，等. 2008. 花生幼叶丛生芽成苗高频再生体系的建立. 河南农业科学, (8): 46-48
苗利娟，黄冰艳，张新友，等. 2008. 花生幼叶丛生芽高效诱导的制约因素研究. 河南农业科学, (1): 40-44
乔利仙，隋炯明，谭玲玲，等. 2012. 花生体胚诱导及植株再生. 农学学报, 2(10): 9-13
乔利仙，孙海燕，隋炯明，等. 2012. 花生与其近缘野生种间细胞融合及杂交种愈伤组织的形成. 中国农学通报, 31(4): 1-4
任延国，贾敬芬，李名扬，等. 1988. 小麦幼穗愈伤组织原生质体培养再生植株. 科学通报, 9: 693-695
佘建明，吴敬音，周邗扬，等. 1989. 棉花(*Gossypium hirsutum* L.)原生质体培养的体细胞胚胎发生及植株再生. 江苏农业学报, 5: 54-60
隋炯明，乔利仙，赵明霞，等. 2012. 不同基因型对花生胚小叶植株再生的影响. 中国农学通报, 28(27): 45-48
涂玉琴，孙建，葛贤宏，等. 2009. 芥蓝与菘蓝族间原生质体融合及杂交种愈伤分析. 中国油料作物学报, 31(4): 522-526
王相伟，王晶珊，张志芬，等. 2006. 花生与 *A. rigonii* 间细胞融合及愈伤组织形成. 莱阳农学院学报, 23(1): 54-56
吴家道，杨剑波，向太和. 1994. 水稻原生质体高效培养技术的研究. 安徽农业科学, 22(4): 305-309
夏光敏，李忠谊，周爱芬，等. 1995. 小麦胚性悬浮系与原生质体植株再生. 生物工程学报, 11(1): 63-66
夏光敏，王槐，陈惠民. 1996. 小麦与新麦草及高冰草的不对称体细胞杂交再生植株. 科学通报, 41(15): 1423-1426
夏光敏，陈穗云. 2001. 小麦与高冰草体细胞杂种 F_3-F_5 代的耐盐性研究. 山东农业科学, 6: 12-14
向太和，梁海曼，钟华鑫，等. 1997. 水稻胚性悬游细胞系建立过程中生理生化变化：氨基酸、多胺及内源激素的变化. 作物学报, 23(3): 353-359
肖关丽，郭华春，刘鸿高，等. 2003. 林春马铃薯脱毒苗培养过程中内源激素变化规律研究. 中国马铃薯, 17(2): 79-81
辛化伟，孙敬三，颜秋生，等. 1997. 水稻与大黍不对称体细胞杂交再生植株. 植物学报, 39: 717-724
忻如颖，周传珠，陈健美，等. 2010. 油菜和播娘蒿体细胞杂交创造油菜高油双低新种质. 植物遗传资源学报, 11(1): 89-93
邢道臣，王晶珊，毕英娜，等. 2003. 花生原生质体分离与培养. 莱阳农学院学报, 20(2): 85-87
邢道臣，王晶珊，郭宝太，等. 2002. 花生与其近缘野生种间细胞融合及培养. 花生学报, 31(4): 1-3
熊新生，贾士荣，傅幼英. 1988. 甘蓝原生质体无性系变异. 园艺学报, 15(2): 120-124
徐明良，杨金水，胡容霞，等. 1996. 水稻原生质体高频分裂及基因转化. 复旦学报(自然科学版), 35(6): 637-642
颜昌敬. 1988. 水稻叶悬浮细胞原生质体培养研究. 农业生物技术信息, (5): 1-3
颜秋生，张雪琴，滕胜，等. 1999. 体细胞杂交创造水稻新种质. 云南大学学报(自然科学版), 21: 67-68

杨建，向凤宁，夏光敏，等. 1999. 普通小麦与高冰草不对称体细胞杂交种 F2 代-II 同工酶和蛋白质分析，山东大学学报(自然科学版), 34(1): 103-108
姚星伟，刘凡，云兴福，等. 2005. 非对称体细胞融合获得花椰菜与 *Brassica spinescens* 的种间杂交种. 园艺学报, 32(6): 1039-1044
于向荣，李佩芬，卢炳芝，等. 1999. 酿酒葡萄原生质体再生植株. 果树科学, 16(2): 115-118
张宝红. 1995. 棉花原生质体培养研究进展(综述). 四川农业大学学报, 13: 55-61
张改娜，贾敬芬. 2007. 植物体细胞杂交及其杂交种鉴定方法研究进展. 西北植物学报, 27(1): 0206-0213
张丽，刘凡，赵泓，等. 2008. 花椰菜与黑芥种间体细胞杂交种的获得和鉴定. 植物学通报, 25(2): 176-184
张书标，庄建伟. 2001. 不同品种、外植体和光照条件对花生体胚诱导的影响. 广西农业科学, 20(4): 243-245
张书标，庄建伟. 2002. 花生体细胞胚胎发生的组织细胞学研究. 广西农业生物科学, 21(1): 46-49
张献龙，孙济中，刘金兰. 1992. 陆地棉品种珂字“201”胚性与非胚性愈伤组织生化代谢产物的比较研究. 作物学报, 18(3): 175-182
张小红，闵东红，邵景侠. 2010. 小麦愈伤组织诱导及原生质体的分离与纯化. 中国农学通报, 26(21): 49-53
张智奇，钟维瑾，唐克轩，等. 1994. 异源三倍体水稻原生质体培养及植株再生. 作物学报, 20(5): 578-581
赵明霞，隋炯明，王晓杰，等. 2011. 平阳霉素对花生体细胞胚发生的影响. 核农学报, 25(2): 0242-0246
支大英，向凤宁，陈秀玲，等. 2002. 普通小麦与玉米的体细胞杂交再生完整植株. 山东大学学报(自然科学版), 37(1): 80-83
周蓉，廖伯寿，陈小媚. 2001. 影响花生体胚胎发生因素的研究. 花生学报, 30(3): 9-12
周蓉，陈小媚. 1999. 花生叶片原生质体游离和培养因子的研究. 中国油料作物学报, 21(1): 7-9
朱根发，余敏君. 1995. 光敏不育水稻(31301s)原生质体培养再生成株. 作物学报, 21(3): 368-372
朱永生，陈葆棠，余舜武，等. 2004. 不对称体细胞杂交转移疣粒野生稻对水稻白叶枯病的抗性. 科学通报, 49(14): 1395-1398
庄伟建，张书标，刘思衡，等. 1999. 花生体细胞胚的诱导及其植株再生. 热带亚热带植物学报, 7(2): 153-158
邹湘辉，庄东红，郑奕雄，等. 2003. 花生不同品种外植体培养芽诱导的研究. 花生学报, 32(增刊): 306-310
Aditya TL, Baker DA. 2003. Optimization of protoplast isolation from NaCl stressed primary, secondary and tertiary calli derived from mature seeds of Bangladeshi indica rice cultivar Binnatoa. Plant Growth Regulation, 41: 49-56
Akagi H, Sakamoto M, Negishi T, et al. 1989. Construction of rice cybrid plants. Mol Gen Genet, 215(3): 501-506
Akagi H, Taguchi T, Fujimura T. 1995. Stable inheritance and expression of the CMS traits introduced by asymmetric protoplast fusion. Theor Appl Genet, 91: 563-567
Akaska Y, Daimon H, Mii M. 2000. Improved plant regeneration from cultured leaf segments in peanut(*Arachis hypogaea* L.)by limited exposure to thidiazuron. Plant Science, 156(2): 169-175
Arumugam N, Mukhopadhyay A, Gupta V, et al. 2000. Somatic cell hybridization ofoxyCMS *Brassica juncea*(AABB)with *B. oleracea*(CC)for correction of chlorosis and transfer of novel organelle combinations to allotetraploid *Brassicas*. Theor Appl Genet, 100: 1043-1049
Assani A, Chabane D, Foronghi-Wehr B, et al. 2006. An improved protocol for microcallus production and whole plant regeneration from recalcitrant banana protoplasts (*Musa* svp.) . Plant Cell Tiss Org Cult, 85: 257-264
Assani A, Chabane D, Haïcour R, et al. 2005. Protoplast fusion in banana (*Musa* spp) : comparison of chemical (PEG: polyethylene glycol) and electrical procedure. Plant Cell Tiss Org Cult, 83: 145-151
Assani A, Haïcour R, Wenzel G, et al. 2001. Plant regeneration from protoplasts of dessert banana cv. *Grande Naine* (*Musa* spp. , Cavendish sub-group AAA) via somatic embryogenesis. Plant Cell Rep, 20: 482-488
Assani A, Haïcour R, Wenzel G, et al. 2002. Influence of donor material and genotype on protoplast regeneration in banana and plantain cultivars (*Musa* spp.) . Plant Science, 162: 355-362
Austin S, Baer MA, Helgeson JP. 1985. Transfer of resistance to potato leaf roll virus from *Solanum brevidens* into *Solanum tuberosum* by somatic fusion. Plant Sci, 39: 75-82
Austin S, Lojkowska E, Ehlendfeldt MK, et al. 1988. Fertile interspecific somatic hybrids of *Solanum*: a novel source of resistance to *Erwinia softrot*. Phytopath, 78: 1216-1220
Austin S, Pohlman JD, Brown CR, et al. 1993. Interspific somatic hybridization between *Solanum tuberosum* L. and *S. bulbocastanum* Dun. as a means of transferring nematode resistance. Am Potato J, 70: 485-495
Babiychuk E, Kushnir S, Gleba YY. 1992. Spontaneous extensive chromosome elimination in somatic hybrids between somatically congruent species *Nicotiana tabacum* L. and *Atropa belladonna* L. Theor Appl Genet, 84: 87-91

Bajaj YPS, Gosal SS. 1988. Isolation and fusion of protoplast of *Arachis hypogae* and *Arachis villosa*. IAN, 3: 13-14

Baker CM, Burns JA, Wetzstein HY. 1994. Influence of photoperiod and medium formulation on peanut somatic embryogenesis. Plant Cell Rep, 13(3-4): 159-163

Bakry F. 1984. Choix du matériel à utiliser pour l'isolement de protoplastes de bananier(*Musa* sp.). Fruits, 39: 449-452

Bandyopadhyay S, Ghosh PD. 1986. Cell division in newly formed cells from leaf mesophyll protoplasts of wheat(*Triticam aestimam* "Sonalika"). Curt Sci, 55(21): 1084

Barsby TL, Chuong PV, Yarrow SA, et al. 1987. The combination of polima cms and cytoplasmic triazine resistance in *Brassica napus*. Theor Appl Genet, 73(6): 809-814

Bates GW, Hasenkampf CA, Contolini, et al. 1987. Asymmetric hybridization of in Nicotiana by fusion of irradiated protoplast. Theor Appl Genet, 74: 718-726

Bauer-Weston B, Keller W, Webb J, et al. 1993. Production and characterization of asymmetric somatic hybrids between *Arabidopsis thaliana* and *Brassica napus*. Theor Appl Genet, 86: 150-158

Beasley CA, Ting IP. 1973. The effect s of plant growth substances on *in vitro* fiber development from fertilized cotton ovules. Amer J Bot, 60: 130-139

Binding H, Krumbiegel-Schroeren, G. 1984. Isolation and culture of protoplasts: petunia. *In*: Vasil IK. Cell Culture and Somatic Cell Genetics of Plants, 29. Orlando, FL: Academic Press: 340-349

Binding H, Nehls R. 1977. Regeneration of isolated protoplasts to plants in *Solanum dulcamara* L. *Z* Pflanzenphysiol, 85: 279-280

Bonfils AC, Sproule A, Webb JA, et al. 1992. Plant regeneration from stem cortex explant and protoplast cultures of *Brassica juncea*(mustard). Plant Cell Rep, 11: 614-617

Brewer EP, Saunders JA, Angle JS, et al. 1999. Somatic hybridization between the zinc accumulator *Thlaspi caerulescens* and *Brassica napus*. Thero Appl Genet, 99: 761-771

Butenko RG, Kuchko AA, Vitenko VA, et al. 1977. Production and cultivation of isolated protoplasts from the mesophyll of leaves of *Solanum tuberosum* L. and *Solanum chacoense*. Plant Physiol, 24: 660-665

Cai XD, Duan YX, Fu J, et al. 2010. Production and molecular characterization of two new Citrus somatic hybrids for scion improvement. Acta Physiol Plant, 32: 215-221

Cai XD, Fu J, Chen CL, et al. 2009. Cybrid/hybrid plants regenerated from somatic fusion between male sterile Satsuma mandarin and seedy tangelos. Scientia Horticult, 122: 323-327

Cai XK, Liu J, Xie CH. 2004. Mesophyll protoplast fusion of *Solanum tuberosum* and *Solanum chacoense* and their somatichybrid analysis. Acta Hort Sinica, 34: 623-626

Cardi T, Earle D. 1997. Production of new CMS *Brassica oleracea* by transfer of Anand cytoplasm from *B. rapa* through protoplast fusion. Theor Appl Genet, 94(2): 204-212

Carlson PS, Smith HH, Dearing RD. 1972. Parasexual laterspecific plant hybridization. Proe Nat Acad Sci, USA, 69: 2292-2294

Carrasco A, de Galarreta JIR, Rico A, Ritter E. 2000. Transfer of PLRV resistance from *Solanum verrucosum* Schlechdt to potato(*S. tuberosum*)by protoplast electrofusion. Potato Res, 43: 31-42

Chambers R, Höfler K. 1931. Micrugical studies on the Tonoplast of *Allium cepa*. Protoplasma, 12: 338

Chaud PK, Davey M, Power JB, et al. 1998. An improved procedure for protoplast fusion using polyethylene glycol. Plant Physiol, 133: 480-485

Chen LP, Zhang MF, Li CS, et al. 2005. Production of interspecific somatic hybrids between tuber mustard(*Brassica juncea*)and red cabbage(*Brassica oleracea*). Plant Cell Tiss Org Cult, 80: 305-311

Chen SY, Xia GM, Quan TY, et al. 2004. Studies on the salt-tolerance of F3-F6 hybrid lines originated from somatic hybridization between common wheat and *Thinopyrum ponticum*. Plant Sci, 167: 773-779

Chen WH, Ku ZC. 1985. Isolation of mesophyll cells and protoplasts and protoplast fusion and culture in banana. J Agric Assoc China, 129: 56-67

Cheng AX, Xia GM. 2004. Somatic hybridization between common wheat and Italian ryegrass. Plant Sci, 166: 1219-1226

Cheng YJ, Guo WW, Deng XX. 2003. Molecular characterization of cytoplasmic and nuclear genomes in phenotypically abnormal *Valencia orange*(*Citrus sinensis*)+*Meiwa kumquat*(*Fortunella crassifolia*)intergeneric somatic hybrids. Plant Cell Rep, 21(5): 445-451

Chengalrayan K, Sathaye SS, Hazra S. 1994. Somatic embryogenesis from mature embryo-derived leaflets of peanut(*Arachis hypogaea* L.). Plant Cell Rep, 13(10): 578-581

Chu CC. 1981. Plant tissue culture. Proceedings of the peking symposium Boston, MA: 43-50

Cocking EC. 1960. Method for the isolation of plant protoplasts and vacuoles. Nature, 187: 927-929

Cui HF, Yu ZY, Deng JY, et al. 2009. Introgression of bread wheat chromatin into tall wheatgrass via somatic hybridization. Planta, 229: 323-330

Dai XM, Xiao W, Huang X, et al. 2010. Plant regeneration from embryogenic cell suspensions and protoplasts of dessert banana cv. Da Jiao(*Musa paradisiacal* ABB Linn.)via somatic embryogenesis. In Vitro Cell Dev Biol Plant, 46(5): 403-410

Dambier D, Benyahia H, Pensabene-Bellavia G, et al. 2011. Somatic hybridization for citrus rootstock breeding: an effective tool to solve some important issues of the mediterranean citrus industry. Plant Cell Rep, 30: 883-900

Deng JY, Cui HF, Zhi DY, et al. 2007. Analysis of remote asymmetric somatic hybrids between common wheat and *Arabidopsis thaliana*. Plant Cell Rep, 26: 1233-1241

Deng XX, Guo WW, Yu GH. 2000a. Citrus somatic hybrids regenerated from protoplast electro fusion. Acta Hort, 535: 163-168

Deng XX, Guo WW, Yu GH. 2000b. Regeneration of diploid mesophyll parent type plants from nine symmetrical fusion combinations of citrus. Acta Horticult Sinica, 27: 1-5

Deng XX, Zhang WC, Wang SY. 1988. Studies on the isolation and plant regeneration of protoplasts of *citrus*. Acta Horticulturae Sinica, 15(2): 99-102

Durzan DJ, Chalupa V. 1976. Growth and metabolism of cells and tissue of jack pine(*Pinus banksiana*). Ⅲ Growth of cells in liquid suspension cultures in light and darkness. Can J Bot, 54: 456-467

Eapen S, George L. 1993. Plant regeneration from leaf discs of peanut and pigeonpea: influence of benzyladenine, indoleacetic acid and indoleacetic acid amino acid conjugates. Plant Cell Tiss Org Cult, 35: 223-227

Ehsanpour A, Jones M. 2001. Plant regeneration from mesophyll protoplasts of potato(*Solanum tuberosum* L.)cultivar Delaware using silver thiosulfate(STS). J Sci I R, 12(2): 103-110

Ellen WH, Weining T, Karl WN, et al. 2003. Expression and maintenance of embryogenic potential is enhanced through constitutive expression of AGAMOUS-Like15. Plant Physiol, 133(2): 653-1663

El-Shihy OM, Evans PK. 1986. Protoplast isolation, culture and plant regeneration of cotton(*Gossypium barbadense* L.). 6th International Congress of Plant Tissue and Cell Culture, Minnesota: 52

Espejo R, Cipriani G, Golmirzaie A. 2012. An efficient method of protoplast isolation and plant regeneration in the wild species *Solanum papita* Rydberg. BioTecnología, 16(4): 24-31

Fahleson J, Eriksson I, Landgren M, et al. 1994. Intertribal somatic hybrids between *Brassica napus* and *Thlaspi perfoliatum* with high content of the *T. perfoliatum*- specific nervonic acid. Theor Appl Genet, 87: 795-804

Fahleson J, Rahlen L, Glimelins K. 1988. Analysis of plants regenerated from protoplast fusion between *Brassica napus* and *Eruca sativa*. Theor Appl Genet, 76: 507-512

Fahmy FG, Abdou RF. 1988. Regeneration of tolerant plants to potato mosaic group viruses through somatic hybridization of potato protoplasts. Assiut Journal of Agricultural Sciences, 19(5): 307-319

Fehér A, Preiszner J, Litkey Z, et al. 1992. Characterization of chromosome instability in interspecific somatic hybrids obtained by X-ray fusion between potato(*Solanum tuberosum* L.)and *S. brevidens* Phil. Theor Appl Genet, 84: 880-890

Fock I, Collonnier C, Luisetti J, et al. 2001. Use of *Solanum stenotomum* for introduction of resistance to bacterial wilt in somatic hybrids of potato. Plant Physiol Biochem, 39: 899-906

Fu LL, Yang XY, Zhang XL, et al. 2009. Regeneration and identification of interspecific asymmetricsomatic hybrids obtained by donor-recipient fusion in cotton. Chin Sci Bull, 54: 2219-2227

Fujimura T. 1985. Regeneration of rice plant from protoplant. Plant tissue culture letters, 2: 74-75

Gaikwad K, Kirti PB, Sharma A, et al. 1996. Cytogenetical and molecular investigations on somatic hybrids of *Sinapis alba* and *Brassica juncea* and their backcross progeny. Plant Breed, 115(6): 480-483

Gamborg OL, Miller RA, Jima KO. 1968. Nutrient requirements of suspension cultures of soybean root cells. Exp Cell Res, 50: 151-158

George LPS. 1993. Influence of genotype and explant source on somatic embryogenesis in peanut. Oleagineux, 48(8-9): 361-364

Ghosh Biswas GC, Burkhardt PK, Wunn J, et al. 1994. Fertile indica rice plants regenerated from protoplasts isolated from scutellar tissue of immature embryos. Plant Cell Rep, 13: 528

Gibson RW, Jones MGK, Fish N. 1988. Resistance to potato leaf roll virus and potato virus Y in somatic hybrids between dihaploid *Solanum tuberosum* and *S. brevidens*. Theor Appl Genet, 76: 113-117

Giri CC, Reddy GM. 1998. Production of fertile plants and analysis of protoclones obtained from alginate encapsulated indica rice protoplasts. J Genet Breed, 53: 107-111

Gleddie S, Keller W, Setterfield G. 1985. Plant regeneration from tissue, cell and protoplast cultures of several wild *Solanum* species. J Plant Physiol, 119: 405-418

Glimelius K. 1984. High growth rate and regeneration capacity of hypocotyl protoplasts in some *Brassicaceae*. Physiol Plant, 61: 38-44

Glimelius K, Fahleson J, Landgren M, et al. 1991. Gene transfer via somatic hybridization in plants. Trends in Biotech, 9: 24-30

Grosser JW, Chandler JL. 2000. Somatic hybridization of high yield, cold-hardy and disease resistant parents for citrus rootstock improvement. J Hort Sci Biotech, 75(6): 641-644

Grosser JW, Gmiitter FG Jr. 2005. Application of somatic hybridization and hybridization in crop improvement with citrus as a model. In Vitro cell Dev Biol-Plant, 41: 220-225

Grosser JW, Gmitter FG Jr. 2011. Protoplast fusion for production of tetraploids and triploids: applications for scion and rootstock breeding in citrus. Plant Cell Tiss Org Cult, 104: 343-357

Grosser JW, Gmitter FG Jr, Castle WS. 1995. Production and evaluation of citrus somatic hybrid rootstocks progress report. Proc Fla State Hort Soc, 108: 140-143

Grosser JW, Ollitrault P, Olivares-Fuster O. 2000. Somatic hybridization in *Citrus*: An effective tool to facilitate variety improvement. In Vitro Celt Dev Biol-Plant, 36: 434-449

Gu X, Liang GH. 1997. Plantlet regeneration from protoplast-desived haploid embryogenic calli of wheat. Plant Cell Tiss Org Cult, 50(2): 139-45

Guha S, Maheshwari SC. 1996. Cell division and differentiation of embryos in the pollen grains of *Datura in vitro*. Nature, 212: 97-98

Guo W, Prasad D, Cheng J, et al. 2004. Targeted cybridization in *Citrus*: transfer of Satsuma cytoplasm to seedy cultivars for potential seedlessness. Plant Cell Rep, 22: 752-758

Guo WW, Cheng YJ, Chen CL, et al. 2006. Molecular analysis revealed autotetraploid, diploid and tetraploid cybrid plants regenerated from an interspecific somatic fusion in *Citrus*. Sci Hort, 108: 162-166

Guo WW, Cheng YJ, Deng XX. 2002. Regeneration and molecular characterization of intergenericsomatic hybrids between *Citrus reticulata* and *Poncinus trifoliate*. Plant Cell Rep, 20: 829-834

Guo WW, Wu RC, Cheng YJ, et al. 2007. Production and molecular characterization of Citrus intergeneric somatic hybrids between red tangerine and citrange. Plant Breed, 126: 72-76

Guo XP, Xie CH, Cai XK, et al. 2010. Meiotic behavior of pollen mother cells in relation to ploidy level of somatic hybrids between *Solanum tuberosum* and *S. chacoense*. Plant Cell Rep, 29: 1277-1285

Gupta HS, Pattanayak A. 1993. Plant regeneration from mesophyll protoplasts of rice(*Oryza sativa* L.). Nature Biotechnology, 11: 90-94

Haberlandt G. 1902. Kulturversuche mitisolierten pflanzenzellen. Sitzungsber Akad Wiss Wien Math Naturwiss Kl, Abt J, 111: 69-92

Hagimori M, Nagaoka M, Kato N, et al. 1992. Production and characterization of somatic hybrids between the Japanese radish and cauliflower. Theor Appl Genet, 84: 819-824

Hansen LN. 1998. Intertribal somatic hybridization between rapid cycling *Brassica oleracea* L. and *Camelina sativab*(L.)Crantz. Euphytica, 104(3): 173-179

Hansen LN, Earle ED. 1994. Regeneration of plant from protoplasts of rapid cycling *Brassica oleracea* L. Plant Cell Rep, 13: 335-339

Hansen LN, Earle ED. 1997. Somatic hybrids between *Brassica oleracea* L. and *Sinapis alba* L. with resistance to *Alternaria brassicae*(Berk.)Sacc. Theor Appl Genet, 94: 1078-1085

Harris R, Wright M, Byrne M, et al. 1988. Callus formation and plantlet regeneration from protoplasts derived from suspension culture of wheat(*Tritieum aestivum* L.). Plant Cell Rep, 7: 337-340

Hayashi Y, Kyozuka J, Shimamoto K. 1988. Hybrids of rice(*Oryza sativa* L.)and wild *Oryza* species obtained by cell fusion. Mol Gen Genet, 214: 6-10

Helgeson JP, Haberlaeh GT, Ehlenfeldt MK, et al. 1993. Sexual progeny of somatic hybrids between potato and *Solanum brevidens*: potential for use in breeding programs. Am Potato J, 70: 437-452

Hu Q, Hansen LN, Laursen J, et al. 2002. Intergeneric hybrids between *Brassica napus* and *Orychophragraus violaceus* containing traits of agronomic importance for oilseed rape breeding. Theor Appl Genet, 105: 834-840

Jain RK, Khera GS, Lee SH, et al. 1995. An improved procedure for plant regeneration from Indica and Japonica rice protoplasts. Plant Cell Rep, 14: 515-519

Jaiswal SK, Hammatt N, Bhojwani SS, et al. 1990. Plant regeneration from cotyledon protoplasts of *Brassica carinata*. Plant Cell Tiss Org Cult, 22: 159-165

Jelodar NB, Blackhall NW, Hartman TPV, et al. 1999. Intergeneric somatic hybrids of rice [*Oryza sativa* L. (+)*Porteresia coarctata*(Roxb.)Tateoka]. Theor Appl Genet, 99: 570-577

Jenes B, Pauk J. 1989. Plant regeneration from protoplast derived calli in rice(*Oryza sativa* L.)using dicamba. Plant

Sci, 63(2): 187-198

Jiang JJ, Zhao XX, Tian W, et al. 2009. Intertribal somatic hybrids between *Brassica napus* and *Camelina sativa* with high linolenic acid content. Plant Cell Tiss Org Cult, 99: 91-95

Jianru Z, Qi WN, Giovanna F, et al. 2002. The *WUSCHEL* gene promotes vegetative to embryonic transition in *Arabidopsis*. Plant J, 30(3): 349-1359

Jourdan PS, Earle ED, Mutschler A. 1989. Synthesis of male sterile, triazine-resistant *Brassica napus* by somatic hybridization between cytoplasmic male sterile *B. oleracea* and atrazine-resistant *B. campestris*. Theor Appl Genet, 78(3): 445-455

Kao KN. 1974. Chromosomal behavior in somatic hybrids of soybean *Nicotiana gtauca*. Mol Gen Genet, 115: 345-356

Kao KN, Michalluk MR. 1974. A method for high freguency intergeneric fusion of plant protoplast. Planta, 115: 355-367

Kartha KK, Gamborg OL, Constabel F. 1974. *In vitro* plant formation from stem explants of rape(*Brassica napus* cv. Zephyr). Physiologia Plantarum, 31(3): 217-220

Keller WA, Melchers G. 1973. The effect of high pH and calcium on tobacco leaf protoplast fusion. Z Naturforsch, 28(11): 737-741

Kie kowska A, Adamus A. 2012. An alginate-layer technique for culture of *Brassica oleracea* L. protoplasts. In Vitro Cell Dev Biol-Plant, 48: 265-273

Kim B, Remko O, Vijay KS, et al. 2002. Ectopic expression of BABY BOOM triggers a conversion from vegetative to embryonic growth. Plant Cell, 14(8): 1737-11749

Kirti PB, Chopra VL. 1990. Rapid plant regeneration through organogenesis and somatic embryogenesis from cultured protoplasts of *Brassica juncea*. Plant Cell Tiss Org Cult, 20: 65-67

Kirti PB, Mohapatra T, Baidev A, et al. 1995. A stable cytoplasmic male sterile line of *Brassica juncea* carrying restructured organelle genomes from the somatic hybrid *Trachystoma ballii*+*B. juncea*. Plant Breed, 11(4): 434-438

Kisaka H, Kisaka M, Kanno A, et al. 1998. Intergenic somatic hybridization of rice(*Oryza sativa* L.)and barley(*Hordeum vulgare* L.)by protoplast fusion. Plant Cell Rep, 17: 362-367

Kisaka H, Lee H, Kisaka M, et al. 1994. Production and analysis of asymmetric hybrid plants between monocotyledon(*Oryza safiva* L.)and dicotyledon(*Daucus carota* L.). Theor Appl Genet, 84: 365-371

Klercker J. 1892. Eine Methode zur Isolierung lebender Protoplasten. Ofvers Vetensk Akad Forh(Stockholm), 9: 463-475

Krautwig B, Loerz H. 1995. Cereal protoplasts. Plant Sci, 111: 1-10

Kunitake H, Kagami H, Mii M. 1991. Somatic embryogenesis and plant regeneration from protoplasts of Satsuma mandarin(*Citrus unshiu* Marc.). Sci Hort, 47: 27-33

Kyozuka J, Kaneda L, Shimamoto K. 1989. Production of cytoplasmic male sterile rice(*Oryza sativa* L.)by cell fusion. Bio Technology, 7: 1171-1174

Laurila J, Metzler M, Ishimaru C, et al. 2003. Infection of plant material derived from *Solanum acaule* with clavibacter michiganensis ssp. Sepedonicu: Temperature as a determining factor in immunity of *S. acaule* to bacterial ring rot. Plant Pathol, 52: 496-504

Li CL, Xia GM. 2004. Asymmetric somatic hybridization between mixed wheat and *Psathyrostachys juncea*. Chin J Biotechnol, 20: 610-614

Li YG, Stoutjestijk PA, Larkin PJ. 1999. Somatic hybridization for plant improvement. *In*: Soh WY, Bhojwani SS. Morphogenesis in Plant Tissue Cultures. Dordrecht: Kluwer Academic Publishers: 363-418

Li Z, Jarret RL, Demski JW. 1995. Regeneration of plants from protoplasts of *Arachis* species(peanut). Plant Protoplasts and Genetic Engineering Vi-Biotechnology in Agriculture and Forestry, 34: 3-13

Li ZJ, Jarret RL, Pittman RN, et al. 1993. Efficient plant regeneration from protoplasts of *Arachis paraguariensis*. Chod. et Hassl. using a nurse culture method. Plant Cell Tiss Org Cult, 27: 115-119

Li ZY, Xia GM, Chen HM. 1992a. Somatic embryogenesis and plant regeneration from protoplasts isolated from embryogenic cell suspension of wheat(*Triticum aestivum* L.). Plant Cell Tiss Org Cult, 28: 97-85

Li ZY, Xia GM, Chen HM, et al. 1992b. Plant regeneration from protoplasts derived embryogenesis suspension cultures of wheat. J Plant Physiol, 139: 714-718

Lian YJ. 2012. Production and characterization of a somatic hybrid of Chinese cabbage and cabbage. Chin J Biotech, 28(9): 1080-1092

Lian YJ, Lim HT. 2001. Plant regeneration of *B. juncea* through plant tissue and protoplast culture. J Plant Biotechnol, 3(1)27-31

Lian YJ, Lin G Z, Zhao XM, et al. 2011a. Production and genetic characterization of somatic hybrids between leaf mustard(*Brassica juncea*)and broccoli(*Brassica oleracea*). In Vitro Cell Dev Biol Plant, 47: 289-296

Lian YJ, Lin GZ, Zhao XM. 2011b. Morphological, cytological, and molecular characterization of hybrids and their progenies derived from the somatic hybridization of *Brassica campestris* and *Brassica oleracea*. Chin J Biotech, 27(11): 1586-1597

Lian YJ, Lin GZ, Zhao XM. 2011c. Morphological and cytological characterization of somatic hybrids obtained by tri-parental protoplast fusion in *Brassica* species. Acta Horticulturae Sinica, 38(11): 2099-2110

Liu B, Liu ZL, Li XW. 1999. Production of a highly asymmetric somatic hybrid between rice and *Zizania latifolia*(Griseb): evidence for inter-genomic exchange. Theor Appl Genet, 98: 1099-1103

Liu JH, Deng XX. 1999. Regeneration of hybrid calli via donor-recipient fusion between *Miicrocitrus papuana* and *Citrus sinensis*. Plant Cell Tiss Org Cult, 59: 81-87

Liu JH, Deng XX. 2001. Production of somatic hybrid plants between sour orange and sweet orange via electrofusion for creation of CTV-resistant rootstock. Acta Phytophysiol Sinica, 27: 473-477

Liu JX, Deng XX. 2002. Regeneration of interspecific diploid somatic hybrid plants derived form protoplasts fusion in *citrus*. J Agric Biotechnol, 10: 334-337

Lotan T, Masaaki OM, Yee KM, et al. 1998. *Arabidopsis* LEAFY COTYLEDON 1 is sufficient to induce embryo development in vegetative cells. Cell, 93(7): 1195-11205

Ma N, Li ZY, Cartagena JA, et al. 2006. GISH and AFLP analysis of novel *Brassica napus* lines derived from one hybrid between *B. napus* and *Orychophragmus violaceus*. Plant cell Rep, 25(10): 1089-1093

Maddock SE. 1987. Suspension and protoplast culture of hexaploid wheat(*Triticum aestivum* L.). Plant Cell Rep, 6: 23-26

Matanda K, Prakashb CS. 2007. Evaluation of peanut genotypyes for in vitro plant regeneration using thidiazuron. Journal of Biotechnology, 130: 202-207

Matsumoto K, Vilarinhos AD, Oka S. 2002. Somatic hybridization by electrofusion of banana protoplasts. Euphytica, 125: 317-324

Megia R, Haïcour R, Rossignol L, et al. 1992. Callus formation from cultured protoplasts of banana(*Musa* sp.). Plant Science, 85: 91-98

Megia R, Haïcour R, Tizroutine S, et al. 1993. Plant regeneration from cultured protoplasts of the cocking banana cv. Bluggoe(*Musa* spp. , ABB group). Plant Cell Rep, 13: 41-44

Melchers G, Labib G. 1974. Somatic hybridisation of plants by fusion of protoplasts. Mol Gen Genet, 135(4): 277-294

Mhatre M, Bapat VA, Rao PS. 1985. Micropropagation and protoplast culture of peanut(*Arachis Hypogatea* L.). Current Sci, 54(20): 1052-1056

Miller C, Skoog F, von Saltza MH, et al. 1995. a cell division factor from desoxyribonucleic acid. Journal of the American Chemical Society, 77: 1392

Moriguchi T, Motomura T, Hidaka T, et al. 1997. Analysis of mitochondrial genomes among *Citrus* plants produced by the interspecific somatic fusion of Seminole tangelo with rough lemon. Plant Cell Rep, 16: 397-400

Muir WH, Hildebrandt AC, Riker AJ. 1954. Plant tissue cultures produced from single isolated plant cells. Science, 119: 877-878

Müller AJ, Grafe R. 1978. Isolation and characterisation of cell lines of *Nicotiana tabacum* lacking nitrate reductase. Mol Gen Genet, 161: 67-76

Murashige T, Skoog F. 1962. A revised medium for rapid grown and bioassays with tobacco tissue cultures. Physiol Plant, 15: 473-497

Murata M, Orton TJ. 1987. Callus initiation and regeneration capacities in Brassica species. Plant Cell Tiss Org Cult, 11: 111-123

Naess SK, Bradeen JM, Wielgus SM, et al. 2001. Analysis of the introgression of *Solanum bulbocastanum* DNA into potato breeding lines. Mol Genet Genomics, 2265: 694-704

Nagata T, Takebe I. 1970. Cell wall regeneration and cell division in isolated tobacco mesophyll protoplasts. Planta, 92: 301-308

Narasimhulu SB, Kirti PB, Prakash S, et al. 1993. Rapid and high frequency shoot regeneration from hypocotyl protoplasts of *Brassica nigra*. Plant Cell Tiss Org Cult, 32: 35-39

Nehls R. 1978. Isolation and Regeneration of protoplasts from *Solanum nigrum* L. Plant Sci Lett, 12: 183-187

Nobécourt P. Sur la pérennité et. 1939. laugmentation de volume des cultures de tissues végétaux. Comptes Rendus des Séances de la Société de Biologie et de ses Filiales, 130: 1270-1271

Oelck MM, Bapat VA, Schieder O. 1982. Protoplast culture of three legumes: *Arachis hypogaea, Melilotus*

officinalis, Trifolium respinatum. Z Pflanzenphysiol, 106: 173-177
Ohgawara T, Kobayashi S. 1985. Somatic hybrid plant obtained by protoplast fusion between *Citrus sinensis* and *Poncirus trifoliate*. Theor Applied Genet, 71: 1-4
Orczyk W, Przetakiewicz J, Nadolska-Orczyk A. 2003. Somatic hybrids of *Solanum tuberosum*- Application to genetics and breeding. Plant Cell Tiss Org Cul, 74(1): 1-13
Overbeek J, van Conklin ME, Blakeslee AF. 1941. Factors in coconut milk essential for growth and development of very young *Datura* embryos. Science, 1941, 94: 350-351
Palmer CE. 1992. Enhanced shoot regeneration from *Brassica campestris* by silver nitrate. Plant Cell Rep, 11: 541-546
Pan ZG, Deng XX, Zhang WC. 1997. Advances protoplast research in apple. Acta Horticuure Sinica, 24(3): 239-243
Panis B, Warwevan A, Swennen R. 1993. Plant regeneration through direct somatic embryogenesis from protoplasts of banana(*Musa* spp.). Plant Cell Rep, 12: 403-407
Pauk J, Kertész Z, Jenes B, et al. 1994. Fertile wheat(*Triticum aestivum* L)regenerants from protoplasts of embryogenic suspension culture. Plant Cell Tiss Org Cult, 38: 1-10
Peeters MC, Willems K, Swennen R. 1994. Protoplast-to-plant regeneration in cotton(*Gossypium hirsutum* L. cv. Coker312)using feeder layers. Plant Cell Rep, 13: 208-211
Pehu E, Karp K, Moore K, et al. 1989. Molecular, cytogenetic and morphological characterization of somatic hybrids of dihaploid *S. tuberosum* and diploid *S. brevidens*. Theor Appl Genet, 78: 696-704
Pelletier G, Primard C, Vedel F, et al. 1983. Intergeneric cytoplasm hybridization in Cruciferae by protoplast fusion. Mol Gen Genet, 191: 244-250
Power JB, Cummins SE, Cocking EC. 1970. Fusion of isolated plant protoplast. Nature, 225(5): 1016-1018
Power JB, Frearson EM, Hayward C, et al. 1976. Somatic hybridization *of Petunia hybrida* and *P. parodii*. Nature, 263: 500-502
Przetakiewicz J, Nadolska-Orczyk A, Orczyk W. 2002. The use of RAPD and semi-random markers to verify somatic hybrids between diploid lines of *Solanum tuberosum* L. Cell Mol Biol Lett, 7: 671-676
Rawat DS, Anand IJ. 1979. Male sterility in Indian mustard. Indian J Genet Plant Breed, 39: 412-418
Ren JP, Dickson MH, Earle ED. 2000. Improved resistance to bacterial soft rot by protoplast fusion between *Brassica rapa* and *B. oleracea*. Theor Appl Genet, 100: 810-819
Rokka VM, Xu YS, Kankila J, et al. 1994. Identification of somatic hybrids of dihaploid *Solanum tuberosum* lines and *S. brevidens* by species specific rapd patterns and assessment of disease resistance of the hybrids. Euphytica, 80: 207-217
Rugman EE, Cocking, EC. 1985. The development of somatic hybridization techniques for groundnut. Proc Internat Workshop on Cytogenetic of *Arachis*, ICRISAT, Parancheru, India: 167-174
Sakai T, Imamura JL. 1990. Intergeneric transfer of cytoplasmic male sterility between *Raphanus sativus*(CMS line)and *Brassica napus* through cytoplast protoplast fusion. Theor Appl Genet, 80: 421-427
Sandra LS, Linda WK, Kelly MY, et al. 2011. LEAFY COTYLEDON2 encodesa B3 domain transcription factor that induces embryo development. Plant Bio, 20(98): 11806-11811
Sarhan F, Cesar D. 1988. High yield isolation of mesophyll protoplasts from wheal barley and rye. Physiol Plant, 72: 337-342
Scarano MT, Abbate L, Ferrante S, et al. 2002. ISSR-PCR technique: a useful method for characterizing new allotetraploid somatic hybrids of mandarin. Plant Cell Rep, 20: 1162-1166
Schumann U, Koblitz H, Opatrny Z. 1980. Plant recovery from long-term callus cultures and from suspension culture derived protoplasts of *Solanum phureja*. Biochem Physiol Pflanzen, 175: 670-675
Schwarzacher T, Leitch AR, Bennett MD. 1989. *In situ* localization of parental genomes in a wide hybrid. Annals of Botany, 64: 315-324
Schweiger HG, Dirk J, Koop HU, et al. 1987. Individual selection, culture and manipulation of higher plant cells. Theor Appl Genet, 73: 769-783
Scotti N, Marechal-Drouard L, Cardi T. 2004. The rpl5-rps14 mitochondrial region: a hot spot for DNA rearrangements in *Solanum* spp. somatic hybrids. Curr Genet, 45: 378-382
Sellars RM, Southward GC, Phillips GC. 1990. Adventitious somatic embryogenesis from cultured immature zygotic embryos of peanut and soybean. Crop Sci, 30: 408-414
Sencia M, Takeda J, Abe S, et al. 1979. Induction of cell fusion of plant protoplast by electrical stimulation. Plant Cell Physol, 20: 1441-1443
Sharma KK, Anjaiah V. 2000. An efficient method for the production of transgenic plants of peanut(*Arachis hypogaea* L.)through Agrobacterium tumefaciens-mediated genetic transformation. Plant Science, 159: 7-19

Sheng XG, Liu F, Zhu YL, et al. 2008. Production and analysis of intergeneric somatic hybrids between *Brassica oleracea* and *Matthiola incana*. Plant Cell Tiss Org Cult, 92: 55-62

Sheng XG, Zhao ZQ, Yu HF, et al. 2011. Protoplast isolation and plant regeneration of different doubledhaploid lines of cauliflower(*Brassica oleracea* var. botrytis). Plant Cell Tiss Org Cult, 107: 513-520

Shepard JF, Totten RE. 1977. Mesophyll cell protoplast of potato: Isolation, proliferati on and plant regeneration. Plant Physiol, 60: 313-316

Shrestha BR, Tokuhara K, Mii M. 2007. Plant regeneration from cell suspension-derived protoplasts of *Phalaenopsis*. Plant Cell Rep, 26: 719-725

Sigarava MA, Earle ED. 1997. Direct transfer of a cold-tolerant ogura male-sterile cytoplasm into cabbage(*Brassica oleracea* ssp. capitata)via protoplast fusion. Theor Appl Genet, 94: 213-220

Sigareva MA, Ren J, Earle ED. 1999. Introgression of resistance to *Altetymria brassicicola* from *Sinapis alba* to *Brassica oleracea* via somatic hybridization and back-crosses. Crucif Newsl, 21: 135-136

Simmonds NW, Shepherd K. 1955. The taxonomy and origins of the cultivated bananas. Lhmean Society of banana, 55: 309-312

Sjödin C, Glimelius K. 1989. Transfer of resistance against *Phomalingam* to *Brassica napus* by asymmetric somatic hybridization combined with toxin selection. Theor Appl Genet, 78: 513-520

Skarzhinskaya M, Landgren M, Glimelius K. 1996. Production of intertribal somatic hybrids between *Brassica napus* L. and *Lesquerella fendleri*(Gray)Wars. Theor Appl Genet, 93: 1242-1250

Skoog F, Tsui C. 1948. Chemical control of growth and bud formation in tobacco stem segments and callus cultured *in vitro*. American Journal of Botany, 35: 782-787

Snowdon RJ, Winter H, Diestel A, et al. 2000. Development and characterisation of *Brassica napus-Sinapis arvensis* addition lines exhibiting resistance to *Leptosphaeria maculans*. Theor Appl Genet, 101: 1008-1014

Spangenberg G, Osusky M, Oliveira MM, et al. 1990. Somatic hybridization by microfusion of defined protoplasts pairs in *Nicotiana*: morphological genetic and molecular characterization. Theor Appl Genet, 80: 577-587

Steward FC, Mapes MO, Mears K. 1958. Growth and organized development of cultured cells. II. Organization in cultures grown from freely suspended cells. American Journal of Botany, 45, 705-708

Sun Y, Liu S, Wang Y, et al. 2011. An interspecific somatic hybrid between upland cotton(*G. hirsutum* L. cv. ZDM-3)and wild diploid cotton(*G. klotzshianum* A.). Plant Cell Tiss Org Cult, 106: 425-433

Sun YQ, Nie YC, Guo XP, et al. 2006. Somatic hybrids between *Gossypium hirsutum* L. (4x)and G. *davidsonii Kellog*(2x)produced by protoplast fusion. Euphytica, 151(3): 393-400

Sun YQ, Zhang XL, Huang C, et al. 2005a. Factors influencing *in vitro* regeneration from protoplasts of wild cotton(*G. klotzschianum* A)and RAPD analysis of regenerated plantlets. Plant Growth Regulation, 6: 79-86

Sun YQ, Zhang XL, Huang C, et al. 2005b. Plant regeneration via somatic embryogenesis from protoplasts of six explants in Coker 201(*Gossypium hirsutum*). Plant Cell Tiss Org Cult, 82: 309-315

Sun YQ, Zhang XL, Jin SX, et al. 2004. Production and characterization of somatic hybrids between upland cotton(*Gossypium hirsutum*)and wild cotton(*G. klotzschianum* Anderss)via electrofusion. Theor Appl Genet, 109: 472-479

Sun YQ, Zhang XL, Nie YC, et al. 2005. Production of fertile somatic hybrids of *Gossy pium hirsutum* +*G. bickii* and *G. hirsutum* +*G. stockii* via protoplast fusion. Plant Cell Tiss Org Cult, 83: 303-310

Sundberg E, Glimelius K. 1991. Effects of parental ploidy level and genetic divergence on chromosome elimination and chloroplast segregation in somatic hybrids within Brassicaceae. Theor Appl Genet, 83: 81-88

Szarka B, Göntér I, Molnár-Láng M, et al. 2002. Mixing of maize and wheat genomic DNA by somatic hybridization in regenerated sterile maize plants. Theor Appl Genet, 105: 1-7

Takebe I, Otsuki Y, Aoki S. 1968. Isolation of tobacco mesophyll cells in intact and active state. Plant Cell Physiol, 9(1): 115-124

Tao LX, Zhang XQ, Shen B, et al. 2008. Agronomic and photosynthetic characteristis of regeneration plants fromsomatic cell fusion between *Oryza sativa* and *Pennisetum squamulatum*. Chin J Rice Sci, 22: 285-289

Tavazza R, Ancora G. 1986. Plant regeneration from mesophyll protoplasts in commercial potato cultivars(Primura, Kennebec, Spunta, Désirée). Plant Cell Rep, 5: 243-246

Terada K, Kyozuka J, Nishibayashi S, et al. 1987. Plant regeneration from somatic hybrids of dee(*Oryza staliva* L.)and barnyard grass(*Echinochloa oryzicola* Vasing). Mol Gen Genet, 210: 39-43

Thieme R, Rakosy-Tican E, Gavrilenko T, et al. 2008. Novel somatic hybrids(*Solanum tuberosum* L. + *Solanum tanii*)and their fertile BC1 pedigrees express extreme resistance to potato virus Y and late blight. Theor Appl Genet, 116: 691-700

Thomas E. 1981. Plant regeneration from shoot culture derived protoplasts of tetraploid potato(*Solanumtuberosum*

cv. Maris Bard). Plant Sci Lett, 23: 81-88
Tiwari S, Tuli R. 2008. Factors promoting efficient *in vitro* regeneration from deembryonated cotyledon explants of *Arachis hypogaea* L. Plant Cell Tiss Organ Cult, 92: 15-24
Toriyama K, Hinata K, Kameya T. 1987. Production of somatic hybrid plants, *Brassicomoricandia*, through protoplast fusion between *Moricandia arvensis* and *Brassica oleracea*. Plant Sci, 48(2): 123-128
Tu YQ, Sun J, Liu Y, et al. 2008. Production and characterization of intertribal somatic hybrids of *Raphanus sativus* and *Brassica rapa* with dye and medicinal plant *Isatis indigotica*. Plant Cell Rep, 27: 873-883
Ulrich TH, Chowdhury JB, Widholm JM. 1980. Callus and root formation from mesophyll protoplasts of *Brassica rapa*. Plant Sci Lett, 19: 347-354
Valkonen JPT, Rokka VM. 1998. ombination and expression of two virus resistance mechanisms in interspecific somatic hybrids of potato. Plant Science, 131: 85-94
Vardi A, Spiegel-Roy P, Galun E. 1975. Citrus cell culture: isolation of protoplast, plating density, effect of mutagens and regeneration of embryos. Plant Sci Lett, 4: 231-236
Veera RN, Gregory DN, Philip JD, et al. 2009. Regeneration from leaf explants and protoplasts of *Brassica oleracea* var. *botrytis* (cauliflower) . Sci Hortic, 119: 330-334
Venkatachalam P, Jayabalam N. 1996. Efficient callus induction and plant regeneration via somatic embryogenesis from immature leaf-derived protoplast of groundnut (*Arachis Hypogaea* L.) . Israel Journal of Plant Sciences, 44: 387-396
Wakasa K, Kobayashi M, Kamada H. 1984. Colony formation from protoplasts of nitrate reductase-deficient rice cell lines. Plant Physiology, 117: 223-231
Wallin A, Olimelius K, Eriksson T. 1974. The induction of aggregation and fusion of *Daucus earota* protoplasts by polyethylene glycol. Z Planzenphysiol, 74: 64-80
Wang DY, Miller PD, Söndahl MR. 1989. Plant regeneration from protoplasts of indica type rice and CMS rice. plant Cell Rep, 8: 329-332
Wenzel G, Schieder T, Pzewozny S, et al. 1979. Comparison of single culture derived *Solanum tuberosum* L. plants and a model for their application in breeding programes. Theor Appl Genet, 65: 49-55
Whatley FR, Ordin L, Arnon DI. 1951. Didistribution of micronutrient metals in leaves and chloroplast fragments. Plant Physiol, 26(2): 414-418
White PR. 1934. Potentially unlimited growth of excised tomato root tips in a liquid medium. Plant Physiol, 9: 585-600
White PR. 1937. Vitamin B(1)in the nutrition if excised tomato roots. Plant Physiol, 12(3): 803-811
Wolters AMA, Schoenmakers HCH, Kamstra S, et al. 1994. Mitotic and mitotic irregularities in somatic hybrids of *Lycopersicon esculentum* and *Solanum tuberosum*. Genome, 37: 726-735
Wu C, Zapata FJ. 1992. Plant regeneration from protoplasts isolated from primary callus of four Japonica rice (*Oryza sativa* L.) varieties. Plant Sci, 86: 83-87
Wu JH, Ferguson AR, Mooney PA. 2005. Allotetraploid hybrids produced by protoplast fusion for seedless triploid *Citrus* breeding. Euphytica, 141: 229-235
Xia GM. 2006. Application of somatic hybrid introgression lines in breeding as well as functional genome targeting of wheat. The Seventh Conference of Plant Genomics in China
Xia GM, Chen HM. 1996. Plant regeneration from intergeneric somatic hybridization between *Triticum aestivum* L. and *Leymus chinensis*(Trin.) Tzvel. Plant Sci, 120: 197-203
Xia GM, Li ZH, Wang SL, et al. 1998. Asymmetric somatic hybridization between haploid common wheat and UV irradiated *Haynaldia villosa*. Plant Sci, 137: 217-223
Xiang FN, Xia GM, Chen HM. 2001. Agronomic trait and protein component of F2 hybrid originated from intergeneric somatic hybridization between *Triticum astivum* and *Agropyron elongatum*. Acta Botanica Sinica, 43(3): 232-237
Xiang FN, Xia GM, Chen HM. 2003a. Asymmetric somatic hybridization between wheat (*Triticum aestivum*) and *Avena sativa* L. Sci in China (Series C), 46: 243-252
Xiang FN, Xia GM, Chen HM. 2003b. Effect of UV on somatic hybridization between common wheat (*Triticum aestivum*) and *Avena sativa* L. Plant Sci, 164: 697-707
Xiang FN, Xia GM, Zhi DY, et al. 2004. Regeneration of somatic hybrids in relation to the nuclear and cytoplasmic genomes of wheat and *Setaria italica*. Genome, 47: 680-688
Xiang FN, Xia GM, Zhou AF, et al. 1999. Asymmetric somatic hybridization between wheat (*Triticum aestivum*) and *Bromus inermis*. Acta Bot Sinica, 41: 458-462
Xiao W, Huang X, Gong Q, et al. 2009. Somatic hybrids obtained by asymmetric protoplast fusion between

Musa Silk cv. Guoshanxiang (AAB) and *Musa acuminata*cv. Mas (AA) . Plant Cell Tiss Org Cult, 97: 313-321
Xiao W, Huang XL, Huang X, et al. 2007. Plant regeneration from protoplasts of *Musa acuminata* cv. Mas(AA)via somatic embryogenesis. Plant Cell Tiss Org Cult, 90: 191-200
Xu CH, Xia GM, Zhi DY, et al. 2003. Integration of maize nuclear and mitochondrial DNA into the wheat genome through somatic hybridization. Plant Sci, 169: 1001-1008
Xue QZ, Earle ED. 1995. Plant regeneration from protoplasts of cytoplasmic male sterile lines of rice (*Oryza sativa* L.) . Plant Cell Rep, 15: 76-81
Yamada Y, Yang ZQ, Tang DT. 1986. Plant regeneration from protoplast-derived callus of rice (*Oryza sativa* L.) . Plant cell Rep, 5: 85-88
Yan Z, Tian ZH, Huang RH, et al. 1999. Production of somatic hybrids between *Brassica oleracea* and the C3-C4 intermediate species *Moricandia nitens*. Theor Appl Genet, 99: 1281-1286
Yang XY, Zhang XL, Jin SX, et al. 2007. Production and characterization of asymmetric hybrids between upland cotton Coker 201 (*Gossypium hirsutum*) and wild cotton (*G. klozschianum Anderss*) . Plant Cell Tiss Org Cult, 89: 225-235
Yang YM, He DG, Scott KJ. 1994. Cell aggregate in wheat suspansion culture and their effects on isolation and culture of protoplasts. Plant Cell Rep, 13: 176-179
Yarrow SA, Burnett LA, Wildeman RP, et al. 1990. The transfer of 'Polima' cytoplasmic male sterility from oilseed rape (*Brassica napus*) to broccoli (*B. oleracea*) by protoplast fusion. Plant Cell Rep, 9: 185-188
Zelcer A, Aviv D, Galun E. 1978. Interspecific Transfer of cytoplasmic male sterility by fusion between protoplasts of normal *Nicotiana sylvestris* and X-ray irradiated protoplasts of male sterile *N. tabacum.* Z Pflanzenphysiologie, 90: 397-407
Zhang XY. 2004. Studies on the protoplast culture and plant regeneration in strawberry. Thesis for Ph. D-Agriculture University of Hebei
Zhao KN, Bittisnich DJ, Halloran GM, et al. 1995a. Studies of cotyledon protoplast cultures from *B. napus, B. campestris* and *B. oleracea*. II: Callus formation and plant regeneration. Plant Cell Tiss Org Cult, 40 (1) : 73-84
Zhao KN, Bittisnich DJ, Halloran GM, et al. 1995b. Studies of cotyledon protoplast cultures from *Brassica napus, B. campstris* and *B. oleracea.* I: Cell wall regeneration and division. Plant Cell Tiss Org Cult, 40: 59-72
Zhao MX, Qiao LX, Sui JM, et al. 2012. An efficient regeneration system for peanut: somatic embryogenesis from embryonic leaflets. Journal of Food, Agriculture & Environment, 10(2): 527-531
Zhao MX, Sun HY, Ji RR, et al. 2013. *In vitro* mutagenesis and directed screening for salt-tolerant mutants in peanut. Euphytica, 193: 89-99
Zimmermann U, Scheurich P. 1981. High frequency fusion of plant protoplasts by electric fields. Planta, 151: 26-32

第三章　花生分子标记的研究与应用

第一节　植物分子标记的概念和发展

一、植物分子标记的概念

DNA 序列是遗传密码信息的载体，其变异是物种遗传多样性的基础。虽然在遗传信息的传递过程中，DNA 能精确地自我复制，但长期的生物进化与世代交替中的许多自然及人为因素也会导致诸如单核苷酸变化及 DNA 片段的插入或缺失等形式的 DNA 序列变异，积累了大量的 DNA 序列多态性。

DNA 分子标记是生物个体在 DNA 水平上遗传多态性的直接反映，反映了生物个体间的核苷酸序列差异。长期的生物进化和世代交替过程积累了大量的 DNA 多态性，可以说分子标记在数量上是无限的，是人类探索 DNA 分子的参考点或路标。分子标记是现代遗传学研究的有力工具，与传统形态学标记、细胞学标记和生化标记相比有如下优点：①以 DNA 形式出现，不受发育阶段、环境变化等因素影响，在植物体多个组织及生育阶段均可检测到；②标记遍布基因组，可检测出的位点极多，且多态性高；③表现为“中性”，不影响目标性状基因的表达；④许多标记表现为共显性遗传，可以区分基因型的纯合与杂合。

DNA 分子标记技术是检测出个体间 DNA 多态性标记所用到的技术统称，是现代生物技术不可缺少的重要组成部分。分子标记技术经历了从早期的检测整个基因组随机多态性，逐步发展到检测与目标序列相关多态性、检测与目标基因（或目标基因内的关键序列）相关多态性、检测控制性状的基因内的单核苷酸多态性（single-nucleotide polymorphism，SNP）标记。随着高通量测序技术和各种组学的迅速发展，未来的分子标记将以开发 SNP 为主导，届时分子标记的数量和质量都将会有质的飞跃。目前，分子标记技术已被广泛应用于各个领域，包括遗传多样性分析、种质资源鉴定、核酸指纹图谱建立、遗传图谱构建、基因/数量性状基因座（quantitative trait locus，QTL）定位及克隆、基因差异表达分析、比较基因组学、系统进化研究和分子标记辅助育种等。

二、植物分子标记的种类

1980 年，Bostein 首次开发出限制性片段长度多态性（RFLP）标记，30 多年来，伴随着 PCR 技术和基因组学的不断发展，特别是近 10 年来功能基因组学的迅速发展，已经开发出非常多的分子标记类型，如 RAPD、SSR、ISSR、AFLP、SCAR、SNP、RGAP、DArT、SRAP、TRAP、SSAP、IRAP、REMAP、RBIP、IMP、SCoT、NBS profiling 和 iPBS 等。下面分别对这些标记的原理和方法进行介绍。

1. 限制性片段长度多态性

限制性片段长度多态性（restriction fragment length polymorphism，RFLP）的概念由Grodzicker于1974年提出，Bostein等（1980）首先提出用RFLP作为标记构建遗传连锁图谱的设想，Paterson（1988）在番茄上首次应用这类标记。RFLP是一种基于分子杂交的分子标记技术，被称为第一代分子标记（Bostein et al.，1980）。

RFLP技术的原理是基于生物体内的核苷酸差别，由此引起的酶切位点变异的点突变和酶切位点之间DNA片段的插入和缺失，都会造成电泳时RFLP不同谱带的产生。该技术利用能识别4～6个碱基对序列的限制性内切核酸酶，将基因组DNA酶切为长度不等的一系列片段，经琼脂糖凝胶电泳、转膜，再利用放射性同位素或非放射性物质标记的探针进行Southern杂交，通过放射自显影或非同位素显色技术来揭示DNA的多态性。RFLP多态性主要是DNA序列中单碱基的突变，以及DNA片段的插入、缺失、易位和倒位等引起的，一般表现为共显性，可以区别纯合基因型和杂合基因型，具有较高的可靠性和重复性，能够提供单个位点上的较完整信息。缺点是需要的DNA量较大（5～10 μg），对DNA质量要求高，所需仪器设备较多，检测步骤多，操作繁杂，周期长，成本高，耗时费力，且RFLP标记不能区别距离很近的易位片段，这些缺点使其广泛应用受到了较大的限制。

2. 随机扩增多态性DNA

随机扩增多态性DNA（random amplified polymorphism DNA，RAPD）是1990年由美国杜邦公司Williams等首次开发出的第一种以PCR技术为基础的分子标记技术（Williams et al.，1990）。RAPD技术以基因组DNA为模板（也可以用cDNA作模板，用以差异显示研究），用一条（有时也用两条）随机短寡核苷酸序列（10 bp）作为引物，在较低的退火温度下通过PCR扩增出多个DNA片段，再通过琼脂糖凝胶电泳分离，经染色后可显示出多态性DNA片段，其扩增原理在于单条引物在整个反应当中充当两条引物的作用，分别结合在DNA模板上、下游多个位点，只有当两结合位点距离在PCR扩增能力内时，方能得到有效扩增，进而扩增出多条条带。而多态性的产生多源于引物结合位点变异，因而是显性标记。

RAPD技术具有如下优点：①RAPD分析只需少量DNA模板（5～50 ng），对DNA质量要求也不高；②RAPD分析不需要DNA探针，设计引物也无需知道DNA序列信息，引物成本较低，且引物没有物种限制，合成一套引物即可以满足不同物种的基因组分析；③RAPD分析快速高效，用一条引物就可扩增出6～12条片段；④不涉及Southern杂交和放射自显影等复杂技术，安全性高、实验设备简单、灵敏性高等。但其主要缺点在于：①稳定性和重复性差；②RAPD标记一般呈显性遗传（极少数是共显性遗传的），不能区分杂合基因型和纯合基因型。

3. 特殊序列扩增区

特殊序列扩增区（sequence characterized amplified region，SCAR）是在原先RAPD分子标记技术基础上发展出来的。其基本步骤是先进行RAPD标记分析，然后把目标RAPD标记片段进行回收并克隆测序，再在原RAPD引物基础上根据测序序列设计更长的特异引物（24 bp），以此特异引物再对基因组DNA进行PCR特异扩增，便可把与原

RAPD 片段相对应的单一位点鉴定出来。SCAR 标记一般呈显性遗传，由于使用了较长引物，扩增结果的稳定性和重复性较好（Paran and Miehelmore，1993）。

4. 简单序列重复间多态性

简单序列重复间多态性（inter-simple sequence repeat，ISSR）是一种基于 PCR 技术的分子标记技术（Zietkiewicz et al.，1994）。ISSR 技术以基因组 DNA 为模板，用一条（有时也用两条）根据 SSR 设计出来的锚定引物作为 PCR 扩增引物，在较高的退火温度下通过 PCR 扩增出 DNA 分子上两个 SSR 序列之间的序列，产物一般通过琼脂糖凝胶电泳或聚丙烯酰胺凝胶电泳分离，染色显示多态性 DNA 片段，其原理就是在 SSR 的 3′端或 5′端加上 2～4 个随机碱基，然后以此为引物，对位于反向排列且间隔不远的 SSR 之间的 DNA 序列进行 PCR 扩增，而不是扩增 SSR 本身，根据条带的有无来分析不同样品之间的多态性。ISSR 标记的引物设计比 SSR 标记简单，不需要知道 DNA 序列即可用引物进行扩增，又可以揭示出比 RFLP、RAPD 和 SSR 更多的多态性，ISSR 标记操作简便快速、成本低、重复性好、多态性丰富，ISSR 标记和 RAPD 标记一样是显性标记。

5. 扩增片段长度多态性

扩增片段长度多态性（amplified fragment length polymorphism，AFLP）是 1992 年由荷兰科学家 Zabeau 和 Vos 首次开发出来的一种高效分子标记技术，又称基于 PCR 的 RFLP 技术。由于它的实用性强，一出现就被 Keygene 公司以专利形式买下，尽管它已受到了专利保护，但由于 AFLP 技术较之前开发出的分子标记技术有着明显的优势，获得了广泛应用，全世界很多实验室都在努力探索应用 AFLP 技术，Zabeau 和 Vos 后来将其专利解密并以论文形式发表（Vos et al.，1995）。

AFLP 技术的原理是首先用限制性内切核酸酶将基因组 DNA 进行酶切形成大小不等的片段，再将这些酶切片段和含有与其黏性末端相同的人工接头连接，再根据接头序列设计预扩增和选择性扩增引物（在预扩增引物的 3′端添加 1～3 个选择性碱基），接着分别进行 PCR 预扩增和选择性扩增，从而实现特异选择性扩增，使得只有一定比例的限制性酶切片段被选择性地扩增，最后选择性扩增产物通过高分辨率的变性聚丙烯酰胺凝胶电泳分离，扩增片段的长度多态性就可以被检测出来了。除利用 AFLP 技术产生多态性分子标记外，AFLP 技术也可以直接用在 cDNA 模板上（cDNA-AFLP），用于差异基因的分离。

AFLP 技术结合了 RFLP 技术的可靠性、稳定性和 PCR 技术的简单性、高效性，兼具 RFLP 和 RAPD 的优点，又克服了 RFLP 带型少、信息量小及 RAPD 不稳定的缺点。AFLP 的优点可总结如下：①无需知道 DNA 序列信息，不受物种限制；②分辨率高，可靠性、稳定性和重复性好；③所需 DNA 量不大；④多态性丰富。但 AFLP 技术的主要缺点在于：①对配套仪器需求及 DNA 质量要求较高，实验步骤较复杂；②AFLP 标记是一种显性标记，不能区分杂合基因型和纯合基因型。

6. 简单序列重复

简单序列重复（simple sequence repeat，SSR），也称微卫星 DNA（microsatellite DNA），是 20 世纪 90 年代发展起来的、以 PCR 技术为基础的分子标记技术。简单序列重复是指动植物基因组中存在由 1～6 个碱基组成的基序，由于基序重复次数在不同种、品种甚至个体间存在差异而形成 SSR 多态性。由于 SSR 座位的两侧序列在品种间、种间甚至属间都是高度保守的单拷贝序列，因此，根据 SSR 两侧序列设计特异引物就能扩增出含该位点 SSR 序列的 DNA 片段，再通过聚丙烯酰胺凝胶电泳或高浓度的琼脂糖凝胶电泳分离，根据扩增条带的大小，就能检测出物种间、品种间甚至个体间的 SSR 长度多态性差异（Tautz and Renz，1984）。

SSR 标记具有如下优点：①广泛随机分布于真核生物的基因组中，数量大；②SSR 侧翼序列比较保守；③多数 SSR 无功能，增加或减少几个重复序列的频率高，有许多等位形式，在品种间具有广泛的等位变异；④SSR 标记具有丰富的多态性，信息含量高；⑤共显性遗传，能够鉴别出纯合基因型与杂合基因型；⑥只需少量 DNA 样品，且对 DNA 模板质量要求不高；⑦操作简单、耗时短、费用低、重复性好。其主要缺点在于在进行 SSR 标记前需要开发 SSR 引物，对于基因组测序没有完成的生物，需要进行大量克隆和测序。

7. 相关序列扩增多态性

相关序列扩增多态性（sequence-related amplified polymorphism，SRAP）是 2001 年由美国加州大学戴维斯校区的 Li 和 Quiros 开发出的一种基于 PCR 技术的新型分子标记技术。SRAP 技术针对基因外显子区 GC 含量丰富而启动子、内含子区 AT 含量丰富的特点来设计引物进行扩增，因不同个体的外显子区相对保守，内含子、启动子与基因间隔区长度差异较大而产生多态性（Li and Quiros，2001）。该技术以基因组 DNA 为模板（也可以用 cDNA 作模板，用以差异基因分离），用两条特定设计的引物，其上游引物根据富含 GC 的外显子区域设计，下游引物根据富含 AT 的内含子和启动子区域设计，上游引物和下游引物均由 3 部分组成，上游引物 5′端为 10 bp 的一段填充序列，接着是 CCGG，它们组成核心序列，然后是 3 个选择性随机碱基，全长共 17 bp，下游引物 5′端为 11 个填充序列，接着是 AATT，最后也是 3 个选择性随机碱基。上、下游引物任意组合配对在一种特殊的扩增程序下进行 PCR 扩增，产生趋于目标区域的多态性标记，产物一般通过聚丙烯酰胺凝胶电泳分离。基于 SRAP 技术，Hu 和 Vick（2003）开发出靶位区域扩增多态性（target region amplified polymorphism，TRAP）技术，该技术使用的一对引物中，一条引物来自 SRAP 技术中使用的任意引物，另一条固定引物是基于已知目标性状的 cDNA 或 EST 序列设计的，引物长度 16～20 bp，该技术在作物的 EST 序列信息和重要农艺性状之间架起了一座桥梁。因 SRAP 技术和 TRAP 技术倾向于对基因编码区进行扩增，获得的多态性条带多包含功能基因的部分序列。该技术具有简便、稳定、共显性、重复性好和易于条带分离及测序等优点，目前，SRAP 技术和 TRAP 技术已被广泛应用于遗传多样性、系统进化关系、遗传图谱构建、基因/QTL 定位等研究中。

8. DArT 技术

DArT 技术是 2001 年由 Jaccoud 等开发出来的基于芯片杂交的分子标记技术。该技术首先将待检测的不同样本的基因组 DNA 等量（5 ng）混合后经适当限制性内切核酸酶（*Pst*I/*Eco*RI，或 *Pst*I/*Taq*I）酶切消化，消化后的片段与 *Pst*I 或其他内切酶特异性接头连接，连接产物适度稀释后作为模板与相应的接头选择性引物进行 PCR 扩增，以降低片段的复杂性，获得 0.1%～10%基因组 DNA 代表序列，将这些代表产物连接到相应的克隆载体后转化大肠杆菌，培养并筛选阳性转化子，利用载体特异性引物对阳性转化子进行PCR扩增，扩增产物经纯化后稀释成同一浓度的溶液制备芯片，形成点阵列（图3-1A）。为了检测不同样本之间的遗传差别，需以不同样本单独经同样内切酶处理所获得的基因组代表为探针，并组成相应的探针组合对芯片进行杂交，不同样品的探针以不同颜色的荧光标记。由于不同样本的基因组DNA序列有差异，因而与芯片上同一点序列杂交的效率就可能不一致，通过扫描仪可显示不同颜色杂交信号的强弱或有无，从而确定待检测样本的遗传差别（图3-1B）。杂交信号强度不同或有无的点就是一个DArT标记，即为基因组中的一个多态性片段，可作为DNA标记用于其他研究。如果将用于制备芯片的某个样本基因组DNA代表制备探针，用绿色荧光染料标记。载体多克隆位点序列在芯片上所有点的DNA上都是相同的，用红色荧光染料标记载体多克隆位点序列制备探针。用样品和多克隆位点序列探针组合与芯片杂交，可获得该样品的指纹图谱（图3-1C）。（Jaccoud et al.，2001；洪义欢等，2009）。

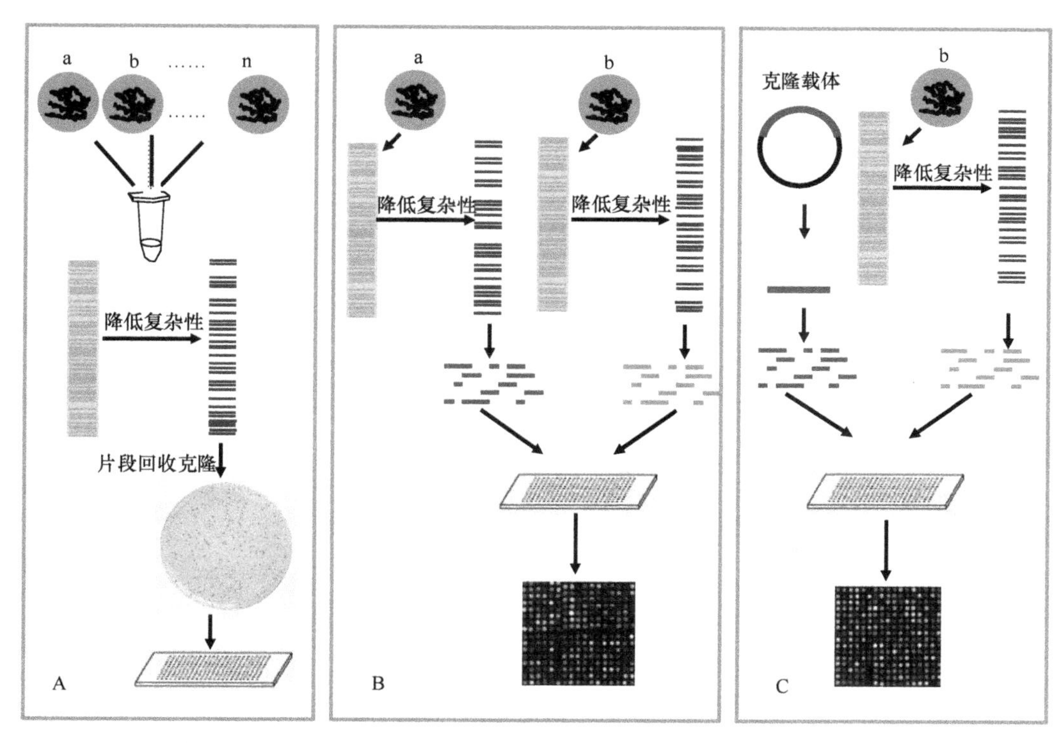

图3-1　DArT芯片的制作及芯片杂交示意图（Jaccoud et al.，2001）

A. 多样性芯片的制备；B. DArT比较两个样本的序列多态性；C.DArT建立某个样品的指纹图谱。A、B和C中用同样的方法降低基因组DNA的复杂性。

DArT技术的特点是：①一个阵列可同时检测分布在基因组中的几百个多态性位点，具有高通量低成本的特点；②多态性DArT标记的发现和检测是平行进行的，新标记发现和标记评价在同一芯片上进行；③在标记的发现和检测中不需要预先知道DNA序列信息。

9. 目标起始密码子多态性

目标起始密码子多态性（start codon targeted polymorphism，SCoT）是2009年由

Collard 和 Mackill 在水稻中开发出来的一种基于单引物扩增反应的分子标记技术。SCoT 技术以基因组 DNA 为模板（也可以用 cDNA 作模板，用以差异基因分离），根据植物基因中保守的 ATG 翻译起始位点侧翼序列设计出的单引物在 50℃统一温度下进行 PCR 扩增，进而产生趋于功能基因的多态性标记，产物一般通过琼脂糖凝胶电泳分离，其多态性主要来源于引物结合位点的点突变（图 3-2）。因此，SCoT 标记大部分是显性标记，但也会产生少数由于插入或缺失突变而引起的长度多态性共显性标记（Collard and Mackill，2009；熊发前等，2009）。

研究表明，基因组中 ATG 翻译起始位点侧翼区域非常保守，具有一致性（Joshi et al.，1997；Sawant et al.，1999）。SCoT 技术中用到的单引物就是根据植物基因组中起始密码子附近序列的保守性来设计的。与 RAPD、ISSR 中的单引物作用类似，SCoT 技术中的单引物同时充当上、下游引物，不同的是 SCoT 单引物可同时结合在双链 DNA 的正、负链上的 ATG 翻译起始位点区域，从而扩增出两结合位点之间的序列（图 3-2）。SCoT 的单引物设计要满足以下几个要求：①根据 ATG 翻译起始位点侧翼区域的保守性来设计；②以 ATG 中的 A 为下游 +1 位置，+4 位置必须是 G，+7 位置必须是 A，+8、+9 位置必须是 C；③引物长度为 18 bp，GC 含量为 50%～72%，无兼并碱基，最好无引物二聚体和发夹结构形成，其中 18 bp 的引物长度保证了该标记方法的重复性（Collard and Mackill，2009；熊发前等，2009）。该技术已被成功应用于单子叶植物水稻（Collard and Mackill，2009）和双子叶植物花生中（Xiong et al.，2011；熊发前等，2010）。

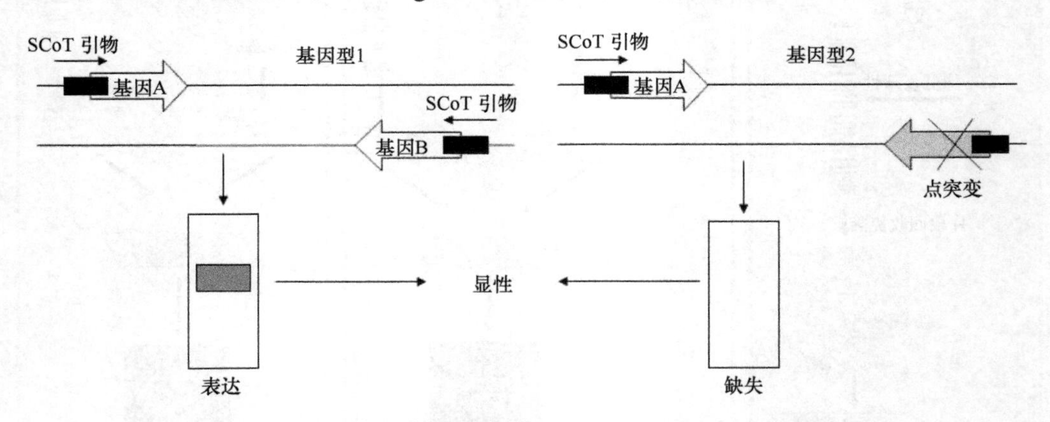

图 3-2　SCoT 标记技术示意图（Collard and Mackill，2009）

SCoT 标记具有如下优点：①建立在 PCR 基础上的单引物扩增，操作简单，重复性好，易于不同物种 SCoT 标记技术体系的建立；②和 ISSR 标记相比，它是一种基因目标分子标记技术，能有效产生和性状连锁的标记，方便分子标记辅助育种；③使用了较长的引物，理论上比 RAPD 标记重复性好；④引物设计简单，可以在原有引物序列基础上做少许改动来设计更多的新引物，由于引物的保守性，能在不同植物之间通用（熊发前等，2009）。

10. 转座子插入多态性

转座子在植物中广泛存在，其具有的高拷贝、高度异质性和插入位点多态性等特性，使得转座子非常适合用来开发分子标记，因此，基于转座子插入多态性来开发分子标记一直备受关注，基于转座子开发出的分子标记技术主要包括 S-SAP、IRAP、REMAP、RBIP、IMP、MITE-AFLP、ISTR、ISAP 和 TMD，下面简单介绍 IRAP、REMAP、S-SAP 和 TMD 标记技术。

IRAP 技术是根据 LTR 反转录转座子中的 LTR（long terminal repeat）序列设计的单引物扩增技术。REMAP 技术是用 LTR 反转录转座子中的 LTR 序列设计的单引物和 ISSR 标记单引物联合使用来进行扩增的技术。S-SAP 技术是目前应用最广泛的一种基于转座子的分子标记，是基于 LTR 反转录转座子中的 LTR 序列的锚定 AFLP 技术发展而来的。S-SAP 技术与 AFLP 技术之间差异很小，不同之处在于 S-SAP 技术在进行选择性扩增时其中一条引物是根据 LTR 反转录转座子中的 LTR 序列设计的。在 S-SAP 技术基础上形成的转座子甲基化展示技术（TMD）的原理与操作流程类似 S-SAP 技术，只是用对甲基化敏感的限制性内切核酸酶替代普通的限制性内切核酸酶进行酶切基因组 DNA，该技术用以研究插入转座子及其侧翼序列的甲基化表观遗传状态（Waugh et al.，1997；Kalendar et al.，1999）。

11. 单核苷酸多态性

单核苷酸多态性（single nucleotide polymorphism，SNP）是指基因组 DNA 水平上单核苷酸的转换、颠换、插入和缺失等形式引起的 DNA 序列多态性，是第三代 DNA 分子标记。SNP 广泛地分布于基因组内，且分布密度非常高，在任何一个基因内及其附近都能提供一系列分子标记，近年来 SNP 的开发研究已成为分子标记研究的热点。SNP 可以通过凝胶电泳检测，但检测 SNP 的最佳方法是 DNA 芯片技术。SNP 标记具有如下优点：①广泛分布于基因组 DNA 序列中，数量丰富，遗传稳定性好；②在 DNA 的转录区和非转录区都能找到 SNP，并且一些 SNP 标记是表型变异的原因，可直接影响蛋白质结构；③自动化分析程度不断提高，速度加快的同时降低了成本。

12. NBS profiling 技术

NBS profiling 技术是 2004 年由 van der Linden 等开发出来的一种新型的寻找 NBS-LRR 类 *R* 基因和 RGA 的目标分子标记技术。该技术的原理是首先用单个限制性内切核酸酶（*Mse*I、*Alu*I、*Rsa*I 或 *Hae*III）将基因组 DNA（约 400 ng）进行酶切产生平均长度为 300～400 bp 的片段，再将这些酶切片段与一个接头连接，接头具有长臂和短臂，其 5′端为单链。接头与接头引物序列如下：接头长臂序列，5′-ACTCGATTCTCAACCCGAAAGTATAGATCCCA-3′；接头短臂序列，5′-TGGGAT CTATACTT-3′（在 3′端加入氨基基团）；接头引物序列，5′-ACTCGATTCTCAACCCG AAAG-3′。依据植物 NBS-LRR 类抗性基因的保守基序设计简并引物 NBS2、NBS3、NBS5、NBS7、NBS9 等用于进一步的扩增。随后进行两次 PCR 反应，第一次为线性扩增，在反应体系中只使用简并引物，第二次为指数扩增，体系中使用了简并引物和接头引物。PCR 产物采用 6%的变性聚丙烯酰胺凝胶电泳分离。NBS profiling 技术采用 *R* 基因的保守序列设计 PCR 扩增的一端引物，另一端引物根据与限制性内切核酸酶酶切位点相连的接头设计，可以提高获得 *R* 基因和 RGA 的概率，同时结合了扩增片段长度多态性的稳定性和 RGA 目标性的优点（van der Linden et al.，2004；裴冬丽和李成伟，2009）。

13. iPBS 技术

iPBS（inter primer binding site）技术是 2010 年由 Kalendar 等建立的，是对 LTR 类反转录转座子中两个 PBS（primer binding site）区间进行 PCR 扩增的分子标记技术。iPBS 技术以基因组 DNA 为模板，引物根据反转录转座子的 5′LTR 序列的保守 tRNA 结合位点设计单引物，从而扩增出毗邻的两个反转录转座子的间隔区域。这两个 LTR 反转录转座子必须反向排列且间隔足够近，才能得到有效的扩增，产物一般通过琼脂糖凝胶电泳分离，其多态性主要来源于 LTR 反转录转座子的插入。iPBS 技术既可以当作分子标记技术使用，又可以用来分离 LTR 反转录转座子，采用该技术理论上可以分离出任何物种的 LTR 反转录转座子，而且分离得到的 PBS-LTR 序列可以直接用来进行分子标记开发（Kalendar et al.，2010）。

14. 短散在核重复序列间扩增多态性

短散在核重复序列间扩增多态性（inter-SINE amplified polymorphism，ISAP）技术是 2012 年由 Seibt 等在马铃薯上开发出来的，基于大量分布于基因组中的反转录转座子 SINE 元件（short interspersed nuclear element）的分子标记技术。ISAP 技术以基因组 DNA 为模板，根据马铃薯基因组中分离出来的 9 个 SINE 家族设计引物进行 PCR 扩增，扩增两个相邻 SINE 类反转录转座子间的 DNA 区域，产物一般通过琼脂糖凝胶电泳分离。该技术是在马铃薯上开发出来的，但在其他物种上还没有报道（Seibt et al.，2012）。

三、植物分子标记的分类

除上面介绍的几种分子标记技术外，研究者还开发出了大量的其他分子标记技术，可谓种类繁多。已经有研究者提出了分子标记技术的分类方法，对分子标记进行分类。第一种分类方法是根据分子标记技术原理的不同，通常将分子标记技术分为两大类：①基于 Southern 分子杂交的分子标记技术，如限制性片段长度多态性技术；②基于 PCR 技术的分子标记技术，如 RAPD、ISSR、SSR、SCAR、SRAP 等。后者又可以分为基于随机引物的 PCR 分子标记技术，如 RAPD 和 ISSR，以及基于特异引物的 PCR 分子标记技术，如 SSR。

第二种分类方法是在第一种分类方法的基础上，将基于分子杂交和 PCR 两种技术的分子标记技术列为第三种类型，从而将分子标记技术分为三大类型：①基于分子杂交的分子标记技术；②基于 PCR 技术的分子标记技术；③基于分子杂交和 PCR 技术的分子标记技术（熊发前等，2010）。

第三种分类方法是根据分子标记的基因组来源将分子标记技术分为随机 DNA 分子标记（RDM）、目的基因分子标记（GTM）和功能性分子标记（FM）。随机 DNA 分子标记基于基因组中随机多态性位点开发而成，目的基因标记是基于基因与基因之间的多态性开发而成，而功能性分子标记是基于功能基因基序中功能性单核苷酸多态性位点开发而成。RDM 与 GTM 的开发可以不依赖于表型，而基于功能基因基序中单核苷酸多态性位点开发而来的 FM 则与表型直接相关（Andersen and Lübberstedt，2003）。随着功能基因组学、比较基因组学、生物信息学等学科和高通量测序技术的快速发展，又出现了一类分子标记技术，它们既不同于随机 DNA 分子标记技术也不同于目的基因分子标记及功能性分子标记，是一类介于它们之间的分子标记技术，这种分子标记技术的形成归因于：①已有分子标记技术逐渐被完善修饰；②对基因组结构的了解不断加深；③对重要功能基因内部的保守结构域的深层认识；④生物信息学和高通量测序技术的快速发展导致大量基因组序列和 EST 序列的产生。

熊发前等（2010）将这一大类分子标记技术统称为目标分子标记技术（趋向于目标功能区域扩增的分子标记技术），进而在第三种分类方法的基础上（Andersen and Lübberstedt，2003）将分子标记技术分为四大类，即随机 DNA 分子标记技术、目标分子标记技术、目的基因分子标记技术和功能性分子标记技术。目标分子标记技术是一大类新型分子标记技术，在随机 DNA 分子标记技术基础上增加了对 DNA/cDNA 等相关序列信息的需求，但并不需要目的基因标记和功能型标记的基因及其等位基因序列信息，偏向于基因编码功能区或调控区扩增，偏向于产生候选功能标记，所得标记很可能与目标性状基因紧密连锁。目标分子标记技术通常是利用保守序列、保守基序或保守调控核心序列，或是利用真核生物中基因序列的特点，或是利用表达序列标签作为靶序列。由于该类分子标记技术在不同物种间可以通用，因而越来越受到研究者的重视（熊发前等，2010）。

熊发前等在提出第二种分类和第四种分类方法的基础上，将分子标记技术的分类进行了详细归纳总结，在此提出了第五种分类方法（图 3-3，未发表资料）。该分类方法是在第二种分类方法的基础上，将基于 PCR 技术的分子标记技术进一步划分为基于 DNA、RNA 和小 RNA 的分子标记技术；在第四种分类方法的基础上，将目标分子标记技术进一步划分为目标指纹标记技术和功能型标记技术。按照这种分类方法，目标分子标记技术的范围有所拓宽，这里的功能型标记技术相当于分类四中的目标分子标记技术，功能型标记技术多是利用保守序列，偏向于基因编码功能区或调控区扩增；而目标指纹标记技术的建立多是利用重复序列、可移动序列、内含子等序列。

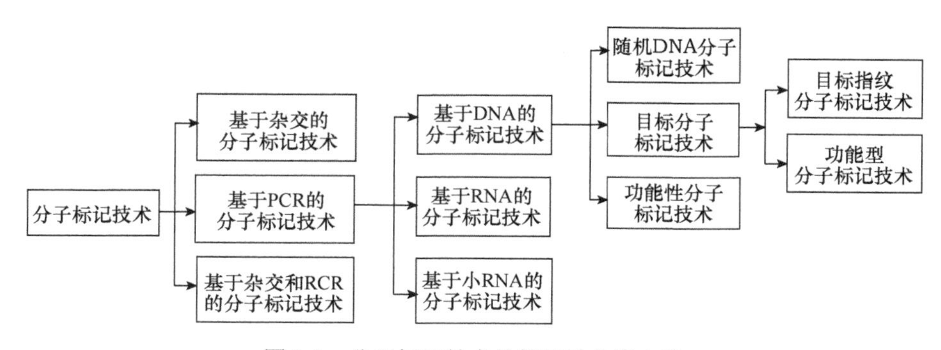

图 3-3　分子标记技术的第五种分类方法

第二节　花生分子标记的开发

一、花生 SSR 标记的开发

花生 SSR 标记的开发主要有两种途径，一是通过构建基因组文库，再利用微卫星探针筛选基因组文库，最后克隆测序并开发 SSR 标记；二是通过对已获得的大量 EST 序列或转录组序列进行分析开发 SSR 标记。

在通过第一种途径开发 SSR 标记方面，Hopkins 等（1999）以 ^{32}P 标记的双核苷酸（GT）$_{10}$ 和(CT)$_{10}$ 为探针筛选花生基因组 DNA 文库，对包含 SSR 位点的阳性克隆进行测序并在序列的两侧翼设计引物对，对 19 份栽培种和 3 份野生种花生进行 PCR 扩增，结果获得了 6 对多态性 SSR 引物。He 等（2003）报道用 SSR 文库富集技术从花生基因组中分离 SSR，并检测到 GA/CT 是花生基因组中重复程度最高的微卫星序列，并设计了 56 对 SSR 引物，其中有 19 对引物能在所研究的 24 份花生栽培种中扩增出多态性片段。Ferguson 等（2003）用两个由 *Pst*I 和 *Sau3A*/*Bam*HI 酶切的 DNA 样品构建基因组文库分离 SSR 位点，从中获得最多的重复序列是 ATT 和 GA，分别占所有被鉴定出的 SSR 的 29%和 28%。以 ATT 和 GA 重复单元的侧翼序列设计引物对进行 PCR 扩增，81%的 ATT 和 70.8%的 GA 重复序列能在栽培花生中检测到多态性的存在，最终得到 110 对 SSR 引物能在栽培花生中检测到多态性。Moretzsohn 等（2004）利用基因组文库富集技术开发了 67 个 SSR 标记，但只有 3 个 SSR 标记在栽培花生中有多态性，接着，他们又从基因组文库、EST 序列和 GenBank 中开发出了 271 个 SSR 标记。黄新阳等（2006）通过建库、筛库、杂交富集的策略开发设计出 123 对 SSR 引物，并对这些 SSR 引物进行评估，结果表明有 44 对 SSR 引物能产生多态性片段。Gimenes 等（2007）从花生基因组中分离和鉴定出 13 个 SSR 标记，并以此检测 16 份栽培种花生，结果表明 SSR 标记在栽培种花生中检测到的多态性高。Wang 等（2007）提出了一种非常简单的分离 SSR 的技术，该技术用多个酶切 DNA 并连接上生物素标记探针，用链霉素包裹的磁珠吸附，利用该技术随机得到的 272 个克隆经过测序，119 个克隆中含有单一的 SSR 插入。Cuc 等（2008）利用栽培花生 TMV2 构建富集 SSR 的基因组 DNA 文库，对 3072 个克隆中的 720 个潜在 SSR 阳性克隆进行测序，共产生了 490 个 SSR 位点，这些 SSR 位点当中，71.2%是完整的，13.1%是非完整的，15.7%是复合的，另外，这些 SSR 中，GT/CA（37.6%）是最丰富的，其次是 GA/CT（25.9%）。根据 SSR 位点设计了 170 对 SSR 引物，其中，104 对引物可产生扩增条带，46 对引物可在 32 份栽培花生中检测到多态性。Yuan 等（2010）构建了富集 SSR 的基因组文库用以分离（GGC）*n* SSR 序列，结果鉴定出了 143 条包含（GGC）*n* 的 SSR 位点序列，设计了 138 对引物，这些 SSR 引物能在栽培种花生中检测到非常低的多态性，能很好地被转移到野生种花生中。Macedo 等（2012）利用基因组文库富集技术开发了 146 对 SSR 引物，通过对 22 份栽培种花生的多态性筛选，有 78 对引物显示多态性。

在利用生物信息学开发来源于 EST 序列或 BAC 序列中的 SSR 标记方面，Luo 等（2005）根据 cDNA 文库开发出了 44 份栽培种花生的 EST-SSR 标记，其中，超过 20%的 EST-SSR 标记可在 24 份栽培种花生中检测到 DNA 多态性。Proite 等（2007）从野生种花生（*A. stenosperma*）的 6264 条 EST 序列中鉴定出 260 个 SSR 位点。Guo 等（2009）从 6888 条单一 EST 序列中鉴定出 856 个 EST-SSR 位点，其中 290 个 EST-SSR 位点被开发为标记。Liang 等（2009）从 24 238 条 EST 序列中鉴定出含 SSR 序列的 780 条 EST，鉴定出 881 个 SSR 位点，平均每 7.3 kb EST 含有一个 SSR 位点，其中，三碱基重复最普遍（63.9%），其次是二碱基重复（32.7%）、四碱基重复（1.7%）、六碱基重复（1.0%）和五碱基重复（0.7%），最多的重复基序是 AG/TC（27.7%），其次是 AAG/TTC（17.4%）、

AAT/TTA（11.9%）、ACC/TGG（7.72%）、ACT/TGA（7.26%）和 AT/TA（6.3%）。根据780条含有SSR的EST序列，成功设计了290对引物，用这些引物对22份栽培种花生和16份野生种花生进行扩增和多态性评估，结果表明，251对引物可以成功扩增，分别有26对和221对EST-SSR引物在栽培种花生和野生种花生中扩增出多态性条带。Song等（2010）对花生EST进行测序并开发分子标记，从12 000个EST中发现了610个包含一个或多个SSR的EST，三碱基重复（66.3%）和二碱基重复（28.8%）的最多。AG/TC（10.7%）是发现最多的重复序列，其次是CT/GA（9.0%）、CTT/GAA（7.4%）和AAG/TTC（7.3%）。选择部分包含SSR的EST设计引物，其中33对引物扩增效果很好，可用来检测多态性，结果显示在栽培种中多态性很低，野生型中多态性较高。Koilkonda等（2012）利用10 102条非冗余EST序列鉴定SSR位点，根据SSR位点所在位置的侧翼设计了3187对EST-SSR引物，有1571对EST-SSR引物能在24份花生属材料中显示多态性，利用这些引物进一步对16份花生属材料进行多态性分析，结果有1281条EST-SSR引物在16份花生属材料中显示多态性，有366条EST-SSR引物在12份栽培种花生中显示多态性。Wang等（2012）从36 435条BAC末端序列（BES）中鉴定出1424个BES-SSR位点，这些BES-SSR位点中，二碱基SSR和三碱基SSR重复最为丰富。Zhang等（2012）对3个不同含油量花生品种的未成熟种子进行转录组测序，从转录组的4993个unigene中鉴定出5883个SSR位点，根据这些位点设计了3919对SSR引物，利用6个栽培种花生对随机选取的160对SSR引物进行多态性评估，结果160对SSR引物都扩增出条带，但只有65对引物显示多态性。Guo等（2012）利用来源于栽培种花生的101 132条unigene和来源于花生属的9517条GSS序列分别开发了2138个EST-SSR标记和97个GSS-SSR标记。Nagy等（2012）开发了598个EST-SSR标记并用来构建遗传连锁图谱。Zhao等（2012）对文献中报道的9274个SSR标记中的1343个多态性SSR标记进行了分析，发现AG重复基序（36.5%）是最丰富的，接着是AAG（12.1%）、AAT（10.9%）和AT（10.3%），二碱基重复SSR位点的长度明显长于三碱基重复的SSR，二碱基重复基因组SSR位点揭示的多态性要高于三碱基重复基因组SSR位点，但是二碱基重复EST-SSR位点揭示的多态性要低于三碱基重复EST-SSR位点，SSR的长度和多态性比率呈负相关。

二、花生SNP标记开发

Alves等（2008）根据花生属抗病基因同源EST序列设计10对引物，用以扩增两个作图亲本，其中9对引物的扩增产物显示无多态性，将无多态性条带进行测序并发掘其中的SNP，最后用ARMS-PCR技术和SBE技术对SNP位点进行分型，最后将9个SNP中的5个定位到花生AA基因组遗传连锁图谱上。Moretzsohn等（2009）用前人研究报道的定位在AA基因组连锁群上的10个锚定标记和1个SSR标记来检测两个作图亲本，发现这11个标记无多态性，于是将无多态性的条带进行回收测序，发掘其中的SNP位点并进行标记开发。Nagy等（2012）构建了两个作图亲本PI 475887（*A. duranensis*）和Grif 15036（*A. duranensis*）的均一化cDNA文库，利用Sanger和454测序产生了超过100万条EST，这些EST序列被组装成81 116个unigene，再从这些unigene中搜索SNP位点，从3264个unigene中鉴定出6789个SNP位点，并最终开发了1236个高质量的EST-SNP标记，另外，根据 768 个豆科保守同源序列的重测序信息，开发了 300 个 SNP 标记。最后，有 1054 个 SNP 标记被定位在 AA 基因组遗传连锁图谱上。但这两项研究中的 SNP 标记都是从野生种花生基因组中开发出来的。中国农业科学院油料作物研究所的花生研究团队，利用栽培花生中花 5 号和 ICGV86699 及它们 RIL 群体的 166 个株系构建文库，进行高通量测序，获得 175 Gb 的序列数据。对这些序列进行分析，获得了两个亲本间的 SNP 位点 53 257 个，在 RIL 群体中开发出 14 663 个 SNP（Zhou et al.，2014）。虽然 SNP 标记的开发刚刚开始，但其进一步的开发和应用潜力巨大，SNP 标记和 SSR 标记将成为栽培种花生遗传连锁图谱构建和 QTL 定位的主力标记。

三、花生转座子标记开发

近年来的研究表明，SSR 标记在花生栽培种间存在着丰富的多态性，使其成为当前检测栽培种花生 DNA 多态性的主要分子标记，但 SSR 标记的开发投入较大且费时费力，而且目前国际上已开发的花生栽培种 SSR 引物数目尚显不足，难以满足栽培种花生分子标记及相关研究的需求。转座子存在的普遍性、高拷贝、高度异质性和插入位点多态性等特性使其非常适合用来开发分子标记，并应用于遗传变异的研究中，但在花生上开发基于转座子的分子标记报道还很少。

MITE（miniature inverted repeat transposable element）是存在于植物基因组中最常见的转座元件，偏爱插入低拷贝基因及其调控区域，从而控制基因表达（Wessler et al. 1995；Wessler，1998）。Patel 等（2004）研究结果表明，高油酸花生是由于 MITE 转座子插入 *FAD2B* 基因中使该基因失活，导致高油酸性状的产生。后来，人们分离出花生 MITE 转座子的侧翼序列，利用转座子显示技术，还发现 MITE 与多种基因在不同品种中的变异有关。根据侧翼序列设计引物，对花生晚斑病抗性和非抗性材料进行扩增，结果表明，花生晚斑病抗性和 *AhMITE1* 转座子的转座有关（Bhat et al.，2008；Gowda et al.，2010）。对不同类型栽培种花生和近缘野生种花生材料进行扩增，结果表明，*AhMITE1* 转座子插入多数连续开花亚种中，而在交替开花亚种中很少插入，在 4 份四倍体近缘野生种 *A. monticola* 材料中也没有 *AhMITE1* 转座子的插入（Gowda et al.，2011）。Gowda 等（2011）认为，两个花生野生种祖先在杂交形成栽培种花生及栽培种花生随后的异源多倍化的过程中，激活了 *AhMITE1* 转座子的转座，栽培种花生在形态上、生理上和农艺性状上存在着丰富的变异，可能是各种突变（包括转座子的激活）而非重组引起的，而各种突变与栽培种花生的起源和进化、分化有着密切的联系。最近，从花生基因组中分离出 *AhMITE1* 转座子家族的 504 个成员及其两侧翼序列，根据 *AhMITE1* 转座子两端侧翼序列设计引物开发了 504 对 *AhMITE1* 引物，其中 411 对能扩增出 1 条或 2 条带，其中 169 对引物在 4 个品系间表现多态性，每两个品系间平均多态位点数为 90.3（22%），多态性比 SSR 标记高，初步显示了花生转座子标记的应用潜力（Shirasawa et al.，2012a），在此工作基础上，该研究小组又开发了更多的转座子标记，综合利用 SSR 标记、EST-SSR 标记和转座子标记构建整合了栽培种花生和野生种花生的遗传连锁图谱（Shirasawa et al.，2012b，2013）。

国内对转座子标记的研究更少，王洁等（2012）利用多态性 MITE 转座子引物对花生杂交组合的 F_1 单株进行真实性鉴定，结果证明，转座子标记鉴定的杂种植株与通过田间表型鉴定出的杂种植株结果基本一致。王辉等(2013)利用多态性较好的 31 对 *AhMITE1* 转座子标记引物研究了 26 份花生栽培品种和 89 份花生高世代育种品系的 DNA 多态性和亲缘关系，每对引物可扩增 1～3 条带，利用 115 份材料共扩增出 57 条带，其中多态性条带数为 54 条，多态性条带比率为 96.49%，115 份材料间遗传相似系数平均值为 0.6902，在遗传相似系数为 0.65 时可将所有材料分为 3 大组，来自同一省份的品种聚为一类，89 份花生高世代品系中来自同一组合的品系优先聚为一类。

第三节　花生抗病分子标记研究

一、花生黄曲霉抗性分子标记

花生是最容易遭受黄曲霉感染的农作物之一，黄曲霉毒素污染是影响花生油品质和其他花生制品安全的重要因素，因此，花生对黄曲霉抗性的研究是目前花生研究的热点之一。利用黄曲霉感病花生品种中花 5 号与抗病材料 J11 杂交获得 F_2 分离群体，用 BSA 法成功获得了两个与黄曲霉抗性连锁的 AFLP 标记（E44/M53-520 和 E45/M53-440），两个 AFLP 标记与抗性间的遗传距离分别为 8.8 cM 和 6.6 cM，在此基础上，他们将 E45/M53-440 转化为 SCAR 标记 AFs-412，该 SCAR 标记与花生黄曲霉抗性间的遗传距离为 6.5 cM，并利用该 SCAR 标记对抗、感黄曲霉的花生种质资源进行分析，结果表明标记与抗性鉴定结果具有较高的一致性，可以用于花生黄曲霉抗性的标记辅助选择育种（雷永等，2006）。洪彦彬等（2009）利用 SSR 标记对 12 份花生品种的抗黄曲霉性状进行了关联分析，发现 5 个标记与花生黄曲霉抗性相关，其中标记 pPGSseq19D9 与花生黄曲霉抗性关联度最高，Pearson 相关系数达 0.913，该标记的扩增带型能直接区分抗、感花生品种，初步推断该标记可能与一个贡献率较大的抗黄曲霉基因连锁。黄莉等（2012）利用 SSR 标记对国际半干旱热带地区作物研究所（ICRISAT）的 146 份微核心种质资源的抗黄曲霉性状进行了关联分析，发现 16 个 SSR 位点与黄曲霉侵染病情指数、黄曲霉产毒量相关联。

二、花生青枯病抗性分子标记

花生细菌性青枯病是一种世界范围内广为流行的土传性病害。姜慧芳等（2003）以青枯病抗病花生品种远杂 9102 与感病品种中花 5 号杂交构建了含 123 个家系的 RIL 群体，从 164 对 SSR 引物中获得能检测到 RIL 群体多态性的引物 11 对，对 F_6 代群体检测并得到了 10 个多态性标记。利用该重组自交系群体材料，采用 AFLP 技术和 BSA 分析方法，获得两个与花生青枯病抗性连锁的标记（P3M59 和 P1M58），这两个标记与青枯病抗性间的遗传距离分别为 8.12 cM 和 11.46 cM。利用这两个标记对抗、感青枯病的花生种质资源进行了分子鉴定，证实标记 P3M59 与花生青枯病抗性的符合率为 70%，标记 P1M58 的符合率为 50%（任小平等，2008）。以青枯病抗病花生品种远杂 9102 与感病品种 Chico 杂交，构建了 F_6 和 F_7 RIL 群体，采用 354 对 SSR 引物对重组自交系 F_6 群体进行分析，获得了 45 个多态性标记，结合重组自交系群体 F_6 和 F_7 青枯病抗性鉴定结果，构建了栽培种花生部分遗传连锁图谱，包含28个SSR标记和1个表型标记的8个连锁群，还有2个独立的SSR标记与青枯病抗性相关（姜慧芳等，2007）。利用该重组自交系群体材料，以66对多态性引物对其进行扩增，检测到了324个多态性位点，构建了栽培种花生的AFLP遗传连锁图谱，结合RIL群体的青枯病抗性鉴定结果，鉴定了3个与青枯病抗性相关的QTL（qBWr1、qBWr2和qBWr3），共解释青枯病抗性总变异的21.62%（彭文舫等，2010）。

三、花生锈病抗性分子标记

花生锈病是由锈菌（*Puccinia arachidis* Speg.）引起的一种真菌病害，可引起荚果减产。利用感锈病的远杂9102与抗锈病的ICGV 86699为亲本配制杂交组合，以其F_2分离群体为材料，利用AFLP技术和BSA方法，获得了两个与锈病抗性连锁的分子标记（M3L3和M8L8），这两个标记与抗锈病基因间的遗传距离分别为10.9 cM和7.86 cM，对所得到的标记在F_3代抗感性发生分离的47个植株中进行了验证，其中M3L3标记与抗感性的符合率为100%，M8L8标记与抗性的符合率为87%，均可有效用于分子标记辅助育种（侯慧敏等，2007）。利用抗锈病的VG9514与感锈病的TAG24为亲本配制杂交组合，F_1所有植株抗病，F_2植株抗感比为3∶1，表明该组锈病抗性是由一个单显性基因控制的，以其F_2分离群体的117个单株为材料，利用RAPD技术和BSA方法，获得了两个与锈病抗性连锁的分子标记（J71350和J71300）。利用抗锈病的VG9514与感锈病的TAG24为亲本配制杂交组合，以其$F_{2:8}$重组自交系的164个单株为材料，构建出栽培种花生部分遗传连锁图谱，图谱总长度882.9 cM，涉及24个连锁群，标记间平均图距9.0 cM，获得了位于第二连锁群上的2个与锈病抗性连锁的SSR标记（pPGPseq4A05和gi56931710），这两个标记与锈病抗性基因间的遗传距离分别为4.7 cM和4.3 cM，并位于抗性基因的两侧（Mondal et al.，2012a）。同年，Mondal等（2012b）再利用EST-SSR标记分析上述同一重组自交系材料，筛选获得了2个与锈病抗性紧密连锁的EST-SSR标记（SSR-GO340445和SSR-HO115759），这2个标记与锈病抗性基因间的遗传距离分别为1.9 cM和3.8 cM。通过SSR标记与锈病及晚斑病表型之间的关联分析，发现3个与锈病相关的SSR标记和4个与晚斑病相关的SSR标记（Mondal and Badigannavar，2010）。

四、花生叶斑病抗性分子标记

以叶斑病感病花生品种中花5号与抗病材料ICGV86699杂交，以F_2分离群体为材料，应用AFLP技术结合BSA法筛选到3个与晚斑病抗性连锁的AFLP标记，它们与抗性位点间的遗传距离分别为7.40 cM、7.40 cM和8.67 cM，且这3个标记紧密连锁，位于同一连锁群上，在具有野生种亲缘的7个抗病花生品种中均能检测到这3个标记，而在以多粒型花生为代表的抗病材料中均未检测到，表明ICGV86699的抗性位点与栽培种花生中的抗性位点不同（夏友霖等，2007）。以抗晚斑病的花生材料COG 0437与对晚斑病敏感的花生材料TMV2杂交，以其F_2分离群体为材料，应用SSR标记结合

BSA 法筛选到 3 个与晚斑病抗性连锁较紧密的 SSR 标记（PM375162、pPGPseq5D5220 和 PM384100），其中 PM384100 更具抗晚斑病辅助育种价值（Shoba et al.，2012）。

五、花生病毒病抗性分子标记

花生病毒病也是花生产区的重要病害，每年都有不同程度的发生。利用花生抗病毒病材料 ICG12991 为母本与感病毒病材料 ICGV-SM 93541 为父本杂交产生的 F_2 群体及 $F_{2:3}$ 家系，用 308 对 AFLP 引物进行分析，获得了 20 个 AFLP 标记，其中 12 个标记被定位到 5 个连锁群上，覆盖总图距 139.4 cM，在第一连锁群上检测到一个与花生病毒病抗性相关的单隐性基因，与最近标记的遗传距离为 3.9 cM，该位点可以解释 76.1%的表型变异（Herselman et al.，2004）。利用抗、感矮化病毒病的花生品种 ICGV 86699 和远杂 9102 为亲本配制杂交组合，构建重组近交系群体，采用 SSR 技术和 BSA 分析方法，结合 F_6 各个家系接种病毒后 ELISA 的鉴定结果，得到一个与花生矮化病毒病抗性连锁的分子标记 XY38，此标记与抗性基因间的遗传距离为 7.5 cM（肖洋等，2011）。

六、花生线虫病抗性分子标记

用 GA6（*A. hypogaea*×*A. cardenasii*）和 PI261942 杂交构建 F_2 分离群体，从高抗品系GA6中找到与抗线虫有关的RAPD标记，其中标记Z3/265与限制出瘿形成的基因*Mag*、限制产卵数目的基因 *Mae* 的图距约为 10 cM 和 14 cM（Garcia et al.，1996）。利用抗线虫的二倍体野生种 *A. batizocoi*、*A. cardenasii*、*A. diogoi* 与栽培种杂交的品系 TXAG-7 建成 BC_4F_2 抗性分离群体，采用 BSA 法获得了 3 个与抗线虫有关的 RAPD 标记（RKN410、RKN440 和 RKN229），它们与抗性的重组值分别为 5.4%±1.9%、5.8%±2.1%和 9.0%±3.2%，前两个标记紧密连锁，来自 *A. cardenasii* 或 *A. diogoi* 的一个抗性基因，后一个标记来自 *A. cardenasii* 或 *A. diogoi*，可能与标记 RKN410 连锁，并位于同一抗性基因侧翼（Burow et al.，1996）。后来，基于更完全的测序数据转化标记 RKN440，建立了新的线虫抗性显性标记 197/909，该标记与表型数据有更高的相关性（Chu et al.，2007）。利用抗、感北方根结线虫病的花生品种为亲本配制杂交组合（花育 22 号×D099），以其 F_2 分离群体为研究材料，采用 SSR 技术和 BSA 方法，获得了 2 个与花生北方根结线虫病抗性基因连锁的 SSR 标记，与抗病基因间的遗传距离分别为 4.4 cM 和 7.4 cM（王辉等，2008）。

七、花生菌核病抗性分子标记

利用 16 对 SSR 引物对 39 份对菌核病具有不同抗性的花生品种进行分析，发现一对引物（pPGPseq2E6L/Marker 3）在抗病品种中扩增出 145 bp 的条带，在感病品种中扩增出 100 bp 的条带，对这两条带进行克隆测序，发现除了 SSR 区域的长度变化外，其他位置非常保守，该标记可以被用来筛选花生种质资源和分离群体。利用该标记评价美国花生微核心种质，筛选出 39 份潜在的菌核病抗性材料（Chenault et al.，2010）。

第四节　花生遗传连锁图谱的构建

一、野生花生遗传连锁图谱的构建

遗传连锁图谱是植物基因组结构分析和比较的有力工具，可应用于基因定位和克隆、比较基因组学和分子标记辅助育种等研究。花生遗传连锁图谱的构建始于 20 世纪 90 年代初，早期花生遗传连锁图谱的构建主要是基于 RFLP、RAPD 和 AFLP 分子标记技术，由于这些分子标记技术在花生栽培种间检测到的多态性较低，而在野生种间检测到的多态性丰富（Kochert et al.，1991；Halward et al.，1991，1992；Paik-Ro et al.，1992），因此，早期花生作图群体主要利用野生种花生构建。利用二倍体野生种花生种间杂交（*A. stenosperma*×*A. cardenasii*）建立的 F_2 群体，构建了花生 RFLP 遗传连锁图谱，该图谱共包含 117 个 RFLP 标记，分布在 11 个连锁群上，总覆盖图距为 1063 cM，其中 3 个编码脂肪合成有关酶的基因被定位在该图谱上，这是第一个花生分子标记连锁图谱（Halward et al.，1993）。利用来源于二倍体野生种花生的人工合成四倍体花生材料为供体亲本，与栽培种 Florunner 进行杂交、回交获得 BC_1 群体，以此为作图群体，构建了标记密度更高的 RFLP 花生遗传连锁图谱，该图谱共包含 370 个 RFLP 标记，分布在 23 个连锁群上，图距总长度为 2210 cM（Burow et al.，2001）。利用二倍体野生花生种间杂交、回交群体为作图群体，构建了一张基于 RAPD 标记和 RFLP 标记的花生遗传连锁图谱，该图谱总长度为 800 cM，包含 11 个连锁群、167 个 RAPD 标记和 39 个 RFLP 标记（Garcia et al.，2005）。

随着花生 SSR 标记开发的进展，鉴于 SSR 标记具有多态性丰富、稳定性高和检测方便等优点，科研工作者开始利用 SSR 标记构建野生种花生的遗传连锁图谱。利用两个 AA 基因组野生种花生杂交（*A. duranensis* K7988×*A. stenosperma* V10309）产生的 F_2 为作图群体，利用 433 个 SSR 标记构建了第一张基于 SSR 标记的花生 AA 基因组的遗传连锁图谱，该图谱总长度为 1230.89 cM，包含 11 个连锁群，170 个 SSR 标记，标记间平均图距为 7.24 cM（Moretzsohn et al.，2005）；随后，对该图谱进一步完善，获得一张包含 10 个连锁群和 369 个标记的遗传连锁图谱，并定位了 35 个抗病候选基因和 5 个 QTL（Leal-Bertioli et al.，2009）；之后，该研究团队又利用两个 BB 基因组野生种花生杂交（*A. ipaënsis* K30076×*A. magna* K30097），构建 F_2 作图群体，利用 SSR 标记构建花生 BB 基因组遗传连锁图谱，该图谱包含 10 个连锁群，总长度为 1294 cM，含 149 个标记，标记间平均图距为 8.7 cM，与他们构建的 AA 基因组图谱相比较，两者有较高的共线性（Moretzsohn et al.，2009）。最近，另一个实验室以两个野生种花生 *A. duranensis* 杂交（PI 475887×Grif 15036）获得的 F_2 为作图群体，构建了一张高密度的 AA 基因组遗传图谱，该图谱总长度为 1081.3 cM，包含 10 个连锁群和 1724 个标记，在这些标记中有 1054 个 SNP 标记，598 个 EST-SSR 标记，37 个 RGC 标记和其他 35 个已报道过的标记（Nagy et al.，2012）。以源于 BB 基因组野生种 *A. batizocoi* 杂交组合 K9484（PI298639）×GKBSPSc30081（PI468327）产生的包含 94 个株系的 F_2 为作图群体，以 SSR 标记构建了种内遗传连锁图谱，该图谱总长 1278.6 cM，包含 16 个连锁群和 449 个 SSR 位点，标记间平均距离为 2.9 cM（Guo et al.，2012）。将上述 A 基因组和 B 基因组的部分同源连锁群比较发现，两者之间具有高度的共线性（Guo et al.，2012）。Shirasawa 等（2013）又分别利用 A 基因组重组自交系群体（*A. duranensis* K7988× *A. stenosperma* V10309）、B 基因组重组自交系群体（*A. ipaënsis* K30076×*A. magna* K30097）及 AB 基因组重组自交系群体 Runner IAC 886 ×（*A.ipaënsis* ×*A.duranensis*）^{4X}，分别构建了 A 基因组、B 基因组和 AB 基因组遗传连锁图谱，其中，A 基因组连锁图长度为 544 cM，包含 10 个连锁群和 597 个位点；B 基因组连锁图长度为 461 cM，包含 10 个连锁群和 798 个位点；AB 基因组连锁图长度为 1442 cM，包含 20 个连锁群和 1469 个位点，然后，将这些遗传连锁图与其他已发表的 13 张遗传连锁图谱整合，得到一张图谱，该图谱总长度 2651 cM，包含 3693 个标记位点，定位在 20 个连锁群上。

二、栽培花生遗传连锁图谱的构建

近年来，栽培种花生的遗传连锁图谱构建也取得了很大进展，人们利用不同品种或种质材料进行杂交，创建了不同的作图群体，包括 F_2 群体及重组自交系群体，建立了多个遗传连锁图谱。利用花生抗病毒病材料 ICG 12991 作母本，用感病毒病材料 ICGV-SM 93541 作父本，杂交产生的 F_2 群体及 $F_{2:3}$ 家系，用 308 对 AFLP 引物对 $F_{2:3}$ 家系进行分析，将 12 个标记定位到 5 个连锁群上，覆盖总图距为 139.4 cM，这是首次尝试利用栽培种花生构建遗传连锁图谱的报道（Herselman et al.，2004）。国际半干旱热带地区作物研究所利用花生栽培种杂交组合（ICGV 86031×TAG 24）构建的重组自交系 F_8/F_9 为作图群体，用 SSR 标记构建了第一张栽培种花生的遗传连锁图谱，该图谱总长度为 1270.5 cM，包含 135 个 SSR 标记和 22 个连锁群，该图谱后来经过进一步丰富完善，图谱总长度达到 1785.4 cM，包含分布于 22 个连锁群的 191 个 SSR 标记，标记间平均距离为 9.34 cM（Varshney et al.，2009；Ravi et al.，2011）。利用花生栽培种 Fleur 11 为轮回亲本，以一个人工合成四倍体为父本，构建了 BC_1F_1 作图群体，构建了基于 SSR 标记的花生遗传连锁图谱，图谱总长度为 1843.7 cM，包含 21 个连锁群和 298 个标记，标记平均密度为 6.1 cM（Foncéka et al.，2009）。利用花生栽培种（TAG 24 × GPBD4）杂交构建的重组自交系 F_6/F_7 为作图群体，构建了一张总长度为 462.24 cM，包含分布于 14 个连锁群上的 56 个 SSR 标记，标记间平均距离为 8.25 cM 的遗传连锁图谱（Khedikar et al.，2010）。利用栽培种花生杂交（Tifrunner×GT-C20）产生的 F_2 为作图群体，构建了一张基于 SSR 标记的花生遗传连锁图，该图谱总长 1674.4 cM，包含 21 个连锁群和 318 个 SSR 标记，平均标记密度为 5.3 cM，并将两个与抗性基因同源序列相关的分子标记定位在两个不同的连锁群上（Wang et al.，2012）。

近几年，在利用复合群体构建遗传连锁图谱方面，也取得了重要进展。利用两个栽培种花生杂交组合 Tifrunner×GT-C20 和 SunOleic 97R×NC94022 产生的重组自交系 $F_{5:6}$ 为作图群体，这两个群体分别含 158 个和 190 个株系，构建了一张花生综合遗传连锁图谱，该图谱总长度为 1352.1 cM，包含 21 个连锁群和 324 个 SSR 标记，图谱与来源于其他群体的栽培种花生遗传连锁图谱高度一致（Qin et al.，2012）。利用两个重组自交系群体 ICGS 76×CSMG 84-1 和 ICGS 44×ICGS 76，构建了两个分别包含 119 个和 82 个 SSR

标记的遗传连锁图谱，然后与一张包含有 191 个 SSR 标记的参考图谱（基于TAG24×ICGV 86031重组自交系群体构建）整合，构建了一张长度为2840.8 cM、包含293个SSR标记和20个连锁群的遗传连锁图谱（Gautami et al.，2012a）。利用两个重组自交系群体TAG 24×GPBD4和TG 26×GPBD4，构建了一张包含225个SSR标记、图谱总长度为1152.9 cM的遗传连锁图谱（Sujay et al.，2012）。利用栽培种花生杂交构建了两个F_2作图群体SKF2和NYF2，其中，SKF2群体的亲本为Satonoka和Kintoki，NYF2群体的亲本为Nakateyutaka和YI-0311。利用这两个群体构建了两张遗传连锁图谱，基于SKF2群体的遗传连锁图谱总长度为2166.4 cM，包含1114个标记和21个连锁群，平均标记密度为1.9 cM。基于NYF2群体构建的遗传连锁图谱总长度为1332.9 cM，包含326个标记和19个连锁群，平均标记密度为4.3 cM（Shirasawa et al.，2012）。最近，有研究者利用来自国际上多个花生研究团体10个RIL群体和一个BC群体的标记分离数据，在不同作图群体的共有标记基础上，整合构建了一个花生遗传连锁图谱，该图谱总长度为3863.6 cM，897个标记分布在20个连锁群上，平均标记密度为4.4 cM（Gautami et al.，2012b）。

我国在花生遗传连锁图谱构建方面的研究起步较晚，但自2007年以来，中国农业科学院油料作物研究所和广东省农业科学院作物研究所等单位科研人员在这方面也取得了较大进展。姜慧芳等（2007）以抗青枯病花生品种远杂9102与感青枯病病品种Chico杂交，构建了花生RIL群体F_6和F_7，利用SSR标记构建了栽培种花生部分遗传连锁图谱，图谱总长度为603.9 cM，包含8个连锁群和29个标记；利用粤油13与珍珠黑杂交建立的重组自交系F_6为作图群体，构建了栽培花生遗传连锁图谱，该图谱总长度为679 cM，包含20个连锁群和131个SSR标记，平均标记密度为6.12 cM（Hong et al.，2008）。随后，他们又构建了另外两张遗传连锁图谱，一是利用粤油13与阜95-5杂交构建的重组自交系F_6为作图群体构建的遗传连锁图谱，总长度为568 cM，包含20个连锁群和108个SSR标记，平均标记密度为6.45 cM；另一张是以粤油13与J11杂交产生的重组自交系F_6为作图群体构建的遗传连锁图谱，总长度为401.7 cM，包含13个连锁群和46个SSR标记（洪彦彬等，2009）。基于以上3个连锁图谱中93个共有标记，他们将上述3张遗传连锁图谱整合成一张复合图谱，图谱总长885.4 cM，包含22个连锁群和175个SSR标记，平均标记密度为5.8 cM（Hong et al.，2010）。河南省农业科学院研究团队以郑8903与豫花4号杂交产生的重组自交系群体为材料构建的框架图为基础，结合另外3个作图群体，即郑9001×郑8903、白籽×豫花4号和开农白2号×豫花4号，以共有的SSR标记作为桥梁，构建了包含17个连锁群和101个SSR共有标记的栽培种花生SSR复合遗传连锁图谱，总图距为953.88 cM（张新友，2010）。也有研究者尝试用其他标记构建栽培种花生遗传连锁图谱。王强等（2010）以豫花4号与郑8903杂交产生的F_2群体为材料，构建了SRAP标记遗传连锁图谱，该图谱包含分布于22个连锁群的223个标记，总长度为2129.4 cM，标记间平均距离为9.55 cM，标记在整个连锁群中分布相对比较均匀，这是目前第一张基于SRAP标记的花生栽培种遗传连锁图谱。以上连锁图谱大多是利用低丰度分子标记构建的，密度较低，影响其应用价值。为改善这一现状，中国农业科学院油料作物研究所通过分析新一代测序技术ddRADseq所得序列，构建了第一张栽培花生高密度SNP遗传图谱。利用中花5号和ICGV86699为亲本构建了166个群体的重组自交系，并建立了亲本及重组自交系群体的简化代表库（RRL），通过 Solexa 测序获得了 9.5 亿条 read，大约 175 Gb 数据。利用这些序列数据，在亲本之间开发出 53 257 个 SNP，并在群体之间开发出 14 663 个 SNP，其中 1765 个多态性标记可以用来建立遗传图谱。以此构建的遗传连锁图谱包含分布于 20 个连锁群的 1621 个 SNP 和 64 个 SSR 分子标记，图谱总长度为 1 446.7 cM（Zhou et al.，2014）。

第五节　花生 QTL 定位

近年来，随着栽培种花生遗传连锁图谱的完善，图谱上的分子标记越来越多，使得花生 QTL 定位成为可能。已报道的花生 QTL 定位研究包括抗旱、抗病、抗根结线虫、产量和品质等相关性状。

利用以 TAG24 和 ICGV86031 为亲本的重组自交系群体构建了基于 SSR 标记的栽培种花生遗传连锁图谱，以该图谱定位了蒸腾作用、蒸腾效率、比叶面积和叶绿素含量等植物耐旱性状相关的多个 QTL（Varshney et al.，2009）。利用 3 个栽培种花生重组自交系群体构建了整合的遗传连锁图谱，并以此鉴定了 153 个主效 QTL 和 25 个上位 QTL，这些 QTL 与花生耐旱性状相关（Gautami et al.，2012）。利用两个花生重组自交系 SunOleic 97R × NC94022 和 Tifrunner × GT-C20 构建了遗传连锁图谱，分别鉴定了与含油量和品质相关的 78 个主效 QTL 和 10 个上位 QTL（Pandey et al.，2014）。国际半干旱热带地区作物研究所利用花生重组自交系群体（TAG 24×ICGV 86031）构建了包含 191 个 SSR 位点的遗传连锁图谱，并以此鉴定了与花生耐旱性状相关的 105 个主效 QTL 和 65 个上位 QTL（Ravi et al.，2011）。

在花生抗病性 QTL 定位研究中，以抗青枯病品种远杂 9102 与感青枯病品种 Chico 杂交构建的重组自交系群体构建遗传连锁图谱，定位了 3 个花生青枯病抗性相关的 QTL（彭文舫等，2010）。Khedikar 等（2010）定位到了 11 个花生晚斑病抗性相关的 QTL 和 12 个花生锈病抗性相关的 QTL。Sujay 等（2012）利用构建好的花生遗传连锁图谱，定位了 28 个花生晚斑病抗性相关的 QTL，其中包括一个主效 QTL 和 15 个花生锈病抗性相关的 QTL。利用两个栽培种花生重组自交系群体构建的综合遗传连锁图谱，定位了 2 个花生 TSWV 抗性相关的主效 QTL（Qin et al.，2012）。另外，在花生根结线虫抗性相关 QTL 的定位方面也有报道（Nagy et al.，2010，2012）。

花生产量和品质相关性状基因或 QTL 的定位也是人们研究的重点。利用栽培花生品种 TamrunOL01 和 BSS56 杂交产生的 $F_{2:6}$ 为材料，鉴定出 5 个 SSR 标记与花生种子长度、荚果长度、单株果数、百仁重、成熟期和含油量相关（Selvaraj et al.，2009）。张新友（2010）以重组自交系群体（郑 8903×豫花 4 号）及其亲本为材料，使用 WinQTLCart 2.5 和 QTLNetwork 2.0 两种分析软件进行 QTL 的检测，获得与形态、产量、品质（脂肪、蛋白质、脂肪酸）、网斑病抗性相关的加性 QTL 位点 62 个，筛选出与 18 个性状的 QTL 位点紧密连锁（遗传距离小于 3 cM）的 SSR 标记 22 个。利用郑 8903 和豫花 4 号为亲本构建的重组自交系群体为材料，对花生蛋白质、脂肪及脂肪酸含量进行 QTL 定位，检测到 2 个与蛋白质含量相关的 QTL，2 个与脂肪含量相关的 QTL，与油酸、亚油酸、硬脂酸和山嵛酸含量相关的 QTL 各 1 个，2 个与花生酸含量相关的 QTL（张新友等，2012）。

Sarvamangala 等（2011）定位了与含油量相关的 4 个 QTL。Shirasawa 等（2012）针对更广泛农艺形状的 QTL 进行了定位。

除上述利用杂交后代群体进行 QTL 定位外，近期，有研究者开始利用自然群体进行 QTL 定位分析。Huang 等（2012）对代表 19 种花生野生种和 3 份栽培种花生的 75 份花生属材料进行了 SSR 和含油量多样性分析，结果表明，在不同花生区组和种中，存在着大量的含油量变异，花生属 19 种野生花生材料也表现出丰富的 SSR 位点多样性，进一步对含油量和 SSR 位点进行关联分析，发现 9 个等位基因和含油量相关。

尽管近几年在花生遗传连锁图谱构建方面的发展较快，图谱中包含的分子标记数量越来越多，但由于花生基因组大，图谱中标记的数量还相对较少，标记的密度还较低，因此，上述这些定位研究还是比较初步的，有的分子标记可用于分子标记辅助选择，但通过分子标记定位并进行基因的图位克隆目前还是非常困难的。

第六节　花生分子标记在其他方面的应用

一、花生遗传多样性分析

1. 利用 SSR 标记分析花生遗传多样性

SSR 标记具有数量丰富、等位变异高、共显性、检测简单和结果稳定等优点，被广泛应用于花生遗传多样性分析研究中。He 等（2003）利用开发的 SSR 引物，对 24 份花生栽培种种质进行分析，有 19 对引物能在这些材料中扩增出多态性片段，平均每个位点的等位基因数是 4.25，其中引物 PM50 可在一个位点鉴定出 14 个等位基因，用 4 个 SSR 标记构建的指纹图谱就能使 19 个花生品种相互区分。Han 等（2004）用 11 对 SSR 引物对包括四大类型的 24 份栽培种花生品种进行分析，其中 4 对 SSR 引物能检测到明显的多态性，4 对 SSR 引物共检测到 33 个等位基因变异，每一个位点上检测到的等位变异数为 5～13 个，根据扩增结果可将其中的 21 个品种区分开，供试品种间的遗传相似系数为 0.2～1.0，聚类分析可将供试品种分为两大类群，第一类属于交替开花亚种，包括 8 个品种，第二类中大多数为连续开花亚种。Tang 等（2007）利用 SSR 标记对 96 份栽培种花生的遗传多样性进行分析，总共使用了 34 对 SSR 引物，其中 10～16 对 SSR 引物能在四大类型栽培种花生中检测到多态性。崔顺立等（2009）利用 20 对 SSR 引物对 75 份河北省不同植物类型花生地方品种遗传多样性进行分析，结果共检测到 65 个等位基因，每个位点的等位基因变幅为 2～6 个，平均 Shannon 信息指数为 0.5448，变幅为 0.168～1.3617，平均 Nei 基因多样性指数为 0.6458，变幅为 0.3385～0.9013，结果表明普通型花生地方品种的遗传多样性明显大于多粒型和珍珠豆型，并将各地方品种分为两大类，第一类群为珍珠豆型和多粒型花生地方品种，第二类群为普通型花生地方品种，品种间的亲缘关系与地理来源关系不大。陈静等（2009）利用 10 对 SSR 引物对参加我国北方区域试验的 27 份花生品种进行分析，共扩增出 57 条条带，其中 45 条呈现多态性，多态性比率为 78.95%，引物的多态性信息含量（PIC）为 0.417～0.857，27 个品种间的遗传相似系数为 0.311～0.962，聚类分析结果表明，27 个花生品种在遗传相似系数 0.61 处可分为 3 个类群，同一类型的参试品种优先聚为一类，同一地区或同一育种单位提供的品种往往首先聚为一类。王金彦等（2009）利用 SSR 标记对我国北方地区育成品种及区试品种共计 68 份进行遗传多样性分析，结果表明，104 对 SSR 引物中有 15 对在品种间存在多态性，多态性比率为 14.4%，平均每个标记产生 3.8 个位点，15 对引物的多态性信息量为 0.397～0.667，山东地区花生品种的遗传多样性要高于我国北方其他地区供试品种，小粒组品种的遗传多样性要略高于大粒组品种，分析表明我国北方 68 个育成和区试品种的遗传相似系数为 0.64～0.91，聚类分析将所有材料分成两个大类，第一个大类可分成 4 小类，其中第三小类又可以分成 6 个亚类。

耿健等（2012）利用 SSR 标记对冀鲁豫三省不同地域的 41 个花生育成品种的遗传多样性进行了研究，结果表明，21 对 SSR 引物共检测到 52 个等位变异，每个位点 2～4 个，平均 2.5 个，Shannon 信息指数变幅 0.21～1.40，平均 0.73，聚类分析显示在阈值为 5.54 时可将供试品种分为 3 大类群 7 个亚类。康红梅等（2012）利用 48 对 SSR 引物对山西省农业科学院保存的 75 份花生材料（包括 28 个已审定的花生品种和 47 个地方花生品种）进行了遗传多样性分析，在 48 对 SSR 引物中，有 35 对具有多态性，共检测到 215 条多态性条带，平均每对引物可扩增 6 条多态性条带，根据 SSR 扩增结果对 75 份材料进行聚类分析，在相似系数 0.45 处可以将 75 份供试材料分为 4 个类群。林茂等（2012）利用 50 对 SSR 引物评价了贵州不同地理来源的 68 份花生地方品种，结果多态性较好的 41 对 SSR 引物共扩增出 79 个等位基因，多态性信息量变幅 0.045～0.951，Shannon 信息指数变幅 0.2518～0.6926，平均 0.5268，Nei 遗传多样性指数变幅 0.1699～0.4995，平均 0.3556，聚类分析表明，同一地理来源、同一粒型的地方品种的亲缘关系并不是最近的。

任小平等（2010）利用 27 对花生 SSR 引物对 168 份 ICRISAT 微核心花生种质材料进行遗传多样性分析，这些材料来自世界五大洲 42 个国家和地区，27 对引物共扩增出 115 条多态性条带，每对引物平均扩增出 4.29 个等位变异，其中有效等位变异数 2.793，有效等位变异所占比例为 65.49%。该研究揭示了 ICRISAT 花生微核心种质资源具有丰富的遗传多样性，不同来源的变种群间存在明显的遗传差异。

2. 利用 AFLP 标记分析花生遗传多样性

He 和 Prakash（1997）利用 AFLP 技术在栽培种花生上检测到广泛的 DNA 多态性，64 对 AFLP 引物中有 28 对对应于限制性内切核酸酶 *Eco*RI/*Mse*I 组合的引物可检测出 DNA 多态性，累计检测出 111 个多态性位点，每对引物平均检测出 57.8 条条带，每对引物可检测出 3.96 条多态性条带。后来，他们利用 50 对 AFLP 引物产生的 28 条多态性条带对 44 份栽培种花生资源和 3 份 *A. monticola* 的多态性及亲缘关系进行了分子评价，结果表明，28 条多态性条带能区分所有 47 份材料，并能准确反映栽培种种内、栽培种和野生种种间的亲缘关系。Herselman（2003）对 21 个亲缘关系很近的南非花生品种进行 AFLP 分析，采用 *Eco*RI/*Mse*I 和 *Mlu*I/*Mse*I 两组酶切，每对引物平均扩增出 67.8 条和 29.7 条条带，多态性条带分别占 3.07%和 2.27%，两组酶切都能有效地区分这些品种，最少 3 对 *Mlu*I/ *Mse*I 引物即可将连续开花亚种和交替开花亚种区分开。

在国内，翁跃进等（1999）首次报道了 AFLP 技术在花生上的应用，利用 AFLP 技术对从国际半干旱热带地区作物研究所引进的 9 份抗旱花生品种绘制了指纹图谱，通过引物 E-ACA 和与之匹配的 M-CAG 及 M-CAT，在 300～6000 bp 内共获得 1577 条条带，每个品种有主带和次带至少 71 条，其中 10 条为多态性条带。陈强等（2003）对来源于我国山东、湖北和四川等花生产区的 32 份花生栽培品种进行了 AFLP 指纹图谱及相似性聚类分析，结果表明，四川品种天府系列之间存在差异，但聚类时分别属于两个群，共同来源于广东的企石 1 号和企石 2 号之间也有明显的遗传差异，所有供试花生品种的遗传相似性为 35%，在 45%的相似性水平处分为 3 个群。王传堂等（2004）的 AFLP 分析结果表明，6 份花生杂交亲本间存在一定差异，4 对引物共计扩增出 307 条条带，其中多态性条带为 160 条。任小平等（2005）用随机配成的 69 对 AFLP 引物对 22 份花生种质资源进行 AFLP 分析，其中多态性引物 31 对，共扩增出 1881 条条带，多态性条带为 72 条。其中，用 4 对多态性引物（P1M62、P4M55、P8M52、P9M51）就可以鉴定出 17 份花生品种，用 5 对多态性引物可鉴定出所有 22 份花生种质材料，因此，AFLP 技术可以从分子水平上充分揭示花生种质资源间的差异。李双铃等（2006）利用 *Mse*I 和 *Eco*RI 酶切及 9 对引物组合对 10 份山东省花生主栽品种进行了 AFLP 分析，9 对引物组合共扩增出 169 条条带，其中 55 条为多态性条带，至少两对引物组合的配合可将这 10 份品种完全区分开。姜慧芳等（2007）以 31 份对青枯病具有不同抗性的栽培种花生为材料，通过 SSR 和 AFLP 技术分析了它们的遗传多样性，通过对 126 对 AFLP 引物的筛选，筛选出能检测抗青枯病种质多态性的 AFLP 引物 32 对，共扩增出 72 条多态性条带，引物 P1M62 检测花生多态性的效果优于其他引物。

3. 利用 SRAP 标记分析花生遗传多样性

Wang 等（2005）利用 SRAP 标记对 10 个中国花生栽培种进行遗传多样性分析，所采用的 51 对引物中有 49 对多态性引物，共产生了 1087 条条带，其中多态性条带 503 条，以此进行聚类分析，可将 10 个品种分为 4 类。张建成等（2005）利用 SRAP 标记研究了分属 3 个市场型的 10 种中国栽培种花生的遗传多态性，在所试验的 74 对 SRAP 引物中有 72 对多态性引物，共产生了 1812 条条带，其中 1035 条为多态性条带，每对引物组合平均获得 14 条多态性条带，根据 SRAP 指纹图谱进行聚类分析，可将这 10 个栽培种花生品种分为 5 类。殷冬梅等（2010）利用 SRAP 标记对 24 份重要的花生种质资源的遗传多样性进行了分析，229 对有效引物共扩增出 5827 条条带，其中多态性条带为 3966 条，平均每对引物可扩增 17.32 条多态性条带，以此进行聚类分析，可将 24 份种质分为 7 组。

4. 利用其他类型标记分析花生遗传多样性

花生栽培种种质资源在生育习性、农艺性状、品质性状和抗性等多种质量性状和数量性状上都存在着丰富的变异，但早期的 RFLP 和 RAPD 研究表明，栽培种花生 DNA 多态性相对贫乏。Kochert 等（1991）对代表栽培种花生四大类型的 8 份美国品种和 14 份野生种花生进行 RFLP 分析，结果表明，二倍体野生花生种间差异大，而花生栽培种间差异较小，亲缘关系较近，遗传基础狭窄，但其 RFLP 带型比野生种复杂；Halward 等（1992）利用 RAPD 标记分析多种来源的栽培种花生和野生种花生的 DNA 多态性和亲缘关系，结果表明，栽培种花生与野生种花生以及野生种花生间亲缘关系远，栽培种花生种内基本无差异，这与 RFLP 标记对栽培花生和野生种花生进行分析得出的结论相同。利用 DNA 扩增指纹图谱技术（DAF）能在栽培种花生中检测出一定的 DNA 多态性，在所用的 559 条 DAF 引物中有 17 条引物检测出多态性，这 17 条引物总共扩增出 63 条多态性条带（He and Prakash，1997）。叶冰莹等（1999）利用 RAPD 标记分析了 12 份花生品种的遗传多样性，从 80 条随机引物中筛选出 20 条进行 PCR 扩增，20 条引物共扩增出 180 条条带，其中 132 条条带具有多态性，根据计算的花生品种的遗传相似系数和遗传距离，可将 12 份材料分为 5 类。Subrananian 等（2000）利用 48 条 RAPD 引物检测 70 份在形态、生理等性状上具有变异的不同基因型花生材料，其中 7 条多态性引物产生了 27 条多态性条带。Raina 等（2001）利用 21 条 RAPD 引物在 13 份花生种质材料中扩增出的多态性 DNA 片段达 42.7%。姜慧芳和任小平（2002）利用 RAPD 标记对 7 个不同植物学类型的花生种质材料进行了分析，筛选了 83 条随机引物，其中 13 条引物的扩增产物显示出多态性，共扩增出 121 条条带，其中多态性条带 26 条。殷冬梅等（2003）利用 RAPD 标记对豫花 4 号与花生属野生种 *A. villos* 的杂交后代进行了分子鉴定，从 60 条随机引物中筛选出具多态性的引物 27 条，其中一条引物能检测到来自野生种的 DNA 特异片段。吴兰荣等（2003）利用花生野生种 *A. cardenasii* 与栽培种花生铁岭四粒红杂交，并对染色体加倍以获得杂种后代，经多代自交选择获得了新种质材料 8126，应用 RAPD 标记鉴定这些材料，从 76 对引物中筛选出 3 对引物能稳定扩增出来源于野生种花生亲本 *A. cardenasii* 的特异谱带，RAPD 特异谱带可以作为这些材料的特异遗传标记。闫苗苗等（2011）利用 RAPD 标记和 ISSR 标记分析了我国 24 份花生栽培种材料的遗传多样性，结果表明有 13 条 RAPD 引物和 10 条 ISSR 引物扩增出了清晰并可重复的条带，共扩增出 123 条条带和 87 条条带，其中多态性条带分别占 47.15%和 57.47%，以此结果进行聚类分析可将 24 份花生材料分成 4 类。熊发前等（2010）采用与功能基因相关的 SCoT 分子标记技术，研究了花生属 4 个区组的 16 份种质材料和 8 份花生栽培种资源的种间和种内遗传多样性和亲缘关系，结果表明，23 条 SCoT 引物在花生属试材中的扩增位点共 194 个，其中多态性位点 130 个，通过聚类分析研究了它们之间的亲缘关系。在栽培种内筛选出 19 条多态性引物，在 8 份栽培花生材料中扩增位点 198 个，其中多态性位点 67 个，这些结果表明，SCoT 分子标记技术能在花生栽培种内检测出一定程度的 DNA 多态性。除此之外，花生科研工作者也在开发 MFLP 标记、IT-ISJ 标记、RGA 标记和 SSCP 标记等方面进行了大量的尝试（李杨等，2010a，2010b；于树涛等，2009；漆燕等，2010；Leal-Bertioli et al.，2009；Radwan et al.，2010）。

二、花生分子标记辅助选择

进行分子标记辅助育种，首先要获得与育种目标性状基因紧密连锁的分子标记。花生科研工作者除获得本章第三节中的花生抗病分子标记外，在花生种皮颜色和含油量标记上也取得了重要研究进展。洪彦彬等（2007）以种皮呈深紫色的花生品种珍珠黑和粉红色花生品种粤油 13 的杂交后代 F_1～F_3 群体为材料，通过遗传分析和 SSR 标记探讨花生种皮颜色基因的遗传连锁规律，发现花生深紫色种皮受一对不完全显性主效基因控制，该基因与 SSR 标记“PM93/630-600”连锁，连锁距离为 5.4 cM。黄莉等（2011）以远杂 9102 和中花 5 号杂交后代衍生的重组近交系 F_8 家系为材料，对 631 对 SSR 引物进行筛选，鉴定出 7 对引物可以有效区分花生低油材料和高油材料，并获得了 1 对与花生含油量相关的 SSR 标记（2A5-250、2A5-240），其中，标记 2A5-250 为低油材料所拥有，相符率为 95.0%，标记 2A5-240 为高油材料所拥有，相符率为 88.9%。再用 SSR 标记 2A5-250、2A5-240 检测 11 份高油栽培种花生和 11 份低油栽培种花生，结果表明，标记 2A5-240 与高油栽培种花生的符合率为 63.6%，2A5-250 与低油栽培种花生的符合率为 90.9%。另外，在 19 份高油野生花生中，10 份野生花生能检测到标记 2A5-240。综合分析 RIL 群体和自然群体的研究结果表明，标记 2A5-250、2A5-240 可用于花生含油量分子标记辅助选择。

花生高油酸性状是 *FAD2A* 和 *FAD2B* 基因同时突变的结果，一是 *FAD2A* 基因中存在一个自发的点突变位点（G448A），导致第 150 位编码氨基酸的替换（D150N），从而致使 *FAD2A* 脱氢酶功能降低或丧失；二是 *FAD2B* 基因编码区第 441～442 个碱基之间有一个 A 碱基的插入或是 *FAD2B* 基因编码区的 656～998 碱基处插入了一个 205 bp 的微型反向重复转座元件，造成移码进而导致 *FAD2B* 基因翻译提前终止，最终导致 *FAD2B* 基因不能编码有活性的蛋白质（Jung et al.，2000a，2000b；Lopez et al.，2000，2002；Bruner et al.，2001；Yu et al.，2008；雷永等，2010；周丽侠等，2011；黄冰艳等，2012）。目前，在花生上，除应用实时荧光定量 PCR 技术检测高油酸基因的突变位点外，已经就 *FAD2A* 和 *FAD2B* 等位基因的突变位点开发出来了 CAPS 标记、扩增片段长度多态性标记和等位基因特异 PCR 等多种功能性分子标记，用来检测 *FAD2A* 和 *FAD2B* 这两个基因的等位变异，并已经用于分子标记辅助选择（Chu et al.，2007，2009；Chen et al.，2010；Barkley et al.，2010，2011；Wang et al.，2011）。

参考文献

陈静，胡晓辉，苗华荣，等. 2009. SSR 标记分析国家北方花生区试品种的遗传多样性. 植物遗传资源学报，10(3): 360-366

陈强，张小平，李登煌，等. 2003. 我国主要花生品种的 AFLP 分析. 应用与环境生物学报，9(2): 117-121

崔顺立，刘立峰，陈焕英，等. 2009. 河北省花生地方品种基于 SSR 标记的遗传多样性. 中国农业科学，42(9): 3346-3353

耿健，刘立峰，崔顺立，等. 2012. 冀鲁豫花生育成品种的遗传多样性分析. 植物遗传资源学报，13(2): 201-206

洪彦彬，李少雄，刘海燕，等. 2009. SSR 标记与花生抗黄曲霉性状的关联分析. 分子植物育种，7(2): 360-364

洪彦彬，梁炫强，陈小平，等. 2009. 花生栽培种 SSR 遗传图谱的构建. 作物学报，35(3): 395-402

洪彦彬，林坤耀，周桂元，等. 2007. 花生深紫色种皮颜色基因的遗传分析及 SSR 标记. 中国油料作物学报，29(1): 35-38

洪义欢，肖宁，张超，等. 2009. DArT 技术的原理及其在植物遗传研究中的应用. 遗传，31(4): 359-364

侯慧敏，廖伯寿，雷永等. 2007. 花生锈病抗性的 AFLP 标记. 中国油料作物学报，29(2): 89-92

黄冰艳，张新友，苗利娟，等. 2012. 花生 ahFAD2A 等位基因表达变异与种子油酸积累关系. 作物学报，38(10): 1752-1759

黄莉，任小平，张晓杰，等. 2012. ICRISAT 花生微核心种质农艺性状和黄曲霉抗性关联分析. 作物学报，38(6): 935-946

黄莉，赵新燕，张文华，等. 2011. 利用 RIL 群体和自然群体检测与花生含油量相关的 SSR 标记. 作物学报，37(11): 1967-1974

黄新阳，王传堂，杨新道，等. 2006. 利用新开发的 SSR 标记分析花生栽培种的多态性. 中国农学通报，22(10): 44-48

姜慧芳，陈本银，任小平，等. 2007. 利用重组近交系群体检测花生青枯病抗性 SSR 标记. 中国油料作物学报，29(1): 26-30

姜慧芳, 任小平, 雷永, 等. 2003. 花生青枯病抗性分子标记的初步研究. 花生学报, 32(增刊): 319-323
姜慧芳, 任小平. 2002. 利用 RAPD 技术鉴定花生种质资源的差异. 花生学报, 31(2): 10-13
康红梅, 李保云, 孙毅. 2012. 花生表型及 SSR 遗传多样性的研究. 植物遗传资源学报, 13(1): 66-71
雷永, 姜慧芳, 文奇根, 等. 2010. ahFAD2A 等位基因在中国花生小核心种质中的分布及其与种子油酸含量的相关性分析. 作物学报, 36(11): 1864-1869
雷永, 廖伯寿, 王圣玉, 等. 2005. 花生黄曲霉侵染抗性的 AFLP 标记. 作物学报, 31(10): 1349-1353
雷永, 廖伯寿, 王圣玉, 等. 2006. 花生黄曲霉侵染抗性的 SCAR 标记. 遗传, 28(9): 1107-1111
李双铃, 任艳, 陶海腾, 等. 2006. 山东花生主栽品种 AFLP 指纹图谱的构建. 花生学报, 35(1): 18-21
李杨, 韩柱强, 王育荣, 等. 2010a. 利用 MFLP 标记分析栽培种花生遗传多样性. 中国油料作物学报, 32(4): 479-484
李杨, 韩柱强, 熊发前, 等. 2010b. MFLP 分子标记技术在花生上的应用初探. 花生学报, 39(3): 26-29
林茂, 李正强, 郑治洪, 等. 2012. 贵州省花生地方品种的遗传多样性. 作物学报, 38(8): 1387-1396
裴冬丽, 李成伟. 2009. NBS Profiling: 一种有效寻找植物抗性基因的分子标记. 植物生理学通讯, 45(12): 1226-1230
彭文舫, 姜慧芳, 任小平, 等. 2010. 花生 AFLP 遗传图谱构建及青枯病抗性 QTL 分析. 华北农学报, 25(6): 81-86
漆燕, 李双铃, 袁美, 等. 2010. 花生 SSCP 实验条件的优化. 山东农业科学, 6: 1-4, 9
任小平, 姜慧芳, 雷永, 等. 2005. 花生种质资源的根系性状研究及 AFLP 分析. 植物遗传资源学报, 6(4): 394-399
任小平, 姜慧芳, 廖伯寿. 2008. 花生抗青枯病分子标记研究. 植物遗传资源学报, 9(2): 163-167
任小平, 张晓杰, 廖伯寿, 等. 2010. ICRISAT 花生微核心种质资源 SSR 标记遗传多样性分析. 中国农业科学, 43(14): 2848-2858
王传堂, 杨新道, 陈殿绪, 等. 2004. 花生 DNA 分子标记的研究 I. 花生 AFLP 分析技术体系的建立与作图杂交亲本的筛选. 花生学报, 33(4): 5-10
王辉, 李双铃, 任艳, 等. 2013. 利用 AhMITE 转座子分子标记研究花生栽培种及高世代材料的亲缘关系. 农业生物技术学报, 21(10): 1176-1184
王辉, 石延茂, 任艳, 等. 2008. 花生抗北方根结线虫病 SSR 标记研究. 花生学报, 37(2): 14-17
王洁, 李双铃, 王辉, 等. 2012. 利用 AhMITE1 转座子分子标记鉴定花生 F1 代杂种. 花生学报, 41(2): 8-12
王金彦, 潘丽娟, 杨庆利, 等. 2009. 我国北方地区花生品种的遗传多样性分析. 中国农业科技导报, 11(6): 43-49
王强, 张新友, 汤丰收, 等. 2010. 基于 SRAP 分子标记的栽培种花生遗传连锁图谱构建. 中国油料作物学报, 32(3): 374-378
翁跃进, Gurtu S, Nigam SN. 1999. 花生 AFLP 指纹图谱. 中国油料作物学报, 21(1): 10-12
吴兰荣, 陈静, 胡文广, 等. 2003. 利用花生野生种创新花生种质及其 RAPD 遗传鉴定. 中国油料作物学报, 25(2): 9-11
夏友霖, 廖伯寿, 李加纳, 等. 2007. 花生晚斑病抗性 AFLP 标记. 中国油料作物学报, 29(3): 318-321
肖洋, 晏立英, 雷永, 等. 2011. 花生矮化病毒病抗性 SSR 标记. 中国油料作物学报, 33(6): 561-566
熊发前, 蒋菁, 钟瑞春, 等. 2010. 分子标记技术的两种新分类思路及目标分子标记技术的提出. 中国农学通报, 26(10): 60-64
熊发前, 蒋菁, 钟瑞春, 等. 2010. 目标起始密码子多态性(SCoT)分子标记技术在花生属中的应用. 作物学报, 36(12): 2055-2061
熊发前, 唐荣华, 陈忠良, 等. 2009. 目标起始密码子多态性(SCoT): 一种基于翻译起始位点的目的基因标记新技术. 分子植物育种, 7(3): 635-638
熊发前, 唐荣华, 庄伟建, 等. 2010. 一种基于表达序列标签(EST)的新型目标分子标记技术—保守区域扩增多态性(CoRAP). 广西农业科学, 41(2): 100-103
闫苗苗, 魏光成, 谭秀华, 等. 2011. 应用 RAPD 和 ISSR 标记对 24 份花生栽培种材料进行遗传多样性分析. 广西植物, 31(5): 584-587
叶冰莹, 陈由强, 朱锦懋, 等. 1999. 应用 RAPD 技术分析花生品种遗传变异. 中国油料作物学报, 21(3): 15-18
殷冬梅, 王允, 尚明照, 等. 2010. 花生优异种质的分子标记与遗传多样性分析. 中国农业科学, 43(11): 2220-2228

殷冬梅，张新友，汤丰收，等. 2003. 花生属野生种质的 RAPD 鉴定. 河南农业科学, 11: 15-17
于树涛，王传堂，王秀贞，等. 2009. IT-ISJ 标记在花生上的应用研究. 花生学报, 38(3): 10-14
张建成，王传堂，焦冲，等. 2005. SRAP 标记技术在花生种子纯度鉴定中的应用. 中国农学通报, 21(12): 35-39
张新友，韩锁义，徐静，等. 2012. 花生主要品质性状的 QTLs 定位分析. 中国油料作物学报, 34(3): 311-315
张新友. 2010. 栽培花生产量、品质和抗病性的遗传分析与 QTL 定位研究. 杭州：浙江大学博士学位论文
周丽侠，唐桂英，陈高，等. 2011. 花生 AhFAD2 基因的多态性及其与籽粒油酸/亚油酸比值间的相关性. 作物学报, 37(3): 415-423

Alves DMT, Pereira RW, Leal-Bertioli SCM, et al. 2008. Development and use of single nucleotide polymorphism markers for candidate resistance genes in wild peanuts (*Arachis* spp) . Genetics and Molecular Research, 7(3): 631-642

Andersen JR, Lübberstedt T. 2013. Functional markers in plants. Trends in Plant Science, 8(11): 554-560

Barkley NA, Chenault Chamberlin KD, Wang ML, et al. 2010. Development of a real-time PCR genotyping assay to identify high oleic acid peanuts (*Arachis hypogaea* L.) . Molecular Breeding, 25(3): 541-548

Barkley NA, Wang ML, Pittman RN. 2011. A real-time PCR genotyping assay to detect FAD2A SNPs in peanuts (*Arachis hypogaea* L.). Electronic Journal of Biotechnology, 14(1). doi: 10. 2225/vol14-issue1- fulltext-12

Bhat RS, Patil VU, Chandrashekar TM, et al. 2008. Recovering flanking sequence tags of a miniature inverted-repeat transposable element by thermal asymmetric interlaced-PCR in peanut. Current Science, 95(4): 452-453

Botstein D, White RL, Skolnick M, et al. 1980. Construction of a genetic linkage map in man using restriction fragment length polymorphisms. The American Journal of Human Genetics, 32: 314-331

Bruner AC, Jung S, Abbott AG, et al. 2001. The naturally occurring high oleate oil character in some peanut varieties results from reduced oleoyl-PC desaturase activity from mutation of aspartate 150 to Asparagine. Crop Science, 41: 522-526

Burow MD, Simpson CE, Paterson AH, et al. 1996. Identification of peanut (*Arachis hypogaea* L.) RAPD markers diagnostic of root-knot nematode (Meloidogyne arenaria (Neal) Chitwood) resistance. Molecular Breeding, 2: 369-379

Burow MD, Simpson CE, Starr JL, et al. 2001. Transmission genetics of chromatin froma synthetic amphiploid in cultivated peanut (*A. hypogaea* L.) : broadening the genepool of a monophyletic polyploid species. Genetics, 159: 823-837

Chen Z, Wang ML, Barkley NA, et al. 2010. A simple allele-specific PCR assay for detecting FAD2 alleles in both A and B genomes of the cultivated peanut for high-oleate trait selection. Plant Molecular Biology Reporter, 28: 542-548

Chenault KD, Maas AL, Damicone JP, et al. 2009. Discovery and characterization of a molecular marker for Sclerotinia minor (Jagger) resistance in peanut. Euphytica, 166: 357-365

Chenault KD, Melouk HA, Payton ME. 2010. Evaluation of the U. S. peanut mini core collection using a molecular marker for resistance to Sclerotinia minor Jagger. Euphytica, 172: 109-115

Chu Y, Holbrook CC, Ozias-Akins P. 2009. Two alleles of ahFAD2B control the high oleic acid trait in cultivated peanut. Crop Science, 49: 2029-2036

Chu Y, Holbrook CC, Timper P, et al. 2007. Development of a PCR-based molecular marker to select for nematode resistance in peanut. Crop Science, 47: 841-847

Chu Y, Ramos L, Holbrook CC, et al. 2007. Frequency of a loss-of-function mutation in oleoyl-PC desaturase (ahFAD2A) in the minicore of the U. S. peanut germplasm collection. Crop Science, 47: 2372-2378

Collard BCY, Mackill DJ. 2009. Start codon targeted (SCoT) polymorphism: a simple, novel DNA marker technique for generating gene-targeted markers in plants. Plant Molecular Biology Reporter, 27: 86-93

Cuc LM, Mace ES, Crouch JH, et al. 2008. Isolation and characterization of novel microsatellite markers and their application for diversity assessment in cultivated groundnut (*Arachis hypogaea*) . BMC Plant Biology, 8: 55

Ferguson ME, Burow MD, Schulze SR, et al. 2004. Microsatellite identification and characterization in peanut (*A. hypogae*a L.) . Theoretical and Applied Genetics, 108: 1064-1070

Foncéka D, Hodo-Abalo T, Rivallan R, et al. 2009. Genetic mapping of wild introgressions into cultivated peanut: a way toward enlarging the genetic basis of a recent allotetraploid. BMC Plant Biology, 9: 103

Garcia GM, Stalker HT, Schroeder E, et al. 2005. A RAPD-based linkage map of peanut based on a backcross population between the two diploid species *Arachis stenosperma* and *A. cardenasii*. Peanut Sci, 32: 1-8

Garcia GM, Stalker HT, Shroeder E, et al. 1996. Identification of RAPD, SCAR and RFLP markers tightly linked to nematode resistance genes introgressed from *Arachis cardenasii* into *Arachis hypogaea*. Genome, 39: 836-845

Gautami B, Fonce´ka D, Pandey MK, et al. 2012b. An international reference consensus genetic map with 897 marker loci based on 11 mapping populations for tetraploid groundnut (*Arachis hypogaea* L.) . PLoS ONE 7(7): e41213. doi: 10. 1371/journal. pone. 0041213

Gautami B, Pandey MK, Vadez V, et al. 2012a. Quantitative trait locus analysis and construction of consensus genetic map for drought tolerance traits based on three recombinant inbred line populations in cultivated groundnut (*Arachis hypogaea* L.) . Molecular Breeding, 30: 757-772

Gimenes MA, Hoshino AA, Barbosa AVG, et al. 2007. Characterization and transferability of microsatellite markers of the cultivated peanut (*Arachis hypogaea*) . BMC Plant Biology, 27: 9

Gomez Selvaraj M, Narayana M, Schubert AM, et al. 2009. Identification of QTLs for pod and kernel traits in cultivated peanut by bulked segregant analysis. Electronic Journal of Biotechnology, 12(2): 1-10

Gowda MVC, Bhat RS, Motagi BN, et al. 2010. Association of high-frequency origin of late leaf spot resistance mutants with AhMITE1 transposition in peanut. Plant Breeding, 129: 567-569

Gowda MVC, Bhat RS, Sujay V, et al. 2011. Characterization of AhMITE1 transposition and its association with the mutational and evolutionary origin of botanical types in peanut(*Arachis* spp.). Plant Systematics and Evolution, 291: 153-158

Guo B, Chen X, Hong Y, et al. 2009. Analysis of gene expression profiles in leaf tissues of cultivated peanuts and development of EST-SSR markers and gene discovery. International Journal of Plant Genomics, doi: 10. 1155/2009/715605

Guo YF, Khanal S, Tang SX, et al. 2012. Comparative mapping in intraspecific populations uncovers a high degree of macrosynteny between A- and B-genome diploid species of peanut. BMC Genomics, 13: 608

Halward T, Stalker HT, Kochert G. 1993. Development of an RFLP linkage map in diploid peanut species. Theoretical and Applied Genetics, 87: 379-384

Halward T, Stalker T, LaRue E, et al. 1992. Use of single-primer DNA amplifications in genetic studies of peanut (*Arachis hypogaea* L.) . Plant Molecular Biology, 18(2): 315-325

Halward TM, Stalker HT, Larue EA, et al. 1991. Genetic variation detectable with molecular markers among unadapted germplasm resources of cultivated peanut and related wild species. Genome, 34: 1013-1020

Han ZQ, Gao GQ, Wei PX, et al. 2004. Analysis of DNA polymorphism and genetic relationships in cultivated peanut (*Arachis hypogaea* L.) using microsatellite markers. Acta Agronomic Sinica, 30(11): 1097-1101

He G, Meng R, Newman M, et al. 2003. Microsatellites as DNA markers in cultivated peanut (*Arachis hypogaea* L.) . BMC Plant Biology, 3: 3

He G, Prakash CS. 1997. Identification of polymorphic DNA markers in cultivated peanut (*Arachis hypogaea* L.) . Euphytica, 97: 143-149

He G, Prakash CS. 2001. Evaluation of genetic relationships among botanical varieties of cultivated peanut(*Arachis hypogaea* L.) using AFLP markers. Genetic Resources and Crop Evolution, 48: 347-352

Herselman L. 2003. Genetic variation among Southern African cultivated peanut (*Arachis hypogaea* L.)genotypes as revealed by AFLP analysis. Euphytica, 133: 319-327

Herselman LR, Thwaites FM, Kimmins B, et al. 2004. Identification and mapping of AFLP markers linked to peanut (*Arachis hypogaea* L.) resistance to the aphid vector of groundnut rosette disease. Theoretical and Applied Genetics, 109: 1426-1433

Hong YB, Chen XP, Liang XQ, et al. 2010. A SSR-based composite genetic linkage map for the cultivated peanut (*Arachis hypogaea* L.) genome. BMC Plant Biology, 10: 17

Hong YB, Liang XQ, Chen XP, et al. 2008. Construction of genetic linkage map based on SSR markers in peanut (*Arachis hypogaea* L.) . Agricultural Sciences in China, 7(8): 915-921

Hopkins MS, Casa AM, Wang T, et al. 1999. Discovery and characterization of polymorphic simple sequence repeats (SSRs) in peanut. Crop Science, 39: 1243-1247

Hu J, Vick BA. 2003. Target region amplification polymorphism: a novel marker technique for plant genotyping. Plant Molecular Biology Reporter, 21: 289-294

Huang L, Jiang H, Ren X, et al. 2012. Abundant microsatellite diversity and oil content in wild arachis species. Plos ONE, 7(11): e5000

Jaccoud D, Peng K, Feinstein D, et al. 2001. Diversity Arrays: a solid state technology for sequence information independent genotyping. Nucleic Acids Research, 29(4): e25

Jiang HF, Liao BS, Ren XP, et al. 2007. Comparative Assessment of genetic diversity of peanut (*Arachis hypogaea* L.) genotypes with various levels of resistance to bacterial wilt through SSR and AFLP analyses. Journal of Genetics and Genomics, 34(6): 544-554

Joshi C, Zhou H, Huang XQ, et al. 1997. Context sequences of translation initiation codon in plants. Plant Molecular Biology, 35: 993-1001

Jung S, Powell G, Moore K, et al. 2000b. The high oleate trait in the cultivated peanut (*Arachis hypogaea* L.) : II. Molecular basis and genetics of the trait. Molecular and General Genetics, 263: 806-811

Jung S, Swift D, Sengoku E, et al. 2000a. The high oleate trait in the cultivated peanut (*Arachis hypogaea* L.) : I. Isolation and characterization of two genes encoding microsomal oleoyl-PC desaturases. Molecular and General Genetics, 263: 796-805

Kalendar R, Antonius K, Smýkal P, et al. 2010. iPBS: a universal method for DNA fingerprinting and retrotransposon isolation. Theoretical and Applied Genetics, 121: 1419-1430

Kalendar R, Grob T, Regina M, et al. 1999. IRAP and REMAP: two new retrotransposon-based DNA fingerprinting techniques. Theoretical and Applied Genetics, 98: 704-711

Khedikar YP, Gowda MVC, Sarvamangala C, et al. 2010. A QTL study on late leaf spot and rust revealed one major QTL for molecular breeding for rust resistance in groundnut (*Arachis hypogaea* L.). Theoretical and Applied Genetics, 121: 971-984

Kochert G, Halward T, Branch WD, et al. 1991. RFLP variability in peanut (*Arachis hypogaea* L.) cultivars and wild species. Theoretical and Applied Genetics, 81(5): 565-570

Koilkonda P, Shusei S, Satoshi T, et al. 2012. Large-scale development of expressed sequence tag-derived simple sequence repeat markers and diversity analysis in *Arachis* spp. Molecular Breeding, 30: 125-138

Leal-Bertioli SCM, José AC, Alves-Freitas DM, et al. 2009. Identification of candidate genome regions controlling disease resistance in Arachis. BMC Plant Biology, 9: 112

Li G, Quiros CF. 2001. Sequence-related amplified polymorphism(SRAP), a new marker system based on a simple PCR reaction: its application to mapping and gene tagging in *Brassica*. Theoretical and Applied Genetics, 103: 455-461

Liang XQ, Chen XP, Hong YB, et al. 2009. Utility of EST-derived SSR in cultivated peanut (*Arachis hypogaea* L.) and *Arachis* wild species. BMC Plant Biology, 9: 35

Lopez Y, Nadaf HL, Smith OD, et al. 2000. Isolation and characterization of the Δ12-fatty acid desaturase in peanut(*Arachis hypogaea* L.)and search for polymorphisms for the high oleate trait in Spanish market-type lines. Theoretical and Applied Genetics, 101: 1131-1138

Lopez Y, Nadaf HL, Smith OD, et al. 2002. Expressed variants of Δ12-fatty acid desaturase for the high oleate trait in Spanish market-type peanut lines. Molecular Breeding, 9: 183-190

Luo M, Dang P, Guo B, et al. 2005. Generation of expressed sequence tags(ESTs)for gene discovery and marker development. Crop Science, 45: 346-353

Macedo SE, Moretzsohn MC, Leal-Bertioli SCM, et al. 2012. Development and characterization of highly polymorphic long TC repeat microsatellite markers for genetic analysis of peanut. BMC Research Notes, 5: 86

Mondal S, Badigannavar AM, DSouza SF. 2012a. Molecular tagging of a rust resistance gene in cultivated groundnut(*Arachis hypogaea* L.)introgressed from Arachis cardenasii. Molecular Breeding, 29: 467-476

Mondal S, Badigannavar AM, DSouza SF. 2012b. Development of genic molecular markers linked to a rust resistance gene in cultivated groundnut(*Arachis hypogaea* L.). Euphytica, 188: 163-173

Mondal S, Badigannavar AM, Murty GSS. 2007. RAPD markers linked to a rust resistance gene in cultivated groundnut(*Arachis hypogaea* L.). Euphytica, 159: 233-239

Mondal S, Badigannavar AM. 2010. Molecular diversity and association of SSR markers to rust and late leaf spot resistance in cultivated groundnut(*Arachis hypogaea* L.). Plant Breeding, 129(1): 68-71

Moretzsohn MC, Barbosa AVG, Alves-Freitas DMT, et al. 2009. A linkage map for the B-genome of Arachis(Fabaceae)and its synteny to the A-genome. BMC Plant Biology, 9: 40

Moretzsohn MC, Hopkins MS, Mitchell SE, et al. 2004. Genetic diversity of peanut(*Arachis hypogaea* L.)and its wild relatives based on the analysis of hypervariable regions of the genome. BMC Plant Biology, 4: 11

Moretzsohn MC, Leoi L, Proite K, et al. 2005. A microsatellite-based, gene-rich linkage map for the AA genome of *Arachis*(Fabaceae). Theoretical and Applied Genetics, 111: 1060-1071

Nagy ED, Chu Y, Guo YF, et al. 2010. Recombination is suppressed in an alien introgression in peanut harboring Rma, a dominant root-knot nematode resistance gene. Molecular Breeding, 26: 357-370

Nagy ED, Guo YF, Tang SX et al. 2012. A high-density genetic map of *Arachis duranensis*, a diploid ancestor of cultivated peanut. BMC Genomics, 13: 469

Paik-Ro OG, Smith RL, Kochert DA. 1992. Restrication fragment length polymorphism evaluation of six peanut species within the Arachis section. Theoretical and Applied Genetics, 84: 201-208

Pandey MK, Wang M, Qiao L, et al. 2014. Identification of QTLs associated with oil content and mapping FAD2 genes and their relative contribution to oil quality in peanut(*Arachis hypogaea* L.). BMC Genet, 15(1): 133

Paran I, Miehelmore RW. 1993. Development of reliable PCR-based markers linked to downy mildew resistance genes in lettuce. Theoretical and Applied Genetics, 85: 985-993

Patel M, Jung S, Moore K, et al. 2004. High-oleate peanut mutants result from a MITE insertion into the FAD2 gene. Theoretical and Applied Genetics, 108: 1492-1502

Proite K, Leal-Bertioli SCM, Bertioli DJ, et al. 2007. ESTs from a wild Arachis species for gene discovery and marker development. BMC Plant Biology, 7: 7

Qin HD, Feng SP, Chen C, et al. 2012. An integrated genetic linkage map of cultivated peanut(*Arachis hypogaea* L.)constructed from two RIL populations. Theoretical and Applied Genetics, 124: 653-664

Radwan OE, Ahmed TA, Knapp SJ. 2010. Phylogenetic analyses of peanut resistance gene candidates and screening of different genotypes for polymorphic markers. Saudi Journal of Biological Sciences, 17: 43-49

Raina SN, Rani V, Kojima T, et al. 2001. RAPD and ISSR fingerprints as useful genetic markers for analysis of genetic diversity, varietal identification, and phylogenetic relationships in peanut(*Arachis hypogaea*)cultivars and wild species. Genome, 44(5): 763-772

Ravi K, Vadez V, Isobe S, et al. 2011. Identification of several smalleffect main QTLs and larg number of epistatic QTLs for drought tolerance in groundnut(*Arachis hypogaea* L.). Theoretical and Applied Genetics, 122: 1119-1132

Sarvamangala C, Gowda MVC, Varshney RK. 2011. Identification of quantitative trait loci for protein content, oil content and oil quality for groundnut(*Arachis hypogaea* L.). Field Crops Research, 122(1): 49-59

Sawant SV, Singh PK, Gupta SK, et al. 1999. Conserved nucleotide sequences in highly expressed genes in plants. Journal of Genetics, 78: 123-131

Seibt KM, Wenke T, Wollrab C, et al. 2012. Development and application of SINE-based markers for genotyping of potato varieties. Theoretical and Applied Genetics, 125: 185-196

Shirasawa K, Bertioli DJ, Varshney RK, et al. 2013. Integrated consensus map of cultivated peanut and wild relatives reveals structures of the A and B genomes of *Arachis* and divergence of the legume genomes. DNA Research, 20: 173-184

Shirasawa K, Hirakawa H, Tabata S, et al. 2012a. Characterization of active miniature inverted-repeat transposable elements in the peanut genome. Theoretical and Applied Genetics, 124: 1429-1438

Shirasawa K, Koilkonda P, Aoki K, et al. 2012b. In silico polymorphism analysis for the development of simple sequence repeat and transposon markers and construction of linkage map in cultivated peanut. BMC Plant Biology, 12: 80

Shoba D, Manivannan N, Vindhiyavarman P, et al. 2012. SSR markers associated for late leaf spot disease resistance by bulked segregant analysis in groundnut(*Arachis hypogaea* L.). Euphytica, 188: 265-272

Song GQ, Li MJ, Xiao H, et al. 2010. EST sequencing and SSR marker development from cultivated peanut(*Arachis hypogaea* L.). Electronic Journal of Biotechnology, 13(3). doi: 10. 2225/vol13-issue3-fulltext-10

Subramanian V, Gurtu S, Rao RCN, et al. 2000. Identification of DNA polymorphism in cultivated groundnut using random amplified polymorphic DNA(RAPD)assay. Genome, 43(4): 656-660

Sujay V, Gowda MVC, Pandey MK, et al. 2012. Quantitative trait locus analysis and construction of consensus genetic map for foliar disease resistance based on two recombinant inbred line populations in cultivated groundnut(*Arachis hypogaea* L.). Molecular Breeding, 30: 773-788

Tang RH, Gao GQ, He LQ, et al. 2007. Genetic diversity in cultivated groundnut based on SSR Markers. Journal of Genetics and Genomics, 34(5): 449-459

Tautz D, Renz M. 1984. Simple sequences are ubiquitous repetitive components of eukaryotic genomes. Nucleic Acids Research, 12: 4127-4138

van der Linden CG, Wouters DCAE, Mihalka V, et al. 2004. Efficient targeting of plant disease resistance loci using NBS profiling. Theoretical and Applied Genetics, 109: 384-393

Varshney RK, Bertioli DJ, Moretzsohn MC, et al. 2009. The first SSR-based genetic linkage map for cultivated groundnut(*Arachis hypogaea* L.). Theoretical and Applied Genetics, 118: 729-739

Vos P, Hogers R, Bleeker M, et al. 1995. AFLP: a new technique for DNA fingerprinting. Nucleic Acids Research, 23: 4407-4414

Wang CT, Yang XD, Chen DX, et al. 2007. Isolation of simple sequence repeats from groundnut. Electronic Journal of Biotechnology, 10(3). DOI: 10. 2225/vol10-issue3-fulltext-10

Wang CT, Zhang JC, Yang XD, et al. 2005. The sequence-related amplification polymorphisms in cultivated peanut(*Arachis hypogaea* L.). Journal of Peanut Science, 34(3): 11-15

Wang H, Penmetsa RV, Yuan M, et al. 2012. Development and characterization of BAC-end sequence derived SSRs, and their incorporation into a new higher density genetic map for cultivated peanut(*Arachis hypogaea* L.). BMC Plant Biology, 12: 10

Wang ML, Sukumaran S, Barkley NA, et al. 2011. Population structure and marker-trait association analysis of the US peanut(*Arachis hypogaea* L.)mini-core collection. Theoretical and Applied Genetics, 123: 1307-1317

Waugh R, McLean K, Flavell AJ, et al. 1997. Genetic distribution of Bare-1-like retrotransposable elements in the barley genome revealed by sequence-specific amplification polymorphisms(S-SAP). Molecular and General Genetics, 253: 687-694

Wessler SR, Bureau TE, White SE. 1995. LTR-retrotransposons and MITEs: important players in the evolution of plant genomes. Curr Opin Genet Dev 5: 814-821

Wessler SR. 1998. Transposable elements associated with normal plant genes. Physiol Plant, 103: 581-586

Williams JGK, Kubelik AR, Livak KJ, et al. 1990. DNA polymorphisms amplified by arbitrary primers are useful as genetic markers. Nucleic Acids Research, 18: 6531-6535

Xiong FQ, Zhong RC, Han ZQ, et al. 2011. Start codon targeted polymorphism for evaluation of functional genetic variation and relationships in cultivated peanut(*A. hypogaea* L.)genotypes. Molecular Biology Reports, 38: 3487-3494

Yu SL, Pan LJ, Yang QL, et al. 2008. Comparison of the Δ12 fatty acid desaturase gene between high-oleic and normal-oleic peanut genotypes. Journal of Genetics and Genomics, 35(11): 679-685

Yuan M, Gong L, Meng R, et al. 2010. Development of trinucleotide(GGC)n SSR markers in peanut(*Arachis hypogaea* L.). Electronic Journal of Biotechnology, 13(6). doi: 10. 2225/vol13-issue6-fulltext-6

Zhang J, Liang S, Duan J, et al. 2012. De novo assembly and characterisation of the transcriptome during seed development, and generation of genic-SSR markers in peanut(*Arachis hypogaea* L.). BMC Genomics, 13: 90

Zhao Y, Prakash CS, He G. 2012. Characterization and compilation of polymorphic simple sequence repeat(SSR)markers of peanut from public database. BMC Research Notes, 5: 362

Zhou XJ, Xia YL, Ren XP, et al. 2014. Construction of a SNP-based genetic linkage map in cultivated peanut based on large scale marker development using next-generation double-digest restriction-site-associated DNA sequencing(ddRADseq). BMC Genomics, 15: 351

Zietkiewicz E, Rafalski A, Labuda D. 1994. Genome fingerprinting by simple sequence repeat(SSR)-anchored polymerase chain reaction amplification. Genomics, 20: 176-183

第四章　花生基因克隆与功能研究

第一节　花生油脂合成相关基因的研究

一、植物油脂合成相关基因研究

植物脂肪酸及油脂合成代谢途径已经有了深入的研究。脂肪酸的合成是以乙酰-CoA为底物，在乙酰辅酶A羧化酶（acetyl-CoA carboxylase，ACCase）的作用下合成丙二酰-CoA；脂肪酸合成酶（fatty acid synthase complex，FAS）复合体以丙二酰-CoA为底物进行连续的聚合反应，以每个循环增加两个碳的方式合成酰基碳链，进一步合成16～18碳的饱和脂肪酸。在各种去饱和酶的作用下形成不饱和脂肪酸，包括棕榈油酸和油酸等单不饱和脂肪酸及亚油酸和亚麻酸等多不饱和脂肪酸。最终这些脂肪酸在内质网上通过酰基转移酶的作用组装成三酰甘油（triacylglycerol，TAG），这些酶包括甘油3-磷酸酰基转移酶（glycerol 3-phosphate acyltransferase，GPAT）、溶血磷脂酸酰基转移酶（lysophosphatidic acid acyltransferase，LPAT）和二酰甘油酰基转移酶（diacyl-glycerol acyltransferase，DGAT）。合成的TAG最终储存在细胞的油体中（图4-1）（Buchanan et al.，2000）。另外，还有一些酶能间接影响油脂的合成，如磷酸烯醇丙酮酸羧化酶（PEPC）、线粒体型丙酮酸脱氢酶复合体（PDC）等。

人们已经对这些酶系进行了深入研究，并试图通过对这些酶的改造来提高植物种子含油量，改变脂肪酸的组成。将叶绿体转运肽与拟南芥的多功能域ACCase基因融合，以种子特异性启动子驱动在油菜种子中过量表达，能使ACCase活性提高10～20倍，油菜种子含油量提高了5%，超长链脂肪酸含量也有所增加（Roesler et al.，1997）。羧基转移酶β亚基（β-CT）在各种组织的质体中过量表达导致转基因植株叶片中脂肪酸含量增加，虽然转基因后代种子中的脂肪酸含量与野生型没有显著变化，但种子产量提高了近2倍，从而提高了单株种子的产油量（Madoka et al.，2002）。在芥菜型油菜（*Brassica juncea*）中表达巴西固氮螺菌（*Azospirillum brasilense*）的酰基载体蛋白，提高了叶片中脂肪酸C18：3的含量和种子中脂肪酸C18：1和C18：2的含量，降低了芥酸（erucic acid，C22：1）的含量（Jha et al.，2007）。β-酮脂酰-ACP合酶*KASII*和*KASIII*基因表达水平的改变可以引起植物种子含油量和脂肪酸组成的改变。Dehesh等（2001）在油菜中过量表达萼距花（*Cuphea hookeriana* Walp.）的*KASIII*基因，提高了油菜种子中C16：0软脂酸的含量，但引起了脂肪合成速率和种子含油量的降低。

在拟南芥中过量表达红花和大肠杆菌的*GPAT*基因可以增加种子含油量8%～29%（Jain et al.，2000）。在拟南芥和油菜中过量表达酵母的*LPAT*基因，种子含油量提高了8%～48%，同时增加了长链脂肪酸的比例和含量（Zou et al.，1997），最近，在独行菜（*Lepidium latifolium* L.）中也克隆了*GPAT*基因，以期应用于农业和能源产业

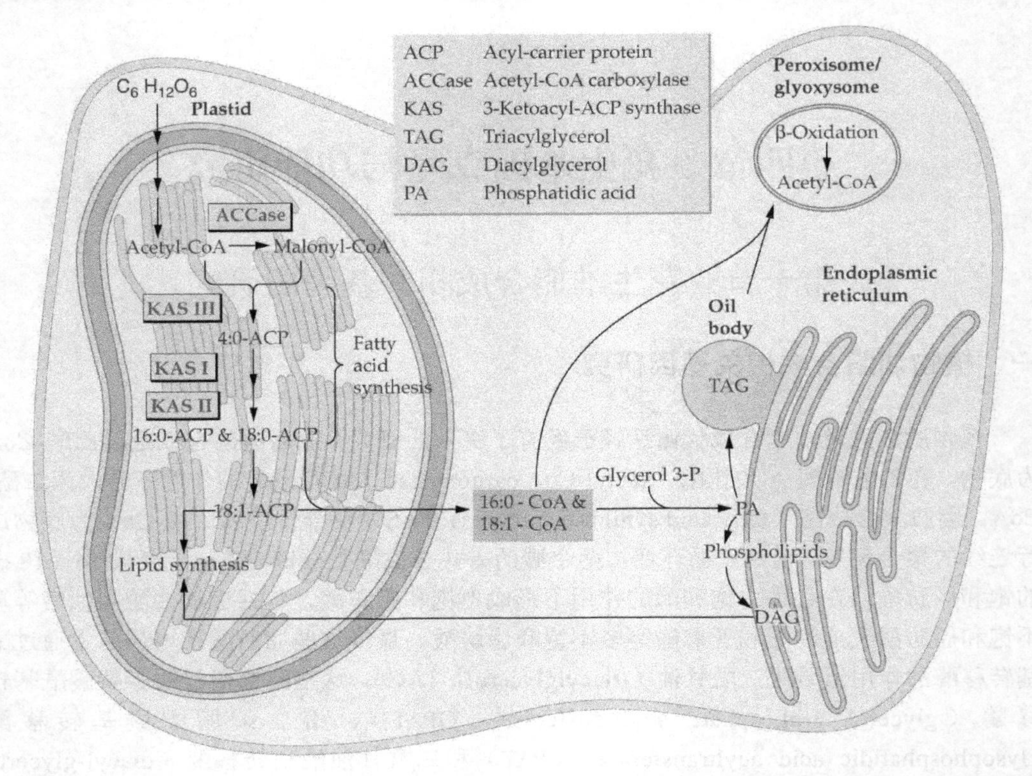

图 4-1　植物细胞内脂肪酸和三酰甘油合成示意图（Buchanan et al.，2000）

（Gupta et al，2013）。将从椰子果中分离的 *LPAT* 基因和从加利福尼亚月桂树中获得的硫酯酶基因在菜籽中共同表达，使菜籽油中月桂酸占总脂肪酸的含量提高了 50%（Knutzon et al.，1999）。利用种子特异性启动子在拟南芥中过量表达油菜的两种微粒体 *LPAT* 基因，转基因后代种子的质量和脂肪酸含量分别较对照平均增加 6%和 13%（Maisonneuve et al.，2010）。DGAT 催化 TAG 合成的最后一步反应，通过图位克隆的方法从高油玉米中分离到一个 *DGAT1-2* 基因，其编码蛋白第 469 位置上苯丙氨酸的插入导致玉米含油量的增加，在常规玉米中表达此基因可使含油量提高 41%，使油酸含量提高 107%（Zheng et al.，2008）。目前发现该酶存在 4 种类型：DGAT1、DGAT2、WS/DGAT 和胞质内 DGAT。利用大豆基因组数据库的资源，Li 等（2013）详细分析了大豆 I 型 DGAT 的种类和功能，认为 DGAT1A 和 DGAT1B 均参与种子发育中脂肪酸的积累过程。Eskandari 等（2013）分离了大豆中的 *GPAT*、*DGAT* 和 *PDAT*（phospholipid: diacylglycerol acyltransferase）基因，并在重组自交系群体的 203 个个体中检测其多态性，发现 *DGAT2C* 基因的 3′UTR 区域的突变与种子的产量性状相关，*DGAT1B* 基因内含子的一个突变也与种子产量及蛋白质含量相关，这些基因特异性的分子标记开发能够应用于大豆分子辅助选择育种。

通过抑制磷酸烯醇丙酮酸羧化酶（PEPC）基因的表达，减少用于蛋白质合成的碳源，使更多的光合作用产物用于脂肪酸合成，也可以提高种子含油量。陈锦清等（1999）通过反义抑制油菜 PEPC 基因的表达，成功获得了两个籽粒含油量比受体品种提高 25%以上的转基因油菜新品种。线粒体型丙酮酸脱氢酶复合体（PDC）可以催化丙酮酸形成脂肪酸合成的底物乙酰辅酶 A，而丙酮酸脱氢酶复合体激酶（PDHK）是 PDC 的负调控因子，利用反义 RNA 方法可以降低 PDHK 的活性，减少其对 PDC 的抑制作用，提高丙酮酸转化成乙酰辅酶 A 的能力，最终能显著提高转基因植物种子的含油量（Marillia et al.，2003）。TAG 在细胞中的最终储存场所是油体，这个细胞中最小的细胞器由油体蛋白和磷脂单分子层包围三酰甘油组成。研究表明，抑制油体蛋白的表达可使油体体积增大，导致油脂含量降低（Siloto et al.，2006）。对油菜栽培种低油和高油品种的油体分析表明，高油品种的油体体积普遍小于低油品种的油体体积（Hu et al.，2009）。Liu 等（2013a）将大豆油体蛋白在水稻种子中特异表达，转基因水稻的含油量提高了 30%以上，种子中油体数量增加，体积减小。

二、花生油脂合成相关基因的克隆和功能研究

花生是我国单产、总产和出口创汇最高的油料作物，我国花生产量占油料作物总产的 50%，占世界花生总产的 30%以上。在我国，50%的花生用于榨油，但目前推广的花生品种中只有少数含油量超过 55%，很多品种的含油量低于 50%，另外，我国花生与美国的同种类型花生相比油亚比偏低。克隆花生中与油脂合成相关的基因，用于提高花生种子含油量，改良花生油脂品质，培育高产、优质、抗病新品种是目前花生育种的重要任务。

1. 花生乙酰辅酶 A 羧化酶基因

乙酰辅酶 A 羧化酶复合体是脂肪酸合成的第一个酶复合体，是脂肪酸合成的限速酶。在高等植物中存在 2 种结构显著不同的乙酰辅酶 A 羧化酶，即多亚基乙酰辅酶 A 羧化酶（multi-subunit ACCase，MS-ACCase）和多功能域乙酰辅酶 A 羧化酶（multifunctional ACCase，MF-ACCase）。多亚基乙酰辅酶 A 羧化酶是一个复合体，由生物素羧基载体蛋白（biotin carboxyl carrier protein，BCCP）、生物素羧化酶（biotin carboxylase，BC）及羧基转移酶（carboxyltransferase，CT）α 亚基和 β 亚基组成（Shorrosh et al.，1995）。其中生物素羧基载体蛋白、生物素羧化酶和羧基转移酶 α 亚基由核基因编码，而羧基转移酶 β 亚基由叶绿体基因组编码（Cronan，2003）。多功能域乙酰辅酶 A 羧化酶是一个具有生物素羧基载体蛋白、生物素羧化酶和羧基转移酶 3 个结构域的多功能肽链，分子质量高于 200 kDa（Schulte et al.，1994）。

Li 等（2010a）利用未成熟花生种子 cDNA 文库的测序信息，结合同源克隆的方法和 cDNA 末端快速扩增法（rapid amplification of cDNA end，RACE）克隆了花生中 ACCase 的编码基因，序列分析表明这些基因在栽培花生中具有不同的序列，说明其以多拷贝形式存在，根据序列信息对这些基因及其编码蛋白的特征和不同拷贝中的 SNP 进行了分析（表 4-1）。

花生多亚基乙酰辅酶 A 羧化酶的 4 个亚基特征为：①BCCP 亚基由两种基因编码，与其他植物的 BCCP 序列比对表明，其羧基端高度保守，保守区长度为 80 个氨基酸，其中包含生物素（酰）化基序（biotinylation motif）。聚类分析表明，双子叶植物中普遍存

表 4-1　花生种子中表达的乙酰辅酶 A 羧化酶基因序列信息

基因	GenBank 登录号	阅读框 /bp	SNP	推导蛋白		
				长度/aa	分子质量/kDa	等电点
BCCP1（*accB1*）	FJ227938 FJ227939	840	10	279	29.2	8.522
BCCP 2（*accB2*）	FJ227940 FJ227941 FJ227942 FJ227943 FJ227944	831	8	276	28.7	7.627
BC（*accC*）	FJ227945 FJ227946 FJ227947 FJ227948	1623	5	540	59.0	7.190
α-CT（*accA*）	FJ227949 FJ227950	2262	31	753	83.7	7.985
β-CT（*accD*）	FJ227951 FJ227952	1479	2	492	55.9	4.979
MF-ACCase	FJ227953 FJ227954 FJ227955 FJ227956	6783	54	2260	252.2	6.283

在这两种 BCCP，聚类为不同的组。对花生栽培种和野生种中 *BCCP* 基因进行比较，结果表明，*BCCP1* 和 *BCCP2* 在栽培花生和近缘野生种中高度保守，氨基酸序列一致性分别高达 98.6%和 97.5%（李孟军等，2009）。②花生生物素羧化酶（BC）与已知植物 BC 蛋白序列的一致性高于 90%，存在 4 个亚结构域，分别是 BC-1、ATP 结合位点、BC-2 和生物素羧化位点。③花生与其他植物中羧基转移酶 α 亚基（α-CT）氨基端结构域高度保守，其羧基端结构域差异明显，序列分析表明，花生 α-CT 的 168～203 氨基酸残基可能为乙酰辅酶 A 的结合位点。④花生羧基转移酶 β 亚基（β-CT）具有保守氨基酸序列（233～255 氨基酸）CX2CX15CX2C（X 代表任意氨基酸），形成一个假定的锌指结构，可能具有金属离子结合活性，该结构在高等植物和细菌中高度保守，其 325～379 氨基酸残基在高等植物中高度保守，该序列可能为羧基生物素结合位点（Li et al.，2010a）。

花生多功能域乙酰辅酶 A 羧化酶从氨基端开始排列了 3 个功能域，依次为 BC、BCCP 和 CT。推测其编码蛋白具有 4 个结构域：ATP 结合位点（225～240 氨基酸）、生物素结合位点（706～718 氨基酸）、羧基生物素结合位点（1597～1646 氨基酸）和乙酰辅酶 A 结合位点（1887～1896 氨基酸），在高等植物中高度保守（Li et al.，2010a）。

花生和拟南芥 *BCCP* 基因具有相同的外显子和内含子分布，即 7 个外显子被 6 个内含子分开，花生 *BCCP* 第 5 个内含子长度的显著差异导致 *BCCP1* 基因组序列比 *BCCP2* 长 1224 bp；花生 *BC* 和拟南芥 *CAC2*（拟南芥中的生物素羧化酶）基因具有类似的结构

（Sun et al.，1997），基因编码区由 16 个外显子和 15 个内含子组成，在 5′端非翻译区还存在一个 84 bp 的内含子；花生 *α-CT* 基因的结构与拟南芥 *CAC3* 基因一致（Ke et al.，2000），基因编码区包含 10 个外显子和 9 个内含子，并且在 5′端非翻译区和 3′端非翻译区各含有 1 个内含子；花生 *β-CT* 没有内含子。

花生乙酰辅酶A羧化酶基因在不同组织中的表达模式不同。*BCCP1* 在叶中大量表达，而 *BCCP2* 在未成熟种子中表达量最高，说明 *BCCP1* 可能主要在叶中而 *BCCP2* 主要在种子中发挥作用。*BC* 和 *α-CT* 均在叶和种子中大量表达。*β-CT* 在叶中的表达量最高。*MF-ACCase* 在茎和花中的表达量高于其他组织。在种子发育过程中，花生 *BCCP1* 和 *BCCP2* 具有不同的表达模式。*BCCP1* 的转录水平在果针入土 80 天以前保持平稳，而 *BCCP2* 在果针入土 50 天和 70 天出现转录高峰。花生 *BC*、*α-CT*、*β-CT* 和 *MF-ACCase* 在果针入土 60 天达到峰值。不同乙酰辅酶 A 羧化酶基因在花生种子发育过程中表达差异明显（Li et al.，2010a）。

2. 花生 II 型脂肪酸合成酶复合体基因

生物中存在两种类型的脂肪酸合成酶，即 I 型脂肪酸合成酶（FAS-I）和 II 型脂肪酸合成酶（FAS-II）。FAS-I 在 1 条或 2 条多亚基多肽链上含有全部活性位点，主要存在于脊椎动物、酵母和一些细菌中。FAS-II 的活性位点分布在不同的基因产物上，存在于多数细菌、植物质体和线粒体中。植物质体型脂肪酸合成酶复合体为 II 型脂肪酸合成酶复合体，由酰基载体蛋白（ACP）、丙二酸单酰 CoA-ACP 转移酶（malonyl-CoA: ACP transacylase，MCAT）、β-酮脂酰-ACP 合酶（β-ketoacyl-ACP synthase，KAS）（Ⅰ、Ⅱ、Ⅲ）、β-酮脂酰-ACP 还原酶（β-ketoacyl-ACP reductase，KR）、β-羟脂酰-ACP 脱水酶（β-hydroxyacyl-ACP dehydrase，HD）和烯脂酰-ACP 还原酶（enoyl-ACP reductase，ENR）等部分构成。在脂肪酸合成过程中，酰基载体蛋白携带着结合于 4′-磷酸泛酰巯基乙胺辅基上不断伸长的酰基链在 II 型脂肪酸合成酶复合体的两个单体之间穿梭（Zhang et al.，2003）。

乙酰辅酶 A 羧化酶和 MCAT 催化形成丙二酰-ACP。β-酮脂酰-ACP 合酶家族成员催化丙二酰-ACP 和酰基-ACP 缩合形成不同碳链长度的 β-酮脂酰-ACP。KR 催化 β-酮脂酰-ACP 还原为 β-羟脂酰-ACP，这是脂肪酸合成中的第一个还原步骤。HD 催化 β-羟脂酰-ACP 脱氢形成 trans-2-acyl-ACP。脂肪酸合成每一循环的最后还原步骤由 ER 催化。

酰基载体蛋白（acyl carrier protein，ACP）是脂肪酸合成酶复合体中的关键蛋白。在细菌中 II 型脂肪酸合成酶复合体的 ACP 由一个基因编码，而植物 ACP 由一个多基因家族编码。植物和细菌 ACP 的一个重要特征是在 Asp-Ser-Leu（DSL）基序中含有保守的 Ser 残基，根据花生 cDNA 文库的大规模测序和数据库信息，从花生中克隆了 5 个 *ACP* 基因（表 4-2）。

每个花生 *ACP* 基因表达两种以上的序列，*ACP1*、*ACP4* 和 *ACP5* 定位于质体、*ACP2* 和 *ACP3* 定位于线粒体。基因组序列的克隆也表明 5 个花生 *ACP* 基因的基因组结构不同。表达分析表明，花生 *ACP4* 和 *ACP5* 基因具有相同的表达模式。花生 *ACP4* 和 *ACP5* 基因在根、叶和种子中的表达高于茎、花。花生 *ACP1* 基因在发育种子中的转录水平远高于其他 4 个器官，是种子表达丰富类型 ACP（seed-predominant ACP）。在花生种子发育不

表 4-2　花生酰基载体蛋白基因信息

基因	GenBank 登录号	阅读框 /bp	预测蛋白分子质量/kDa		等电点	
			前体	成熟体	前体	成熟体
ACP1	EE127470	423	14.9	9.1	4.70	4.00
ACP2	EE127527	393	14.6	10.0	5.67	4.22
ACP3	EU823319	375	14.2	10.0	5.77	4.38
ACP4	ES756871	423	15.1	9.3	4.95	3.96
ACP5	EG029586	429	15.2	8.9	4.92	4.04

同阶段，*ACP4* 和 *ACP5* 基因具有相同的表达模式，二者均在果针入土 60 天时转录量达到最大值。*ACP1* 基因在果针入土 30 天和 60 天时转录达到最高值，而 *ACP2* 基因在果针入土 20 天和 30 天时转录达到最高值。花生 *ACP3* 基因在花生种子发育过程中表达量逐步下降（Li et al.，2010b）。

从花生中还克隆了 FAS-II 复合体的其他基因，包括丙二酰-CoA：ACP 转酰基酶、β-酮脂酰 ACP 合酶、β-酮脂酰-ACP 还原酶、β-羟脂酰-ACP 脱水酶和烯脂酰-ACP 还原酶（Li et al.，2009）。这些基因的序列分析表明，它们在栽培花生中多以多拷贝形式存在，根据序列信息对这些基因及其编码蛋白的特征及不同拷贝中的 SNP 进行了分析，主要信息见表 4-3。

对这些基因编码的蛋白质序列进行分析表明：①花生 MCAT 蛋白序列与大肠杆菌 FabD 的一致性为 32.7%。该蛋白质关键功能位点氨基酸残基 Ser174、Arg199、His287 和 Gln336 在高等植物中完全保守，与大肠杆菌 FabD 的 Ser92、Arg117、His201 和 Gln250

表 4-3　花生 II 型脂肪酸合成酶基因在发育种子中表达的同源序列分析

基因	登录号	阅读框 /bp	SNP	推导蛋白		
				长度/aa	分子质量/kDa	等电点
MCAT	EU823322 EU823323 EU823324	1158/1161	7	385/386	40.9	7.79/7.78
KASI	EU823325 EU823326	1413	20	470	50.0	8.19
KASII	EU823327	1647	0	548	58.7	8.09
KASIII	EU823328	1206	0	401	42.5	6.94
KR	EU823329 EU823330 EU823331	972	3	323	33.8	9.00
HD	EU823332	663	0	220	24.0	9.07
ENR	EU823333 EU823334 EU823335 EU823336 EU823337	1170	18	389	41.4	8.57

相对应，其中，包含丝氨酸残基的催化基序（GLSLG）在已知的植物 MCAT 中完全保守，属于 GXSXG 基序（X 代表任意氨基酸残基）（Keatinge-Clay et al.，2003）。②高等植物中已报道了 5 种类型的 β-酮脂酰-ACP 合酶（KASI、KASII、KASIII、KASIV 和线粒体 KAS），在花生中克隆了 3 种 β-酮脂酰-ACP 合酶基因（*AhKASI*、*AhKASII* 和 *AhKASIII*），AhKASI 与 AhKASII 蛋白序列具有 51.5%的一致性，但与 AhKASIII 的序列一致性仅为 6.5%，花生 KASI 和 KASII 与大肠杆菌 FabF 关系最为紧密，蛋白质序列一致性分别为 43.8%和 45.3%，三联体 Cys-His-His 活性位点在高等植物 KASI 和 KASII 中严格保守；花生 KASIII 与大肠杆菌 FabH 蛋白序列具有 41%的一致性，三联体 Cys-His-Asn 活性位点和 acyl-ACP 结合基序 GNTSAAS 在植物中高度保守（Abbadi et al.，2000；Dehesh et al.，1998；Yasuno et al.，2004）。③花生 β-酮脂酰-ACP 还原酶与甘蓝型油菜 KR 和大肠杆菌 FabG 蛋白序列一致性分别为 69.7%和 49.6%。三联体催化位点 Ser-Tyr-Lys 在植物中完全保守（Price et al.，2001）。花生 KR 的 Lys208（在拟南芥和水稻中是 Lys，在油菜和大肠杆菌中是 Arg）和 Arg251 与大肠杆菌 FabG 的 Arg129 和 Arg172 相对应，对 ACP 停靠具有重要作用（Zhang et al.，2003）。④花生 β-羟脂酰-ACP 脱水酶与大肠杆菌 FabZ 和 FabA 的蛋白序列一致性为 43.1%和 13.4%。在花生 β-羟脂酰-ACP 脱水酶中二联体 His/Glu 催化位点 His121 和 Glu135 及基序 LPHRFPFLLVDRV 在植物和大肠杆菌中完全保守。⑤花生烯脂酰-ACP 还原酶与大肠杆菌和油菜中 FabI 的蛋白序列一致性分别为 29.0%和 84.3%。ENR 的活性部位三联体 Tyr-Tyr-Lys 是烯脂酰-ACP 还原酶的特征（Rafi et al.，2006；Rafferty et al.，1995）。花生 ENR 中，催化三联体 Tyr260-Tyr270-Lys278 和基序 YGGGMSSAK 在植物中完全保守。

软件预测花生 II 型脂肪酸合成酶各组分的亚细胞定位表明，MCAT、KASI、KASII、KASIII、KR、HD 和 ENR 均定位于质体。对花生 II 型脂肪酸合成酶基因在不同器官中表达模式的研究表明，*KASI*、*KASII* 和 *KASIII* 在不同器官中的表达模式不同。*KASI* 在不同器官中均呈现高水平表达状态，*KASII* 在叶和花中大量表达，而 *KASIII* 在叶和种子中大量表达。*MCAT*、*ENR* 和 *KR* 的表达模式与 *KASIII* 相似，均在叶和种子中大量表达。*HD* 在种子中的表达量远远高于其他器官。在花生种子发育过程中，花生脂肪酸合成酶基因 *KASI*、*KASII*、*KASIII*、*KR* 和 *HD* 具有相似的表达模式，这 5 种酶在果针入土 70 天以前一直处于高水平表达状态，而 MCAT 和 ENR 的表达模式类似，在果针入土 60 天时达到最高值（Li et al.，2009）。

3. 花生三酰甘油合成相关基因

鉴于酰基转移酶在三酰甘油组装中的重要作用，花生中的酰基转移酶也是研究的重点。根据鲁花 14 号花生未成熟种子全长 cDNA 文库的测序信息，从花生中克隆了 *GPAT* 基因，该基因编码蛋白质长度为 504 个氨基酸，等电点为 9.3，与蓖麻 GPAT 蛋白相似性为 91%，与拟南芥 8 个 *GPAT* 基因中的 4 和 8 最为接近，相似度为 87%（夏晗，王兴军未发表数据）。从花生栽培品种兰娜 1 号中克隆得到的 2 种 *GPAT* 基因被命名为 *AhGPAT9-1* 和 *AhGPAT9-2*，对其基因组序列的克隆发现，这两个基因没有内含子，二者开放阅读框均为 1131 bp，编码蛋白质长度为 376 个氨基酸。分析表明，AhGPAT9 蛋白具有典型的酰基转移酶保守结构域和酰基转移酶家族中高度保守的 4 个基序，含 3 个跨膜区域，与拟南芥、油桐和水稻等的 GPAT9 氨基酸序列一致性为 73.67%～83.78%。从 10 个花生品种中扩增该基因的 DNA 序列，结果表明，花生 *GPAT9-2* 基因的核酸序列相同，花生 *GPAT9-1* 基因序列存在等位变异，其中一个 SNP 的变异引起氨基酸的变异。同一品种种子发育不同时期，*AhGPAT9* 基因的表达量差异极显著；不同含油量品种 *AhGPAT9* 基因的表达趋势存在差异（华方静，2013）。

从花生中克隆的一种溶血磷脂酰基转移酶基因 *LPAT*，cDNA 全长 1629 bp，根据编码区预测编码 387 个氨基酸的蛋白质，预测其分子质量为 43.2 kDa，等电点为 9.42。对应的基因组序列 5531 bp，由 11 个外显子和 10 个内含子组成。与拟南芥 *LPAT2* 亲缘关系较近，编码内质网型 LPAT 蛋白。该基因在花生根、茎、叶、花、果针和种子中均有表达，在果针和种子中的表达量最高，且 *LPAT* 基因的表达量与花生种子含油量积累速率变化一致（陈四龙等，2012）。花生中还发现了 2 种 *LPAT* 基因，根据与拟南芥中 *LPAT* 基因的相似度命名为 *AhLPAT4* 和 *AhLPAT5*，*AhLPAT4* 全长为 1618 bp，阅读框为 1152 bp，编码 383 个氨基酸组成的蛋白质，该蛋白质分子质量为 43.9 kDa，等电点为 9.23；*AhLPAT5* 全长为 1911 bp，阅读框为 1137 bp，编码 378 个氨基酸组成的蛋白质，该蛋白质分子质量为 43.7 kDa，等电点为 8.99。分析表明，AhLPAT4 和 AhLPAT5 属于非内质网结合型 LPAT 蛋白，与内质网型 AhLPAT2 差异较大（董芳等，2013）。另外，从花生栽培品种中克隆了溶血磷脂酰基转移酶基因 *LPAT-1* 和 *LPAT-2*，阅读框均为 1131 bp，编码 376 个氨基酸组成的蛋白质，其蛋白质序列有 1 个氨基酸残基的差异。LPAT 蛋白具有典型的酰基转移酶功能结构域及 4 个保守基序。其对应的基因组序列长度分别为 3729 bp 和 3736 bp，包含 12 个外显子和 11 个内含子，二者存在 37 处碱基差异。4 个花生区组二倍体野生种 *A.correntina*、*A.duranensis*、*A.batizocoi* 和 *A.ipaensis* 中均扩增得到该 *LPAT* 基因组序列。分析表明，花生栽培种 LPAT 的 2 个基因分别来自 A、B 基因组（华方静，2013）。

目前从花生中克隆了 3 类 *DGAT* 基因，分别是 *DGAT1*、*DGAT2* 和 *DGAT3*，其基本信息见表 4-4。通过在 cDNA 文库中的序列比对，利用 PCR 和 RACE 等技术，克隆了花生中的 2 个 *DGAT1* 基因——*AhDGAT1-1* 和 *AhDGAT1-2*，表达分析表明，花生 *DGAT1-1* 基因在花组织中表达量最高，种子发育过程中，其表达量随果针入土时间逐步升高，在入土 50 天时达到峰值。花生 *DGAT1-2* 在根、种子和子叶中的表达量较高，在果针入土 10 天和 60 天时，其在种子中的表达量较高，而其他时间较低。酵母缺失突变体互补实验表明，两个基因均可互补突变体的性状（Chi et al.，2014）。从花生中克隆了 *DGAT2* 基因的两个成员，两者只有 3 个氨基酸的差异，将它们在大肠杆菌中表达，引起菌中总脂肪含量显著增高，部分类型脂肪酸含量增加（Peng et al.，2013）。将花生 *DGAT2* 基因在烟草中过量表达，转基因烟草叶片的脂肪含量明显增加，其中多种氨基酸的含量明显增加，种子中脂肪含量也明显提高（彭振英等，未发表数据）。花生中也克隆到多个 *DGAT3* 基因，与 *DGAT1* 和 *DGAT2* 不同的是，*DGAT3* 没有预测到跨膜区。Saha 等（2006）从未成熟的花生子叶中鉴定了可溶性的 DGAT 酶，并通过传统的色谱层析方法进行了蛋白质纯化。根据部分氨基酸序列设计简并探针，在种子特异 cDNA 文库中筛选出对应的 *DGAT* 基因，该基因蛋白质序列与 DGAT1 和 DGAT2 蛋白家族的一致性不到 10%，但与细菌双功能 wax ester/DGAT 蛋白具有 13%的一致性。唐桂英等（2013）也克隆了花生中的 *DGAT3*，

其中 *DGAT3A* 在花中表达量最高，在种子发育过程中，该基因在果针入土后第 60 天表达量最高。*AhDGAT3-3* 基因也是在花组织中表达量较高，果针入土后 20 天和 50 天种子中表达量较高（Chi et al.，2014）。

表 4-4　花生中克隆的 *DGAT* 基因基本信息

基因	GenBank 序列号	阅读框/bp	编码蛋白		
			长度/aa	分子质量/kDa	等电点
AhDGAT1-1	KC736068	1539	512	58.6	8.83
AhDGAT1-2	KC736069	1581	526	60.7	8.94
AhDGAT2	JF897614	1005	334	37.5	9.46
AhDGAT3-1	EU183333	1023	340	37.0	8.26
AhDGAT3-2	AY875644	1038	345	41.0	8.89
AhDGAT3-3	KC736067	1023	340	36.9	8.17

4. 花生脂肪酸去饱和酶基因

种子中油酸与亚油酸积累的分子机制已经比较明确，油酸去饱和酶 FAD2 催化油酸在碳 12 位脱氢生成亚油酸，该酶是控制籽粒油酸、亚油酸含量的关键酶（Ray et al.，1993）。分析向日葵、大豆、油菜等作物高油酸突变体种子，发现 FAD2 酶活性丢失，或者 *FAD2* 基因顺式作用元件序列发生改变，mRNA 转录水平明显降低，是导致高油酸性状产生的关键。利用反义 RNA 和 RNAi 基因沉默技术，也可有效地抑制 *FAD2* 基因的转录，提高作物的油酸含量。通过共抑制技术，Stoutjesdijk 等（2000）将油菜籽中油酸含量提高到 89%。Liu 等（2002）利用 RNAi 基因沉默技术，有效抑制了棉花 *FAD2* 基因的表达，转基因棉花籽粒中油酸含量由对照的 15%提高到 77%。我国科研工作者通过改变 *FAD2* 基因的表达获得高油酸油菜（石东乔，2001）。

20 世纪 80 年代发现的一个花生突变体中，油亚比达到 40∶1（Norden et al，1987），这个突变体被命名为 F435。López 等（2000）克隆了花生 *FAD2* 基因，得到了包括启动子在内的 3525 bp 的基因组序列，阅读框 1140 bp，编码 379 个氨基酸的蛋白质。花生中的 *FAD2A* 和 *FAD2B* 编码区序列相似性达 99%，两个基因的同时失活才能导致高油酸性状的表现。在 F435 中，*FAD2A* 基因在第 448 位碱基处存在 G-A 转换，导致该酶丧失脱氢功能（Bruner et al.，2001），*FAD2A* 此位点的突变在中国花生核心种质中广泛存在，出现的频率为 53.1%。突变型 *FAD2A* 基因在普通型和龙生型中出现的频率（82.8%）显著高于其在珍珠豆型和多粒型材料中出现的频率（15.4%）（雷永等，2010）。美国花生核心种质中 *FAD2A* 基因的突变型占 31.6%，在交替开花亚种中出现的频率较高（Chu et al.，2007）。对 13 个花生品种的 *FAD* 基因序列的分析表明，在有些品种中 *FAD2A* 基因的若干位置存在多态性，也存在 448 位置 G-A 的突变型，而花生 *FAD2B* 基因相对保守（周丽侠等，2011）。

Jung 等（2000）发现在 F435 及其育成的花生品种中，*FAD2B* 基因的 mRNA 积累水平明显降低，这是因为 F435 突变体中 *FAD2B* 基因编码区第 441 位和第 442 位碱基之间插入了一个腺嘌呤（A），引入了多个终止子，从而引起该蛋白质的肽链合成提前终止。

除了自然突变体 F435，还有两个高油酸突变体 C458（又名 Mycogen-Flavorunner 或 Flavorunner 458）和 M2-225，两种突变体在 *FAD2A* 基因中均为 448 位碱基处 G-A 转换，其 *FAD2B* 基因编码区分别在 665 位碱基位置和 997 位碱基位置插入了微型反向重复转座元件（miniature-inverted-repeat-transposable element，MITE）（Patel et al.，2004）。通过传统育种的方法，利用 F435 突变体已经育成了 SunOleic 95R、SunOleic 97R、Tamrun OL01、Tamrun OL02、OLin、Georgia 04S、Andru II、Florida-07 和 Hull 等高油酸花生品种（Branch，2005；Gorbet，2006，2007；Gorbet and Knauft，1997，2000；Gorbet and Tillman，2009；Simpson et al.，2003a，2003b，2006）。

Chi 等（2011）克隆了花生的 *FAB2*、*FAD2-2*、*FAD6* 和 *SLD1* 等 4 个脱氢酶基因，在酵母中鉴定表明 *FAD2-2* 和 *FAD6* 都具有脱氢功能。*FAB2* 和 *FAD2*-1 在花生种子中特异表达，而 *FAD2-2*、*FAD6* 和 *SLD1* 在叶片中表达水平都很高。

5. 花生其他脂肪酸代谢基因的研究

PEPC 是调控物质转化为糖或是脂肪酸的重要酶，如果抑制 *PEPC* 基因的表达，将有利于脂肪酸的积累。通过这种策略，在高油油菜的育种中已经有了显著的成效。通过对花生幼苗 cDNA 文库的测序结合 RACE 和同源克隆技术，克隆了 5 个 *PEPC* 编码基因，其基本信息见表 4-5。氨基酸序列分析表明，花生 5 个 PEPC 中都具有影响酶活和结构的保守区域：①具有保守 His 的保守域 VLTA*H*PT；②具有保守 Arg 的保守域 DX*R*QE；③具有保守 Lys 的保守域 GYSDSG/A*K*DAG；④具有一个保守 His 和两个保守 Arg 的保守域 F*H*G*R*GGXXG*R*GG；⑤具有保守 Arg 的保守域 GS*R*PXXR。根据与其他植物中 PEPC 蛋白的比对，花生 PEPC1～PEPC4 属于植物型 PEPC，分别与大豆中的同源蛋白相似性达 90%以上，而花生 PEPC5 与大豆中细菌型 PEPC 的相似性高达 88.5%，而与花生 PEPC1 相似性仅为 37.7%。

表 4-5　花生 *PEPC* 基因的基本信息

基因	GenBank 登录号	阅读框/bp	编码蛋白		
			长度/aa	分子质量/kDa	等电点
AhPEPC1	EU391629	2907	968	110.8	5.95
AhPEPC2	FJ222240	2901	966	110.7	5.94
AhPEPC3	FJ222826	2901	966	110.3	5.65
AhPEPC4	FJ222827	2910	969	110.8	6.05
AhPEPC5	FJ222828	3111	1036	116.4	6.14

花生中 5 个 *PEPC* 基因在普通花生和高油花生品种的根、茎、叶和种子中都有表达，表达模式各不相同。*PEPC1* 基因在根、叶、种子中的表达量明显高于茎；*PEPC2* 基因在叶中表达最高，根中次之，茎中表达量最少；除 *PEPC2* 的编码基因外，*PEPC1*、*PEPC3*、*PEPC4* 和 *PEPC5* 基因在普通花生中的表达量均显著高于高油花生品种（禹山林，2009）。潘丽娟等（2013）构建了花生 *PEPC* 基因的反义表达载体转化花生，以期降低 *PEPC* 基因在花生中的表达量，提高花生含油量。

在植物中，脂肪酶（lipase）发现于储存能量的组织中。脂肪酶只有附着在油水分界面时才会起作用，但脂肪酶与脂肪相互作用的机制还不甚清楚。脂肪酶不仅是生物生理过程的重要酶系，还具有重要的工业利用价值，多种真菌和细菌来源的脂肪酶被分离纯化，并广泛用于去垢剂、食品、造纸、有机合成、生物催化等方面（Sharma et al.，2001）。在植物中，从玉米、蓖麻和紫苑草等种子中已经纯化出脂肪酶，一些在植物中编码三酰甘油脂肪酶的基因已经被克隆（Eastmond，2004；El-Kouhen et al，2005；Matsui et al.，2004）。对于植物来源的脂肪酶，根据N端序列可分为3类，第一类存在于叶绿体中；第二类缺少N端信号序列，可能分布于胞质溶胶；第三类分布于线粒体中。三酰甘油脂肪酶能够作用于三酰甘油的sn1、sn2和sn3位置，在种子萌发过程中，三酰甘油被脂肪酶分解，为幼苗初期的生长提供能量（Eastmond，2006）。肖寒等（2013）从花生未成熟种子cDNA文库来源的EST序列中，获得了3条EST，其与拟南芥等植物的脂肪酶基因有高度的同源性，且含有完整的阅读框，分别命名为花生 *Lipase1*、*Lipase2* 和 *Lipase3*（表4-6）。花生3个脂肪酶蛋白序列间的差异较大，相互之间的相似性低于50%，但都含有10个氨基酸组成的脂肪酶特征结构域 [LIV]-X-[LIVAFY]-[LIAMVST]-G-[HYWV]-S- X-G-[GSTAC]（表4-6）。3种花生脂肪酶都属于酯酶和脂肪酶蛋白超级家族，均具有 lipase class 3（登录号 PF01764）保守结构域，该保守区域包括一个由Ser-Asp-His/Glu 组成的三联体催化活性中心。花生的3种脂肪酶的表达模式不同，lipase 2基因在种子萌发过程中高水平表达，可能参与三酰甘油的分解过程，而 lipase 1基因在种子发育过程中高水平表达，可能参与三酰甘油代谢的动态过程。lipase 3基因在各种组织中均有表达。

表4-6　花生 *lipase* 基因的基本信息

基因	GenBank 登录号	阅读框/bp	推测的编码蛋白			
			长度/aa	分子质量/kDa	等电点	活性位点
AhLipase1	GU902981	2085	695	78.3	6.88	LQFTGHSLGG
AhLipase2	GU902982	1248	416	45.7	6.60	PHYVGHSLGT
AhLipase3	GU902983	1029	343	38.2	8.48	IWLAGHSLGS

油体蛋白是一类覆盖在油体表面的碱性小分子蛋白。油体蛋白的存在对于维持油体的稳定性非常重要，油体蛋白也是种子作为生物反应器表达重组外源蛋白的重要载体（赵传志等，2008）。通过构建花生未成熟种子的全长cDNA文库，测序得到284条编码油体蛋白的EST序列。根据编码蛋白分子质量的大小可将花生油体蛋白基因分为6个亚族：*OLEO-16.9*、*OLEO-17.7*、*OLEO-18.6*、*OLEO-22*、*OLEO-18.4* 和 *OLEO-14.3*，每个亚族具有多个成员（表4-7）。序列比对发现花生6个油体蛋白氨基酸的相似性只有41.77%，但在中间疏水区域的氨基酸具有高度的保守性，并且存在一个脯氨酸结（proline-knot）结构，序列“P[LV][FL][IV][FLI] FSP[VI][LI][VI]P”相对保守。基因表达结果表明，这些油体蛋白基因在花生的不同器官和在种子不同发育时期表达模式相似，在根、茎、叶、花中几乎检测不到油体蛋白基因的表达，在种子中表达量高，在果针入土15天内几乎检测不到油体蛋白基因的表达，随着种子的发育，油体蛋白基因的表达量逐步提高（李爱芹等，2011）。

表 4-7 花生油体蛋白编码基因的基本信息

花生油体蛋白基因	GenBank 登录号	阅读框/bp	推测蛋白		
			长度/aa	分子质量/kDa	等电点
AhOLEO-16.9	EG372527 AAU21501 EE124449	501	166	16.9	8.99
AhOLEO-17.7	EG373122 AAU21500 AAU21499 EE124694	510	169	17.7	9.62
AhOLEO-14.3	EE124234 AAZ20276 EE126518	414	137	14.3	10.04
AhOLEO-18.6	EG373716 AAT11925 AAK13449	531	176	18.6	9.81
AhOLEO-22	EG372719	633	210	22.0	6.34
AhOLEO-18.4	EE125019 AAK13450	528	175	18.4	9.57

第二节 花生油脂合成和积累调控基因的研究

一、植物油脂合成调控基因研究进展

随着模式植物功能基因组学和分子生物学的发展及突变体库的构建，植物种子发育过程的分子机制逐渐被阐明。研究表明，影响种子发育的一些转录因子也是影响种子中油分和蛋白质积累的关键因子。*LEC1*、*LEC2*、*ABI3* 和 *FUS3* 等都是种子发育过程及物质积累的关键调控因子，处于调控网络的上游，它们控制着植物发育的多项生物过程。这些基因的突变、过量表达或异位表达对植物的生长发育会产生严重影响，对这些基因表达调控机制的研究在理论和实践上都具有重要意义。

LEC1（leafy cotyledon 1）编码 CCAAT-Box 结合因子 HAP3 的一个亚基。*LEC1* 转录因子控制胚胎发育过程中的多个方面，是胚胎发育过程中关键调控因子。在胚胎发育早期 *LEC1* 维持胚柄细胞及子叶的特性，而在胚胎发育的后期，*LEC1* 基因的表达与储藏物质的积累、胚抗脱水能力的获得等种子成熟过程相关。过量表达拟南芥 *LEC1* 基因可影响其他转录因子，如 *ABI3*、*FUS3* 和 *WRINKLED1* 等，提高脂肪酸合成相关基因表达的整体水平，引起脂肪酸和油脂含量的提高（Mu et al.，2008）。*LEC2* 是含有 B3 结构域的 DNA 结合蛋白家族成员之一，与 *LEC1* 相似，*LEC2* 控制着植物种子发育过程的多个方面。*LEC2* 活性的提高可促进 *LEC1*、*FUS3* 和 *ABI3* 基因的表达，异位表达 *FUS3* 基因可以促进脂肪酸生物合成相关基因的表达（Wang et al.，2007a），而对 *LEC2* 基因的诱导表达可促进叶片中储藏油脂的积累（Mendoza et al.，2005）。

WRINKLED1 编码一个 AP2/EREB 结构域蛋白，35S 启动子驱动 *WRI1* 的 cDNA 在拟南芥中过表达，在 T4 代转基因株系中，种子油分含量提高了 10%～20%，且产量没有受到转基因的影响（Cernac and Benning，2004）。从油棕中克隆的 *WRI1* 基因在油棕的中果

皮中高水平表达，在 C 端区域较拟南芥 *WRI1* 缺失 90 多个氨基酸，然而，互补实验表明油棕 *WRI1* 能够使拟南芥 *wri1* 突变体多方面的表型恢复为野生型（Ma et al.，2013）。玉米的 *WRI1* 基因有 2 个拷贝，均能互补拟南芥 *wri1* 突变体，过表达玉米 *WRI1* 基因不仅能提高玉米脂肪酸含量，还能提高多数氨基酸的含量，转录组分析筛选出 18 个候选靶基因，其中有 12 个基因的上游序列含有 AW 保守基序（Pouvreau et al.，2011）。*LEC2* 和 *LEC1* 均是影响 *WRI1* 表达的上游基因（Cernac and Benning，2004）。根据当前的研究，在调控种子含油量的复杂网络中，*LEC1*、*LEC2*、*FUS3* 和 *ABI3* 等转录因子都起着重要作用。而这 4 个转录因子均受植物激素（生长素、ABA、GA）的影响，同时调控下游的 WRI1、ABI5 和 AGL15 等转录因子（Mendoza et al.，2008）。

GLABRA2 是一种同源盒蛋白（homeobox protein），维持毛状体和根毛的正常发育，拟南芥 *GLABRA2* 基因突变体种子中含油量较野生型提高了 8%，而在植物生长发育和种子的大小方面无显著差异。*GLABRA2* 基因的突变没有改变胚发育过程中 *LEC1* 和 PICKLE 的表达，但引起了 38 个转录因子转录活性的降低（Shen et al.，2006）。将大豆的 Dof4 和 Dof11 转录因子的编码基因转入拟南芥，引起转基因种子含油量的提高和千粒重的增加，这两个基因的表达提高了乙酰辅酶 A 羧化酶和长链乙酰辅酶 A 合成酶的活性，并能引起储藏蛋白基因表达下调，从而使物质合成向脂肪酸合成的方向转变（Wang et al.，2007b）。

拟南芥 *HAIKU2*（*IKU2*）编码一个富亮氨酸重复序列（leucine-rich repeat，LRR）激酶，调控种子的发育，是近年来发现的影响种子大小和含油量的基因（Luo et al.，2005）。过量表达 *IKU2* 基因能导致转基因种子增大，同时含油量较非转基因株系提高 35%（Fatihi et al.，2013）。在拟南芥中过量表达大豆 ZIP123 转录因子基因能够提高转基因植株种子中脂肪含量。ZIP123 转录因子通过与基因启动子结合，促进蔗糖转运蛋白编码基因 *SUC1* 和 *SUC5* 及胞壁间酶编码基因 *INV1*、*INV3* 和 *INV6* 的表达，促进了碳源向油脂合成方向的转化，并调节养分负载细胞的细胞壁转运机制，提高了种子的含油量（Song et al.，2013）。

拟南芥种子中积累一种重要的 ω-3 型多不饱和脂肪酸 α-亚麻酸（ALA），ALA 的合成在很大程度上取决于脂肪酸脱氢酶 3（FAD3）的活性，通过拟南芥突变体的研究发现，bZIP67 转录因子结合 *FAD3* 基因启动子上的 G-boxs 元件，促进 FAD3 基因的表达，进一步研究推测，L1L、NF-YC2 和 bZIP67 组成的转录复合体在胚发育时期被 *LEC1* 所诱导，通过促进 *FAD3* 的表达特异提高 ALA 脂肪酸的积累（Mendes et al.，2013）。

二、花生油脂合成调控基因的克隆与研究

通过构建花生 cDNA 文库，结合大规模 EST 测序，李爱芹等（2009）从花生中克隆了 *LEC1* 基因的 2 个成员 *LEC1A* 和 *LEC1B* 的全长 cDNA 序列。*AhLEC1A* 的 cDNA 长度为 991 bp，阅读框长度为 681 bp，编码蛋白质长度为 227 个氨基酸，预测的等电点为 6.40；*AhLEC1B* 的 cDNA 长度为 959 bp，阅读框长度为 678 bp，编码蛋白质长度为 226 个氨基酸，预测的等电点为 6.46。两个基因阅读框有 28 个碱基的差异，预测蛋白质有 12 个氨基酸的差异。花生中 *LEC1* 的两个成员的 B 结构域高度保守，属于 *LEC1* 型 HAP3 亚基。不同植物中 *LEC1* 基因在 B 结构域以外的序列差异很大。利用花生 cDNA 芯片和半定量

RT-PCR 对花生 *LEC1* 表达的研究表明，*LEC1* 在种子中高水平表达，在种子发育的不同时期表达有差异。陈四龙（2012）克隆到花生关键转录因子基因 *LEC1-like* 的 4 条全长 cDNA，分为 LEC1-likeA 和 LEC1-likeB 两种类型。通过在拟南芥中组成型过量表达和种子特异表达花生 *LEC1-likeA* 基因，发现转基因 T_2 和 T_3 代植株种子各个脂肪酸组分含量发生明显变化，该基因的表达诱导了脂肪酸合成相关基因的上调表达，其中以 *FAD2* 和 β-酮脂酰-辅酶 A 合酶 18（KCS18）的上调最为明显，蔗糖代谢和糖酵解途径及胚胎发生关键转录因子编码基因也上调表达。

从鲁花 14 号品种中克隆了 *FUS3* 基因和 *WRI1* 基因。花生 *FUS3* 基因的 cDNA 序列共 1300 bp，包括完整的阅读框 846 bp，预测编码 282 个氨基酸的蛋白质，分子质量为 31.5 kDa，等电点为 5.35，蛋白质序列与苜蓿 B3 转录因子相似性达 74%，与拟南芥 *FUS3* 相似性为 68%，其中 B3 结构域相似性高达 94%。花生 *FUS3* 与其他植物中 *FUS3* 基因的蛋白质序列比对表明，其 B3 功能域保守性很强，但预测的 DNA 结合域的氨基酸序列与其他植物差异很大。*WRINKLED1* 基因属于 RAP2（related AP2 gene）家族的 AP2 like 亚族，在拟南芥中 AP2 like 亚族包括了 *AP2*、*ANT* 和 *WRINKLED1* 等基因，虽然其功能域相似性很高，但差异部分导致其在功能上的差别，作者在花生中克隆了 2 种 *WRINKLED1* 基因，命名为 *AhWRI1* 和 *AhWRI2*，测序分析得到鲁花 14 号栽培种中存在 2 种 *AhWRI1* 基因，*AhWRI1-1* 的 ORF 长度为 1101 bp，而 *AhWRI1-2* 的 ORF 长度为 1080 bp，分别编码 366 个和 359 个氨基酸的蛋白质。*AhWRI1* 与拟南芥 *WRINKLED1* 基因有较高的相似性。*AhWRI2* 的完整 ORF 为 1269 bp，编码 422 个氨基酸残基的蛋白质，*AhWRI2* 基因的 3′端与拟南芥的 *WRINKLED1* 基因序列差异较大。表达分析结果表明，*AhFUS3* 和 *AhWRI1* 基因在花生种子中表达水平较高，而 *AhWRI2* 在花生各组织中均有表达（夏晗等未发表数据）。

第三节　花生种子蛋白相关基因的克隆研究

花生籽粒中除脂肪之外，还有 25%～36%的蛋白质，蛋白质也是花生的主要营养成分。花生蛋白的营养很高，在植物蛋白中仅次于大豆蛋白。但花生蛋白中必需氨基酸的组成不平衡。更重要的是，花生储藏蛋白含有大量致敏性蛋白，由此引起的花生过敏在西方国家是一个严重的问题。另外，很多花生储藏蛋白参与种子脱水、萌发等生物过程，克隆花生种子蛋白基因对利用基因工程降低过敏原，提高蛋白质含量和营养，改进花生抗性等都具有重要意义。

一、花生 LEA 蛋白基因的克隆与分类

LEA（late embryogenesis abundant protein）蛋白家族是一类在种子胚胎发育晚期丰富表达的蛋白质，在种子发育过程中大量积累，同时在植物处于干旱、寒冷、盐胁迫等逆境条件下高水平表达，推测该类蛋白质在缺水条件下具有一定的生理保护功能。LEA 蛋白是一个大的家族，拟南芥中就有 50 个基因编码 LEA 蛋白，可分为 9 个组，多数预测的编码蛋白较小，具有 LEA 蛋白不同组特异的重复序列。拟南芥中有些 *LEA* 基因在

没有胁迫的情况下，在营养器官组织中也表达，来自同一组的 *LEA* 基因的表达模式也不尽相同，另外，有些表达模式类似的 *LEA* 基因也并非参与相同的生物途径（Bies-Ethève et al.，2008）。Zhang 等（2007）将高山离子芥（*Chorispora bungeana*）的 *LEA* 基因转入烟草，Yin 等（2006）将马铃薯的第 2 族 LEA 蛋白 *DHN24* 基因转入黄瓜，转基因株系的抗寒性都显著提高。另外，林世杰等（2006）将柽柳（*Tamarix chinensis*）*LEA* 基因转入烟草，结果表明，表达柽柳 *LEA* 基因的转基因烟草耐低温能力增强。

从未成熟花生种子 cDNA 文库的 EST 序列中，克隆了 19 个花生 LEA 蛋白的编码基因，将它们分为 8 组，其基本信息如表 4-8 所示。通过这些基因在种子发育不同时期，以及不同组织中的表达分析表明，*AhLEA1*、*AhLEA4*、*AhLEA5* 和 *AhLEA8* 只在种子中检测出表达，其他花生 LEA 蛋白基因也能在除种子之外的组织器官中表达，而在种子发育不同时期，不同 *LEA* 基因的表达也不同（Su et al.，2011）。花生 LEA18 蛋白具有较高的亲水能力，该基因在种子中特异表达，特别是在花生种子发育的后期表达量提高，可能在种子脱水过程中起重要作用（苏磊等，2010）。

表 4-8　花生 LEA 蛋白及其编码基因的基本特征

基因	GenBank 登录号	阅读框/bp	编码蛋白			其他特征
			长度/aa	分子质量/kDa	等电点	
AhLEA1-1	EE123733	291	96	10.50	5.53	均具有 3 个特征保守域
AhLEA1-2	EE123966	285	94	10.14	6.03	
AhLEA1-3	EG372683	297	98	10.70	6.04	
AhDHN1	EG373430	624	207	21.03	7.72	具有 Y2SK2 特征的脱水素
AhLEA3-1	EE123823	465	154	16.5	8.39	LEA 蛋白最大的亚族，均具有 5 个特征的保守域
AhLEA3-2	EE126712	216	71	7.61	9.64	
AhLEA3-3	GO323327	549	182	19.71	5.21	
AhLEA3-4	EE124666	825	274	9.52	5.60	
AhLEA3-5	EE126125	603	200	22.50	6.65	
AhLEA3-6	EE124732	948	338	36.76	5.14	
AhLEA3-7	EE125439	201	66	6.98	9.41	
AhLEA4-1	EE126310	519	172	17.92	9.49	具有 5 个特征性保守域
AhLEA4-2	EE123678	501	167	17.3	9.68	
AhLEA5-1	HM543586	663	220	22.64	5.44	*AhLEA5-1* 具有 3 个完整的特征保守域，而 *AhLEA5-2* 只具有第 2、3 保守域
AhLEA5-2	HM543587	798	265	27.37	4.62	
AhLEA6-1	EE125414	294	97	10.19	10.08	两个保守域中，1 号保守域更加保守
AhLEA6-2	EE123977	276	91	9.66	9.72	
AhLEA7-1	EG372672	468	155	17.04	5.66	具有 3 个特征保守域
AhLEA8-1	EE1252299	285	94	10.21	4.75	4 个保守域中，1 号和 2 号严格保守

二、花生脂质转运蛋白的克隆分析

植物脂质转运蛋白（lipid transfer protein，LTP）作为一类小分子碱性蛋白在脂类物质的运输、生殖发育、抵御不良环境等方面具有重要的作用。非特异性脂质转运蛋白（non-specific lipid transfer protein，nsLTP）是一类小分子可溶性蛋白，在高等植物中占全部可溶性蛋白的 4%，是植物抗菌蛋白的一种（李诚斌等，2006）。nsLTP 可能是一种移动信号因子，参与系统获得抗性（systemic acquired resistance，SAR）过程（Maldonado et al.，2002）。将巴西旱稻中克隆的 *LTP1* 基因转化到水稻品种日本晴中，在盐胁迫下，转基因植物耐盐能力明显提高（李诚斌，2004）。LTP 参与植物发育的多个方面，水稻中 OsC6 属于 LTP1 和 LTP2 的一个进化分支，在花药发育过程中，OsC6 在油脂微粒体和花粉外壁发育中起关键作用（Zhang et al.，2010）。在豆科植物紫云英中鉴定了一个 LTP 蛋白 AsE246，其主要在根瘤中表达，在植物体内能够结合膜脂双半乳糖基甘油二酯（digalactosyldiacylglycerol，DGDG）。过量表达该基因能够增加根瘤的数量，抑制基因的表达则产生相反的效果，表明 AsE246 通过参与共生体膜的脂肪运输促进豆科和根瘤菌的共生体形成（Lei et al.，2014）。

赵传志等（2009）从花生未成熟种子 cDNA 文库中克隆了 5 类 *LTP* 基因，按编码蛋白质分子质量命名为 *AhLTP-11.5*、*AhLTP-12.8*、*AhLTP-11.8*、*AhLTP-8.3* 和 *AhLTP-19.2*（表 4-9）。文库的大规模 EST 测序表明，这 5 类基因中，*AhLTP-11.5* 对应的 EST 数最多，推测是花生种子中表达丰度最高的 LTP 种类。序列分析表明，*AhLTP-11.5* 属于非特异脂质转运蛋白亚族，在第 3～26 个氨基酸处形成一个明显的跨膜区。表达研究证明，*AhLTP-11.5* 基因在花生茎、叶、花和种子中均有表达，在根中几乎检测不到，花生种子发育的不同时期其表达变化明显，在果针入土 15 天时表达量较低，20 天以后表达趋于稳定。

表 4-9　花生 *LTP* 基因及编码蛋白的基本信息

基因	GenBank 登录号	阅读框/bp	编码蛋白		
			长度/aa	分子质量/kDa	等电点
AhLTP-11.5	EE124013	351	116	11.5	8.76
AhLTP-12.8	EE126413	360	119	12.8	8.51
AhLTP-11.8	EE127733	354	117	11.8	8.93
Ah LTP-8.3	EE123829	243	80	8.3	8.33
AhLTP-19.2	EE126155	531	176	19.2	8.52

三、花生储藏蛋白和过敏原基因克隆分析

花生种子中积累了大量的 2S 清蛋白、半球蛋白、球蛋白等种子储藏蛋白，人类对这些蛋白中的相当一部分具有过敏反应。球蛋白（7S 和 11S）代表了植物种子中被人类消费的主要蛋白（Teuber and Beyer，2004）。豌豆球蛋白（7S）和豆球蛋白（11S）具有相似的折叠，同属 cupin 超级蛋白家族（Agarwal et al.，2009；Dunwell et al.，2001，2004）。豌豆球蛋白和豆球蛋白因为存在 2 个典型的 cupin 桶状折叠，被归为双 cupin 家族。cupin 家族蛋白具有很强的热稳定性，能抵御人类胃肠道消化，此类蛋白往往是过敏原（van Boxtel et al.，2008；Schmitt et al.，2010）。有些过敏原是花生种子的主要储藏蛋白，如 Ara h1 占花生种子总蛋白含量的 12%～16%（Burks et al.，1991）。

花生过敏原的大量存在对部分消费者的健康构成严重威胁，在英国有 0.5%的人对花

生过敏，在美国则有1.1%的人对花生过敏（Sicherer et al.，1999），法国一次小规模的调查表明法国有8%的幼儿对花生过敏原呈阳性反应（Rabjohn et al.，1999）。在中国花生过敏情况比欧美国家要好得多，只有大约4%的对食物过敏的人对花生过敏（李宏，2000）。花生过敏原所引起的过敏反应不像其他过敏原引起的过敏反应一样随着年龄的增长逐渐减轻，只有很少一部分对花生过敏的人随年龄增长会对花生过敏原产生抗性，超过90%的花生过敏患者需要终生忍受痛苦。因此，对花生种子改良，降低其过敏原含量显得极其重要。食物过敏原的研究一直是世界各国特别是欧美国家所重视的与人类健康直接相关的重大课题，通过各种手段筛选、生产低过敏原食品，是医疗、卫生、农业、食品等领域共同关注的问题。

已经鉴定的花生过敏原有12种，它们是Ara h1、Ara h2、Ara h3、Ara h5、Ara h6、Ara h7、Ara h8、Ara h9、Ara h10、Ara h11、Ara h12、Ara h13（Becker and Jappe，2014），其中Ara h1、Ara h2、Ara h3和Ara h6是花生主要过敏原（Hurlburt et al.，2013），有90%的花生过敏患者的IgE能与过敏原Ara h1/2发生反应，Ara h3则与44%左右的花生过敏患者的IgE反应（Rabjohn et al.，1999）。

Ara h1是一种豌豆球蛋白，Ara h3是一种豆球蛋白，属于cupin超级家族。过敏原Ara h2、Ara h6和Ara h7属于羽扇豆球蛋白，过敏原Ara h5属于抑制蛋白，过敏原Ara h8属于病程相关蛋白。随着花生过敏原蛋白研究的深入，有些命名也发生了变化，原来的过敏原Ara h3改为Ara h 3.01，原来的花生过敏原Ara h 4改为Ara h 3.02，说明这两种过敏原较为相似。

Burks等（1995）利用探针从花生cDNA文库中筛选了编码过敏原Ara h1的两个克隆P17和41B，cDNA长度分别为2050 bp和1972 bp，分别编码614个和626个氨基酸，两者核酸序列的相似性为97%。Viquez等（2003）利用探针筛选BAC文库的方法克隆了41B的基因组序列，其全长4447 bp，含有4个外显子和3个内含子。对其启动子区域的序列分析表明，其具有多个种子特异元件，能够使该基因在种子中高水平表达。同样利用探针从cDNA文库中筛选了花生过敏原Ara h2的克隆，cDNA长度为741，编码蛋白质分子质量约为17.5 kDa，从中鉴定了10个IgE结合表位（Stanley et al.，1997），质谱分析表明，Ara h2分为16.67 kDa和18.05 kDa的蛋白质分子。从cDNA文库中扩增获得两个编码Ara h 2.01和Ara h 2.02的基因，Ara h 2.02从第75个氨基酸开始具有12个氨基酸的插入，其中包括了主要IgE结合表位DPYSPS的第3个重复（Chatel et al.，2003）。对30个野生花生（*A. duranensis*）种质的Ara h 2.01基因进行克隆比较，获得编码区中的5个SNP，均不能引起蛋白质构象的变化，在7号表位上S到T的转变会降低56%～99%的IgE结合活性，但不影响T细胞表位（Ramos et al.，2009）。花生过敏原Ara h6与过敏原Ara h2同源，蛋白一致性达55%，特别是在蛋白质的C端和中间部分，蛋白质分子质量为14.5 kDa（Koid et al.，2012）。Koppelman等（2005）纯化的Ara h6蛋白的分子质量为14.98 kDa。根据GenBank中提交的序列，花生过敏原Ara h6基因至少有4个成员，说明了此类基因在花生基因组中的多样性和复杂性。对栽培花生和二倍体野生祖先种*A. duranensis*和*A. ipaensis*编码花生Ara h2和Ara h6的基因组序列进行了比较，发现栽培种中的同源基因来自二倍体野生种，其中栽培种中Ara h6基因有3个拷贝，其中两个来自B基因组，一个来自A基因组。在B基因组中的克隆分析发现Ara h 2.02与一个Ara h 6紧密连锁（Ramos et al.，2006）。

从 cDNA 文库中筛选出花生过敏原 Ara h3 的 cDNA 序列，具有 1530 bp 的阅读框，编码 509 个氨基酸，其编码蛋白质的分子质量约为 57 kDa，该片段缺失 5′端部分编码信号肽和起始密码子的序列，Ara h3 与大豆和豌豆中的球蛋白相似性达 62%和 72%（Rabjohn er al.，1999）。Viquez 等（2004）克隆了 3.5 kb 的 Ara h3 基因组序列，具有 4 个外显子和 3 个内含子，以及 3′和 5′端侧翼序列，启动子区包含 TATA 框、CAAT 盒子和 G 盒子等顺式元件。花生 Ara h4 基因的 cDNA 序列为 1872 bp，编码 530 个氨基酸，预测分子质量 61.0 kDa（Kleber-Janke et al.，1999）。根据 GenBank 中提交的序列，花生过敏原 Ara h5 至少有 3 个不同的成员，其蛋白质序列相似性达 90%以上，序列分析表明 Ara h5 更接近于橡胶树乳胶抑制蛋白（Hev b8），但其晶体结构更接近于桦树花粉过敏原 2（Bet v2）（Wang et al.，2013）。通过噬菌体展示技术筛选了编码花生过敏原 7 的基因，分别为 Ara h7.0101、Ara h7.0201 和 Ara h7.0202 基因。Ara h7.0101 的成熟蛋白质分子质量为 16.3 kDa，等电点为 5.56，而 Ara h7.0201 的分子质量为 17.3 kDa，等电点为 7.5，在保守功能域，Ara h7.0201 具有 8 个半胱氨酸残基，而相应位置上，Ara h7.0101 具有 6 个半胱氨酸残基（Schmidt et al.，2010）。通过 PCR 和 5′RACE 克隆了 Ara h8 的全长 cDNA 序列，具有 471 bp 的编码区，编码 157 个氨基酸的蛋白质，该蛋白质分子质量约 16.9 kDa，等电点 5.03（Mittag et al.，2004）。Ara h8 具有两组差异较大的基因，Ara h8.0101 与 Ara h8.0201 的蛋白质序列相似性为 53%，其中 Ara h8.0201 基因与 AhPR10 的相似性达 85.1%，其基因组序列具有 2 个外显子和 1 个内含子（Riecken et al.，2008）。

很长一段时间，花生中只命名了以上 8 种过敏原，后来人们又命名了非典型的转脂蛋白为花生第 9 过敏原，属于醇溶蛋白超级家族，主要在地中海地区人群的花生过敏中起作用（Krause et al.，2009；Lauer et al.，2009）。Ara h9 基因有两个成员，分别是 Ara h9.0101 和 Ara h9.0201，均编码 92 个氨基酸的蛋白质，其蛋白质序列的相似性达 90%，其蛋白质分子质量分别为 9.14 kDa 和 9.05 kDa，等电点分别为 9.45 和 9.25（Lauer et al.，2009）。而花生中 18 kDa 的油体蛋白也被认为是一种过敏原，参与对花生与大豆同时过敏的交叉反应（Pons et al.，2002），两种花生油体蛋白被命名为花生过敏原 10 和 11，作为过敏原 10 的油体蛋白编码基因在花生中有两个成员，均编码 176 个氨基酸的蛋白质，两种蛋白质的 C 端和 N 端具有 7 个氨基酸的差异，其基因组序列没有内含子（Pons et al.，2005）。另外，花生中两种防卫素被命名为过敏原 12 和 13。GenBank 和过敏原专业网站（http://www.allergenonline.org，http://www.allergen.org）中详细记录了花生各种过敏原信息（表 4-10，引自网站有补充）。

过敏原的同源异构体可能存在过敏性的差异，如花生过敏原 3 的一个同源异构体表现出致敏性降低的特性（Kang and Gallo，2007）。利用花生 A 基因组野生型和栽培种的全基因组 BAC 文库（Yuksel and Paterson，2005），在基因组范围内筛查了花生主要过敏原相关的 BAC 克隆，通过测序对这些基因进行比较，发现 Ara h3 及其相关的 11S 豆球蛋白有 16 个基因，Ara h2 和 Ara h6 相关的 2S 清蛋白也有 16 个基因，他们的过敏原表位差别较大，说明这些储藏蛋白致敏能力不同。对花生过敏原 1 和 3 的基因家族基因启动子区保守域的研究表明，花生过敏原 3 基因的启动子序列比过敏原 1 基因启动子序列更保守（Ratnaparkhe et al.，2014）。

表 4-10　花生过敏原基因和蛋白质信息

花生过敏原	蛋白质种类	蛋白质分子质量/kDa	GenBank 中的 GI 号	编码蛋白长度（AA）
Ara h 1	cupin（vicillin-type，7S globulin）	64	1168390	614
			1168391	626
			46560474	299
			46560472	303
			46560476	428
			312233063	619
Ara h 2	conglutin（2S albumin）	17	26245447	172
			31322017	169
			15418705	156
			224747150	158
Ara h 3	cupin（legumin-type，11S globulin，glycinin）	60、37（fragment）	3703107	507
			5712199	530
			21314465	538
			22135348	219
			112380623	512
			199732457	530
			224036293	510
			312233065	512
Ara h 5	profilin	15	5902968	131
			284810529	131
			431812554	131
Ara h 6	conglutin（2S albumin）	15	5923742	129
			17225991	144
			159163254	127
			75114094	145
Ara h 7	conglutin（2S albumin）	15	5931948	160
			158121995	164
Ara h 8	pathogenesis-related protein，PR-10，Bet v 1 family member	17	37499626	157
			145904610	153
			169786740	157
			110676574	157
Ara h 9	nonspecific lipid-transfer protein 1	9.8	161087230	116
			161610580	92
Ara h 10	16 kDa oleosin	16	113200508	169
			52001238	150
Ara h 11	14 kDa oleosin	14	71040654	137
Ara h 12	defensin	8（reducing），12（non-reducing），5.2（mass）	207494527	75
Ara h 13	defensin	8（reducing），11（non-reducing），5.5（mass）	160623256	73

第四节　花青素生物合成和调控基因的克隆研究

一、花青素的生物合成与调控基因

花青素（anthocyanin）或被称为花色素，属黄酮类化合物，是一类广泛存在于植物中的水溶性天然色素，主要在植物液泡中累积，是植物花瓣中的主要呈色物质。其基本结构单元是2-苯基苯并呋喃，即花色基元，大多数花青素在花色基元上有取代基，由于取代基的种类和位置不同，形成了各种各样的花青素。目前已知的花青素有50多种，植物中常见的有6种，即天竺葵色素（pelargonidin）、矢车菊色素（cyanidin）、翠雀素或飞燕草色素（delphindin）、芍药色素（peonidin）、牵牛花色素（petunidin）和锦葵色素（malvidin）及其衍生物（Harborne and Williams，2001）。自然条件下，游离状态的花青素极少见，花青素常与一个或多个葡萄糖、鼠李糖、半乳糖、阿拉伯糖等通过糖苷键形成花色苷。花色素具有多种生物学功能，如吸引昆虫传粉，抵御低温和紫外线伤害及抵御植物病害等（Ballaré，2003）。花青素还是一种天然、安全、无毒的食用色素（Bagchi et al.，2004），是迄今为止发现的最强效的自由基清除剂，具有抗氧化、抗衰老、预防心脑血管疾病、保护肝脏与抗癌等多种生理功能。花青素在园艺、医药和保健食品等方面均具有重要价值（郭凤丹等，2011a）。

植物花青素的生物合成途径已有深入的研究，花青素和类黄酮物质代谢途径及关键酶类已经较为清楚。苯丙氨酸是类黄酮生物合成的直接前体，由苯丙氨酸到花青素的合成被划分为3个阶段。第一个阶段由苯丙氨酸到4-香豆酰CoA，该步骤受苯丙氨酸裂解酶（PAL）、肉桂酸羟化酶（C4H）和4-香豆酰CoA连接酶（4CL）活性的调控。第二个阶段由4-香豆酰CoA和3个丙二酰CoA形成二羟黄酮醇，这是类黄酮代谢的关键反应，受查耳酮合酶（CHS）、查耳酮异构酶（CHI）和黄烷酮-3-羟化酶（F3H）的活性调控。第三个阶段是各种花青素的合成，由二羟黄酮醇还原酶（DFR）和花青素合成酶（ANS/LDOX）将无色黄酮醇转化为无色花青素，再经氧化、脱水形成未修饰的花青素（Ferrer et al.，2008；郭凤丹等，2011a）。合成的花青素在不同物种中经历不同的修饰，然后被运输到液泡内和细胞壁上聚集，这也需要多种酶和运输蛋白的参与。未还原的无色花青素和花青素还可以在无色花青素还原酶（LAR）和花青素还原酶（ANR）的作用下，分别合成儿茶素和表儿茶素（Tanaka et al.，2009；Marinova et al.，2007）。

利用基因工程改变花色素合成相关的结构基因或调控基因的表达，可以定向改变观赏植物的花色或叶色，提高植物保健及药用价值，具有广阔的应用前景。Napoli等（1990）将*CHS*基因在矮牵牛中过量表达，由于转入的*CHS*基因和内源*CHS*基因产生干扰，导致了白色或有白斑的花。利用高通量测序技术对siRNA的检测表明，转基因植物中高水平积累CHS的siRNA（de Paoli et al.，2009）。利用RNAi技术抑制番茄CHS的表达，结果转基因番茄整体花青素水平、果实颜色、*CHS1*和*CHS2*转录水平及CHS酶活比野生型降低，且产生无籽果实（Schijlen et al.，2007），说明CHS除控制花青素合成之外，可能还有其他生物功能。

利用基因工程技术改变调控基因的表达也可以影响花青素的积累。在番茄中表达金鱼草编码 bHLH、MYB 类转录因子的两个基因 *Del* 和 *Rose1*，转化株果实在成熟阶段后期开始积累色素，完全成熟时，花青素含量明显提高，果实显示不同程度的紫色（Butelli et al.，2008）。苜蓿中编码 WD40 重复蛋白的基因 *MtWD40-1* 缺失，会阻断种子内一系列酚类化合物的积累，如原花色素、表儿茶素及其他黄酮类物质等，减少花中表儿茶素含量，降低根中异黄酮含量（Pang et al.，2009）。通过基因工程改变花青素的组成成分和含量的例子还有很多，在此不一一累述，这些基因在增加转基因植物观赏价值、药用保健价值等方面具有重要应用前景。

二、花生中花青素生物合成基因

花青素不仅能够改善花生种子的品质，而且通过调节花青素途径中关键基因的表达，能影响木质素的合成，改善果皮硬度、果柄强度等。近年来，在花生花青素途径关键基因的克隆鉴定方面取得了一定的进展，这些基因为将来花生的基因工程改良奠定了基础。

1. 花生查耳酮异构酶基因

查耳酮异构酶（CHI）是第一个被认识的黄酮类化合物合成相关酶，也是黄酮代谢途径中的关键酶之一，它催化查耳酮异构为（2S）-黄烷酮或（2S）-5-脱氧黄烷酮。根据作用底物的不同，植物中查耳酮异构酶可被分为两类，I 型查耳酮异构酶仅能催化 6-羟基查耳酮转化为（2S）-黄烷酮或（2S）-5-脱氧黄烷酮。II 型查耳酮异构酶除能将查耳酮异构化为（2S）-5-脱氧黄烷酮之外，还能将 6-脱氧查耳酮异构化为（2S）-黄烷酮或（2S）-5-脱氧黄烷酮，这类查耳酮异构酶主要存在于豆科植物中（Shimada et al.，2003；张越等，2011）。

Zhang 等（2012）从花生中克隆了一个 *CHI* 基因，其 ORF 长度为 768 bp，编码 256 个氨基酸的蛋白质，预测的等电点为 5.19。克隆了花生 *CHI* 基因组 DNA 序列，长度 1050 bp，包含 3 个外显子和 2 个内含子。将花生的 CHI 与来源于其他植物的 15 种 CHI 蛋白序列进行比较发现，花生 CHI 蛋白序列高度保守，为 I 型 CHI。该基因在果针中的表达水平显著高于其他组织，该基因在种子中的表达量随种皮颜色的加深而明显增加，说明其在花青素合成方面有重要作用。

Liu 等（2015）克隆了花生中的 II 型 *CHI* 基因，该基因完整阅读框为 675 bp，编码 224 个氨基酸的蛋白质，其基因组序列长 1620 bp，含有 4 个外显子和 3 个内含子。花生两类 *CHI* 基因启动子序列的差异很大，大量根特异顺式元件分布于 II 型 *CHI* 基因的启动子上，预示着该基因为根特异表达基因。利用荧光定量 PCR 检测该基因的表达，结果表明，II 型 *CHI* 基因在根中特异高水平表达，与组织中花青素含量没有直接联系，可能参与花生根与根瘤菌的互作。

2. 花生肉桂酸-4-羟化酶基因

肉桂酸-4-羟化酶（cinnamate-4-hydroxylase，C4H）是苯丙素类物质公共合成途径上的一个关键酶，催化反式肉桂酸向 4-香豆酸（4-hydroxycinnamate）的转化。4-香豆酸在不同酶的催化下进一步向木质素途径、花青素途径或原花青素途径等分支途径转化。通过花生 cDNA 文库的大规模 EST 测序，获得一个编码花生 C4H 蛋白的序列。该序列包含 *C4H* 基因的完整阅读框，编码的蛋白质含有 505 个氨基酸，相对分子质量为 57.9 kDa，等电点为 9.04，属于 P450 超家族。分析发现花生 C4H 蛋白可能有信号肽，并推测其可能是分泌蛋白，该蛋白质含有 1 个跨膜结构域，亚细胞定位分析显示该蛋白质位于线粒体中。花生 C4H 蛋白序列与其他物种来源的 C4H 蛋白序列高度保守，相似性达 95%以上。*C4H* 基因在花生的根、茎、叶、花、果针、种子中都有表达。*C4H* 基因在种子中的表达与种皮颜色无关（马敬等，2012）。

3. 花青素还原酶基因

花青素还原酶（anthocyanidin reductase，ANR）是原花青素代谢途径中的关键酶，催化花青素转化成表儿茶素。表儿茶素是一类原花青素单体，向液泡中转运并聚合成为原花青素。原花青素在多数植物体中含量较低，但葡萄中含量较高，尤其在葡萄籽中含量最多。通过花生 cDNA 文库测序，获得 2 个 EST 片段和其他物种的 *ANR* 基因序列相似，通过拼接和进一步的 PCR 扩增，获得 *ANR* 基因的完整阅读框。*ANR* 基因编码的蛋白质含有 321 个氨基酸，预测其分子质量为 35 kDa，等电点为 8.31。花生 ANR 蛋白没有信号肽，不含跨膜结构域，定位于胞外，属于分泌蛋白。花生 ANR 蛋白序列和来源于其他物种的 ANR 蛋白序列同源性很高，但 N 端氨基酸序列变异较大。在花生不同组织中都能检测到 *ANR* 基因的表达，在果针中高水平表达，在其他部位表达量较低。ANR 在鲁花 14 号、T001、FZ001 及中花 9 号种子中的表达情况显示，除在白色种皮的 FZ001 中没有检测到表达外，在其他种质的种子中都有表达（马敬等，2012）。

4. 二氢黄酮醇还原酶基因

二氢黄酮醇还原酶（dihydroflavonol 4 reductase，DFR）是植物花青素合成过程中的关键酶，催化二氢黄酮醇生成无色花青素。利用花生未成熟种子 cDNA 文库，通过大规模 EST 测序，从花生中克隆了 *DFR* 基因的全长 cDNA 序列 1362 bp，其完整阅读框长度为 1038 bp，编码 345 个氨基酸的蛋白质，预测等电点为 6.54。序列与大豆 DFR1 相似性最高，氨基酸序列相似性达 94%。花生 DFR 蛋白序列与来源于其他 9 种植物的 DFR 蛋白序列进行比较发现，植物 DFR 蛋白序列高度保守，只在近 N 端和近 C 端有一定的差异，来自豆科的花生、大豆、苜蓿和百脉根等 DFR 蛋白在 N 端也高度保守。利用 RT-PCR 方法检测不同种皮颜色的 4 个花生品种种子中 *DFR* 基因表达，结果表明 DFR 在黑种皮的中花 9 号品种中表达量最高，其次是 FT001（红色种皮），在鲁花 14 号中有微量表达，而在白色种皮材料 FZ001 的种子中没有检测到表达，说明 *DFR* 基因表达水平与花生种皮中花青素含量直接相关。另外，检测了一种茎叶呈紫色的花生材料中 *DFR* 基因的表达。该材料在幼苗时期，茎和叶呈紫色，随着植株生长，叶片颜色发生变化，紫色逐渐消失，成熟叶片颜色接近于普通花生品种，茎则一直呈现紫色；该材料种皮呈现紫色与白色相间的颜色。表达分析发现，紫茎中 *DFR* 基因表达量明显高于鲁花 14 号绿茎中的表达量（郭凤丹等，2011b）。

5. 黄烷酮3-羟化酶基因

花生黄烷酮3-羟化酶（flavanone3-hydroxylase，F3H）催化黄烷酮生成二氢黄酮醇。在其他植物中的研究表明，F3H表达量的改变会引起植物器官颜色和花青素含量的变化（Jiang et al.，2013）。根据花生转录组测序和注释结果，从中筛选到一条长516 bp、可能编码F3H的unigene，通过数据库检索，获得13条同源性较高的EST序列，拼接获得一条长1460 bp的序列，进而扩增得到花生F3H的cDNA序列，包含1101 bp的阅读框，编码366个氨基酸的蛋白质，预测分子质量为41.2 kDa，等电点为5.57。花生F3H与多种植物的F3H高度同源，其中与海岛棉的相似性最高，为87%，与大豆F3H的相似性也在84%以上。花生F3H同其他物种来源的F3H均含有一个依赖α-酮戊二酸和Fe^{2+}的加氧酶［2OG-Fe（II）-dependent oxygenase］保守结构域，其中2OG结合位点及Fe^{2+}结合位点氨基酸序列完全相同。花生*F3H*基因在花生紫色茎叶种质材料中的相对表达量明显高于普通品种丰花1号，这与两个花生品种茎叶中花青素含量的趋势一致（李明等，2013）。

第五节　花生赤霉素合成和信号基因克隆研究

花生荚果的发育直接影响产量、品质，并在一定程度上影响花生对黄曲霉的抗性。模式植物的研究表明，果实发育是一个非常复杂的过程，涉及大量基因、调控因子及不同的植物生长调节因子。在正常的荚果发育中，生长素和赤霉素都起着非常关键的作用，赤霉素是调控植物生长发育的重要植物激素，在调控果实发育过程中具有重要作用。

一、花生赤霉素生物合成关键酶基因

1. 花生赤霉素20-氧化酶基因

赤霉素20-氧化酶（gibberellin 20 oxidase，GA20ox）是赤霉素生物合成最重要的限速酶，催化20碳链形成C_{19}-GA的骨架，氧化C-20形成醛，进而去除碳原子形成内酯，将GA_{12}和GA_{53}转化成GA_9和GA_{20}（Hedden and Phillips，2000）。在许多植物中该酶是由多基因家族编码的，家族不同成员间的分工不同，例如，拟南芥中具有5个*GA20ox*基因，*GA20ox1*和*GA20ox2*分别在拟南芥生长和生殖阶段表达量高，两个基因具有功能的补充作用，但*GA20ox1*主要作用于节间和纤维的伸长，而*GA20ox2*主要在开花时间和角果长度方面起作用（Rieu et al.，2008）。水稻中的*GA20ox*基因*OsGA20ox2*（*SD1*）被称为“绿色革命”基因，该基因的功能缺失突变体能够导致半矮秆性状（Sasaki et al.，2002），过表达*OsGA20ox1*也能够产生节间伸长等GA作用的表型（Oikawa et al.，2004）。对拟南芥和水稻GA20ox的研究表明，底物亲和力的不同导致产物的不同，拟南芥中对C_{20}-GA的C_{13}位非羟基化底物的高亲和力使拟南芥中的赤霉素主要以GA_4形式存在（Huang et al.，1998）。*GA20ox*基因的表达受到非常严格的调控，不但受到光的调控还受到生物活性赤霉素的反馈调节。

通过花生果针转录组测序和分析，获得了9条与*GA20ox*相关的Uni-EST，通过电子

拼接和 5′及 3′RACE，克隆得到该基因的完整阅读框为 1125 bp，命名为 *AhGA20ox1*，荧光定量 PCR 实验结果表明，该基因在花生的根、茎、叶、花、果针和种子中均有表达。在幼年根中表达量最高，花中次之，而在幼年叶片、未入土或刚入土 3 天的果针及种子中表达量极低，但在果针入土后 9 天表达量显著升高，说明 *AhGA20ox1* 在花生荚果发育初期具有重要作用（王成祥等，2013）。

2. 花生赤霉素 3-氧化酶基因

花生赤霉素 3-氧化酶（gibberellin 3 oxidase，GA3ox）又称赤霉素 3-β-羟化酶（GA3-β-hydrolase），催化 GA_{20} 形成 GA_1，GA_9 形成 GA_4。在植物体内赤霉素水平低时，GA3ox 转录水平明显提高，施加外源赤霉素会抑制该酶基因的表达。在种子萌发过程中，该酶是赤霉素合成的关键调控因子（Yamauchi et al.，2004）。在拟南芥中过量表达南瓜（*Cucurbita maxima*）的 *GA3ox1* 基因，导致转基因植株中 GA_4 含量的显著升高，同时伴随下胚轴和节间的增长，叶的生长及提早开花（Radi et al.，2006）。将大豆的 *GA3ox* 基因在烟草中表达，导致转基因植株下胚轴和茎的伸长，叶片变大，同时 GA_1 的含量显著增高（Gallego-Giraldo et al.，2008）。将大豆 *GA3ox1* 基因转入大豆中，导致转基因株系 GA_1 含量的显著增加，表现出节间、卷须和荚果变长，托叶变大，延迟开花等性状（Reinecke et al.，2013）。

通过花生果针转录组测序和分析获得了 4 条与 GA3ox 相关的 Uni-EST，通过电子拼接和 3′RACE，克隆得到该基因的完整阅读框为 1095 bp，命名为 *AhGA3ox1*，荧光定量 PCR 实验结果表明，*AhGA3ox* 在花生各个组织中均有表达，在入土 9 天的果针中表达量较高，在根和种子中表达量较低。在果针入土前、入土后荚果膨大前及入土后荚果刚开始膨大这 3 个阶段，其表达量的变化呈现逐渐升高的趋势，幼年组织比成年组织表达量高（王成祥等，2013）。

3. 花生赤霉素 2-氧化酶基因

赤霉素 2-氧化酶（gibberellin 2 oxidase，GA2ox）的编码基因一般以基因家族的形式存在。C_{19}-GA2ox 在许多植物中存在，作用于有生物活性的 GA_1 和 GA_4 或其前体 GA_{20} 和 GA_9，使两者在 C-2 位羟基化转变成无活性的 GA_8、GA_{29}、GA_{34} 和 GA_{51}（Sakamoto et al.，2004）；C_{20}-GA2ox 包括拟南芥的 GA2ox7、GA2ox8 和菠菜的 GA2ox3，作用于 C_{20}-GA 的前体，将 GA_{12}、GA_{53} 转化成 GA_{110} 和 GA_{97}（Schomburg et al.，2003；Lee and Zeevaart，2005）；也发现有的 GA2ox 同时作用于两种底物，如菠菜中的 GA2ox1 催化 GA_9 转变成 GA_{51}，同时催化 GA_{53} 转变成 GA_{97}（Lee and Zeevaart，2002）。在水稻中的研究发现，C_{20}-GA2ox 影响水稻半矮株型、分蘖和根系统的形态建成等对产量有重要影响的性状（Lo et al.，2008）。葡萄中发现 8 个 GA2ox 蛋白，其中 5 个为 C_{19}-GA2ox，3 个为 C_{20}-GA2ox，葡萄各组织中积累了不同的活性 GA，由 GA 氧化酶积累的位置和含量所调控（Giacomelli et al.，2013）。杨树中鉴定了 C_{19}-GA2ox，通过基因表达和转基因研究表明，其中 GA2ox4 和 GA2ox5 特异抑制地上茎的生长，而根中表达的 GA2ox2 和 GA2ox7 促进根的发育（Gou et al.，2011）。

从花生转录组序列中筛选到 GA2ox 的基因片段，采用 5′RACE 方法克隆了花生

GA2ox 基因的全长 cDNA 序列，其阅读框为 1014 bp，编码 338 个氨基酸的蛋白质，预测蛋白质分子质量为 37.9 kDa，等电点为 8.44。序列分析表明，花生 GA2ox 蛋白质氨基酸序列和其他植物来源的 GA2ox 具有相同的保守结构域。通过 qRT-PCR 对 *GA2ox* 基因在花生不同组织器官中的表达分析表明，该基因在果针、花、茎、叶、根、种子中都有表达，其中在成年期植株的叶中表达量最高，其次，在根中和在入土 3 天的果针中表达也相对较高，表达量最低的组织是成年的茎。果针入土后 3 天时与未入土果针相比该基因的表达量明显升高（王成祥等，2013）。

二、花生赤霉素信号转导途径的基因

赤霉素受体（GA-insensitive dwarf1，GID1）基因突变的生物个体与赤霉素合成基因突变所造成的表型相似，但是使用外源赤霉素不会恢复其表型。GID1 是一个激素敏感酯酶，晶体结构显示 GID1 蛋白具有两个重要的特征，一是激素敏感酯酶的催化结构域会结合赤霉素，二是 GID1 的 N 端“lid”结构域在结合赤霉素的情况下会形成疏水性内酯环，该结构域结合赤霉素发生构象变化，从而与 DELLA 蛋白相互作用（Ueguchi-Tanaka et al.，2007；Murase et al.，2008）。拟南芥基因组中具有 3 个 GID1 的同源蛋白，分别命名为 GID1a、GID1b 和 GID1c。体外实验证明了这些蛋白质与 GA 的亲和性，以及与拟南芥 DELLA 蛋白的相互作用，3 个基因的表达模式有重叠之处（Nakajima et al.，2006）。拟南芥 GID1 缺失突变体表现出 GA 的不敏感性，这是由于积累了大量的 DELLA 蛋白，其无法响应 GA 的信号而降解，实验表明，GA 与 GID1 的结合促进了 GID1 与 DELLA 的相互作用（Griffiths et al.，2006）。

DELLA 为赤霉素信号转导的抑制因子，在 DELLA 功能获得突变体中 GA 的信号减弱，而在功能缺失突变体中 GA 信号增强，在生物活性赤霉素不存在或浓度很低的情况下，DELLA 直接或间接抑制赤霉素响应基因的转录。具有生物活性的赤霉素可与赤霉素受体 GID1 结合，导致 GID1 构象发生改变，这种改变使其结合到 DELLA 上，并促使 DELLA 蛋白泛素化，从而诱导蛋白酶途径对 DELLA 蛋白的降解。另外，DELLA 的活性也可受到非蛋白酶降解途径的调控，即磷酸化和糖基化。DELLA 蛋白的 N 端含有调控区域，具有保守的氨基酸序列 Asp-Glu-Leu-Leu-Ala（DELLA），C 端具有 GRAS 功能域，属于 GRAS 转录因子家族，N 端的 DELLA 区域初始是不规则结构，与 GID1 结合时变成有序折叠的构象（Sun et al.，2010）。在调节区域 DELLA 区和 TVHYNP 区具有 GID1 受体结合能力的突变，会导致半显性的 GA 不敏感的矮化表型突变体（Silverstone et al.，2007；Asano et al.，2009），半矮基因的发现引导了小麦和水稻中的绿色革命，小麦中的突变位点 *Rht-1* 就定位于 *DELLA* 基因上，导致对 GA 的非敏感性。这个半矮的自然突变因其农艺性状的重要性而得到广泛应用（Chandler and Harding，2013）。

从花生中克隆得到 3 条 *AhGID1* 基因全长，分别命名为 *AhGID1a*、*AhGID1b* 和 *AhGID1c*，分别编码 344 个、345 个和 353 个氨基酸的蛋白质。通过氨基酸序列比对分析证明 3 个蛋白质之间同源性较高，系统进化树分析表明 AhGID1b 与拟南芥 AtGID1a、AtGID1b 和 AtGID1c 3 个蛋白质聚为一支，而 AhGID1a 和 AhGID1c 与拟南芥 GID1 蛋白亲缘关系较远。基因表达分析结果表明，*AhGID1* 基因在花生幼年的叶片中表达量较高，在果针中的表达都较低，与地上果针相比，入土 3 天的果针中表达量相对较高（王成祥等，2013）。

通过花生果针转录组测序和分析，从花生中克隆得到 4 个 DELLA 蛋白的编码基因，命名为 *AhDELLA1*、*AhDELLA2*、*AhDELLA3* 和 *AhDELLA4*（表 4-11）。这 4 个花生 DELLA 蛋白均具有 DELLA 结构域（包括 DELLA 和 VHYNP 两个基序）和 GRAS 结构域。通过系统进化树分析发现，花生 DELLA1 和 DELLA2 分处于一个大分支，其中 DELLA1 和大豆的 GAI1、RGA2-Like 同源性较高，DELLA2 和豌豆的 DELLA 同源性较高。而 DELLA3 和 DELLA4 与其他物种的 DELLA 蛋白亲缘关系较远，它们在花生中是否有特殊作用，还有待于证明。花生 DELLA 基因家族的 4 个基因在花生不同组织及荚果不同发育时期的表达模式差异很大。其中 *DELLA1* 和 *DELLA2* 除了在花中的表达较高以外，在其他组织中的表达差异变化不大。而 *DELLA3* 和 *DELLA4* 在花和未成熟的种子中表达量极高，其他组织中的表达较低。虽然 *DELLA3* 和 *DELLA4* 在果针中的表达量均较低，但在果针发育过程中表达量是持续升高的，在果针入土后的表达量为入土之前表达量的 10 倍以上。花生 *DELLA3* 和 *DELLA4* 基因的表达受到干旱和盐胁迫的强烈诱导，用 PEG6000 处理 12 h 其表达水平是对照的 3000 倍以上，用 250 mmol/L NaCl 处理 48 h 其表达水平达到对照的数百倍（An et al.，2015）。

表 4-11　花生 *DELLA* 基因的基本信息

基因	GenBank 登录号	阅读框/bp	编码蛋白		
			长度/aa	分子质量/kDa	等电点
AhDELLA1	JK180021	1812	603	65.5	5.61
AhDELLA2	FS987161	1749	582	63.2	5.19
AhDELLA3	JK158248	1612	536	59.2	5.03
AhDELLA4	JK159851	1612	536	59.0	4.99

第六节　花生抗病基因的克隆和研究

一、花生脂肪氧化酶基因

脂肪氧化酶（lipoxygenase，LOX）是种子脂肪代谢途径中的关键酶，能催化不饱和脂肪酸脂质氧化，可以导致生物膜的过氧化，并导致细胞代谢的变化，参与植物的生物和非生物胁迫响应、茉莉酸甲酯生化途径（Gfeller et al.，2010），以及植物细胞凋亡途径等。因此，脂肪氧化酶对作物加工、储藏及植物抗逆等方面研究都有重要意义。在模式植物中的研究发现，拟南芥和水稻中分别有 6 个和 14 个 LOX 蛋白（Umate，2011）。水稻 *LOX* 基因在植株受伤和褐飞虱危害时表达水平明显提高，在过量表达该基因的转基因水稻株系中，褐飞虱抗性明显增强（Wang et al.，2008）。对拟南芥的研究表明，*LOX2* 基因参与茉莉酸甲酯途径导致自然和逆境诱导的衰老过程（Seltmann et al.，2010）。Christensen 等（2013）的研究表明，玉米中的 LOX10 和 LOX8 分别参与绿叶挥发物质和茉莉酸甲酯的生物合成途径，并证明 LOX10 依赖的代谢产物对害虫具有抗性。玉米 LOX3

蛋白被认为参与种子和曲霉的相互作用，对玉米 lox3 缺失突变体的研究表明，突变体更易被黄曲霉和构巢曲霉侵染，产生更多的孢子和曲霉素，而玉米 lox3 突变体对镰刀菌属、毛盘孢属、旋孢腔菌属和明脐菌属均有显著抗性，说明 LOX 蛋白影响的宿主-病原体作用具有显著的病原体专一性（Gao et al.，2009）。

黄曲霉毒素污染是影响花生生产和加工的重要问题。鉴定黄曲霉抗性基因，阐明黄曲霉抗性机制，是利用传统方法和生物技术创新花生种质，培育抗黄曲霉花生新品种的基础。脂氧素（lipoxin）被认为是连接植物和病菌相互作用的信号分子，亚油酸通过两个 LOX 酶氧化形成 9S-HPODE（9S-hydroperoxy-10E, 12Z-octadecadienoic acid）和 13S-HPODE，它们均有促进产孢的作用，9S-HPODE 促进霉菌毒素的产生，而 13S-HPODE 抑制霉菌毒素的产生。利用大豆 LOX1 的序列作为探针，从花生未成熟种子的 cDNA 文库中筛选出一个 *LOX* 基因片段，并通过 5′RACE 得到全长，该花生 *LOX1* 基因预测编码 98 个氨基酸的蛋白质，与大豆的 *LOX2* 基因在序列上同源性较高，预测其编码蛋白的氨基酸序列具有其他植物 LOX 中保守的组氨酸残基，这些组氨酸被认为参与该基因与辅助因子金属离子的结合。体外研究表明，花生 *LOX1* 催化产物中 9S-HPODE 占 30%，13S-HPODE 占 70%。该基因在花生未成熟子叶中持续表达，在成熟子叶中被茉莉酸甲酯、损伤或曲霉侵染诱导后高水平表达，*LOX1* 基因的表达可能导致了种子中 9S-HPODE 的增加（Burow et al.，2000）。

根据不同植物中 *LOX* 基因的序列比对，从保守域设计简并引物，从黄曲霉侵染未成熟种子及对照的 cDNA 文库中克隆了 3 组花生 *LOX* 基因片段，其中一组与花生 LOX1 相同，根据另 2 组的序列信息，利用 5′和 3′RACE 克隆到花生 LOX2 和 LOX3 的全长 cDNA 序列，其中 LOX2 的 cDNA 全长 2803 bp，编码 863 个氨基酸，LOX3 的 cDNA 全长 2864 bp，具有比 LOX2 长的 5′非翻译区，也编码 863 个氨基酸的蛋白质，两种基因编码的蛋白一致性达 99%，而与 LOX1 的一致性分别为 91%和 92%，同样具有保守的组氨酸残基。LOX2 和 LOX3 在成熟种子中高水平积累，均促进 13S-HPODE 的产生，与其他 LOX 蛋白不同，在黄曲霉接种后，*LOX2* 和 *LOX3* 基因的表达被抑制 5～250 倍。9S-HPODE 和 13S-HPODE 分子在曲霉和种子互作的过程中分别起到易感和抵抗的作用（Tsitsigiannis et al.，2005，Yan et al.，2013）。闫彩霞等（2009）利用荧光定量 PCR 的方法研究了不同花生品种 LOX2 在黄曲霉侵染过程中在种皮中的表达变化，发现高抗品种在侵染过程中表达量变化显著，而在高感品种中则变化较小，表明 *LOX2* 基因在花生种皮中表达，并且与黄曲霉抗性相关。Müller 等（2014）利用对曲霉属侵染和污染具有显著抗性的花生栽培种 PI337394 和易染曲霉的栽培种 Florman INTA 对其中的 *LOX* 基因进行比较研究，发现寄生曲霉菌侵染后，两个栽培种在 LOX 活性、底物和产物浓度等方面表现出不同的反应。研究表明，花生中 LOX2、LOX 3 和新发现的 LOX4 和 LOX5 在转录水平上调控种子对真菌侵染的抗性，说明这些酶对于花生种子抵抗真菌侵染具有重要作用。

通过人工接种黄曲霉并测定黄曲霉毒素含量，对 33 份花生种质材料和新品种进行了黄曲霉产毒抗性的鉴定。发现冀花 7 号和中花 6 号为抗黄曲霉产毒花生品种。利用 MEJA 处理诱导，考察高抗品种中花 6 号和易感品种中花 12 中 *LOX* 基因表达的情况，说明 LOX1 和 LOX2 参与了花生种子的抗产毒反应过程（娄庆任，2003）。深入研究 LOX 在黄曲霉侵染和产毒过程中的作用机制，对防控黄曲霉毒素污染具有重要的意义。

二、花生的 *R* 基因

植物在进化过程中，逐渐形成了抵抗外来微生物、线虫和昆虫侵害的防御机制，包括形态防御，如厚实的表皮；抑制剂，如酚类化合物、单宁及凝集素等；酶类，如几丁质酶和葡聚糖酶等；特殊的病程识别机制（Bowles，1990；Nicholson and Hammerschmidt，1992）。*R* 基因（resistance gene）在植物抗病机制中起重要作用，*R* 基因可根据蛋白质产物同源保守域分为几个家族，其中很多 *R* 基因具有 LRR（leucine rich repeat）和 NB-ARC 保守域（Meyers et al.，1999）。LRR 保守域是蛋白质间互作、多肽配体结合及蛋白质与碳水化合物互作的位点，负责主要激发子的识别（Jones and Jones，1997；Kajava，1998）。在植物中 NB-ARC 的主要功能是抗病，与程序性死亡有关，常被写为 NBS（nucleotide binding site domain），其结合核酸的功能已被验证（Tameling et al. 2002）。

根据植物 NBS 保守域设计简并引物，从花生野生种和栽培种中克隆 *R* 基因，筛选出 78 个完整的 NBS 编码区序列，其中 63 个具有不间断的阅读框，蛋白质序列比对表明，其中多数与豆科 NBS 蛋白同源，豆科植物中该基因以多拷贝形式存在（Bertioli et al.，2003）。根据 EST 数据库信息和已知 *R* 基因序列，搜索花生中的 *R* 基因，筛选出 *R* 基因相关 EST 1053 个，组成 156 个 contig 和 229 个 singleton，其中编码 NBS-LRR 蛋白的 69 个，编码蛋白激酶的 191 个，编码 LRR-PK 跨膜蛋白的 82 个，编码毒素还原酶的 28 个，编码 LRR 功能域蛋白的 11 个，编码 TM 功能域蛋白的 4 个（Liu et al.，2013）。

王春玮（2013）根据 NBS 保守域结合 RACE 技术克隆了花生 NBS-LRR 家族蛋白的 3 个编码基因，*AG1-1*、*AG1-2* 和 AG_3。*AG1-1* 的 cDNA 全长 1088 bp，阅读框为 741 bp，编码蛋白含 247 个氨基酸；*AG1-2* 的 cDNA 全长 1344 bp，阅读框为 1098 bp，编码蛋白含 365 个氨基酸。*AG1-1* 和 *AG1-2* 与蒺藜苜蓿中的 Rps-k-2 相似度最高，分别达 85% 和 87%。AG_3 的 cDNA 全长 1882 bp，包括完整阅读框 1335 bp，编码 444 个氨基酸的蛋白质。具有典型的非 TIR-NBS-LRR 区域，荧光定量 PCR 表明，该基因在黄曲霉接种后表达量上调，在花生抗病品种中的上调倍数比感病品种中高 10 倍左右（Zheng et al.，2012）。

三、花生病程相关蛋白基因

病程相关蛋白 10（pathogenesis-related 10，PR10）是病程相关蛋白家族的一员，参与植物发育、次生代谢和抵抗微生物侵染的过程（Park et al.，2004；Liu and Ekramoddoullah，2006）。PR10 能被生物胁迫和非生物胁迫诱导，并参与植物免疫和细胞程序性死亡（Choi et al.，2012），如水稻病变突变体，表现出细胞死亡现象，植株中 PR10 大量积累（Jung et al.，2006）。

从花生幼苗 cDNA 文库中克隆了一个 *PR10* 基因，cDNA 全长 847 bp，阅读框为 453 bp，编码150个氨基酸的蛋白质，预测蛋白质分子质量16.2 kDa，等电点为5.3，该蛋白质与花生过敏原8相似性超过80%，具有PR10特征性的P Loop结构保守域和Betv 1功能域，体外实验表明，花生PR10具有RNA酶的特性，这对抵抗真菌的侵染十分重要（Chadha and Das，2006）。

四、花生葡聚糖酶基因

β-1, 3葡聚糖酶（β-1, 3-glucanase）与植物抗病性密切相关，能够抑制真菌病原，也是病程相关蛋白之一。该酶能够单独或与几丁质酶特异结合，保护植物免受真菌感染，其抗病作用是通过直接或间接破坏真菌的细胞壁来实现的（Lawrence et al.，2000）。在小麦中接种小麦根腐病菌（*Bipolaris sorokiniana*）能诱导β-1, 3葡聚糖酶II基因的表达，并且抗病品种比感病品种的表达量要高（Aggarwal et al.，2011）。

利用同源克隆的方法，从水杨酸处理的花生中克隆了β-1, 3葡聚糖酶基因，cDNA长1100 bp，同时克隆了其基因组序列，分析表明，该基因具有1047 bp的阅读框，编码348个氨基酸的蛋白质，预测蛋白质分子质量为38.8 kDa，等电点为6.85，与大豆和葡萄的β-1, 3葡聚糖酶基因最为相似，蛋白质相似度达90%和84%，该基因含有典型的糖基水解酶17（GH17）家族的保守域。基因组序列具有两个外显子和一个内含子（Qiao et al.，2014）。研究也表明，接种黄曲霉后，花生抗病品种中的β-1, 3葡聚糖酶基因表达量比感病品种升高更为明显（Liang et al.，2005）。

五、花生蛋白激酶基因

蛋白质丝氨酸、苏氨酸和酪氨酸残基的磷酸化能够调控酶活性和细胞过程，具有重要的生物学功能，磷酸化过程由蛋白激酶催化完成。有丝分裂原活化蛋白激酶（mitogen-activated protein kinase，MAPK）及其上游的激酶在多种逆境条件下被激活（Zhang and Klessig，2001），SNF1激酶（Halford and Hardie，1998）和Ca依赖的蛋白激酶（Stone and Walker，1995）也被非生物胁迫诱导表达。

通过抗phospho-Tyr的抗体筛选花生表达文库，克隆了编码色氨酸/苏氨酸/酪氨酸激酶的cDNA，该基因编码411个氨基酸的蛋白质，预测蛋白质分子质量为46.1 kDa，等电点为8.54。该基因在花生种子发育中期表达量升高，可能与种子储藏物质的积累信号有关，同时该基因在冷处理和盐处理的条件下表达量显著增高，但未发现蛋白质水平的变化，该酶活性在冷或盐处理后12～48 h内检测出来，说明可能不参与非生物胁迫的初始反应，但可能在逆境适应过程中起作用。脱落酸处理后，该基因表达无明显变化，表明其参与独立于脱落酸途径的逆境响应（Rudrabhatla and Rajasekharan，2002）。

六、花生凝集素基因

凝集素属于糖结合蛋白家族，其结构多变，在很多植物生理过程中起作用，如物质储藏、细胞识别和抗逆性等（van Damme et al.，2003）。豆科植物中已经鉴定了70

多种凝集素，他们大多以二聚体和三聚体形式存在，每个亚基上具有一个糖结合位点（Sharon and Lis，1990）。花生种子凝集素被认为是一种种子储藏蛋白，该蛋白质在种子萌发时分解，其中半乳糖结合凝集素 SGL 在花生种子中表达，该蛋白编码基因有 816 bp 的阅读框，成熟蛋白包括 250 个氨基酸，分子质量为 26.8 kDa。Law（1996）从花生中克隆了两个根瘤凝集素编码基因 *NGLa* 和 *NGLb*，其中 *NGLa* 具有 69 bp 的前导序列，阅读框为 831 bp，编码 253 个氨基酸的蛋白质，蛋白质分子质量为 26.9 kDa。*NGLb* 编码序列 933 bp，编码的成熟蛋白包括 245 个氨基酸，蛋白质分子质量为 26 kDa；SGL 与 NGLa 蛋白序列相似性达 88%，而 SGL 与 NGLb 蛋白序列相似性只有 68.4%。被鉴定的在花生根中表达的凝集素还有 PRA I、PRA II、PRA III、SL-I 和 SL-II 等（Singh and Das，1994；Kalsi et al.，1995；Shanker and Das，2001）。SL-I 是在花生根中表达的凝集素，*SL-1* 基因的阅读框为 843 bp，编码 280 个氨基酸的蛋白质，N 端具有 26 个氨基酸的信号肽，蛋白质具有预测的糖结合位点（QNPS）和疏水腺嘌呤结合位点（VLVSYDANS）。该蛋白质能够与 BA 直接结合，在体内与激动素有拮抗作用（Pathak et al.，2006）。

七、花生白藜芦醇合成酶基因

白藜芦醇是在植物中发现的一种芪类活性物质，一般在植物受到病原菌侵染或其他诱导因子刺激时诱导产生，具有抗真菌活性，被认为是天然的植物抗生素之一（田立荣等，2008）。白藜芦醇具有降低癌症风险、抗氧化、延缓衰老、保护心血管、调节雌激素等多重功效（Sales and Resurreccion，2014），因此，提高白藜芦醇在植物体内的含量是基因工程的重要目标。目前在很多植物中发现了白藜芦醇的存在，如葡萄属、蛇葡萄属、花生属、决明属、槐属、藜芦属等植物（Signorelli and Ghidoni，2005）。

花生根、茎、叶、花、果壳和种皮都含有白藜芦醇，其中根和果皮中的含量较高（田立荣等，2008）。白藜芦醇合成酶（resveratrol synthase，RS）是白藜芦醇生物合成途径中的关键酶，*RS* 基因的表达水平与白藜芦醇含量直接相关（Chung et al.，2003）。周元青等（2008）在紫外辐射后的花生叶片中克隆到 15 个不同的 *RS* 基因片段。韩晶晶等（2010）通过同源克隆的方法从花生中获得一个 *RS* 基因，序列分析表明该基因的阅读框为 1170 bp，编码 389 个氨基酸残基的蛋白质。以花生品种鲁花 14 基因组 DNA 为模板经 PCR 扩增，获得该基因的基因组序列长 1537 bp，包含 2 个外显子和 1 个内含子。该基因编码的蛋白质与数据库中其他花生 RS 蛋白的相似性达 94%～97%。表达模式分析显示，该基因在花生根中特异表达，并可被紫外线 UV-B 诱导。

另外，关于花生中抗非生物胁迫基因的克隆和研究也有报道，详细内容见第五章相应部分。

参 考 文 献

陈锦清，郎春秀，胡张华，等. 1999. 反义 PEP 基因调控油菜籽粒蛋白质/油脂含量比率的研究. 农业生物技术学报, 7: 316-320

陈四龙，黄家权，雷永，等. 2012. 花生溶血磷脂酸酰基转移酶基因的克隆与表达分析. 作物学报，38(2):

245-255
陈四龙. 2012. 花生油脂合成相关基因的鉴定与功能研究. 北京: 中国农业科学院博士学位论文
董芳, 迟晓元, 杨庆利, 等. 2013. 三个花生溶血磷脂酸酰基转移酶基因的克隆与序列分析. 花生学报, 42(1): 1-11
郭凤丹, 王效忠, 刘学英, 等. 2011a. 植物花青素生物代谢调控. 生命科学, 10: 938-944
郭凤丹, 夏晗, 袁美, 等. 2011b. 花生二氢黄酮醇还原酶基因(DFR)的克隆及表达分析. 农业生物技术学报, 05: 816-822
韩晶晶, 刘炜, 毕玉平. 2010. 花生白藜芦醇合成酶基因 PNRS1 的克隆及其在原核中的表达. 作物学报, 36(2): 341-346
华方静. 2013. 花生油脂合成关键酶基因 GPAT9 和 LPAAT 的分子特征及在籽仁中的表达分析. 泰安: 山东农业大学硕士学位论文
雷永, 姜慧芳, 文奇根, 等. 2010. ahFAD2A 等位基因在中国花生小核心种质中的分布及其与种子油酸含量的相关性分析. 作物学报, 36(11): 1864-1869
李爱芹, 夏晗, 王兴军, 等. 2009. 花生 LEC1 基因的克隆及表达研究. 西北植物学报, 29(9): 1730-1735
李爱芹, 赵传志, 王兴军, 等. 2011. 花生油体蛋白家族基因的克隆和表达分析. 农业生物技术学报, 6: 1011-1018
李诚斌, 施庆珊, 疏秀林, 等. 2006. 植物抗菌蛋白 nsLTPs. 植物生理学通讯, (6): 539-544
李诚斌. 2004. 水稻 OsLTP1 基因的克隆、表达分析及功能鉴定. 南宁: 广西大学硕士学位论文
李宏. 2000. 花生变应原研究. 北京: 中国协和医科大学博士学位论文
李孟军, 夏晗, 王兴军, 等. 2009. 花生野生近缘种生物素羧基载体蛋白基因的克隆与结构分析. 华北农学报, 24(6): 6-10
李明, 王玉红, 李长生, 等. 2013. 花生黄烷酮 3-羟化酶基因 AhF3H 的克隆和表达分析. 山东农业科学, 45: 1-6
林世杰, 李俊涛, 姜静, 等. 2006. 转柽柳晚期胚胎富集蛋白基因烟草的耐低温性分析. 生物技术通讯, 17(4): 563-566
娄庆任. 2013. 花生脂氧合酶及其相关基因表达与黄曲霉产毒抗性的关系. 北京: 中国农业科学院硕士学位论文
马敬, 苏磊, 袁美, 等. 2012. 花生 C4H 和 ANR 基因的克隆与表达研究. 核农学报, 26(1): 43-48
潘丽娟, 迟晓元, 陈娜, 等. 2013. 花生 PEPC 基因反义表达载体构建及对花生的遗传转化. 花生学报, 42(2): 9-13
石东乔, 周奕华, 胡赞民, 等. 2001. 基因枪法转移反义油酸脱饱和酶基因获得转基因油菜. 农业生物技术学报, 9(4): 359-362
苏磊, 姜娜娜, 王兴军, 等. 2010. 花生 AhLEA18 蛋白基因的克隆与表达分析. 中国农学通报, 26(17): 47-50
唐桂英, 柳展基, 单雷. 2010. 二酰基甘油酰基转移酶(DGAT)研究进展. 中国油料作物学报, 32(2): 320-328
唐桂英, 柳展基, 徐平丽, 等. 2013. 花生二酰基甘油酰基转移酶基因克隆与功能研究. 西北植物学报, 33(5): 0857-0863
田立荣, 廖伯寿, 黄家权, 等. 2008. 花生白藜芦醇研究进展. 中国油料作物学报, 30(4): 522-528
王成祥, 李长生, 侯蕾, 等. 2013. 花生赤霉素 2-氧化酶基因的克隆和表达研究. 山东农业科学, 1: 14-18
王成祥. 2013. 花生荚果发育初期赤霉素合成和信号传导关键基因的研究. 济南: 山东师范大学硕士学位论文
王春玮. 2013. 花生 NBS-LRR 家族基因的克隆和功能分析. 济南: 山东大学硕士学位论文
夏晗, 王兴军, 李孟军, 等. 2010. 利用基因工程改良植物脂肪酸和提高植物含油量的研究进展. 生物工程学报, 26(6): 735-743
肖寒, 夏晗, 李军, 周凤珏, 等. 2013. 花生脂肪酶基因的克隆分析及表达研究. 山东农业科学, 45(1): 1-8
闫彩霞, 张廷婷, 单世华, 等. 2009. 花生种皮抗黄曲霉相关基因 PnLOX2 的表达分析. 花生学报, 38(4): 26-30
禹山林. 2008. 花生脂肪酸代谢关键酶基因的克隆与表达分析. 南京: 南京农业大学博士学位论文
张越, 刘学英, 王效忠, 等. 2011. 植物查尔酮异构酶基因(CHI)研究进展. 基因组学与应用生物学, 30(8): 1042-1049
赵传志, 李爱芹, 王兴军, 等. 2009. 花生脂质转运蛋白家族基因的克隆与表达分析.花生学报, 38(4): 15-20
赵传志, 卢金东, 苏磊, 等. 2008. 以油体作为生物反应器的研究进展. 生物技术通报, 193(2): 73-76
周丽侠, 唐桂英, 陈高, 等. 2011. 花生 AhFAD2 基因的多态性及其与籽粒油酸/亚油酸比值间的相关性. 作物学报, 37(3): 415-423

周元青，杨艳燕，黄家权，等. 2008. 花生白藜芦醇合成酶基因家族序列克隆及分析. 中国油料作物学报, 30(2): 162-167

Abbadi A, Brummel M, Spener F. 2000. Knockout of the regulatory site of 3-ketoacyl-ACP synthase III enhances short- and medium-chain acyl-ACP synthesis. Plant J, 24: 1-9

Agarwal G, Rajavel M, Gopal B, et al. 2009. Structure-based phylogeny as a diagnostic for functional characterization of proteins with a cupin fold. PLoS One, 4(5): e5736

Aggarwal R, Purwar S, Kharbikar LL et al. 2011. Induction of a wheat β-1, 3-glucanase gene during the defense response to *Bipolaris sorokiniana*. Acta Phytopathol Entomol Hung, 46: 39-47

An J, Hou L, Li C, et al. 2015. Cloning and expression analysis of four DELLA genes in peanut. Russian Journal of Plant Physiology, 62(1): 116-126

Asano K, Hirano K, Ueguchi-Tanaka M, et al. 2009. Isolation and characterization of dominant dwarf mutants, Slr1-d, in rice. Mol Genet Genomic, 281: 223-231

Bagchi D, Sen CK, Bagchi M, et al. 2004. Anti-angiogenic, antioxidant, and anti- carcinogenic properties of a novel anthocyanin-rich berry extract formula. Biochemistry (Mosc), 69(1): 75-80

Ballaré CL. 2003. Stress under the sun: spotlight on ultraviolet-B responses. Plant Physiol, 132(4): 1725-1727

Becker WM, Jappe U. 2014. Peanut allergens. Chem Immunol Allergy Basel Karger, 100: 256-67

Bertioli DJ, Leal-Bertioli SC, Lion MB, et al. 2003. A large scale analysis of resistance gene homologues in *Arachis*. Mol Genet Genomics, 270(1): 34-45

Bies-Ethève N, Gaubier-Comella P, Debures A, et al. 2008. Inventory, evolution and expression profiling diversity of the LEA late embryogenesis abundant protein gene family in *Arabidopsis thaliana*. Plant Mol Biol, 67(1-2): 107-124

Bowles DJ. 1990. Defense-related proteins in higher plants. Annu Rev Biochem, 59: 873-907

Branch WD. 2005. Registration of Georgia-04S peanut. Crop Sci, 45: 1653-1654

Breiteneder H, Pettenburger K, Bito A, et al. 1989. The gene coding for the major birch pollen allergen Betv1, is highly homologous to a pea disease resistance response gene. EMBO J, 8: 1935-1938

Bruner A C, Jung S, Abbott A G, et al. 2001. The naturally occurring high oleate oil character in some peanut varieties results from reduced oleoyl-PC desaturase activity from mutation of aspartate 150 to Asparagine. Crop Sci, 41: 522-526

Buchanan BB, Gruissem W, Jones RL. 2000. Biochemistry & Molecular Biology of Plants. Rockville, MD: American Society of Plant Physiologists

Burks AW, Cockrell G, Stanley JS, et al. 1995. Recombinant peanut allergen Ara h I expression and IgE binding in patients with peanut hypersensitivity. J Clin Invest, 96(4): 1715-1721

Burks AW, Williams LW, Helm RM, et al. 1991. Identification of a major peanut allergen, Ara h I, in patients with atopic dermatitis and positive peanut challenges. J Allergy Clin Immunol, 88(2): 172-179

Burow GB, Gardner HW, Keller NP. 2000. A peanut seed lipoxygenase responsive to *Aspergillus* colonization. Plant Mol Biol, 42(5): 689-701

Butelli E, Titta L, Giorgio M, et al. 2008. Enrichment of tomato fruit with health-promoting anthocyanins by expression of select transcription factors. Nat Biotechnol, 26: 1301-1308

Cernac A, Benning C. 2004. WRINKLED1 encodes an AP2/EREB domain protein involved in the control of storage compound biosynthesis in Arabidopsis. Plant J, 40(4): 575-585

Chadha P, Das RH. 2006. A pathogenesis related protein, AhPR10 from peanut: an insight of its mode of antifungal activity. Planta, 225(1): 213-222

Chandler PM, Harding CA. 2013. Overgrowth mutants in barley and wheat: new alleles and phenotypes of the Green Revolution DELLA gene. J Exp Bot, 64(6): 1603-1613

Chatel JM, Bernard H, Orson FM. 2003. Isolation and characterization of two complete Ara h 2 isoforms cDNA. Int Arch Allergy Immunol, 131(1): 14-18

Chi X, Hu R, Zhang X, et al. 2014. Cloning and functional analysis of three diacylglycerol acyltransferase genes from peanut(*Arachis hypogaea* L.). PLoS ONE, 9(9): e105834

Chi X, Yang Q, Pan L, et al. 2011. Isolation and characterization of fatty acid desaturase genes from peanut (*Arachis hypogaea* L.). Plant Cell Rep, 30(8): 1393-1404

Choi DS, Hwang IS, Hwang BK. 2012. Requirement of the cytosolic interaction between PATHOGENESIS-RELATED PROTEIN10 and LEUCINE-RICH REPEAT PROTEIN1 for cell death and defense signaling in pepper. Plant Cell, 24(4): 1675-1690

Christensen SA, Nemchenko A, Borrego E, et al. 2013. The maize lipoxygenase, ZmLOX10, mediates green leaf volatile, jasmonate and herbivore-induced plant volatile production for defense against insect attack. Plant J,

74(1): 59-73
Chu Y, Ramos L, Holbrook CC, et al. 2007. Frequency of a loss-of-function mutation in oleoyl-PC desaturase (ahFAD2A) in the mini-core of the U.S. peanut germplasm collection. Crop Science, 47(6): 2372-2378
Chung IM, Park MR, Chun JC, et al. 2003. Resveratrol accumulation and resveratrol synthase gene expression in response to abiotic stresses and hormones in peanut plants. Plant Science, 164(1): 103-109
Cronan JE. 2003. Bacterial membrane lipids: where do we stand? Annu Rev Microbiol, 57: 203-224
de Paoli E, Dorantes-Acosta A, Zhai J, et al. 2009. Distinct extremely abundant siRNAs associated with cosuppression in petunia. RNA, 15: 1965-1970
Dehesh K, Edwards P, Fillatti J, et al. 1998. KASⅣ: a 3-ketoacyl-ACP synthase from Cuphea sp. is a medium chain specific condensing enzyme. Plant J, 15: 383-390
Dehesh K, Tai H, Edwards P, et al. 2001. Overexpression of 3-ketoacyl-acyl- carrier protein synthase IIIs in plants reduces the rate of lipid synthesis. Plant Physiol, 125: 1103-1114
Dunwell JM, Culham A, Carter CE, et al. 2001. Evolution of functional diversity in the cupin superfamily. Trends Biochem Sci, 26(12): 740-746
Dunwell JM, Purvis A, Khuri S. 2004. Cupins: the most functionally diverse protein superfamily? Phytochemistry, 65(1): 7-17
Eastmond PJ. 2004. Cloning and characterization of the acid lipase from castor beans. J Biol Chem, 279(44): 45540-45545
Eastmond PJ. 2006. SUGAR-DEPENDENT1 encodes a patatin domain triacylglycerol lipase that initiates storage oil breakdown in germinating Arabidopsis seeds. Plant Cell, 18(3): 665-675
El-Kouhen K, Blangy S, Ortiz E, et al. 2005. Identification and characterization of a triacylglycerol lipase in Arabidopsis homologous to mammalian acid lipases. FEBS Lett, 579(27): 6067-6073
Eskandari M, Cober ER, Rajcan I. 2013. Using the candidate gene approach for detecting genes underlying seed oil concentration and yield in soybean. Theor Appl Genet, 126(7): 1839-1850
Fatihi A, Zbierzak AM, Dörmann P. 2013. Alterations in seed development gene expression affect size and oil content of Arabidopsis seeds. Plant Physiol, 163(2): 973
Ferrer JL, Austin MB, Stewart CJ, et al. 2008. Structure and function of enzymes involved in the biosynthesis of phenylpropanoids. Plant Physiol Biochem, 46: 356-370
Gallego-Giraldo L, Ubeda-Tomás S, Gisbert C, et al. 2008. Gibberellin homeostasis in tobacco is regulated by gibberellin metabolism genes with different gibberellins sensitivity. Plant Cell Physiol, 49: 679-690
Gao X, Brodhagen M, Isakeit T, et al. 2009. Inactivation of the lipoxygenase ZmLOX3 increases susceptibility of maize to Aspergillus spp. Mol Plant Microbe Interact, 22(2): 222-231
Gfeller A, Dubugnon L, Liechti R, et al. 2010. Jasmonate biochemical pathway. Sci Signal, 3(109): cm3
Giacomelli L, Rota-Stabelli O, Masuero D, et al. 2013. Gibberellin metabolism in Vitis vinifera L. during bloom and fruit-set: functional characterization and evolution of grapevine gibberellin oxidases. J Exp Bot, 64(14): 4403-4419
Gorbet DW, Knauft DA. 1997. Registration of SunOleic 95R peanut. Crop Sci, 37: 1392
Gorbet DW, Knauft DA. 2000. Registration of SunOleic 97R peanut. Crop Sci, 40: 1190-1191
Gorbet DW, Tillman BL. 2009. Registration of Florida-07 peanut. J. Plant Registrations, 3: 14-18
Gorbet DW. 2006. Registration of Andru II peanut. Crop Sci, 46: 2712-2713
Gorbet DW. 2007. Registration of Hull peanut. J. Plant Registrations, 1: 125-126
Gou J, Ma C, Kadmiel M, et al. 2011. Tissue-specific expression of Populus C19 GA 2-oxidases differentially regulate above- and below-ground biomass growth through control of bioactive GA concentrations. New Phytol, 192(3): 626-639
Griffiths J, Murase K, Rieu I, et al. 2006. Genetic characterization and functional analysis of the GID1 gibberellin receptors in Arabidopsis. Plant Cell, 18(12): 3399-3414
Gupta SM, Pandey P, Grover A, et al. 2013. Cloning and characterization of GPAT gene from Lepidium latifolium L.: a step towards translational research in agri-genomics for food and fuel. Mol Biol Rep, 40(7): 4235-4240
Halford NG, Hardie DG. 1998. SNF1-related protein kinases: global regulators of carbon metabolism in plants? Plant Mol Biol, 37: 735-748
Harborne JB, Williams CA. 2001. Anthocyanins and other flavonoids. Nat Prod Rep, 18: 310-333
Hedden P, Phillips AL. 2000. Gibberellin metabolism: new insights revealed by the genes. Trends Plant Sci, 5(12): 523-530
Hu Z, Wang X, Zhan G, et al. 2009. Unusually large oilbodies are highly correlated with lower oil content in Brassica napus. Plant Cell Rep, 28: 541-549

Huang S, Raman AS, Ream JE, et al. 1998. Overexpression of 20-oxidase confers a gibberellin-overproduction phenotype in Arabidopsis. Plant Physiol, 118(3): 773-781

Hurlburt BK, Offermann LR, McBride JK, et al. 2013. Structure and function of the peanut panallergen Ara h 8. J Biol Chem, 288(52): 36890-36901

Jain RK, Coffey M, Lai K, et al. 2000. Enhancement of seed oil content by expression of glycerol-3-phosphateacyltransferase genes. Biochemical Society Transactions, 28: 958-961

Jha JK, Sinha S, Maiti MK, et al. 2007. Functional expression of an acyl carrier protein (ACP) from *Azospirillum brasilense* alters fatty acid profiles in *Escherichia coli* and *Brassica juncea*. Plant Physiology and Biochemistry, 45: 490-500

Jiang F, Wang J, Jia H, et al. 2013. RNAi-mediated silencing of the flavanone 3-Hydroxylase gene and its effect on flavonoid biosynthesis in strawberry fruit. Journal of Plant Growth Regulation, 32: 182-190

Jones DA, Jones JDG. 1997. The roles of leucine-rich repeat proteins in plant defences. Adv Bot Res, 24: 89-167

Jung S, Swift D, Sengoku E, et al. 2000. The high oleate trait in the cultivated peanut [*Arachis hypogaea* L.]. I. Isolation and characterization of two genes encoding microsomal oleoyl-PC desaturases. Mol Gen Genet, 263(5): 796-805

Jung YH, Rakwal R, Agrawal GK, et al. 2006. Differential expression of defense/stress related marker proteins in leaves of a unique rice blast lesion mimic mutant (blm). J Proteome Res, 5: 2586-2598

Kajava AV. 1998. Structural diversity of leucine-rich repeat proteins. J Mol Biol, 277: 519-527

Kalsi G, Babu CR, Das RH. 1995. Localization of peanut (*Arachis hypogaea*) root lectin (PRA II) on root surface and its biological significance Glycoconjugate J, 12: 45-50

Kang IH, Gallo M. 2007. Cloning and characterization of a novel peanut allergen Arah3 isoform displaying potentially decreased allergenicity. Plant Sci, 172: 345-353

Kaup MT, Frose CD, Thompson JE. 2002. A role for diacylglycerol acyltransferase during leaf senescence. Plant Physiol, 129: 1616-1626

Ke J, Wen TN, Nikolau BJ, et al. 2000. Coordinate regulation of the nuclear and plastidic genes coding for the subunits of the heteromeric acetyl-coenzyme A carboxylase. Plant Physiol, 122: 1057-1071

Keatinge-Clay AT, Shelat AA, Savage DF, et al. 2003. Catalysis, specificity, and ACP docking site of Streptomyces coelicolor malonyl-CoA: ACP transacylase. Structure, 11: 147-154

Kleber-Janke T, Crameri R, Appenzeller U, et al. 1999. Selective cloning of peanut allergens, including profilin and 2S albumins, by phage display technology. Int Arch Allergy Immunol, 119(4): 265-274

Knutzon DS, Hayes TR, Wyrick A, et al. 1999. Lysophosphatidic acid acyltransferase from coconut endosperm mediates the insertion of laurate at the sn-2 position of triacylglycerols in lauric rapeseed oil and can increase total laurate levels. Plant Physiol, 120: 739-746

Koid A, Hamilton R, van Ree R, et al. 2012. Purified natural Ara h 6: an important marker for IgE responses to peanut. The Journal of Immunology, 188: 177.15

Koppelman SJ1, de Jong GA, Laaper-Ertmann M, et al. 2005. Purification and immunoglobulin E-binding properties of peanut allergen Ara h 6: evidence for cross-reactivity with Ara h 2. Clin Exp Allergy, 35(4): 490-497

Krause S, Reese G, Randow S, et al. 2009. Lipid transfer protein(Ara h 9)as a new peanut allergen relevant for a Mediterranean allergic population. J Allergy Clin Immunol, 124(4): 771-778

Lauer I, Dueringer N, Pokoj S, et al. 2009. The non-specific lipid transfer protein, Ara h 9, is an important allergen in peanut. Clinical & Experimental Allergy, 39(9): 1427-1437

Law IJ. 1996. Cloning and expression of cDNA for galastose-binding lectin from peanut nodules. Plant Science, 115: 71-79

Lawrence CB, Singh NP, Qiu J, et al. 2000. Constitutive hydrolytic enzymes are associated with polygenic resistance of tomato to *Alternaria solani* and may function as an elicitor release mechanism. Physiol Mol Plant Pathol, 57: 211-220

Lee DJ, Zeevaart JA. 2002. Differential regulation of RNA levels of gibberellin dioxygenases by photoperiod in spinach. Plant Physiol, 130(4): 2085-2094

Lee DJ, Zeevaart JA. 2005. Molecular cloning of GA 2-oxidase3 from spinach and its ectopic expression in *Nicotiana sylvestris*. Plant Physiol, 138(1): 243-254

Lei L, Chen L, Shi X, et al. 2014. A nodule-npecific lipid transfer protein AsE246 participates in transport of plant-synthesized lipids to symbiosome membrane and is essential for nodule organogenesis in Chinese milk vetch. Plant Physiol, 164(2): 1045-1058

Li MJ, Li AQ, Xia H, et al. 2009. Cloning and sequence analysis of putative type II fatty acid synthase genes from *Arachis hypogaea* L. Journal of Bioscience, 34(2): 227-238

Li MJ, Wang XJ, Su L, et al. 2010b. Characterization of five putative acyl carrier protein(ACP)isoforms from developing seeds of *Arachis hypogaea* L. Plant Molecular Biology Reporter, 28(3): 365-372

Li MJ, Xia H, Zhao CZ, et al. 2010a. Isolation and characterization of putative acetyl-CoA carboxylases in *Arachis hypogaea* L. Plant Molecular Biology Reporter, 28: 58-68

Li R, Hatanaka T, Yu K, et al. 2013. Soybean oil biosynthesis: role of diacylglycerol acyltransferases. Funct Integr Genomics, 13(1): 99-113

Liang XQ, Holbrook CC, Lynch RE, et al. 2005. β-1, 3-Glucanase activity in peanut seed (*Arachis hypogaea*) is induced by inoculation with Aspergillus flavus and copurifies with a conglutin-like protein. Phytopathology, 95: 506-511

Licausi F, Giorgi FM, Zenoni S, et al. 2010. Genomic and transcriptomic analysis of the AP2/ERF superfamily in *Vitis vinifera*. BMC Genomics, 11: 719

Liu JJ, Ekramoddoullah AKM. 2006. The family 10 of plant pathogenesis-related proteins: Their structure, regulation, and function in response to biotic and abiotic stresses. Physiol Mol Plant Pathol, 68: 3-13

Liu Q, Singh SP, Green AG. 2002. High-stearic and high-oleic cottonseed oils produced by hairpin RNA-mediated post-transcriptional gene silencing. Plant Physiology, 129(4): 1732-1743

Liu WX, Liu HL, Qu le Q. 2013a. Embryo-specific expression of soybean oleosin altered oil body morphogenesis and increased lipid content in transgenic rice seeds. Theor Appl Genet, 126(9): 2289-2297

Liu Y, Zhao S, Wang J, et al. 2015. Molecular cloning, expression, and evolution analysis of type II CHI gene from peanut (*Arachis hypogaea* L.) . Dev Genes Evol, DOI 10.1007/s00427-015-0489-0

Liu Z, Feng S, Pandey MK, et al. 2013b. Identification of expressed resistance gene analogs from peanut (*Arachis hypogaea* L.) expressed sequence tags. J Integr Plant Biol, 55(5): 453-461

Lo SF, Yang SY, Chen KT, et al. 2008. A novel class of gibberellin 2-oxidases control semidwarfism, tillering, and root development in rice. Plant Cell, 20(10): 2603-2618

López Y, Nadaf HL, Smith OD, et al. 2000. Isolation and characterization of the Δ12-fatty acid desaturase in peanut (*Arachis hypogaea* L.) and search for polymorphisms for the high oleate trait in Spanish market-type lines. Theoretical and Applied Genetics, 101(7): 1131-1138

Luo M, Dennis ES, Berger F, et al. 2005. MINISEED3 (MINI3) , a WRKY family gene, and HAIKU2 (IKU2) , a leucine-rich repeat (LRR) KINASE gene, are regulators of seed size in Arabidopsis. PNAS, 102(48): 17531-17536

Ma W, Kong Q, Arondel V, et al. 2013. Wrinkled1, a ubiquitous regulator in oil accumulating tissues from arabidopsis embryos to oil palm mesocarp. PLoS One, 8(7): e68887

Madoka Y, Tomizawa K, Mizoi J, et al. 2002. Chloroplast transformation with modified accD operon increased acetyl-CoA carboxylase and causes extension of leaf longevity and increase in seed yield in tabacoo. Plant Cell Physiol, 43: 1518-1525

Maisonneuve S, Bessoule JJ, Lessire R, et al. 2010. Expression of rape seed microsomal lysophosphatidic acid acyl trans-ferase isozymes enhances seed oil content in *Arabidopsis*. Plant Physiol, 152(2): 670-684

Maldonado AM, Doerner P, Dixon RA, et al. 2002. A putative lipid transfers protein involved in systemic resistance signalling in *Arabidopsis*. Nature, 419 (6905): 399-403

Marillia EF, Micallef BJ, Micallef M, et al. 2003. Biochemical and physiological studies of *Arabidopsis thaliana* transgenic lines with repressed expression of the mitochondrial pyruvate dehydrogenase kinase. J Exp Bot, 54: 259-270

Marinova K, Kleinschmidt K, Weissenbock G, et al. 2007. Flavonoid biosynthesis in barley primary leaves requires the presence of the vacuole and controls the activity of vacuolar flavonoid transport. Plant Physiol, 144: 432-444

Matsui K, Fukutomi S, Ishii M, et al. 2004. A tomato lipase homologous to DAD1 (LeLID1) is induced in post-germinative growing stage and encodes a triacylglycerol lipase. FEBS Lett, 569(1-3): 195-200

Mendes A, Kelly AA, van Erp H, et al. 2013. bZIP67 regulates the omega-3 fatty acid content of Arabidopsis seed oil by activating fatty acid desaturase3. Plant Cell, 25(8): 3104-3116

Mendoza MS, Dubreucq B, Baud S, et al. 2008. Deciphering gene regulatory networks that control seed development and maturation in *Arabidopsis*. Plant J, 54: 608-620

Mendoza MS, Dubreucq B, Miquel M, et al. 2005. LEAFY COTYLEDON 2 activation is sufficient to trigger the accumulation of oil and seed specific mRNAs in *Arabidopsis* leaves. FEBS Lett, 579: 4666-4670

Meyers BC, Dickerman AW, Michelmore RW, et al. 1999. Plant disease resistance genes encode members of an ancient and diverse protein family within the nucleotide-binding superfamily. Plant J, 20: 317-332

Mittag D, Akkerdaas J, Ballmer-Weber BK, et al. 2004. Ara h 8, a Bet v 1-homologous allergen from peanut, is a major allergen in patients with combined birch pollen and peanut allergy. J Allergy Clin Immunol, 114: 1410-1417

Mu J, Tan H, Zheng Q, et al. 2008. LEAFY COTYLEDON1 is a key regulator of fatty acid biosynthesis in Arabidopsis. Plant Physiol, 148(2): 1042-1054

Müller V, Amé MV, Carrari F, et al. 2014. Lipoxygenase activation in peanut seed cultivars resistant and susceptible to *Aspergillus parasiticus* colonization. Phytopathology, 104(12): 1340-1348

Murase K, Hirano Y, Sun T-P, et al. 2008. Gibberellin-induced DELLA recognition by the gibberellin receptor GID1. Plant J, 456: 459-463

Nakajima M, Shimada A, Takashi Y, et al. 2006. Identification and characterization of Arabidopsis gibberellin receptors. Plant J, 46: 880-889

Napoli C, Lemieux C, Jorgensen R. 1990. Introduction of a Chimeric chalcone synthase gene into petunia results in reversible co-suppression of homologous genes in trans. Plant Cell, 2(4): 279-289

Nicholson RL, Hammerschmidt R. 1992. Phenolic compounds and their role in disease resistance. Annu Rev Phytopathol, 30: 369-389

Norden AJ, Gorbet DW, Knauft DA, et al. 1987. Variability in oil quality among peanut genotypes in the Florida breeding program. Peanut Sci, 14: 7-11

Oikawa T, Koshioka M, Kojima K, et al. 2004. A role of OsGA20ox1, encoding an isoform of gibberellin 20-oxidase, for regulation of plant stature in rice. Plant Mol Biol, 55(5): 687-700

Pang Y, Wenger JP, Saathoff K, et al. 2009. A WD40 repeat protein from Medicago truncatula is necessary for tissue-specific anthocyanin and proanthocyanidin biosynthesis but not for trichome development. Plant Physiol, 151: 1114-1129

Park CJ, Kim KJ, Shin R, et al. 2004. Pathogenesis-related protein 10 isolated from hot pepper functions as a ribonuclease in an antiviral pathway. Plant J, 37: 186-198

Patel M, Jung S, Moore K, et al. 2004. High-oleate peanut mutants result from a MITE insertion into the FAD2 gene. Theor Appl Genet, 108: 1492-1502

Pathak M, Singh B, Sharma A, et al. 2006. Molecular cloning, expression, and cytokinin (6-benzylaminopurine) antagonist activity of peanut (*Arachis hypogaea*) lectin SL-I. Plant Mol Biol, 62(4-5): 529-545

Peng Z, Li L, Yang L, et al. 2013. Overexpression of peanut diacylglycerol acyltransferase 2 in *Escherichia coli*. PLoS One, 8(4): e61363

Pons L, Chéry C, Mrabet N, et al. 2005. Purification and cloning of two high molecular mass isoforms of peanut seed oleosin encoded by cDNAs of equal sizes. Plant Physiol Biochem, 43(7): 659-668

Pons L, Chéry C, Romano A, et al. 2002. The 18 kDa peanut oleosin is a candidate allergen for IgE-mediated reactions to peanuts. Allergy, 57 Suppl 72: 88-93

Pouvreau B, Baud S, Vernoud V, et al. 2011. Duplicate maize Wrinkled1 transcription factors activate target genes involved in seed oil biosynthesis. Plant Physiol, 156(2): 674-686

Price AC, Zhang YM, Rock CO, et al. 2001. Structure of β-ketoacyl-[acyl carrier protein] reductase from Escherichia coli: negative cooperativity and its structural basis. Biochemistry, 40: 12772-12781

Qiao LX, Ding X, Wang HC, et al. 2014. Characterization of the β-1, 3-glucanase gene in peanut (*Arachis hypogaea* L.) by cloning and genetic transformation. Genetics and Molecular Research, 13(1): 1893-1904

Rabjohn P, Helm EM, Stanley JS, et al. 1999. Molecular cloning and epitope analysis of the peanut allergen Ara h 3. J Clin Invest, 103(4): 535-542

Radi A, Lange T, Niki T, et al. 2006. Ectopic expression of pumpkin gibberellin oxidases alters gibberellin biosynthesis and development of transgenic Arabidopsis plants. Plant Physiol, 140: 528-536

Rafferty JB, Simon JW, Baldock C, et al. 1995. Common themes in redox chemistry emerge from the X-ray structure of oilseed rape (*Brassica napus*) enoyl acyl carrier protein reductase. Structure, 3: 927-938

Rafi S, Novichenok P, Kolappan S, et al. 2006. Structure of acyl carrier protein bound to FabI, the FASII enoyl reductase from *Escherichia coli*. J Biol Chem, 281: 39285-39293

Ramos ML, Fleming G, Chu Y, et al. 2006. Chromosomal and phylogenetic context for conglutin genes in *Arachis* based on genomic sequence. Mol Genet Genomics, 275(6): 578-592

Ramos ML, Huntley JJ, Maleki SJ, et al. 2009. Identification and characterization of a hypoallergenic ortholog of Ara h 2.01. Plant Mol Biol, 69(3): 325-335

Ratnaparkhe MB, Lee TH, Tan X, et al. 2014. Comparative and evolutionary analysis of major peanut allergen gene families. Genome Biol Evol, 6(9): 2468-2488

Ray TK, Holly SP, Knauft DA, et al. 1993. The primary defect in developing seed from the high oleate variety of peanut (*Arachis hypogaea* L.) is the absence of delta 12-desaturase activity. Plant Sci, 91: 15-21

Reinecke DM, Wickramarathna AD, Ozga JA, et al. 2013. Gibberellin 3-oxidase gene expression patterns influence gibberellin biosynthesis, growth, and development in pea. Plant Physiol, 163(2): 929-45

Riecken S, Lindner B, Petersen A, et al. 2008. Purification and characterization of natural Ara h 8, the Bet v 1 homologous allergen from peanut, provides a novel isoform. Biol Chem, 389(4): 415-423

Rieu I, Ruiz-Rivero O, Fernandez-Garcia N, et al. 2008. The gibberellin biosynthetic genes AtGA20ox1 and AtGA20ox2 act, partially redundantly, to promote growth and development throughout the *Arabidopsis* life cycle. Plant J, 53(3): 488-504

Roesler K, Shintani D, Savage L, et al. 1997. Targeting of the *Arabidopsis* homomeric acetyl-Coenzyme A carboxylase to plastidsof rapeseeds. Plant Physiol, 113: 75-81

Rudrabhatla P, Rajasekharan R. 2002. Developmentally regulated dual-specificity kinase from peanut that is induced by abiotic stresses. Plant Physiol, 130(1): 380-390

Saha S, Enugutti B, Rajakumari S, et al. 2006. Cytosolic triacylglycerol biosynthetic pathway in oilseeds. Molecular cloning and expression of peanut cytosolic diacylglycerol acyltransferase. Plant Physiol, 141(4): 1533-1543

Sakamoto T, Miura K, Itoh H, et al. 2004. An overview of gibberellin metabolism enzyme genes and their related mutants in rice. Plant Physiol, 134: 1642-1653

Sales JM, Resurreccion AV. 2014. Resveratrol in peanuts. Crit Rev Food Sci Nutr, 54(6): 734-770

Sasaki A, Ashikari M, Ueguchi-Tanaka M, et al. 2002. Green revolution: A mutant gibberellin-synthesis gene in rice. Nature, 416: 701-702

Schijlen EG, de Vos CH, Martens S, et al. 2007. RNA interference silencing of chalcone synthase, the first step in the flavonoid biosynthesis pathway, leads to parthenocarpic tomato fruits. Plant Physiol, 144: 1520-1530

Schmidt H, Krause S, Gelhaus C, et al. 2010. Detection and structural characterization of natural Ara h 7, the third peanut allergen of the 2S albumin family. J Proteome Res, 9(7): 3701-3709

Schmitt DA, Nesbit JB, Hurlburt BK, et al. 2010. Processing can alter the properties of peanut extract preparations. J Agric Food Chem, 58(2): 1138-1143

Schomburg FM, Bizzell CM, Lee DJ, et al. 2003. Overexpression of a novel class of gibberellin 2-oxidases decreases gibberellin levels and creates dwarf plants. Plant Cell, 15(1): 151-163

Schulte W, Schell J, Töpfer R. 1994. A gene encoding acetyl coenzyme A carboxylase from Brassica napus. Plant Physiol, 106(2): 793-794

Seltmann MA, Stingl NE, Lautenschlaeger JK, et al. 2010. Differential impact of lipoxygenase 2 and jasmonates on natural and stress induced senescence in Arabidopsis. Plant Physiol, 152: 1940-1950

Shanker S, Das RH. 2001. Identification of a cDNA clone encoding for a galactose-binding lectin from peanut (*Arachis hypogaea*) seedling roots. Biochimica et Biophysica Acta, 1568: 105-110

Sharma N, Anderson M, Kumar A, et al. 2008. Transgenic increases in seed oil content are associated with the differential expression of novel Brassica-specific transcripts. BMC Genomics, 19: 619

Sharma R, Chisti Y, Banerjee UC. 2001. Production, purification, characterization, and applications of lipases. Biotechnol Adv, 19(8): 627-662

Sharon N, Lis H. 1990. Legume lectins--a large family of homologous proteins. FASEB J, 4(14): 3198-3208

Shen B, Sinkevicius KW, Selinger DA, et al. 2006. The homeobox gene GLABRA2 affects seed oil content in *Arabidopsis*. Plant Mol Biol, 60(3): 377-387

Shimada N, Aoki T, Sato S, et al. 2003. A cluster of genes encodes the two types of chalcone isomerase involved in the biosynthesis of general flavonoids and legume-specific 5-deoxy (iso) flavonoids in *Lotus japonica*. Plant Physiology, 131(3): 941-951

Shorrosh BS, Roesler KR, Shintani D, et al. 1995. Structural analysis, plastid localization, and expression of the biotin carboxylase subunit of acetyl-coenzyme A carboxylase from tobacco. Plant Physiol, 108(2): 805-812

Sicherer SH, Muñoz-Furlong A, Burks AW, et al. 1999. Prevalence of peanut and tree nut allergy in the US determined by a random digit dial telephone survey. J Allergy Clin Immunol, 103(4): 559-562

Signorelli P, Ghidoni R. 2005. Resveratrol as an anticancer nutrient: molecular basis, open questions and promises. J Nutr Biochem, 16(8): 449-466

Siloto RM, Findlay K, Lopez-Villalobos A, et al. 2006. The accumulation of oleosins determines the size of seed oilbodies in *Arabidopsis*. Plant Cell, 18: 1961-1974

Silverstone AL, Tseng T-S, Swain SM, et al. 2007. Functional analysis of SPINDLY in gibberellin signaling in *Arabidopsis*. Plant Physiol, 143: 987-1000

Simpson CE, Baring MR, Schubert AM, et al. 2003a. Registration of Tamrun OL01 peanut. Crop Sci, 43: 2298

Simpson CE, Baring MR, Schubert AM, et al. 2003b. Registration of OLin peanut. Crop Sci, 43: 1880-1881

Simpson CE, Baring MR, Schubert AM, et al. 2006. Registration of Tamrun OL02 peanut. Crop Sci, 46: 1813-1814

Singh R, Das HR. 1994. Purification of lectins from the stems of peanut plants. Glycoconj J, 11: 282-285

Song QX, Li QT, Liu YF, et al. 2013. Soybean GmbZIP123 gene enhances lipid content in the seeds of transgenic *Arabidopsis* plants. J Exp Bot, 64(14): 4329-4341

Stanley JS, King N, Burks AW, et al. 1997. Identification and mutational analysis of the immunodominant IgE binding epitopes of the major peanut allergen Ara h 2. Arch Biochem Biophys, 342(2): 244-253

Stone JM, Walker JC. 1995. Plant protein kinase families and signal transduction. Plant Physiol, 108(2): 451-457

Stoutjesdijk PA, Hurlestone C, Singh SP, et al. 2000. High-oleic acid Australian *Brassica napus* and *B. juncea* varieties produced by co-suppression of endogenous D12-desaturases. Biochemical Society Transactions, 28(6): 938-940

Su L, Zhao C, Bi Y, et al. 2011. Isolation and expression analysis of LEA genes in peanut (*Arachis hypogaea* L.). J Biosci, 36: 223-228

Sun J, Ke J, Johnson JL, et al. 1997. Biochemical and molecular biological characterization of CAC2, the *Arabidopsis thaliana* gene coding for the biotin carboxylase subunit of the plastidic acetyl-coenzyme A carboxylase. Plant Physiol, 115: 1371-1383

Sun X, Jones WT, Harvey D, et al. 2010. N-terminal domains of DELLA proteins are intrinsically unstructured in the absence of interaction with GID1/gibberellic acid receptors. J Biol Chem, 285: 11557-11571

Tameling WI, Elzinga SD, Darmin PS, et al. 2002. The tomato R gene products I-2 and MI-1 are functional ATP binding proteins with ATPase activity. Plant Cell, 14: 2929-2939

Tanaka Y, Brugliera F, Chandler S. 2009. Recent progress of flower colour modification by biotechnology. Int J Mol Sci, 10: 5350-5369

Teuber SS, Beyer K. 2004. Peanut, tree nut and seed allergies. Curr Opin Allergy Clin Immunol, 4(3): 201-203

Tsitsigiannis DI, Kunze S, Willis DK, et al. 2005. Aspergillus infection inhibits the expression of peanut 13S-HPODE-forming seed lipoxygenases. Mol Plant Microbe Interact, 18(10): 1081-1089

Ueguchi-Tanaka M, Nakajima M, Katoh E, et al. 2007. Molecular interactions of a soluble gibberellin receptor, GID1, with a rice DELLA protein, SLR1, and gibberellin. Plant Cell, 19: 2140-2155

Umate P. 2011. Genome-wide analysis of lipoxygenase gene family in *Arabidopsis* and rice. Plant Signaling & Behavior, 6(3): 335-338

van Boxtel EL, Koppelman SJ, van den Broek LA, et al. 2008. Determination of pepsin-susceptible and pepsin-resistant epitopes in native and heat-treated peanut allergen Ara h 1. J Agric Food Chem, 56(6): 2223-2230

van Damme EJ, Lannoo N, Fouquaert E, et al. 2003. The identification of inducible cytoplasmic/nuclear carbohydrate-binding proteins urges to develop novel concepts about the role of plant lectins. Glycoconj J, 20(7-8): 449-460

Viquez OM, Konan KN, Dodo HW. 2003. Structure and organization of the genomic clone of a major peanut allergen gene, Ara h 1. Mol Immunol, 40(9): 565-571

Viquez OM, Konan KN, Dodo HW. 2004. Genomic organization of peanut allergen gene, Ara h 3. Mol Immunol, 41(12): 1235-1240

Wang H, Guo J, Lambert K, et al. 2007a. Developmental control of *Arabidopsis* seed oil biosynthesis. Planta, 226: 773-783

Wang HW, Zhang B, Hao YJ, et al. 2007b. The soybean Dof-type transcription factor genes, GmDof4 and GmDof11, enhance lipid content in the seeds of transgenic *Arabidopsis* plants. Plant J, 52(4): 716-729

Wang R, Shen W, Liu L, et al. 2008. A novel lipoxygenase gene from developing rice seeds confers dual position specificity and responds to wounding and insect attack. Plant Mol Biol, 66(4): 401-414

Wang Y, Fu TJ, Howard A, et al. 2013. Crystal structure of peanut (*Arachis hypogaea*) allergen Ara h 5. J Agric Food Chem, 61(7): 1573-1578

Yamauchi Y, Ogawa M, Kuwahara A, et al. 2004. Activation of gibberellin biosynthesis and response pathways by low temperature during imbibition of *Arabidopsis thaliana* seeds. Plant Cell, 16(2): 367-378

Yasuno R, von Wettstein-knowles P, Wada H. 2004. Identification and molecular characterization of the beta-ketoacyl-[acylcarrier protein] synthase component of the Arabidopsis mitochondrial fatty acid synthase. Journal of Biological Chemistry, 279: 8242-8251

Yan C, Li C, Wan S, et al. 2013. Cloning, expression and characterization of PnLOX2 gene related to *Aspergillus flavus*-resistance from peanut (*Arachis hypogaea* L.) seed coat. Journal of Agricultural Science, 4(7): 67-75

Yin ZM, Rorat T, Szabala BM, et al. 2006. Expression of a Solanum sogarandinum SK3-type dehydrin enhances cold tolerance in transgenic cucumber seedlings. Plant Sci, 170: 1164-1172

Yuksel B, Paterson AH. 2005. Construction and characterization of a peanut HindIII BAC library. Theor Appl Genet,

111(4): 630-639
Zhang D, Liang W, Yin C, et al. 2010. OsC6 plays a crucial role in the development of lipidic orbicules and pollen exine during anther development in rice. Plant Physiol, 154(1): 149-162
Zhang H, Zhou RX, Zhang LJ, et al. 2007. CbLEA, a novel LEA gene from *Chorispora bungeana*, confers cold tolerance in transgenic tobacco. J Plant Biol, 50(3): 336-343
Zhang S, Klessig DF. 2001. MAPK cascades in plant defense signaling. Trends Plant Sci, 6: 520-527
Zhang Y, Xia H, Yuan M, et al. 2012. Cloning and expression analysis of peanut (*Arachis hypogaea* L.) CHI gene. Electronic Journal of Biotechnology, 15
Zhang YM, Wu B, Zheng J, et al. 2003. Key residues responsible for acyl carrier protein and β-ketoacyl-acyl carrier protein reductase (FabG) interaction. J Biol Chem, 278: 52935-52943
Zheng PZ, Allen WB, Roesler K, et al. 2008. A phenylalanine in DGAT is a key determinant of oil content and composition in maize. Nature Genetics, 40: 367-372
Zheng Y, Li C, Liu Y, et al. 2012. Cloning and Characterization of a NBS-LRR Resistance Gene from Peanut (*Arachis hypogaea* L.) . Journal of Agricultural Science, 12: 243-252
Zou J, Katavic V, Giblin EM, et al. 1997. Modification of seed oil content and acyl composition in the brassicaceae by expression of a yeast sn-2 acyltransferase gene. Plant Cell, 9: 909-923

第五章　花生遗传转化与种质创新

第一节　植物转基因研究概述

一、植物转基因研究的意义

植物转基因(transgene)又称植物基因工程(gene engineering)、植物遗传转化(genetic transformation)，是指借助生物、化学或物理手段，将已经克隆、分离的外源或内源基因转移到受体植物细胞基因组中，使目的基因能够在受体背景下稳定表达和遗传，并改变或赋予植物新的性状的方法。转基因技术打破了物种间基因转移的限制，转移的目的基因可来源于植物、动物、微生物或人工合成。该技术在基因功能分析鉴定中发挥了重要作用。与传统育种相比，转基因还具有可定向改良目标性状的特点，并且目标性状易通过分子生物学手段跟踪检测。因此，转基因与传统育种技术相结合可以大大加快植物遗传改良的进程、加快有益性状的聚合。

二、植物转基因研究的发展历程及成就

1983 年第一例转基因植物问世，在之后的 30 年间，转基因植物研究和产业化发展十分迅速，至今已有数百种植物转基因获得成功，30 多种转基因植物进入了商品化生产阶段，导入的基因涉及抗虫、抗除草剂、抗病、改善品质等诸多方面(http://www.isaaa.org/inbrief/default.asp)。

据农业生物技术应用国际服务组织（International Service for the Acquisition of Agribiotech Application，ISAAA）统计，1996～2012 年全球转基因作物的种植面积累计达 14.27 亿 hm^2。在这 17 年间转基因作物种植面积以平均每年 6%的速度增长，增长了 100 倍。2011 年和 2012 年全球 28 个国家种植了转基因作物，种植总面积分别为 1.6 亿 hm^2 和 1.7 亿 hm^2，其中美国、巴西、阿根廷、加拿大、印度、中国 6 个国家转基因作物种植面积占全球种植总面积的 92.4%和 91.8%（刘忠松等，2010）。近年来，发展中国家的转基因作物种植面积增长明显加快，2012 年发展中国家的种植总面积首次超过发达工业化国家，种植转基因农作物的国家主要集中在美洲。位列前两位的转基因作物分别为抗除草剂转基因大豆（占 47%）、具有除草剂和 Bt 聚合抗性的转基因玉米（占 23%），Bt 抗虫转基因棉花列第三位(占 11%)，这 3 种作物超过了全部转基因作物种植总面积的 80%，其他转基因作物包括抗除草剂油菜、玉米、棉花、甜菜、苜蓿，以及 Bt 抗虫玉米、综合抗性的棉花等。仅 2012 年一年全球转基因作物创造效益就达 148.4 亿美元。1996 年以来累计创造经济效益 1022 亿美元（James，2012）。

在 2013 年及随后的几年中转基因作物种植面积还将不断增加，其中一些亚洲和非洲

国家将批准种植转基因作物。2013 年或 2014 年，富含维生素 A（vitamin-A）的“黄金大米”、抗旱甘蔗分别在菲律宾和印度尼西亚种植；2017 年第一个抗旱转基因玉米将在非洲释放（James，2012）。

三、植物遗传转化的主要方法

迄今为止，植物遗传转化技术大致可划分为两类：一种是载体介导法，即利用另一种生物来实现基因的转入和整合，如农杆菌介导法、病毒介导法等；另一种是 DNA 直接导入法，即将裸露的 DNA 通过物理或化学的方法直接转入植物细胞，如基因枪法、聚乙二醇介导法、花粉管通道法、电击法、显微注射法、超声波导入法等。目前较常用的主要方法有农杆菌介导法、基因枪法、聚乙二醇介导法及花粉管通道法。

1. 农杆菌介导法

农杆菌介导法是目前植物遗传转化最常用的方法。它是将目的基因插入植物表达载体的 T-DNA 区并转入根癌农杆菌或发根农杆菌；然后以农杆菌侵染受体植物，将农杆菌质粒上携带的 T-DNA 区插入受体细胞基因组中，从而实现新基因的导入与整合的过程。1983 年，Zambryski 等用根癌农杆菌介导法转化获得了世界上首例转基因烟草植株。根癌农杆菌 Ti 质粒转化系统是目前研究最多、技术方法最成熟的基因转化途径。根癌农杆菌 Ti 质粒的致瘤过程需要 4 个必要条件：一是植物损伤信号。根癌农杆菌只能感染植物的损伤部位，在植物损伤和修复过程中，植物释放出一些化学物质，其中某些物质可以诱导 Ti 质粒上的致病基因表达，并引起 T-DNA 的转移。二是 Ti 质粒的 T-DNA 区。该区域含有致瘤基因 *tms*、*tmr* 和冠瘿碱合成酶基因 *nos*（胭脂碱合成酶基因）或 *ocs*（章鱼碱合成酶基因）等关键的编码基因。在 T-DNA 两端含有非常保守的 25 bp 边界序列（border sequence），分别为左边界（LB）和右边界（RB）。T-DNA 的转移与边界序列密切相关，而与 T-DNA 区域的其他基因和序列无关。三是致病区（virulence region，Vir）。Vir 区是 T-DNA 区以外涉及致瘤的区域，并不整合到植物基因组中，但 Vir 基因的表达是 T-DNA 转移的先决条件。四是根癌农杆菌基因组中与致瘤有关的基因，如 *chvA*、*chvB*、*exoC* 等（杨爱国，2006）。

与其他转化方法相比，农杆菌介导的遗传转化法具有明显的优势。第一，该系统利用 Ti 质粒天然的可将 DNA 转移到植物基因组的特性，转化成功率高、效果好；第二，Ti 质粒介导的转化机制比较清楚，转化方法成熟，应用也较广泛；第三，Ti 质粒的 T-DNA 区可携带较大的 DNA 片段转移，目前转移的最大片段长达 50 kb；第四，通过该方法转移的外源基因在植物体内多数以单拷贝存在，遗传稳定性好，利于目的性状的选择。然而，目前农杆菌介导的遗传转化方法主要通过植物组织培养途径再生植株，因此，该技术的应用明显受到受体植物离体再生体系的限制。

拟南芥花序浸泡法也属于农杆菌介导的转化法，该方法不依赖于植物再生体系，是在植物体整株水平上实现的转化，不仅适用于拟南芥还适用于盐芥、油菜等植株个体小、具有总状或复总状花序、结实量较大的植物。该方法的关键是选择适当发育时期的花序进行侵染。为了获得较多的转化体，一般需剪掉初次开花的主花序，促进次级更多花序的发育。利用喷雾法进行多次浸染或通过抽真空促进菌液充分渗入，也可有效提高转化效率。该方法操作简单，对实验条件要求较低，易于获得转基因植株（Clough and Bent，1998）。

2. 基因枪法

基因枪法（gene gun）又称微弹轰击法（particle bombardment），最早是由康奈尔大学 Sanford 等于 1987 年建立的。其原理是将 DNA 包裹于微小的金属钨或金粒的表面，在高压下使携带目的基因的金属颗粒高速喷射进入受体细胞或组织，使目的基因整合到受体基因组并表达的过程。

该方法的突出优点是：①受体材料、靶细胞可以有广泛的来源，包括细胞悬浮培养物、愈伤组织、分生组织、未成熟胚等，并且基因枪技术还能将外源基因转入线粒体和叶绿体，使转化细胞器成为可能；②受体材料受基因型的限制小，可适用于不同的物种及同一物种的不同品种。然而，由于基因枪轰击的随机性，外源基因进入宿主基因组的整合位点相对不固定，拷贝数往往较多，这样转基因后代容易出现突变、外源基因丢失，引起基因沉默等现象的发生，不利于外源基因在宿主植物的稳定表达；而且基因枪价格昂贵、运转费用高，因而限制了其在实际中的应用。

3. 聚乙二醇（PEG）介导法

PEG 是一种水溶性细胞融合剂，PEG 能够改变细胞膜的通透性，进而使外源 DNA 容易进入受体细胞，达到基因转化的目的。该方法具体操作过程包括：外源目的 DNA 的制备；原生质体的制备；外源 DNA 侵染悬浮培养的原生质体，并进行筛选培养；对筛选获得的转化细胞或细胞团进行分化培养、再生植株。

PEG 介导法具有以下几个优点：对细胞伤害小；充分利用原生质体具有摄取外来物质的特性，原理简单、操作方便、成本较低，并且可实现一次转化多个原生质体；嵌合转化体很少产生。然而，由于 PEG 可以影响原生质体的活力，转化效率较低。许多植物（包括花生）尚未建立有效的原生质体再生系统，限制了该方法的应用。

此外，其他一些具有改变细胞膜通透性的化合物如多聚-L-鸟氨酸、磷酸钙等也可诱导原生质体摄取外源 DNA 分子，实现 DNA 在受体细胞内的转化。

4. 花粉管通道法

花粉管通道法是一种将外源 DNA 直接导入植物细胞的转化技术。该方法利用花粉管通道，将外源 DNA 在自花授粉前后的适当时期导入胚囊，转化尚不具备正常细胞的卵或早期胚胎细胞。这种方法是以中国科学家周光宇研究员提出的 DNA 片段杂交假设为依据创建的（周光宇等，1979）。这一假说认为，远缘亲本间的染色体结构整体上难以亲和，但从局部 DNA 分子角度来说，部分基因间的结构却可能保持一定的亲和性。远缘 DNA 片段进入受体后，可能在受体 DNA 复制过程中被重组到受体染色体中，从而参与受体基因的表达调控，使子代出现变异。这种参与杂交的 DNA 片段可能带有可亲和的远缘物种的结构基因、调控基因，甚至断裂的无意义的 DNA 片段。

这种方法转化的 DNA 可以是裸露的基因组总 DNA 或 DNA 片段，也可以是携带目的基因的重组质粒。该方法在植株整体水平上进行转化，不依赖植物离体再生体系，因而方法简便易行，适用于多数开花植物。导入总DNA往往能造成作物较大范围的变异，可以为育种者提供大量育种材料。然而，这种方法在应用中也存在一些突出问题。例如，对于其DNA片段杂交及整合的机制尚不明确；导入总DNA尽管能造成许多变异，但难以追踪整合到受体染色体中的DNA片段或导致性状改变的基因；重复性差等。这些问题限制了该方法的应用。

根据花粉管通道法转化的原理，近些年研究者又探讨了多种类似的方法，如柱头滴注法或涂抹法、微注射法、包裹外源DNA的花粉粒授粉法、浸穗法等，在转基因实践中也有一些成功的例证。

第二节　花生遗传转化技术研究

一、农杆菌介导的花生遗传转化

20世纪80年代末农杆菌介导的遗传转化法和基因枪转化法在烟草、番茄等模式植物中已获得成功，但花生等大粒豆科植物受再生体系的限制，遗传转化技术研究起步较晚。经过20多年的努力，迄今已建立了一些比较成熟的花生遗传转化体系，报道的转化频率为0.2%～9.0%（McKently et al.，1995；Sharma and Anjaiah，2000；Rohini and Rao，2000；Joshi et al.，2005）。

根癌农杆菌介导的花生遗传转化方法的基本步骤包括：①转化受体外植体的准备。用于根癌农杆菌遗传转化的外植体可以是旺盛生长的植物体的任何器官或组织，也可以是诱导产生的胚性愈伤组织。在遗传转化中，一般选择所建立的较成熟的离体再生体系作为外植体。用于花生遗传转化的外植体主要是胚轴、胚小叶、胚子叶、幼叶和胚性愈伤组织等。②含重组Ti质粒的根癌农杆菌的制备。一般采用新鲜培养的农杆菌进行转化，农杆菌的状态直接影响转化效率。研究表明，农杆菌最适宜的侵染浓度为OD_{600}=0.5～0.8（Li et al.，1997；张小茜等，2007）。③根癌农杆菌侵染及与外植体的共培养。农杆菌短时间侵染外植体后，一般不马上加筛选压力，而是将外植体放置于黑暗处共培养一段时间。共培养时间也是决定转化效率高低的因素之一。研究发现，根癌农杆菌侵染外植体时，可以迅速产生纤丝附着于植物细胞表面，但此时农杆菌并不侵入植物细胞内。只有农杆菌在创伤部位生存16 h以上菌体才会侵入细胞。在花生遗传转化过程中，大多数研究者选择共培养48～72 h，共培养时间过长往往造成农杆菌大量生长导致后期难以抑制、外植体褐化等（Anuradha et al.，2006；张小茜等，2007）。④抗性植株诱导、筛选和再生。利用胚性愈伤为外植体的转化体系一般需在加入抗生素或除草剂的筛选培养基中继代筛选出抗性愈伤，然后再诱导胚性愈伤再分化形成抗性小植株；而以胚轴等器官为外植体的转化体系，共培养后外植体即可转入加入抗性筛选剂的芽诱导培养基中诱导植株再生。

为了提高花生的转化效率，研究者对其中的关键步骤进行了不断的探索。不同农杆菌菌株对不同植物的转化效率差异很大。张小茜等（2007）比较了农杆菌LBA4404和EHA105对花生的转化效率，发现EHA105比LBA4404转化效率略有提高，但差异不显著。菌株 EHA101 的转化效率明显高于 C58（Egnin et al.，1998）。Anuradha 等（2006）发现农杆菌菌株 GV2260 对花生的转化效率比 LBA4404 高至少 3 倍。在转化外植体培养和再生过程的培养基中添加一些抗氧化剂，可以减少外植体材料中产生过多的 H_2O_2 和丙二醛（MDA），能有效提高转化效率。如在培养基中加入谷胱甘肽（100 mg/L）、α-生育酚（50 mg/L）或亚硒酸钠（20 mg/L），则能使 *GUS* 基因转化阳性率由对照的 3.9%分别提高到 14.6%、10.3%和 12.4%（Zheng et al.，2005）。Rohini 和 Rao（2000）用农杆菌侵染切去一片子叶的成熟花生种子，然后接种于营养土中获得了转基因花生植株。研究发现，农杆菌侵染和共培养过程中，在 WinansAB 悬浮培养液中以 50∶1 的比例添加烟草叶片提取液，可以提高 *GUS* 基因的转化频率。推测可能是烟草叶片提取物中存在的糖类和酚类物质，促进农杆菌 Ti 质粒 T-DNA 区向植物转移。研究还发现，添加乙酰丁香酮也可提高花生的转化频率，但效果明显不如添加烟草叶片提取物（Cheng et al.，1996；Rohini 和 Rao，2000）。由于花生农杆菌介导的遗传转化体系的建立大多依赖于花生离体再生体系，因此，对花生转化效率影响最大的还是离体培养所用的培养基成分和再生途径。目前已经有不少较为完善的花生再生体系（王传堂和张建成，2013），本书的相关章节也有论述。

转化再生的花生小植株往往存在生根质量不好的问题，移栽后成活率较低，特别是经卡那霉素筛选后生根更加困难。山东省农业科学院生物技术研究中心和青岛农业大学的研究者利用嫁接技术解决了这一难题，嫁接成活率可达 90%以上，并且嫁接苗生长健壮、开花结实率较高（李长生等，2009；郝世俊等，2010）。需要注意的是，作为砧木的实生苗以 2 周龄为最佳，嫁接后生长 2～3 周应及时去除砧木上形成的花芽，防止收获的种子中混入未转化砧木产生的种子。

有关发根农杆菌介导的花生转化技术的报道相对较少。该方法转化的基本步骤与根癌农杆菌介导的方法基本相同，但多数发根农杆菌转化花生的研究是通过转化体所产生的毛状根作为生物反应器，生产一些生物活性物质、药用蛋白等，因而，不需要再生完整的植株。目前报道的转化花生所用的外植体包括叶片、茎段、子叶和胚轴，所用发根农杆菌菌株有 MAFF-02-10266、R1000、R1601、K599、BCRC15010 或 ATCC15834 等（Akasaka et al.，1998；Karthikeyan et al.，2007；姚庆收等，2008；Kim et al.，2009；蔡杏枚和廖宇赓，2011；申红芸等，2012）。姚庆收等（2008）比较了花生子叶、叶片和茎段外植体被侵染后毛状根诱导情况，发现叶片伤口部位产生毛状根速度最快，一周左右就能产生大量毛状根，而且毛状根密度最大；侵染的茎段两周后才开始诱导形成毛状根，且生根密度小；子叶外植体侵染后没有诱导出毛状根。为了降低花生毛状根增殖培养时的成本，蔡杏枚和廖宇赓（2011）以诱导获得的毛状根为材料，研究了数种速溶性化学肥料调制的培养基在毛状根生产中的作用，发现最简化的培养基是以花宝 1 号肥料取代无机盐类，并附加马铃薯提取物替代有机物配制而成的培养基。上述研究主要用于毛状根的离体培养，而申红芸等（2012）建立了有菌条件下发根农杆菌诱导花生整株条件下根系毛状根和根瘤的形成及外源基因的转化体系。该方法不破坏花生地上部，在下胚轴诱导形成转基因毛根系统代替花生根系，获得的是一个组织结构完整的花生植株。转化体可以用于研究外源基因在根系中的生物学功能，以及基因在过量表达或被抑制等条件下，对花生植株生长状况如抗胁迫能力的影响。是一个简便易行且高效的研究体系。

二、基因枪法花生转基因研究

花生基因枪转化法的关键步骤包括：①外植体的准备。基因枪法所用的受体外植体主要是胚性愈伤组织，来源于包括成熟或未成熟胚、成熟或未成熟子叶、胚小叶、幼叶和胚轴等。②包裹外源基因的金属颗粒的制备和轰击。③通过胚状体再生途径或重新诱导丛生芽再生途径获得转基因再生植株。

受体愈伤组织的状态和再生体系的优劣直接影响遗传转化效率，因此，胚性愈伤组织最好采用新鲜诱导的或低代继代的愈伤，长期继代往往造成愈伤组织转化效率降低、再生植株因染色体畸形而不育等问题（Ozias-Akins et al.，1993；Singsit et al.，1997；Livingstone and Birch，1999）。转化后的胚性愈伤组织经继代、筛选，选择生长发育良好的体细胞胚转入不含激素或含有适量细胞分裂素的培养基中诱导转化植株再生。不同再生体系，植株再生频率差异很大。基因枪轰击前后，转化受体细胞经短时间渗透处理，可以通过降低细胞膨压、减少轰击压力对细胞的破坏而提高转化效率。Livingstone 和 Birch（1999）报道，转化的胚性愈伤组织在诱导植株再生之前，转移至添加 0.2 mol/L 山梨醇或 0.2 mol/L 甘露醇的高渗再生培养基中处理 4 h，可使花生品种 NC-7 的体细胞胚再生频率由 18%左右提高到 60%左右。Deng 等（2001）报道外植体轰击前在诱导培养基中预培养 1～5 天并在含 0.4 mol/L 甘露醇的培养基中渗透处理 3 h，可有效提高转化效率。Joshi 等（2005）也报道，受体组织轰击前短时间（2～3 h）培养于含 0.4 mol/L 甘露醇的培养基中，轰击后在相同的培养基中继续培养 18～24 h，有利于外源基因的稳定转化。

基因枪转化时，轰击所用金属颗粒的大小、载物台与携带金属颗粒的大载体之间的距离、轰击压力及真空度对转化效率都有影响。金属颗粒太大对细胞的伤害较大，大多数研究者采用 0.6 μm 或 1 μm 的金粉作为外源基因的载体。轰击压力和真空压力分别控制在 9.0～12.4 MPa 和 91～96 kPa（Deng et al.，2001；Yang et al.，2003；Joshi et al.，2005）。

为了避开花生离体再生的限制，Brar 等（1994）探讨直接以合子胚的分生组织为受体进行轰击，尽管报道检测的 *GUS* 基因阳性率可达 0.6%～2.3%，但转化的植株大多为嵌合体。

三、其他不依赖组织培养的花生遗传转化技术

花器注入法是根据花粉管通道法的原理发展而来的一种在植物整株水平上进行转化的有效方法。山东省花生研究所 20 世纪 80 年代末就建立了花生花萼管注射转化技术。该技术在开花前一天将外源总 DNA 或携带目的基因的质粒注射到幼蕾或花萼管内，随后外源 DNA 通过花粉管通道进入胚囊。早期研究导入的 DNA 多为来源于不同物种的总 DNA，导入后，后代性状产生广泛的变异，且连续几代发生分离，也有些有利性状能较快稳定遗传，获得了一批有价值的育种材料（申馥玉等，1997）。在近年的研究中，人们

转入的大多是携带目的基因的植物表达载体。王传堂（2010）报道，利用该方法将含有*EGFP*基因的植物表达载体转入4种基因型花生品种中，获得PCR检测阳性的种子粒数可达处理花朵数的11.3%～32.0%。

花粉介导法是利用花粉作为载体，结合超声波处理，将外源DNA导入花粉，并通过受精随花粉管生长进入胚囊，在合子形成过程中实现外源DNA与受体基因组的杂交，从而介导外源基因整合与表达的遗传转化过程。该方法的关键在于选择适宜的超声波强度促进外源DNA导入花粉，同时保持正常的花粉活力。梁雪莲等（2006）利用花粉作为外源基因的载体将抗虫基因（*CpTI*基因）转入花生中，获得了转基因的植株。研究发现，10%的蔗糖溶液可以有效地保存花生花粉，用于转化研究。在200 W超声波强度下处理包裹了质粒DNA的花粉2次，两次处理的间隔为3s，可以有效促进质粒DNA进入花粉而大部分花粉仍保持活力。

第三节　花生启动子的研究

一、启动子的概念

启动子是一段位于结构基因5′上游区，能够被RNA聚合酶识别和结合的DNA序列。它能活化RNA聚合酶并指导相应类型的RNA聚合酶与模板正确结合，决定DNA转录的方向和效率，控制基因表达（转录）的起始时间、空间和表达的强度。植物中大部分启动子由RNA聚合酶II识别，称为植物II型启动子，它们启动信使RNA（mRNA）和大多数核内小RNA（snRNA）的转录。

植物II型启动子主要由核心启动子区和上游调控区两部分组成。其中核心启动子区包括TATA-box和转录起始位点附近的起始因子（initiator，Inr）。TATA-box又称Hogness框，是一段位于转录起点上游的富含AT碱基对的序列，其核心保守序列为TATAA（T）AA（T）（Joshi，1987）。大多数真核生物II型启动子都含有TATA-box，它直接与转录因子TFIID的TATA结合蛋白（TBP）和TBP协同因子结合，介导转录起始复合物的形成并识别转录起始位点启动基因转录。但有些植物启动子中不存在TATA-box，它的功能被另一种核心元件起始因子Inr替代。Inr没有严格的同源序列，但可以与转录起始位点重合（王颖等，2003）。

CAAT-box与GC-box是真核基因启动子普遍存在的两种上游启动子元件（upstream promoter element，UPE）。CAAT-box一般位于TATA-box的上游约–50 bp处，与转录激活因子NF1和CTF成员等多种蛋白结合激活转录。CAAT-box对基因转录有较强的激活作用，其激活作用没有方向性，且作用距离不定。GC-box位于转录起始位点上游–90～–80 bp处，保守序列为GGGCGGG，可有多个拷贝，并能以任何方向存在而不影响其功能。GC-box需与一种特异的转录因子结合才能促进基因转录。除上述这两种普遍存在的调控元件外，上游调控区还含有许多控制基因特异性表达的元件。

根据植物启动子表达方式不同，通常将启动子分为组成型启动子、组织特异性启动子和诱导型启动子三大类。组成型启动子调控下的基因在多数植物组织中均可以表达，不受时空及外界因素的影响，而且表达水平在不同的组织部位没有明显差异，所以组成型启动子又称为非特异性表达启动子。目前植物基因工程中使用的多是组成型启动子，如花椰菜花叶病毒（CaMV）35S启动子、根癌农杆菌Ti质粒T-DNA区域的章鱼碱合成酶基因*Ocs*启动子和胭脂碱合成酶基因*Nos*启动子、水稻*Actin1*基因的Act1启动子和玉米*Ubiquitin*基因的Ubi启动子，其中CaMV35S启动子和Ubi启动子分别是在双子叶植物和单子叶植物遗传转化过程中应用最多的组成型启动子。

组织特异性启动子又称为器官特异性启动子，可以调控基因在某些特定的组织中表达，并往往表现出发育调节的特性。根据启动子调控的基因表达组织的特点可分为根特异性启动子、花特异性启动子、胚特异性启动子等。在一些种子特异性启动子中包含RY元件（CATGCA）或E-box（CANNTG）的保守序列，这两个序列突变后会使种子大部分特异性活性丧失（Chandrasekharan et al.，2003）。

诱导型启动子通常含有诱导特异性元件，在物理或化学信号的诱导下被激活，促进基因的表达。这类启动子常以诱导信号命名，如光诱导型启动子、温度诱导启动子、干旱诱导启动子、激素诱导启动子和病原诱导启动子等。rd29A启动子是目前应用较广泛的逆境胁迫诱导启动子，其转录起始位点上游–174～–55 bp区域包含干旱及ABA激素响应的关键调控元件DRE和ABRE，表达受干旱、高盐、低温和脱落酸诱导（Narusaka et al.，2003）。

综上所述，启动子在很大程度上决定了基因表达的时间、空间、强度和表达方式，对基因表达的特异性起了重要的作用。因此，分离与鉴别启动子、研究启动子的结构和功能、了解启动子表达特征及其作用机制已成为基因功能分析的重要内容，同时也为基因工程研究和应用提供了重要基础。

二、启动子的分析及应用

1. 生物信息学分析

生物信息学分析的方法是对已发表的数据进行总结，建立起序列信息较为完整的覆盖面宽的数据库，利用数据库预测目标序列的功能和含有的调控元件。随着分子生物学与基因组学研究的不断深入，许多物种的基因组序列测序工作已经陆续完成，大量基因的功能与转录特性获得阐释，各种数据库的信息也在不断的更新，生物信息学预测在启动子功能分析中发挥着越来越重要的作用。此方法可以推测启动子可能含有的作用元件与部分功能，但预测的功能必须经过实验验证。

植物II型启动子研究的主要数据库有：①EPD（eukaryotic promoter database）（http://www.epd.isb-sib.ch），该数据库的主要功能是分析转录因子结合位点，增强子、沉默子的位置，以及基因表达调控模式等真核生物基因调控区结构和基因表达方式（Schmid et al.，2004）。②TRANSFAC（the transcription factor database）（http://transfac.gbf.de/ transfac），该数据库主要包含转录因子、转录因子结合部位及结合部位序列信息（Matys et al.，2003）。③TRRD（transcription regulatory regions database）（http://www.bionet.nsc.ru/mgs/dbasestrrd4），该数据库主要包含转录因子结合位点，增强子、沉默子的位置，以及基因表达调控模式等基因结构与功能特性（Kolchanov et al.，2002）。④PLACE（plant Cis-acting regulatory DNA elements database）（http://www.dna.affrc.go.jp/PLACE），该数据库包含所有

维管植物的顺式作用元件信息，根据实验最新进展随时更新数据（Kenichi et al.，1999）。⑤PlantCARE（plant Cis-acting regulatory element database）（http://bioinformatics.psb.ugent.be/webtools/plantcare/html），该数据库是植物顺式作用元件、增强子和阻遏因子的数据库（Rombauts et al.，1999）。

PLACE 和 PlantCARE 是预测和分析植物启动子元件的常用数据库。这两个数据库可以直接分析启动子序列中含有的已知元件及其所在位置。PLACE 数据库给予功能研究的来源；PlantCARE 可以明确预测元件的位置并可用不同颜色标记，更加方便。通过数据库的预测可以减少一定的实验工作量，使实验更有目的性。

2. 报告基因表达系统分析

利用启动子驱动的报告基因（GUS 或荧光蛋白 GFP、YFP、CFP 等）表达系统，分析报告基因在植物体不同发育时期、不同组织器官或不同类型细胞的表达水平，可以确定启动子的表达特性，明确不同启动子区段和顺式作用元件的功能。根据构建的表达系统的载体结构不同，可分为稳定转化表达分析和瞬式表达分析载体，二者用于不同目的的研究。

（1）稳定转化表达分析

稳定转化表达分析所用载体必须是植物双元表达载体，可以通过转化将外源报告基因整合到宿主细胞的染色体上，产生稳定转化的、可遗传的转基因植株。进行启动子分析时，往往构建一系列报告基因表达载体，包括含有可能的完整功能的启动子、含有不同缺失或点突变序列的启动子的载体，然后分析检测转基因植物中报告基因的表达水平、位置和时期，从而确定对表达水平或表达特异性起关键作用的片段和调控元件，同时可以研究某些元件的功能。近年来运用此方法已鉴定分析了大量基因启动子，也阐明了一些调控元件或保守基序行使的功能。通过 GUS 表达系统，Kim 等（2007）对芝麻 *FAD2* 基因启动子 5′上游调控区进行了缺失分析，确定芝麻 *FAD2* 基因转录起始位点上游–660～–180 区域含有对组织特异性表达起负调控作用的重要元件；–660～–548 和–179～–53 含有 ABA 响应元件。Zarei 等（2011）对拟南芥 PDF1.2 启动子的两个 GCC-box 进行了单突变和双突变分析，发现启动子的两个 GCC-box 是含 AP2/ERF 结构域转录因子 ORA59 的主要结合位点，突变其中任何一个 GCC-box 元件都会导致茉莉酸甲酯和乙烯利应答缺陷。Pan 等（2013）通过构建一系列 5′缺失表达载体，证明 Pto4CL2 启动子–317～–292 nt 的区域是该基因在表皮和花瓣表达所必需的，而–266～–252 nt 区域缺失导致组织特异性的丧失。

（2）瞬式表达分析

瞬式表达分析是将待研究的启动子或片段连上一种易检测的报告基因，通过合适的方法转化到受体中，根据受体植株中报告基因的表达水平和表达位置，确定基因的活性。瞬式表达所用载体有完整的报告基因表达结构，但不含 T-DNA 区，外源报告基因不能与宿主细胞的染色体整合，不能产生稳定遗传的后代。因此，瞬式表达分析经常用于分析启动子的表达特异性和活性水平。通常需要转化受体植株的不同组织或细胞系（包括原生质体），确定启动子在各个组织中和不同类型细胞中的表达模式和表达强度。孙啸等（2008）利用小麦愈伤组织分析了不同胁迫处理条件下大豆 *GmDREB3* 不同长度缺失启动

子驱动的 *GUS* 基因表达情况，证明在启动子–1117～–285 bp 区域存在与低温和干旱应答有关的重要调控元件，在–1648～–1464 bp 区域内存在抑制启动子活性的调控元件。利用拟南芥叶肉原生质体，Klein 等（2012）通过 YFP 瞬时表达系统分析了拟南芥 *sAPX*（the stromal ascorbate peroxidase）基因启动子，发现在翻译起始位点上游–1868～–1321 bp、–1320～–691 bp 和–690～–263 bp 区域均包含基因表达增强子元件和 H_2O_2 应答元件。

瞬式表达分析具有简单快速、表达水平高、结果直观的优点，这种方法还可以避免因报告基因或其他非目标基因整合而在植物基因组中对植物转录组产生影响，影响产物的正确定位和正常功能。但这种方法因无法动态地研究启动子在植物整个发育过程中的调控模式，因而不能完全替代稳定表达分析方法。

3. 调控蛋白与顺式作用元件的相互作用分析

真核生物启动子远比原核生物启动子复杂，没有明显一致的序列，DNA 转录不仅靠 RNA 聚合酶的作用，还需要多种蛋白质因子的相互协调作用。不同基因转录起始及其调控所需的蛋白质因子也不完全相同，因此，启动子序列差异很大。转录因子（transcription factor，TF），也称反式作用因子（transacting factor），是位于细胞核内能够与启动子区域中顺式作用元件发生特异性相互作用，从而调控目的基因以特定的强度并在特定的时间与空间表达的蛋白质分子。因此，对真核生物转录因子的研究可以间接地研究启动子的功能。

（1）凝胶电泳迁移技术

凝胶迁移或电泳迁移率实验（electrophoretic mobility shift assay，EMSA）是一种利用 DNA 结合蛋白与其相关的 DNA 结合序列互作分析的技术。DNA 与蛋白质结合后在凝胶中迁移速率变慢，进而可以确定 DNA 与蛋白质的结合区段。其方法是将 DNA 探针用同位素标记，然后在体外混合处理标记的探针和蛋白质，探针－蛋白质的复合物在凝胶中的迁移速度会比探针更慢，通过放射自显影后表现为滞后的条带（Kerr，1995）。此方法可以利用已知功能的蛋白质验证启动子中的调控元件，直观地描述序列与蛋白质的结合状况。通过此方法已鉴定了大量转录因子的结合位点。转录因子 SebHLH 与芝麻 *FAD2* 基因启动子区的 G-box 和 E-box 结合，调控基因在发育中的种子和根中的表达（Kim et al.，2007）。MINI3 通过结合自身启动子和 *IKU2* 基因启动子中的 W_1-box 调控胚乳细胞增殖和种子腔的扩大（Kang et al.，2013）。

（2）足迹法

足迹法（footprinting）是一种能够测定 DNA 结合蛋白精确结合位点的技术。其原理是：在酶或者化学试剂的作用下，双链 DNA 能被随机切成不同长度的核苷酸序列；但当 DNA 片段与相应的蛋白质结合后，该结合区不能被切断。因此，在放射自显影图谱上，DNA 梯度条带在相应的 DNA 结合蛋白的结合区域中断，从而形成一空白区域。根据剪切 DNA 方式的不同可分为酶足迹法与化学足迹法。利用足迹法研究启动子元件的功能需要已知功能的蛋白质。Boter 等（2004）利用足迹法分析了 *LAP*（leucine aminopeptidase）基因启动子，发现 MYC 转录因子可识别并结合启动子中的 T/G-box 元件，调控基因对茉莉酸甲酯（JA）的响应。Mukhopadhyay 等（2011）发现水稻非生物胁迫下调的 *rpL32* 基因启动子中 SITE II 元件，在盐胁迫下与转录因子结合明显减弱，EMSA 也进一步证实了这一结果。

（3）酵母单杂交分析

酵母单杂交（yeast one hybridization）是根据DNA结合蛋白（即转录因子）与顺式作用元件结合调控报告基因表达的原理发展而来的。许多真核生物的转录激活子由物理上和功能上独立的DNA结合域（DNA-binding domain，BD）和转录激活域（activation domain，AD）组成。将拟研究的启动子区（含BD区）构建到基本启动子（Pmin）上游，报告基因连接到Pmin下游，构建成报告基因酵母表达载体；同时构建AD区与转录因子基因融合的表达载体；将上述两载体共同导入酵母细胞中，如果表达的转录因子与启动子元件结合，就能激活Pmin启动子，报告基因就能得到表达。利用该技术，发现转录因子ANAC089可以与拟南芥sAPX启动子−1646～−1262 bp区结合，调控该基因表达（Klein et al.，2012）。ANAC019、ANAC055和ANAC072转录因子在体内和体外均能与包含CATGTG基序的启动子特异结合，受干旱、高盐及脱落酸的诱导，此元件在上述胁迫应答过程中起重要作用（Tran et al.，2004）。运用酵母单杂交法，Delaney等（2007）发现，胚珠和非纤维组织特异表达的棉花纤维蛋白AT hood类转录因子GhAT1，通过与FSltp4启动子的一个AT丰富区结合，调控*FSltp4*基因在棉花非纤维组织中的表达。

（4）染色质免疫共沉淀技术

染色质免疫共沉淀法（chromatin immunoprecipitation，ChIP）也是利用转录因子进行启动子功能分析的常用方法，该方法的突出优点是可以研究体内DNA与蛋白质的相互作用。它的原理是活体细胞经甲醛的处理固定体内存在的蛋白质−DNA复合物，并通过超声波等机械手段将其随机切断为一定长度的染色质小片段，通过细胞免疫的方法沉淀复合体，并特异地富集与目的蛋白结合的DNA片段，最后通过对结合DNA片段的纯化与分析，获得启动子及其顺式作用元件的序列信息（Wells and Farnham，2002）。Zhang等（2013）利用ChIP技术研究发现，WUS转录因子直接与*GRP23*（*GLUTAMINE-RICH PROTEIN* 23）基因启动子中含有2个TAAT保守基序的片段相互作用，调控细胞分裂。

（5）高通量分析及其他新技术

随着基因芯片（gene chip）技术的诞生和发展，在ChIP技术基础上，结合gene chip技术，又发展出ChIP-chip技术（Ren et al.，2000）。它是将ChIP方法分离出的DNA进行扩增，然后加上荧光标记，与包含有启动子序列的基因芯片杂交，根据荧光的强弱筛选出目的蛋白的结合序列。ChIP-chip方法将生物芯片平台与ChIP实验相结合，能够在全基因组或基因组较大区域上高通量分析DNA结合位点或组蛋白修饰位点（李敏俐等，2010）。

ChIP技术与第二代测序技术相结合，近年来又发明了ChIP-Seq技术。该技术首先通过ChIP特异性地富集目的蛋白结合的DNA片段，并对其进行纯化与文库构建；然后对富集得到的DNA片段进行高通量测序。能够高效地在全基因组范围内检测与组蛋白、转录因子等互作的DNA区段。

此外，荧光探针检测技术如激光诱导荧光（laser induced fluorescence，LIF）技术、单分子光谱技术、量子点（quantum dot，QD）等，目前已广泛应用于生物分子间的相互作用研究。这些技术不仅具有灵敏度高、对待测物浓度要求低的优点，而且部分荧光技术还可实现对待测物质的动态分析。

三、花生启动子研究

大多数基因的表达具有其时空表达模式，在植物生长发育及应对外界生物与非生物刺激过程的不同时间和不同组织、器官中表达，其表达模式和表达水平直接与其行使的功能相一致。植物转基因研究的实践也表明，在植物中用组成型强启动子驱动异源基因表达往往会造成转基因植物发育不正常。因此，对调控基因转录水平和转录表达模式起关键作用的基因启动子的研究至关重要，特别是组织特异性启动子和诱导型启动子。这些启动子和主要调控元件功能的揭示对通过基因工程来定时、定点、定向改良植物的性状具有重要意义。

花生籽粒是储藏蛋白和油脂的主要合成与积累部位，一些编码储藏蛋白的基因也具有种子特异性表达的特性。多个花生过敏原是重要的储藏蛋白，在籽粒中高水平积累，大多已鉴定的花生主要过敏原基因的启动子已被克隆。这些启动子的克隆和分析不仅能用于降低花生过敏原的基因工程改良，也为基因工程改良花生种子的其他性状提供了启动子。Viquez 等（2003，2004）利用同位素标记的寡核苷酸探针筛选花生基因组 λ 噬菌体文库，获得了 Ara h1、Ara h3 的启动子序列，分析结果表明，启动子中除包含 TATA-box 和 CAAT-box 核心元件外，在 Ara h1 启动子–1926 bp 处存在 1 个 GC-box（–475 bp）、2 个 G-box（–264 bp 和–1808 bp）和 2 个 RY 元件（–235 bp 和–278 bp）；获得的 660 bp Ara h3 启动子存在 1 个 G-box 和其他元件。种子发育相关的转录因子如 ABI3（abscisic acid-insensitive 3）、LEC2（leafy cotyledon 2）和 FUS3（fusca 3）可以与启动子中的 RY 元件相互作用调控储藏蛋白基因在种子中的表达（Wang and Perry，2013）。中山大学黄上志实验室克隆获得了 657 bp 花生球蛋白基因 Ara h3 启动子（Zhong et al.，2006），其序列尽管与 Viquez 等（2004）克隆的序列仅有 69%的相似性，但一些主要的种子特异性调控元件基本一致。启动子驱动的 *GUS* 基因在转基因拟南芥开花后 7 天的胚中及随后的整个胚发育过程中都能检测到表达；幼苗的子叶和胚根中也有 GUS 染色，但胚轴、幼叶和幼根中 GUS 不表达；成熟的营养器官和花中也没有表达。表达模式与 *Ara h3* 基因在花生中的表达模式相一致（Fu et al.，2010）。山东省农业科学院生物技术研究中心花生研究团队利用染色体步移技术克隆了花生过敏原 Ara h1、Ara h2、Ara h3 和 Ara h6，油体蛋白及凝集素基因的启动子，并进行了生物信息学分析。这些启动子中普遍含有 CAAT-box、TATA-box 等启动子基序，RY repeat、G-box、AGGA-box、E-box 等种子特异性元件等。利用 GUS 表达系统，对上述部分启动子在转基因烟草中的表达特性进行了分析。结果表明与花椰菜花叶病毒 35S 启动子相比，花生 Ara h 2 启动子驱动 GUS 在种胚中特异表达，且强度高于 35S 启动子，而在种皮中基本无表达；花生 Ara h 6 启动子驱动 GUS 在子叶中表达，而在真叶中表达较弱（夏晗等，未发表数据）。Bhattacharya 等（2012）在花生和拟南芥中分析了来源于 B 基因组中的 1 kb Ara h2.02 启动子表达模式，发现在同源系统花生中报告基因 *GFP* 和 *GUS* 的表达限制在种子中；而在异源系统拟南芥中报告基因为组成型表达。推测可能是花生与拟南芥中存在的反式作用因子不同，导致相同表达结构在不同表达系统中表达模式产生差异。研究发现，在栽培花生中 *Ara h6* 基因存在3个拷贝，2个位于B基因组，其中1个*Ara h6*基因与*Ara h2.02*紧密连锁，两者可能是由于进化过程中基因复制而形成的旁系同源基因。其他研究者在用FISH方法研究*Ara h1*、*Ara h3*基因时，也发现储藏蛋白基因在基因组中成簇排列的现象。B基因组中的2个拷贝*Ara h6*基因的ORF区和ATG起始密码子上游360 bp完全相同，只在启动子–360 bp更上游的序列存在一些SNP或InDel差异，然而这些基因具有不同的表达模式，推测各自启动子中存在独特的顺式调控元件赋予了它们新的或亚功能上的分化（Ramos et al.，2006）。

植物凝集素Lectin也属于种子储藏蛋白的一种，它能与糖结合，在细胞识别和黏着反应中起重要作用。花生根结中存在一种半乳糖苷结合的Lectin（NGL），与花生种子中产生的Lectin（SGL）非常相似。Law（2000）比较了不同来源花生凝集素基因启动子，发现来源于根结的2个*Lectin*基因*NGLb-1*和*NGLb-2*启动子在ATG上游225 bp区域有98%的序列相似性，更上游的序列差异较大，总体上序列一致性可达61%；来源于种子的2个*Lectin*基因*SGL-1*和*SGL-2*的416 bp启动子区具有95%的序列一致性；然而NGLb和SGL启动子序列一致性仅为40%，只有靠近TATA-box处序列相似性较高，这种序列或保守基序的差异可能与基因的组织特异性表达和功能分化密切相关。以往的研究表明，根结*Lectin*基因参与根际固氮作用，根结中积累的Lectin可能作为多余氮库以备植物生长所需（Kishinevsky et al.，1990；Vandenbosch et al.，1994）。

花生油脂积累相关基因主要或特异性地在种子或胚、胚乳中表达。山东省农业科学院生物技术中心毕玉平和单雷研究小组克隆了花生三酰甘油积累关键基因*AhDGAT1-3*的启动子。生物信息学分析发现，定位于胞质中的*AhDGAT3*基因转录起始位点A上游–1550 bp启动子序列中，包含种子特异性表达启动子中广泛存在的Skn-1 motif和G-box元件，调控基因在花粉中表达的调控元件GTGA motif和AGAAA元件，以及大量植物激素响应和环境胁迫刺激响应相关的调控元件，如ABRE、TCA-element、ARE、HSE、MBS等。研究还发现，*AhDGAT3*在根、茎、叶、花和种子中均有表达，花中表达最强，种子中次之，茎中仅有微量表达。其表达模式与启动子调控元件分析的结果基本吻合（唐桂英和单雷，2011；唐桂英等，2013）。另外2个定位于膜上的基因*AhDGAT1*和*AhDGAT2*主要在种子中表达（Peng et al.，2013），它们的启动子中含有多个种子特异性表达的调控元件（单雷等，未发表数据）。花生油脂一般积累在子叶的油体中，花生基因组中存在多个拷贝的油体蛋白基因。Li等（2009）用1072 bp *AhOleo17.8*油体蛋白基因启动子驱动报告基因*GUS*在转基因拟南芥中表达，组织化学染色分析发现，在开花后7天的胚中就检测到*GUS*基因，并且在随后的整个胚发育期都有表达；幼苗的子叶和胚根中也检测到GUS染色，但胚轴、幼叶和幼根中没有表达；成熟的营养器官和花中也不表达。AhOleo18.5启动子也具有类似的表达模式（Li et al.，2009）。

一些脂肪酸合成和代谢途径关键基因的启动子也已被克隆和分析。已获得花生微粒体脂肪酸脱氢酶基因*AhFAD2A*和*AhFAD2B*翻译起始密码ATG上游的调控区序列，发现在这两个基因的5′UTR区均含有一个大的内含子，并且内含子中包含了许多顺式调控元件。进一步分析发现，这一内含子可能存在选择性剪接现象。*AhFAD2A*和*AhFAD2B*基因的5′UTR序列高度同源，但最小启动子区和内含子序列差异较大，存在多处SNP和InDel差异，并且其中均包含了多个种子特异性表达启动子中存在的顺式调控元件，如

GCN4 motif、Skn-1 motif、AMY-box 和 E-box 等，以及调控基因在种子中表达水平的 AGCCA element，但元件数量不同；也有一些启动子包含各自独特的调控元件，如 AhFAD2A 基因启动子包含 5 个调控基因在花粉中表达的 POLLEN1LELAT52 元件，而 AhFAD2B 基因启动子中没有（Jung et al.，2000；赵学彬，2013；赵学彬等，2013）。山东省农业科学院生物技术研究中心单雷研究小组还克隆了 3 个质体型酰基载体蛋白基因 *AhACP1*、*AhACP4* 和 *AhACP5* 的 5′调控区序列，大小分别为 535 bp、1400 bp 和 1180 bp。利用生物信息学进一步分析它们和 4 个拟南芥同源基因启动子区包含的主要调控元件，结果表明，尽管花生 *AhACP4* 和 *AhACP5* 基因在根、茎、叶、花和发育中的种子中的表达模式相似，但它们的启动子中包含各自特有的顺式作用元件，*AhACP4* 基因启动子区包含根或芽顶端分生组织表达调控元件 WUS，而 *AhACP5* 基因启动子区则含有侧芽萌动和伸展所需的多个关键调控元件 E2FB、TELO-box 和 UP1，推测它们在不同组织或发育阶段的表达模式可能存在差异。启动子分析还发现，进化中直系同源的 *AhACP4* 基因可能和拟南芥 *AtACP4* 基因表达模式不同，*AhACP4* 为组成型表达，主要在叶中表达，其启动子区包含一些特异性的光调控相关元件，如 RBCS CONSENSUS、SORLIP4 和 SORLREP3 等（单雷等，2014）。通过染色体步移技术克隆了调控种子发育的关键转录因子基因 *AhLEC1A* 和 *AhLEC1B* 的 5′上游调控区序列，片段大小分别为 2700 bp 和 1300 bp，并通过 GUS 表达系统分析了不同长度缺失启动子在转基因拟南芥中的表达模式，结果表明，*AhLEC1A* 基因启动子在早期发育的种胚中特异表达，并且其特异性表达受多个种子特异性调控元件和抑制其在营养组织中表达的负调控元件的共同调节（唐桂英等，2013）。*AhLEC1B* 基因启动子含有许多与 *AhLEC1A* 基因启动子不同的调控元件，具体缺失启动子分析结果正在研究中（单雷等，未发表数据）。

花生易感染黄曲霉和寄生曲霉而造成黄曲霉毒素污染，黄曲霉毒素对人和动物的肝脏及中枢神经有很大的毒害，是目前已知毒性最强的致癌物质。因此，花生黄曲霉污染直接关系到食品安全，已受到世界花生生产和消费国的共同关注。花生果皮、种皮是黄曲霉侵染的第一道屏障，克隆果皮、种皮中特异表达启动子，通过基因工程提高花生抗黄曲霉侵染能力是一个有效途径。福建农林大学庄伟建实验室克隆了多个果种皮表达丰富或特异表达的基因，并通过染色体步移技术获得了编码水孔蛋白 α-TIP 同源蛋白的 *8A4R19G1* 基因和编码植物螯合肽合酶的 *AhPSC11* 基因的上游调控区序列。获得的 *8A4R19G1* 上游调控区序列包含 188 bp 5′UTR 区和 256 bp 启动子区，除基本启动子具有的 TATA-box 和 CAAT-box 外，还包含光调控有关的顺式作用元件 AE-box 和 GAG-motif（Zhuang et al.，2008；赵永莉，2008）。*AhPSC11* 基因上游 683 bp 启动子序列中除包含基本启动子元件外，还存在 ATCT-motif、GAG-motif、GARE-motif 和 sp1 等多个与转录有关的结构域（张国林，2009）。Sunkara 等（2013）对 *8A4R19G1* 基因启动子的进一步分析表明，启动子中包含多个调控基因在种子中特异表达的调控元件，如 RY repeat（–152～–147 bp）元件、GCN4-motif（–107～–101 bp）和 TGCA-motif（–54～–51 bp、–150～–147 bp 和–285～–282 bp）等。利用电泳迁移率实验（EMSA）验证了该启动子的种子特异性结合特性，并利用 GUS 表达系统检测了转基因拟南芥和烟草种子、叶和花中的组织表达特性和表达活性。该启动子中 3 个拷贝的 TGCA-motif 对调控基因在种子中高水平表达起关键作用。

植物β-1，3 葡聚糖酶是一种重要的植物病程相关蛋白，易受激发子的诱导而积累。王合春等（2013）克隆了花生中受水杨酸 SA 诱导表达的β-1，3 葡聚糖酶基因 973 bp 的启动子 Ah-Glu-Pro（GenBank KC290400），发现启动子中除包含 TATA-box 和 CAAT-box 核心元件外，还有一些重要的与抗病反应有关的顺式作用元件如 GT1 motif（GAAAAA）、GRWAAW、ACAGT 和 W-box（TGAC）等。ACAGT 元件是 BELL 转录因子的结合位点，参与抗病反应；GRWAAW 序列参与水杨酸诱导基因的表达；GT1 motif 在病原菌诱导基因表达中起重要作用；WRKY 家族转录因子能特异地与 W-box 结合调控病程相关蛋白的表达。利用 GUS 表达系统在洋葱表皮中证实该启动子受 SA 诱导表达，暗示该启动子是一个病菌诱导型启动子。

近年来，全球性气候干旱对农业生产造成越来越严重的影响，研究作物的抗旱机制、培育抗旱品种成为科学工作者关注的热点。干旱或其他逆境诱导性启动子的研究也受到人们的重视，但花生这方面的研究起步较晚。华南师范大学李玲研究小组克隆了 2446 bp 花生干旱诱导基因 *AhNCED1*（9-*cis*-epoxycarotenoid dioxygenase）的启动子序列（GenBank 序列号：EU497940），启动子中包含 2 个干旱和 ABA 应答的 ABRE 基序（–1380～–1375 bp 和–1323～–1319 bp）、1 个涉及水杨酸 SA 响应的 TCA 元件（–382～–373 bp）和 1 个涉及防御及胁迫应答的调控元件 TC-rich 基序（–1213～–1256 bp）。利用 GUS 表达系统分析了包含 2 个 ABRE 基序的 1418 bp 启动子，以及 ABRE 基序分别发生突变的启动子驱动的 *GUS* 基因在转基因拟南芥中的表达模式。该启动子在营养组织和生殖组织中的表达呈现发育阶段特异性。在正常条件下转基因植株中的表达，在主要集中在叶中，所有发育阶段的根中均有较低水平的表达；在 2 天龄幼苗子叶中有强表达，在胚轴和胚根中仅有微弱表达；在生殖生长阶段转基因拟南芥花芽、柱头、雄蕊、萼片和花粉中均观察到表达，而在花瓣、雌蕊或花梗中没有表达，成熟的果荚中 GUS 染色仅在果柄与果荚的离层处和残存柱头处发现。干旱胁迫下转基因拟南芥叶片中 *GUS* 基因被诱导表达，与对照相比 GUS 活性提高了 1.87 倍，根中没检测到表达增强；盐、ABA 和 SA 诱导均可增强 GUS 活性，与未处理对照相比增加幅度分别为 85.2%、1.49 倍和 44.6%。2 个 ABRE 基序分别突变后，转基因拟南芥叶片干旱胁迫诱导表达特性明显减弱，GUS 活性与未突变启动子转基因植株对照相比分别降低了 43.7%和 34.9%（Liang et al.，2009）。该启动子有望用于作物的抗旱性状遗传改良。

第四节　花生转基因研究进展

花生转基因研究在增强花生的抗病性、抗虫能力及改善花生籽粒蛋白品质等方面取得了一定进展，并且也已展现出良好的应用前景。

一、花生抗虫转基因研究

世界范围内危害花生生产的主要害虫包括鞘翅目的蛴螬（又名铜绿丽金龟 *Anomala corpulenta* Motsch）和鳞翅目的非洲蔗螟或玉米螟虫（lesser cornstalk borer，LCB；*Elasmopalpus lignosellus*）、棉铃虫（*Heliothis armigera*）、斜纹夜蛾（tobacco cutworm；

Spodoptera litura）等，这些害虫往往会造成严重的产量损失，有时还会造成病毒病的传播，引起更大范围的减产。研究发现，自然界中存在许多天然的抗虫基因，目前已获得分离的抗虫基因主要包括来源于苏云金芽胞杆菌（*Bacillus thuringiensis*，*Bt*）的毒素蛋白基因 *cry1A*（*C*）、*cry1EC* 等，从植物中分离的胰蛋白酶抑制剂基因（豇豆 *CpTI* 和慈菇 *API*）、马铃薯蛋白酶抑制剂-II 基因、淀粉酶抑制剂基因（α-amylase inhibitor，α-*AI*），以及来源于昆虫的外源凝集素基因、几丁质酶基因及昆虫神经激素基因如蝎子毒素基因和蜘蛛毒素基因等。其中 Bt 蛋白主要抗鳞翅目害虫，而蛋白酶抑制剂、外源凝集素等抗虫谱较广，能抗鳞翅目、膜翅目和鞘翅目的部分害虫，但需要达到较高的表达水平才能控制害虫。

目前，应用于花生遗传转化的主要有 *Bt* 基因和 *CpTI* 基因。Singsit 等（1997）将人工修饰的 *cryIA*（*c*）基因导入未成熟的花生子叶细胞中，*Bt cry1A*（*c*）基因的毒素编码区被重组到花生基因组中。PCR 和 Southern 杂交实验表明，再生植株及其后代均整合了 *Bt* 基因。酶联免疫吸附测定（enzyme-linked immunosorbent assay，ELISA）实验揭示了不同转基因株系 *cryIA*（c）蛋白的表达量明显不同，均达到了总可溶性蛋白的 0.18%以上。转化植株接种玉米螟虫抗性试验表明，玉米螟幼虫的生长受到明显抑制，不同植株接种的幼虫体重从减轻 60%到完全致死，其成活率与 *cryIA*（c）蛋白的表达量呈负相关。δ-内毒素 Cry1EC 可有效杀灭在开花期和结实期为害花生的斜纹夜蛾等害虫。研究发现，将人工合成的 *cry1EC* 基因转入花生，明显提高了转基因株系抗斜纹夜蛾幼虫的能力。Western 印迹和 ELISA 分析表明，在 35S 启动子驱动下单拷贝插入转基因 T_1 代株系中的 Cry1EC 表达量较高，最高超过总可溶性蛋白量的 0.13%。过表达 *cry1EC* 转基因株系 C/3-1 叶片饲喂斜纹夜蛾第二期幼虫 4 天后，幼虫 100%被杀死（Tiwari et al.，2008）。用诱导型启动子替代 35S 启动子，选择在未诱导条件下仅有低水平表达并且在种子中不表达的转基因株系，发现这些株系在水杨酸诱导或斜纹夜蛾咬噬 2 天后，毒素蛋白表达量达到最高。采集水杨酸诱导后的转基因叶片饲喂斜纹夜蛾可 100%地杀死各个发育阶段的幼虫（Tiwari et al.，2011）。徐平丽等（2003 年）将抗虫基因 *CpTI* 转入花生，经诱导分化获得转基因再生植株。PCR 检测及 Southern 杂交表明，外源基因 *CpTI* 已整合到大部分再生花生植株的基因组中。棉铃虫喂饲试验表明，转基因的花生植株具有一定的抗虫性。

二、花生抗病转基因研究

为害花生的主要病害包括番茄斑萎病毒（tomato spotted wilt virus，TSWV）、花生条纹病毒（peanut stripe virus，PStV）、花生矮化病毒（peanut stunt virus，PSV）等病毒病害，叶斑病、锈病、茎腐病、白绢病等真菌病害和花生青枯病等细菌病害，这些病害发生时往往造成严重的产量损失，有的甚至导致绝产。通过农药防治，培育抗病品种是解决这一问题的根本。由于大多数病害的抗源缺乏，传统的育种方法很难实现突破，通过转基因手段提高植物抗病性具有明显优势。

1. 抗病毒病研究

对于病毒病害，只要明确是哪种主要病毒侵染，就可以通过转入病毒的衣壳蛋白

（coat protein，CP）或核衣壳蛋白（nucleocapsid protein，NP 或 N）基因、病毒复制酶基因、卫星 RNA 等，阻止病毒的侵染和症状的产生。

TSWV 寄主范围广泛，被蓟马传播，是危害花生的最主要的病毒之一，在许多国家都有发生，造成了极大的损失。花生种质资源对 TSWV 抗性有限，因而许多研究者试图通过基因工程手段培育抗 TSWV 的种质。Li 等（1997）利用农杆菌介导的遗传转化法将 TSWV *NP* 基因转入受体花生基因组，并检测到外源 *NP* 基因的 RNA 和核衣壳蛋白的积累。与未转基因对照植株相比，转基因 T_2 代植株人工接种 TSWV 感染花生叶组织后，感病症状出现时间拖后 10～15 天，并且病症较轻，仅观察到 1～2 个病斑；而未转基因植株叶片接种后 30 天则观察到大量中心为黄色的环斑和坏死斑。Magbanua 等（2000）报道，用基因枪法将 TSWV 的 *N* 基因转入花生品种 VC1 和 AT120 体胚中，分别获得 207 个和 120 个潮霉素抗性株系，但大部分转化株系不育，仅获得两株表达 *N* 基因并正常结实的 AT120 转化株系。1998 年他们在佐治亚州 Ashburn 对上述两个株系进行了田间抗病性鉴定，发现病毒侵染 14 周后，76%转基因植株没有病症，比例远远高于不含 *N* 基因的对照植株（仅 42%无病症）；而症状严重或枯死的比例在对照中达 50%，转基因植株仅有 2%，差异非常显著。Yang 等（1998，2004）通过基因枪转化法获得了多个具有不同表达水平的 TSWV *N* 基因转化株系。1999～2000 年在佐治亚州 Tifton 及 2001 年在美国 3 个州对转基因花生进行了田间抗病性分析，转基因花生后代在人工接种病毒的情况下，与非转基因的花生比较，斑萎病的发病率明显降低；感病植株数明显少于抗斑萎病对照品系 C11-2-39。花生芽枯病毒（peanut bud necrosis virus，PBNV）与 TSWV 同属番茄斑萎病属（*Tospovirus*），长期在印度、泰国等南亚和东南亚国家流行，我国的部分地区也有发生，严重时造成 80%的产量损失。Rao 等（2013）将 PBNV *N* 基因转入受体花生品种 JL24 中，获得了 200 多个表达该基因的转基因株系。温室人工接种病毒鉴定发现，T_1、T_2 代转基因植株抗性水平差异显著，有 3 个转化事件的 T_2 代植株发病率明显降低，其中之一与未转基因对照相比发病率降低超过 75%。

PStV 广泛分布于中国、印度尼西亚、缅甸等东亚和东南亚花生生产国，并随着花生种质资源的交换而传播到美国、印度等国。PStV 是我国花生上分布最广的一种病毒，广泛流行于北方花生生产区。该病毒经花生种子传播，通过蚜虫在田间扩散，防治难度大。国内外对万余份花生种质资源材料进行筛选，均未在栽培花生资源中发现免疫和高抗材料，通过基因工程改良花生抗 PStV 是一个有效途径。Higgins 等（2004）将两种形式的 PStV 外壳蛋白基因（一是发生移码的不能正常翻译的全长序列 *CP2*，二是氨基端截短但可编码 CP 的基因 *CP4*）分别转入花生胚性愈伤，并通过潮霉素筛选获得抗性转基因植株。携带 *CP2* 和 *CP4* 的转基因植株中均没有检测到蛋白质的表达，但都具有较高的 PStV 抗性。推测其抗病毒的机制是具有由 RNA 介导的抗性。RNA 介导的保护机制往往与对病毒的高水平抗性或免疫相联系，而蛋白质介导的保护仅仅是延迟症状的发生和提高抗性水平（Lomonossoff，1995）。该研究中获得的部分 CP2 转基因花生株系在田间抗病性鉴定中表现为高抗甚至免疫，并且在这些高抗株系中检测到特异性小 RNA 的存在并在后代中遗传。在印度尼西亚 CP2 转基因株系的高水平抗性已保持了至少 5 代。这些表现抗性的 CP2 和 CP4 转基因株系在我国无论是人工接种还是在隔离条件下自然感染均表现感病，而陈坤荣等用同样的载体转化我国花生品种，在数个转基因系当中未能获得抗性系，推测可能是PStV中国分离物和印度尼西亚分离物基因组序列约有5%差异的缘故（许泽永等，2007）。李广存等（1999）和晏立英等（2007）分别克隆了PStV山东株系和红安（Hongan）株系的外壳蛋白基因，发现红安株系与中国其他株系亲缘关系较近，与东南亚其他株系关系较远；并在大肠杆菌中成功表达了该蛋白质。晏立英等（2012）进一步利用RNAi技术将PStV *CP*基因片段与其他两种病毒的复制酶基因片段拼接的反向重复序列转入烟草中，在转基因烟草植株中检测到病毒特异的siRNA产生，其中2个株系分别有50%和66.7%的植株表现PStV免疫性。但至今未见成功获得转基因花生的报道。

花生丛矮病毒（peanut clump virus，PCV）分布于塞内加尔、尼日尔和布基纳法索等西非国家和印度、巴基斯坦等国，是影响这些国家花生生产的重要病毒。PCV由真菌土传，能在土壤中残留多年，难以防治。印度国际半干旱热带地区作物研究所对9000份花生种质资源材料进行筛选，未发现抗源。Sharma 和 Anjaiah（2000）以成熟花生的子叶为外植体，用携带印度花生丛矮病毒（Indian peanut clump virus，IPCV）*CP*基因双元载体的农杆菌C58菌株转化，获得了转基因植株，经PCR和Southern杂交证明，外源基因已经稳定整合到T_1代花生中。分析单个转化株T_1的35个转基因植株说明插入的单拷贝以3∶1的孟德尔比例分离。

2. 抗真菌病害研究

目前克隆的植物抗真菌相关基因主要分为两类，一类是抗病基因，如细胞壁降解酶基因、毒素抑制剂基因等；另一类为防御反应基因，包括病程相关蛋白（pathogenesis-related protein，PR）基因、植物凝集素蛋白基因、植物次生代谢途径抗病相关基因等。这些基因并非针对某一类真菌，而对多数真菌具有广适性。

植物产生的PR通常具有几丁质酶或β-1，3葡聚糖酶活性，属内源水解酶，可催化真菌细胞壁主要成分几丁质和β-1，3葡聚糖的水解，从而在植物抗真菌病害过程中发挥作用，是目前报道最多的一类抗真菌蛋白。有研究表明，病程相关蛋白基因*PR1*和*PR10*表达增强可有效提高植物对真菌（*Magnaporthe grisea*）和细菌（*Burkholderia glumae*）病原体的抗性（Xiong and Yang，2003）。Chadha 和 Das（2006）从花生cDNA中鉴定了一个*AhPR10*基因，并在大肠杆菌中获得表达。重组*AhPR10*蛋白具有核糖核酸酶活性，并可有效抑制花生病原真菌*Fusarium oxysporum*和*Rhizoctonia solani*的生长。*AhPR10*基因抗黄曲霉的能力在转基因玉米中已获得证实，花生转基因研究也正在进行。单世华等（2003）将几丁质酶和β-1，3葡聚糖酶基因共同转入2个花生品种，获得了转基因植株，但未见对转基因花生抗病鉴定的报道。有大量报道，将外源几丁质酶基因转入植物中，有效提高了转基因植物的抗真菌能力（张志忠等，2005）。Rohini 和 Rao（2001）将烟草几丁质酶基因转入花生，转基因花生中几丁质酶活性较对照提高4～9倍。接种花生褐斑病（*Cercospora arachidicola*）病原菌鉴定发现，2周后60株参试转基因T_1代植株中有46株表现抗病，10株表现中抗；6周后有8株抗病植株变为中抗。20株非转基因植株全部表现感病。小规模田间试验表明，转基因花生对花生褐斑病的抗性增强，几丁质酶活性增强在不同程度上提高了植物对花生褐斑病的抗性。Iqbal等（2012）报道，利用水稻几丁质酶基因也可有效提高转基因花生褐斑病的抗性，并且其真菌抗病性与转基因花生中几丁质酶的活性密切相关。Vasavirama 和 Kirti（2012）报道，将分属于病程相关蛋白 PR5 和 PR12 亚家族的 2 个抗病基因 *SniOLP*（*Solanum nigrum* osmotin-like protein）和 *Rs-AFP2*（*Raphanus sativus* antifungal protein 2）共同转入花生中，表达上述 2 个基因的转基因 T_0～T_4 代植株抗病性与对照相比，转基因植株无论是病斑数量、大小还是晚斑病（*Phaeoisariopsis personata*）症状发生时间都明显改善。表明这 2 个基因可用于花生晚斑病抗病转基因材料的创制。

大量研究发现，许多致病真菌在感染植物体时分泌草酸，以促进细胞壁降解酶活性或改变 pH 进而破坏植物组织（Dutton and Evans，1996）。草酸氧化酶可以催化草酸生成 CO_2 和 H_2O_2，在植物防御真菌侵染超敏应答反应中起重要作用。Livingstone 等（2005）利用基因枪将草酸氧化酶基因导入花生体胚中，并获得转基因的花生植株。Southern 杂交和 Northern 杂交证明草酸氧化酶基因已稳定整合到花生基因组中，并表达。离体叶片试验表明，转基因花生的病斑与非转基因花生的相比明显减小，在高浓度草酸处理后减小了 65%～89%。*S. minor* 菌丝块接种试验表明，转基因花生的病斑减小了 75%～97%，这表明草酸氧化酶活性的增强提高了花生对小菌核病（*Sclerotinia minor*）的抗性。Chenault 等（2002，2003，2006）报道，将单价的水稻几丁质酶基因或苜蓿 β-1，3 葡聚糖酶基因，或上述双价基因转入花生受体品种 Okrun 转基因株系中，水解酶的活性比未转基因对照提高了 0～37%。温室接种小菌核菌抗病性鉴定发现，3 个转基因株系小菌核病抗性明显高于对照品种 Okrun 有 1 个株系的抗性水平可达到抗小菌核病常规品种 Southwest Runner 的抗病水平。

Niu 等（2009）从假单胞菌（*Pseudomonas pyrrocinia*）中分离了一个非血红素氯化物过氧化酶基因（*cpo-p*），将其成功转入花生基因组中并成功表达。这种假单胞菌可产生一种物质，这种物质对产毒枝菌素真菌具有抑制作用，预测 *cpo-p* 在转基因植物中的表达有可能提高植物的真菌病抗性。体外抗菌试验发现，该基因 T_0、T_1 和 T_4 代转基因植株的粗蛋白质抽提物对黄曲霉（*Aspergillus flavus* hyphal）的生长产生明显抑制，有望提高转基因花生抗黄曲霉侵染的能力。

对于花生的细菌性病害，目前还未发现有效的抗原，也没有相应的抗病基因基因克隆。国内外多个实验室正在构建用于青枯病抗性标记定位的群体，期望找到与青枯病抗性紧密连锁的分子标记，用于辅助选育抗性品种和抗病基因克隆（Mace et al.，2007；姜慧芳等，2007；彭文舫等，2010）。

3. 非生物胁迫抗性转基因研究

近年来农业生态环境持续恶化，干旱、盐渍、低温等灾害时有发生，严重制约了农业生产的发展和产量的提高。随着分子生物学、现代遗传学和基因组学研究的不断深入，大量调控植物应答逆境胁迫的基因的生物学功能和调控机制得到阐释，为利用基因工程改良作物抗旱、耐盐等性状提供了理论基础。在过去的 10 年里，已有一批逆境胁迫相关的基因被选择用于转基因研究，包括编码转录因子基因、胁迫信号转导途径中的关键酶基因等。一些干旱抗性相关基因的转基因作物已进行了多年的田间试验，未来几年将在多个国家被批准商业化生产。

据报道，我国每年因干旱损失的花生产量达 30%以上。此外，干旱还是加剧花生收获前黄曲霉污染的主要因素，严重影响花生果仁和花生油的品质（姜慧芳和任小平，

2004）。通过基因工程有望进一步改善花生的抗旱能力。

国际半干旱热带地区作物研究所 Sharma 研究团队经过多年努力获得了一批在花生中过量表达拟南芥转录因子基因 *AtDREB1A* 的转基因株系，该基因由逆境胁迫诱导启动子 rd29A 驱动，转基因株系生长正常，并具有明显的干旱诱导抗性（Bhatnagar-Mathur et al.，2004）。抗旱生理指标分析发现，大多数转基因株系在水分充足条件下较未转基因对照具有更高的蒸腾效率，这主要是由于转基因植株叶片气孔导度变小。然而，在干旱条件下，仅有 1 个转基因株系的植株比对照表现为更高的蒸腾效率（Bhatnagar-Mathur et al.，2007）。进一步研究表明，干旱条件下，转基因花生中的超氧化物歧化酶、抗坏血酸过氧化物酶、谷胱甘肽还原酶活性及脯氨酸含量较未转基因对照大幅提高。因此，过量表达 *AtDREB1A* 基因是通过改善转基因花生的抗氧化水平来提高其抗旱性的（Bhatnagar-Mathur et al.，2009）。水分胁迫导致上述转基因株系根系生长比对照更加强壮，特别是在深层土壤，因此，转基因株系的吸水能力得到改善（Vadez et al.，2007，2013）。

异戊烯基转移酶（isopentenyltransferase，IPT）是细胞分裂素合成途径的关键酶，参与逆境条件下光合结构的保护。研究发现，在成熟期和胁迫诱导启动子 P_{SARK} 驱动下过量表达 *IPT* 基因可以大幅增强单子叶植物和双子叶植物的抗旱性（Rivero et al.，2007，2010）。Qin 等（2011）将上述诱导启动子驱动的 *IPT* 基因转入花生中，田间试验发现过量表达 *IPT* 基因的转基因花生在减少灌溉的条件下抗旱性明显增强，转基因植株保持了较高的光合速率、气孔导度和蒸腾作用，进而提高了花生的抗旱性，并且转基因花生的产量较对照也有明显提高。这或许可为在干旱条件下提高作物产量提供一个合理而有效的策略。

拟南芥液泡型 Na^+/H^+ 反向转运蛋白（Na^+/H^+ antiporter）基因 *AtNHX1* 可以调控植物体在液泡中隔离过量的 Na^+，同时维持细胞质中较高的 K^+/Na^+ 值，而提高植物的耐盐、抗旱能力。Asif 等（2011）用 CaMV 35S 启动子驱动 *AtNHX1* 在花生中过量表达，在高浓度 NaCl 胁迫下转基因花生叶片中比对照积累了更多的 Na^+ 和 K^+，但维持了更合理的 K^+/Na^+ 平衡，转基因植株在 200 mmol/L NaCl 处理 21 天后仍能正常生长，而未转基因对照已萎蔫死亡；干旱胁迫下转基因植株叶片中脯氨酸含量也明显高于对照，表明在花生中过量表达 *AtNHX1* 不仅可提高其耐盐性也可改善其抗旱性。

植物应对干旱可激活依赖 ABA 和不依赖 ABA 的信号转导途径。华南师范大学李玲教授研究小组克隆了花生中 ABA 生物合成途径的关键酶基因 *AhNCED1*，该基因受干旱和外源 ABA 诱导表达，目前已将其转入花生中，获得了再生植株（Wan and Li，2006；覃铭等，2010）。对花生干旱诱导的转录因子基因 *NAC2* 在模式植物中的功能分析表明，该基因可受 ABA 诱导，转基因拟南芥干旱和盐胁迫抗性增强（Liu et al.，2011）。

编码甘露醇-1-磷酸脱氢酶（mtlD）、甜菜碱醛脱氢酶（BADH）、脯氨酸合成酶（ProA）和磷酸山梨醇脱氢酶（gutD）等调控植物渗透胁迫相关的酶基因，在作物应对干旱、盐渍等胁迫中起重要作用。研究发现，将 *BADH* 基因和 *mtlD* 基因单独或共同转入花生中，可不同程度地提高转基因花生的耐盐性；两基因共同表达的转基因花生幼苗耐盐性优于单独转移其中任何一个基因（庄东红等，2005；宗自卫和常陆林，2009；宗自卫和杨旭，2010，2011）。

有研究发现，一些抗坏死基因家族 *Bcl-2* 的成员如 *Bcl-2*、*Bcl-xL*、*CED-9* 等基因可提高转基因植物的抗真菌病、抗病毒病及抗非生物胁迫的能力。Chu 等（2008）用基因枪法将 *Bcl-xL* 导入花生基因组中，获得的可育转基因株系中 *Bcl-xL* 基因以多拷贝形式插入。转基因株系 25-4-2a-19 可耐受浓度为 5 μmol/L 的除草剂百草枯，但转基因后代植株对盐胁迫无耐受力。

4. 品质改良转基因研究

花生作为食用植物蛋白和油脂的主要来源，其籽粒蛋白品质和油脂品质一直是花生遗传改良的重要方面。我国目前还没有形成花生生产品种的专用化，多数品种为食、油兼用型，因此，提高蛋白和油脂含量、减少过敏原蛋白质含量、改善油脂脂肪酸组成是花生育种的重要目标。基因工程遗传改良在此方面具有明显的优势。

过敏是由 IgE 介导的一个超敏感的反应过程，西方国家具有过敏反应的人群占较大比例，因此，消除花生过敏原是改善花生蛋白品质研究的一个重要方面。目前已鉴定了 11 个主要的花生过敏原蛋白 Ara h1～Ara h11（Pons et al.，2002；de Leon et al.，2007），其中 Ara h1 属于豌豆球蛋白/伴花生球蛋白（vicilin）、Ara h2 和 Ara h6 属于醇溶蛋白家族中羽扇豆球蛋白成员（conglutin）、Ara h3/4 则属于大豆球蛋白（glycinin）。依赖于内源靶 mRNA 降解的转录后基因沉默（post-transcriptional gene silencing，PTGS）和 RNAi 技术可以有效地抑制花生致敏蛋白质的生成。Dodo 等（2005）用 35S 启动子驱动的含有花生过敏原基因 *Ara h2* 编码区片段的表达载体转化花生胚轴外植体，获得了 *Ara h2* 片段转录水平明显提高的转基因花生植株。外源截断的 *Ara h2* 基因，引发内源 *Ara h2* mRNA 的特异降解，获得了过敏原蛋白明显降低的花生种子（Dodo et al.，2008）。Konan 等（2006）利用携带 *Ara h2* 的 ihpRNA 表达载体转化花生，获得的转基因植株中只有 44%具有外源 *Ara h2* 发卡环结构存在。以 Ara h2 特异的单克隆抗体为探针进行 Western 印迹检测发现，7 个转基因样品不存在 Ara h2 蛋白，其中 3 株 Ara h2 含量分别降低到对照的 2.6%、3.7% 和 7.5%，转基因花生种子的致敏力明显下降。Chu 等（2008）利用 *Ara h2* 基因 222 bp（ORF 192～414 bp）反向重复结构构建了 RNAi 载体转化花生。该干扰片段与 *Ara h6* 基因 278～461 bp 区具有 81%序列相似性，因此，有望同时抑制这两个过敏原基因表达。结果表明，获得的 3 个转基因株系 *Ara h2* 基因表达明显受到抑制，而其中 2 个株系 *Ara h6* 表达降低；Western 杂交和免疫印迹分析发现，转基因株系中 IgE 与 Ara h2 和 Ara h6 的结合都明显减少；进一步分析这些转基因株系的其他性状，发现种子质量、萌发率与未转基因对照没有明显差异，转入该结构也不会刺激黄曲霉侵染和生长。

花生籽粒的含油量占种子干重的 44.3%～53.9%，现有种质材料中不乏含油量大于 55%的材料（万书波，2005）。进一步提高花生主栽品种籽粒的含油量仍有潜力。植物储藏油脂 TAG 合成的主要途径称为 Kennedy 途径，二酰甘油乙酰转移酶（DGAT）催化二酰甘油（DAG）合成 TAG，是该途径的最后一步，也是该途径的限速步骤。研究表明，DGAT 的活性高低与含油量、油脂积累速率呈正相关（唐桂英等，2010）。山东省农业科学院生物技术研究中心毕玉平和单雷研究小组克隆了花生 *DGAT1*、*DGAT2* 和 *DGAT3* 基因，并在模式植物烟草或大肠杆菌中对其功能进行了研究（唐桂英等，2013；Peng et al.，2013）。这 3 个基因也已转入花生中，正在进行后续的外源基因表达分析。

花生籽粒油酸/亚油酸值（O/L）是衡量花生油脂品质的关键指标之一。油酰去饱和酶 FAD2 催化油酸在碳 12 位脱氢生成亚油酸，它是控制籽粒油酸、亚油酸含量和 O/L 值的关键酶。利用反义转基因技术和 RNAi 基因沉默技术，可有效地抑制 *FAD2* 基因 mRNA 水平，降低该酶的水平，最终提高作物的油酸含量（Töpher et al.，1995；Stoutjesdijk et al.，2000）。目前，国内外许多实验室都在开展花生脂肪酸含量和组成改良方面的研究。Yin 等（2007）构建了含有 *FAD2* 基因的保守区的 hpRNA 基因沉默表达载体。利用农杆菌介导的转化法共获得了 21 株转基因植株。转基因植株种子油酸含量较非转基因植株明显增加，其中增加最高的油酸含量可达总脂肪酸含量的 70%，而非转基因对照油酸含量仅为 37.9%。山东省农业科学院生物技术中心毕玉平和单雷研究小组采用农杆菌介导的转化方法，将倒位重复的 *AhFAD2* 片段分别与 CaMV35S 启动子和种子特异性表达的大豆凝集素启动子相连导入花生。经 PCR 检测证实含有 *AhFAD2* 倒位重复基因片段的 RNAi 抑制表达框架已成功转入花生（张小茜等，2007）。李桂民（2005）通过将含有 T-DNA 双右边界的 *FAD2* 双链 RNA 结构转入花生，选育得到了无筛选标记基因的高油酸花生材料，转基因花生中有 1 个株系油酸含量大幅度提高，由原来的 38%提高到 77%。山东省花生研究所、河南农业科学院等单位也在进行这方面的工作（黄冰燕等，2008；王传堂和张建成，2013），并取得了重要进展。

5. 花生生物反应器研究

花生籽粒储藏物质积累丰富，蛋白质和脂肪含量都较高，可生食；花生幼苗生物量较大，并且营养丰富，可作为饲草原料，因此，花生可作为生产药用蛋白、生物活性物质和疫苗等的生物反应器，具有广阔的应用前景。

一些在家畜中流行的病毒病往往给家畜生产造成严重危害，在家畜养殖过程中需定期注射疫苗，以防止疫情发生。疫苗注射费时、费工，一旦延误会导致疫情蔓延。研制口服疫苗是一种解决的方式。花生作为生物反应器生产这类疫苗，获得的产品无需分离、提纯，只需在花生体内达到一定表达量、并具备相应活性即可直接作为饲料饲喂家畜，具有明显的优势。在这方面国内外均有一些探索，但尚未形成产品进入市场。牛瘟、小反刍动物瘟疫（peste des petits ruminants，PPR）和蓝舌病等是常见的感染羊、牛及其他反刍动物的病毒病。牛瘟病毒（rinderpest virus，RPV）血凝素（H）蛋白已被证明具备免疫原性，印度科学家已将编码该蛋白的基因转入花生中，并且该基因已成功表达。H 蛋白特异抗体血清检测发现，用转基因花生叶饲喂牛，可诱导牛产生免疫应答，证明了转基因花生来源的 H 蛋白与病毒来源的 H 蛋白具有类似的抗原性。在小鼠上的试验证明，口服转基因花生叶可诱导黏膜和全身免疫反应及淋巴组织增生反应（Khandelwal et al.，2003，2004）。目前，这是花生作为生物反应器研究最为深入、系统的一项成果。本研究发现，口服转基因花生叶片的小鼠在没有任何黏膜佐剂的情况下，不仅可以诱导血清 IgG 和 IgA 对 H 蛋白特异地体液免疫应答，而且刺激 T 细胞应答。这可能是植物中的某些组分，主要是植物凝集素，促进花生来源的抗原突破体液屏障，进而诱导黏膜和全身免疫反应（Khandelwal et al.，2004）。2011 年，他们又开展了对小反刍动物影响更为严重的小反刍动物瘟疫病疫苗的研究，在花生中转入了导致这一瘟疫发生的病毒的血凝素-神经氨酸酶（hemagglutinin-neuraminidase，HN）基因。实验证明转基因花生中的 HN 蛋白具有神经氨酸酶活性，并且其自然构象保持了它原有的免疫优势表位（immunodominant epitope）特性，在口服转基因花生叶的绵羊体内发现了抗 HN 特异性细胞介导的免疫反应（Khandelwal et al.，2011）。Athmaram 等（2007）对蓝舌病毒（bluetongue virus，BTV）引起的病毒病开展了研究，将 BTV 包含抗原决定簇的 *BTVP2* 基因转入花生中，开发该病毒的疫苗，但目前未见转基因花生来源蛋白的分析及进行动物实验的报道。

针对人类一些病毒引起的疾病，研究者也尝试利用花生作为生物反应器生产疫苗。国内已有两个实验室将乙肝表面抗原（hepatitis B surface antigen，HBsAg）基因转入花生基因组中，并成功表达（陈红岩等，2002；朱剑光等，2006）。陈红岩等（2002）报道，转基因花生植株的幼芽中活性 HBsAg 蛋白含量为 0.12～0.24 μg/g 鲜重。分别用转基因花生幼芽粗提蛋白和经 HPLC 纯化、浓缩的重组蛋白注射 5～7 周龄初免 1 次的 Balb/c 小鼠（约 1 μg HBsAg），粗提蛋白和纯化蛋白均具有免疫原性，可诱导特异性抗体产生。口服初免的小鼠，可能由于蛋白被消化液酶解的影响，没有抗体产生；但口服饲喂已免疫但抗体明显下降的 Balb/c 小鼠，发现有较强的抗体回升反应，因此，口服转基因花生疫苗可以用于加强免疫。朱剑光等（2006）的研究也获得了对乙型肝炎具有免疫原性的转基因花生粗提蛋白，乙肝表面抗原在新鲜叶片中的表达量约为 2.41 μg/g，占总可溶性蛋白的 0.033%。幽门螺杆菌（*Helicobacter pylori*）是国际卫生组织认定的慢性胃炎、消化道溃疡和癌症的主要致病因子。脲酶亚基 B（UreB）对于幽门螺杆菌所有菌株均可产生有效的免疫原性，保护人体免受幽门螺杆菌侵染。Yang 等（2011）将种子特异性启动子 Oleosin 驱动 *UreB* 基因成功转入花生中，RT-PCR 和 Western 杂交表明 UreB 在转基因花生中表达。轮状病毒能导致婴幼儿腹泻，危害严重。贾宇臣等（2012）报道，将轮状病毒抗原 G3 型的 VP7 蛋白基因与油体蛋白基因 *Oleosin* 融合转入花生中，期望在 Oleosin 启动子驱动下，在花生子叶的油体中表达该融合蛋白，目前已得到外源基因整合在花生基因组中的转基因花生植株。

参考文献

蔡杏枚，廖宇赓. 2011. 筛选适合落花生毛状根生长之简化培养基. 作物、环境与生物信息, 8: 242-253

陈红岩，张军，高毅，等. 2002. 乙肝病毒表面抗原基因在花生中的遗传转化及免疫原性检测. 生物技术通讯, 13(4): 245-250

郝世俊，隋炯明，乔利仙，等. 2010. 花生组培苗嫁接技术的研究. 青岛农业大学学报(自然科学版), 27(2): 110-113

黄冰艳，张新友，苗利娟，等. 2008. 花生 *FAD2* 基因 RNAi 载体转化及转基因籽粒脂肪酸分析. 中国油料作物学报, 30(2): 290-293

贾宇臣，赵凯，薛昕，等. 2012. 轮状病毒抗原蛋白 G3VP7 基因在花生中遗传转化的研究. 生物医学工程学杂志, 29(2): 328-331

姜慧芳，陈本银，任小平，等. 2007. 利用重组近交系群体检测花生青枯病抗性 SSR 标记. 中国油料作物学报, 29(1): 26-30

姜慧芳，任小平. 2004. 干旱胁迫对花生叶片 SOD 活性和蛋白质的影响. 作物学报, 30(2): 169-174

李长生，夏晗，卢金东，等. 2009. 利用嫁接提高花生离体再生或转基因苗成活率的研究. 中国农学通报, 25(20): 63-67

李桂民. 2005. 双链 RNA 基因沉默在高油酸花生育种中的应用. 长春: 东北师范大学硕士学位论文: 8-21

李敏俐，王薇，陆祖宏. 2010. ChIP 技术及其在基因组水平上分析 DNA 与蛋白质相互作用. 遗传, 32(3): 219-228

梁雪莲，郑奕雄，庄东红，等. 2006. 花生 Cp TI 基因转化—花粉介导法. 花生学报, 35(4): 1-5

刘忠松, 罗赫荣, 等. 2010. 现代植物育种学-第十章植物基因工程. 北京: 科学出版社: 228-230
彭文舫, 姜慧芳, 任小平, 等. 2010. 花生 AFLP 遗传图谱构建及青枯病抗性 QTL 分析. 华北农学报, 25(6): 81-86
单雷, 唐桂英, 徐平丽, 等. 2014. 花生质体型酰基载体蛋白基因 5′侧翼调控序列的克隆与分析.作物学报, 40(3): 381-389
单世华, 李春娟, 刘思衡, 等. 2003. 以农杆菌为介导花生的遗传转化研究. 中国油料作物学报, 25(1): 9-13
申馥玉, 徐建芝, 王传堂, 等. 1997. 一种适合花生遗传改良的外源 DNA 导入技术. 中国农业科学, 30(6): 90
申红芸, 熊宏春, 郭笑彤, 等. 2012. 一种发根农杆菌介导的花生遗传转化新方法.植物营养与肥料学报, 18(2): 518-522
孙啸, 董建辉, 陈明, 等. 2008. 大豆抗逆基因 GmDREB3 启动子的克隆及调控区段分析. 作物学报, 34(8): 1475-1479
覃铭, 胡博, 刘璨, 李玲, 等. 2010. *AhNCED1* 基因转化花生研究. 热带亚热带植物学报, 18(3): 277-282
唐桂英, 单雷. 2011. 花生二酰基甘油酰基转移酶基因 *AhDGAT3* 启动子克隆与分析. 论文摘要. 福州: 第三届植物生物技术及其产业化大会: 66
唐桂英, 柳展基, 单雷. 2010. 二酰基甘油酰基转移酶(DGAT)研究进展. 中国油料作物学报, 32(2): 320-332
唐桂英, 柳展基, 徐平丽, 等. 2013. 花生二酰基甘油酰基转移酶基因克隆与功能研究. 西北植物学报, 33(5): 857-863
唐桂英, 徐平丽, 柳展基, 等. 2013. 花生 *AhLEC1A* 基因启动子克隆与初步分析. 论文摘要. 昆明: 第四届植物生物技术及其产业化大会: 30
万书波. 2005. 花生品质学. 北京: 中国农业科学技术出版社: 2-10
王传堂, 张建成. 2013. 花生遗传改良. 上海: 上海科学技术出版社: 119-129, 179
王传堂. 2010. 生物技术和近红外技术在花生育种中的应用. 青岛: 中国海洋大学博士学位论文: 136
王合春, 陈新利, 隋炯明, 等. 2013. 花生 β-1, 3-葡聚糖酶基因启动子的克隆及功能分析. 植物遗传资源学报, 14(5): 101-107
王颖, 麦维军, 梁承邺, 等. 2003. 高等植物启动子的研究进展. 西北植物学报, 23(11): 2040-2048
徐平丽, 单雷, 柳展基, 等. 2003. 农杆菌介导抗虫 CpTI 基因的花生遗传转化及转基因植株的再生. 中国油料作物学报, 25(2): 5-8
杨爱国. 2006. 农杆菌介导玉米愈伤遗传转化体系优化及基因工程雄性不育系初步研究. 重庆: 四川农业大学博士学位论文: 7-10
姚庆收, 武玉永, 王学全. 2008. 发根农杆菌介导的花生遗传转化系的建立. 安徽农业科学, 36(35): 15367-15368
张国林. 2009. 花生果种皮特异表达基因及其启动子克隆. 福州: 福建农林大学硕士学位论文: 35-41
张小茜, 单雷, 唐桂英, 等. 2007. 农杆菌介导的花生△12 脂肪酸脱氢酶基因 *AhFAD2 RNAi* 抑制表达遗传转化研究. 中国油料作物学报, 29(4): 409-415
张小茜. 2006. 花生 *AhFAD2* 基因的 RNAi 抑制表达遗传转化研究. 济南: 山东师范大学硕士学位论文: 33-43
张志忠, 吴菁华, 吕柳新, 等. 2005. 植物几丁质酶及其应用研究进展. 福建农林大学学报(自然科学版), 34(4): 494-499
赵学彬, 周丽侠, 唐桂英, 等. 2013. 花生 *AhFAD2A* 基因启动子的克隆与序列分析. 山东农业科学, 45(1): 30-33
赵学彬. 2013. 花生 Δ^{12} 脂肪酸脱氢酶基因的表达调控研究.济南: 山东师范大学硕士学位论文: 34-40
赵永莉. 2008. 花生果、种皮特异表达基因的鉴定及其启动子的克隆.福州: 福建农林大学硕士学位论文: 45-51
周光宇, 龚蓁蓁, 王自芬. 1979. 远缘杂交的分子基础—DNA 片段杂交假设的一个论证. 遗传学报, 6(4): 405-412
朱剑光, 尉亚辉, 郭芝光, 等. 2006. 乙型肝炎表面抗原基因转化花生及其表达 植物学通报, 23(6): 665-669
庄东红, 曹军, 胡忠, 等. 2005. *mtlD* 基因经花粉管通道导入花生的研究//2005 植物育种国际学术研讨会论文集
宗自卫, 常陆林. 2009. 转 *BADH* 基因花生幼苗抗盐性研究. 安徽农业科学, 37(15): 6867-6868
宗自卫, 杨旭. 2010. *mtlD* 的表达对花生幼苗抗盐性的影响. 安徽农业科学, 38(20): 10606-10607
宗自卫, 杨旭. 2011. 转 *BADH* 基因和 *mtlD* 基因的表达对花生幼苗抗盐性研究. 安徽农业科学, 39(22): 13288-13289
Akasaka Y, Mii M, Daimon H. 1998. Morphological alterations and root nodule formation in *Agrobacterum*

rhizogenes-mediated transgenic hairy roots of peanut(*Arachis hypogaea* L.). Ann Bot, 81: 355-362

Anuradha TS, Jami SK, Datla RS, et al. 2006. Genetic transformation of peanut(*Arachis hypogaea* L.)using cotyledonary node as explant and a promoterless *gus: : npt*II fusion gene based vector. J Biosci, 31: 235-246

Athmaram TN, Bali G, Devaiah KM. 2006. Integration and expression of Bluetongue VP2 gene in somatic embryos of peanut through particle bombardment method. Vaccine, 24(15): 2994-3000

Bhatnagar-Mathur P, Devi MJ, Reddy DS, et al. 2007. Stress-inducible expression of AtDREB1A in transgenic peanut(*Arachis hypogaea* L.)increases transpiration efficiency under water-limiting conditions. Plant Cell Rep, 26: 2071-2082

Bhatnagar-Mathur P, Devi MJ, Serraj R, et al. 2004. Evaluation of transgenic groundnut lines under water-limited conditions. International Arachis Newsletter, 24: 33-35

Bhattacharya A, Ramos ML, Faustinelli P, et al. 2012. Reporter gene expression patterns regulated by an Ara h 2 promoter differ in homologous versus heterologous systems. Peanut Science, 39(1): 43-52

Boter M, Ruíz-Rivero O, Abdeen A, et al. 2004. Conserved MYC transcription factors play a key role in jasmonate signaling both in tomato and *Arabidopsis*. Genes Dev, 18: 1577-1591

Brar GS, Cohen BA, Vick CL, et al. 1994. Recovery of transgenic peanut(*Arachis hypogaea* L.)plants from elite cultivars utilizing ACCELLR technology. Plant J, 5: 745-753

Castiglioni P, Warner D, Bensen RJ, et al. 2008. Bacterial RNA chaperones confer abiotic stress tolerance in plants and improved grain yield in maize under water-limited conditions. Plant Physiol, 147: 446-455

Chadha P, Das RH. 2006. A pathogenesis related protein, AhPR10 from peanut: an insight of its mode of antifungal activity. Planta, 225(1): 213-222

Chandrasekharan MB, Blshop KJ, Hall TC. 2003. Modulespecific regulation of the beta-phaseolin promoter during embryogenesis. Plant J, 33(5): 853-866

Chenault KD, Burns JA, Melouk HA, et al. 2002. Hydrolase activity in transgenic peanut. Peanut Science, 29(2): 89-95

Chenault KD, Melouk HA, Payton ME. 2006. Effect of anti-fungal transgene(s)on agronomic traits of transgenic peanut lines grown under field conditions. Peanut Science, 33(1): 12-19

Chenault KD, Payton ME, Melouk HA. 2003. Greenhouse testing of transgenic peanut for resistance to *Sclerotinia minor*. Peanut Science, 30(2): 116-120

Cheng M, Jarret RL, Li Z, et al. 1996. Production of fertile transgenic peanut(*Arachis hypogaea* L.)plants using *Agrobacterium tumefaciens*. Plant Cell Rep, 15: 653-657

Chu Y, Deng XY, Faustinelli P, et al. 2008. Bcl-xL transformed peanut(*Arachis hypogaea* L.)exhibits paraquat tolerance. Plant Cell Rep, 27: 85-92

Chu Y, Faustinelli P, Ramos ML, et al. 2008. Reduction of IgE binding and nonpromotion of *Aspergillus flavus* fungal growth by simultaneously silencing Ara h 2 and Ara h 6 in peanut. J Agric Food Chem, 56: 11225-11233

Clough SJ, Bent AF. 1998. Floral dip: a simplified method for *Agrobacterium*-mediated transformation of *Arabidopsis thaliana*. Plant J, 16: 735-43

de Leon MP, Rolland JM, OHehir RE. 2007. The peanut allergy epidemic: allergen molecular characterisation and prospects for specific therapy. Expert Rev Mol Med, 9: 1-18

Delaney SK, Orford SJ, Martin H. 2007. The fiber specificity of the cotton FSltp4 gene promoter is regulated by an AT rich promoter region and the AT- Hook transcription factor GhAT1. Plant Cell Physiology, 48(10): 1426-1437

Deng XY, Wei ZM, An HL. 2001. Transgenic peanut plants obtained by particle bombardment via somatic embryogenesis regeneration system. Cell Research, 11(2): 156-160

Dodo HW, Konan KN, Chen FC, et al. 2008. Alleviating peanut allergy using genetic engineering: the silencing of the immunodominant allergen Arah2 leads to its significant reduction and a decrease in peanut allergenicity. Plant Biotechnology Journal, 6(2): 135-145

Dodo HW, Konan KN, Viquez OM. 2005. A genetic engineering strategy to eliminate peanut allergy. Curr Allergy Asthma Rep, 5(1): 67-73

Dutton MV, Evans CS. 1996. Oxalate production by fungi: its role in pathogenicity and ecology in the soil environment. Can J Microbiol, 42: 881-895

Egnin M, Mora A, Prakash CS. 1998. Factors enhancing *Agrobacterium tumefaciens*-mediated gene transfer in Peanut(*Arachis hypogaea* L.). In Vitro Cell Dev Biol Plant, 34: 310-318

Fu Gh, Zhong YJ, Li CL, et al. 2010. Epigenetic regulation of peanut allergen gene *Ara h 3* in developing embryos. Planta, 231: 1049-1060

Higgins C M, Hall R M, Mitter N, et al. 2004. Peanut stripe potyvirus resistance in peanut(*Arachis hypogaea*

L.)plants carrying viral coat protein gene sequences. Transgenic Research, 13: 59-67

Iqbal MM, Nazir F, Ali S, et al. 2012. Over expression of rice chitinase gene in transgenic peanut(*Arachis hypogaea* L.)improves resistance against leaf spot. Mol Biotechnol, 50(2): 129-136

James C. 2012. Global Status of Commercialized Biotech/GM Crops: 2012. ISAAA Briefs No. 44. ISAAA: Ithaca, NY

Joshi CP. 1987. An inspection of thedomain between putative TATA box and translation start site in 79 plant genes. Nucleic Acids Research, 15: 6643-6653

Jung S, Powell G, Moore K, et al. 2000. The high oleate trait in the cultivated peanut(*Arachis hypogaea* L.). II. Molecular basis and genetics of the trait. Mol Gen Genet, 263: 806-811

Kang X, Li W, Zhou Y, et al. 2013. A WRKY transcription factor recruits the SYG1-like protein SHB1 to activate gene expression and seed cavity enlargement. PLoS Genet, 9(3): e1003347

Karthikeyan A, Palanivel S, Parvathy S, et al. 2007. Hairy root induction from hypocotyl segments of groundnut(*Arachis hypogaea* L.). Afr J Biotechnol, 6(15): 1817-1820

Kenichi H, Yoshihiro U, Iwamoto M, et al. 1999. Plant cis-acting regulatory DNA elements(PLACE)database. Nucleic Acids research, 27(1): 297-300

Kerr LD. 1995. Electrophoretic mobility shift assay. 254: 619-632

Khandelwal A, Renukaradhya GJ, Rajasekhar M, et al. 2004. Systemic and oral immunogenicity of hemagglutinin protein of rinderpest virus expressed by transgenic peanut plants in a mouse model. Virology, 323(2): 284-291

Khandelwal A, Renukaradhya GJ, Rajasekhar M, et al. 2011. Immune responses to hemagglutinin-neuraminidase protein of peste des petits ruminants virus expressed in transgenic peanut plants in sheep. Vet Immunol Immunopathol, 140(3-4): 291-296

Khandelwal A, Sita GL, Shaila MS. 2003. Oral immunization of cattle with hemagglutinin protein of rinderpest virus expressed in transgenic peanut induces specific immune responses. Vaccine, 21(23): 3282-3289

Kim MJ, Kim JK, Shin JS, et al. 2007. The SebHLH transcription factor mediates trans-activation of the SeFAD2 gene promoter through binding to E- and G-box Elements. Plant Mol Biol, 64: 453-466

Kishinevsky BD, Nemas C, Friedman Y, et al. 1990. The accumulation of lectin in peanut nodules in relation to the symbiotic effectiveness of *Bradyrhizobium* sp. strains. *In*: Gresshoff PM, Roth LE, Stacey G, et al. Nitrogen Fixation: Achievements and Objectives. London: Chapman and Hall: 747

Klein P, Seidel T, Stöcker B, et al. 2012. The membrane-tethered transcription factor ANAC089 serves as redox-dependent suppressor of stromal ascorbate peroxidase gene expression. Front Plant Sci, 3: 247

Kolchanov NA, Ignatieva EV, Ananko EA, et al. 2002. Transcription regulatory regions database(TRRD)its status in 2002. Nucleic Acids Research, 30(1): 312-317

Konan KN, Viquez OM, Chen FC, et al. 2007. Success Towards Alleviating Peanut Allergy: The Major Allergen Ara h 2 Is Silenced via RNA Interference(RNAi). *In*: Xu ZH, Li JY, Xue YB, et al. Biotechnology and Sustainable Agriculture 2006 and Beyond. Berlin: Springer Verlag: 261-264

Law IJ. 2000. Comparison of putative nodule and seed lectin gene promoters of peanut and in situ localization of nodule lectin gene expression. Plant Science, 153(1): 43-54

Li C, Wu K, Fu G, et al. 2009. Regulation of *oleosin* expression in developing peanut(*Arachis hypogaea* L.)embryos through nucleosome loss and histone modifications. J Exp Bot, 60(15): 4371-4382

Li ZJ, Jarret RL, Demski JW. 1997. Engineered resistance to tomato spotted wilt virus in transgenic peanut expressing the viral nucleocapsid gene. Transgenic Research, 6: 297-305

Liang JH, Yang LX, Chen X, et al. 2009. Cloning and characterization of the promoter of the 9-*cis*-epoxycarotenoid dioxygenase gene in *Arachis hypogaea* L. Biosci Biothechnol Biochem, 73(9): 2103-2106

Livingstone DM, Birch RG. 1999. Eficient transformation and regeneration of diverse cultivars of peanut(*Arachis hypoaea* L.)by particle bombardment into embryogenic callus produced from mature seeds. Molecular Breeding, 1999, 5(1): 43-51

Livingstone DM, Hampton J L, Phipps P M, et al. 2005. Enhancing resistance to *Sclerotinia minor* in peanut by expressing a barley oxalate oxidase gene. Plant Physiol, 137(4): 1354-1362

Lomonossoff GP. 1995. Pathogen-derived resistance to plant viruses. Annu Rev Phytopathol, 33: 323-343

Mace ES, Yuejin W, Liao BS, et al. 2007. Simple sequence repeat(SSR)- based diversity analysis of groundnut(*Arachis hypogaea* L.)germplasm resistant to bacterial wilt. Plant Genetic Resources, 5(1): 27-36

Madhumita J, Chen N, Geraldine F, et al. 2005. Use of green fluorescent protein as a non-destructive marker for peanut genetic transformation. In Vitro Cell Dev Biol Plant, 41: 437-445

Magbanua ZV, Wilde HD, Roberts JK, et al. 2000). Field resistance to Tomato spotted wilt virus in transgenic peanut(*Arachis hypogaea* L.)expressing an antisense nucleocapsid gene sequence. Molecular Breeding, 6(2):

227-236

Matys V, Fricke E, Geffers R, et al. 2003. TRANSFAC: transcriptional regulation , from patterns to profiles. Nucleic Acids research, 31(1): 374-378

McKently AH, Moore GA, Doostar H, et al. 1995. *Agrobacterium*-mediated transformation of peanut(*Arachis hypogaea* L.)embryo axes and the development of transgenic plants. Plant Cell Rep, 14: 699-703

Mukhopadhyay P, Reddy MK, Singla-Pareek SL, et al. 2011. Transcriptional downregulation of rice rpL32 gene under abiotic stress is associated with removal of transcription factors within the promoter region. Plos One, 6(11): e28058

Narusaka Y, Nakashima K, Shinwari ZK, et al. 2003. Interaction between two cis-acting elements, ABRE, DRE, in ABA-dependent expression of Arabidopsis rd29A gene in response to dehydration and high-salinity stresses. Plant J, 34(2): 137-148

Ozias-Akins P, Schnall JA, Anderson WF, et al. 1993. Regeneration of transgenic peanut plants from stably transformed embryogenic callus. Plant Sci, 93: 185-194

Pan X, Li HH, Wei HY, et al. 2013. Analysis of the spatial and temporal expression pattern directed by the Populus tomentosa 4-coumarate: CoA ligase Pto4CL2 promoter in transgenic tobacco. Molecular Biology Reports, 40(3): 2309-2317

Peng ZY, Li L, Yang LQ, et al. 2013. Overexpression of peanut diacylglycerol acyltransferase 2 in *Escherichia coli*. PLoS One, 8(4): e61363.

Pons L, Chery C, Romano A, et al. 2002. The 18 kDa peanut oleosin is a candidate allergen for IgE-mediated reactions to peanuts. Allergy, 57: 88-93

Ramos ML, Fleming G, Chu Y, et al. 2006. Chromosomal and phylogenetic context for conglutin genes in Arachis based on genomic sequence. Molecular Genetics and Genomics, 275(6): 578-592

Rao SC, Bhatnagar-Mathur P, Kumar PL, et al. 2013. Pathogen-derived resistance using a viral nucleocapsid gene confers only partial non-durable protection in peanut against peanut bud necrosis virus. Arch Virol, 158(1): 133-143

Ren B, Robert F, Wyrick JJ, et al. 2000. Genome-wide location and function of DNA binding proteins . Science, 290(5500): 2306-2309

Rivero M, Walia H, Blumwald E. 2010. Cytokinin-dependent protection of photosynthetic protein complexes during water deficit. Plant Cell Physiol, 51: 1929-1941

Rivero RM, Kojima M, Gepstein A, et al. 2007. Delayed leaf senescence induces extreme drought tolerance in a flowering plant. Proc Natl Acad Sci, 104: 19631-19636

Rohini VK, Rao KS. 2000. Transformation of peanut(*Arachis hypogaea* L.): a non-tissue culture based approach for generating transgenic plants. Plant Science, 50: 41-49

Rohini VK, Rao KS. 2001. Transformation o f peanut(*Arachis hypogaea* L.)with tobacco chitinase gene: variable response of transformants to leaf spot disease. Plant Science, 160(5): 889- 898

Rombauts S, Déhais P, van Montagu M, et al. 1999. A plant cisacting regulatory element(PlantCARE)database. Nucleic Acids Research, 27: 295-296

Schmid CD, Praz V, Delorenzi M, et al. 2004. The Eukaryotic promoter database EPD: the impact of in silico primer extension. Nucleic Acids Research, 32: 82-85

Sharma KK, Anjaiah VV. 2000. An efficient method for the production of transgenic plants of peanut(*Arachis hypogaea* L.)through *Agrobacterium tumefaciens*-mediated genetic transformation. Plant Sci, 159(1): 7-19

Singsit C, Adang MJ, Lynch RE, et al. 1997. Expression of a *Bacillus thuringiensis cryIA*(c)gene in transgenic peanut plants and its efficacy against lesser cornstalk borer. Transgen Res, 6: 169-176

Stoutjesdijk PA, Hurlestone C, Singh SP, et al. 2000. High oleic acid Australian *Brassica napus* and *B. juncea* varieties produced by co-suppression of endogenous d12-desaturases. Biochem Soc Trans, 28: 938-940

Sunkara S, Bhatnagar-Mathur P, Sharma KK. 2013. Isolation and functional characterization of a novel seed-specific promoter region from peanut. Appl Biochem Biotechnol, Sep 29. [Epub ahead of print], DOI 10.1007/s12010-013-0482-x

Tiwari S, Mishra DK, Chandrasekhar K, et al. 2011. Expression of δ-endotoxin Cry1EC from an inducible promoter confers insect protection in peanut(*Arachis hypogaea* L.)plants. Pest Manag Sci, 67(2): 137-145

Tiwari S, Mishra DK, Singh A, et al. 2008. Expression of a synthetic cry1EC gene for resistance against Spodoptera litura in transgenic peanut(*Arachis hypogaea* L.). Plant Cell Rep, 27: 1017-1025

Töpfer R, Martini N, Schell J. 1995. Modifications of lipid synthesis. Science, 268: 681-686

Tran LS, Nakashima K, Sakuma Y, et al. 2004. Isolation and functional analysis of Arabidopsis stress-inducible NAC transcription factors that bind to a drought-responsive cis-element in the early re-sponsive to dehydration stress 1 promoter. Plant Cell, 16: 2481-2498

Vadez V, Rao S, Bhatnagar Mathur P, et al. 2013. DREB1A promotes root development in deep soil layers and increase water extraction under water stress in groundnut. Plant Biology, 15: 45-52

Vadez V, Rao S, Sharma KK, et al. 2007. DREB1A allows for more water uptake in groundnut by a large modification in the root/shoot ratio under water deficit. International Arachis Newsletter, 27: 27-31

Vandenbosch KA, Rodgers LA, Sherrier DJ, et al. 1994. A peanut nodule lectin in infected cells and in vacuoles and the extracellular matrix of nodule parenchyma. Plant Physiol, 104: 327-337

Vasavirama K, Kirti PB. 2012. Increased resistance to late leaf spot disease in transgenic peanut Using a combination of PR genes. Funct Integr Genomics, 12: 625-634

Viquez OM, Konan NK, Dodo HW. 2003. Structure and organization of the genomic clone of a major peanut allergen gene, Ara h1. Mol Immunol, 40(9): 565-571

Viquez OM, Konan NK, Dodo HW. 2004. Genomic organization of peanut allergen gene, Ara h 3. Mol Immunol, 41: 1235-1240

Wan XR, Li L. 2006. Regulation of ABA level and water-stress tolerance of Arabidopsis by ectopic expression of a peanut 9-cis-epoxycarotenoid dioxygenase gene. Biochem Biophys Res Commun, 347(4): 1030-1038.

Wang FF, Perry SE. 2013. Identification of direct targets of FUSCA3, a key regulator of *Arabidopsis* seed development. Plant Physiology, 161: 1251-1264

Wells J, Farnham PJ. 2002. Characterizing transcription factor binding sites using formaldehyde crosslinking and immunoprecipitation. Methods, 26(1): 48-56

Xiong LZ, Yang YN. 2003. Disease resistance and abiotic stress tolerance in rice are inversely modulated by an abscisic acid–inducible mitogen-activated protein kinase. The Plant Cell, 15: 745-759

Yang H, Nairn J, Ozias-Akins P. 2003. Transformation of peanut using a modified bacterial mercuric ion reductase gene driven by an actin promoter from *Arabidopsis thaliana*. J Plant Physiol, 160: 945-952

Yang H, Ozias-Akins P, Culbreath AK, et al. 2004. Field evaluation of tomato spotted wilt virus resistance in transgenic peanut(*Arachis hypogaea)*. Plant Disease, 88(3): 259-264

Yang H, Singsit C, Wang A, et al. 1998. Transgenic peanut plants containing a nucleocapsid protein gene of tomato spotted wilt virus show divergent levels of gene expression. Plant Cell Reps, 17: 693-699

Yang S, Vanderbeld B, Wang J, et al. 2010. Narrowing down the targets: towards successful genetic engineering of drought-tolerant crops. Mol Plant, 3: 469-490

Yin DM, Deng SZ, Zhan KH, et al. 2007. High-oleic peanut oils produced by HpRNA-mediated gene silencing of oleate desaturase. Plant Mol Biol Rep, 25: 154-163

Zarei A, Krbes AP, Younessi P, et al. 2011. Two GCC boxes and AP2/ERF-domain transcription factor ORA59 in jasmonate/ethylene-mediated activation of the PDF1.2 promoter in Arabidopsis. Plant Mol Biol, 75(4-5): 321-331

Zhang DJ, Wang XM, Wang M, et al. 2013. Ectopic expression of *WUS* in hypocotyl promotes cell division via *GRP23* in *Arabidopsis*. PLoS ONE, 8(9): e75773

Zhong YJ, Yan YS, Lin XD, et al. 2006. Genomic analysis of the gene *Ara3* encoding peanut arachin and seed specific activity of its promoter. Guangzhou: International conference on groundnut aflatoxin management and genomics: 48

Zhuang WJ, Zhao YL, Chen H, et al. 2008. In: 3rd International Conference for Peanut Genomics and Biotechnology on Advances in *Arachis* through Genomics and Biotechnology(AAGB-2008), ICRISAT, Hyderabad(AP), India; 4-8 November, pp 71

第六章 植物抗逆机制及花生抗逆性研究

第一节 植物非生物逆境胁迫概述

在自然环境或者农业生态环境中，植物经常受到逆境的胁迫。逆境指的是使植物处于非最佳生长状态的外部环境，其对植物造成的胁迫可以分为生物胁迫和非生物胁迫。生物胁迫包括杂草、病菌、昆虫等对植物造成的不利影响；非生物胁迫包括干旱、淹水、盐、高温、低温、营养缺乏、缺氧及大气污染等。非生物胁迫严重影响农作物的生长和产量，是全球农作物减产的重要因素。逆境胁迫的衡量标准一般包括植物的存活、作物的产量、生长（形态变化、生物量的积累等）等指标，或是植物生理变化。有些环境因素可以在短时间内对植物造成胁迫，例如，叶片温度，可以在几分钟内产生伤害；而土壤中的水分对植物形成缺水胁迫，一般需要几天到几周；土壤中的矿质元素一般需要几个月，甚至更长时间才会限制植物的生长发育。

植物遭遇到干旱等非生物胁迫，其生长发育及生理生化方面均会发生一系列相应的变化，其中包括相对含水量减少、活性氧和自由基积累、细胞电解质渗漏、诱导根系生长、叶片萎蔫、叶片脱落、叶面积减少、蒸腾作用下降。在较强胁迫条件下，植物可能积累过量活性氧和自由基，超过植物自身的调节能力，从而导致脂质过氧化，扰乱细胞稳态，破坏细胞膜，使各种生物酶失去活性，进而影响细胞功能的发挥。

长期以来植物已经进化出各种机制来适应复杂的外界环境变化。植物可以从解剖学和形态学水平到细胞、生物化学和分子生物学水平等不同层次应对和适应外界环境变化。例如，在干旱缺水条件下，在形态学上，植物叶片萎蔫可以减少水分的散失，同时也可以减少叶片对光的吸收，从而最大限度地减少干旱产生的伤害。在细胞水平上，植物应对环境胁迫的变化包括细胞周期和细胞分裂的改变，细胞内膜系统和液泡系统的变化及细胞壁结构的变化等，这些改变都有利于增加植物对胁迫的抗性。在生化水平上，植物可以通过各种不同的方式调节新陈代谢来适应环境胁迫，包括产生脯氨酸和甜菜碱来调节细胞渗透势。此外，逆境胁迫条件下，植物对逆境胁迫的信号转导机制是调节植物应对逆境胁迫的重要途径，也是植物逆境生物学研究的热点领域。

在全球范围内，43%的耕地面积分布在干旱和半干旱地区，在农业生产中，干旱是影响作物产量和品质的重要环境因子。盐碱地约占地球陆地总面积的 25%，其中由于人类活动等造成的次生盐碱化土地约 40 亿公顷（赵可夫和冯立田，2001）。随着土壤沙漠化和盐渍化的不断加重，导致全球主要农作物产量比理想状态下减少 50%，农业的可持续发展受到严重威胁（Bray et al.，2000）。

干旱和盐胁迫对植物产生不利影响，有两个共同的特点。一方面，两者都会对植物形成渗透胁迫，改变细胞内外水势差，严重情况下会导致细胞内水分外流，破坏细胞内水分的平衡。另一方面，两种胁迫都能使植物产生活性氧，引起细胞内一系列的生物化学反应，参与细胞对胁迫的应答。本章将探讨植物对干旱和盐胁迫响应的生物学机制，并综述花生对干旱和盐胁迫的响应方面的研究进展。

第二节　植物对干旱胁迫响应的分子机制及其基因工程研究

植物根系从土壤中吸收水分一方面用来维持自身生长发育的需要，另一方面水分通过气孔散失到空气中，在高温条件下植物可以通过水分的散失调节叶片温度。植物需要精细调节水分吸收和散失来维持体内水分平衡，否则会引起植物缺水，从而导致生理功能的紊乱。植物体内水分的吸收、运输、利用和散失的过程称为植物水分代谢。研究植物水分代谢的基本规律及在各种环境胁迫条件下植物水分平衡调节机制，提高植物水分利用效率，培育抗旱农作物品种，对于合理灌溉，提高农业用水的利用效率及提高作物产量等方面都具有重要的指导意义。

一、植物的水分生理

水分对于植物生长发育具有重要意义。不同植物的含水量差别很大，水生植物的含水量在 90%以上，一般陆生植物的含水量在 70%～90%，旱生植物（苔藓、地衣等）的含水量比较低。正常情况下，植物始终处于持续地吸收和水分散失的相对平衡下，即根系水分的吸收和水分通过气孔的散失相对平衡，植物生命周期中消耗的水分相当于其鲜重的 100 倍左右。

1. 植物体内水分运输的驱动力——水势

土壤中的水分被根系吸收，通过微管组织运输到茎、叶片，供植物生长发育的需要或者通过气孔进入空气中。水分在土壤-植物-大气连续体中的运动规律是顺着水势梯度从水势高的组织向水势低的组织流动。

水势（Ψ_w）是指每偏摩尔体积水的化学势，即单位体积水的自由能（J/m^3）。偏摩尔体积是指在恒温恒压，其他组分不变的条件下，混合体系中 1 mol 该物质所占据的有效体积。纯水的水势定为 0，由于溶液中溶质会降低水的自由能，因此，任何溶液的水势皆为负。干旱时，细胞液浓度升高，细胞渗透势下降。细胞中的水势由 3 个部分组成，即水势（Ψ_w）=渗透势（Ψ_s）+压力势（Ψ_p）+衬质势（Ψ_m）。

渗透势（Ψ_s）是指由于溶质的存在而使水势下降的数值，因此，也称为溶质势。渗透势可以根据范霍夫公式计算，$\Psi_s= iCRT$，i 为等渗系数，C 为浓度，R 为气体常数，T 为绝对温度。例如，0.1 mol/L NaCl 室温条件下的渗透势为$\Psi_s= 2 \times 0.1 \times 8.31 \times (273+20) =$ 486.97 kPa。

细胞吸水原生质会膨胀，而细胞壁限制了原生质的膨胀，产生的压力即为细胞的压力势（Ψ_p），一般称为细胞膨压。一般认为膨压是影响植物细胞伸长、生长的重要因子。如果细胞膨压小于 0，则生长停滞。

表面能够吸附水分的物质如纤维素、蛋白质颗粒、淀粉粒等物质称为衬质。由于衬质的存在而使体系水势改变的数值为衬质势（Ψ_m）。由于衬质的存在，水分子的存在状态可以分为自由水和束缚水。在植物中，具有中央大液泡的细胞，衬质势趋于 0。

Hoagland 溶液培养的拟南芥皮层细胞的膨压为 0.4～0.5 MPa，100 mmol/L　NaCl 处理初期，皮层细胞和培养液之间的水势相近，此时细胞没有吸收水分的动力，但是细胞自身启动相应的保护机制，合成渗透调节物质，降低水势，从而增加植物的吸水能力。这是有的植物在渗透胁迫的初期表现出萎蔫症状，而在短时间内又可以恢复正常的原因之一。

2. 水分在植物体内运输的途径

根据水分在植物体内的运输特点，人为地把水分运输分为质外体运输（apoplastic path）、共质体运输（symplastic path）和跨细胞运输（transcellular path）三条途径（Steudle and Peterson，1998）。质外体运输途径是指水分沿着活细胞质膜之外的组织，包括细胞壁及韧皮部、木质部导管等而不经过活细胞的水分运输，这一途径是非水孔蛋白依赖的水分运输途径。共质体运输途径是指水分沿着共质体的水分运输，通过胞间连丝进行细胞间的水分运输。这一途径也是非水孔蛋白依赖的水分运输途径。跨细胞运输途径是指水分跨越整个细胞的水分运输，是水分穿过细胞膜进行细胞间的水分运输，这一途径是水孔蛋白依赖的。由于在实验中很难将共质体运输和跨细胞的运输区分开，所以又将这两条途径合称细胞-细胞途径（cell-to-cell path）。在实验中，更关注水孔蛋白在植物水分运输中的作用，通常简单地把水分运输的途径分为水孔蛋白依赖途径和非水孔蛋白依赖途径。细胞膜对水的透性很低，而细胞膜上水孔蛋白的活性很高，根的特殊的结构特征（如凯氏带）决定了水孔蛋白依赖途径是植物根系水分运输的主要方式。例如，在拟南芥根系中，水孔蛋白参与的水分运输所占的比例超过 90%（Sutka et al，2011；Tournaire-Roux et al，2003）。

3. 水孔蛋白及其在植物水分运输中的作用

很长时间以来，人们一直认为水分子可以通过自由扩散的方式通过细胞膜，而并不存在所谓的水孔蛋白。直到 1992 年 Preston 等从人类红细胞中分离并验证了第一个水孔蛋白 AQP1，1993 年 Maurel 等首次验证了植物水孔蛋白 AtTIP1; 1 的活性，人们才开始了水孔蛋白在细胞水分转运及生理功能等方面的研究。

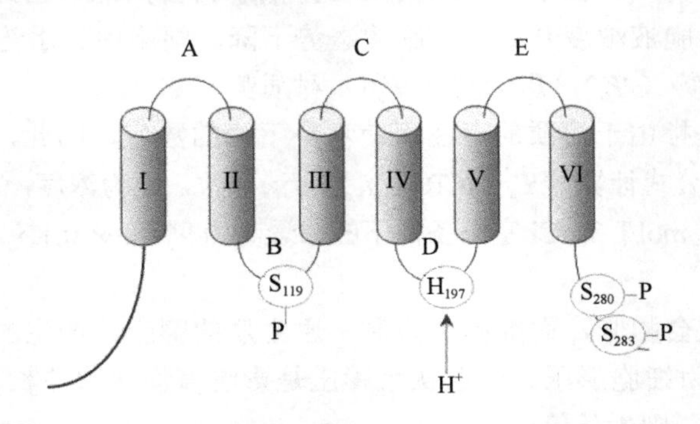

图 6-1　水孔蛋白的结构示意图（修改自 Li et al.，2014）

从低等生物到高等动物和植物，水孔蛋白家族的一级结构是非常保守的，一般由 250～300 个氨基酸残基组成。有 6 个跨膜的α螺旋（I～VI）和连接跨膜螺旋的 5 个环（loop

A～loop E)，其中 loop B 和 loop E 都含有保守的特征性结构——NPA（Asn-Pro-Ala）结构域，N 端和 C 端在细胞质一侧。S_{119}、S_{280}和 S_{283}是位于 loop B 和 C 端常见的磷酸化位点，H_{197}是 H^+的结合位点（图 6-1)。这些基本结构组成了一个特殊的只能通过水分子和其他一些中性小分子的三级结构，水孔蛋白以四聚体的形式定位于细胞膜上（Maurel et al，2008)。

研究结果表明，在高等植物中都有一个较大的水孔蛋白家族，例如，玉米和水稻分别有 31 个和 33 个水孔蛋白。根据在细胞膜上的定位和同源性，水孔蛋白主要可分为 4 类，即质膜内在蛋白（plasma membrane intrinsic protein，PIP)、液泡膜内在蛋白（tonoplast intrinsic protein，TIP)、类 NOD26 膜内在蛋白（NOD26-like intrinsic protein，NIP）和小的碱性内在蛋白（small and basic intrinsic protein，SIP)。一些液泡膜水孔蛋白的活性比质膜水孔蛋白的活性高，因而一般认为质膜水孔蛋白是根系水分运输的限制因子。GmNOD26 是大豆 NIP 水孔蛋白亚族的成员，在根瘤特异表达，且表达丰度颇高，是最早被关注的水孔蛋白（Fortin et al.，1987)。进一步的研究表明，NIP 可能参与了根瘤菌与根细胞之间的水分和氮素交换，与植物的氮素吸收密切相关（Dietz et al.，2011)。另外，水稻 OsNIP2; 1 参与了水、甲基砷、硅酸盐和锑化物等的吸收和转运（Bienert et al.，2011)。SIP 在高等植物中的数量较少，一般为 2～3 个，其功能尚不清楚。

水孔蛋白的最基本功能是调节、控制水分跨膜运输。利用水孔蛋白抑制剂氯化汞和叠氮化钠等处理发现，水孔蛋白对于根系水分运输的贡献大于 90%（Sutka et al.，2011; Tournaire- Roux et al.，2003)。在拟南芥中，PIP1; 1、PIP1; 4 和 PIP2; 1 是与根系水分运输相关性最高的 3 个质膜水孔蛋白，与根系水分运输呈正相关；但 PIP2; 6 和 PIP2; 8 与拟南芥根系水分运输呈负相关（Sutka et al.，2011)。遗传学实验表明，PIP2; 1 和 PIP2; 2 单个基因对根系水分吸收的影响较小，但是 PIP2; 1 和 PIP2; 2 双突变体中根系水分吸收下降 40%左右（Peret et al.，2012)。

与根系相比，叶片水分运输的主要阻力是叶脉，水孔蛋白对叶片水分运输的贡献相对较小，水孔蛋白抑制剂氯化汞和叠氮化钠处理实验表明，水孔蛋白对叶片水分运输的贡献占 20%左右。在拟南芥中，PIP1; 2、PIP2; 1、PIP2; 6 和 PIP2; 7 是叶片中表达丰度最高的 4 个水孔蛋白，除 PIP2; 7 外，其他 3 个蛋白对叶片水分运输的贡献为 20%（Prado et al.，2013)。暗处理后，拟南芥叶片的水分运输速度加快，比在正常条件下增加 90%（Postaire et al.，2010)，其中主要是通过水孔蛋白 PIP2; 1 的活性调节来完成的，蛋白质组学研究结果表明，在暗处理条件下 PIP2; 1–C 端的两个丝氨酸（Ser280 和 Ser283）的双磷酸化是叶片水导度增加的主要原因（Prado et al.，2013)。

水孔蛋白也参与了叶片气孔保卫细胞的气孔开度的调节。气孔是植物与外界环境进行 CO_2和 O_2交换的主要门户，同时植物体内的水分也通过蒸腾作用散失到空气中。在干旱等逆境胁迫条件下，植物通过 ABA 等信号调节气孔的开关，可以调节植物通过气孔的水分散失速率。研究表明，水孔蛋白 PIP 和 TIP 等在气孔保卫细胞中表达（Sarda et al.，1997)，并且 PIP1; 2 和 PIP2; 1 参与了 ABA 信号调节的气孔开度（Grodin et al.，2015)。

此外，水孔蛋白除了通透水分子外，少数水孔蛋白还具有通透其他中性小分子的活性，如甘油、尿素、二氧化碳、氨、硅酸和硼酸等（表 6-1)。部分水孔蛋白具有通透两种以上中性小分子的能力，例如，AtPIP1; 2 既具有通水活性，也具有通透二氧化碳的能力；OsNIP2; 1有利于植物对硅酸的吸收，也可以提高植物的抗病性。然而，到目前为止，还未见水孔蛋白通透此类中性小分子功能与植物抗旱性相关的报道。

表 6-1 水孔蛋白对中性小分子的通透性

水孔蛋白	植物来源	中性小分子	参考文献
AtTIP1; 1（γ-TIP）	拟南芥	H_2O	Maurel et al.，1993
NOD26	大豆	H_2O、甘油	Dean et al.，1999
Nt-TIPa	烟草	甘油/脲	Gerbeau et al.，1999
PIP1	南瓜	硼酸	Dordas et al.，2000
NtAQP1	烟草	CO_2	Uehlein et al.，2003
AtTIP2; 1、AtTIP4; 1	拟南芥	脲	Liu et al.，2003
TaTIP2; 1	小麦	氨	Jahn et al.，2004
NIP2; 1（Lsi1）	水稻	硅	Ma et al.，2006

二、植物对干旱胁迫的响应与水孔蛋白活性调节

干旱对农作物造成的减产损失在所有非生物胁迫中占首位。干旱最为明显的生理效应是抑制植物的生长，严重的干旱胁迫可能导致作物的减产，甚至绝产。在长期的进化过程中，植物已经演化出了一系列对干旱胁迫的适应机制和应对策略。

1. 植物对干旱胁迫的生物学表现

植物对干旱胁迫响应的机制可以大致分为三类：①御旱机制（drought avoidance），这类植物在干旱缺水条件下通过减少水分散失和增加吸收水分的能力，维持体内较好的水分状况。②耐旱机制（drought tolerance），通过渗透调节，在低水势条件下维持基本的生命活动。例如，在极端干旱条件下，仙人掌类植物可以长时间耐受极低的渗透胁迫并维持其自身基本的生命活性。③躲避干旱机制（drought escape），这类植物一般在短时间内能够完成其生活史，以此躲避干旱季节。例如，沙漠小叶短命菊从种子萌发到结出新种子，只要几周的时间，一般能在雨季完成其生活史（陈晓亚和汤章城，2007）。不同植物对干旱胁迫的抗性和反应有差异，具体的生物学表现也不同。植物对干旱胁迫的生物学表现分别叙述如下。

减少叶片面积是植物对干旱缺水的早期响应之一。叶面的伸展是依赖膨压的，对干旱胁迫非常敏感。在细胞水平上，细胞的生长速率与膨压也是密切相关的。为了更好地适应干旱胁迫，一方面，植物可以通过减少单个叶片面积来降低水分的耗散。植物缺水通常会引起细胞收缩和细胞壁的松弛，从而导致细胞膨压的降低，严重干旱条件下，植物叶片则可能出现萎蔫，叶片面积不再增加（Boyer，1970）。另一方面，植物可以通过调节乙烯、脱落酸等激素的分布使部分叶片衰老，直至脱落，从而减少整株水平上的叶面积以达到减少水分耗散的目的（Bray et al.，2000）。

干旱缺水影响根系的发育，植物地上部和地下部的生物量受根系吸收水分、矿物质的能力和叶片光合作用产物分配的影响（Lincoln and Eduardo，2011）。正常条件下，地上部会持续生长直到受到根系水分或者矿质元素的限制，而根系的生长会受到叶片光合

产物供给的限制。干旱条件下，叶片的伸展对干旱更敏感，然而光合作用受到的影响较小并且滞后。叶片伸展受到抑制可以节省更多的碳水化合物和能量，这样便有更大比例的碳水化合物和能量转移到地下部供根系生长。同样，干旱土壤的根系受到水分的限制，因此其生长发育也被抑制，只有在更深层水分含量高的土壤中的根系能更好地生长，从而有利于植物在干旱条件下更好地吸收地下水分，并维持植物体内的水分平衡。

气孔关闭是植物应对干旱胁迫的一种重要的调节方式。气孔的关闭可以分为被动关闭（hydropassive closure）和主动关闭（hydroactive closure）两种机制（Davies et al.，2002）。气孔的关闭通常是由于气孔保卫细胞失水引起膨压下降。如果是被动失水引起的气孔关闭，则称为被动关闭，例如，在空气湿度低的情况下，气孔保卫细胞散失水分多，而附近表皮细胞如果水分供应不足，就会导致保卫细胞膨压降低，气孔关闭。主动关闭主要是在叶片和根系缺水，通过代谢过程减少保卫细胞中的离子等溶解物，从而降低保卫细胞的膨压而导致的气孔关闭。调节气孔关闭的信号分子主要是 ABA（Hartung et al.，1998）。轻度干旱时，叶肉细胞中一部分存储在叶绿体中的 ABA 可以释放到质外体中，并可以随蒸腾分布到植物的各个部分。另外，ABA 的合成速率也非常高，更多的 ABA 可以在叶片质外体中积累。叶片气孔导度与根系水分状况的相关性比叶片水分状况的相关性更大，例如，分根实验中即使部分根系受到水分胁迫，而另一部分根系水分状况良好，也会导致叶片气孔的关闭。

渗透调节被认为是干旱条件下植物维持自身水分平衡的重要手段，渗透调节可以在不影响细胞膨压的条件下，通过降低细胞水势增加细胞的吸收能力。在低水势的条件下，维持细胞的膨压可以有利于细胞的伸长生长并维持气孔的导度，增加植物的抗旱性。常见的渗透调节物质包括糖、有机酸、氨基酸和无机离子（主要是 K^+）等。干旱可以诱导叶片表皮表面和内部蜡质层加厚，从而减少叶片水分的蒸腾（陈晓亚和汤章城，2007）。

此外，在干旱胁迫情况下，光合作用在一定程度上受到抑制。叶片伸展对干旱非常敏感，可以在短时间内感受到干旱初期的信号，从而停止生长。而光合作用对干旱的感受比较迟缓，中度干旱时光合作用才逐渐下降。

2. 干旱胁迫条件下水孔蛋白的调节

如何在干旱胁迫条件下维持植物体内水分平衡，对于陆生植物来说可谓生死攸关。在细胞水平上，植物的细胞膜是一个理想的半透膜。植物在感受到缺水信号后，可以通过在细胞内合成可溶性物质，来降低细胞内的渗透势，增加细胞内外水势差，进而水分子顺着水势梯度通过自由扩散由细胞膜进入细胞，使植物在水分亏缺的条件下能继续从外界环境中吸收水分并减少水分的散失。水孔蛋白的发现使人们认识到细胞膜上存在水通道，水分进出细胞不是简单的自由扩散，而是通过水通道（水孔蛋白）快速调节细胞内外的水分平衡（Preston et al.，1992）。在水分亏缺条件下，植物可通过提高细胞内溶质浓度的渗透调节机制来维持膨压，并主动开启或关闭水孔蛋白，使植物吸收更多的水分并尽可能减少水分的散失（Bray et al.，1997）。水孔蛋白是植物水分吸收和运输中的关键蛋白，干旱胁迫中的许多信号分子也是调节水孔蛋白的重要信号。目前研究比较多的水孔蛋白调节信号有 ABA、IAA、Ca^{2+}、H_2O_2 和 pH 等。

植物激素是调节水孔蛋白的重要信号分子。逆境胁迫条件下 ABA 可以通过关闭气孔减少植物的蒸腾，维持植物体内水分的平衡。最近的研究发现，ABA 可以通过气孔保卫细胞中水孔蛋白的表达和活性来调控气孔的开关（Grodan et al.，2015）。ABA 处理或者突变体实验证明，ABA 可增加根系水分的吸收能力，却降低叶片水分的运输能力（Aroca，2006；Mahdieh and Mostajeran，2009；Nagel et al.，1994；Ruiz-Lozano et al.，2009；Thompson et al.，2007；Zhang et al.，1995）。这种调节模式增加了干旱胁迫条件下植物吸收水分的能力，同时减少了叶片水分的散失。植物生长素 IAA 通过 ARF7 依赖的途径，可降低根系皮层细胞的膨压，在细胞水平和整体水分抑制水孔蛋白的表达和活性，降低水分运输的速度（Hose et al.，2000；Peret et al.，2012）。

Ca^{2+}和pH是包括干旱胁迫在内的多种胁迫和植物激素响应的重要信号，同时也是水孔蛋白调节方面非常重要的信号分子。植物在淹水条件下会引起根系细胞内缺氧从而引起细胞质的酸化，而细胞质pH降低时，H^+可以与水孔蛋白的His结合从而关闭水孔蛋白的“水孔”（Tournaire-Roux et al.，2003）。水孔蛋白的晶体结构模型及功能分析实验揭示了Ca^{2+}在水孔蛋白调节中的作用，高浓度的Ca^{2+}与水孔蛋白结合抑制水通道活性（Gerbeau et al.，2002；Törnroth-Horsefield et al.，2005）。然而，其调节根系水分导度的作用在不同植物中却有不同表现，在向日葵中Ca^{2+}提高外源ABA对根系水分导度的调节作用（Quintero et al.，1999），而在玉米中Ca^{2+}却降低了盐胁迫对根系水分导度的影响（Azaizeh et al.，1992）。

H_2O_2是重要的信号分子，在多种生理活动中都起着重要的作用，H_2O_2是水孔蛋白的潜在抑制剂。在黄瓜、玉米和拟南芥中，外源 H_2O_2 可以降低细胞和根系整体的水分导度（Aroca et al.，2005；Boursiac et al.，2005；Lee et al.，2004）。研究表明，H_2O_2 可以通过调节细胞质内 Ca^{2+}浓度、水孔蛋白磷酸化及 PIP 水孔蛋白在细胞内的重新分布来调节根系水分导度（Boursiac et al.，2005，2008）。由于水孔蛋白在植物水分调节中的重要作用，多年来，通过遗传工程增加或者减少水孔蛋白的表达来研究水孔蛋白在植物抗逆中的作用，已经取得了一定的进展。烟草中反义 *PIP1* 基因的表达，转基因烟草根系水分导度和叶片水势降低，增加了烟草对干旱的敏感性（Siefritz et al.，2002）；抑制拟南芥 *PIP1s* 和 *PIP2s* 基因的表达，在干旱后复水过程中，转基因拟南芥恢复过程比野生型明显延迟（Martre et al.，2002）。这些实验证明在干旱或者干旱复水过程中，水孔蛋白在植物水分运输过程中起重要作用。

三、植物抗旱基因工程研究

利用基因工程的手段提高植物的抗旱性就是通过调控关键基因的表达，一方面提高植物在干旱胁迫条件下维持植物体内水分平衡的能力；另一方面提高植物对干旱胁迫造成伤害的修复能力，减少干旱胁迫产生的伤害（Hu and Xiong，2014）。针对相关重要基因，分别叙述如下。

1. 渗透调节物质合成关键基因

逆境胁迫条件下，植物组织通过降低细胞的渗透势适应外界环境的现象称为渗透调节。参与渗透调节的物质分为两大类：一类是由外界进入细胞的无机离子，主要包括 K^+、

Mg^{2+}、Ca^{2+}、NO_3^-、Cl^-等；一类是在细胞内合成的有机溶质，包括可溶性糖、脯氨酸、甜菜碱等。干旱条件下植物可以通过快速合成有机溶质脯氨酸、甜菜碱、甘露醇、海藻糖和果糖等渗透调节物质来维持较低的水势，增加细胞内外水势梯度，是植物维持体内水分平衡的重要方式。植物中吡咯啉-5-羧酸合成酶（Δ1-pyrroline-5-carboxylate synthetase，P5CS）基因是调节脯氨酸合成的关键基因，在烟草中过量表达后，转基因烟草脯氨酸的含量增加10～18倍，在干旱胁迫条件下，转基因植物叶片脱落延迟并且减少，根系长度增加40%，生物量比对照增加2倍（Kishor et al.，1995）。转外源果糖合成酶基因的烟草，在正常条件下并不影响植物的生长，但是在干旱胁迫条件下，转基因植物果糖含量增加7倍，鲜重和干重分别增加35%和59%，尤其是根系质量比野生型增加73%（Pilon-Smits et al.，1995）。

甜菜碱是一种碱性物质，具有强烈的吸湿性能。在干旱胁迫条件下，在细胞内可以迅速合成和积累到很高浓度，甜菜碱的溶解度很高，不带静电荷，其高浓度对许多酶及其他生物大分子没有影响，甜菜碱可以保护生物大分子在高电解质浓度下不变性，可以维持细胞的膨压并且在胁迫解除后的恢复期间具有加速蛋白质合成的作用。甜菜碱醛脱氢酶（betaine aldehyde dehydrogenase，BADH）是甜菜碱合成的关键酶。不同品种小麦幼芽中的BADH含量和活性与其抗旱性密切相关，即抗旱性强的品种BADH的含量和活性比抗性弱的品种高。转BADH基因烟草叶片中超氧化物歧化酶（SOD）、过氧化氢酶（CAT）和过氧化物酶（POD）活性比对照增加，植物抗旱性提高（Liang et al.，1997）。

在干旱等逆境胁迫条件下，蔗糖等可溶性糖和游离氨基酸在细胞内的浓度增加，主要是大分子碳水化合物和蛋白质合成受到抑制而分解加强，并且与光合产物形成有关。微生物和一些低等植物中可以合成海藻糖，它是细菌的细胞壁成分，也可以作为能源物质提供大分子合成的碳源，海藻糖的积累还可以提高生物在逆境中的生存能力。高等植物一般是不能合成海藻糖的，但是利用转基因技术提高植物体内海藻糖的积累，可以增加植物对非生物胁迫的抗性。将CaMV35S启动子驱动的拟南芥海藻糖-6-磷酸合成酶（trehalose-6-phosphate synthase，TPS）基因分别转入拟南芥和烟草中，转基因拟南芥耐脱水性增强，转基因烟草对渗透胁迫的抗性增加，在逆境条件下长势良好（Almeida et al.，2007；Avonce et al.，2005）。将从大肠杆菌中克隆的海藻糖-6-磷酸合成酶基因导入甜菜、马铃薯中，转基因植物的抗旱能力得到了提高（Zhao et al.，2007）。果聚糖可溶性较高，是重要的植物渗透调节物质。果聚糖蔗糖酶具有蔗糖水解酶和果糖转移酶活性，水解蔗糖生成葡萄糖和果聚糖，是果聚糖形成的关键酶，利用该酶的编码基因*SacB*转化烟草。转基因植株在渗透胁迫条件下耐受性明显提高，并且其耐受性强弱与果聚糖积累量呈正相关（Konstantinova et al.，2002）。

胚胎发育后期高水平积累的LEA蛋白是一类在生物体中广泛存在的与渗透调节有关的蛋白家族。Dure和Chlan（1981）最早从棉花子叶中分离获得LEA蛋白，继棉花之后，在小麦、大豆等几十种高等植物中都检测到LEA的存在。在水分缺乏时，LEA蛋白在细胞中有增强束缚水的作用，有利于植物保持体内水分平衡。耐脱水复活植物在脱水状态下，LEA蛋白家族被诱导产生，使其能够较长时期存活，重新复水后几小时内可完全恢复生理活性（Ingram and Bartels，1996）。Sivamani等（2000）将LEA蛋白基因*HVA1*导入春小麦中，在缺水条件下小麦水分利用效率和生物量均得到提高。大麦中的*HVA1*

转入水稻中可以提高转基因植物的抗旱性和耐盐性，同时在胁迫解除后有利于植物快速恢复到正常状态（Xu et al.，1996）。当盐或ABA处理时，LEA蛋白在抗盐的水稻种类中被诱导的水平比在盐敏感的种类中要高（Moons et al.，1995）。用*actin-1*基因的启动子驱动一个大麦的*LEA*基因（*HVA1*）组成型过量表达，转基因水稻能够更加抗盐和干旱胁迫，在胁迫去除时使植物更快恢复生长（Xu et al.，1996）。LEA蛋白的作用机制可能与它作为分子伴侣的功能有关（Wise，2003）。它的主要功能是保护失水过程中细胞和分子结构免受损伤（Goyal et al.，2005）。

2. 抗氧化关键酶基因

活性氧是植物在胁迫条件下产生的代谢产物，包括超氧自由基（$O_2 \cdot^-$）、H_2O_2、单线态氧（O_2^1）和羟自由基（OH·）。植物体在长期进化过程中形成了酶促和非酶促两大保护系统，赋予了植物体清除活性氧的能力，以减轻或避免活性氧对细胞造成伤害（Smironff，1993）。非酶促氧化剂主要是一些有机小分子，如谷胱甘肽、维生素C、甘露糖醇和生物碱等。植物体内能有效清除活性氧的酶类主要包括超氧化物歧化酶（SOD）、抗坏血酸过氧化物酶（APX）和过氧化氢酶（CAT）等。烟草过量表达谷胱甘肽硫转移酶和谷胱甘肽超氧化物酶（GST/GPX）后，氧化型谷胱甘肽的含量大幅度提高，提高了植物抗氧化的能力，从而增加了烟草对干旱等逆境胁迫的抗性（Roxas et al.，1997）。在烟草中过量表达GST/GPX、SOD和APX基因均可提高其对盐和干旱胁迫的抗性，主要是因为体内活性氧自由基的减少（陈晓亚和汤章城，2007）。例如，将豌豆的MnSOD在逆境诱导型SWPA2启动子调控下转入水稻，在干旱胁迫下外源MnSOD在转基因植株中被诱导表达，转基因植株的电导率显著低于野生型，说明转基因植株对PEG引起的氧化胁迫的抗性增强。另外，在紫外线处理人为增加活性氧时，转基因植株的日平均净光合速率相比野生型下降较少。这些结果表明，SOD是植物叶绿体清除活性氧的最重要成分之一，提高SOD的表达可以改善水稻的抗旱性能（Wang et al.，2005）。

3. ABA信号转导和代谢相关基因

ABA是一种重要的植物生长调节剂，其生理功能之一是通过关闭气孔来减少叶片水分的散失等，与植物的抗旱性密切相关（Finkelstein et al.，2002）。增加ABA合成或ABA诱导表达的基因*NCED3*和*ASR1*（ABA stress ripening）可以增加拟南芥和玉米对干旱胁迫的抗性（Iuchi et al.，2001；Jeanneau et al.，2002）。胞内β-葡糖苷酶（β-glucosidase，AtBGl）的T-DNA插入突变体正常条件下其气孔开度较野生型小，表现出干旱敏感表型；而AtBGl过量表达的转基因植株在干旱条件下ABA含量显著升高，转基因植株失水较慢，抗旱性提高（Lee et al.，2006）。这是因为渗透和干旱胁迫条件下，AtBGl能够水解脱落酸葡萄糖酯（ABA-GE）生成有活性的ABA，提高ABA的浓度，而在其T-DNA插入突变体中，与野生型相比有活性的ABA浓度不能提高，其对干旱胁迫更敏感。ABA响应的元件（ABRE）结合蛋白受干旱诱导表达和ABA信号调控，拟南芥中ABRE结合蛋白AREB1是水分胁迫条件下ABA信号通路中最有效的调节因子，areb1突变体对ABA不敏感，对干旱胁迫的抗性降低，而AREB1过量表达的转基因植物，对干旱胁迫的抗性明显增加（Fujita et al.，2005）。ABF2（ABRE-binding bZIP factor）是ABA响应元件结合的 bZIP 家族的转录因子，参与 ABA 及逆境胁迫响应，转基因植物在水分胁迫条件下蒸腾速率下降，对干旱胁迫的抗性增加（Kim et al.，2004）。

4. 植物抗旱相关的转录因子基因

多种转录因子被证实参与植物干旱逆境响应（Vinocur and Altman，2005）。其中，DREB（dehydration-responsive element-binding factor）最早受到人们的关注，在多种植物的转基因研究中，不论是用 35S 启动子还是 RD29A 启动子驱动的 DREB 的表达都可以增加植物对干旱胁迫的抗性（Asshraf，2010）。WRKY 家族是高等植物中最大的转录因子家族之一，在拟南芥中有 72 个成员（Eulgem et al.，2000）。越来越多的研究证明，WRKY 在植物响应非生物胁迫中扮演着重要角色。例如，响应热激的特异启动子介导的 *OsWRKY11* 基因的表达增强转基因水稻对干旱和热胁迫的抗性。将小麦中的 *WRKY10* 基因在烟草中异源表达，能够提高转基因植株对干旱等多种非生物胁迫的抗性（Wang et al，2013）。

MYB15 转录因子参与调节 ABA 合成（ABA1 和 ABA2）、信号转导（ABI3），以及 ABA 响应（ADH1、RD22、RD29A、EM6）等基因的表达，过量表达 MYB15 后拟南芥对外源 ABA 非常敏感，提高了拟南芥对干旱和盐胁迫的抗性（Ding et al.，2009）。过量表达 ABF2/AREB1、ABF3 或 ABF4/AREB2 的转基因植株对 ABA 处理的敏感性增强，抗旱性提高（Kim et al.，2004；Fujita et al，2005；Abdeen et al.，2010）。大豆 GmZIP1 的表达受 ABA、高盐、干旱和低温诱导，过量表达大豆 *GmZIP1* 基因的转基因植株对高盐、低温和干旱胁迫的抗性增强（Gao et al.，2011）。

5. 植物水孔蛋白基因

研究表明，水孔蛋白在一定程度上可以提高植物的抗逆性，可能与植物根系水导度增加，提高逆境条件下植物根系水分吸收能力有关（Li et al.，2014；Maurel et al.，2008）。在这些研究中，效果较好的是水稻 *Os*PIP1; 3 和西红柿 *Sl*TIP2; 2 的转基因研究。在缺水条件下，*Os*PIP1; 3 是旱稻根中诱导表达的水孔蛋白，由逆境诱导启动子诱导表达后，能够增加转基因水稻的抗旱性（Lian et al.，2004）。*Sl*TIP2; 2 是番茄中受逆境诱导的一个水孔蛋白，在番茄中过量表达后，明显改变植物的水分状况，在干旱条件下，增加植物的蒸腾并能更好地维持植物的水势。更有价值的是，转基因植物不论是在正常生长条件下还是在干旱胁迫条件下，植物的生长量和果实的产量都显著提高（Sade et al.，2009）。也有一些水孔蛋白过量表达后，植物对干旱更敏感的报道，转水孔蛋白基因促进植物生长发育，但是对干旱等逆境胁迫抗性下降，可能与植物根冠比发育不协调有关（Aharon et al.，2003；Katsuhara et al.，2003；Wang et al.，2011）。

第三节 植物对盐胁迫响应的机制及基因工程研究

一、盐胁迫及其对植物的危害

高盐胁迫是最重要的环境胁迫之一。当土壤饱和浸提液电导率（ECe）达到或超过

4 dS/m 时，这样的土壤被称为盐土。这时土壤中的盐分相当于大约 40 mmol/L NaCl，产生大约 0.2 MPa 的渗透压。在这样的盐害条件下，大多数农作物的产量都会显著下降（Munns and Tester，2008）。世界上被盐害所影响的土地超过 8 亿 hm^2，这个数字占到了世界陆地总面积的 6%。大多数被盐所影响的土地都是来源于自然原因，来源于干旱、半干旱地区长期的盐分积累。岩石风化释放出各种可溶性盐，主要有氯化钠、氯化钙、氯化镁，此外，还有少量硫酸盐和碳酸盐。氯化钠是释放出的最易溶解并且量最大的盐类。另一种积累盐分的方式是由风或雨水把海洋中的盐分搬运到陆地上，随着离开海岸距离的增加，盐分积累逐渐减少。除了以上自然原因外，耕作土地的不合理灌溉造成地下水位上升，使盐分在根系层聚集，也是造成农业用地盐化的原因（Munns and Tester，2008）。在农业生产中，研究植物的盐胁迫响应机制，通过不同途径提高植物的耐盐性，对充分利用盐渍土地、提高盐胁迫下作物的产量和经济效益具有重要的意义。

高盐对植物所造成的胁迫分为两个阶段，即渗透胁迫和离子胁迫。严重的渗透胁迫和离子胁迫会导致植物死亡（Xiong et al.，2002）。渗透胁迫的产生，是因为在土壤中高浓度盐的积累容易导致产生土壤中的低水势区域，影响了植物根吸收水分的能力，这会进一步造成植物吸收水分和营养的困难。当根系周围的盐浓度超过阈值时，迅速产生渗透胁迫，嫩芽的生长速度显著下降。具体到谷物上，盐胁迫的主要效应会造成分蘖减少；对双子叶植物来说，叶片尺寸显著减小，分枝数也显著减少。当盐在老叶片中积累到毒害水平时，进入盐胁迫的第二个阶段，即离子胁迫。离子胁迫主要表现在高浓度的盐对细胞的毒性。盐胁迫打乱植物离子的动态平衡，造成细胞质中有毒钠离子浓度过高，而钾离子缺乏。高盐改变了 K^+/ Na^+，造成离子特异性胁迫。盐胁迫能够造成细胞质中 Na^+ 和 Cl^-的积累，最终对细胞产生毒害作用。高浓度的 Na^+对细胞的代谢活动有毒害作用，能够抑制很多关键酶的活性（Monteiroa et al.，2011），造成细胞分裂与扩张、细胞膜解体、渗透势不平衡等，最终导致植物生长的抑制。高浓度的钠离子还会造成光合作用的降低，产生活性氧（Roychoudhury et al.，2008；Tuteja et al.，2013）。钾离子是植物必需的营养元素之一。高盐所造成的钾离子浓度的变化会改变植物的渗透平衡、气孔功能和一些酶的活性。高盐还能损伤正在进行蒸腾作用的叶片细胞，使植物内部产生盐特异性毒害作用。老叶不像幼嫩叶片一样能通过扩张来稀释进入叶片的盐分，当盐分积累到毒害水平时，老叶片死亡。当老叶片死亡的速度快于新叶片产生的速度时，植物的光合作用能力无法支持新叶片对碳水化合物的需求，进一步减缓了生长速度。然而，盐在老叶片中积累，并导致老叶片死亡，这对植株的存活是非常重要的（Tuteja，2007）。

根据植物对盐胁迫的敏感性和抗性可将植物分为甜土植物和盐生植物。甜土植物对盐的耐受程度一般在 100 mmol/L 以下，而盐生植物能在 250 mmol/L 的氯化钠浓度下生存。甜土植物通过限制盐的摄入和合成一些小分子渗透剂如脯氨酸、甜菜碱等来维持渗透势的平衡。而盐生植物能够把盐隔绝在液泡中，从而降低细胞质中盐的浓度，并维持细胞质中高钾离子与低钠离子的状态。在盐胁迫条件下，Na^+、Cl^-与其他离子如 K^+、Ca^{2+}、NO_3^-竞争，影响植物对营养的吸收转运，造成植物生长减缓。一般来说，在比较同一物种不同基因型时，植物的耐盐性与植物枝叶中的 Na^+积累成反比（Tuteja，2007）。然而，在不同物种之间比较似乎不存在这样的关系。这种变化可能反映了不同物种之间对 Na^+、Cl^-和土壤渗透压的耐受性不同（Munns and Tester，2008）。理解植物耐盐的分子机制及开发利用耐盐植物，对减轻盐胁迫造成的作物减产具有重要意义。本节将介绍盐胁迫中主要的信号转导途径。

二、盐胁迫信号转导过程

植物可以在单个细胞水平上，也可以在整株水平上应对环境的胁迫。植物对环境胁迫产生应答的过程一般是植物首先通过膜上的受体（G 蛋白偶联的受体、离子通道、受体激酶、组氨酸激酶）感知胁迫信号，产生第二信使，如 Ca^{2+}、磷酸肌醇、ROS 及脱落酸等。胁迫信号随即被转到细胞核，诱导许多胁迫响应基因的表达，最终的产物使得植物逐渐对胁迫产生抗性。胁迫诱导基因分为早诱导型和晚诱导型。早诱导型基因在感知胁迫信号的几分钟之内就开始表达，一般是瞬时表达，它们的产物（如转录因子）能够激活晚诱导基因（如 *RD*、*KIN*、*COR*）的表达。总体来说，这些基因产物有的是直接保护细胞对抗胁迫，如 LEA 蛋白、抗冻蛋白、抗氧化蛋白、分子伴侣及解毒的酶类，有的是间接起保护作用，如转录因子等。ABA、水杨酸、乙烯等分子能够引发第二轮胁迫信号的产生，而胁迫诱导基因的产物也包括这些物质。植物应对非生物胁迫的复杂性如图 6-2 所示。初级胁迫如干旱、盐、冷、热和化学污染经常互相联系，造成细胞损伤和次级胁迫，如渗透胁迫和氧化胁迫。初级胁迫信号（如渗透和离子效应、温度或膜流动性的改变）引发下游信号过程和转录调控，激活胁迫响应机制，从而重建动态平衡，保护和修复受损蛋白和生物膜。在这个过程中，如果信号转导或基因激活中的一步或多步反应不充分，可能最终导致细胞动态平衡不可逆的改变、蛋白质和膜结构与功能的变化，造成细胞死亡（Vinocur and Altman，2005）。总体来说，胁迫信号转导需要精确协调所有的信号分子，包括进行蛋白质修饰的分子，如甲基化、泛素化、糖基化等相关的蛋白质，也包括衔接子、支架蛋白等（Tuteja，2007）。图 6-2 介绍了盐胁迫反应过程中从信号感知、信号转导级联反应到胁迫相关代谢产物产生过程中起作用的主要组分。

1. 盐胁迫感受器

盐胁迫信号转导途径包含离子胁迫和渗透胁迫的信号转导、解毒反应途径和调节植物生长的途径（Zhu，2002）。过量的钠离子和氯离子引起蛋白质结构和膜的去极化，导致植物感受到离子毒害。细胞膜蛋白、离子转运蛋白和钠离子敏感的酶类被认为是胞内和胞外达到毒害程度的钠离子浓度的感受器。有研究表明，一些具有朝向细胞质的尾巴的转运蛋白，如 SOS1 是它们所转运的分子的感受器。SOS1 被认为是拟南芥中的一个钠离子感受器（Zhu，2003）。盐胁迫产生的渗透胁迫导致细胞膨压下降，细胞的体积发生变化。因此，可能的渗透胁迫的感受器包括膜相关的伸展激活的通道、细胞骨架与跨膜蛋白激酶，如双组分组氨酸激酶。拟南芥中一个潜在的渗透胁迫感受器是杂合型双组分组氨酸激酶 HK1（Urao et al.，1999）。

2. 离子通道和泵

各种不同的泵、离子传感器及下游的相互作用因子协同作用，使得细胞内多余的钠离子外流，形成钠离子的动态平衡，而高盐胁迫能够打破这种平衡。一些通道相对于钠离子来说更倾向于选择性运输钾离子。这样的通道包括 K^+ inward-rectifying channel，这

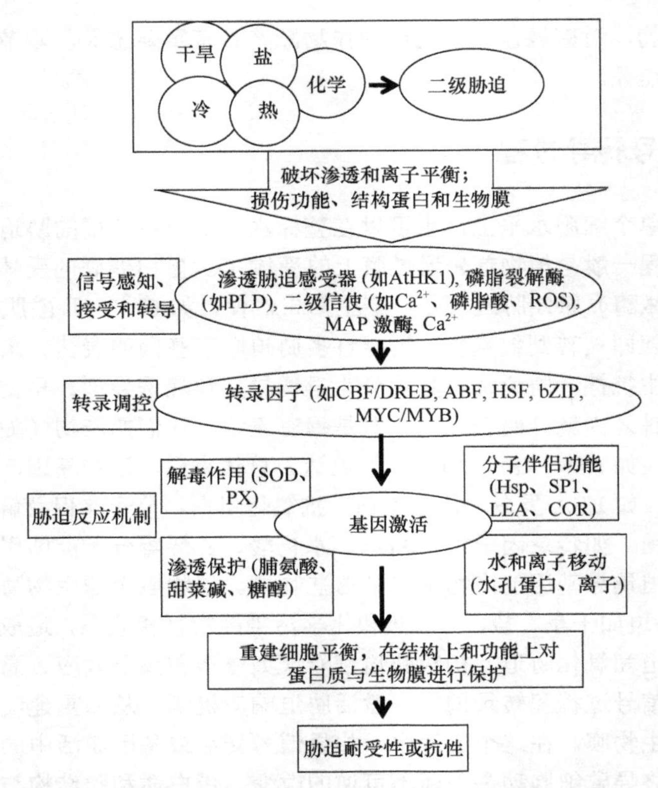

图 6-2　植物应对非生物胁迫的复杂性（Vinocur and Altman，2005）

个通道在细胞膜超极化时介导钾离子内流。此外，还有一个 K^+ outward-rectifying channel，这个通道在细胞膜去极化时开放，介导钾离子的外流和钠离子的内流，导致细胞质中钠离子积累（Tuteja，2007）。高亲和性钾离子通道 HKT1（high-affinity K^+ transporter 1，HKT1）是植物耐盐的关键蛋白（Platten et al.，2006）。在拟南芥中，当处于盐胁迫时，钠离子进入根细胞可能由 HKT1 介导。HKT1 能够调控钠离子的进入，维持钠离子动态平衡（Rus et al.，2004，2001）。液泡 Na^+/H^+ exchanger（NHX）能够将多余的钠离子泵进液泡。在此过程中液泡膜上的 H^+-ATPases（V-ATPases）和 H^+-pyrophosphatases（H^+-PPases）能提供足够的电化学势，为液泡膜提供能量，从而将钠离子泵进液泡，同时交换氢离子（Munns，2002）。另一个泵是 H^+/Ca^{2+} antiporter（CAX1），这个蛋白质能够帮助控制 Ca^{2+}动态平衡（Zhang et al.，2004；Zhu，2002）。

3. 钙信号

钙在信号转导网络中处于一个中心地位，在植物获得抗盐性的过程中起到重要作用。高盐导致细胞质中 Ca^{2+}浓度的升高，而 Ca^{2+}浓度的升高引发耐受胁迫的信号转导过程。Ca^{2+}的释放主要是由胞外域提供的，因为外加 EGTA 或者 BAPTA 能够抑制钙依赖磷酸酶（calcineurin）介导的活性。磷脂酶 C 的激活导致磷脂酰肌醇二磷酸水解成肌醇三磷酸，随后引起 Ca^{2+}从细胞间钙库释放。此外，钙结合蛋白（钙传感器）在钙信号调节方面能够更进一步。这些传感器蛋白能够识别并解码钙信号，将信息往下游传递，并起始磷酸化级联反应，导致对基因表达的调节。朱健康实验室在拟南芥中开展了对盐胁迫敏感突变体的一系列筛选，鉴定了 *SOS1*（salt overlay sensitive 1）、*SOS2* 与 *SOS3* 基因。*SOS3* 又称为 *AtCBL4*，该基因编码一个钙依赖磷酸酶 B-like 蛋白（CBL），是一个钙离子结合蛋白，能够感应细胞质中 Ca^{2+}浓度的变化，并向下游转导信号。一个 Ca^{2+}结合能力降低的 SOS3 功能缺失突变体对盐敏感（Zhu，2002）。*SOS2*（*AtCIPK24*）编码一个丝氨酸/苏氨酸蛋白激酶，这个蛋白激酶是 CBL 相互作用蛋白激酶（CBL-interaction protein kinase，CIPK）。SOS3 以钙依赖的方式激活 SOS2 的蛋白激酶活性（Halfter et al.，2000；Liu et al.，2000）。SOS1 是一个 Na^+/ H^+逆向运输蛋白，*sos1* 突变体对盐超敏感，并在维持渗透或离子平衡方面存在缺陷。遗传分析表明，*SOS3*、*SOS2* 与 *SOS1* 在同一条抗盐途径上。SOS1 是第一个通过遗传分析方法鉴定到的拟南芥 SOS3-SOS2 途径的底物。SOS3-SOS2 激酶复合体能够直接磷酸化 SOS1。SOS 途径可能还有其他分支，能够帮助将细胞内多余的 Na^+运出细胞，从而维持细胞的离子动态平衡（Qiu et al.，2002；Zhang et al.，2004）。SOS2 也能与 NHX 相互作用并激活其活性，随后导致多余的 Na^+被排进液泡，从而进一步对维持 Na^+动态平衡作出贡献（Qiu et al.，2004）。CAX1 是 SOS2 的另一个底物，能够恢复细胞质中钙离子的动态平衡（Cheng et al.，2004）。NHX1 和 CAX1 被 SOS2 激活不依赖于 SOS3 的活性，却可能受到 SOS3-like Ca^{2+}结合蛋白（SCaBP）的调控（Batelli et al.，2007；Quan et al.，2007）。2C 型丝氨酸/苏氨酸磷酸酶（PP2C）ABI1（abscisic acid insensitive 1）和 ABI2 是 ABA 信号的负调控子，ABI1 通过 ABF（ABA responsive element binding factor）调节 NHX1 的基因表达。ABI2 与 SOS2 相互作用，并通过抑制 SOS2 的激酶活性或 SOS2 底物的活性负调控离子动态平衡（Guo et al.，2002；Ohta et al.，2003）。这些研究结果表明，钙信号作为细胞内重要的第二信使，通过与其他维持细胞动态平衡的成分或途径发生相互作用，从而提高植物耐盐性。

4. 脱落酸

盐胁迫造成渗透胁迫，渗透胁迫响应基因的表达既可以通过 ABA 依赖的途径，又可以通过 ABA 非依赖的途径（Shinozaki and Yamaguchi-Shinozaki，2000）。这些途径中的组分经常与胁迫信号转导中的钙发生相互作用。ABA 是一种调节植物生长发育的激素，同时在植物应对非生物胁迫包括盐胁迫时起重要作用（Raghavendra et al.，2010）。研究表明，ABA 缺失突变体不耐盐（Xiong et al.，2001）。ABA 合成途径的关键酶基因受胁迫诱导，盐胁迫诱导 ABA 生物合成途径的基因包括玉米黄质氧化酶、9-顺式-环氧类胡萝卜素加双氧酶、ABA 醛氧化酶、钼辅因子硫化酶等。盐胁迫可能通过 Ca^{2+}依赖的磷酸化途径激活相关转录因子，从而诱导 ABA 合成途径基因的表达。而且 ABA 可能也是通过 Ca^{2+}依赖的磷酸化级联反应对 ABA 生物合成基因的表达进行反馈调节。钙信号途径既能刺激 ABA 生物合成基因的表达，同时也激活 ABA 代谢酶，从而降解 ABA（Xiong et al.，2002）。

在拟南芥中，ABA 调控大约 10%的蛋白编码基因，这个比例比其他植物激素都高。这些基因的表达主要被两种不同的 bZIP 转录因子家族所调控，即营养生长阶段的 AREB/ABF 与种子中的 ABI5。ABA 响应基因和部分盐胁迫响应基因的启动子包含 DRE（dehydration-responsive element）/CRT（C-repeaT）、ABRE（ABA-responsive element）、MYC recognition sequence（MYCRS）和 MYB recognition sequence（MYBRS）的顺式作用元件等。ABA 依赖的盐胁迫信号激活 AREB，它结合到响应基因启动子的 ABRE 原件上，诱导胁迫响应基因如 *RD29A* 的表达。转录因子如 DREB2A 和 DREB2B 结合到渗透胁迫基因的 DRE 顺式作用元件上，反式激活这些基因的表达，从而在维持细胞的渗透平衡方面起到作用。有些基因，如 *RD22* 的启动子上缺少典型的 CRT/DRE 元件，这说明有其他调节机制的存在。MYC/MYB 转录因子 RD22BP1 和 AtMYB2 能够分别结合 MYCRS 和 MYBRS 元件激活 *RD22*（Tuteja，2007）。植物在应对营养生长阶段的渗透胁迫时，SnRK2-AREB/ABF 途径控制主要的 ABA 介导的 ABRE 依赖的基因表达。关于 ABI5 的调控，磷酸化激活 ABI5 的活性，而 sumo 化修饰拮抗 ABI5 的功能。其他转录调控因子也对 ABA 特异性转录有贡献。ABI3 属于 B3 型转录调控因子，它能结合到 ABI5 上并增强 ABI5 的功能。ABI4 是一个 AP2 型转录因子，它与几个其他的转录因子和 MYC/MYB 型转录调控因子是 ABA 反应的正调控因子。而同源异型亮氨酸拉链蛋白 AtHB6 与 ABI1 相互作用，作为转录因子来抑制 ABA 反应（Raghavendra et al.，2010）。另外，其他几种类型的转录因子包括 NAC 和 HD-ZF 等也参与了 ABA 介导的基因表达（Fujita et al.，2011）。总体来说，这些转录因子可能发生相互作用，从而使得 ABA 在抵抗胁迫方面的作用充分发挥出来。20 世纪 60 年代就发现了 ABA 的作用，但是直到近年才发现了 ABA 的受体。在拟南芥中发现了高亲和性的 ABA 结合蛋白 PYR1（pyrabaction resistance 1）和几个 PYR1 相关的同源基因（PYR-like protein，PYL）。它们在与 ABA 结合后抑制包括 ABI1 和 ABI2 在内的 PP2C 的活性。PP2C 似乎以共受体的方式起作用，它们的失活引发 SNF1 型蛋白激酶的作用，从而激活 ABA 依赖的基因表达和离子通道，是 ABA 信号转导网络中的焦点（Leung et al.，1997）。在通过酵母双杂交筛选 ABI1 和 ABI2 的调控因子时发现了 RCAR1（regulatory component of ABA receptor 1），这个基因与 PYL9 是一样的。RCAR1 拮抗 ABI1 和 ABI2 的功能，它的表达使得 ABA 依赖的基因表达量增加数倍。RCAR/PYR1/PYL 属于拟南芥 Bet V1 超家族，这个超家族可以分为 3 个亚家族，所有 3 个亚家族的成员都在结合 ABA 的情况下调节 ABI1、ABI2 和 HAB1 的功能。已报道的其他的 ABA 受体尚需验证（Raghavendra et al.，2010）。

5. 有丝分裂原激活的蛋白激酶

有丝分裂原激活的蛋白激酶（mitogen-activated protein kinase，MAPK）是一种特别类型的植物丝氨酸/苏氨酸蛋白激酶，这种类型的激酶在各种胞外与胞内的信号转导过程中处于中心位置。这些激酶通过级联反应起作用，其中 MAPK 激酶（MAPKK）磷酸化并激活 MAPK，而 MAPKK 又被 MAPKK 激酶（MAPKKK）激活。这个级联反应的主要功能就是把细胞外刺激转换成细胞核内的转录反应（Wurzinger et al.，2011）。MAPK 参与植物盐胁迫信号转导过程已有报道。盐胁迫处理拟南芥后，可以观察到 *AtMPK1*、*AtMAPKK*、*AtMKK2*、*AtMEKK1*（*MAPKKK*）、*AtMPK3*（*MAPK*）、*AtMPK4* 和 *AtMPK6* 转录本的瞬时升高（Tuteja，2007）。在玉米中盐胁迫时 *ZmMPK3* 表达上调，*ZmMAPK5* 被 ABA 诱导表达，而 *ZmSIMK1* 在拟南芥中表达能够增强转基因植物的耐盐性（Ahmad et al.，2013）。据报道苜蓿中一个 46 kDa 的 MsK7 或者盐胁迫诱导的 MAPK（SIMK）与它的上游激活激酶 SIMKK 被盐胁迫所激活。对烟草原生质体施加盐胁迫或者渗透胁迫，能够增强一个 48 kDa 的激酶——水杨酸诱导的蛋白激酶基因的表达（Mikolajczyk et al.，2000）。在高山离子芥中分离到一个新 MAPK（CbMAPK3），它的转录本在受到盐胁迫和冷胁迫时上调（Zhang et al.，2006）。棉花 GhMPK17 参与植物对高盐和渗透胁迫及 ABA 的信号转导过程（Zhang et al.，2014）。Wu 等对番茄进行了全基因组分析，发现了 5 个 MAPKK 基因，89 个 MAPKKK 基因，其中大多数基因的表达量在盐、干旱等非生物胁迫条件下变化显著。总之，这些关于盐诱导 MAPK 的报道表明 MAPK 级联信号在介导植物对盐胁迫的抗性过程中起重要作用。

6. 活性氧

植物在受到环境胁迫包括盐胁迫时产生的氧化胁迫会超过植物抵抗系统所提供的清除能力。没有被中和掉的活性氧（reactive oxygen species，ROS）自发地与有机分子反应，引起膜上的脂类发生过氧化反应，蛋白质发生氧化反应，酶类被抑制，DNA 与 RNA 受到损伤（Apel and Hirt，2004）。植物主要的抗氧化剂包括抗坏血酸、谷胱甘肽，以及 ROS 清除酶如超氧化物歧化酶、抗坏血酸过氧化物酶、过氧化氢酶、GSH 还原酶和过氧化物酶等（Miller et al.，2010）。ROS 清除机制在保护植物免受胁迫伤害方面起到很重要的作用（Davletova et al.，2005；Koussevitzky et al.，2008；Rizhsky et al.，2004；Wang et al.，2005）。但有些方面的研究还存在争议，有实验表明，缺少细胞质或叶绿体抗坏血酸过氧化氢酶的拟南芥突变体比野生型更加抗盐（Miller et al.，2007）。ROS 在胁迫条件下，一方面能够对细胞产生氧化伤害；另一方面，ROS 在应对病原侵染、环境胁迫、细胞程序性死亡和各种发育刺激时能够发挥重要的信号转导作用（Torres and Dangl，2005）。胁迫条件下产生的 ROS 可以作为一种信号，激活植物的防御系统，反过来抵消胁迫所引起的氧化胁迫（Mittler et al.，2004）。

7. 甜菜碱和脯氨酸

大多数植物在渗透胁迫的反应中积累特定的相容性溶质，如糖类、醇类、脯氨酸、季胺类化合物等。这些相容性物质在胁迫时不仅起到调节细胞的渗透势、清除自由基、保护生物膜的完整性、稳定酶和蛋白质的功能的作用，而且能保护细胞免受渗透胁迫的伤害。这些相容性溶剂被称为渗透保护剂，它们即使在高浓度时也不会干扰酶的活性（Rontein et al.，2002；Chen et al.，2007）。甜菜碱（*N*，*N*，*N*-三甲基甘氨酸甜菜碱）和脯氨酸是两种重要的渗透保护剂，许多植物在受到胁迫包括盐胁迫时合成这两种渗透保护剂，从而维持细胞的渗透势，减少胁迫造成的伤害。

在一些农作物如甜菜、菠菜、大麦、小麦、高粱中，胁迫条件导致大量甜菜碱的积累。然而，这样的情况并不是在所有的植物中都一样，甜菜碱的积累与抗胁迫能力的提高之间可能具有种属甚至基因型的特异性（Ashraf and Foolad，2007）。在不合成甜菜碱的植物中通过转基因方式过量表达甜菜碱合成基因，导致植物能够产生足够的甜菜碱，可提高植物抗胁迫能力，包括抗盐胁迫的能力（Rhodes and Hanson，1993）。甜菜碱通过胆碱单加氧酶和甜菜碱醛脱氢酶由胆碱合成而来。过量表达来自盐土植物辽宁碱蓬的甜菜碱醛脱氢酶基因能够增强烟草的抗盐性（Li et al.，2003）。来自球形节杆菌的胆碱脱氢酶（codA）基因的过量表达能够提高水稻的抗盐性（Mohanty et al.，2002）。然而，通过积累渗透调节剂来增强植物的抗逆性经常受到其他因素，如有无底物、代谢情况变化的影响，因此，外源施加渗透剂可能是一种见效更快的方法。据报道，对甜菜碱水平低或者不能积累的植物如水稻进行叶面施加甜菜碱，能够改善植物在盐胁迫时的生长状况（Ashraf and Foolad，2007）。

胁迫条件下脯氨酸通常在细胞质中积累，通过调节渗透势提高耐盐性。脯氨酸也可通过清除自由基、稳定亚细胞结构、缓冲细胞氧化还原势来增加胁迫耐受性（Szabados and Savoure，2010）。外加脯氨酸还能上调几种抗氧化剂的活性，从而保护细胞膜免受盐胁迫所诱导的氧化胁迫的损害（贺岩等，2000）。启动子区域含有脯氨酸响应元件（PRE，ACTCAT）的盐胁迫响应基因，也会被脯氨酸诱导。高等植物中，脯氨酸通过吡咯啉-5-羧酸合成酶（P5CS）和吡咯啉-5-羧酸还原酶（P5CR）由谷氨酸合成而来。在烟草中过量表达 P5CS 能够增加脯氨酸的产量并提高对盐或干旱胁迫的耐受性（Ashraf and Foolad，2007）。

8. LEA 蛋白

一般信号转导过程从感知信号开始，接下来产生第二信使，如磷酸肌醇、活性氧等。第二信使调控细胞内钙离子浓度，通常起始一个蛋白磷酸化级联反应，最终导致激活直接参与细胞保护或者控制胁迫基因表达的转录因子。这些基因的产物可能参与产生调控分子如植物激素脱落酸、乙烯、水杨酸等。这些调控分子反过来起始第二轮信号转导过程，产生的成分包括 LEA 蛋白、抗氧化剂和渗透剂等（Xiong et al.，2002）。渗透胁迫和 ABA 能够诱导几种 LEA 蛋白基因的表达，LEA 蛋白在植物应对渗透胁迫过程中发挥着重要作用。详细内容参考本章第二节。

三、通过生物技术的方法提高农作物耐盐性的研究

随着植物胁迫信号转导过程的深入研究，通过包括分子标记辅助育种或者基因工程等生物技术手段将合适的基因导入主要农作物，从而提高农作物的耐盐性成为可能。候选基因和引入外源基因的策略在此过程中都非常重要。盐胁迫响应过程中的许多基因都可能作为提高作物耐盐性的候选基因。Roy 等（2014）在发表的综述中总结了到目前为止分子标记辅助育种和基因工程在农作物耐盐研究中起作用的案例。在减轻离子胁迫方面，*HKT* 基因家族和 SOS 途径基因在调节 Na^+运输方面有重要作用，对这些基因的表达量进行操作，会改变植物枝条的 Na^+积累量，但到目前为止这方面知识在农作物方面的成功应用不多。在烟草中过量表达拟南芥 SOS1 或者海蓬子 SOS1 都增强了烟草的耐盐性。在水稻中过量表达裂殖酵母 Na^+/H^+反向转运蛋白 SOD2 也能增强水稻的耐盐性（Yue et al.，2012；Yadav et al.，2012；Zhao et al.，2006）。*HKT* 基因家族拥有两个分支 HKT1 和 HKT2。在对耐盐或者排钠的突变体或者群体进行图位克隆时，HKT1 家族经常是最可能的候选基因，因此，HKT1 这一类可能在提高作物耐盐性方面具有很大的潜力。利用分子标记辅助筛选技术，人们曾经成功将一粒小麦中的 *TmHKT1; 5-A* 等位基因导入硬质小麦中，从而提高了硬质小麦的耐盐性，在盐胁迫下比未转入 *TmHKT1; 5-A* 的近等基因系增产 25%（Munns et al.，2012）。而通过转基因方法转化

HKT1 来提高作物耐盐性的方法只能说是部分成功，这可能与 HKT1 的表达部位有关。通过细胞类型特异表达能够有效增强 HKT1 的转基因效果（Moller et al.，2009；Roy et al.，2014）。

在促进 Na^+液泡积累方面，Na^+/H^+转运蛋白 *NHX* 基因、液泡 H^+焦磷酸酶是主要的候选基因。1999 年，有人将拟南芥基因 *AtNHX1* 在拟南芥中过量表达，得到了抗盐的转基因拟南芥（Apse et al.，1999）。之后，不断有人将其转入农作物中，得到了抗盐的农作物。例如，有人将拟南芥 *AtNHX1* 转入荞麦，转基因荞麦能够在 200 mmol/L 的 NaCl 条件下生长和开花，并且重要营养物质的积累没有被高盐所影响（Chen et al.，2008）。将 *AtNHX1* 转入大豆，稳定表达 6 代以后仍然具有抗盐性（Li et al.，2010）。将 *AtNHX1* 转入草木樨、黄芪中，减少了盐胁迫造成的细胞膜损害，增强了转基因植物的抗盐性。将拟南芥的 *AtNHX1* 基因转入番茄，转基因番茄能在 200 mmol/L NaCl 的条件下生长并结果，在 5 mmol/L NaCl 条件下，转基因番茄与对照的产量和品质几乎没有差别（Zhang and Blumwald，2001）。在油菜中过量表达 *AtNHX1* 也有类似结论（Zhang et al.，2001）。另外，来源于滨藜、水稻、棉花、大麦、珍珠粟、马绊草、海蓬子、苏打猪毛菜、苹果的 *NHX* 基因，来源于细菌的 *nhaA* 基因，来源于拟南芥的 *AVP1* 基因，来源于盐芥的 *TsVP* 基因等分别在荞麦、棉花、番茄、杨树、猕猴桃、面包小麦、油菜、羊茅、甜菜、水稻、烟草、苜蓿、苹果、本特草等中表达，转基因植物的耐盐性增强，在盐胁迫条件下生物量提高。

合成相容性溶质方面的候选基因有海藻糖-6-磷酸合成酶、甘露醇-1-磷酸脱氢酶、L-肌醇-1-磷酸合成酶、肌醇甲基转移酶、甜菜碱乙醛脱氢酶、胆碱氧化酶/脱氢酶、Δ1-吡咯啉-5-羧酸合成酶基因等。这些基因也成功转入了烟草、小麦、水稻、马铃薯等作物中，提高了相容性溶质的积累，改善了植物在盐胁迫时的成活率，减少了萎蔫，保持了光合作用效率，增进了植物生长。例如，甜菜碱乙醛脱氢酶是甜菜碱合成中的第二个酶，将盐生植物榆钱菠菜的 *BADH* 基因转入水稻，转基因水稻能够在高盐胁迫情况下结实（Guo et al.，1997）。甘露醇是一种渗透保护剂，在胁迫时起到调节细胞渗透势、保护细胞免受干燥伤害的作用。有人将大肠杆菌的甘露醇-1-磷酸脱氢酶基因（mtlD）转入小麦，尽管愈伤组织和成熟的第五片叶片中的甘露醇积累量很少，不足以保护植物免受渗透胁迫，但仍增强了小麦对干旱和盐的耐受性，可能是通过甘露醇的其他作用起到胁迫保护作用（Abebe et al.，2003）。将编码大肠杆菌胆碱脱氢酶的基因 *betA* 和拟南芥 *AtNHX1* 基因共同转入烟草中，能够增强烟草的耐盐性（Duan et al.，2009）。在 ROS 解毒酶类方面的候选基因有抗坏血酸过氧化物酶、谷胱甘肽巯基转移酶、超氧化物歧化酶、单脱水抗坏血酸还原酶、过氧化氢酶等。将这些酶的编码基因在烟草和水稻中过量表达，在盐胁迫条件下，转基因植物的抗氧化酶活性提高，光合作用效率保持在较高水平，改善了种子萌发和生长状况，使得转基因植物的耐盐性提高（Roy et al.，2014；Bowler et al.，1991；van Camp et al.，1996）。

植物抗非生物胁迫需要动员很多基因，单个基因所引起的抗性很难持续，并且可能对下游过程产生严重的次生效应。因此，人们试图转入胁迫信号转导或调节途径的基因，这种策略使得转基因植物抵抗多种胁迫成为可能。Ca^{2+}在植物生长发育的很多方面都起到重要作用。环境变化被细胞膜上的受体接收，激活下游 Ca^{2+}信号级联反应，对下游基因表达和蛋白质活性进行调控。在水稻、苹果、大麦、烟草、番茄等作物中过量表达这些在 Ca^{2+}信号调控方面起作用的基因，如 *CIPK*、促分裂原活化蛋白激酶、蔗糖非发酵相关蛋白激酶，改善了以上作物的耐盐性（Roy et al.，2014）。在烟草中表达组成型激活的酵母 Ca^{2+}/Calmodulin 依赖的蛋白磷酸酶增强了烟草的抗盐性（Pardo et al.，1998）。过量表达转录因子也是提高植物耐盐性的方法，这一点在拟南芥中已被多次被证明，在作物中也有不少应用。过量表达胁迫响应 *NAC* 基因的拟南芥和水稻都表现出对干旱抗性的提高（Nakashima et al.，2012）。将水稻胁迫诱导的 *NAC1* 基因（*SNAC1*）过量表达，能够显著增强转基因水稻抗干旱和盐胁迫的能力（Hu et al.，2006）。将 *SNAC1* 用玉米泛素启动子驱动转入小麦，转基因小麦自交多代后仍然表现出对干旱和盐的显著抗性（Saad et al.，2013）。有人从高原水稻 IRA109 中克隆了一个胁迫诱导的 NAC 转录因子编码基因 *SNAC2*，该基因能被多种胁迫所诱导，过量表达该基因的转基因水稻对低温和盐胁迫的耐受性提高。在水稻中过量表达 *SNAC2* 后，上调表达的胁迫反应基因与过量表达其他 NAC 家族转录因子后上调的胁迫反应基因都不一样，表明这个新的胁迫响应转录因子在增强水稻胁迫抗性方面有不同机制（Hu et al.，2008）。调控胁迫响应基因表达的 DREB 转录因子在提高植物抗逆方面起到重要的作用，并被应用到作物改良中，如在水稻中过量表达 *OsDREB2A*、在烟草中过量表达 *PgDREB2A* 都可以激活下游胁迫响应基因的表达，从而增强转基因植物的耐盐性（Agarwal et al.，2010；Lata and Prasad，2011；Mallikarjuna et al.，2011）。另外，过量表达 *AP2/ERF* 型转录因子 GmERF3 的烟草、过量表达 *MYB* 型转录因子 AIM1 的番茄，耐盐性均有所提高（Abuqamar et al.，2009，Zhang et al.，2009）。

由于植物的不同组织和不同细胞的功能不同，特定基因在不同组织和细胞中的表达量差异巨大。因此，选择合适的启动子驱动耐盐胁迫基因的表达非常重要，可以尽量避免转基因对植物的负面影响。当组成型表达转录因子、离子转运蛋白或者相容性溶质合成相关的蛋白时，可能对植物在正常情况下的生长有不利影响，造成植物矮小、减产等（Kasuga et al.，1999）。因此，尽管这些基因可能在耐受盐胁迫方面作用很大，但在用它们进行作物基因改造时要特别注意这些基因的表达量和表达模式。控制转入基因起作用的时间、组织定位、转录水平，从而使转入的基因能够发挥最佳作用，是下一代生物技术改良作物的发展趋势。组织和细胞类型特异性启动子或胁迫诱导型启动子的应用为控制基因的时空表达提供了可能。

在大麦中组成型表达小麦的两个 DREB 转录因子 *TaDREB2* 和 *TaDREB3* 基因，能够激活内源 DREB/CBF 和其他蛋白的编码基因的表达，增强大麦在严重干旱和冷胁迫下的抗性。然而，组成型表达 *DREB/CBF* 基因却造成了转基因植株矮小和延迟开花等不利的发育特征。改用干旱胁迫诱导启动子后转基因植物发育正常，并大大增加了对干旱和冷的耐受性（Morran et al.，2011）。用胁迫诱导的 Rd29 启动子驱动拟南芥 *DREB1A* 和 *DREB1B* 基因在水稻中表达，发现 *DREB1A* 转基因水稻抗旱能力更强，而 *DREB1B* 转基因水稻抗盐能力更强（Datta et al.，2012）。在番茄中转入胁迫诱导启动子驱动的辽宁碱蓬 *BADH* 基因，能够增强转基因番茄的抗盐性，对其正常生长发育无不利影响（Wang et al.，2013）。目前只有少数研究对转基因农作物在大田生产中的耐逆性进行了分析（Pasapula et al.，2011；Schilling et al.，2014）。

第四节　花生抗逆性研究进展

一、干旱胁迫对花生的影响

我国花生大多分布在干旱半干旱地区，水资源严重匮乏已成为限制花生产量的重要因素。在缺水条件下，花生的种子萌发、生长发育、开花结实都会受到不同程度的影响，最终会影响到花生的产量和品质（禹山林，2011）。开展花生抗旱机制的研究，对培育抗旱花生品种，建立合理的栽培措施，具有重要的指导意义。针对我国水资源分布的特点及花生生产的现状，研究花生需水规律，发展高效节水栽培技术，提高水分利用效率，对我国乃至世界花生生产、挖掘花生生产潜力、提高花生产量和品质具有重要的理论意义和应用价值。

根系是花生植株吸收水分的主要器官，一般认为，水分吸收的动力来源于根压和蒸腾拉力。大气和土壤都可以影响花生根系对水分的吸收，土壤中的水分含量、温度、通气状况等直接影响水分吸收。大气的相对湿度、温度、风速等均可以影响植物的蒸腾作用。干旱条件下，根系水分吸收满足不了蒸腾作用的需要，叶片水分平衡状态被打破，即可产生干旱胁迫。我国花生播种面积的 70%以上受到不同程度的干旱影响，平均每年减产达 20%以上（高国庆等，1995；孙大容，1998）。长期以来，干旱都是影响我国乃至世界花生生产的最大限制因素。在花生水分生理、水分代谢及抗旱育种方面取得的研究成果相对较多（禹山林，2011）。

花生的生长周期一般分为 4 个阶段，即播种至出苗期、齐苗至开花期、开花至结荚期和成熟期。各个阶段的需水量占整个生长期耗水量的比例不同，第一阶段耗水量较少，占整个生育期耗水量的 10%以下；第二阶段为 20%；第三阶段耗水量最多，为 50%～60%；第四阶段耗水量有所下降，为 20%～30%。在不同生长时期，干旱都可以在不同程度上影响花生的生长发育，乃至产量。苗期植株生长受抑制最明显，花针期次之。干旱胁迫抑制主茎的伸长，但是出叶速度有加快的趋势。在果针形成期和荚果形成期遇到干旱对花生产量影响最大，可严重影响产量和品质（禹山林，2011）。干旱胁迫对不同花生品种的植株生长均表现出抑制作用，品种之间差异显著。干旱对花生生长发育的影响首先表现在生理学特性方面，如增加叶片的水势，在正常生长条件下，花生叶片的水势在–1.0 MPa 左右。花生是一种耐旱性强的作物，研究表明在果针形成期，花生能够忍耐–45 MPa 的极低叶片水势。但是在相同的生长条件下，不同花生品系在干旱条件下保持体内水分的能力有差异，对低叶片水势的耐受性也不同（姜慧芳和任小平，2004）。干旱胁迫影响花生的光合作用。干旱可以影响花生生长发育过程中干物质的积累，严重时造成花生的减产。研究表明，在干旱不断加强的条件下，抗旱花生的光合速率和蒸腾速率逐渐下降，而在复水时，光合速率和蒸腾速率均能较快恢复，并产生一定的补偿效应（严美玲等，2007；刘吉利等，2011）。戴良香等（2014）研究了花育 22 号、花育 23 号和花育 25 号对干旱胁迫的响应，研究结果表明，干旱胁迫限制了花生地上部叶片和茎的生长，最大生长速率明显降低，并且 3 个品种干物质积累最大速率出现的时间均明显滞后。

1. 干旱对花生根系生长和生理特征的影响

花生根系生理特征决定地上部的生长发育状况，在各个生育期地上部总量、总生物产量均与根系总量显著相关；开花期地上部多个性状与根系活力呈极显著相关；不同时期根系活力均与花生最终产量密切相关（洪彦彬等，2009）。研究表明，与干旱敏感品种花育23号相比，抗旱性品种花育25号总根长、根系表面积、根系体积均较高。播种50天后，干旱胁迫使花育23号根系各特征指标均下降，而花育25号总根长和根系总面积增加（康涛，2013）。根系活力是反映植物根系吸收水分和矿质营养能力的重要指标。研究表明，花生根系活力在生长发育过程中呈“单峰曲线”，水分充足条件下在播种后75天达到峰值，干旱胁迫可以使峰值提前20天出现（康涛，2013）。赵伟（2010）研究表明，花55和中花8号两个抗旱性较强的品种在干旱胁迫条件下根系活力降幅大，相应的叶片SOD活性升幅大，丙二醛升幅小。

2. 干旱对花生产量和品质的影响

不同生育期干旱胁迫均抑制植物生长发育，苗期干旱胁迫对花生主茎和侧枝高度影响最大（李俊庆，2004）。花生的生殖生长对干旱很敏感，干旱影响花生有效花的数量，如遇土壤湿度不够，则果针入土困难。干旱影响钙素的吸收，而缺钙严重影响荚果的发育（长度、宽度和籽粒的饱满度），最终造成花生的减产。干旱不仅直接影响花生的生长发育，还影响病虫害的发生，尤其是增加黄曲霉污染的频率（万书波，2003；Dwivedi et al.，2007）。花生苗期，轻度干旱胁迫可以增加籽仁蛋白质含量，而对脂肪酸含量影响不大；重度干旱显著降低籽仁脂肪酸含量、脂肪中油酸组分和油亚比，但对蛋白质含量影响较小（严美玲等，2007）。

二、盐胁迫对花生的影响

花生能够在含盐量0.3%的盐碱土地上生长，但产量明显下降。开展花生抗盐方面的研究，培育耐盐花生品种，在不与其他作物争地的条件下，扩大花生种植面积，提高花生的总产量，对确保食用油供给安全具有重大意义。但花生耐盐育种方面的研究进展非常缓慢。在筛选花生耐盐品种方面，“九五”期间我国曾对1000余份花生种质资源进行耐盐鉴定，没有发现高耐盐种质（王传堂和张建成，2013）。在这种情况下，通过诱变育种、基因工程等方法创制花生耐盐种质就显得尤为重要。随着植物耐盐机制研究的不断深入及花生二倍体测序的完成，利用分子生物学和基因工程的方法进行花生耐盐种质创新是花生耐盐研究的新方向。

近年来陆续报道了一些花生耐盐生理方面的研究。但国内在花生耐盐鉴定评价方法方面还缺乏统一的标准，耐盐鉴定指标和评价方法尚需进一步完善（朱统国等，2014）。吴兰荣等（2005）采取盆栽实验对花生进行了全生育期耐盐鉴定研究，利用3个花生品种（系），设置1 g/L、2 g/L、3 g/L和5 g/L 4个NaCl浓度，全生育期淋盐水。发现花生在各生育时期的耐盐能力不同，开花下针期、饱果成熟期>幼苗期>芽期，花生芽期和幼苗期是花生对盐害最敏感的时期，花生芽期的耐盐性与后期耐盐性无明显相关。胡晓辉等（2011）采用盐化土壤盆钵全生育期栽培法研究了花生的耐盐性，幼苗期以相对出苗率、相对株高、相对干物重为指标，成熟期以相对株高、相对荚果重、相对荚果数、相对干物重、相对侧枝长为指标，在 0、0.1%、0.3%、0.5%、0.7% NaCl 浓度胁迫下，比较了 5 个花生品种的耐盐性。结果表明，在以上范围的 NaCl 胁迫条件下，鉴定指标间差异大小随着盐浓度的变化而变化，苗期、成熟期鉴定指标数值在低浓度时差异较小，随浓度加大差异更加明显。0.7%左右盐浓度是鉴定花生品种耐盐性的适宜浓度。慈敦伟等（2013）采用土培盆栽的方法，通过主成分分析和隶属函数分析两种方法，研究了不同盐胁迫强度下不同花生品种（系）出苗速度、植株生长发育的形态和生物量等指标在综合评价耐盐品种中的作用，系统评价了花生品种生育前期的耐盐能力，为建立花生耐盐评价体系提供了理论依据。沈一等（2012）在花生幼苗期耐盐品种的筛选与评价中发现，在 0.5% NaCl 及以上浓度胁迫条件下，花生幼苗相对主根长、相对苗高、相对地上部鲜重、相对地上部干重、相对根干重等指标均受到明显抑制。在盐胁迫对花生种子萌发的影响方面，以鲁花 14 号和丰花 1 号为材料，对不同 NaCl 浓度（0 mmol/L、100 mmol/L、200 mmol/L、300 mmol/L、400 mmol/L、500 mmol/L）处理的花生种子研究表明，低浓度 NaCl 处理（100 mmol/L）对花生种子的萌发影响相对较小。随着 NaCl 浓度增加，花生种子的发芽势和发芽率逐渐降低，根长、根表面积、根体积、根鲜重和胚根粗逐渐减小（郭峰等，2010）。以相对发芽势、相对发芽率和相对发芽指数为指标对 41 个花生品种（系）萌发期的耐盐性进行鉴定，结果表明，盐胁迫对花生种子萌发有显著的抑制作用，这种抑制效应随着盐浓度的增加而增强，0.5%NaCl 胁迫能较好地反映品种萌发期的耐盐性差异，可用于花生品种资源的耐盐性鉴定（刘永惠等，2012）。在盐胁迫对花生生理生化指标的影响方面，研究发现，50 mmol/L NaCl 诱导花生叶片超氧化物歧化酶和过氧化物酶活力升高（曹军等，2004）；随着 NaCl 浓度增加，萌发花生种子中的 MDA 和脯氨酸含量逐渐增加；高浓度 NaCl 处理情况下，花生根尖 DNA 凝胶电泳出现明显的连续拖带现象，根尖细胞凋亡相对严重（郭峰等，2010）。魏光成和闫苗苗（2010）研究了在 10 mmol/L NaCl 胁迫下豫花 15 号、白沙 1016 和花育 22 号的游离脯氨酸含量、可溶性蛋白含量、超氧化物歧化酶和过氧化物酶活性及丙二醛含量的变化，结果表明，白沙 1016 在盐胁迫条件下适应能力最强。该研究为筛选耐盐花生种质材料提供了依据。

三、花生抗逆相关基因的克隆研究

近年来花生耐盐基因克隆也有了一些报道。在用抗磷酸化酪氨酸的抗体对花生表达文库进行筛选时，发现了一个丝氨酸/苏氨酸/酪氨酸蛋白激酶（STY）。冷胁迫和盐胁迫在转录水平显著诱导 *STY* 基因的表达，并且上调其激酶活性（Rudrabhatla and Rajasekharan，2002）。水孔蛋白的主要作用是控制植物体内的水分运输，在植物盐胁迫调节中也起作用。潘丽娟等（2009）从盐胁迫的花生叶片中克隆了水孔蛋白基因 *AhAQ1*，发现 *AhAQ1* 在转录水平上受盐胁迫诱导，推测花生 *AhAQ1* 在应答盐胁迫反应中可能发挥作用。LEA 蛋白家族是一类在种子胚胎发育晚期丰富表达的蛋白质，在种子的正常发育过程中大量积累，同时在植物处于干旱、寒冷、盐胁迫等逆境条件下高水平表达，推测该类蛋白质在缺水条件下具有一定的生理保护功能。有人将花生中的一个干旱诱导的

NAC 转录因子 AhNAC2 转入拟南芥，发现转基因拟南芥在根生长、种子萌发和气孔关闭过程中对 ABA 敏感，增强了对盐和干旱的耐受性（Liu et al.，2011）。向小华等（2013）克隆了花生 *AhRab7* 基因，并研究了其在大肠杆菌中的表达模式及与高盐胁迫的关联性。沈一等（2013）在花生中克隆了在植物盐胁迫反应中起重要作用的乙醛脱氢酶 *ALDH7* 基因，并对花生 *ALDH7* 基因在盐胁迫下的表达模式进行了研究，发现 0.5% NaCl 处理能显著提高根、叶中该基因的表达。花生 Germin-like 蛋白 AhGLP2 和 AhGLP3 转化拟南芥后能够提高拟南芥的抗盐性，使得拟南芥在 100 mmol/L NaCl 条件下生长良好（Wang et al.，2013）。张国嘉等（2014）克隆了花生 *AhSOS2* 基因，荧光定量 PCR 分析显示，*AhSOS2* 在花生中为组成型表达，盐胁迫及干旱上调其表达。经 250 mmol/L NaCl 处理后，该基因在花生幼苗茎中被诱导表达，表达量约是对照茎中的 30 倍；而在 30% PEG6000 处理下，该基因在花生幼苗叶中表达量也明显升高，过表达 *AhSOS2* 基因的转基因水稻对盐胁迫的耐受性提高，这些结果表明 *AhSOS2* 可能参与并调控花生对逆境的抗性。

关于通过转基因技术提高花生耐盐性的研究仅有少数报道，如对转甜菜碱醛脱氢酶和甘露醇-1-磷酸脱氢酶基因的研究发现，转基因花生植株在盐胁迫时鲜重、高度、甘露醇-1-磷酸脱氢酶活性都明显高于对照植株，相对电导率低于对照植株，说明甘露醇-1-磷酸脱氢酶基因在花生中的表达增强了转基因花生的抗盐性。将 *BADH* 基因和甘露醇-1-磷酸脱氢酶同时转入花生，也能得到相似的结果（宗自卫和杨旭，2010，2011；曹军，2004）。用 35S 启动子驱动拟南芥 *AtNHX1* 基因，通过农杆菌转化花生，实验证明转 *AtNHX1* 的花生对盐和干旱的抗性都有所增加，转基因花生叶片中 NaCl 和脯氨酸的含量都比非转基因对照高（Asif et al.，2011）。将海蓬子过氧化物酶体抗坏血酸过氧化物酶基因转入花生中，在 150 mmol/L NaCl 处理条件下，转基因花生能够正常生长，完成生活史，比对照植物的耐盐性明显提高（Singh et al.，2014）。

AP2/ERF 超级家族是植物中最大的转录因子家族之一，参与调控植物发育过程及生物和非生物胁迫响应（Wessler，2005；Mizoi et al.，2011）。该家族蛋白具有至少一个 APETALA2（AP2）功能域，被进一步划分为乙烯响应因子（ethylene response factor，ERF）、AP2 和 RAV 家族。ERF 家族具有一个 AP2/ERF 功能域，AP2 家族编码具有两个 AP2/ERF 功能域的转录因子，RAV 家族编码的蛋白质具有一个 AP2/ERF 功能域和 1 个 B3 区域（Licausi et al.，2010；Nakano et al.，2006）。其中，ERF 家族又可以分为两个主要的亚族：ERF 亚族和 CBF/DREB 亚族（Sakuma et al.，2002）。从花生 EST 数据库中筛选出 AP2/ERF 特征序列，得到 63 个 unigene，其中 24 个归类为 CBF/DREB 亚家族，39 个归类为 ERF 亚家族，基因表达研究表明，这些 ERF 家族基因在逆境下的表达模式差异较大。在拟南芥中过量表达花生 *ERF008* 基因影响根的极性生长，而在拟南芥中过量表达花生 *ERF019* 基因能增强转基因植株对干旱、热及盐胁迫的耐受性（Wan et al.，2014）。

DRBE 亚家族被广泛研究并应用于提高植物抗逆性，该类转录因子大多受多种非生物胁迫的诱导表达，拟南芥 *DREB1A/CBF3* 基因受低温诱导，但是不受干旱和高盐诱导，过量表达 *DREB1A/CBF3* 基因可以增强植物对干旱、高盐和低温的抗性。*DREB2A* 基因受干旱和高盐诱导，而不受低温诱导，在转基因拟南芥中，过量表达 *DREB2A* 可以显著地提高其对干旱的抗性，稍微提高对冷害的抗性（Kasuga et al.，1999；Liu et al.，1998；Gilmour et al.，2000；Sakuma et al.，2006）。通过筛选花生未成熟种子的 cDNA 文库，分离到一个 DREB 类基因，该基因序列长度为 687 bp，推测编码蛋白含有 229 个氨基酸残基，分子质量为 24.7 kDa，理论等电点为 5.97，与其他物种中该类转录因子序列同源性较高。利用酵母单杂交系统，对花生 DREB1 与 DRE 元件的特异识别和结合能力及其 C 端转录激活活性进行检测，结果表明，花生 DREB1 中的 AP2 结构域具有和 DRE 元件特异性结合的能力（张梅等，2009）。

随着人们对植物对逆境胁迫响应和抗逆机制的深入了解，相信将来会有越来越多的利用基因工程技术改良花生的抗逆研究，创新更多抗胁迫能力强的花生新材料。

参 考 文 献

曹军，胡忠，庄东红，等. 2004.花生“汕油 523”在盐胁迫下应激反应的初步研究. 汕头大学学报(自然科学版), 19: 29-33

曹军. 2004. 利用转基因技术进行耐盐基因转化花生的研究. 汕头: 汕头大学硕士学位论文

陈晓亚，汤章城. 2007.植物生理与分子生物学. 第三版. 北京：高等教育出版社

慈敦伟，丁红，张智猛，等. 2013. 花生耐盐性评价方法的比较与应用. 花生学报, 42: 28-35

戴良香，刘梦娟，成波，等. 2014. 干旱胁迫对花生生长发育和光合产物积累的影响.花生学报, 43: 12-17

高国庆，周汉群，唐荣华. 1995. 花生品种抗旱性鉴定. 花生科技, (03): 7-9

郭峰，万书波，李新国，等. 2010.NaCl 胁迫对花生种子萌发的影响. 干旱地区农业研究, 28: 177-181

贺岩，李志岗，陈云昭，等. 2000. 外源脯氨酸对盐胁迫下大豆离体胚再生植株生理特征及线粒体结构的影响. 大豆科学, 19: 314-319

洪彦彬，周桂元，李少雄，等. 2009.花生根部特征与地上部分性状的相关性分析. 热带作物学报, 5: 657-660

胡晓辉，孙令强，苗华荣，等. 2011. 不同盐浓度对花生品种耐盐性鉴定指标的影响. 山东农业科学, 11: 35-37

姜慧芳，任小平，段乃雄. 1999.中国龙生型花生的抗旱鉴定和抗旱种质的综合评价.中国农业科学，增刊: 59-63

姜慧芳，任小平. 2004. 干旱胁迫对花生叶片 SOD 活性和蛋白质的影响. 作物学报, 30: 169-174

李春香，李德全，王玮. 1999.不同抗旱性玉米、小麦根叶对水分胁迫的生理反应及渗透调节的研究.中国植物生理学会植物环境生理学术讨论会论文汇编: 92-96

李剑，赵常玉，张富民，等. 2010.LEA 蛋白与植物抗逆性.植物生理学通讯, 46: 1101-1108

李俊庆. 2004.不同时期干旱处理对夏花生生长发育的影响.花生学报, 33: 33-35

刘吉利，赵长星，吴娜，等. 2011.苗期干旱及复水对花生光合特性及水分利用效率的影响. 中国农业科学, 44: 468-476

刘永惠，沈一，陈志德，等. 2012.不同花生品种(系)萌发期耐盐性的鉴定与评价. 中国油料作物学报, 34: 168-173

潘丽娟，杨庆利，江燕，等. 2009.花生水孔蛋白基因(AhAQ1)的克隆及盐胁迫条件下的表达分析. 分子植物育种, 7: 876-872

沈一，刘永惠，陈志德，等. 2012.花生幼苗期耐盐品种的筛选与评价. 花生学报, 41: 10-15

沈一，刘永惠，陈志德. 2013.花生 *ALDH7* 基因的鉴定与盐胁迫表达. 江苏农业学报, 29: 979-984

苏磊，姜娜娜，王兴军，等. 2010.花生 AhLEA18 蛋白基因的克隆与表达分析. 中国农学通报, 17: 47-50

孙大容. 1998. 花生育种学. 北京: 中国农业出版社

万书波. 2003.中国花生栽培学. 上海: 上海科学技术出版社

王传堂，张建成. 2013.花生遗传改良. 上海: 上海科学技术出版社: 405

王娜，褚衍亮. 2007.低温对花生幼苗渗透调节物质和保护酶活性的影响. 安徽农业科学, 35: 9154-9156

魏光成，闫苗苗. 2010. 3 种花生盐胁迫下生理指标变化的研究. 安徽农业科学, 38: 10026-10027

吴兰荣，陈静，许婷婷，等. 2005.花生全生育期耐盐鉴定研究. 花生学报, 34: 20-24

向小华，宋琳，裴玉贺，等. 2013.花生 *AhRab7* 基因的克隆及其原核表达研究. 植物遗传资源学报, 14: 689-693

严美玲，李向东，林英杰. 2007.苗期干旱胁迫对不同抗旱花生品种生理特性、产量和品质的影响. 作物学报, 33: 113-119

禹山林. 2011.中国花生遗传育种学. 上海: 上海科学技术出版社
张国嘉, 侯蕾, 王庆国, 等. 2014.花生 *AhSOS2* 基因的克隆及功能初探. 作物学报, 40: 405-415
张梅, 刘炜, 毕玉平, 等. 2009. 花生中 DREB 类转录因子 PNDREB1 的克隆及鉴定. 作物学报, 35(11): 1973-1980
赵可夫, 冯立田. 2001.中国盐生植物资源. 北京: 科学出版社
赵伟. 2010.旱涝胁迫对花生的影响及其机制研究. 长沙: 湖南农业大学硕士学位论文
朱统国, 高华援, 周玉萍, 等. 2014.花生耐盐性鉴定研究进展. 中国农学通报, 30: 19-23
宗自卫, 杨旭. 2010. mtlD 的表达对花生幼苗抗盐性的影响. 安徽农业科学, 38: 10606-10607
宗自卫, 杨旭. 2011. 转 BADH 基因和 mtlD 基因花生幼苗抗盐性研究. 安徽农业科学, 39: 13288-13289
Abdeen A, SchneU J, Miki B. 2010. Transcriptome analysis reveals absence of unintended effects in drought-tolerant transgenic plants overexpressing the transcription factor ABF3. BMC Genomics, 11: 69
Abebe T, Guenzi AC, Martin B, et al. 2003. Tolerance of mannitol-accumulating transgenic wheat to water stress and salinity. Plant Physiol, 131: 1748-1755
Abuqamar S, Luo H, Laluk K, et al. 2009. Crosstalk between biotic and abiotic stress responses in tomato is mediated by the AIM1 transcription factor. Plant J, 58: 347-360
Agarwal P, Agarwal PK, Joshi AJ, et al. 2010. Overexpression of PgDREB2A transcription factor enhances abiotic stress tolerance and activates downstream stress-responsive genes. Mol Biol Rep, 37: 1125-1135
Aharon R, Shahak Y, Wininger S, et al. 2003. Overexpression of a plasma membrane aquaporin in transgenic tobacco improves plant vigor under favorable growth conditions but not under drought or salt stress. Plant Cell, 15: 439-447
Ahmad P, Azooz MM, Prasad MNV. 2013. Salt Stress in Plants: Signalling, Omics and Adaptations. Springer
Almeida AM, Silva AB, Araújo SS, et al. 2007.Responses to water withdrawal of tobacco plants genetically engineered with the AtTPS1 gene: a special reference to photosynthetic parameters. Euphytica, 154: 113-126
Apel K, Hirt H. 2004. Reactive oxygen species: metabolism, oxidative stress, and signal transduction. Annu Rev Plant Biol, 55: 373-399
Apse MP, Aharon GS, Snedden WA, et al. 1999. Salt tolerance conferred by overexpression of a vacuolar Na^+/H^+ antiport in *Arabidopsis*. Science, 285: 1256-1258
Aroca R, Amodeo G, Fernández-Illescas S, et al. 2005. The role of aquaporins and membrane damage in chilling and hydrogen peroxide induced changes in the hydraulic conductance of maize roots. Plant Physiol, 137: 341-353
Aroca R. 2006. Exogenous catalase and ascorbate modify the effects of abscisic acid(ABA)on root hydraulic properties in *Phaseolus vulgaris* L. plants. J Plant Growth Regul, 25: 10-17
Ashraf M, Foolad MR. 2007. Roles of glycine betaine and proline in improving plant abiotic stress resistance. Environmental and Experimental Botany, 59: 206-216
Asif MA, Zafar Y, Iqbal J, et al. 2011. Enhanced expression of AtNHX1, in transgenic groundnut(*Arachis hypogaea* L.)improves salt and drought tolerence. Mol Biotechnol, 49: 250-256
Asshraf M. 2010. 2010 Inducing drought tolerance in plants: Recent advances. Biotech Advances, 28: 169-183
Avonce N, Leyman B, Thevelein J, et al. 2005.Trehalose metabolism and glucose sensing in plants. Biochem Society Transactions, 33: 276-279
Azaizeh H, Gunse B, Steudle E. 1992. Effects of NaCl and $CaCl_2$ on water transport across root cells of maize(*Zea mays* L.)seedlings. Plant Physiol, 99: 886-894
Batelli G, Verslues PE, Agius F, et al. 2007. SOS2 promotes salt tolerance in part by interacting with the vacuolar H+-ATPase and upregulating its transport activity. Mol Cell Biol, 27: 7781-7790
Boursiac Y, Boudet J, Postaire O, et al. 2008. Stimulus-induced downregulation of root water transport involves reactive oxygen species-activated cell signaling and plasma membrane intrinsic protein internalization. Plant J 56: 207-218
Boursiac Y, Chen S, Luu DT, et al. 2005. Early effects of salinity on water transport in *Arabidopsis* roots. Molecular and cellular features of aquaporin expression. Plant Physiol, 139: 790-805
Bowler C, Slooten L, Vandenbranden S, et al. 1991. Manganese superoxide dismutase can reduce cellular damage mediated by oxygen radicals in transgenic plants. EMBO J, 10: 1723-1732
Boyer JS. 1970. Leaf enlargement and metabolic rates in corn, soybean, and sunflower at various leaf water potentials. Plant Physiol, 46: 233-235
Bray EA, Bailey-Serres J, Weretilnyk E. 2000. Responses to abiotic stresses. *In*: Gruissem W, Buchnnan B, Jones R. Biochemistry and Molecular Biology of Plants. Rockville, MD: American Society of Plant Physiologists: 1158-1249

Chen LH, Zhang B, Xu ZQ. 2008. Salt tolerance conferred by overexpression of Arabidopsis vacuolar Na^+/H^+ antiporter gene AtNHX1 in common buckwheat(*Fagopyrum esculentum*). Transgenic Res, 17: 121-132
Chen Z, Cuin TA, Zhou M, et al. 2007. Compatible solute accumulation and stress-mitigating effects in barley genotypes contrasting in their salt tolerance. J Exp Bot, 58: 4245-4255
Cheng NH, Pittman JK, Zhu JK, et al. 2004. The protein kinase SOS2 activates the Arabidopsis H^+/Ca^{2+} antiporter CAX1 to integrate calcium transport and salt tolerance. J Biol Chem, 279: 2922-2926
Dalal M, Tayal D, Chinnusamy V, et al. 2009. Abiotic stress and ABA-inducible Group 4 LEA from Brassica napus plays a key role in salt and drought tolerance. J Biotech, 139: 137-145
Datta K, Baisakh N, Ganguly M, et al. 2012. Overexpression of Arabidopsis and rice stress genes inducible transcription factor confers drought and salinity tolerance to rice. Plant Biotechnol, J, 10: 579-586
Davies WJ, Wilkinson S, Loveys B. 2002. Stomatal control by chemical signaling and the exploitation of this mechanism to increase water-use efficiency in agriculture. New Phytol, 153: 449-460
Davletova S, Schlauch K, Coutu J, et al. 2005. The zinc-finger protein Zat12 plays a central role in reactive oxygen and abiotic stress signaling in *Arabidopsis*. Plant Physiol, 139: 847-856
Dietz S, von Bulow J, Beitz E, et al. 2011. The aquaporin gene family of the ectomycorrhizal fungus Laccaria bicolor: lessons for symbiotic functions. New Phytol, 190: 927-940
Ding Z, Li S, An X, et al. 2009. Transgenic expression of MYB15 confers enhanced sensitivity to abscisic acid and improved drought tolerance in *Arabidopsis thaliana*. J Genetics and Genomics, 36: 17-29
Duan X, Song Y, Yang A, et al. 2009. The transgene pyramiding tobacco with betaine synthesis and heterologous expression of AtNHX1 is more tolerant to salt stress than either of the tobacco lines with betaine synthesis or AtNHX1. Physiol Plant, 135: 281-295
Dure L, Chlan C. 1981. Developmental biochemistry of cottonseed embryogenesis and germination : XII. Purification and properties of principal storage proteins. Plant Physiol, 68: 180-186
Dwivedi SL, Bertioli DJ, Crouch JH, et al. 2007. Peanut. *In*: Oilseeds. Springer: 115-151
Eulgem T, Rushton PJ, Robatzek S, et al. 2000. The WRKY superfamily of plant transcription factors. Trends Plant Sci, 5: 199-206
Finkelstein RR, Gampala SS, Rock CD. 2002. Abscisic acid signaling in seeds and seedlings. Plant Cell, 14: 15-45
Fortin MG, Morrison NA, Verma DPS. 1987. Nodulin-26, a peribacteroid membrane nodulin is expressed independently of the development of the peribacteroid compartment. Nucleic Acids Res, 15: 813-824
Fujita Y, Fujita M, Satoh R, et al. 2005. AREB1 is a transcription activator of novel ABRE-dependent ABA signaling that enhances drought stress tolerance in *Arabidopsis*. Plant cell, 17: 3470-3488
Fujita Y, Fujita M, Shinozaki K, et al. 2011. ABA-mediated transcriptional regulation in response to osmotic stress in plants. J Plant Res, 124: 509-525
Gao YJ, Zeng QN, Guo JJ, et al. 2007. Genetic characterization reveals no role for the reported ABA receptor, GCR2, in ABA control of seed germination and early seedling development in *Arabidopsis*. Plant J, 52: 1001-1013
Gerbeau P, Amodeo G, Henzler T, et al. 2002. The water permeability of *Arabidopsis* plasma membrane is regulated by divalent cations and pH. Plant J, 30: 71-81
Gilmour SJ, Sebolt AM, Salazar MP, et al. 2000. Overexpression of the *Arabidopsis* CBF3 transcriptional activator mimics multiple biochemical changes associated with cold acclimation. Plant Physiol, 124(4): 1854-1865
Goyal K, Walton LJ, Tunnacliffe A. 2005. LEA proteins prevent protein aggregation due to water stress. Biochem J, 388: 151-157
Grondin A, Rodrigues O, Verdoucg L, et al. 2015. Aguaporins contribute to ABA-triggered stomatal closure through OST1-mediated phosphorylation. The Plants Cell, doi: 10.1105/tpc.15.00421
Guo A, He K, Liu D, et al. 2005. DATF: a database of *Arabidopsis* transcription factors. Bioinformatics, 21: 2568-2569
Guo L, Wang ZY, Lin H, et al. 2006. Expression and functional analysis of the rice plasma-membrane intrinsic protein gene family. Cell Res, 16: 277-286
Guo Y, Xiong L, Song CP, et al. 2002. A calcium sensor and its interacting protein kinase are global regulators of abscisic acid signaling in *Arabidopsis*. Dev Cell, 3: 233-244
Guo Y, Zhang L, Xiao G, et al. 1997. Expression of betaine aldehyde dehydrogenase gene and salinity tolerance in rice transgenic plants. Sci China C Life Sci, 40: 496-501
Halfter U, Ishitani M, Zhu JK. 2000. The Arabidopsis SOS2 protein kinase physically interacts with and is activated by the calcium-binding protein SOS3. Proc Natl Acad Sci U S A, 97: 3735-3740
Hartung W, Wilkinson S, Davies WJ. 1998. Factors that regulate abscisic acid concentrations at the primary site of action at the guard cell. J Exp Bot, 49: 361-367

Hose E, Steudle E, Hartung W. 2000. Abscisic acid and hydraulic conductivity of maize roots: a study using cell- and root-pressure probes. Planta, 211: 874-882

Hu H, Dai M, Yao J, et al. 2006. Overexpressing a NAM, ATAF and CUC(NAC)transcription factor enhances drought resistance and salt tolerance in rice. Proc Natl Acad Sci U S A, 103: 12987-12992

Hu H, Xiong L. 2014. Genetic engineering and breeding of drought-resistant crops. Annu Rev Plant Biol, 65: 715-741

Hu H, You J, Fang Y, et al. 2008. Characterization of transcription factor gene SNAC2 conferring cold and salt tolerance in rice. Plant Mol Biol, 67: 169-181

Hu W, Yuan Q, Wang Y, et al. 2012. Overexpression of a wheat aquaporin gene, TaAQP8, enhances salt stress tolerance in transgenic tobacco. Plant Cell Physiol, 53: 2127-2141

Ingram J, Bartels D. 1996. The molecular basis of dehydration tolerance in plants. Annu Rev Plant Mol Biol, 47: 337-403

Iuchi S, Kobayashi M, Taji T, et al. 2001. Regulation of drought tolerance by gene manipulation of 9-cis-epoxycarotenoid dioxygenase, a key enzyme in abscisic acid biosynthesis in Arabidopsis. Plant J, 27: 325-333

Jeanneau M, Gerentes D, Foueillassar X, et al. 2002. Improvement of drought tolerance in maize: towards the functional validation of the Zm-Asr1 gene and increase of water use efficiency by over-expressing C4–PEPC. Biochimie, 84: 1127-1135

Kasuga M, Liu Q, Miura S, et al. 1999. Improving plant drought, salt, and freezing tolerance by gene transfer of a single stress-inducible transcription factor. Nat Biotechnol, 17: 287-291

Katsuhara M, Koshio K, Shibasaka M, et al. 2003. Over-expression of a barley aquaporin increased the shoot/root ratio and raised salt sensitivity in transgenic rice plants. Plant Cell Physiol, 44: 1378-1383

Kim S, Kang JN, Cho DI, et al. 2004. ABF2, an ABRE-binding bZIP factor, is an essential component of glucose signaling and its overexpression affects multiple stress tolerance. Plant J, 40: 75-87

Kishor PBK, Hong Z, Miao GH, et al. 1995. Overexpression of delta-pyrroline-5-carboxylate synthetase increases proline production and confers osmotolerance in transgenic plants. Plant Physiol, 108: 1387-1394

Konstantinova T, Parvanova D, Atanassov A, et al. 2002. Freezing tolerant tobacco, transformed to accumulate osmoprotectans. Plant Science, 163: 157-164

Koussevitzky S, Suzuki N, Huntington S, et al. 2008. Ascorbate peroxidase 1 plays a key role in the response of *Arabidopsis* thaliana to stress combination. J Biol Chem, 283: 34197-34203

Lata C, Prasad M. 2011. Role of DREBs in regulation of abiotic stress responses in plants. J Exp Bot, 62: 4731-4748

Lee KH, Kim HY, Piao HL, et al. 2006. Activation of glucosidase via stress induced polymerization rapidly increases active pools of abscisic acid. Cell, 126: 1109-1120

Lee SH, Singh AP, Chung GC. 2004. Rapid accumulation of hydrogen peroxide in cucumber roots due to exposure to low temperature appears to mediate decreases in water transport. J Exp Bot, 55: 1733-1741

Leung J, Merlot S, Giraudat J. 1997. The Arabidopsis ABSCISIC ACID-INSENSITIVE2(ABI2)and ABI1 genes encode homologous protein phosphatases 2C involved in abscisic acid signal transduction. Plant Cell, 9: 759-771

Li G, Santoni V, Maurel C. 2014. Plant aquaporins: roles in plant physiology. Biochimica Biophysica Acta, 1840: 1574-1582

Li QL, Gao XR, Yu XH, et al. 2003. Molecular cloning and characterization of betaine aldehyde dehydrogenase gene from *Suaeda liaotungensis* and its use in improved tolerance to salinity in transgenic tobacco. Biotechnol Lett 25: 1431-1436

Li TX(YiZhou), Zhang Y, Liu H, et al. 2010. Stable expression of *Arabidopsis* vacuolar Na^+/H^+ antiporter gene AtNHX1, and salt tolerance in transgenic soybean for over six generations. Chinese Science Bulletin, 55: 1127-1134

Lian HL, Yu X, Ye Q, et al. 2004. The role of aquaporin RWC3 in drought avoidance in rice. Plant Cell Physiol, 45: 481-489

Liang Z, Ma D, Tang F. 1997. Expression of the spinach betaine aldehydrogenase(BADH)gene in transgenic tobacco plants. Chinese Journal of Biotechnology, 13: 236-240

Licausi F, Giorgi FM, Zenoni S, et al. 2010. Genomic and transcriptomic analysis of the AP2/ERF superfamily in *Vitis vinifera*. BMC Genomics, 11: 719

Lincoln T, Eduardo Z. 2011. Chapter 25: Stress physiology *In*: Plant Physiology. fourth edition. Weily: 591-528

Liu J, Ishitani M, Halfter U, et al. 2000. The Arabidopsis thaliana SOS2 gene encodes a protein kinase that is required for salt tolerance. Proc Natl Acad Sci USA, 97: 3730-3734

Liu Q, Kasuga M, Sakuma Y, et al. 1998. Two transcription factors, DREB1 and DREB2, with an EREBP/AP2 DNA binding domain, separate two cellular signal transduction pathways in drought and low temperature-responsive gene expression, respectively, in *Arabidopsis*. Plant Cell, 10(8), 1391-1406

Liu X, Hong L, Li XY, et al. 2011. Improved drought and salt tolerance in transgenic *Arabidopsis* overexpressing a NAC transcriptional factor from Arachis hypogaea. Biosci Biotechnol Biochem, 75: 443-450

Mahdieh M, Mostajeran A. 2009. Abscisic acid regulates root hydraulic conductance via aquaporin expression modulation in *Nicotiana tabacum*. J Plant Physiol, 166: 1993-2003

Mallikarjuna G, Mallikarjuna K, Reddy MK, et al. 2011. Expression of OsDREB2A transcription factor confers enhanced dehydration and salt stress tolerance in rice(*Oryza sativa* L.). Biotechnol Lett, 33: 1689-1697

Martre P, Morillon R, Barrieu F, et al. 2002. Plasma membrane aquaporins play a significant role during recovery from water deficit. Plant Physiol, 130: 2101-2110

Maurel C, Verdoucq L, Luu DT, et al. 2008. Plant aquaporins: membrane channels with multiple integrated functions. Annual Review Plant Biol, 59: 595-624

Mikolajczyk M, Awotunde OS, Muszynska G, et al. 2000. Osmotic stress induces rapid activation of a salicylic acid-induced protein kinase and a homolog of protein kinase ASK1 in tobacco cells. Plant Cell, 12: 165-178

Miller G, Suzuki N, Ciftci-Yilmaz S, et al. 2010. Reactive oxygen species homeostasis and signalling during drought and salinity stresses. Plant Cell Environ, 33: 453-467

Miller G, Suzuki N, Rizhsky L, et al. 2007. Double mutants deficient in cytosolic and thylakoid ascorbate peroxidase reveal a complex mode of interaction between reactive oxygen species, plant development, and response to abiotic stresses. Plant Physiol, 144: 1777-1785

Miransari M, Rangbar B, Khajeh K, et al. 2013. Salt Stress and MAPK Signaling in Plants. *In*: Parvaiz A, Azooz MM, Prasad MNV. Salt Stress in Plants Signalling Omics and Adaptations. Springer Verlag: 162

Mittler R, Vanderauwera S, Gollery M, et al. 2004. Reactive oxygen gene network of plants. Trends Plant Sci, 9: 490-498

Mizoi J, Shinozaki K, Yamaguchi-Shinozaki K. 2011. AP2/ERF family transcription factors in plant abiotic stress responses. Biochim Biophys Acta, 1819(2): 86-96

Mohanty A, Kathuria H, Ferjani A, et al. 2002. Transgenics of an elite indica rice variety Pusa Basmati 1 harbouring the codA gene are highly tolerant to salt stress. Theor Appl Genet 106: 51-57

Moller IS, Gilliham M, Jha D, et al. 2009. Shoot Na+ exclusion and increased salinity tolerance engineered by cell type-specific alteration of Na^+ transport in Arabidopsis. Plant Cell, 21: 2163-2178

Monteiroa CC, Priscila L Gratãoa RFC, et al. 2011. Biochemical responses of the ethylene- insensitive Never ripe tomato mutant subjected to cadmium and sodium stresses. Environmental and Experimental Botany, 71: 306-320

Moons A, Bauw G, Prinsen E, et al. 1995. Molecular and physiological responses to abscisic acid and salts in roots of salt-sensitive and salt-tolerant Indica rice varieties. Plant Physiol, 107: 177-186

Morran S, Eini O, Pyvovarenko T, et al. 2011. Improvement of stress tolerance of wheat and barley by modulation of expression of DREB/CBF factors. Plant Biotechnol J, 9: 230-249

Munns R, James RA, Xu B, et al. 2012. Wheat grain yield on saline soils is improved by an ancestral Na(+)transporter gene. Nat Biotechnol, 30: 360-364

Munns R, Tester M. 2008. Mechanisms of salinity tolerance. Annu Rev Plant Biol, 59: 651-681

Munns R. 2002. Comparative physiology of salt and water stress. Plant Cell Environ, 25: 239-250

Nagel OW, Konings H, Lambers H. 1994. Growth rate, plant development and water relations of the ABA-deficient tomato mutant sitiens. Physiol Plant, 92: 102-108

Nakano T, Suzuki K, Fujimura T, et al. 2006. Genome-wide analysis of the ERF gene family in *Arabidopsis* and rice. Plant Physiol, 140(2): 411-432

Nakashima K, Takasaki H, Mizoi J, et al. 2012. NAC transcription factors in plant abiotic stress responses. Biochim Biophys Acta, 1819: 97-103

Ohta M, Guo Y, Halfter U, et al. 2003. A novel domain in the protein kinase SOS2 mediates interaction with the protein phosphatase 2C ABI2. Proc Natl Acad Sci U S A, 100: 11771-11776

Pardo JM, Reddy MP, Yang S, et al. 1998. Stress signaling through Ca2+/calmodulin-dependent protein phosphatase calcineurin mediates salt adaptation in plants. Proc Natl Acad Sci U S A, 95: 9681-9686

PasapulaVG, Shen S, Kuppu J, et al. 2011. Expression of an Arabidopsis vacuolar H^+-pyrophosphatase gene(AVP1)in cotton improves drought- and salt tolerance and increases fibre yield in the field conditions. Plant Biotechnol J, 9: 88-99

Peng Y, Lin W, Cai W, et al. 2007. Overexpression of a Panax ginseng tonoplast aquaporin alters salt tolerance, drought tolerance and cold acclimation ability in transgenic *Arabidopsis* plants. Planta, 226: 729-740

Peret B, Li G, Zhao J, et al. 2012. Auxin regulates aquaporin function to facilitate lateral root emergence. Nat Cell Biol, 14: 991-998

Pilon-Smits EAH, Ebskamp MJM, Paul MJ, et al. 1995. Improved performance of transgenic fructan- accumulating tobacco under drought stress. Plant Physiol, 107: 125-130

Platten JD, Cotsaftis O, Berthomieu P, et al. 2006. Nomenclature for HKT transporters, key determinants of plant salinity tolerance. Trends Plant Sci, 11: 372-374

Qiu QS, Guo Y, Dietrich MA, et al. 2002. Regulation of SOS1, a plasma membrane Na^+/H^+ exchanger in Arabidopsis thaliana, by SOS2 and SOS3. Proc Natl Acad Sci U S A, 99: 8436-8441

Qiu QS, Guo Y, Quintero FJ, et al. 2004. Regulation of vacuolar Na^+/H^+ exchange in Arabidopsis thaliana by the salt-overly-sensitive(SOS)pathway. J Biol Chem, 279: 207-215

Quan R, Lin H, Mendoza I, et al. 2007. SCABP8/CBL10, a putative calcium sensor, interacts with the protein kinase SOS2 to protect Arabidopsis shoots from salt stress. Plant Cell, 19: 1415-1431

Quintero JM, Fournier JM, Benlloch M. 1999. Water transport in sunflower root systems: effects of ABA, Ca^{2+} status and $HgCl_2$. J Exp Bot, 50: 1607-1612

Raghavendra AS, Gonugunta VK, Christmann A, et al. 2010. ABA perception and signalling. Trends Plant Sci, 15: 395-401

Rhodes D, Hanson AD. 1993. Quaternary ammonium and tertiary sulfonium compounds in higher-plants. Annu Rev Plant Physiol Plant Mol Biol, 44, 357-384

Rizhsky L, Davletova S, Liang H, et al. 2004. The zinc finger protein Zat12 is required for cytosolic ascorbate peroxidase 1 expression during oxidative stress in *Arabidopsis*. J Biol Chem, 279: 11736-11743

Rontein D, Basset G, Hanson AD. 2002. Metabolic engineering of osmoprotectant accumulation in plants. Metab Eng, 4: 49-56

Roxas VP, Smith RK Jr, Allen ER, et al. 1997. Overexpression of glutathione S-transferase/glutathione peroxidase enhances the growth of transgenic tobacco seedlings during stress. Nat Biotechnol, 15: 988-991

Roy SJ, Negrao S, Tester M. 2014. Salt resistant crop plants. Curr Opin Biotechnol, 26: 115-124

Roychoudhury A, Basu S, Sarkar SN, et al. 2008. Comparative physiological and molecular responses of a common aromatic indica rice cultivar to high salinity with non-aromatic indica rice cultivars. Plant Cell Rep, 27: 1395-1410

Rudrabhatla P, Rajasekharan R. 2002. Developmentally regulated dual-Specificity Kinase from peanut that is induced by abiotic stresses. Plant Physiol, 130: 380-390

Ruiz-Lozano JM, del Mar Alguacil M, Bárzana G, et al. 2009. Exogenous ABA accentuates the differences in root hydraulic properties between mycorrhizal and non mycorrhizal maize plants through regulation of PIP aquaporins. Plant Mol Biol, 70: 565-579

Rus A, Lee BH, Munoz-Mayor A, et al. 2004. AtHKT1 facilitates Na^+ homeostasis and K^+ nutrition in planta. Plant Physiol, 136: 2500-2511

Rus A, Yokoi S, Sharkhuu A, Reddy M, Lee BH, Matsumoto TK, Koiwa H, Zhu JK, Bressan RA, Hasegawa PM. 2001. AtHKT1 is a salt tolerance determinant that controls Na^+ entry into plant roots. Proc Natl Acad Sci USA, 98: 14150-14155

Saad AS, Li X, Li HP, et al. 2013. A rice stress-responsive NAC gene enhances tolerance of transgenic wheat to drought and salt stresses. Plant Sci, 203-204: 33-40

Sade N, Vinocur BJ, Diber A, et al. 2009. Improving plant stress tolerance and yield production: is the tonoplast aquaporin *Sl*TIP2; 2 a key to isohydric to anisohydric conversion? New Phytol, 181: 651-661

Sakuma Y, Liu Q, Dubouzet JG, et al. 2002. DNA-binding specificity of the ERF/AP2 domain of Arabidopsis DREBs, transcription factors involved in dehydration- and cold-inducible gene expression. Biochem Biophys Res Commun, 290: 998-1009

Sakuma Y, Maruyama K, Osakabe Y, et al. 2006. Functional analysis of an Arabidopsis transcription factor, DREB2A, involved in drought-responsive gene expression. Plant Cell, 18(5): 1292-1309

Schilling RK, Marschner P, Shavrukov Y, et al. 2014. Expression of the Arabidopsis vacuolar H^+-pyrophosphatase gene(AVP1)improves the shoot biomass of transgenic barley and increases grain yield in a saline field. Plant Biotechnol J, 12: 378-386

Schopfer P, Plachy C, Frahry G. 2001. Release of reactive oxygen intermediates(superoxide radicals, hydrogen peroxide and hydroxyl radicals)and peroxidase in germinating radish seeds controlled by light, gibberellin, and abscisic acid. Plant Physiol, 125: 1591-1602

Shinozaki K, Yamaguchi-Shinozaki K. 2000. Molecular responses to dehydration and low temperature: differences and cross-talk between two stress signaling pathways. Curr Opin Plant Biol, 3: 217-223

Siefritz F, Tyree MT, Lovisolo C, et al. 2002. PIP1 plasma membrane aquaporins in tobacco: from cellular effects to function in plants. Plant Cell, 14: 869-876

Singh N, Mishra A, Jha B. 2014. Ectopic over-expression of peroxisomal ascorbate peroxidase(SbpAPX)gene confers salt stress tolerance in transgenic peanut(*Arachis hypogaea*). Gene, 547: 119-125

Sivamani E, Bahieldinl A, Wraith JM, et al. 2000. Improved biomass productivity and water use efficiency under water deficit conditions in transgenic wheat constitutively expressing the barely HVA1 gene. Plant Sci, 155: 1-9

Smironff N. 1993. The role of active oxygen in the response of plants to water deficit and desiccation. New Phytol, 25: 27-58

Steudle E, Peterson CA. 1998. How does water get through roots? J Exp Bot, 49: 775-788

Sutka M, Li G, Boudet J, et al. 2011. Natural variation of root hydraulics in *Arabidopsis* grown in normal and salt-stressed conditions. Plant Physiol, 155: 1264-1276

Szabados L, Savoure A. 2010. Proline: a multifunctional amino acid. Trends Plant Sci, 15: 89-97

Thompson AJ, Andrews J, Mulholland BJ, et al. 2007. Overproduction of abscisic acid in tomato increases transpiration efficiency and root hydraulic conductivity and influences leaf expansion. Plant Physiol, 143: 1905-1917

Törnroth-Horsefield S, Wang Y, Hedfalk K, et al. 2005. Structural mechanism of plant aquaporin gating. Nature, 439: 688-694

Torres MA, Dangl JL. 2005. Functions of the respiratory burst oxidase in biotic interactions, abiotic stress and development. Curr Opin Plant Biol, 8: 397-403

Tournaire-Roux C, Sutka M, Javot H, et al. 2003. Cytosolic pH regulates root water transport during anoxic stress through gating of aquaporins. Nature, 425: 393-397

Tuteja N, Sahoo RK, Garg B, et al. 2013. OsSUV3 dual helicase functions in salinity stress tolerance by maintaining photosynthesis and antioxidant machinery in rice(*Oryza sativa* L. cv. IR64). Plant J, 76: 115-127

Tuteja N. 2007. Mechanisms of high salinity tolerance in plants. Methods Enzymol, 428: 419-438

Urao T, Yakubov B, Satoh R, et al. 1999. A transmembrane hybrid-type histidine kinase in *Arabidopsis* functions as an osmosensor. Plant Cell, 11: 1743-1754

van Camp W, Capiau K, van Montagu M, et al. 1996. Enhancement of oxidative stress tolerance in transgenic tobacco plants overproducing Fe-superoxide dismutase in chloroplasts. Plant Physiol, 112: 1703-1714

Venkateswarlu B, Maheswari M, Saharan N. 1989. Effects of water deficit on $N_2(C_2H_2)$fixation in cowpea and groundnut. Plant Soil, 114: 69-74

Vinocur B, Altman A. 2005. Recent advances in engineering plant tolerance to abiotic stress: achievements and limitations. Current opinion in Biotech, 16: 123-132

Wan L, Wu Y, Huang J, et al. 2014. Identification of ERF genes in peanuts and functional analysis of AhERF008 and AhERF019 in abiotic stress response. Funct Integr Genomics, 14(3): 467-77

Wang C, Deng P, Chen L, et al. 2013. A wheat WRKY transcription factor TaWRKY10 confers tolerance to multiple abiotic stresses in transgenictobacco. PLoS One, 8: e65120

Wang FZ, Wang QB, Kwon SY, et al. 2005. Enhanced drought tolerance of transgenic rice plants expressing a pea manganese superoxide dismutase. J Plant Physiol, 162: 465-472

Wang JY, Lai LD, Tong SM, et al. 2013. Constitutive and salt-inducible expression of SlBADH gene in transgenic tomato(*Solanum lycopersicum* L. cv. Micro-Tom)enhances salt tolerance. Biochem Biophys Res Commun, 432: 262-267

Wang T, Chen XP, Zhu FH, et al. 2013. Characterization of peanut germin-Like proteins, AhGLPs in plant development and defense. Plos one, 8: e61722

Wang X, Li Ji W, Bai X, et al. 2011. A novel Glycine soja tonoplast intrinsic protein gene responds to abiotic stress and depresses salt and dehydration tolerance in transgenic *Arabidopsis* thaliana. J Plant Physiol, 168: 1241-1248

Wessler SR. 2005. Homing into the origin of the AP2 DNA binding domain. Trends Plant Sci, 10(2): 54-6

Wise MJ. 2003. LEAping to conclusions: a computational reanalysis of late embryogenesis abundant proteins and their possible roles. BMC Bioinformatics, 4: 52

Wohlbach DJ, Quirino BF, Sussman MR. 2008. Analysis of the *Arabidopsis* histidine kinase ATHK1 reveals a connection between vegetative osmotic stress sensing and seed maturation. Plant Cell, 20: 1101-1117

Wurzinger B, Mair A, Pfister B, et al. 2011. Cross-talk of calcium-dependent protein kinase and MAP kinase signaling. Plant Signal Behav, 6: 8-12

Xiong L, Ishitani M, Lee H, et al. 2001. The *Arabidopsis* LOS5/ABA3 locus encodes a molybdenum cofactor sulfurase and modulates cold stress- and osmotic stress-responsive gene expression. Plant Cell, 13: 2063-2083

Xiong L, Schumaker KS, Zhu JK. 2002. Cell signaling during cold, drought, and salt stress. Plant Cell, 14: 165-183
Xu D, Duan X, Wang B, et al. 1996. Expression of a late embryogenesis abundant protein gene, HVA1, from barley confers tolerance to water deficit and salt stress in transgenic rice. Plant Physiol, 110: 249-257
Yadav NS, Shukla PS, Jha A, et al. 2012. The SbSOS1 gene from the extreme halophyte Salicornia brachiata enhances Na^+ loading in xylem and confers salt tolerance in transgenic tobacco. BMC Plant Biol, 12: 188
Yue Y, Zhang M, Zhang J, et al. 2012. SOS1 gene overexpression increased salt tolerance in transgenic tobacco by maintaining a higher K^+/Na^+ ratio. J Plant Physiol, 169: 255-261
Zhang G, Chen M, Li L, et al. 2009. Overexpression of the soybean GmERF3 gene, an AP2/ERF type transcription factor for increased tolerances to salt, drought, and diseases in transgenic tobacco. J Exp Bot, 60: 3781-3796
Zhang HX, Blumwald E. 2001. Transgenic salt-tolerant tomato plants accumulate salt in foliage but not in fruit. Nat Biotechnol, 19: 765-768
Zhang HX, Hodson JN, Williams JP, et al. 2001. Engineering salt-tolerant *Brassica* plants: characterization of yield and seed oil quality in transgenic plants with increased vacuolar sodium accumulation. Proc Natl Acad Sci USA, 98: 12832-12836
Zhang J, Li D, Zou D, et al. 2013. A cotton gene encoding a plasma membrane aquaporin is involved in seedling development and in response to drought stress. Acta Biochim Biophys Sin(Shanghai), 45: 104-114
Zhang J, Zhang X, Liang J. 1995. Exudation rate and hydraulic conductivity of maize roots are enhanced by soil drying and abscisic acid treatment. New Phytol, 131: 329-336
Zhang J, Zou D, Li Y, et al. 2014. GhMPK17, a cotton mitogen-activated protein kinase, is involved in plant response to high salinity and osmotic stresses and ABA signaling. PLoS One, 9: e95642
Zhang JZ, Creelman RA, Zhu JK. 2004. From laboratory to field. Using information from *Arabidopsis* to engineer salt, cold, and drought tolerance in crops. Plant Physiol, 135: 615-621
Zhang T, Liu Y, Xue L, et al. 2006. Molecular cloning and characterization of a novel MAP kinase gene in *Chorispora bungeana*. Plant Physiol Biochem, 44: 78-84
Zhao FGS, Zhang H, Zhao Y. 2006. Expression of yeast SOD2 in transgenic rice results in increased salt tolerance.Plant Science, 170: 216-224
Zhao HW, Chen YJ, Hu YL, et al. 2000. Construction of a trehalose-6-phosphate synthase gene driven by drought-responsive promoter and expression of drought resistance in transgenic tobacco. Acta Botanica Sinica, 42(6): 616- 619
Zhu JK. 2001. Plant salt tolerance. Trends Plant Sci, 6: 66-71
Zhu JK. 2002. Salt and drought stress signal transduction in plants. Annu Rev Plant Biol, 53: 247-273
Zhu JK. 2003. Regulation of ion homeostasis under salt stress. Curr Opin Plant Biol, 6: 441-445

第七章　花生突变体诱导与应用

在自然界演变过程中，变异是绝对的，唯有变异，生物才能进化。20世纪遗传学史上最重要的发现之一就是突变能够被诱导（Muller，1930）。利用物理、化学、生物等因素进行诱导是突变体产生的重要途径。对于人类而言，利用生物中的各种变异，是筛选出高产、优质动植物新品种的有效方法。

第一节　突变体诱导的方法

突变体是基因发生变异从而导致性状发生变化的生物个体，这种突变是可遗传的。常用的诱变方法可分为物理辐射诱变、化学诱变、插入标签诱变和离体组织培养诱变等。这些方法各有其特点，根据不同的研究目的可选择不同的诱变方法。

一、物理辐射诱变

物理辐射诱变是指利用物理射线作为诱变因素，对生物组织或器官进行处理而引发基因突变的一种技术。常用的射线有X射线、γ射线、α和β粒子、紫外线、激光、质子和快中子等。这些射线由于能量高、穿透力强，容易造成DNA共价键断裂，从而产生基因碱基突变或造成染色体大片段缺失、重复、倒位和易位等染色体畸变。

物理辐射诱变特点是对染色体伤害较大，因此致死突变较多。在实际操作中，辐射的剂量往往难以控制，导致试验效果的重现性较差。由于物理辐射容易导致DNA片段的缺失，有利于产生功能完全缺失的突变体。因其操作简单、变异频率高和变异幅度广等特点，物理辐射诱变成为早期诱变育种的主要方式。利用此技术已获得各种各样的突变体，这些突变体的获得为作物新品种的选育提供了基础材料，有的已培育成可推广的新品种。例如，曹雪芸等（2000）分别用X射线和γ射线处理原冬6号、京冬8号和北京411小麦种子，在后代中得到了矮丛、育性、穗型、芒性、穗长、株高、蜡质、生育期等多种突变类型。郭玉虹（1995）用热中子照射杂交后代育成了5个大豆新品种，其中黑农31号与黑农32号脂肪含量为23.1 %和22.9 %，为黑龙江省少有的大豆高油品种。

航天诱变是近年来伴随着航天技术发展起来的一种新型物理辐射诱变，并在农作物新品种选育中发挥着重要作用。太空中的特殊环境，如宇宙射线高能核粒子辐射、强紫外线照射、微重力（10～5 g）、高真空（10～8 Pa）等诱变因子的综合作用，可导致基因结构发生改变，这种诱变具有变异频率高和变异幅度广等特点（王艳芳等，2006）。对卫星搭载的苦荬菜种子根尖细胞染色体变异的研究显示，太空环境诱变处理提高了根尖细胞有丝分裂指数，出现了包括微核、染色体桥、染色体断裂等在内的多种类型的染色体变异（张月学等，2007）。自 20 世纪 80 年代开始，我国通过返回式卫星和神州号系列飞船进行了多次搭载植物种子的航天育种研究，先后共搭载 500 多个植物品种，包括水稻、油菜、大豆、棉花、黄瓜、青椒、番茄等，研究了空间条件对植物种子诱变的机制，并选育出了一些新的突变类型和具有优良农艺性状的新品种（郭建秋等，2010）。

二、化学诱变

化学诱变是利用化学诱变剂处理植物种子等材料，造成 DNA 的损伤和错误修复，从而产生突变体。常用的化学诱变剂有碱基类似物，如 5-溴-尿嘧啶（5-BU）、5-溴去氧尿核苷、2-腺嘌呤（AP）等；抗生素类，如链黑霉素、重氮丝氨酸、平阳霉素等；烷化剂类，如甲基磺酸乙酯（ethy1 methanesulfonate，EMS）、烯亚胺、*N*-甲基-*N*-亚硝基脲（methylnitrosourea，MNU）等。其中，EMS 在化学诱变中最为常用。EMS 诱变容易将 DNA 中的 G 向 A 转换，C 突变为 T，从而导致 C/G 转变为 T/A。EMS 诱变对植物基因组的破坏较小，可在一个基因组上产生多个突变位点，且突变均匀分布于整个基因组中不呈现明显的“热点”。自从 1953 年 Klmark 首次报道了 EMS 对突变诱导的有效性以来，EMS 诱变在功能基因组学的研究中发挥了重要作用，并被广泛应用于农作物诱变育种，在水稻、小麦、玉米和大豆等多种作物上均获重大成功。王瑾等（2005）用 EMS 处理抗旱性差的小麦品种豫麦 49 号和周麦 17 号的花药愈伤组织和幼胚愈伤组织，得到 13 株抗旱突变体。徐艳花等（2010）以高产优质小麦品种豫农 201 为基础，构建了 EMS 诱变的小麦突变体库，为小麦功能基因组研究和新品种选育提供了基础材料。

化学诱变育种具有以下特点：诱变突变率高；染色体畸变的比例相对较小，致死性突变发生率较低，对处理材料损伤轻；存在残留药物的后效作用，对 M_1 代引起的生物损伤较大；引起的突变范围广，后代选择需要足够大的群体；价格便宜，操作简单，剂量易控制，不需要特殊设备（崔霞等，2013）。

三、插入标签诱变

插入标签诱变是将外源 DNA 序列（包括 T-DNA、转座子和逆转座子）转化到基因组序列中，从而产生带有这段 DNA 序列标签并引起基因突变的技术。利用这段标签可以更容易获得插入突变位点的序列信息。随着转基因操作技术和离体组织培养技术的日趋成熟，这种诱发突变体的方法越来越受到重视。常用的遗传转化方法主要有农杆菌侵染法和基因枪法。农杆菌侵染法广泛用于植物的转化当中，主要优点是外源基因拷贝数低，遗传稳定性好，但易受宿主范围的限制。基因枪转化法是一种 DNA 的直接转化法，主要优点是操作简单、效率高，无宿主限制，受体类型广泛，但是外源基因拷贝数多，且受到组织培养技术的制约。本部分将主要介绍目前应用较多的 T-DNA 插入突变和转座子插入突变两种。

1. T-DNA 标签插入突变

T-DNA 来自根癌农杆菌 Ti 质粒，约 20 kb，T-DNA 左右边界上包含一段重复序列，通过遗传转化能随机地整合到植物染色体上。T-DNA 标签插入基因编码区会打乱基因的读码框而导致基因功能缺失突变。由于插入的 T-DNA 序列是已知的，因此，可以通过已知的外源基因序列，利用反向 PCR、Tail-PCR、质粒挽救等方法对突变基因进行定位和序列分析，并对比突变的表型研究基因的功能。T-DNA 插入标签技术目前已成为发现新基因、鉴定基因功能的一种重要手段（Alonso et al.，2003）。

T-DNA 标签法的优点是插入拷贝数低、获得的突变体可以稳定遗传，并可以方便地获得插入位点的侧翼序列。这些优点使得 T-DNA 标签法广泛应用于多种植物的突变体库创建，如 T-DNA 插入法构建大规模的拟南芥和水稻突变体库（Alonso et al.，2003；Sallaud et al.，2004）。T-DNA 标签法也存在一些受限因素：其应用受寄主范围限制，对于组织培养和遗传转化技术尚不成熟的植物无法进行大规模的突变体创制；建立基因组范围的饱和突变需要的突变体数量极大，基因组越大建立饱和突变体库所需要的转基因个体数就越多；当受体材料的基因组中存在大量冗余基因或为多倍体时（如大豆、花生），由于基因之间存在功能互补的概率增加，获得功能缺失突变体的概率则下降；一个突变体中可能检测到多个 T-DNA 插入的情况或者一个插入位点包含多个 T-DNA 插入，或产生 T-DNA 的正向和反向重复并与毗邻的染色体 DNA 发生重排等异常情况（Nacry et al.，1998；Laufs et al.，1999）；另外，T-DNA 插入的过程中有时会发生不稳定的插入现象，造成 T-DNA 标签与突变表型相关基因不连锁。尽管如此，T-DNA 插入突变体库仍然是植物功能基因组研究最重要的手段之一。根据基因功能的得失不同可以将突变体分为功能缺失突变（loss of function）和功能获得突变（gain of function）。

T-DNA 的插入通常造成插入位点基因的失活，因此被称为功能缺失型 T-DNA 插入突变，这种突变体的获得在早期对于鉴定基因的功能研究曾经作出过极大的贡献，但是对于有些基因来说，功能缺失突变的策略就表现出很大的局限性。一种情况是功能冗余的基因插入失活的突变体没有可见的表型差异，另一种情况是对于发育早期特别是配子发育相关的基因的缺失突变体可能导致致死突变。此外，表达水平低的基因、瞬间表达的基因及在少数细胞中特异表达的基因，这些基因通过功能缺失鉴定其相应的功能也相当困难（Weigel et al.，2000；Hayashi et al.，1992）。然而，功能缺失型 T-DNA 插入突变体库的筛选工作在植物发育生物学研究中起到了不可磨灭的作用，例如，发现不少植物发育形态学突变，如植株矮小突变、叶色突变、斑点叶、叶型突变和雄性不育等突变性状（Yu et al.，2002）。

针对功能缺失型突变体的缺陷，功能获得型 T-DNA 插入载体的构建则从根本上解决了上述问题（Hayashi et al.，1992）。功能获得型 T-DNA 插入技术是使用激活标签（activation tagging），即在传统 T-DNA 标签技术的基础上进行改良，在 T-DNA 的边界区域添加增强子或强启动子，使插入位点附近原本不表达或弱表达的基因得到激活，从而产生显性的功能获得型突变（Weigel et al.，2000）。

Hayashi 等（1992）首次提出了激活标签诱变法，构建了带有 4 个串联花椰菜花叶病毒（CaMV）35S 启动子的增强子序列的功能获得型 T-DNA 载体，将其整合到植物基因组中，获得了基因表达增强的突变体。激活标签技术发明以来，对植物基因功能的研究产生了很大的推动作用，已经在拟南芥（Weigel et al.，2000）、水稻（Jeong et al.，2002）、番茄（Mathews et al.，2003）等多种模式植物中得到广泛应用，并鉴定了许多重要的基因。Ahn 等（2006）用激活标签法获得了 80 650 个独立的拟南芥转化株，从中分离了 129 个发育异常的突变体，并对它们的 T-DNA 插入位点进行了定位。许多基因的生物学功能通过功能获得型突变体被鉴定，如编码生长素合成的限速酶 *YUCCA* 基因（Woodward et al.，2005）及过量表达能显著提高植物耐旱性的转录因子 *HDG11* 基因（Yu et al.，2008a）。

激活标签法不仅可以有效地分析那些产生致死效应及功能冗余的基因，该方法还具有以下优势：突变体表型为显性遗传，可以直接对 T_0 代转基因株系进行表型筛选；带有多个串联增强子的激活标签系统只是增强基因原有的表达而不会改变其表达模式，因此，相比基因的异位表达其更利于反映基因本身的功能。另外，激活标签插入基因编码区或启动子区也会导致该基因功能的缺失，仍然具有功能缺失型突变的功能。由此可见，利用激活标签法进行植物功能基因组研究潜力巨大（Weigel et al.，2000）。

在植物功能基因组学研究方面，模式植物拟南芥 T-DNA 插入突变体库的建立作出了重大贡献。在作物育种方面，借助于突变体可以获得农艺性状变化的突变体，挖掘控制优异性状的基因，对于获得优质性状的作物种质材料及研究控制关键农艺性状的基因具有极其重要的意义。近些年，在水稻、大豆、玉米等作物中也建立了 T-DNA 插入突变体库，为作物种质创新和功能基因挖掘奠定了基础。张治国等（2006）以粳稻品种日本晴为受体建立了包含了近 100 000 份独立的 T-DNA 插入标签系，其中基因激活标签系和增强子标签系各 50 000 份。他们从中获得了明显表型改变的突变体共 4500 余份，包括株高、生育期、育性、叶型、叶色、分蘖力、株型、穗型、颖花、粒型和大小等突变性状。另外，还获得了 5000 余条 T-DNA 插入位点的侧翼序列，确定了 10 个由插入失活引起的具有重要农艺性状调控功能的候选基因。通过对南农 94-16 大豆种子用 NaN_3-$^{60}Co\gamma$ 射线复合诱变及 EMS 诱变来构建大豆突变体库，韩锁义等（2008）获得了 54 份和 66 份叶、茎、花、种子、子叶等性状变异的突变体，并用 SSR 标记分别对其中的 14 株耐涝突变体和 1 株叶色浅绿突变体进行了鉴定。这些突变体不仅为大豆育种提供了新的种质资源，也有助于大豆功能基因组研究的开展。

2. 转座子标签插入突变

转座子（transposon）是基因组中一段可自我移动的 DNA 序列，它可以通过切割、重新整合等一系列过程直接从基因组内的一个位置“跳跃”到另一个位置，转座子在基因组内的跳跃可导致基因突变。*Ac* 转座子是植物中第一个被发现的可移动遗传元件，由美国学者 McClintock 在研究染色体重排和断裂时从玉米中发现的。*Ac* 转座子本身编码转座酶（AcTPase），两端带有 11 bp 的不完全反向重复序列，具有自主转座的能力。随后拟南芥的转座子 *Tagl*（Bhatt et al.，1998）、水稻的反转录转座子 *Tos17*（Hirochika et al.，1996）、烟草的 *Tnt1*（Hirochika and Otsuki，1995）和 *Tnt1*（Casacuberta et al.，1995；Beguiristain et al.，2001）等转座子也被鉴定出来。

在突变体构建领域常用的 *Ac/Ds* 转座子标签系统是研究者利用玉米 *Ac* 转座子改造而成的双元转座子（two-element system）。在 *Ac/Ds* 转座子系统中，通过对具有自主转座能力的 *Ac* 转座子的改造，使其缺失了转座必需的末端反向重复序列，丧失了自主转座能力。*Ds* 转座元件含有反向重复序列和完整的转座序列，但缺失或部分缺失合成转座酶的序列，不具有转座酶的活性。*Ds* 转座元件只有与 *Ac* 转座子同时存在时，才能从原位点切离，插入到新位点中。分别构建含有两个转座子的植物表达载体，转化植物并培育分别含有非自主转座子和转座酶的株系，再通过转基因植株杂交，使两种转座元件 *Ac/Ds* 同时存在，由于转座子的不断跳跃，可得到含大量不同插入位点的转座子群体（Qu et al.，2008）。因此，通过少量转基因操作就可获得大量的 *Ds* 转座元件插入突变株系，在低转化效率植物的突变体库创建中有着重要应用前景。如今一些具有代表性的 *Ac/Ds* 转座子激活标签系统，除了在模式植物拟南芥（Kuromori et al.，2004）、水稻（Kolesnik，2004）中应用，还被应用在番茄（Fitzmaurice et al.，1999）、烟草（Koprek et al.，2000）、大麦（Ayliffe et al.，2007）、杨树（Fladung and Polak，2012）等植物中。

近年来发展起来的 *Ac/Ds* 转座子激活标签技术整合了 *Ac/Ds* 转座子标签系统和激活标签技术，其产生的显性突变可以在相当程度上克服多倍体植物突变体库创建中的基因冗余问题。因此，该系统是多倍体作物，特别是转化效率较低的作物，如花生、油菜、小麦和棉花等，创建突变体库的重要工具。但转座子插入技术也有一定的缺陷：有些为体细胞转座，导致突变性状不能稳定遗传；转座子转座后往往会留下“脚印”，这些印记也可能会造成基因突变，使得分析这些突变体中的突变位点比较困难；植物培养代数较多，完成突变体库创建耗时较长。

基因陷阱（gene trap）也是转座子标签的一种，增强子陷阱、启动子陷阱和基因陷阱等方法也常被用来建立突变体库（Nakayama et al.，2005）。利用基因陷阱技术可以较方便地分离到一些特异性启动子和特异时空表达的基因，而不必一定要产生突变表型。这种方法已经被成功地应用于植物启动子和基因的克隆中。转座子元件 *Ac/Ds* 与 *GUS* 报告基因设计组成的增强子陷阱或基因陷阱可以鉴定基因的表达模式（Zhang et al.，2006）。新加坡国立大学建立了大规模的基因陷阱突变体库，他们利用基因陷阱技术分析基因的表达调控模式，在检测的 491 个独立的转座子插入株系中，大约一半的增强子陷阱和 1/4 的基因陷阱在拟南芥不同组织、细胞或不同发育阶段呈现 GUS 的特异表达。这些具有 GUS 特异表达模式的植株为研究拟南芥发育和鉴定新的细胞亚型提供了有价值的标记体系，使鉴定和克隆在特定发育阶段或组织表达的基因更加方便（Sundaresan et al.，1995）。该库的建立不仅筛选出了特异表达的模式株系，后期还在大量的胚胎致死相关基因的鉴定工作中作出了重大贡献。高等植物中，有些基因是单倍体生存能力所必需的，而在双倍体中无法用缺失突变体看到表型的变化，利用基因陷阱可以鉴定这些基因。Springer 等（1995）发现了雌配子体和胚发育有关的 *PRL* 基因。报告基因表达模式表明，*PRL* 在植物体内正在分裂的细胞中表达，与酵母中 DNA 复制起始必需的 *MCM2-3-5* 家族基因类似。花粉管导向是一个精确调控的雌、雄配子体细胞相互识别的过程，但是花粉管对胚囊释放的吸引信号的响应机制还是未知的。中国科学院遗传与发育生物学研究所的杨维才带领的研究团队进一步利用该 Ds/T-DNA 突变体库，通过遗传分离比筛选法从中获得了花粉管导向缺陷的 *pod1* 突变体。研究发现，POD1 是一个定位在内质网腔中的蛋白质，并与内质网中参与膜受体折叠的关键因子钙网蛋白 CRT3 相互作用，猜测 POD1 通过调节 CRT3 的活性或其他内质网锚定蛋白从而对蛋白质折叠起到调控作用。该研究确定了 POD1 同时在控制花粉管导向和早期胚胎形态建成方面具有重要作用（Li et al.，2011）。

四、离体组织培养定向诱变

在细胞和组织培养的过程中，培养细胞和再生植株中常产生遗传变异，称为自发体细胞无性系变异。体细胞无性系变异的遗传基础主要包括染色体畸变、基因突变、基因扩增和丢失、DNA 甲基化和转座子激活等方面（Phillips et al.，1994；Kaeppler et al.，1998）。自发无性系变异效率较低，其变异频率随培养时间的延长而提高，而细胞组织培养中结合理化诱变能够大大提高突变率，丰富培养物中可供选择的突变类型。离体培养定向诱变技术是利用植物组织培养材料作为诱变材料，结合理化因素诱发植物发生遗传变异，利用选择压力进行细胞突变体筛选的定向诱变（Jain，2001；Lee JH and Lee SY，2002）。

结合植物组织培养进行的离体诱变与常规诱变相比有如下优点：变异频率较高，可以得到丰富的变异体；利用组织培养材料作诱变材料不受季节限制；通过源于单个细胞的胚胎发生途径再生植株，可降低嵌合体的比例；在培养基中加入特定的筛选压力，如盐碱、干旱、病原菌产生的毒素、低温或高温胁迫等进行定向选择，可节省大量人力、物力；在育种应用中可加快变异稳定，缩短育种年限，缩小选择世代的群体，从而提高育种效率（高明尉，1992；刘进平和郑成木，2002；吴伟刚等，2005）。而离体诱变的成功应用依赖于高频率植株再生体系的建立，是获得大量突变体的关键（赵明霞等，2011）。

离体诱变与组织培养结合是获得新种质的有效手段，在作物育种上具有较高的应用价值与广阔的发展前景。该技术已应用在多种作物上，利用在培养基添加筛选压的方式在抗病性、抗逆性等方面获得了各种各样的优良突变体，有的突变体直接应用或作为亲本材料育成了新品种。在植物抗病研究方面，利用辐射诱变结合组织培养对小麦种质进行创新研究，分别将根腐病菌或赤霉病菌粗毒素作为筛选因子进行抗病筛选，先后选出了一批抗根腐病、赤霉病和大麦黄矮病及品质优良的新品系，其抗病能力均比原亲本提高 1～2 级，这些品系除作亲本用于杂交育种外，有的已用于大面积生产（孙光祖等，1998）。这一技术手段也被广泛应用在非生物胁迫抗性突变体的筛选方面，利用 EMS 诱变处理猕猴桃叶片，培养胚型愈伤组织进行定向耐盐突变体筛选，成功获得了耐盐性明显提高的猕猴桃组培苗（周立名等，2009）。在花卉新品种培育方面，以花器变异作为选择指标，对嵌合变异部分作外植体进行离体培养，将 ^{60}Co 辐射诱变与组织培养相结合，达到了提高诱变效率和缩短育种周期的目的，在较短的时间内选育出了霞光等 14 个清新艳丽、雍容华贵、生长旺盛、株矮抗病的菊花新品种（杨保安等，1996）。在大豆育种方面，于秀普等（1994）应用 EMS 附加平阳霉素（PYM）后处理大豆种子，经过累代选择培育的冀豆 8 号，已在生产上大面积推广应用。

第二节 突变体的应用

一、利用突变体研究基因功能

随着植物基因组测序工作的迅速发展，以寻求功能基因为目标的植物后基因组学时代已经到来。功能基因组学主要研究生物有机体内各基因的生物学功能，进而了解所有基因如何协调发挥作用完成一系列的生长发育过程。研究内容包括基因的识别、鉴定和克隆，基因结构、表达调控、功能分析及基因相互作用等。随着新技术新方法的不断发展，分析鉴定基因功能的方法越来越多，但最直接最有效的方法是创建覆盖全基因组的饱和突变体库，基于大规模突变体的筛选和进行高通量的基因克隆及功能分析。

拟南芥是研究植物生长发育分子生物学机制的最佳模式植物，作为第一个完成全基因组序列测序的植物材料，到目前为止，人们已通过诱变构建了多种多样不同规模的拟南芥突变体库，用于基因鉴定和功能研究，例如，SALK 库是美国 SALK 基因组分析实验中心建立的拟南芥 T-DNA 插入突变体库（Alonso et al.，2003），其变异性状极其丰富，基本覆盖了拟南芥基因组在人工诱变条件下可能的突变位点，其中的大部分突变体已鉴定到 T-DNA 插入位点。SALK 库向全世界科研人员提供突变体，种子存放在俄亥俄州立大学的拟南芥生物资源中心（ABRC），他们建立了使用方便的检索服务网站（http://signal.salk.edu/cgi-bin/tdnaexpress），研究人员可通过数据库信息方便地查找感兴趣的基因突变体。也已经建立了多种规模的水稻突变体库。以日本晴为背景构建了大规模的 T-DNA 增强子陷阱插入突变体库，共有 29 482 个独立转化体，利用接头锚定 PCR 技术克隆得到其中 12 707 个转化体的 T-DNA 左边界插入位点的侧翼序列。该突变体库为通过反向遗传学研究水稻基因功能提供了材料（Sallaud et al.，2004）。华中农业大学的研究人员创建的水稻突变体库包含 132 193 个 T-DNA 插入的突变体，并且建立了一个专门用于收集、管理和搜索水稻 T-DNA 增强子陷阱插入信息的突变体数据库（rice mutant database，http://rmd.ncpgr.cn/）（Zhang et al.，2006）。另外，还有大量为特定筛选目的而构建的小规模突变体库，例如，为研究叶发育构建的 T-DNA 插入和 EMS 诱变的突变体库，确定了 *AS1* 和 *AS2* 在叶片极性建立中的重要作用（Sun et al.，2000，2002；Xu et al.，2003）；为研究植物耐逆机制建立的激活标签插入突变体库，从中获得了过量表达（HD）-START 转录因子 *HDG11* 的抗旱拟南芥（Yu et al.，2008a）。

这些突变体库为拟南芥、水稻的功能基因组学研究提供了有利的工具。除此之外，在很多其他植物上也开展了突变体群体的创建和筛选工作，如烟草、大豆、盐芥、棉花等植物都有创建突变体库的报道。

1. 突变体的表型筛选及鉴定

突变群体的构建是鉴定基因功能的第一步，有了理想的突变体库，还需要进行系统、全面的表型筛选和鉴定工作。植物的表型经常与基因的功能相联系，突变体的表型通过形态学和生理生化水平的变化表现出来，并为不同生物过程中基因功能和相互作用的研究提供可用的信息，是揭示基因功能的切入点。

突变体表型的筛选鉴定方法是突变体筛选成败的关键。表型的外观区分法是突变体筛选最常用的方法，要求必须有能遗传的、相对于野生型有显著差异的外观性状。对生长发育缺陷方面表型的鉴定通常采用该方法，如叶色、叶形变异，株高、株型变异，花器官、果实、种子发育异常等。胁迫抗性方面表型的鉴定需要施加一定的胁迫才能发现表型的变异，如耐盐突变体的筛选要在筛选培养基中添加一定浓度的 NaCl 等；耐旱突变体的筛选要在培养基中加入渗透物质或通过自然干旱进行处理；而抗病突变体的筛选则需要病原菌侵染处理或在培养基中添加一定剂量的病菌毒素，从而将带有抗性或敏感性的突变体与其他材料区分开来。

表型外观区分的鉴定方法简单易行，不需要特殊的硬件设备，但是在突变体鉴定及后期基因功能分析方面的作用是很有限的，一般还需要进一步在细胞学水平和生理生化水平进行分析。细胞学鉴定主要观察细胞及细胞器形态的变化、染色体异常的变化等。生化水平的鉴定主要是分析蛋白质组成、酶类活性的变化等。通常胁迫处理筛选出来的突变体要进行多代表型验证，如采用离体培养诱变筛选出的耐盐突变体，其抗性苗可能是适应性的，而不是基因突变的结果，因此，对后代要进行严格的耐盐性检测，包括形态检测、生理生化检测、细胞学检测和分子水平检测等是必要的。

2. 突变基因鉴定策略

筛选突变体的最终目的在于获得与突变表型连锁的突变基因，对于研究者感兴趣的突变体，找到引起突变体表型的基因是关键。目前，针对不同途径获得的突变体发展了多种不同的突变位点定位手段，如针对理化诱变可采用的方法有图位克隆（map-based cloning）、Tilling 技术（targeting induced local lesions in genomes）。针对 T-DNA 插入突变体获得侧翼序列的方法有质粒营救法（plasmid rescue）、反向 PCR 法（Ochman et al.，1988）及热不对称交错 PCR 法（thermal asymmetric interlaced PCR，Tail-PCR）等。近年来随着基因组重测序技术的发展，也为难以利用以上手段获得突变位点的突变体基因鉴定增加了一种选择。下面对常用的几种突变位点鉴定方法做一些简要介绍。

（1）图位克隆法

图位克隆技术又称为定位克隆（positional cloning），是根据目的基因在染色体上的位置进行基因克隆的一种方法，是随着各种植物分子标记图谱的建立而发展起来的一种基因克隆技术，通过分析突变位点与已知分子标记的连锁关系来确定突变表型的遗传基础。主要是针对无分子标签的诱变手段，如 EMS 诱变开发的突变位点鉴定方法，在分离植物发育相关基因中得到了广泛的应用。

图位克隆的原理是根据功能基因在基因组中都有相对稳定的基因座，利用分子标记技术在对目的基因粗定位和精细定位的基础上，用目的基因紧密连锁的分子标记筛选 DNA 文库，从而构建目的基因区域的物理图谱，再利用此物理图谱通过染色体步移逐步逼近目的基因，最终找到包括该目的基因的克隆。近年来由于拟南芥全基因组测序的完成，可使用标记的增多，DNA 多态性检测方法的改进等，运用图位克隆所定位到的基因越来越多，并且克隆所用时间大大缩短。分子标记检测技术大致可分为四大类，即基于 DNA-DNA 杂交的 DNA 标记技术，其代表性技术有 RFLP；基于 PCR 技术的 DNA 标记技术，其代表性技术有 RAPD 和 SSR 等；基于限制性酶切和 PCR 的 DNA 分子标记技术，其代表性技术为 AFLP 和 CAPS 等；基于单核苷酸多态性的 DNA 标记。

图位克隆的第一步是构建作图群体，将突变体与不同基因型的野生型杂交得到 F_1 代种子，为了避免胞质遗传的影响，一般选用与突变体背景不同的野生型作为杂交母本。F_1 代植株自交得 F_2 代的种子，从中筛选具有突变表型的植株，提取 DNA。第二步为筛选与目标基因连锁的分子标记，根据突变体与野生型的不同基因型，选择适用于区分这两种基因型的分子标记。第三步为局部区域的粗定位，对作图群体进行基因型分析，统计各个分子标记处的重组率（重组率=重组配子数/配子总数×100%），将突变基因粗定位在重组率小于5%的两个遗传标记之间（越靠近目的基因，重组的可能性越小）。第四步是一旦把目标基因定位在某染色体的特定区域后，就对其进行精细地作图及筛选与目标基因更紧密连锁的分子标记，需要播种更大的群体进行精细定位。对于拟南芥来说，F_2代群体要达到3000～4000株，可以将突变基因精确地定位于20 kb甚至更小的遗传间隔。第五步为突变基因鉴定，现在最常用的方法是对精细定位到的这段序列测序后与野生型的序列进行比较，并查询生物数据信息库，可以找到多个候选基因（Lukowitz et al.，2000；Jander et al.，2002；毛培培等，2007）。

图位克隆技术在抗性基因和控制生长发育基因的克隆方面取得了很大成功，从单基因克隆到多基因座位控制的数量性状位点（QTL）的定位都发挥了重要作用。但是图位克隆技术应用局限性较大，对分子标记的要求较高，因此，还局限在具有较小基因组或高密度分子标记连锁图的植物中，如拟南芥、番茄和水稻等模式植物。

（2）Tail-PCR法

Tail-PCR是一种基于PCR技术的侧翼序列鉴定方法，利用一组T-DNA边界的嵌套特异引物和一组短的随机简并引物分别构成引物组合，以突变体基因组DNA为模板，根据引物的特异性及复性温度的差异设计不对称的温度循环，先以高复性温度让特异引物进行单向扩增，增加特异引物结合位点的模板丰度，再以低温度循环进行对数扩增，如此通过3次特异引物对扩增产物的特异性筛选，最终对产物进行测序获得T-DNA插入位点侧翼序列（Liu and Robert，1995；Singer and Burke，2003）。

Tail-PCR有着许多优点：该技术操作简单，成本低；对DNA的质量要求不高，在PCR扩增前不需要任何特殊的DNA操作，如限制性酶切、酶连等；无需费力筛选PCR产物，只需将PCR产物进行简单的琼脂糖凝胶电泳即可得到特异性PCR产物；Tail-PCR利用3个嵌套式特异性引物有效地抑制了非特异性条带的扩增，降低了假阳性率。但Tail-PCR方法也有缺陷，如整个Tail-PCR需要一系列连续的反应，反应条件的设置要求比较精细；不是每次反应都有阳性结果，且需要的组合比较多等（McElver et al.，2001）。尽管如此，Tail-PCR仍不失为一种简单高效的基因克隆方法。

（3）质粒拯救法

在T-DNA标签中引入一个大肠杆菌中的质粒复制起点和相应的细菌选择标记，就可以从植物突变体中分离到基因组DNA，选择合适的限制性内切酶进行完全酶切，连接酶切所得的DNA片段使DNA片段自身环化自连，这样获得的质粒含有重组了T-DNA插入位点侧翼的植物DNA片段，从而将插入位点附近的DNA序列和T-DNA载体一起拯救出来，这种方法称为质粒拯救（Rommens et al.，1992）。

质粒拯救法与植物基因组DNA的质量、酶切、连接、转化等各个环节密切相关，特别是对转化大肠杆菌细胞的效率要求很高。质粒拯救法较为直接，所得到的侧翼序列不受分子质量大小的制约，其目的性和准确性都很强（颜静宛等，2005）。有报道比较了用质粒拯救法和Tail-PCR法获得T-DNA在水稻基因组中旁邻序列的效率，质粒拯救法获得T-DNA插入侧翼序列的效率高达90%，而Tail-PCR法的效率只有62%（张帆等，2004）。利用质粒拯救法已经成功地鉴定出多个有意义的突变基因，例如，Nakazawa等（2001）从拟南芥的矮化突变株中获得了一个与芽伸长和侧根发生相关的基因*DFL1*。

（4）基因组重测序法

全基因组重测序是对已知基因组序列的物种进行不同个体的基因组重新测序，并在此基础上对个体或群体进行差异性分析。全基因组重测序的个体，通过与参考基因组序列（reference genome sequence）进行比对分析，结合质量值、测序深度、重复性等因素作进一步的过滤筛选，最终可以辅助研究者在全基因组水平上扫描并检测发现基因序列差异和结构变异，如单核苷酸多态性位点、拷贝数变异、插入缺失位点、结构变异位点等变异类型。再根据参考基因组序列对检测到的变异进行注释，进行突变体重要性状候选基因的预测。随着测序技术的持续革新，新一代测序技术的产生降低了测序成本并提高了测序通量，使得针对成百上千的样品进行 DNA 测序成为可能。当前模式作物和重要经济物种的基因组大多已经被测序，重测序手段被越来越多的科研人员利用。中国科学院东北地理与农业生态研究所冯献忠领导的团队正在开启名为“大豆重要农艺性状相关突变体的重测序和功能分析”的项目，相关工作的开展对于我国动植物育种研究等方面将具有重要意义。

（5）Tilling 技术

Tilling 技术最初是由 McCallum 等（2000）建立起来的用于大规模筛选点突变的方法，针对特定已知序列的基因筛选相应突变体，进而分析基因功能，是反向遗传学（reverse genetics）研究方法。反向遗传学是在已知基因序列的基础上研究基因的生物学功能。而前面所述 4 种基因鉴定手段是从发展突变体、筛选关键性状突变体入手，通过图位克隆或 T-DNA 标签法发现和研究新基因，属于正向遗传学（forward genetics）范畴。

Tilling 技术借助高通量的检测手段，能快速有效地从理化诱变的突变群体中鉴定出特定基因点突变的突变体。它将诱变个体的 DNA 混合样品一起进行 PCR，通过变性和复性过程得到异源双链，利用特异性的内切核酸酶 *CelI* 识别携带了错配碱基的异源双链并在错配处切开双链，最后采用双色聚丙烯酰胺凝胶电泳检测分析。如果发现阳性结果，则再在混合的样品中逐一检测，从而检出突变位点（McCallum et al., 2000; Gilchrist et al., 2005）。由此可见，异源双链、错配碱基是 Tilling 技术的核心。

除了具有通量高、成本低、操作简单等优点，Tilling 技术还具有其独特的优势。由于化学诱变剂能够对生物体诱导产生高频率的点突变，筛选所有目的基因只需要相对较少的突变群体。这一技术在拟南芥上的应用已经非常成熟，并能够实现自动化流水线操作。以美国为首的北美实验室借助高通量的 Tilling 技术，启动了拟南芥 Tilling 项目，该项目在立项的第一年里就为拟南芥研究者提供了超过 100 个基因的 1000 多个突变位点（吴海滨等，2004）。Tilling 技术已经成功应用于作物品种改良中，例如，对小麦种子进行诱变后，利用 Tilling 技术从 1920 个诱变株中获得了 246 个独立的小麦糯性基因 *waxy* 的等位突变株，Waxy 的酶活性表现为从近似野生型到完全丧失等一系列变化（Slade et al.，2005）。

鉴别引起表型突变的基因，只是找到突变体中的突变位点还是不够的。因为在突变体中可能会发现若干个突变位点，而从中筛选出与表型连锁的那一个才是关键。这还需要进行突变体后代分离与连锁验证实验、基因的表达水平检测实验等工作。而对于由化学诱变等方法得到的功能失活位点，还需要进行突变体功能互补实验进行验证，最终鉴定到突变基因。

3. 突变体在基因克隆与鉴定中的应用

（1）克隆与鉴定植物生长发育相关基因

利用影响植物生长发育的突变体，科学家鉴定了控制这些性状的关键基因，为揭示植物的生长发育规律和分子调控机制提供了重要的研究材料，如突变体 *det2*、*dwf1* 和 *bri1* 是通过筛选 T-DNA 插入或 EMS 诱变突变体库得到的植株矮小突变体，均表现为矮化、叶色暗绿、叶片上卷、育性降低、发育延迟等性状（Feldmann et al.，1989；Clouse et al.，1996；Bishop and Koncz，2002）。其中突变体 *det2*、*dwf1* 是油菜素内酯合成途径中关键酶的缺失所导致的，施加外源 BR 可使这种突变表型消失。而 *bri1* 突变体中一种富含亮氨酸的激酶受体（leucine-rich repeat receptor-like kinase，LRR-RLK）基因发生突变，其蛋白质序列发生变异，导致 *bri1* 突变体在 BR 信号接收方面存在缺陷。BR 途径相关突变体的发现进一步证实 BR 是植物生长发育的必需调节物质，为揭示 BR 在植物体生长发育过程中的调控机制提供了直接的材料。

高等植物的分枝是决定株型的重要因素，分枝的特性决定了植物的主要形态。近年来，在拟南芥中发现了一系列分枝增加的突变体 *max1-max4*（Booker et al.，2005）。这些突变体的共同特点是顶端优势丧失，侧芽生长发育得到释放，从而产生矮生多分枝表型。通过对上述突变体的遗传学分析和嫁接实验，发现在植物体中存在一种可以长距离运输的类胡萝卜素来源的信号分子参与分枝调控，该信号分子后来被鉴定为独角金内酯。基因 *MAX1*、*MAX2*、*MAX3* 和 *MAX4* 被证实参与独角金内酯的合成与信号转导，其中 *MAX1*、*MAX3* 和 *MAX4* 参与独角金内酯的合成，*MAX2* 则在信号分子识别和传递中起作用（Umehara et al.，2008）。

叶片衰老是在叶片发育最后阶段发生的高度有序的过程，很多衰老相关基因参与到这种有序的光合器官的分解和细胞组分的重新活化的程序中。通过 *nac016* 突变体的获得发现拟南芥中的转录因子 NAC016 在促衰老的过程中起关键作用。*nac016* 突变体叶片在黑暗诱导的衰老状态下仍能保持绿色，而过量表达 NAC016 的叶片出现过早的衰老。施加高盐和氧化胁迫，*nac016* 突变体仍能推迟衰老，而野生型中 *NAC016* 基因表达量急速升高。进一步实验证明 NAC016 转录因子通过调控衰老相关基因的表达，使光合体系活性失衡，从而促进衰老的发生（Kim et al.，2013a）。

从以上例证可以看出，通过对突变体的分析，不仅鉴定了控制这些性状的关键基因，结合对不同基因或蛋白质的互作研究、基因在代谢途径和信号转导途径中的作用等信息，对深入理解植物生长发育的调控机制具有重要作用。

（2）克隆鉴定植物抗逆相关基因

植物体受到逆境胁迫以后，胁迫信号被体内受体接收，再通过一系列信号转导途径传播、放大，引起下游基因表达发生变化，从而保持逆境胁迫下的体内稳态。对胁迫信号的感知和转导是植物体本身具有的一种重要的生理功能。利用突变体鉴定植物抗逆相关基因及研究植物抗逆机制的研究很多，如耐盐、抗旱、耐热等方面的研究。植物耐盐胁迫机制的研究已经取得较大进展，在很大程度上要归因于突变体筛选和研究。

朱健康的科研团队通过大规模地筛选突变体库，获得了一系列盐敏感或耐盐突变体，对这些突变体进行研究，发现多个基因分别在不同层面上对调控植物耐盐性有作用。他们通过快中子轰击、T-DNA 诱变或 EMS 诱变等多种突变手段创制了大规模的拟南芥突变体库，在含 NaCl 的培养基上采用弯根实验共筛选得到 5 组 *sos*（salt overly sensitive）突变体，它们对盐处理表现出不同程度的盐敏感性。进一步分析突变位点，鉴定出了 5 个 SOS 信号通路的基因，即 *SOS1*、*SOS2*、*SOS3*、*SOS4* 和 *SOS5*（Shi et al.，2000，2003；Liu et al.，2000；Shi and Zhu，2002；Ishitani et al.，2000）。基因的功能分析表明，*SOS1* 编码位于质膜上的 Na^+/H^+逆向转运蛋白，具有增强 Na^+在液泡和细胞外的分配功能（Shi and Zhu，2000）；*SOS2* 基因编码一个丝氨酸/苏氨酸类蛋白激酶，能够激活 *SOS1* 及其他通道蛋白基因的表达（Liu et al.，2000）；*SOS3* 基因编码一个 Ca^{2+}结合蛋白，在活化 SOS2 激酶活性方面起作用（Ishitani et al.，2000）；*SOS4* 编码了一个吡哆醛激酶，该酶参与吡哆醛-5-磷酸的生物合成过程，而吡哆醛-5-磷酸作为许多酶的辅助因子和离子转运蛋白（如 SOS1）的配体而发挥作用（Shi and Zhu，2002）；*SOS5* 基因编码一个假定的细胞粘连蛋白，对细胞壁形成和细胞伸展起作用（Shi et al.， 2003）。

近年来，研究者利用突变体相继从植物中分离出了一系列调控耐盐胁迫相关的转录因子，例如，*atmyb73* 突变体的发现证明了 AtMyb73 作为 SOS 途径的负调控因子而发挥作用。AtMyb73 转录因子的表达能特异地被高盐诱导，盐胁迫下，*atmyb73* 突变体植株呈现较高的存活率，qRT-PCR 分析显示 300 mmol/L NaCl 处理条件下 *SOS1* 和 *SOS3* 在 *atmyb73* 突变体中的表达显著高于野生型（Kim et al.，2013b）。有些鉴定出的盐敏感突变体与 Na^+运输没有直接关系，而是参与植物正常生长调节的基因发生了变异，如发生在内质网和高尔基体中的蛋白 *N*-糖基化途径与调节蛋白修饰、细胞质膜成分的合成相关。该途径中的 *N*-乙酰葡糖胺转移酶（*N*-acetylglucosaminyl transferase）缺失突变体 *cgl1*（complex glycan 1）、内质网寡糖转移酶（oligosaccharyl transferase）缺失突变体 *stt3a*（staurosporin and temperature sensitive 3a）及纤维素合成缺陷的突变体 *rsw1*（radially swollen 1）都对 150 mmol/L NaCl 盐胁迫敏感，表现为根伸长受不同程度的抑制（Kang et al.，2008；von Schaewen et al.，2008）。这些突变体的发现说明植物耐盐性还与植物的正常生长发育相关，植物发育异常同样容易导致其抵抗胁迫的能力降低。

上述突变体的发现为研究植物的耐盐机制找到了切入点，证明了这些基因的关键作用，为研究植物耐盐胁迫的作用机制奠定了坚实的基础。同样，在植物抗旱、适应低温或高温等其他非生物胁迫的研究中，突变体也起到了非常关键的作用。利用突变体手段鉴定相关基因并研究这些基因的功能，对于阐明植物耐逆机制，从而更好地提高作物的胁迫抗性具有重要的指导意义。

（3）植物抗病相关基因的鉴定

植物在生长发育过程中常受到一些病原物的侵袭，寄主植物进化出了多种方式来抵御病原的侵染，如产生加固和阻止病原生长的细胞壁成分、合成小分子抑真菌物质、诱导产生病程相关蛋白（pathogenesis related，PR）等。更为重要的防御机制是发生过敏性反应（hypersensitive response，HR）继而产生系统获得性抗性（systemic acquired resistance，SAR）。HR 的特征是在病原物侵染部位的寄主细胞迅速局部性死亡而形成枯斑，产生能够杀伤病原菌的代谢产物，从而限制病原物生长和扩散。SAR 是继 HR 产生之后，植物在整体水平上对病原菌产生抗性，甚至对其他病原物的侵染也能产生抗性（Cao et al.，1994）。病原菌侵染后，HR 的产生依赖于植物体内抗性基因（*R*）产物与相应的病原物无毒基因（*Avr*）产物的互作，以及植物内源信号分子水杨酸、茉莉酸的作用，进而激活下游基因而引起植物生理反应（Malamy et al.，1990）。

通过筛选影响抗病性的突变体、影响特异性防卫反应的突变体等方法，鉴定了一批与植物抗病相关的基因。例如，NRC1（NPRlB-LRR protein required for HR-associated cell death 1）蛋白是在研究番茄抗番茄叶霉菌（*Cladosporium fulvum*）时发现的一个重要的抗性 R 蛋白，敲除该基因不但影响了 HR 还降低了对番茄叶霉菌的抗性（Gabriëls et al.，2007）。在研究拟南芥转座激活突变体时发现的 *ahl19*（AT-hook motif nuclear localized DNA-binding）对 *Verticillium dahliae* 抗性增强，基因克隆分析发现，*ahl19* 是一个结构基因，编码一个 AT-hook DNA 结合蛋白，敲除 *ahl19* 基因的拟南芥更容易感病，并对 *Verticillium dahliae* 的抗性大大降低；而在拟南芥中过表达 *ahl19* 基因，转基因植株对 *Verticillium dahliae* 的抗性大大增强。进一步的研究证明，AHL19 蛋白在防卫病原菌入侵时是一个关键因子（Yadeta et al.，2011）。

SA 和 JA 作为内源信号分子在植物产生抗病性的过程中起重要作用，因此，通过筛选 SA、JA 不敏感表型获得的一批突变体，不仅与抗病相关，还参与 SA、JA 合成或信号转导。拟南芥突变体 *npr1* 对 SA 不敏感，对真菌、细菌等多种病害有感病性，植株中病程相关基因的表达被中断，不能诱导产生 SAR 抗性（Cao et al.，1994；Pieterse and van Loon，2004），说明 *NPR1* 基因位于 SA 信号途径的下游，而在防卫基因表达的上游。*NPR1* 编码一个病程相关基因非表达子（nonexpressor of pathogenesis-related genes 1）的转录因子。NPRl 蛋白在植物细胞中呈组成型表达，正常环境中 NPR1 以分子间二硫键的作用以低聚物的形式存在，SA 诱导其变成单体，能帮助 NPR1 蛋白转运到细胞核，进而激活下游防卫基因表达（Dong，2001；Mou et al.，2003）。NPR1 蛋白序列含有一个 BTB 结构域，一个锚蛋白（ankyrin）重复结构域及核定位序列，因其特殊的结构域一度被认为是 SA 受体的候选因子，但实验证实它并不能与 SA 相互作用。通过同源结构域比对，发现了 NPR3 和 NPR4 是 SA 受体。它能与 SA 相互作用，并能诱导 CUL3 泛素 E3 连接酶调节 SA 信号调控的 NPR1 的降解。因此，*npr3npr4* 双突变体积累了大量的 NPR1，对 SAR 诱导不敏感（Fu et al.，2012）。在筛选拟南芥根伸长 JA 不敏感突变体的过程中，得到了 JA 不敏感突变体 *jar1*。对 *jar1* 突变体的分析、基因的克隆及功能研究表明，*JAR1* 编码一个腺苷化酶，茉莉酸通过腺苷化与异亮氨酸共价结合是 JA 行使功能的一个重要步骤，是诱导抗性基因表达所必需的（Staswick et al.，2002）。番茄 *jl1* 突变体对昆虫侵害更加敏感，分析表明 *jl1* 突变体丧失了茉莉酸合成能力，基因克隆及功能分析结果表明，*JL1* 编码一个在脂肪酸 β-氧化中起重要作用的酰基辅酶氧化酶，为确立脂肪酸 β-氧化在茉莉酸生物合成和抗性反应中的重要作用提供了直接的实验证据（Li et al.，2005）。

随着越来越多的植物已经建立了饱和突变体库，在功能基因的克隆和鉴定方面必将取得更大进展。将突变体的研究与转录组、蛋白质组和代谢组学等密切结合，更多植物基因功能将会渐渐得到阐明，并利用鉴定的优异基因对作物、蔬菜及其他经济植物进行遗传改良，是增强作物产量、品质、抗性，减少损失，降低生产成本，提高经济效益的有效途径。

二、利用突变体培育作物新品种

优良品种的选育是促进农业生产发展的重要因素。当前新品种的培育主要通过杂交育种、诱变育种、基因工程育种等方式进行。在一些主要农作物中，核心种质资源的过度使用，使得目前培育品种的遗传基础比较狭窄，常规育种面临着材料间差异越来越小，培育出的品种在产量、抗性、品质、适应性等方面差异不大的局面。植物育种能否取得大的突破，在很大程度上取决于可以利用的种质资源的遗传多样，而诱变育种技术为育种者提供了更丰富的材料来源，在作物品种培育中具有重要作用。

诱变育种是人为地利用射线、EMS 等物理化学诱变因素诱发遗传物质的突变，诱发植物形态变异，从而在短时间内获得有利用价值的突变体，然后根据育种目标，对这些变异进行鉴定、培育和选择，最终得到目标变异株，以供直接生产利用或者是在此基础上培育出新的种质资源的一种育种技术。诱变育种在改良作物品种和创造新种质方面发挥了巨大作用，已成为世界上普遍应用的育种方法之一。

对植物界突变变异的研究早在 20 世纪末就有所报道，但在实验上获得突变并将它们应用于植物育种上，是在发现电离射线的高度诱变率以后才引起人们重视的。1927 年和 1928 年美国学者 Muller 和 Stadler 先后发现 X 射线可诱发果蝇、玉米和小麦突变，自此，诱发突变的工作便逐步广泛开展起来（Muller，1927）。人们逐渐掌握了创造突变体的各种手段诱发植物产生遗传变异，进而获得了自然界没有的或一般常规方法难以获得的新表型，并通过筛选获得了有益农艺性状的新品系。应用 ^{60}Coγ 射线和 EMS 对南农 86-4 大豆种子进行诱变，构建大豆突变体库，获得了 47 份蛋白质含量或含油量比对照明显提高的突变体，为大豆育种提供了新的种质材料（韩锁义等，2007）。

目前世界各国已在多种作物上诱发获得了数以万计的新的突变种质材料。近年来，我国在植物突变体品种的育成数量、种植面积和经济效益等方面，均以较大优势领先于世界其他国家，为我国农业生产的发展起到了巨大的促进作用。以长江流域栽培面积较大的早籼品种浙 9248 为材料，经卫星搭载空间诱变处理结合人工接种抗性筛选，培育成高产、抗稻瘟病和白叶枯病的早籼新品种浙 101，成为浙江省第一个通过航天育种技术培育成功的早籼稻新品种（严文潮等，2006）。利用航天诱变选育出的高产、优质、抗病的新品种龙辐麦 18，较其亲本增产 5.3%～6.4%，不仅保留了亲本的主要优良品质，而且增大了抗延阻力和面团面积（张宏纪等，2008）。我国大豆辐射诱变育种始于 1958 年，相继育成了铁丰 18 号、黑农 26 号、合丰系列等一批优良品种。其中，黑龙江省农业科学院在杂交育种的基础上，通过遗传改良和辐射诱变处理，经过连续定向选择，利用品质分析、抗病鉴定等方法培育出合丰 46 号、合丰 47 号、合丰 48 号 3 个高油品种（郭泰等，2005）。北京农学院作物遗传育种研究所对大面积推广的京农 2 号红小豆品种利用 ^{60}Coγ 射线辐射诱变手段进一步改良，育成了具有植株直立、高产、抗病等优良性状的新品种京农 5 号（金文林等，1999）。

四川省农业科学院蚕业研究所的研究人员采用秋水仙碱和苄氨基嘌呤对桑塔桑×激 7681 人工杂交桑种子 F_1 代实生桑幼苗进行化学诱变处理，育成了优质、高产、果叶兼用的桑树新品种蜀椹 1 号，该品种产果量和产叶量均比对照湖桑 32 号显著提高，是具有应用推广潜力的果叶兼用桑树新品种（刘刚等，2013）。广西甘蔗研究所自20世纪70年代中期开展理化诱变育种研究工作以来，先后育成了两个优良甘蔗新品种桂辐80/29、桂化80/30（王伦旺，2002）。自90年代中后期开始，以糖能兼用型甘蔗品种的选育为目标，利用 ^{60}Coγ 射线辐射诱变新台糖1号甘蔗茎段，经过系统选育，育成糖能兼用型甘蔗新品种桂糖22号。该品种具有生长快、高产、含糖量高等特点，是一个优良的糖能兼用型甘蔗新品种（游建华等，2005）。

第三节　花生突变体的研究与应用

花生是世界范围内广泛栽培的重要油料作物。中国是花生的生产大国，随着人民生活水平的提高和食品加工业的发展，我国对花生产量和品质的要求进一步提高；另外，花生还是我国重要的出口农产品，国外对我国花生品质提出了更高的标准。为满足快速变化的国际国内市场需求及人民健康的需要，加快花生优质品种的选育势在必行。然而，栽培花生种质材料遗传背景异常狭窄，传统的常规杂交育种对为数不多的核心亲本过度使用导致花生品种遗传基础的拓展受到很大限制。目前在全国推广的48个花生品种中，93.75%品种的亲本是伏花生和狮头企，或是含有它们的血缘，这使得培育的新品种在主要性状上无法取得突破（邓祖丽颖等，2013）。通过不同手段拓展花生遗传多样性，创新花生种质，是实现花生育种突破的基础。诱变技术创建的突变体，能够有效拓宽花生的遗传基础，在花生育种方面具有广阔的应用前景。

一、花生诱变育种常用方法

我国花生诱变育种常用的几种诱变方法是物理辐射诱变、化学诱变剂诱变、离体组织定向诱变及上述诱变方式与杂交相结合等，并利用这些诱变技术成功获得了大量性状优良的突变体。

1. 物理辐射诱变研究

辐射诱变是创制花生新种质的重要手段，主要诱变因子有 ^{60}Coγ 射线、离子束、激光等，快中子、^{32}P 照射等方法也在花生育种研究上有所应用。此外，育种工作者还在不断探索新的诱变源和诱变材料，如利用各种航天器或高空气球搭载农作物材料诱变、利用植物组织培养材料作为诱变材料，创造新的种质资源。处理材料主要以成熟种子、整胚为主，也有花粉、愈伤组织等。

采用γ射线等方式辐照处理花生品种后，针对γ射线辐照花生品种的诱变剂量的确定，诱变的生物学效应、生理效应，突变体的遗传分析及其在育种上的应用等方面开展了较为系统的研究（邱庆树等，1999）。徐磊等（2007）研究了不同剂量低能 C^+注入对农花5号 M_3 代抗旱性能的影响，发现低能 C^+注入可明显改善花生的抗旱能力，是获得优异种质资源的一种有效方法。陈学思等（2009）的研究表明，磷离子和铜离子的注入对鲁花10号种子的诱变效果良好，可进一步用于优良品种的筛选和培育。我国于1987年第一次利用返回式卫星搭载植物种子，现已成功地进行了多次太空育种试验，已培育出水稻、小麦、青椒、番茄等多个农作物品种，航天育种技术也将为花生育种开辟新途径。

2. 化学诱变研究

化学诱变育种在作物品质改良上具有独特的作用，诱变突变体具有遗传背景相似，多为单基因突变的特点，是创造优异种质资源的理想方法。EMS是最常用于花生诱变育种的诱变剂。美国的Sivaram等（1985）用EMS处理花生种子，比较了不同浓度的诱变效果，并获得了M_3高产突变系。我国的多位科学家也对EMS诱变花生突变体方面开展了研究。朱保葛等（1997）研究了EMS对花生的诱变效应，认为性状变异频率和突变系选育效果受处理时间、品种等的影响。殷冬梅等（2009）采用不同EMS浓度和不同处理时间处理两个花生品种的种子，确定了处理每个花生品种的适宜诱变条件。以半致死量为选择标准，确定了中花5号的适宜诱变浓度和时间组合为0.9%、7 h，1.2%、5 h，远杂9102的适宜诱变组合为0.6%、7 h，0.9%、7 h。结果显示两个品种对EMS的敏感性有差异，但差异性不大。该研究为提高花生诱变效率，进一步创建花生突变体库及创造花生新种质奠定了基础。王传堂等（2008）对化学诱变剂EMS处理花生所获得的高世代品系的研究发现，荚果和种子外观性状与内在品质性状均出现明显变异，种子蛋白质含量和油分含量最高可分别提高3%和5%，油脂组成也发生了改变，证明EMS诱变在花生品质改良中具有一定的潜力，可以作为花生育种的有效手段。

3. 离体组织定向诱变研究

离体组织诱变的方法在筛选抗性突变体方面具有优势。印度研究人员利用离体定向诱变的方法筛选花生，成功获得了新种质材料。利用花生愈伤组织作为诱变材料，经γ射线辐照和EMS诱变后，培养在含有黑斑病致病菌滤液的培养基上定向筛选抗病突变体，后代中获得了对黑斑病抗性明显提高的植株（Venkatachalam and Jayabalam，1997）。将花生胚性愈伤组织用γ射线辐照、EMS或叠氮化钠处理后，进行体细胞胚诱导培养，再生植株中叶片形状有明显变化，并得到了单株结果数和荚果重明显提高的花生新品系（Muthusamy et al.，2007）。青岛农业大学的王晶珊课题组在这方面取得了一定的进展，以花生品种花育22号的成熟种子为试材，采用14 MeV不同剂量的快中子进行辐照处理，处理后的种子经表面消毒后，取胚小叶作为外植体先后在添加2，4-D和6-苄氨基嘌呤的培养基上进行培养，诱导体胚形成和植株再生。研究表明，快中子辐照花育22号的适宜剂量为9.7～14.0 Gy。再生小苗经无菌嫁接驯化后移栽田间，得到了成熟种子，用于进一步筛选优良种质材料（王晶珊等，2013）。利用平阳霉素作为诱变剂，以花生品种花育20号和花育22号成熟种子的胚小叶为外植体进行离体诱变研究，确立了花育20号和花育22号适宜的平阳霉素离体诱变浓度分别为3～4 mg/L和4～5 mg/L，诱变培养时间为30天。在此基础上以羟脯氨酸作为抗逆筛选压力进行定向筛选抗逆突变体，初步获得了花生抗旱、耐盐突变体。其中获得7个羟脯氨酸耐性株系，对后代苗期进行干旱胁迫，大部分植株生长正常，而亲本花育20号在同样胁迫条件下生长抑制明显，大部分耐性植株SOD活性和POD活性明显高于诱变亲本（赵明霞等，2012）。利用NaCl作为筛选压获得了30份耐盐组培苗，其中26份收获种子。M_3代用0.7% NaCl溶液处理测定萌发率，发现其中 6 株高于亲本花育 22 号。利用 39 对 SSR 引物检测了抗性不同的 19 株 M_3 代植株中的 DNA 多态性，发现所有的突变体均存在 2 个以上的 SSR 位点与亲本不相符，这些结果表明，平阳霉素诱变结合 NaCl 筛选创造耐盐花生种质是有效的（Zhao et al.，2013）。

4. 诱变与杂交相结合

利用诱变获得的具有优异性状的突变体和稳定的优良品种作杂交亲本，诱变与杂交相结合的育种方法是中国花生诱变育种采用的主要方法，该方法育成的花生新品种约占诱变育成品种总数的 68.6%（邓祖丽颖等，2013）。在生产上大面积推广的高产品种鲁花 11 号即用激光聚焦照射（花 28×534-211）F_1 代干种子诱变育成的，该品种适应性广，抗旱、抗病性强，稳定性好，是经济效益较高的高产优质大花生品种。山东省花生研究所选育的花育 22 号、花育 32 号均是采用 ^{60}Coγ 射线辐射诱变处理某一亲本后，再与优质高产的品系杂交，经系谱法选育而成的。例如，花育 22 号是以 8014 为母本，^{60}Coγ 射线辐照海花 1 号干种子 F_1 代为父本杂交选育而成的。该品种产量水平高于大花生主栽高产品种鲁花 11 号、海花 1 号、鲁花 9 号等，生育期比同类品种短 10～15 天，且抗旱耐涝性及抗病性等综合抗逆性状较为平衡。该品种于 2003 年 3 月通过山东省农作物品种审定委员会审定，被山东省财政厅列为重点农业科技成果推广项目，成为目前在山东省种植面积较大、高产、优质、多抗、适应性广的出口型大花生新品种（吴兰荣等，2006）。

二、我国花生诱变育种进展

1. 高产优质花生育种进展

利用诱变方法获得高产突变体取得了很大的进展。利用 ^{60}Co γ 射线照射珍珠豆型品种白沙 1016，从突变后代直接育成鲁花 6 号，比亲本品种早熟 10 天左右，籽仁增产 13.6% 以上。采用叠氮化钠处理花生品系 L7-1 成功获得了超大果型和小果型突变体（王传堂等，2002）。采用 EMS 注入花生品种花育 16 号和鲁花 11 号花器官的诱变方法，成功获得了单株结果数、单株仁重、饱果率比对照明显提高的突变体（王传堂等，2008，2010）。利用返回式卫星搭载花生栽培种进行空间诱变处理，选育出了高产、优质、抗病的花生新品种唐花 11 号，并育成了两个高蛋白花生新品系 K2-5-6 和 K2-33-9，展示了花生航天育种的应用前景。该品种的选育成功解决了河北省花生种植品种单一老化、新品种匮乏的问题（杨余等，2011）。山东省花生研究所以花育 16 号为受体，利用 EMS 诱变育成了适宜在北方花生产区种植的大花生花育 40 号，该品种已于 2013 年 1 月经全国花生品种鉴定委员会鉴定通过。

山东农业大学育成的山花系列（山花 7 号、山花 8 号、山花 9 号、山花 10 号和山花 11 号）均是由不同的品种杂交得到 F_1 种子后，经 ^{60}Co γ 射线 2 万伦琴[①]辐射后系统选育而成的。这些品种大多表现出高产优质的特性，例如，山花 8 号在 2004～2005 年山东省

① 1 伦琴=2.58×10^{-4}C/kg。

小花生品种区域试验中，亩产荚果 289.9 kg、籽仁 210.7 kg，分别比对照鲁花 12 号增产 14.1%和 13.7%；在 2006 年生产试验中，亩产荚果 280.6 kg、籽仁 207.2 kg，分别比对照鲁花 12 号增产 12.2%和 12.7%（白林红和王少伟，2008）。

2. 花生突变体与高油酸育种进展

我国目前推广的花生品种含油量在 50%左右，其中油酸和亚油酸含量占 80%左右。花生油的油酸和亚油酸含量及其比例（油亚比）决定了油脂氧化稳定性和营养价值，是决定花生油品质的重要指标。我国花生油亚比普遍偏低。花生高油酸育种起步于 20 世纪 80 年代的美国，Norden 等（1987）对大量花生资源材料进行筛选，发现了第一个自然变异的高油酸花生突变体 F435，油酸含量达 80%，亚油酸含量仅 2%，油亚比高达 40∶1。该高油酸突变体为花生高油酸育种、遗传研究提供了重要的材料，后来利用这个突变体在世界各地又衍生出许多高油酸花生种质。美国科研人员利用 EMS 诱变 Florunner 获得了 C458 高油酸突变体，油酸含量达 80%，亚油酸含量 5%（Sivaram，1985）；利用 γ 射线辐照 Georia Runner 获得了 GA-T2636M 高油酸突变材料（Chu et al.，2009）；Branch（2003）利用 γ 射线辐照 Georgia Runner 品种获得了高油酸突变材料，结合杂交育种培育出了高油酸花生品种 Georgia-02C。

对栽培种花生的研究表明，不同类型的花生品种油酸含量和油亚比存在较大的差异，龙生型花生油亚比最高，约为 2.0，普通型花生油亚比为 1.6，珍珠豆型和多粒型花生油亚比最低，分别为 1.2 和 0.9。在中国花生资源材料中也筛选到油亚比较高的花生材料，如来自广东的资源材料狮油红的油亚比为 6.1（油酸含量 69%），嵊县小红毛为 4.6（油酸含量 65%）等。但与其他国家相比，我国推广花生品种的油亚比偏低，在很大程度上影响了在世界花生贸易中优势的发挥，因此，我国高油酸花生的育种工作亟待突破。

我国第一个高油酸突变材料 SPI098 是利用 ^{60}Coγ 射线辐照 79266 品系获得的高油酸突变体（Yu et al.，2008b）。此后，利用这个高油酸品种作为父本或母本，又在此基础上结合杂交育种培育出更高品质的高油酸品种，如花育 32 号是以引自印度抗蚜材料 S17 作母本，SP1098 作父本杂交后经系谱选育而成的，其高油酸特性来源于 SPI098，油酸含量高达 77.8%，油亚比为 12.6，于 2009 年 4 月通过山东省品种鉴定。

FAD2 基因编码△12-脂肪酸去饱和酶，该酶催化油酸脱氢形成亚油酸。美国的高油酸花生突变体 F435 即是 *FAD2* 基因发生自然突变引起的，在该基因的起始密码子后 442 bp 处有一单核甘酸“A”插入，导致该基因移码突变，使△12-去饱和酶失活（López，2002）。Jung 等（2000）分析了高油酸突变体 M2-225 和 F435 的衍生材料 8-2122，并从亲本中克隆出了同源非等位基因 *ahFAD2A* 和 *ahFAD2B* 的全长 cDNA。基因表达分析结果显示，*ahFAD2A* 基因在高油酸和普通油酸的花生材料中均能表达，而 *ahFAD2B* 在高油酸花生材料中的表达受到强烈抑制，推测 *ahFAD2A* 基因的突变与 *ahFAD2B* 基因的抑制表达是突变体高油酸性状产生的根本原因。Patel 等（2004）进一步发现，在 M2-225 突变体和化学诱变的高油酸突变体 Mycogen-Flavo 的 *FAD2B* 编码区插入了一段 205 bp 的反向重复序列，导致 *FAD2B* 编码的改变。Yu 等（2008b）用 SPI098 作亲本与其他优良花生品种杂交的方法获得了 4 份油酸含量 75%以上的高油酸花生材料，并比较和分析了突变

体及其原始亲本材料的 *FAD2* 基因序列，发现 *FAD2B* 基因在 442 bp 处插入了一个碱基 A 造成的移码突变，导致蛋白质编码提前终止。

3. 抗病抗逆花生育种进展

我国花生多种植在土壤瘠薄的土地上，连作会进一步增加病虫害的危害。我国花生叶斑病、青枯病、锈病、黄曲霉等危害面积广、造成的经济损失大。选育抗逆、抗病花生新品种，是花生高产稳产的基础，有效减少农药用量、降低花生农残是实现我国花生安全绿色生产、扩大花生出口的重要保障（赵婷等，2011）。然而，我国花生栽培种中缺乏高抗性种质资源，增加了抗逆、抗病品种选育的难度。

辐射诱变在我国花生抗病育种中取得了重要成果，许多重要高抗性种质材料或品种来源于诱变育种。利用 ^{60}Coγ 射线辐照珍珠豆型品种粤油 551-11 育成了赣花 1 号，该品种耐肥，抗倒性强，高抗锈病，中感叶斑病，综合性状优于亲本粤油 551（官国科，1991）。航花 2 号是广东省农业科学院作物研究所利用粤油 13 号种子作为材料，搭载返回式卫星进行太空育种，从中选育出中抗青枯病，中抗叶斑病，中抗锈病，耐涝性中等，具有较强的抗倒性和耐旱的材料，并于 2012 年通过广东省农作物品种审定委员会审定（关健等，2014）。桂花 14 号是用系统选育法从粤油 187-93 变异株中选育出的高产稳产新品种，该品种在生产上比对照粤油 116 增产 10.94%，含油量 51%，抗叶斑、锈病，抗旱性及适应性均表现较好（金海燕，1991）。

三、花生突变体库建立与应用前景

我国是花生生产和育种大国，新中国成立以来已经通过国家和省鉴定或认定的品种有数百个，品种数量之多居世界之首，但这些花生品种的遗传基础异常狭窄。这既与人们在品种培育中喜欢选用有限的优良种质有关，也与我国花生种质创新落后、优异种质资源缺乏有关。运用诱变技术拓宽花生种质的遗传背景，筛选优异性状的突变体，培育高产、优质、高抗的花生新种质，已成为改变这种现状的根本途径。

诱变育种在我国花生育种工作中是较为常用的手段，但一般只是对亲本或 F_1 代进行辐射，在后代群体中按照育种目标选育品种。通过这种方法育成的品种，对突变体的鉴定工作没有跟上，诱变所起的作用或是否起作用并不明确，这种现状远远不能充分发挥突变体在种质创新中的作用。目前国内对花生突变体的研究还处于规模小、不系统的阶段，很少有对创建突变体库的报道。不同研究团队在获得突变体的数量上都非常有限，没有建成至少在理论上能够覆盖整个基因组的突变体库，突变体的信息交流途径不够畅通，材料的数量还远远不能满足花生遗传改良和功能基因组研究的需求。因此，大规模创建花生突变体库，筛选各种突变类型，加强团队中间的突变体信息交流，既能为功能基因组研究准备充足的材料，又能从根本上解决花生种质资源缺乏、遗传背景狭窄的问题，从而满足花生遗传育种实践的需求。

目前，山东省农业科学院、河南农业大学等单位正利用不同手段，开展大规模花生诱变工作，拟构建能够覆盖大部分基因组的花生突变体库。山东省农业科学院生物技术研究中心利用 EMS 诱变、^{60}Co γ 射线辐照、快中子辐射 3 种诱变方法对花生种子进行诱变处理。以鲁花 11、花育 36、潍花 16 等主要推广的花生栽培品种为材料，选取成熟饱满种子为诱变亲本，截至 2014 年共获得超过 30 000 份的 M_1 代诱变单株，并已繁育了超过 10 000 单株的 M_2 代自交种子。对部分 M_2 代突变体的性状进行了调查，初步筛选得到多种表型与原始亲本性状有明显差异的候选突变体 421 份，其中 199 份突变体属于复合性状的突变。对每个突变体材料建立了信息档案，便于今后材料的进一步研究和信息共享。下面是一些性状改变明显的突变体的初步统计数据：含油量超过 58%的突变体有 11 个，其中含油量最高的株系达到了 60.7%；油酸含量超过 78%的突变体有 17 个，其中 3 个株系油亚比均超过 40∶1；蛋白质含量超过 30%的突变体有 14 个株系；植株高度、匍匐型、分枝数等株型产生变异的突变体株系 191 个；叶色、叶型、叶柄开度等叶片发生变异的突变体株系 38 个；果荚数、果荚大小、果皮等发生变异的突变体株系 163 个；种仁大小、形状、种皮等发生变异的突变植株 39 个；成熟期相关突变体 49 个；育性变化的突变体 21 个；花期变化的突变体 7 个；易感病突变体 24 个；耐盐碱突变体 20 个。对后代的表型验证工作和分离比分析工作已经开展，从而进一步确定候选突变体的突变性状。

河南农业大学利用低能 N^+离子注入和 EMS 诱变两种方法处理两个花生品系，构建了花生的理化诱变突变体库。筛选到的突变类型较为丰富，如株高突变体、生育期突变体、育性突变体、多分枝突变体、荚果突变体、叶形突变体、品质突变体等。这些丰富的变异类型，为花生的遗传改良研究提供了丰富的材料（宋佳静，2013）。

高产、高抗性、高油酸含量等性状一直是育种工作中重视的方面。种仁大小是影响花生产量性状的重要指标。其与营养物质积累、果皮和种皮的发育相关。研究中发现了 8 个种仁皱缩突变体，26 个种仁大小变异的突变体，3 个果皮发生变化的突变体，1 个种皮开裂的突变体，这些突变体的发现对于研究花生种子发育机制及提高花生产量具有重要的意义。易感病突变体的获得为花生抗病机制研究和培育抗病性提高的新品种奠定了基础，耐盐碱突变体的获得有望培育适合黄河三角洲盐碱地块种植的品种，为当地农业经济的发展注入新的活力。高油酸花生比普通花生更耐储藏，有利于延长花生油及其他花生制品的货架期。我国已经育成的高油酸花生品种有开农 61 号、花育 32 号、花育 51 号、开农 H03-3 等，而实际生产中高油酸花生品种的种植面积较少，表明目前育成的高油酸花生品种还难以满足花生生产的需要。目前育成的高油酸品种来源于极少数高油酸花生突变体，高油酸种质的创新和适合不同产区高油酸品种的培育依然是我们的重要任务。

国内近几年已陆续构建了水稻、大豆、油菜等突变体库，并利用数据库的形式对种质信息进行了详细记录。但花生突变体库的相关报道很少，对花生突变体材料缺乏系统的收集和鉴定。建立突变体信息档案，可实现对每个突变体的表型、理化分析数据及遗传分离比等信息详细地记录。突变体信息数据库的建立能促进不同花生突变体创建团队之间的沟通与交流，对有效利用这些突变体材料具有重要意义。

参 考 文 献

白林红，王少伟. 2008. 花生新品种山花 8 号特征特性及高产栽培技术. 山东农业科学, 03: 117-118

曹雪芸，施巾帼，唐掌雄，等. 2000. 同步辐射从(软 X 射线)对冬小麦的诱变效应及机制研究 I. 同步辐射的辐射生物学效应. 核农学报, 14(4): 193-199

陈学思，孙绍怡，周晓，等. 2009. 离子注入对花生的生物学效应. 花生学报, 38(2): 20-24

崔霞，梁燕，李翠，秦蕾，等. 2013. 化学诱变及其在蔬菜育种中的应用. 西北农林科技大学学报(自然科学版), 41(3): 205-212
邓祖丽颖，宋佳静，王允，等. 2013. 花生突变体创造途径及进展综述. 中国农学通报, 29(21): 12-15
高明尉. 1992. 世界上第一个小麦离体诱变新品种-核组 8 号. 核物理动态, 9(4): 45-46
关健，姜先芽，黄显良. 2014. 花生新品种航花 2 号的示范表现与高产栽培技术. 安徽农学通报, 20(11): 48-49
官国科. 1991. 花生新品种赣花 1 号. 种子, 2: 73
郭建秋，雷全奎，杨小兰，等. 2010. 植物突变体库的构建及突变体检测研究进展. 河南农业科学, 6: 150-155
郭泰，刘忠堂，胡喜平，等. 2009. 辐射诱变培育高油大豆新品种及其应用. 核农学报, 19(3): 163-167
郭玉虹. 1995. 热中子照射杂交后代育成的几个大豆品种. 核农学通报, 16(2): 65-67
韩锁义，杨玛丽，陈远东，等. 2008. 大豆"南农 94-16"突变体库的构建及部分性状分析. 核农学报, 22(2): 131-135
韩锁义，张恒友，杨玛丽，等. 2007. 大豆"南农 86-4"突变体筛选及突变体库的构建. 作物学报, 33(12): 2059-2062
金海燕. 1991. 花生新品种桂花 14 号的选育. 广西农业科学, 1: 8-17
金文林，陈学珍，喻少帆. 1999. 红小豆"京农 5 号"新品种选育. 北京农学院学报, 14(1): 1-5
刘刚，黄盖群，殷浩，等. 2013. 化学诱变育成优质高产果叶兼用桑树新品种蜀椹 1 号. 激光生物学报, 22(5): 470-476
刘进平，郑成木. 2002. 体外选择与体细胞无性系变异在抗病育种中的应用. 遗传, 24(5): 617-630
毛培培，刘瑞霞，赵云云. 2007. 拟南芥基因的图位克隆技术生物学通报, 42(12): 11-14
邱庆树，李正超，申馥玉. 1990. 花生激光和 γ 射线不同诱变处理的育种效果研究. 花生科技, 116-118
宋佳静. 2013. 花生突变体库的构建及 APETALA2 基因的表达分析. 郑州: 河南农业大学硕士学位论文
孙光祖，唐凤兰，王广金，等. 1998. 辐射诱变与生物技术结合创造小麦新种质的研究 I. 小麦新种质的创造. 麦类作物, 18(6): 1-4
王传堂，唐月异，徐建志. 2008. 化学诱变剂 EMS 诱发花生荚果性状变异的研究. 花生学报, 37(2): 5-9
王传堂，王秀贞，唐月异，等. 2010. EMS 直接注入花生花器创制高产突变体. 核农学报, 24(2): 239-242
王传堂，杨新道，陈殿绪，等. 2002. 化学诱变获得花生超大果和小果突变体. 花生学报, 31(4): 5-8
王瑾，刘桂茹，杨学举. 2005. EMS 诱变小麦愈伤组织选择抗旱突变体的研究. 中国农学通报, 21(12): 190-193
王晶珊，赵明霞，乔利仙，等. 2005. 快中子辐照对花生种子胚小叶植株再生的影响. 中国油料作物学报, 35(2): 148-152
王伦旺. 2002. 广西甘蔗理化诱变育种研究回顾与展望. 广西蔗糖, 2: 59-61
王艳芳，王世恒，祝水金. 2006. 航天诱变育种研究进展. 西北农林科技大学学报(自然科学版), 34(1): 9-12
吴海滨，朱汝财，赵德刚. 2004. TILLING 技术的原理与方法述评. 分子植物育种, 2(4): 574-580
吴兰荣，陈静，石运庆，等. 2006. ^{60}Coγ 射线诱变与杂交相结合选育花生新品种--花育 22 号. 核农学报, 20(4): 309-311
吴伟刚，刘佳茹，杨学举. 2005. 诱变与组织培养相结合在植物育种中的应用. 中国农学通报, 21(21): 197-201
徐磊，杨培岭，任树梅，等. 2007. 低能 C^+注入对花生 M_3 代抗旱性能影响的试验研究. 中国农业大学学报, 12(4): 50-54
徐艳花，陈锋，董中东，等. 2010. EMS 诱变的普通小麦豫农 201 突变体库的构建与初步分析. 麦类作物学报, 30(4): 625-629
严文潮，孙国昌，俞法明，等. 2006. 早籼稻空间诱变新品种浙 101 的选育. 核农学报, 20(5): 398-400
颜静宛，林琳，王锋. 2005. 获得基因侧翼序列位点信息的几种扩增方法. 福建农业学报(增刊): 125-129
杨保安，范家霖，张建伟，等. 1996. 辐射与组培复合育成"霞光"等 4 个菊花新品种. 河南科学, 14(1): 57-60
杨余，范燕，赵雪飞，等. 2011. 航天技术在花生新品种唐花 11 号选育上的应用. 花生学报, 40(3): 40-45
殷冬梅，杨秋云，杨海棠，等. 2009. 花生突变体的 EMS 诱变及分子检测. 中国农学通报, 25(05): 53-56
游建华，莫磊兴，曾慧，等. 2005. 利用 ^{60}Co-γ 辐射诱变育成糖能兼用型甘蔗新品种桂糖 22 号. 西南农业学报, 18(5): 552-556
于秀普，杜连恩，魏玉昌. 1994. 大豆新品种冀豆 8 号的选育. 中国油料, 16(4): 58-59
张帆，金维正，陈双燕，等. 2004. 质粒营救法和 TAIL-PCR 法获得水稻 T-DNA 旁邻序列的效率比较. 农业生物技术学报, (1): 10-13

张宏纪，刁艳玲，孙连发，等. 2008. 航天诱变新品种龙辐麦 18 的选育及其主要特征特性分析. 核农学报, 22(3): 243-247
张月学，李成权，申忠宝，等. 2007. 太空环境诱变苦荬菜的细胞学研究. 草业科学, 24(9): 38-41
张治国，吕亚慈，高慈，等. 2006. 水稻 T-DNA 标签突变体库的创建与初步鉴定//中国农业生物技术学会第三届会员代表大会暨学术交流会论文摘要集
赵明霞，孙海燕，隋炯明，等. 2012. 离体筛选花生抗逆突变体及其后代特征特性研究. 核农学报, 26(8): 1106-1110
赵明霞，王晓杰，乔利仙，等. 2011. 平阳霉素对花生体细胞胚胎发生的影响. 核农学报, 25(2): 0242-0246
赵婷，王俊宏，徐国忠，等. 2011. 花生高产优质育种与生物技术应用的研究进展. 热带作物学报, 2011, 32(11): 2187-2195
周立名，王飞，王佳. 2009. EMS 诱变处理定向筛选猕猴桃耐盐突变体研究. 西北农业学报, 18(5): 330-335, 340
朱保葛，路自显，耿玉轩，等. 1997. 烷化剂 EMS 诱发花生性状变异的效果及高产突变系的选育. 中国农业科学, 30(6): 87-89
Ahn JH, Kim J, Yoo SJ, et al. 2006. Isolation of 151 mutants that have developmental defects from T-DNA tagging. Plant Cell Physiol, 10: 1093-1093
Alonso JM, Stepanova AN, Leisse TJ, et al. 2003. Genome-wide insertional mutagenesis of arabidopsis thaliana. Science, 301: 653-657
Ayliffe MA, Pallotta M, Langridge P, et al. 2007. A barley activation tagging system. Plant Molecular Biology, 64(3): 329-347
Beguiristain T, Grandbastien MA, Puigdomenech P, et al. 2001. Three Tnt1 subfamilies show different stress-associated patterns of expression in tobacco, consequences for retrotransposon control and evolution in plants. Plant Physiol, 127(1): 212-221
Bhatt AM, Lister C, Crawford N, et al. 1998. The transposition frequency of Tag1 elements is increased in transgenic *Arabidopsis* lines. Plant Cell, 10(3): 427-434
Bishop GJ, Koncz C. 2002. Brassinosteroids and plant steroid hormone signaling.Plant Cell, 14(Suppl): S97-110
Booker J, Sieberer T, Wright W, et al. 2007. MAX1 encodes a cytochrome P450 family member that acts downstream of MAX3/4 to produce a carotenoid-derived branch-inhibiting hormone. Dev Cell, 8(3): 443-449
Branch WD. 2003. Registration of "Georgia-02C" peanut. Crop Sci, (43): 1883-1884
Cao H, Bowling SA, Gordon AS, et al. 1994. Characterization of an Arabidopsis mutant that is nonresponsive to inducers of systemic acquired resistance. Plant Cell, 6: 1583-1592
Casacuberta J M, Vernhettes S, Grandbastien MA. 1995. Sequence variability within the tobacco retrotransposon Tnt1 population. EMBO J, 14: 2670-2678
Chinnusamy V, Jagendorf A, Zhu JK. 2005. Understanding and improving salt tolerance in plants. Crop Science, 45: 437-448
Chu Y, Holbrook CC, Ozias-Akins P. 2009. Two alleles of *ahFAD2B* control the high oleic acid trait in cultivated peanut. Crop Sci, (49): 2029-2036
Clouse SD, Langford M, Mcmorris TC. 1996. A Brassinosteroid-insensitive mutant in *Arabidopsis thaliana* exhibits multiple defects in growth and development. Plant Physiology, 111: 671-678
Dong X. 2001. Genetic dissection of systemic acquired resistance.Curr Opin Plant Biol, (4): 309-314
Feldmann KA, Marks MD, Christianson ML, et al. 1989. A dwarf mutant of *Arabidopsis* generated by T-DNA insertion mutagenesis.Science, 243(4896): 1351-1354
Fitzmaurice WP, Nguyen LV, Wernsman EA, et al. 1999. Transposon tagging of the sulfur gene of tobacco using engineered maize Ac/Ds elements. Genetics, 153(4): 1919-1928
Fladung M, Polak O. 2012. Ac/Ds-transposon activation tagging in poplar: A powerful tool for gene discovery. BMC Genomics, 13: 1-61
Fu ZQ, Yan S, Saleh A, et al. 2012. NPR3 and NPR4 are receptors for the immune signal salicylic acid in plants. Nature, 486(7402): 228-232
Gabriëls SH, Vossen JH, Ekengren SK et al. 2007. An NB-LRR protein required for HR signalling mediated by both extra- and intracellular resistance proteins. Plant J, 50(1): 14-28
Gilchrist EJ, Haughn GW, et al. 2005. TILLING without a plough: a new method with applications for reverse genetics. Curr. Opin. PlantBiol, 8(2): 211-215
Hayashi H, Czaja I, Lubenow H, et al. 1992. Activation of a plant gene by T-DNA tagging: auxin-independent growth in vitro. Science, 258(5086): 1350-1353

Hirochika H, Sugimoto K, Otsuki Y, et al. 1996. Retrotransposons of rice involved in mutations induced by tissue culture. Proc Natl Acad Sci USA, 93(15): 7783-7788

Ishitani M, Liu J, Halfter U, et al. 2000. SOS3 function in plant salt tolerance requires N-myristoylation and calcium binding. Plant Cell, 12(9): 1667-1678

Jain SM. 2001. Tissue culture-derived variation in crop improvement. Euphytica, 118: 153-166

Jander G, Norris SR, Rounsley SD, et al. 2001. Arabidopsis map-based cloning in the post-genome era. Plant Physiol, 129(2): 440-450

Jeong DH, An S, Kang HG, et al. 2002. T-DNA insertional mutagenesis for activation tagging in rice. Plant Physiology, 130(4): 1636-1644

Jung S, Swift D, Sengoku E. 2000. The high oleate trait in the cultivated peanut(*A. hypogaea* L). I. Isolation and characterization of two genes encoding microsomal oleoyl-PC desaturases. Mol Gen Genet, 263: 796-805

Kaeppler SM, Phillips RL, Olhoft P. 1998. Molecular basis of heritable tissue culture-induced variation in plants. *In*: Jain SM, Brar DS, Ahloowalia. Somclonal Variation and Induced Mutations in Crop Improvement. Dordrecht: Kluwer Academic Publishers: 467-486

Kang JS, Frank J, Kang CH, et al. 2008. Salt tolerance of *Arabidopsis thaliana* requires maturation of N-glycosylated proteins in the Golgi apparatus. PNAS, 105(15): 5933-5938

Kim JH, Nguyen NH, Jeong CY, et al. 2013b. Loss of the R2R3 MYB, AtMyb73, causes hyper-induction of the SOS1 and SOS3 genes in response to high salinity in *Arabidopsis*. J Plant Physiol, 170(16): 1461-1465

Kim YS, Sakuraba Y, Han SH, et al. 2013a. Mutation of the Arabidopsis NAC016 transcription factor delays leaf senescence. Plant Cell Physiol, 54(10): 1660-1672

Kolesnik T, Szeverenyi I, Bachmann D, et al. 2004. Establishing an efficient Ac/Ds tagging system in rice: Large-scale analysis of Ds flanking sequences. The Plant Journal, 37(2): 301-314

Koprek T, McElroy D, Louwerse J, et al. 2000. An efficient method for dispersing Ds elements in the barley genome as a tool for determining gene function, The Plant Journal, 24(2): 253-263

Kuromori T, Hirayama T, Kiyosue Y, et al. 2004. A collection of 11800 single-copy Ds transposon insertion lines in *Arabidopsis*. The Plant Journal, 37(6): 897-905

Laufs P, Autran D, Traas JA. 1999. Chromosomal paracentric inversion associated with T-DNA integration in *Arabidopsis*. Plant J, 18: 131-139

Lee JH, Lee SY. 2002. Selection of stable mutants from cultured rice anthers treated with ethylmethane sulfonic acid. Plant Cell. Tissue and Organ Culture, 71: 165-171

Li C, Schilmiller A L, Liu G, et al. 2005. Role of β-oxidation in jasmonate biosynthesis and systemic wound signaling in tomato. Plant Cell, 17(3): 971-986

Li HJ, Xue Y, Jia DJ, et al. 2011. POD1 regulates pollen tube guidance in response to micropylar female signaling and acts in early embryo patterning in *Arabidopsis*. Plant Cell, 23(9): 3288-1302

Liu J, Ishitani M, Halfter U, et al. 2000. The *Arabidopsis thaliana* SOS2 gene encodes a protein kinase that is required for salt tolerance. PNAS, 97(7): 3730-3734

Liu YG, Robert FW. 1995. Thermal asymmetric interlaced PCR: automatable amplification and sequencing of insert end fragment from P1 and YAC clones for chromosome walking. Genomics, 25: 674-681

López Y, Nadaf HL, Smith OD, et al. 2002. Expressed variants of $\triangle^{12}$-fatty acid desaturase for the high oleate trait in spanish market-type peanut lines. Molecular Breeding, 9(3): 183-192

Lukowitz W, Gillmor CS, Scheible WR. 2000. Positional cloning in *Arabidopsis*. Why it feels good to have a genome initiative working for you. Plant Physiol, 123(3): 795-805

Malamy J, Carr JP, Klessig DF, et al. 1990. Salicylic acid: A likely endogenous signal in the resistance response of tobacco to viral infection. Science, 250: 1002-1004

Mathews H, Clendennen SK, Caldwell CG, et al. 2003. Activation tagging in tomato idenfies a transcriptional regulator of anthocyanin biosynthesis, modification and transport. The Plant Cell, 15(8): 1689-1703

McCallum CM, Comai L, Greene EA, et al. 2000. Targeting induced local lessions in genomes(TILLING)for plant functional genomics. Plant Physiol, 123: 439-442

McElver J, Tzafrir I, Aux G, et al. 2001. Insertional mutagenesis of genes required for seed development in *Arabidopsis thaliana*. Genetics, 159(4): 1751-1763

Mou Z, Fan W, Dong X. 2003. Inducers of plant systemic acquired resistance regulate NPR1 function through redox changes. Cell, 113: 935-944

Muller HJ. 1927. X-ray induced mutation of *Drosophila virilis*. Science, 66: 84-87

Muller HJ. 1930. Types of visible variations induced by X-rays in *Drosophila*. J Genet, 22: 299-334

Muthusamy A, Vasanth K, Sivasankari D, et al. 2007. Effects of mutagens on somatic embryogenesis and plant regeneration in groundnut. Biologia Plantarum, 51(3): 430-435

Nacry P, Camilleri C, Courtial B, et al. 1998. Major chromosomal rearrangements induced by T-DNA transformation in *Arabidopsis*. Genetics, 149(2): 641-650

Nakayama N, Arroyo JM, Simorowski J, et al. 2005. Gene trap lines define domains of gene regulation in *Arabidopsis* petals and stamens. The Plant Cell, 17(9): 2486-2506

Nakazawa M, Yabe N, Ichikawa T, et al. 2001. DFL1, an auxin-responsive GH3 gene homologue, negatively regulates shoot cell elongation and lateral root formation, and positively regulates the light response of hypocotyl length. Plant J, 25(2): 213-221

Norden AJ, Gorbet DW, Knauft DA. 1987. Variability in oil quality among peanut genotypes in the florida breeding program. Peanut Sci, 14: 7-11

Ochman H, As G, Hartl D. 1988. Genetic applications of an inverse polymerase chain reaction. Genntics, 120: 621-623

Patel M, Jung S, Moore K, et al. 2004. High-oleate peanut mutants result from a MITE insertion into the FAD2 gene.Theor Appl Genet, 108(8): 1492-1502

Phillips RL, Kaeppler SM, Olhoft P. 1994. Genetic instability of plant tissue cultures: breakdown of normal controls, Proc Natl Acad Sci USA, 91: 5222-5226

Pieterse CM, van Loon LC. 2004.NPR1: the spider in the web of induced resistance signaling pathways. Curr Opin Plant Biol, 7: 456-464

Qu S, Desai A, Wing R, et al. 2008.A versatile transposon-based activation tag vector system for functional genomics in cereals and other monocot plants. Plant Physiology, 146(1): 189-199

Rommens CMT, Rudenko GN, Dijkwel PP, et al. 1992. Characterization of the Ac/Ds behaviour in transgenic tomato plants using plasmid rescue. Plant Molecular Biology, 20(1): 61-70

Sallaud C, Gay C, Larmande P, et al. 2004. High throughput T-DNA insertion mutagenesis in rice: a first step towards in silico reverse genetics. Plant J, 39(3): 450-464

Shi H, Ishitani M, Kim C, et al. 2000. The *Arabidopsis thaliana* salt tolerance gene SOS1 encodes a putative Na^+/H^+ antiporter. Proc Natl Acad Sci USA, 97(12): 6896-901

Shi H, Kin YS, GuoY, et al. 2003. The *Arabidopsis* SOS5 locus encodes a putative cell surface adhesion protein and required for normal cell expansion. Plant Cell , 15(1): 19-32

Shi H, Zhu JK. 2002. SOS4, a pyridoxal kinase gene, is required for root hair development in *Arabidopsis*. Plant Physiol, 129(2): 585-593

Singer T, Burke E. 2003. High-throughput TAIL-PCR as a tool to identify DNA flanking insertions. Methods Mol Biol, 236: 241-272

Sivaram MR Co. 1985. a new high yielding mutant variety of groundnut. Mutation Breeding News letter, (25), 25: 5-6

Slade AJ, Fuerstenberg SI, Loeffler D, et al. 2005. A reverse genetic, nontransgenic approach to wheat crop improvement by TILLING. Nat Biotechnol, 23(1): 75-81

Springer PS, McCombie WR, Sundaresan V, et al. 1995. Gene trap tagging of PROLIFERA, an essential MCM2-3-5-like gene in *Arabidopsis*. Science, 268. 5212.: 877-880

Staswick PE, Tiryaki I, Rowe ML. 2002. Jasmonate response locus JAR1 and several related *Arabidopsis* genes encode enzymes of the firefly luciferase superfamily that show activity on jasmonic, salicylic, and indole-3-acetic acids in an assay for adenylation. Plant Cell, 14: 1405-1415

Sun Y, Zhang W, Li F, et al. 2000. Identification and genetic mapping of four novel genes that regulate leaf development in *Arabidopsis*. Cell Res, 10: 325-335

Sun Y, Zhou Q, Zhang W, et al. 2002. ASYMMETRIC LEAVES1, an *Arabidopsis* gene that is involved in the control of cell differentiation in leaves. Planta, 214: 694-702

Sundaresan V, Springer P, Volpe T, et al. 1995. Martienssen R. Patterns of gene action in plant development revealed by enhancer trap and gene trap transposable elements. Genes, 9(14): 1797-1810

Venkatachalam P, Jayabalam N. 1997. Selection and regeneration of groundnut plants resistant to the pathotoxic culture filtrate of *Cercosporidium* personation through tissue culture technology. Applied Biochemistry and Biotechnology, 61(3): 351-364

von Schaewen A, Frank J, Koiwa H. 2008. Role of complex N-glycans in plant stress tolerance. Plant Signal Behav, 3(10): 871-873

Weigel D, Ahn JH, Blázquez MA, et al. 2003. Activation tagging in *Arabidopsis*. Plant Physiology, 122(4):

1003-1013

Woodward C, Bemis SM, Hill EJ, et al. 2005. Interaction of auxin and ERECTA in elaborating *Arabidopsis* in florescence architecture revealed by the activation tagging of a new member of the YUCCA family putative flavin monooxygenases. Plant Physiol, 139(1): 192-203

Xu L, Xu Y, Dong A, et al. 2003. Novel as1 and as2 defects in leaf adaxial-abaxial polarity reveal the requirement for ASYMMETRIC LEAVES1 and 2 and ERECTA functions in specifying leaf adaxial identity. Development, 130(17): 4097-4107

Yadeta KA, Hanemian M, Smit P, et al. 2003. The Arabidopsis thaliana DNA-binding protein AHL19 mediates *Verticillium* wilt resistance. Mol Plant Microbe Interact, 24(12): 1582-1591

Yu H, Chen X, Hong YY, et al. 2008a. Activated expression of an *Arabidopsis* HD-START protein confers drought tolerance with improved root system and reduced stomatal density. Plant Cell, 20(4): 1134-1151

Yu S, Pan L, Yang Q, et al. 2008b. Comparison of the Δ^{12} fatty acid desaturase gene between high-oleic and normal-oleic peanut genotypes. J Genet Genomics, 35(11): 679-685

Yu Y, Ding J, Fu Y, et al. 2002. Construction of T-DNA(maize mobile element Ds)inserted map of transgenic rice. International rice congress abstract: 283

Zhang JW, Li CS, Wu CY, et al. 2006. RMD: a rice mutant database for functional analysis of the rice genome. Nucleic Acids Res, 34: 745-748

Zhao MX, Sun HY, Ji RR, et al. 2013. In vitro mutagenesis and directed screening for salt-tolerant mutants in peanut. Euphytica, 193(1): 89-99

第八章　花生非编码 RNA 研究

第一节　非编码 RNA 的概念

非编码 RNA（non-coding RNA）是指生物体内存在的一类不翻译蛋白质的 RNA，包括核糖体 RNA（ribosomal RNA，rRNA）、转运 RNA（transfer RNA，tRNA）、核仁小分子 RNA（small nucleolar RNA，snoRNA）、小核 RNA（small nuclear RNA，snRNA），以及近年来发现的具有调节功能的非编码 RNA，主要包括小干扰 RNA（small interfering RNA，siRNA）、微 RNA（microRNA，miRNA）、Piwi-interacting RNA（piRNA）和长链非编码 RNA（long non-coding RNA，lncRNA）。目前，这些具有调节功能的非编码 RNA 逐渐成了生物科学研究的热点，在 2002 年、2003 年连续两年被《科学》杂志评为十大科技新闻。《自然》杂志也将小分子 RNA 评为 2002 年度最重要的科技发现之一。

一、RNAi 和基因沉默

在这些非编码 RNA 中，最早被发现的是 siRNA，siRNA 也被称为小分子干扰 RNA 或者沉默 RNA，是一类长度为 20～25 个核苷酸的双链 RNA，主要通过参与 RNA 干扰（RNA interference，RNAi）途径调节基因的表达。RNAi 是指双链 RNA 片段通过结合核酸酶复合物后形成 RNA 诱导沉默复合物（RNA-induced silencing complex，RISC），RISC 通过碱基配对定位到同源 mRNA 转录物中，并降解结合的 mRNA，从而特异地抑制靶基因转录后表达的现象，由于 RNAi 作用发生在转录后水平，所以又被称为转录后基因沉默（post-transcriptional gene silencing，PTGS）。20 世纪 20 年代，人们发现，受到病毒侵染后的植物能够产生对另外一种亲缘关系相近病毒的抵抗力。此后，美国康奈尔大学的 Guo 和 Kemphues（1995）在利用反义 RNA 技术研究秀丽隐杆线虫（*Caenorhabditis elegans*）的 *par1* 基因功能时，发现将与目标基因 mRNA 互补的反义 RNA 和正义 RNA 导入线虫细胞，都能够抑制目标基因的表达，并且认为正义 RNA 和反义 RNA 作用机制不同。1996 年，美国加州大学 Jorgensen 等（1996）报道了在植物上也有 RNAi 现象，他们将色素积累相关的查耳酮合成酶（chalcone synthase）基因导入矮牵牛中，希望得到颜色更加绚丽的花朵，但出乎意料的是，在转基因矮牵牛中查耳酮合成酶基因的表达受到抑制，从而使花朵出现花斑或条纹状，但是当时 RNAi 概念还没有提出，他们把这个现象称为共抑制（co-suppression）。直到 1998 年，美国华盛顿卡耐基研究院的 Fire 等（1998）将体外转录得到的单链 RNA 纯化后注射线虫发现，基因抑制的效果非常微弱，而注射纯化后的双链 RNA 则能够高效地特异阻断相关基因的表达，因此认为双链 RNA 才是诱导基因沉默的关键因子，并对 Guo 等工作中发现的正义 RNA 引起的基因沉默现象做了合理解释，提出了 RNAi 的概念。RNAi 的发现揭示了生物体内发育调控的一种新机制，也为目标基因沉默提供了潜在的技术手段。这一重大发现也使 Fire 和 Mello 获得了 2006 年的诺贝尔生理学或医学奖。随后，RNAi 现象在真菌、拟南芥、斑马鱼等大多数真核生物中均被发现。

RNAi 被提出以后，对其分子机制的研究也立即成为科学家研究的热点之一。目前对 RNAi 在真核生物体内的产生和作用的分子机制已经比较清晰，关于 dsRNA 的产生主要有以下几种情况：外源病毒侵染引入的 RNA，转座子转录，内源性基因表达形成的发夹 RNA（short hairpin RNA，shRNA），转基因导入的外源 RNA（Geley and Müller，2004），以及最近刚刚发现的 trans-acting siRNA（ta-siRNA），ta-siRNA 是生物内源的 mRNA 被 miRNA 切割后形成的（Vazquez et al.，2004）。此外，随着对 siRNA 分子机制研究的不断深入，越来越多的生物体内源的 siRNA 被发现和定义，例如，natural-antisense transcript-derived siRNA（nat-siRNA）、heterochromatic siRNA、repeat-associated siRNA（ra-siRNA）等。这些内源的 siRNA 产生的机制各不相同，有些是生物体应答生物胁迫和非生物胁迫后产生的，有些是由 miRNA 的剪切引起的。目前，在这些 siRNA 的遗传进化、作用机制及调节机制等方面还有很多未解之谜，对这些 siRNA 的研究也将是非编码 RNA 研究的重要方面。在 RNAi 的加工机制方面，研究证明双链 RNA 首先与核酸内切酶 Dicer 结合，并被切割成 21～23 nt 的小片段，这些小片段的 5′端带有磷酸基团，3′端为羟基并且含有两个突出的单核苷酸，即形成 siRNA。随后一部分 siRNA 与体内多个蛋白质一起结合形成 RISC，并且降解靶 mRNA。另一部分 siRNA 则可能在 RNA 依赖性 RNA 聚合酶（RNA-dependent RNA po1ymerase，RdRp）的作用下，以靶 mRNA 为模板，以 siRNA 为引物合成新的 dsRNA，再次被加工并且切割靶 mRNA，从而形成级联放大效应，因此，微量的 dsRNA 也可能引起目标 mRNA 的降解（Nishikura，2001）。

二、miRNA 的发现和作用机制

miRNA 是生物体内存在的一类内源的具有调控功能的非编码 RNA，一般长度为 18～24 nt。目前，miRNA 是非编码 RNA 中研究比较深入的一类，其在生命体生长和发育过程中具有重要调节作用，miRNA 的发现为基因及其表达调控研究打开了一个新的窗口，miRNA 研究也被称为 RNA 研究的二次革命。1993 年，美国哈佛大学 Victor Ambors 实验室在秀丽隐杆线虫中首次发现了 miRNA：*lin-4*，他们发现控制线虫幼虫发育时序的已知基因 *lin-4* 并不编码任何蛋白质，而是折叠形成一种茎环结构，并且产生长约 22 nt 的小 RNA（Lee et al.，1993）。随后 Gary Ruvkun 实验室发现 *lin-4* 和 *lin-14* 基因的 3′非编码区（3′UTR）存在多个互补的位点，进一步研究表明 *lin-4* 能够特异抑制 *lin-14* mRNA 的翻译（Wightman et al.，1993）。这两个重要的发现首次报道了 miRNA 和靶基因，标志着一种新的转录后基因调控机制的发现。但是，在第一个 miRNA *lin-4* 发现后的几年时间内，对 miRNA 的研究似乎没有任何进展，直到 2000 年，第二个 miRNA *let-7* 的发现才真正掀起了 miRNA 研究的热潮（Reinhart et al.，2000）。

近年来，随着高通量测序等技术的发展，大量的 miRNA 被克隆和鉴定。目前，在英国 Sanger 的 miRNA 数据库 miRBase（http://www.mirbase.org）中报道的 miRNA 成熟体已经有 30 424 条，这些 miRNA 来源于人、线虫、小鼠、斑马鱼、鸡、猪、拟南芥、水稻、玉米等200个物种，随着研究的进一步开展，miRNA的数量还将继续增加。尽管不同物种的miRNA在组成、表达量和基因组中定位等方面存在差异，但所有的miRNA基因必须经过转录、加工等过程才能发挥作用。首先，miRNA在细胞内转录成较长的初级转录产物（primary miRNA，pri-miRNA），然后被RNaseⅢDrosha（在植物中为DCL1，一种RNaseⅢ家族的Dicer同源物）切割成为前体miRNA（miRNA precusor，pre-miRNA），在转运蛋白exportin-5的作用下由核内转到胞质中，被进一步剪切为成熟体miRNA，成熟体miRNA和siRNA作用机制类似，先与其他蛋白质组成沉默复合物，然后通过降解靶基因mRNA或者抑制靶基因mRNA翻译的方式参与动植物生命活动的调控，如生长发育、免疫和防御、胚胎发育、器官形成、细胞增殖和凋亡等。在真核细胞内，一个miRNA能够标靶一个以上的靶基因，而多个miRNA也可以同时作用于一个靶基因。由于很多miRNA具有自己的启动子原件，miRNA的表达具有组织特异性，而且受外部环境的调节。因此，miRNA对其靶基因的调控具有广泛性、复杂性和协作性。对miRNA调控网络的解析将是后基因组时代基因表达调控的重要领域。

三、siRNA和miRNA的异同

作为现在研究最为深入的非编码RNA，siRNA和miRNA在来源、合成机制、作用机制等方面有很多不同。

在来源上，miRNA起源于细胞内源的、能形成发夹结构的单链前体RNA，大多miRNA的前体定位在基因组的基因间区（intergenic region），也有一些定位在内含子区域（intronic region），有些miRNA在物种间具有很高的保守性。miRNA可以有自己的启动子启动转录，也有个别的miRNA产生在编码基因的外显子区（exonic region），即单个转录单位可以同时编码蛋白质和miRNA（Cai et al.，2004）。而siRNA主要起源于双链RNA分子，产生双链RNA的分子可能是外源病毒侵染引入的RNA、转座子转录、内源性基因表达形成的发夹RNA及转基因导入的外源RNA。

siRNA和miRNA在生物合成途径上具有一些相同的特征，但也存在一些不同的地方。两者都是从较长的RNA分子中被RNase III家族的Dicer或者类似Dicer的酶复合体剪切而来的。两者诱发沉默的过程相似，都需要和Argonaute（AGO）等蛋白质形成沉默复合体。在siRNA和miRNA合成过程中起关键作用的Dicer和AGO蛋白可能是同一基因家族的不同成员。阐明Dicer和AGO蛋白家族不同成员的偏好性及作用有助于进一步揭示siRNA和miRNA介导的沉默机制。此外，植物siRNA和miRNA都能够引起DNA的甲基化。

在作用机制方面，siRNA与mRNA的一部分编码区完全互补，而miRNA可以与一个或者多个mRNA的某些序列部分互补或者完全互补，很多靶基因非编码RNA的结合位点位于3′非编码区，miRNA有时能够引起靶基因mRNA的降解，也能够在不引起mRNA降解的情况下阻遏靶蛋白质的翻译（Filipowicz et al.，2005）。

四、其他具有调控功能的非编码RNA

除了siRNA和miRNA之外，生物体内还存在其他一些非编码RNA。例如，

Piwi-interacting RNA（piRNA），piRNA是一类存在于动物体内的依赖于Piwi蛋白的小分子RNA，长度是29～30 nt（Girard et al.，2006）。piRNA在哺乳动物的睾丸中可以和Piwi蛋白结合形成piRNA沉默复合物（piRNA complexe，piRC），在控制转座子跳跃等方面具有重要作用。长链非编码RNA（long non-coding RNA，lncRNA）是指长度超过200 nt的一类非编码RNA，主要存在于真核生物中。由于不编码蛋白质，这些长链非编码RNA也曾经被认为没有生物学功能，然而，越来越多的证据表明lncRNA在生物体内具有重要的调节作用。对这些非编码RNA的深入研究将有助于解释更多的生物现象。

第二节　植物miRNA的研究

一、植物miRNA概述

1993年，第一个线虫miRNA *lin-4*被报道，2000年，Reinhart等鉴定了第二个线虫miRNA *let-7*。2002年，植物miRNA才被首次报道。植物miRNA的研究起步较晚，但是发展迅速。2002年有3个研究小组报道了植物miRNA的存在。Reinhart等（2002）在发现了*let-7*之后又从模式生物拟南芥中鉴定了16个miRNA，其中8个miRNA在水稻基因组中非常保守，并且证明植物miRNA的生物合成类似于动物miRNA，都需要有Dicer蛋白同系物的参与，认为植物miRNA在植物发育过程中具有很重要的作用。美国俄勒冈州立大学Llave等（2002）也从拟南芥中鉴定了125个miRNA前体，分析结果表明90%的miRNA位于基因的间隔区。同年美国罗格斯大学的Park等（2002）证明了甲基化修饰酶*HEN1*（Hua enhancer 1）在植物miRNA生物合成途径中的作用，并且从拟南芥中也鉴定了十几个miRNA，并预测在玉米和烟草中可能也有miR159、miR167等miRNA。随后几年，在植物miRNA的合成机制、克隆鉴定和功能分析等方面的研究取得了很大的进展。

1. 植物miRNA的合成及作用机制

植物miRNA生物合成的过程和动物的类似。首先miRNA在RNA聚合酶II（PolII）催化下转录成pri-miRNA，pri-miRNA被RNaseIII（Dicer-like1，*DCL1*）切割为pre-miRNA，形成miRNA双链复合物（miRNA: miRNA*）的结构，这个过程可能需要*HYL1*（hyponastic leave 1）和其他因子的帮助。miRNA: miRNA*在甲基化修饰酶*HEN1*的作用下被甲基化。被甲基化修饰的miRNA: miRNA*在*EXPORTIN5*的同源基因*HST*（Hasty）的协助下从细胞核运往细胞质。解旋后成熟的甲基化miRNA与AGO1组装成RISC复合体，成熟体的互补链降解，也可能与AGO1蛋白组成RISC。miRNA形成RISC后主要通过3个途径来调节基因的表达。第一，特异性地剪切靶基因mRNA，例如，拟南芥miR164可以结合并剪切互补的*NAC1*转录因子，从而实现对*NAC1*下游生长素信号途径的调控，进而影响侧根等的发育（Guo et al.，2005）。第二，阻遏靶基因的翻译，即miRNA可以通过结合靶基因mRNA的3′UTR进而抑制mRNA的翻译，例如，在拟南芥中miR172通过翻译抑制调节花同源异型基因*APETAL4*的表达参与花的发育，APETAL4蛋白的积累受miR172的调节，但是*APETAL4* mRNA的表达水平和miR172的表达水平无关（Chen，

2004)。第三，介导表观修饰引起基因沉默，例如，在分化细胞中，miR165/166 通过与新转录的 *PHABULOSA*（*PHB*）的 mRNA 相互作用，引起靶基因启动子区域 DNA 发生甲基化，从而影响基因的表达（Mallory and Bouché，2008）。

除了在生物合成过程中和动物 miRNA 存在不同外，在其他方面植物 miRNA 也有很多特点。①植物 pre-miRNA 的长度变化更大（64～303 nt），而动物 miRNA 前体一般为 60～70 nt，这也使得植物 miRNA 茎环结构（stem-loop）更加复杂，更加稳定。②动物 miRNA 大多数与靶基因 3′ UTR 结合，在结合互补区错配较多，所以动物 miRNA 对靶基因的调控以阻遏翻译为主。而植物 miRNA 多以近乎完全互补的方式与靶基因结合，与靶基因的结合区域主要在蛋白质编码区，也有非编码区，植物 miRNA 对靶基因 mRNA 的切割效率更高。③植物 miRNA 的成熟体以 21 nt 为主，而动物 miRNA 成熟体长度多为 22～23 nt，这可能是由于动植物 miRNA 合成途径中 Drosha 和 Dicer 的切割偏好性不同。④植物 miRNA 的 5′端第一个碱基偏好尿嘧啶（U），有一种说法认为第一个碱基为 U 的成熟体 miRNA 热力学稳定性差，更容易被 AGO 等蛋白所俘获并形成 RISC。⑤植物 miRNA 保守性很好，如普遍认为植物中存在 miR156、miR157、miR159 等二十几个在单子叶和双子叶植物中保守的 miRNA 家族（Jones-Rhoades et al.，2006），这使得植物 miRNA 的生物信息学预测相对更可靠。

在植物 miRNA 与靶基因 mRNA 互作的过程中，miRNA 与靶基因 mRNA 的碱基互补配对具有一些特点，例如，剪切位点一般发生在 miRNA 的第 10 个与第 11 个碱基之间，在 miRNA 的 5′端 2～8 个碱基几乎不存在错配。根据这些特点可以利用生物信息学方法进行植物 miRNA 靶基因的预测。对预测得到的靶基因可以通过 5′RACE、农杆菌瞬时表达和降解组测序等方法进行验证。过去对植物保守 miRNA 家族靶基因的预测和功能验证结果显示，大部分的保守 miRNA 家族的靶基因是各种转录因子。例如，miR156 标靶 SBP 转录因子，miR159/319 标靶 MYB 和 TCP 转录因子，miR164 标靶 NAC 转录因子；另外，miR162 标靶 Dicer 蛋白，miR168 标靶 AGO 蛋白。说明 miRNA 在调节自身生物合成的过程中也具有重要作用。

2. 植物 miRNA 的克隆和鉴定

鉴于 miRNA 在植物中所起的重要作用，miRNA 的研究已引起广泛的关注。克隆鉴定更多的 miRNA 对理解 miRNA 介导的基因表达调控及 miRNA 的多样性有重要意义。目前，克隆 miRNA 的途径有两种，直接克隆法和生物信息学预测法。直接克隆法：提取植物的总 RNA，富集 17～30 nt 小 RNA 分子，构建小 RNA 文库，并对文库进行测序鉴定 miRNA。生物信息学预测法则依据很多 miRNA 具有高度保守性，如许多拟南芥 miRNA 家族中成员的表达可在裸子植物、蕨类植物、石松纲植物和苔藓植物中检测到，因此，可以在未知物种中进行保守 miRNA 的预测。Zhang 等（2006）利用这种方法从玉米、小麦等 60 多种植物中预测了 338 个 miRNA。相比生物信息学预测的方法，直接克隆的方法可以减少对基因组信息的依赖。随着 Solexa、Solid 等二代测序技术的发展和各种 miRNA 预测软件的出现，直接克隆的方法和生物信息学方法的结合越来越紧密，这也极大地推动了植物 miRNA 鉴定的研究。目前，植物中已经鉴定并在数据库中登陆的 miRNA 有 5132 个成熟体（表 8-1），大部分来源于模式植物和重要的作物如拟南芥 299 个，水稻

591 个，玉米 172 个，小麦 42 个，大豆 506 个，苜蓿 675 个，花生 23 个。此外，在苹果（206 个）、杨树（323 个）、葡萄（163 个）等重要经济树种中也鉴定了大量 miRNA（http://www.mirbase.org/）。

表 8-1　已鉴定的植物 miRNA

物种	拉丁名	前体/个	成熟体/个
衣藻	*Chlamydomonas reinhardtii*	50	85
云杉	*Picea abies*	40	41
高山松	*Pinus densata*	31	31
火炬松	*Pinus taeda*	37	38
小立碗藓	*Physcomitrella patens*	229	280
卷柏	*Selaginella moellendorffii*	58	64
刺苞菜蓟	*Cynara cardunculus*	48	57
向日葵	*Helianthus annuus*	8	9
绢毛葵	*Helianthus argophyllus*	8	8
蓝茎向日葵	*Helianthus ciliaris*	3	3
Helianthus exilis	*Helianthus exilis*	2	2
Helianthus paradoxus	*Helianthus paradoxus*	3	3
原野向日葵	*Helianthus petiolaris*	3	3
菊芋	*Helianthus tuberosus*	16	16
琴叶拟南芥	*Arabidopsis lyrata*	201	375
拟南芥	*Arabidopsis thaliana*	299	338
油菜	*Brassica napus*	90	92
卷心菜	*Brassica oleracea*	6	7
芜菁	*Brassica rapa*	39	43
番木瓜	*Carica papaya*	1	1
甜瓜	*Cucumis melo*	120	120
蓖麻	*Ricinus communis*	63	63
橡胶树	*Hevea brasiliensis*	28	28
木薯	*Manihot esculenta*	10	10
相思树	*Acacia auriculiformis*	7	7
花生	*Arachis hypogaea*	23	32
马占相思	*Acacia mangium*	3	3
大豆	*Glycine max*	506	555
野大豆	*Glycine soja*	13	13
百脉根	*Lotus japonicus*	3	4
苜蓿	*Medicago truncatula*	675	719
菜豆	*Phaseolus vulgaris*	8	10
豇豆	*Vigna unguiculata*	18	18
地黄	*Rehmannia glutinosa*	13	13
洋地黄	*Digitalis purpurea*	13	13
鼠尾草	*Salvia sclarea*	18	18

续表

物种	拉丁名	前体/个	成熟体/个
木本棉	*Gossypium arboreum*	1	1
草本棉	*Gossypium herbaceum*	1	1
陆地棉	*Gossypium hirsutum*	37	39
雷蒙德氏棉	*Gossypium raimondii*	4	4
可可树	*Theobroma cacao*	82	82
蓝花耧斗菜	*Aquilegia caerulea*	45	45
木白茅	*Bruguiera cylindrica*	4	4
木榄	*Bruguiera gymnorhiza*	4	4
苹果	*Malus domestica*	206	207
甜橙	*Citrus sinensis*	60	64
柑橘枳	*Citrus trifoliata*	6	6
克莱门柑	*Citrus clementine*	5	5
红橘	*Citrus reticulata*	4	4
胡杨	*Populus euphratica*	5	5
毛果杨	*Populus trichocarpa*	323	369
番茄	*Solanum lycopersicum*	44	44
烟草	*Nicotiana tabacum*	163	165
马铃薯	*Solanum tuberosum*	11	11
葡萄	*Vitis vinifera*	163	186
节节麦	*Aegilops tauschii*	2	2
短柄草	*Brachypodium distachyon*	135	136
油棕	*Elaeis guineensis*	6	6
高羊茅	*Festuca arundinacea*	15	15
大麦	*Hordeum vulgare*	67	69
水稻	*Oryza sativa*	591	708
高粱	*Sorghum bicolor*	206	242
甘蔗	*Saccharum officinarum*	16	16
甘蔗	*Saccharum* ssp.	18	19
小麦	*Triticum aestivum*	42	42
圆锥小麦	*Triticum turgidum*	1	1
玉米	*Zea mays*	172	321
总计		5132	5945

二、miRNA对植物生长发育的调节作用

近年来的研究表明，miRNA通过调节转录因子、激素信号蛋白、代谢途径的关键酶等靶基因的表达参与调控植物胚胎发育、组织分化、器官分离、激素信号转导、开花与育性等生物过程。作为一种内源的非编码RNA，miRNA参与到了植物生长发育的各个方面，miRNA的表达对于植物生长和发育是必需的。

1. miRNA 对植物胚胎发育的调控

植物胚胎发育是一个受到高度调控的复杂而有序的生物过程，从受精开始到种子成熟，胚胎发育经历了合子激活、细胞分裂与分化、极性建立、模式形成、器官发生和储藏物质累积等重要过程。早期的原胚要经过球形胚、心形胚、鱼雷胚、子叶胚和成熟胚等阶段。在植物胚胎发育过程各个阶段存在大量特异表达的 miRNA，预示着植物胚胎发育与 miRNA 密切相关。植物 miRNA 的总体表达水平影响植物胚胎的正常发育。例如，miRNA 生物合成途径的关键酶 DCL1 突变后会直接影响 miRNA 的合成，进而引起植物体内 miRNA 的总体表达水平下降。对拟南芥 DCL1 突变体的表型分析发现，其胚胎发育严重受损，该突变体的胚即使在胚抢救培养基上培养也无法生存。胚本体（embryo proper）在早期就停止发育，而胚柄（suspensor）细胞持续分裂繁殖，形成巨型胚柄（Schwartz et al.，1994）。此外，另有一个 DCL1 突变体由于外珠被比野生型短而命名为 sin1（short integument 1），sin1 的胚没有正常的布局分化，缺少顶端分生组织，多数胚不能存活（Ray et al.，1996）。而在植物 miRNA 生物合成途径中另一个关键蛋白 AGO1 在胡萝卜体细胞胚发育过程中特异表达，预示着 miRNA 表达控制系统在体细胞胚发育过程中具有重要作用。当用 RNAi*AGO1* 基因表达后，会引起植物胚胎发育的异常，茎尖分生组织不能正常分化为顶端原始细胞，根尖分生组织异常等，最终引起成胚后生长差、生长停滞等表型（Takahata，2008）。Luo 等（2008）从水稻分化的和未分化的胚性愈伤组织中分离出 31 个 miRNA，其中 16 个为新发现的 miRNA。分析表明许多 miRNA 在愈伤组织分化过程中表达发生了改变。例如 miR397，其调控的靶基因为漆酶（laccase），漆酶为一种多酚氧化酶，参与植物次生生长中细胞壁的增厚和木质化。在水稻未分化的胚性愈伤组织中 miR397 高水平特异表达，而在分化的胚性愈伤和其他组织中几乎检测不到。预示着 miR397 和漆酶基因的互作在愈伤组织分化过程中扮演了重要的角色。在火炬松中通过 Northern 杂交和实时定量 PCR 实验表明，许多保守的 miRNA 如 miR159、miR166、miR167、miR171 和 miR172，在合子胚和雌配子体中的表达具有组织特异性。在合子胚和雌配子体中 miR166 都能够切割其靶基因 *HB15L*，而 miR167 则只在合子胚中切割靶基因 *ARF8L*。*AGO1* 的同源基因 *Argonaute 9-like* 的 mRNA 表达水平在合子胚和雌配子体中也不相同（Oh et al.，2008）。上述研究表明 miRNA 是植物胚胎发育过程中重要的调控因子。

2. miRNA 调控植物开花和花器的发育

植物开花及花器的发育是植物从营养生长向生殖生长转换完成生活史的重要环节。对于小麦、玉米和水稻等作物来说，开花及花器的发育能直接关系到产量等农艺性状。植物开花有多条诱导途径，在光周期、温度等环境因素和自身激素等的诱导下，经过光周期途径、春化途径、自主途径、赤霉素途径和温敏途径等一系列过程，最终启动成花决定过程的调控基因，引起花芽分化和花器官的形成。过去的研究表明这几个途径有很多转录因子参与。例如，AP2 转录因子，植物中 AP2 转录因子的基因主要有 *TOE1*（*TARGET OF EAT1*）、*TOE2*、*SNZ*（*SCHNARCHZAPFEN*）和 *SMZ*（*SCHLAFMUTZE*），这些都是 miR172 的靶基因。在拟南芥中过量表达 miR172 或者沉默 *toe1* 会引起早花的表型。这说明在拟南芥中 miR172 对 *TOE* 基因的调控是诱导启动正常的开花程序所必需的。小麦易脱粒基因（*Q*）基因也属于 AP2 转录因子家族，不仅和小麦穗型相关而且和株高等相关，预测表明 *Q* 基因也是小麦 tae-miR172a 的靶基因。在玉米中，AP2 转录因子被证实和花器的发育相关，是 miR172 的靶基因，受到 miR172 的调控（Chuck et al.，2008）。在水稻中，过量表达 miR172 引起花器发育的异常和小穗的变化（Zhu et al.，2009）。

对拟南芥等植物的研究表明，另一类保守的 miRNA 家族 miR156/157 对于开花植物的发育阶段转变、花的形成、开花时间起着重要的调节作用。SQUAMOSA 启动子结合蛋白（squamosa promoter binding protein like，SPL）是植物特有的一类转录因子。SPL 转录因子家族具有许多重要的生物学功能，其中也包括对植物开花过程的调控。模式植物拟南芥中有 16 个 *SPL* 基因，*SPL3*、*SPL4* 和 *SPL5* 和开花时间相关，上调 *SPL3*、*SPL4* 和 *SPL5* 的表达会使分生组织特征的转变提前；SPL9 启动 FRUITFULL（*FUL*）、SUPPRESSOR OF OVEREXPRESSION OF CONSTANS1（*FOC1*）和 AGAMOUS-LIKE 24（*AGL24*）的转录，*SPL3* 启动 *FUL*，LEAFY（*LFY*）和 *AP1* 的转录，*SPL4* 和 *SPL5* 启动 *FUL*、*SOC1*、*LFY*、*AP1* 和 *FT* 的转录，这表明 SPL 调控开花和花分生组织决定。拟南芥中有 11 个 *SPL* 基因是 miR156 家族 miRNA 的靶基因，在转录后水平受到 miR156 的调控。在拟南芥和玉米中，miR156 在营养生长早期高水平表达，随后会随着发育进程逐渐下降，而靶基因 *SPL* 的表达量逐渐上升，进而激活下游基因的表达，诱导植物开花（Jiao et al.，2010；Lal et al.，2011）。

对拟南芥等植物的研究表明，miR164 调控的靶基因是 NAC 转录因子，该类转录因子的功能涉及生长发育、抵御各种生物和非生物胁迫等。其中 *CUP-SHAPED COTYLEDON1*（*CUC1*）、*CUC2* 和 *CUC3* 在植物分生组织维持和侧生器官分化过程中起着重要作用，*CUC1* 和 *CUC2* 直接受 miR164 的调控，表明 miR164 在植物茎尖分生组织两侧器官的分化、器官边界的形成和器官的增殖过程中可能具有重要的调控作用。拟南芥中 miR164c 调控花瓣的数量，突变后将引起开花初期花中出现多余的花瓣，然而 miR164a 和 miR164b 在花芽时期对于花瓣数量的调节作用甚微（Baker et al.，2005）。当 miR164a、miR164b 和 miR164c 同时突变后，其靶基因 *CUC1* 和 *CUC2* 表达水平显著提高，引起心皮融合、花瓣与萼片数增加、雄蕊数减少、花器官大小和叶序发生变化（Sieber et al.，2007）。

植物中还有其他一些保守的 miRNA 家族参与植物开花及花器官的发育。miR165/miR166 通过调节其靶基因 *HD-ZIPIII*（class III homeodomain-leucine zipper）类转录因子来调控花器近轴-远轴的极性建成（Husbands et al.，2009）。miR167 通过降解 Aux/IAA 和生长素应答因子 ARF 家族的 *ARF6* 的 mRNA 及抑制 *ARF8* 的 mRNA 翻译进而对植物花的发育产生影响。miR393 也通过结合生长素受体家族基因 *TIR1*（TRANSPORT INHIBITOR RESPONSE 1）和 *AFB*（AUXIN SIGNALING F-BOX）来维持花的正常发育（Nag and Jack，2010）。在拟南芥中过量表达 miR159a 将引起植物雄蕊发育不全，育性降低，而 miR159a 或 miR159b 突变后将不能形成完整的花。同时突变 miR159a 和 miR159b 的转基因植株表现出矮化、顶端优势降低、育性降低、种子形状不规则等表型。miR319a 功能缺失突变体的花瓣宽度变小，花瓣和雄蕊长度变短，说明 miR159/miR319 家族在调控花器官的大小和形状方面也发挥着重要作用（Nag et al.，2009）。

3. miRNA 参与调控植物叶片发育

叶片是植物进行光合作用的主要器官，对植物的生命活动起着重要的作用。叶片的发育开始于叶原基，从顶端分生组织（shoot apical meristem，SAM）向外分化，之后叶原基分化出叶片。叶片的发育和形态建成有 3 个重要的发育过程，分别是基-顶轴的发育、腹-背轴的发育（近-远轴）和中-边轴的发育。

miRNA 参与叶的近-远轴非对称发育。叶的近-远轴非对称发育是叶发育中非常关键的过程之一，最近的研究表明，miR390/ARF 调控叶片的极性生长。在拟南芥中 miR390 切割 TAS3 会衍生一系列 ta-siRNA，其中的 ta-siR2141 和 ta-siR2142（或称为 tasiR-ARF）调控 *ARF3* 和 *ARF4* 的表达，参与叶的极性发育。玉米的 LEAF BLADELESS1（*LBL1*）是 ta-siRNA 生物合成所必需的基因，该基因突变后，*lbl1* 突变体的叶片表现为显著远轴化的针状叶。

miRNA 参与植物叶片叶近轴面的发育。*HD-ZIP III* 基因是叶近轴面发育的一类关键基因，它们在叶的近轴面表达，并在转录后受到 miRNA 的调控。拟南芥中编码 HD-ZIPIII 基因 *PHB*、*PHV 和 REV* 最初在 SAM 和整个叶原基中表达，随后在叶原基的近轴面区域表达，突变后其侧生器官都表现出近轴面的结构。进一步研究发现这 3 个基因都受 miRNA165/166 的调控。在玉米中 *REV* 的同源基因 *Rld1-O* 在与 miR166 匹配的位点发生了一个单核苷酸的突变，导致 *Rld1-O* 不能被 miR166 正常切割，使得该基因在叶片的远轴面持续表达，从而引起叶片近轴面的卷曲（Nelson et al.，2002）。

miRNA 可能参与植物叶片基-顶轴的发育。植物叶片基-顶轴发育也是植物叶片发育的重要过程。在这个过程中 *SPL*（SQUAMOSA promoter-binding protein-like）具有重要作用。在玉米中，*SPL* 突变会引起叶片发育的异常。例如，已经报道的一个玉米 SPL 突变体 *liguleless1*（*lg1*）在苗期叶舌发育与野生型没有显著差异，成熟叶片的叶舌显著变短甚至完全消失。在水稻和拟南芥中已经证明很多 SPL 转录因子是受 miRNA 调控的。

另外，miR172 除参与植物开花及花器官发育外，还与 AP2 转录因子家族的 *glossy15*（*GL15*）基因相互作用参与植物叶片从幼叶到成熟叶的转变过程的调控。*GL15* 基因对于维持叶片的幼嫩阶段非常重要，在幼嫩叶中 *GL15* 基因高水平表达，过量表达 *GL15* 将会推迟叶片的成熟。在 miR172 调控下可以降低 *GL15* 的表达，从而促使叶片转为成熟。表明 miR172 与 *GL15* 的互作使叶片由幼嫩向成熟转变（Lauter et al.，2005）。miR164 对 NAC 转录因子的调控，miR159/319 对 MYB 和 TCP 转录因子的调控也在叶片发育的过程中发挥了重要作用，如过量表达 miR319 导致拟南芥叶片皱缩。

miRNA 对生长发育的调控，在很多情况下是通过调控激素信号实现的。植物激素是一些在植物体内合成，可以从产生部位输送至作用部位，微量浓度即可对植物体产生某种生理作用的活性有机物，如生长素类、赤霉素类、细胞分裂素类、脱落酸和乙烯等。植物激素广泛参与植物的生长发育过程，如细胞分裂与伸长、组织与器官分化、开花与结实、成熟与衰老、休眠与萌发等。植物激素也在植物响应外界胁迫的调控过程中发挥了重要作用。生长素响应因子是一类调控生长素响应基因表达的转录因子，通过特异结合生长素响应原件促进或者抑制下游基因的表达。研究表明，植物激素的信号转导途径的很多关键基因都是 miRNA 的靶基因。拟南芥中 *ARF10*、*ARF16* 和 *ARF17* 是 miR160

的靶基因，*ARF6* 和 *ARF8* 是 miR167 的靶基因。拟南芥中 miR160 可调控 *ARF10* 和 *ARF16* 基因的表达，过量表达 miR160 或者沉默 *ARF10* 和 *ARF16* 都引起根尖的异常（Wang et al.，2005）。 此外，miR160 对于 *ARF10* 的负调控在种子萌发和后期胚胎发育过程中具有重要作用，而且还涉及生长素信号通路和 ABA 信号通路的互作。另外，生长素的受体 *TIR1* 是 miR393 等 miRNA 的靶基因（Liu et al.，2007）。最近的研究还表明，miR319 的靶基因 *TCP*（TEOSINTE BRANCHED/CYCLOIDEA/PCF）是茉莉酸生物合成途径中重要的基因（Liu et al.，2009）。此外，拟南芥中还有一些 miRNA 通过参与 ta-siRNA 的生物合成途径来参与激素信号的转导，如 miR173、miR390 等通过切割 mRNA 产生 TAS1、TAS2 和 TAS3，进而调节生长素的应答（Fahlgren et al.，2006）。

Liu 等（2009）系统分析了水稻保守 miRNA 在五大植物激素（生长素、赤霉素、细胞分裂素、脱落酸和乙烯）处理下的表达情况，结果显示，6 个保守 miRNA 对不同激素处理出现了响应，其表达被上调或者被抑制。其中 miR159a 在乙烯处理下表达下调；miR167f 在脱落酸处理下表达下调；miR168a 在生长素处理下表达下调；miR169I 在生长素处理下表达上调、在脱落酸处理下表达下调；miR319a 同时响应 3 种激素，在赤霉素处理下上调表达，而在细胞分裂素和脱落酸处理下表达下调；miR394 在乙烯处理下表达上调。进一步分析显示，这些保守 miRNA 的启动子区域存在响应激素的顺式作用元件 ABRE 或者 GARE。以上的研究表明 miRNA 在植物激素信号转导途径中具有重要作用。

综上所述，不同的 miRNA 在调控植物胚胎发育、叶片发育等过程中发挥了重要作用。

三、miRNA 调控植物对逆境胁迫的响应

逆境胁迫主要包括非生物胁迫（低温、干旱、高盐、高温、水淹、营养等）和生物胁迫（虫害、病菌侵染等）。逆境胁迫会诱导植物相关基因的表达，进而引起植物物质积累和代谢途径发生改变，从而使植物作出相应的适应性调整。越来越多的证据表明 miRNA 在植物应对逆境胁迫过程中起到重要的调控作用。

1. miRNA 与低温和高温胁迫

低温是限制植物生长、发育和地理分布的一种非生物胁迫因素。研究表明，多种 miRNA 可通过调控生长素或脱落酸信号途径，响应植物低温胁迫。通过筛选拟南芥的小 RNA 文库，发现 miR393 和 miR397 受到低温胁迫的诱导（Sunkar and Zhu，2004）。通过全基因组测序及基因芯片杂交的方式进一步确认 miR397 在拟南芥和短柄草中容易受到低温胁迫的诱导（Zhang et al，2009；Liu et al.，2008）。芯片杂交的结果还显示，其他一些 miRNA 如 miR172、miR171、miR169 和 miR408，也受到低温胁迫的诱导（Liu et al.，2008）。Lu 等（2008）发现在毛果杨中 miR477、miR168 在低温下表达上调，miR156、miR475、miR476 在低温下被诱导。拟南芥 miR398 的表达也容易受到低温诱导（Zhou et al.，2008）。

高温胁迫可引起小麦和水稻等作物结实率降低、品质下降，并且引起果树和果菜类落花落果。在我国大约有 70%的小麦种植面积经常受到干热风的影响，这种高温胁迫严重缩短小麦的灌浆期，使灌浆期提前结束，不仅造成减产而且会严重影响小麦的加工品

质。当植物受到高温胁迫时，植物会根据接受的高温信号作出适当的生理响应以维持其生命活动的进程。热激蛋白、ABA、JA、SA 和 miRNA 在植物响应高温胁迫的过程中都发挥了重要作用。研究发现，耐热小麦品系 TAM107 在热胁迫下 miR172 下调表达，miR156、miR159、miR160、miR166、miR168、miR169、miR827 和 miR2005 则上调表达（Xin et al.，2010）。

2. miRNA 与干旱胁迫

干旱是目前作物生产过程中所面临的最普遍和严重的非生物胁迫之一。目前中国农田的灌溉水大约占全国总耗水量的 80%，受旱农田面积是每年 1000 多万公顷，全国农田灌溉区每年缺水量约 300 亿 m^3。干旱已经成为威胁作物产量和粮食安全的重要因素。研究表明，植物适应干旱胁迫的能力受其自身基因的调控，在这个过程中 miRNA 也发挥了很重要的作用。

Zhao 等（2007）用芯片杂交的方法证明干旱胁迫诱导水稻的 miR169g 的表达，miR169g 是 miR169 家族中唯一能够被干旱诱导的 miRNA，预示着 miR169g 可能在水稻响应干旱胁迫时具有重要作用。研究发现，miR169g 在根部的表达量比在茎部高，在 miR169g 基因的上游有干旱响应的顺式作用元件（DRE），表明在干旱胁迫时 miR169g 在根与其他组织中可能参与了不同的信号转导过程。nuclear factor Y（*NF-Y*）转录因子家族的 NFYA5 具有 miR169 的靶位点，*NFYA5* 功能缺失和过量表达 miR169a 均能引起转基因植株对干旱胁迫更加敏感，相反，如果过量表达 *NFYA5* 则能有效提高转基因拟南芥的耐旱性，证实了 *NFYA5* 也参与拟南芥 miR169 响应干旱胁迫的过程。研究还发现，干旱胁迫抑制拟南芥 miR169a 和 miR169c 的表达，这个过程是在 ABA 通路调控下完成的（Li et al.，2008）。在番茄中也发现 miR169 在干旱胁迫下诱导表达，其靶基因（包括 3 个 nuclear factor Y subunit gene 和一个 multidrug resistance-associated protein）表达则显著下调，在番茄中过量表达 miR168c 可以有效减少转基因番茄的气孔开发，降低蒸腾效率，减少叶片水分流失，从而提高转基因番茄的耐旱性（Zhang et al.，2011b）。有意思的是，在拟南芥中过量表达 miR169 能够降低植物耐的旱性，而在番茄中过量表达 miR169 则能提高植物的耐旱性。

在植物响应干旱胁迫的过程中 ABA 起了重要作用。一方面，当面对干旱环境时，植物叶片中 ABA 的含量增多，在 ABA 调控下促进钾离子、氯离子和苹果酸根离子外流，从而促进气孔关闭。另一方面，ABA 含量的提高也抑制了植物侧根的发育，这有利于主根的继续伸长，从而从深层土壤中吸收水分。在这个过程中 miR393 是通过调控生长素信号通路中的两个关键基因 *TIR1* 和 *AFB*（auxin-binding F-box）来实现的（Chen et al.，2012）。在拟南芥中过量表达大豆的 miR394a 降低了其靶基因 F-box 转录因子基因（*At1g27340*）的表达量，并且能够提高转基因拟南芥的耐旱性（Ni et al.，2012）。

在其他很多植物中也有耐旱 miRNA 的克隆和鉴定的报道。通过生物信息学分析在耐旱模式植物小立碗藓（*Physcomitrella patens*）中鉴定了 16 个耐旱相关的 miRNA，并且指出 miR902a-5p 和 miR414 可能在小立碗藓耐旱过程中起着重要作用（Wan et al.，2011）。通过芯片和 qRT-PCR 的方法从野生二粒小麦（*Triticum turgidum* ssp. *dicoccoides*）中鉴定了 13 个干旱响应的 miRNA（Kantar et al.，2011）。此外，苜蓿、杨树、木薯等植物中也有耐旱相关 miRNA 的报道。

3. miRNA 与盐胁迫

据不完全统计，全世界盐碱地的面积约为 9.5 亿 hm^2，其中我国为 9913 万 hm^2，分布在 23 个省、市、自治区，约占全国可耕地面积的 25%。黄河三角洲地区有盐碱地 44 万 hm^2，占全区耕地总面积的 52.5%，而且盐碱地的面积每年新增大约 6000 hm^2。盐胁迫已成为我国乃至世界范围内影响农业生产的最重要的环境胁迫因子之一。如何开发和利用大面积的盐碱地，提高植物特别是作物的耐盐性、改善盐碱地区的自然生态是未来农业和生态领域的重大课题。盐胁迫不仅会诱导植物蛋白质编码基因如 *SOS*、*NHK*，*HKT* 等的表达，也诱导一些非蛋白质编码基因的表达。近年来已经从拟南芥、水稻、玉米等植物中鉴定了大量盐胁迫响应的 miRNA。

拟南芥中有多个保守 miRNA 响应盐胁迫（Sunkar and Zhu，2004）。研究发现，拟南芥中 miR397 在高盐条件下上调表达，导致靶基因 *LAC*（laccase-like protein）和 *CKB3*（subunit of casein kinase）的 mRNA 水平下降。在拟南芥中过量表达 miR397 基因的转基因植株，抗盐性提高，相反，抑制 miR397 基因的表达，植物的耐盐能力减弱（国际专利：WO 2007/103767 A2）。芯片研究结果显示，拟南芥在 300 mmol/L 的 NaCl 处理下有多个保守 miRNA 的表达出现了变化（Liu et al.，2008）。拟南芥 miR417 的表达受盐、干旱和 ABA 胁迫的影响，过量表达的结果表明 miR417 在拟南芥盐胁迫条件下种子萌发过程中起负调控作用（Jung and Kang，2007）。在毛白杨中，miR398 在盐胁迫诱导 3～4 h 后表达量上调，48 h 后表达量下降，在 72 h 后表达量再次上调；而在拟南芥中，miR398 表达受盐胁迫抑制，而且其表达量恒定（Jia et al.，2009）。 在玉米中通过芯片杂交的方式鉴定了 18 个盐胁迫下特异表达的 miRNA（Ding et al.，2009）。在水稻中，miR396c 和 miR393 在盐胁迫下表达量变化很大，在水稻和拟南芥中过量表达水稻的 miR396c 和 miR393 能够明显降低水稻的耐盐性（Gao et al.，2010，2011），证明这两个 miRNA 在植物耐旱方面具有重要的负调控作用。在耐盐野生大豆 ZYD3474 中，miR319、miR160 和 miRN2 在盐胁迫条件下上调表达，miRN18 在盐胁迫条件下下调表达，并且系统比较了 miRNA 在野生大豆和栽培大豆 Williams 82 在盐胁迫下 miRNA 的表达谱，相关性分析表明，miR164 和 miR167 与植物耐盐性负相关，miR319 与植物耐盐正相关。通过比较耐盐棉花品系山农 91-11 和盐敏感品种鲁棉 6 号在盐胁迫条件下 miRNA 的表达谱，从两个棉花品种中鉴定了 27 个差异表达的 miRNA（李春贺等，2009）。

4. miRNA 与植物的营养胁迫

在植物整个生长期内，碳、氢、氮、磷、钾、钙、硫、铁、锰、锌、铜等营养元素发挥了重要的作用，营养元素的缺乏会严重影响植物的生长速度和产量。研究表明 miRNA 直接参与了植物营养元素的代谢过程。例如，miR169 调控植物氮元素代谢；miR399、miR827 和 miR2111 调控植物的磷元素代谢；miR395 调控硫元素的转运、吸收和代谢过程；miR397、miR398、miR408 和 miR857 参与植物的铜元素代谢。

氮元素是蛋白质、氨基酸、核酸等的组成元素。在所有营养元素中，氮营养元素对作物的生长和产量的影响最大。在植物中有大量的 miRNA 响应氮素的胁迫。其中 miR169

与其靶基因调控植物响应氮胁迫，已经研究得比较清楚。在氮胁迫条件下，拟南芥的根和叶中 miR169a 表达量显著减少，而其靶基因 *NFYA*（nuclear factor Y，subunit A）的表达量明显增高，说明 miR169a 可能在拟南芥响应低氮胁迫的过程中发挥作用。在拟南芥中过量表达 miR169a，其靶基因 *NFYA5* 调控的下游基因 *AtNRT1.1* 和 *AtNRT2.1* 的表达量显著减少，转基因后代在缺乏无机氮的各种培养基上均表现出早衰的表型，说明转基因拟南芥对氮元素更加敏感。由此得出在低氮胁迫下 miR169 调控的模型，低氮胁迫抑制了 miR169 的表达，从而减轻了对靶基因 *NFYA* 的抑制，*NFYA* 表达的升高促进了下游调控基因 *NRT* 的表达，从而增强对氮的吸收能力（Zhao et al.，2011）。此外，研究还预测在低氮胁迫下 miR398 的表达受到抑制，其靶基因 *COX*（cytochrome coxidase）上调表达，从而生成更多的 ATP，促进植物根部吸收更多的氮等养分。通过高通量测序从拟南芥中鉴定了大量氮胁迫相关的 miRNA，其中包括 10 个低氮诱导表达的 miRNA 和 24 个低氮下表达下调的 miRNA。研究还发现了一个新的 miRNA（miR826），在氮缺乏条件下诱导表达，可能参与了调控芥子油苷的生物合成过程。miR160、miR167 和 miR171 通过与其靶基因的互作参与了植物响应低氮的胁迫，其调控有助于低氮逆境下促进植物根的发育（Liang et al.，2012）。此外，基因芯片表达分析表明，玉米叶片中 miR164、miR169、miR172、miR397、miR398、miR399、miR408、miR528、miR827 和根中的 miR160、miR167、miR168、miR169、miR319、miR395、miR399、miR408、miR528 可能在响应氮胁迫的过程中发挥了重要作用（Xu et al.，2011）。

磷元素是植物生长发育必需的 3 种大量元素之一。磷元素是细胞膜、核酸和 ATP 的重要组成元素。磷元素参与了植物细胞的生长和增殖、光合作用、呼吸作用、蛋白质的磷酸化、糖和淀粉的利用、能量的传递过程等生理活动。磷酸盐是植物吸收磷的主要形式，世界上多数的土壤都缺磷，土壤有效磷缺乏是一个世界性的作物生长限制性因素。缺磷会导致植物生长迟缓，植株矮小，分蘖减少，叶色暗绿等。miR399 是第一个被发现对磷胁迫具有调节作用的 miRNA。拟南芥中 miR399 家族有 6 个成员，均受低磷胁迫的诱导，而 miR399 的靶基因是在植物体内维持磷稳定的无机磷转运子（Pi transporter）和泛素结合酶（*UBC24*）这两个基因家族。磷酸盐缺乏时拟南芥 miR399 表达被上调，导致其靶基因泛素结合酶活性的抑制进而调节无机磷的均衡，以适应环境中有效磷利用的变化，*UBC* 表达下调对主根的延长、磷高亲和力转运子的表达（如 *AtPT1*）具有重要的作用，这些对保持植物体内磷的稳定至关重要。而过量表达 miR399 或 *UBC24* 缺陷的拟南芥则显示磷的毒害，由于磷的吸收增加，增强了其从根到茎的移动和磷在老叶中的滞留。在 6 个拟南芥 miR399 基因的上游都存在顺式作用元件“GNATATNC”。拟南芥中一类 MYB 类转录因子——PHR1（PHOSPHATE STARVATION RESPONSE 1）能够结合“GNATATNC”顺式作用元件。当 *PHR1* 突变后，低磷对 miR399 的诱导明显减弱，故推测 *PHR1* 可能通过结合“GNATATNC”上调 miR399 的表达（Fujii et al.，2005）。另有研究表明，低磷胁迫同样诱导油菜和西葫芦韧皮部中 miR399 的表达，但根系中并不存在 miR399 的初级转录产物，由此推测存在着一个由茎叶向根系转运的长距离运输过程来保证根系细胞内磷素水平的稳定。上述研究表明，miR399 在拟南芥等植物感受低磷胁迫从而保持体内磷稳定中具重要作用。高通量测序和实时定量 PCR 的结果证明，在拟南芥中其他一些 miRNA 也响应低磷的胁迫，如 miR778、miR827 和 miR2111 在低磷胁迫下上调表达，而 miR398 则在磷胁迫下下调表达（Pant et al.，2009）。对这些 miRNA 靶基因的鉴定和分子机制的研究将进一步解释 miRNA 在磷胁迫中的调节作用。

硫元素是几乎所有蛋白质的组成成分之一，在植物细胞的结构和功能中都有着重要作用。此外，硫元素还是甲硫氨酸、半胱氨酸、胱氨酸、硫辛酸、辅酶 A、硫胺素焦磷酸、生物素、腺苷酰硫酸、腺苷三磷酸、谷胱甘肽和硫氧还蛋白等生化物质的重要组成元素。植物主要通过根部吸收土壤溶液中的硫酸盐（SO_4^{2-}）来吸收外界的硫。硫酸盐转运蛋白（sulphate transporter，SULTR）参与了植物吸收硫的过程，负责植物体内硫酸盐的运输。硫酸盐运输到植物体内后，只有被 ATP 硫酸化酶催化转变成 5′-腺苷硫酸（5′-adenylysulfate，*APS*）后才能被激活，进而发生一系列生物反应。研究表明，拟南芥中负责硫酸盐转运的硫酸盐转运蛋白和激活硫酸盐的 ATP 硫酸化酶基因 *APS1*、*APS3*、*APS4* 都是 miR395 的靶基因，说明 miR395 能够同时调节硫代谢途径中两类不同的基因。在拟南芥中 miR395 的表达量和硫酸盐的浓度呈负相关。在低硫胁迫下，miR395 表达上调，其靶基因 *APS1* 表达下调；在硫元素正常的情况下，miR395 的表达受到抑制，*APS1* 转录水平增加（Jones-Rhoades et al.，2006；Kawashima et al.，2009）。在拟南芥中 *SLIM1*（sulfur limitation 1）在低硫胁迫下能够有效促进硫酸盐转运蛋白的转录，从而增强植物对土壤中硫酸盐的吸收能力，但是 *SLIM1* 是直接还是间接调控 miR395 的还不清楚。

miRNA 不仅在植物适应氮、磷和硫等大量元素的胁迫过程中具有重要作用，而且在响应铜、镉等微量元素胁迫过程中具有重要作用。铜元素是植物光合作用过程中必不可少的元素。在叶绿体中具有含铜的质体蓝素（plastocyanin，PC），可以通过铜化合价的变化传递电子；铜元素参与了植物活性氧的代谢，当光反应中产生的电子不能被及时利用时，氧分子容易形成超氧自由基，进而使整个有机体的代谢发生紊乱甚至导致机体死亡。Cu/Zn 超氧化物歧化酶（Cu/Zn-superoxide dismutase，CSD）具有催化超氧自由基歧化的作用，以保护叶绿体免受超氧自由基的伤害。研究发现，当植物体缺铜时，Cu/Zn 超氧化物歧化酶下调表达，其在叶绿体中的作用被 Fe 超氧化物歧化酶（Fe-superoxide dismutase）代替，在这个过程中 miR398 起到了重要作用。当铜元素缺乏时，miR398 被诱导上调表达，进而负调控其靶基因 Cu/Zn 超氧化物歧化酶基因，使其表达下调。另外，线粒体细胞色素 c 的一个亚基 COX5b-1 也受 miRNA398 的调控。miR398 在调节植物铜代谢平衡及应答过量铜离子胁迫方面具有重要作用（Abdel-Ghany and Pilon，2008）。拟南芥 miR397、miR408、miR857 也受低铜诱导表达，这些 miRNA 的靶基因都与铜元素相关，如 Plantacyanin 和漆酶等。可以推测 miRNA 对于维持植物体内铜元素的稳定，保证植物体正常生理活动必需铜元素的供应具有重要的作用。此外，miRNA 还可能在镉、铁、锌、锰、钴和汞等重金属元素的胁迫中具有调节作用（Ding et al.，2011；Mendoza-Soto et al.，2012；Zhou et al.，2008）。

5. miRNA 与其他非生物胁迫

在植物的生长和发育过程中，还可能会遇到其他一些形式的非生物胁迫，如紫外线辐射、氧化、机械、水淹胁迫等。例如，臭氧层变薄引起的紫外辐射增加对农作物的影响已成为当今研究的一个热点。紫外线 B（UV-B）辐射影响植物发育的各个方面，包括从种子萌发到开花结实的整个生命过程。过量的 UV-B 辐射会使植物积累活性氧（reactive oxygen species，ROS）产物和诱导抗氧化途径的产生，容易造成植物生理活动失调，限制其生长发育。通过基因芯片和生物信息学分析，从拟南芥中鉴定了 21 个在 UV-B 辐射下表达上调的 miRNA，这些 miRNA 分别属于 11 个 miRNA 家族。其靶基因的功能涉及植物的生长发育、信号转导、抗逆和抗病等相关的基因（Zhou et al.，2007）。在杨树中也报道了 24 个与 UV-B 辐射胁迫相关的 miRNA，这些响应 UV-B 辐射的 miRNA 的靶基因编码多种转录因子及与光信号转导相关的蛋白质（Jia et al.，2009）。以上的研究表明，miRNA 可能在植物适应 UV-B 辐射的过程中发挥了重要的调节作用。Zhang 等（2008）研究发现，玉米中多种 miRNA 在水淹胁迫下表达发生了改变。另外，在长期过度的重力或者风力的胁迫下，树木枝条能够产生自身的防御系统，产生一种特殊的软化组织纠正下倾的枝条，研究表明在枝条受到拉升或者挤压胁迫的过程中，miRNA 的表达发生了变化。这些 miRNA 的靶基因多为发育和胁迫相关或者代谢合成相关的基因，预示着 miRNA 可能参与了植物在机械胁迫下的防御作用。

6. miRNA 调控植物的抗病性

miRNA 在植物与病原菌互作过程中也发挥了重要作用。植物的内源 miRNA 是植物原始的天然免疫系统（Lu and Liston，2009；Zhang et al.，2011a）。病原菌在侵染植物的过程中会诱导产生大量 miRNA。例如，在烟草花叶病毒侵染下，烟草的 miR156、miR164、miR167 的表达水平急剧上升（Bazzini et al.，2007）。在番茄中，一些 miRNA 的表达水平受黄瓜花叶病毒的诱导（Lang et al.，2011）。另外，被病原菌或根瘤菌诱导的 miRNA 也越来越受到研究者的重视（Subramanian et al.，2008；Wang et al.，2009）。在与病菌互作的过程中，不同 miRNA 具有不同的调控机制。在番茄中发现 miRNA 本身可以标靶病毒的基因组和 ORF（Naqvi et al.，2011），在大豆中也发现了可以标靶病毒基因沉默抑制子的 miRNA（Song and Liu，2011），说明 miRNA 有可能通过直接沉默外源病毒的关键基因来抵抗外界病毒侵染。miRNA 也能够通过对其靶基因的调控间接地使植物作出适应性调节。例如，在拟南芥中，miRNA 通过抑制生长素受体 TIR1、AFB2 和 AFB3 抑制生长素信号，从而抑制病原菌的生长，提高植物抗病性（Navarro et al.，2006）。内源的 sRNA 在调控柑橘适应病菌胁迫的过程中发挥了重要作用，这些在病菌侵染后大量诱导的 miRNA 可以作为分子检测柑橘黄龙病的重要指标。该研究还发现柑橘黄龙病的发病症状和磷饥饿的症状相似，实验结果证明，柑橘的黄龙病和磷饥饿密切相关，它们之前的桥梁可能是 miR399（Zhao et al.，2013）。

鉴于 miRNA 在植物与病菌互作过程中所起的重要作用，在全基因组范围内克隆和鉴定更多的抗病 miRNA 对理解 miRNA 介导的抗病机制研究有重要意义。最近，大量的与抗病相关的植物 miRNA 被克隆和鉴定。Xin 等（2010）以白粉病病原菌侵染后的小麦叶片为材料，建立了小 RNA 文库，通过 Solexa 高通量测序获得了 24 个和白粉病相关的 miRNA。Zhang 等（2011a）利用不同时期番茄细菌性斑点病病原菌（丁香假单胞菌）侵染后的叶片，构建了 13 个拟南芥小 RNA 文库，从中鉴定了几十个和病原菌相关的 miRNA。Naqvi 等（2010）研究表明，番茄 miR159/319、miR172 与番茄曲叶病毒的抗病相关。罗茂等（2013）通过高通量测序从抗纹枯病玉米自交系 R15 和高感纹枯病玉米骨干自交系掖 478 中鉴定了大量玉米纹枯病胁迫相关的小 RNA。陈磊（2012）构建了感溃疡病和未感病北京杨的两个小 RNA 文库，并进行了 Solexa 高通量测序，发现北京杨感染溃疡病后总的保守 miRNA 的表达丰度比正常情况下高，而且 33 个 miRNA 表达量的变化非常显著。尽管对大部分抗病相关 miRNA 的调节机制还不清楚，但可以说 miRNA 是植物在受到病原菌侵染后基因表达调控的一个重要方面，是作物抗病研究的新方向。

植物的 miRNA 及 sRNA 引起的转录后基因沉默是植物抵御病毒侵染的一种内在免疫体系。而植物病毒则通过编码沉默抑制子来对抗植物的基因沉默体系。目前研究比较多的沉默抑制子有黄瓜花叶病毒（cucumber mosaic virus，CMV）编码的 2b 蛋白，Potyviruses 编码的 P1-HcPro，番茄丛矮病毒（tombusviruses）编码的 P19，芜菁黄花叶病毒（turnip yellow mosaic virus，TYMV）编码的 P69，烟草花叶病毒（tobacco mosaic virus，TMV）编码的 P122 等（Bazzini et al.，2007）。

四、人工 miRNA 及其应用

miRNA 是生物体内存在的一类内源的具有调控功能的非编码 RNA，已知 miRNA 在植物的生长发育、响应逆境胁迫等过程中发挥了重要的调控作用。miRNA 主要通过降解其靶基因的 mRNA、抑制靶基因的翻译或者结合抑制 3 种模式实现对其靶基因的调控。根据 miRNA 产生和作用的原理，特别是 miRNA 与其靶基因序列互补的特点，可以人为设计能够特异降解特定 mRNA 的 miRNA（artifical miRNA，amiRNA），从而在生物体内实现基因的表达沉默或者抑制特定基因的表达。人工 miRNA 技术一般利用内源 miRNA 前体骨架，通过替换 miRNA 序列产生具有新功能的 miRNA（Niu et al.，2006）。

基因沉默技术不仅是反向遗传学研究中基因功能验证的常用工具，同时也是植物品质、抗性等基因工程改良研究的重要内容。在植物中实现目的基因沉默的手段主要有以下几种：表达反义 RNA，即表达与靶核酸链互补的 RNA 分子，从而抑制靶核酸的功能；表达正义 RNA，即超量表达正义链导致共抑制实现基因沉默；构建 RNAi 表达载体，即在植物中表达长片段发卡结构 RNA 诱导基因沉默；病毒诱导基因沉默（virus-induced gene silencing，VIGS），即利用携带目标基因片段的病毒侵染植物后，可诱导植物内源基因沉默的现象。随着 siRNA 研究的深入，事实证明以上技术都是通过 siRNA 介导的。在过去 10 年中，RNAi 已被广泛应用于基因表达抑制的研究。由于 RNAi 使用较长的目标基因序列片段，体内剪切生成众多的 22 nt 的 siRNA 序列，通过 siRNA 介导的基因沉默技术容易出现“脱靶现象”（off-target）。

人工 miRNA 在目标基因沉默方面的潜力逐渐被人们认识。至少有 6 个拟南芥 miRNA 的前体（miR159a、miR319a、miR172、miR171、miR164b 和 miR169d）被成功用作 amiRNA 的前体骨架。Schwab 等（2006）利用拟南芥 pre-miRNA172 和 pre-miRNA319 作骨架，将 miRNA/miRNA*区替换成与目标 mRNA 互补的片段，形成了人工 miRNA，在拟南芥中超表达后引起表型的明显改变，证明 amiRNA 可以有效沉默单个和多个靶基因，并且在诱导型启动子或组织特异性启动子驱动下可以特异性地发挥作用。Warthmann 等（2008）利用水稻内源的 miR528 作骨架设计了标靶 *Pds*、*Spl11* 和 *Eui1/CYP714D1* 3 个基因的人工 miRNA 表达载体，结果表明在粳稻和籼稻中持续表达这些人工 miRNA 均可以切割靶基因的转录本，从而产生预期的表型，而且对靶基因的切割非常特异，在转基因后代中能够稳定遗传。Niu 等

（2006）通过修饰拟南芥 miR159 的前体获得了能够分别标靶 *P69* 和 *HC-Pro* 的人工 miRNA amiR-P69-159 和 amiR-HC-159，转基因拟南芥能够分别特异抵抗 TYMV 和 TuMV 感染。Qu 等（2007）设计了标靶黄瓜花叶病毒沉默抑制子 2b 的人工 miRNA，并在烟草中表达，获得了抗病毒的烟草植株，烟草的抗性水平和人工 miRNA 的表达水平呈正相关。

国内对 amiRNA 的研究也越来越多，并且取得了很大的进展。赵臻等（2010）通过重叠 PCR 的方法改造拟南芥 miR164a 骨架序列，构建抑制 *AtCDKC1* 和 *AtCDKC2* 基因的人工 miRNA 载体，结果表明，人工 miRNA 能够显著抑制目的基因的表达，获得了抑制效果明显的转基因植株。周露等（2011）利用人工 miRNA 干扰 DREB 亚族 *A-5* 组转录抑制子基因，增强了拟南芥对低温和高盐胁迫的耐受性。王会平等（2012）利用拟南芥 miR319a 的前体作为骨架，设计了标靶矮牵牛查耳酮合成酶（chalcone synthase，*CHS*）基因的人工 miRNA 转化导入矮牵牛，转基因植株花色变淡，花冠出现弥散的白色斑点或不规则的白色斑块，有的花冠几乎呈纯白色，*CHS* 的 mRNA 含量明显降低，花色素苷含量明显下降，表明拟南芥 miR319a 的前体作为表达人工 miRNA 的骨架在矮牵牛中可行，且能有效沉默结构基因。赵立群等（2011）构建了标靶棉花 Δ-12 脂肪酸去饱和酶基因（*FAD2*）的人工 miRNA，希望通过转化棉花以提高棉籽油中油酸的含量。李文超和赵淑清（2012）构建了抑制 *DUF647* 家族中两个基因的人工 miRNA 载体，在农杆菌介导下转化拟南芥，结果表明，人工 miRNA 能够显著抑制两个基因的表达，获得了抑制效果明显的转基因株系。

人工 miRNA 是近年来发展起来的一种可以使生物体内源基因或外源入侵基因沉默的新兴技术。人工 miRNA 可在组成型或组织特异性启动子控制下在活体细胞内高效表达，不仅可以有效干扰外源报告基因的表达，而且可以有效干扰一个或多个内源靶基因的表达。相比 RNAi 技术，人工 miRNA 具有特异性高、稳定性强和沉默效率高等优点，可能成为反向遗传学中基因功能研究的有效手段。

人工 miRNA 在培养抗病毒植物上也具有其独特的应用优势。RNAi 介导的基因沉默依赖 DCL4 途径，而病毒编码的抑制蛋白（基因沉默抑制子）可以抑制这种沉默，能够抑制 RNAi 机制的发生。人工 miRNA 通过 DCL1 途径，可以避开一些病毒抑制蛋白的拮抗作用；RNAi 介导的基因沉默在植物中转录长片段病毒基因组，这些病毒基因组序列可能与植物基因组重组，存在一些生物安全方面的隐患，而人工 miRNA 只引入 21 个碱基的外源序列，降低了此类风险的发生；田间病毒多是混合侵染，并不是一个纯的株系，而且病毒株系多、变异快，RNAi 等方法只能有效抵御部分株系，无法培育一种持久、广谱的抗病毒品种，人工 miRNA 可以允许错配的存在，因而可以针对病毒保守区设计人工 miRNA，使之有效抑制大多数病毒株系，并且当病毒发生突变后仍然能够保持抗病毒能力；RNAi 介导的基因沉默会产生一系列序列信息不明确的 siRNA，会造成“脱靶”现象，人工 miRNA 只产生一种 miRNA 成熟体，和靶基因的结合更加精确、高效、可控；低温能够抑制 RNAi 介导基因沉默的机制，在低温（<15℃）条件下，RNAi 转基因植株抗病毒能力明显下降，容易受到病毒的侵染。而人工 miRNA 介导的基因沉默在 15℃和 24℃下没有区别（Niu et al.，2006）。

第三节　花生 miRNA 的研究

花生是我国和世界上最重要的油料作物和经济作物之一，为人类提供了高品质的植物油和优质的蛋白质资源。花生 miRNA 研究的报道相对较少，目前仍处于起步阶段。截至 2013 年 12 月在 miRNA 数据库 miR 20.0(http://www.mirbase.org)中注册的花生 miRNA 共有 23 个，在植物 miRNA 数据库 PMRD（http://bioinformatics. cau.edu.cn/PMRD/）中有 36 个花生的 miRNA。所有这些 miRNA 都是作者所在实验室提交的。

花生 miRNA 的鉴定主要通过两种方式，一种是利用 NCBI 中花生的 EST 序列或者基因组序列，利用生物信息学的方法预测；另一种是通过构建 miRNA 富集文库结合高通量测序的方法直接克隆和鉴定。生物信息学预测主要根据 miRNA 的前体能够形成发夹和 miRNA 的保守性，许多拟南芥 miRNA 家族中成员的表达可在裸子植物、蕨类植物、石松纲植物和苔藓植物中检测到，这是生物信息学方法克隆 miRNA 的基础，利用不同程序如 MIRscan 和 MIRAlign 等预测不同植物中保守的 miRNA。然而，该方法对数据库中缺乏序列信息的植物就无能为力。因此，通过建库测序获得 miRNA 是目前很多作物最实际有效的方法。建库测序的方法不仅能鉴定保守的 miRNA，也能鉴定物种特异性的 miRNA。但传统的测序方法效率低、成本高，每个测序反应仅能获得 500 bp 左右的序列。近几年发展起来的 454 测序和 Solexa 等高通量测序技术极大地提高了测序效率，降低了测序成本，为花生 miRNA 的鉴定提供了便利条件。

一、利用生物信息学的方法鉴定花生 miRNA

利用生物信息学的方法，分析公共数据库中花生的序列信息，预测获得 6 个花生 miRNA，它们是 miR156a、miR159a、miR167a、miR319a、miR413、miR414，它们的前体序列分别是 NCBI 中花生 EST 序列 EG029201、EG028712、EE125995、EG028712、EG029072 和 EE126374，这些序列可形成典型的发夹结构（赵传志等，未发表数据）。潘玉欣和刘恒蔚（2010）利用 NCBI 中登记的花生 EST 序列和基因组序列，预测得到了 13 个 miRNA 和 20 个靶基因，其靶基因的功能涉及转录调控、新陈代谢、生长发育及胁迫响应等相关蛋白。

二、通过高通量测序鉴定花生 miRNA

利用高通量测序结合生物信息学的方法是目前 miRNA 鉴定的主要方法之一。山东省农业科学院生物技术研究中心率先构建了花生 miRNA 的富集文库。利用 Solexa 高通量测序技术获得了 600 多万条短序列，其中长度在 18～31 nt 的序列 459 万条。这些序列中丰度最高的是 24 nt 的小 RNA，它占总的小 RNA 数量的 45%。长度为 21 nt 的序列总计有 620 060 条，占总序列的 13.5%。由于大多数 miRNA 的长度多为 21 nt，因此，这些序列成为了后期筛选 miRNA 的分析重点。根据国际 miRNA 定义标准，利用这些小 RNA 序列，结合数据库中现有的 EST 序列或基因组序列信息，通过生物信息学分析，从花生中鉴定了 75 个保守 miRNA，它们属于 22 个 miRNA 家族。另外，还鉴定了 14 个新的 miRNA 家族。保守 miRNA 的丰度都较大，如 miR157a 的序列在库中测得 95 381 条，miR156a 的序列测得 17 058 条。多数保守 miRNA 家族中都包括两个或两个以上的成员。新的 miRNA 的丰度都非常低，除 miRn1 有 650 多条序列外，其他新 miRNA 只被测到几条或几十条，这与其他植物的研究结果是相符的。得利于高通量测序的优势，不仅可以比较不同 miRNA 家族的丰度情况，还可以比较同一家族中不同成员的丰度情况，由于不同成员的序列有的完全相同，只是前体不同，有的序列虽然不同，但也只有几个核苷酸的区别，用其他方法区分其表达差异是非常困难的（Zhao et al.，2010）。随后，山东花生研究所也完成了另一个花生 miRNA 文库的高通量测序和生物信息学分析，总共鉴定了 33 个家族的已知 miRNA 和 25 个新的 miRNA，利用 qRT-PCR 分析了 7 个 miRNA 在花生不同组织和种子不同发育时期的表达情况，进一步丰富了花生 miRNA 的序列和表达信息。对这些 miRNA 的靶基因也做了预测，307 个花生的转录本被预测为 miRNA 的靶基因，为揭示 miRNA 在花生中的功能奠定了基础（Chi et al.，2011）。表 8-2 列出了目前已经鉴定的花生保守的 miRNA，总计 83 个。表 8-3 中收录了迄今为止报道的 48 个新的花生 miRNA。

表 8-2　花生中保守 miRNA 的鉴定

miRNA 家族	名称	长度/nt	序列	同源 miRNA	参考文献 Zhao et al., 2010	参考文献 Chi et al., 2011
MIR156 /157	ahy-MIR157a	21	UUGACAGAAGAUAGAGAGCAC	ath-miR157a	+	+
	ahy-MIR156a	20	UGACAGAAGAGAGUGAGCAC	ath-miR156a	+	+
	ahy-MIR157	21	UUGACAGAAGAGAGUGAGCAC	gma-miR156k	−	+
	ahy-MIR156b	21	UGACAGAAGAGAGUGAGCACA	bna-miR156a	+	+
	ahy-MIR157d	20	UGACAGAAGAUAGAGAGCAC	ath-miR157d	+	+
	ahy-miR156c	21	UUGACAGAAGAGAGAGAGCAC	ahy-miR156c	+	+
	ahy-MIR156k	20	UGACAGAAGAGAGGGAGCAC	ptc-miR156k	+	+
	ahy-MIR156e	20	UGACAGAGGAGAGUGAGCAC	vvi-miR156e	+	+
	ahy-MIR157k	20	UGACAGAAGAGAGCGAGCAC	zma-miR156k-5p	+	+
	ahy-MIR156g	21	UUGACAGAAGAUAGAGGGCAC	mtr-miR156g	−	+
	ahy-MIR156c	21	CUGACAGAAGAUAGAGAGCAC	smo-miR156b	+	+
	ahy-MIR156g	20	CGACAGAAGAGAGUGAGCAC	ath-miR156g	+	+
	ahy-MIR156f	21	UUGACAGAAGAAAGAGAGCAC	smo-miR156c	+	+
	ahy-MIR156c	20	UGUCAGAAGAGAGUGAGCAC	ghr-miR156c	−	+
	ahy-MIR156g	20	ACAGAAGAUAGAGAGCACAG	gma-miR156g	−	+
	ahy-MIR156h	20	UGACAGAAGAAAGAGAGCAC	ath-miR156h	+	+
	ahy-MIR156j	21	UGACAGAAGAGAGAGAGCACA	osa-miR156k	−	+
	ahy-MIR156h	20	UGACAGAAGAGAGAGAGCAU	vvi-miR156h	−	+

续表

miRNA家族	名称	长度/nt	序列	同源 miRNA	参考文献 Zhao et al., 2010	参考文献 Chi et al., 2011
MIR159	ahy-MIR159a	21	UUUGGAUUGAAGGGAGCUCUA	ath-miR159a	+	+
	ahy-MIR159b	21	UUUGGAUUGAAGGGAGCUCUU	ath-miR159b	+	+
MIR160	ahy-MIR160a	21	UGCCUGGCUCCCUGUAUGCCA	ath-miR160a	+	+
	ahy-MIR160b	21	UGCCUGGCUCCCUGAAUGCCA	osa-miR160f-5p	+	+
MIR162	ahy-MIR162a	21	UCGAUAAACCUCUGCAUCCAG	ath-miR162a	+	+
MIR164	ahy-MIR164a	21	UGGAGAAGCAGGGCACGUGCA	ath-miR164a	+	+
	ahy-MIR164d	21	UGGAGAAGCAGGGCACGUGCU	osa-miR164d	+	+
	ahy-MIR164c	21	UGGAGAAGCAGGGCACGUGCG	ath-miR164c	+	−
	ahy-MIR164d	21	UGGAGAAGCAGGGUACGUGCA	osa-miR164c	+	+
	ahy-MIR166a	21	UCGGACCAGGCUUCAUUCCCC	ath-miR166a	+	+
MIR166	ahy-MIR166q	21	UCGGACCAGGCUUCAUUCCCG	gma-miR166j-3p	−	+
	ahy-MIR166g	21	UCGGACCAGGCUUCAUUCCUC	osa-miR166g-3p	+	+
	ahy-MIR166h	20	UCGGACCAGGCUUCAUUCCC	zma-miR166h-3p	+	−
	ahy-MIR166m	21	UCGGACCAGGCUUCAUUCCCU	osa-miR166m	+	+
	ahy-MIR166b	22	UCGGACCAGGCUUCAUUCCCGU	crt-miR166a	−	+
	ahy-MIR165a	21	UCGGACCAGGCUUCAUCCCCC	ath-miR165a	+	+
	ahy-MIR166b	22	UCGGACCAGGCUUCAUUCCCCC	ctr-miR166	+	+
	ahy-MIR166n	21	UCGGACCAGGCUUCAUUCCUU	ptc-miR166n	+	+
	ahy-MIR166e	21	UCGAACCAGGCUUCAUUCCCC	osa-miR166e-3p	+	+
	ahy-MIR166b	22	UCGGACCAGGCUUCAUUCCCUU	crt-miR166b	−	+
	ahy-MIR166j	21	UCGGAUCAGGCUUCAUUCCUC	osa-miR166j-3p	+	+
	ahy-MIR166b	21	UCGGACCAGGCUUCAUUCCUA	mtr-miR166b	−	+
	ahy-MIR165b	20	UCGGACCAGGCUUCAUCCCC	aly-miR165a-3p	−	+

续表

miRNA 家族	名称	长度/nt	序列	同源 miRNA	参考文献 Zhao et al., 2010	参考文献 Chi et al., 2011
MIR167	ahy-MIR167a	21	UGAAGCUGCCAGCAUGAUCUA	ath-miR167a	+	+
	ahy-MIR167f	21	UGAAGCUGCCAGCAUGAUCUU	ptc-miR167f-5p	+	+
	ahy-MIR167d	22	UGAAGCUGCCAGCAUGAUCUGG	ath-miR167d	+	+
	ahy-MIR167b	21	UGAAGCUGCCAGCAUGAUCUG	osa-miR167d-5p	+	+
	ahy-MIR167a	22	UGAAGCUGCCAGCAUGAUCUAA	bna-miR167a	−	+
	ahy-MIR167g	22	UGAAGCUGCCAGCAUGAUCUGA	ccl-miR167a	−	+
	ahy-MIR167c	21	UGAAGCUGCCAGCAUGAUCUC	vvi-miR167c	+	+
MIR168	ahy-MIR168a	21	UCGCUUGGUGCAGGUCGGGAA	ath-miR168a	+	+
	ahy-MIR168	21	UCGCUUGGUGCAGGUCGGGAC	nta-miR168a	−	+
MIR169	ahy-MIR169l	21	AAGCCAAGGAUGACUUGCCGG	mtr-miR169d-5p	−	+
	ahy-MIR169b	21	CAGCCAAGGAUGACUUGCCGG	ath-miR169b	+	+
	ahy-MIR169e	20	AGCCAAGGAUGACUUGCCGG	gma-miR169e	−	+
MIR171	ahy-MIR171f	21	UUGAGCCGCGCCAAUAUCACU	vvi-miR171f	+	+
	ahy-MIR171a	21	UUGAGCCGUGCCAAUAUCACA	zma-miR171f-3p	+	+
	ahy-MIR171b	21	UGAUUGAGCCGUGCCAAUAUC	osa-miR171b	+	−
	ahy-MIR171d	21	UGAUUGAGCCGCGUCAAUAUC	mtr-miR171b	+	−
	ahy-MIR171b	21	CGAGCCGAAUCAAUAUCACUC	gma-miR171b-3p	−	+
MIR172	ahy-MIR172a	21	AGAAUCUUGAUGAUGCUGCAU	ath-miR172a	+	+
	ahy-MIR172c	21	AGAAUCUUGAUGAUGCUGCAG	ath-miR172c	+	+
	ahy-MIR172b	20	AGAAUCUUGAUGAUGCUGCA	zma-miR172a	+	+
MIR319	ahy-MIR319a	21	UUGGACUGAAGGGAGCUCCCU	ath-miR319a	+	+
	ahy-MIR319e	21	UUUGGACUGAAGGGAGCUCCU	vvi-miR319e	−	+
MIR390	ahy-MIR390a	21	AAGCUCAGGAGGGAUAGCGCC	ath-miR390a	+	+
MIR394	ahy-MIR394a	20	UUGGCAUUCUGUCCACCUCC	ath-miR394a	+	+

续表

miRNA家族	名称	长度/nt	序列	同源 miRNA	参考文献 Zhao et al., 2010	参考文献 Chi et al., 2011
MIR396	ahy-MIR396a	21	UUCCACAGCUUUCUUGAACUG	ath-miR396a	+	+
	ahy-MIR396b	21	UUCCACAGCUUUCUUGAACUU	ath-miR396b	+	+
	ahy-MIR396b-3p	21	GCUCAAGAAAGCUGUGGGAGA	gma-miR396b-3p	−	+
	ahy-MIR396e	20	UUCCACAGCUUUCUUGAACU	vvi-miR396b	+	+
MIR397	ahy-MIR397a	21	UCAUUGAGUGCAGCGUUGAUG	ath-miR397a	+	+
	ahy-MIR397c	22	UCAUUGAGUGCAGCGUUGAUGU	bna-miR397a	+	+
MIR398	ahy-MIR398b	21	UGUGUUCUCAGGUCGCCCCUG	osa-miR398b	+	+
MIR399	ahy-MIR399a	21	UGCCAAAGGAGAGUUGCCCUG	ath-miR399b	+	+
MIR408	ahy-miR408-5p	21	CUGGGAACAGGCAGAGCAUGA	ahy-miR408-5p	+	−
	ahy-MIR408a	21	AUGCACUGCCUCUUCCCUGGC	ath-miR408	+	+
	ahy-MIR408b	21	UGCACUGCCUCUUCCCUGGCU	ppt-miR408b	+	−
MIR535	ahy-MIR535	21	UGACAACGAGAGAGAGCACGC	ppt-miR535a	+	+
MIR894	ahy-MIR894	20	CGUUUCACGUCGGGUUCACC	ppt-miR894	+	+
MIR1507	ahy-MIR1507	22	CCUCGUUCCAUACAUCAUCUAG	mtr-miR1507-3p	−	+
MIR1511	ahy-MIR1511	20	AACCAGGCUCUGAUACCAUG	gma-miR1511	−	+
MIR1515	ahy-MIR1515	22	UCAUUUUUGCGUGCAAUGAUCC	csi-miR1515	−	+
MIR2111	ahy-MIR2111a	21	UAAUCUGCAUCCUGAGGUUUA	ath-miR2111a-5p	−	+
MIR2118	ahy-MIR2118	22	UUGCCGAUUCCACCCAUUCCUA	pvu-miR2118	−	+

表 8-3 花生中新的 miRNA 的鉴定

编号	名字	长度/nt	丰度（TPM）	序列	miRBase 注册名
1	ahy-miRn1	21	656	UAGAGGGUCCCCAUGUUCUCA	ahy-miR3508
2	ahy-miRn2	22	40	UCACCGUUAAUACAGAAUCCUU	ahy-miR3514-3p
3	ahy-miRn2*	21	3	AGGAUUCUGUAUUAACGGUGA	ahy-miR3514-5p
4	ahy-miRn3	21	15	AAUGUAGAAAAUGAACGGUAU	ahy-miR3515
5	ahy-miRn4	22	12	UGCUGGGUGAUAUUGACAGAAG	ahy-miR3516
6	ahy-miRn5	21	7	CUGACCACUGUGAUCCCGGAA	ahy-miR3517

续表

编号	名字	长度/nt	丰度（RPM）	序列	miRBase 注册名
7	ahy-miRn6	21	6	UGACCUUUGGGGAUAUUCGUG	ahy-miR3518
8	ahy-miRn7	21	5	UCAAUCAAUGACAGCAUUUCA	ahy-miR3519
9	ahy-miRn8	22	4	UGGUGAUGGUGAAUAUCUUAUC	ahy-miR3520-5p
10	ahy-miRn8*	21	1	AAGGGAGACGUUUGAAUUAUC	ahy-miR3520-3p
11	ahy-miRn9	21	3	UGGUGAGUCGUAUACAUACUG	ahy-miR3521
12	ahy-miRn10	22	3	AUACUUGAGAGCCGUUAGAUGA	ahy-miR3509-5p
13	ahy-miRn10*	23	1	AUCUAACGACUCUCAGAUAUAAU	ahy-miR3509-3p
14	ahy-miRn11	22	3	UUAUACCAUCUUGCGAGACUGA	ahy-miR3510
15	ahy-miRn12	21	4	UGUUACUAUGGCAUCUGGUAA	ahy-miR3511-5p
16	ahy-miRn12*	21	1	GCCAGGGCCAUGAAUGCAGAU	ahy-miR3511-3p
17	ahy-miRn13	20	3	CGCAAAUGAUGACAAAUAGA	ahy-miR3512
18	ahy-miRn14	21	11	UUAAUUUCUGAGUUUGUCAUC	ahy-miR3513-5p
19	ahy-miRn14*	21	1	UUGAUAAGAUAGAAAUUGUAU	ahy-miR3513-3p
20	miR1	22	1099	GAGAUCAGAGAUGCACACAUUU	—
21	miR1*	22	81	AUGUGUGGGUUUCUGGUCUCCA	—
22	miR2	21	235	GAGAUCAGAUCAUGUGGCAGU	—
23	miR3	22	5716	UUCCAUACAUCAUCUAUCUAAC	—
24	miR4	21	9	GGUUCUAGAUCGACGGUGGCA	—
25	miR5	20	12	UUGGUAGCGGCGAAGCAGGA	—
26	miR6	22	37	CAGGACCGGUGGAGUGUUAUGC	—
27	miR7	22	1481	UUAUUGUCGGACUAAGGUGUCU	—
28	miR7*	21	1	ACACUUAGUCUUGCGAUAACU	—
29	miR8	20	157	GACUAAUCUGUCGCGGAUCU	—
30	miR9	21	5280	GCUCAAGAAAGCUGUGGGAGA	—
31	miR10	21	9	GGGUUCUAGAUCGACGGUGGC	—
32	miR11	21	5	UGUAUGGUGGAUGUAGGCAUU	—
33	miR12	21	16	AAAGAUAACAUAUAACUCUGC	—
34	miR13	21	8	CAUACGAGUUGUAAGAAGAAU	—
35	miR14	22	25	GAGGAAGAGGAGGAUGAAGGCC	—
36	miR15	21	9	AGAGCUCUCAACUACCGGAGA	—
37	miR16	22	1100	AGAGAUCAGAGAUGCACACAUU	—
38	miR16*	21	82	UGUGUGGGUUUCUGGUCUCCA	—
39	miR17	21	5	UUGUUUGCGAGUUGGGAUUUU	—
40	miR18	22	37	UCGCAGGACCGGUGGAGUGUUA	—
41	miR19	21	8	CAAGUGGUCUGCUACUAAAUU	—
42	miR20	21	13	UGAAUACCUCAUUCGGCCUCU	—
43	miR21	23	9	CACUGUUAUCAAUGGGUGUAUCU	—
44	miR22	21	5	GCUUGGAAGGAUGUUAGAGUA	—
45	miR23	21	21	UGACUGAAGUAGGAGGGAAAU	—
46	miR24	22	28	GGAGUGAAACUGAGAACACAAA	—
47	miR25	21	26	UAGGCUUAUGACCUCUUUCCA	—
48	miR25*	21	6	GAAAGAGUUUAUAAGCCUACU	—

注：编号 1～19 的 miRNA 来源于 Zhao et al.，2010，编号 20～28 的 miRNA 来源于 Chi et al.，2011

三、花生 miRNA 的二级结构和靶基因分析

二级结构是判断是否是 miRNA 的重要标准，山东省农业科学院生物技术研究中心在花生 miRNA 鉴定过程中比较了花生和拟南芥的 miR156a、miR160a 和 miR167a 的二级结构，结果表明这 3 个 miRNA 在拟南芥和花生中保守性非常高，并且能够形成相似的二级结构，如图 8-1 所示，其中阴影的序列为成熟体的序列（赵传志等，未发表数据）。

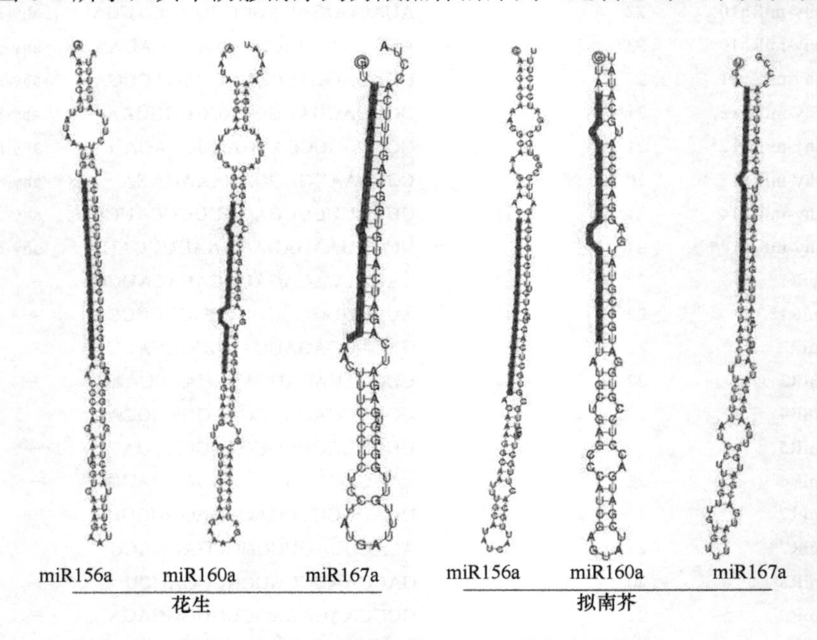

图 8-1　花生和拟南芥 miRNA 的发夹结构

miRNA 靶基因的预测是分析和研究 miRNA 功能的基础。Zhao 等（2010）根据获得的花生 miRNA 的序列，结合国际数据库中有限的花生序列信息预测了 39 个靶基因，其中包括 13 个保守 miRNA 的靶基因 22 个，6 个新 miRNA 的靶基因 19 个。在此基础上，Zhao 等（2014）在研究花生中响应青枯病菌侵染 miRNA 时，对靶基因进行了重新预测，其中从已知的 miRNA 中预测了 165 个靶基因（表 8-4）。

表 8-4　花生 miRNA 靶基因的预测

miRNA	靶基因	匹配位置	得分	功能注释
ahy-MIR157a	GW934667.1	[227，247]	2	SPL6
	ES767441	[431，451]	2	SPL1
	unigene2351	[155，175]	1	unknown
	unigene10590	[744，764]	1	SPL10
	unigene32987	[107，127]	1.5	SPL6-like
	unigene46351	[207，227]	2	no significant similarity found
	unigene52070	[46，66]	1	SPL12
	unigene69944	[374，394]	2	SPL13

续表

miRNA	靶基因	匹配位置	得分	功能注释
	unigene72161	[1087，1107]	0	SPL16
	t3818.cdna.v1.contig3983	[632，652]	2	SPL6
	t3818.cdna.v1.contig4973	[358，378]	2	SPL13
	t3818.cdna.v1.contig13767	[346，366]	1	SPL9
ahy-MIR156a	FS966537	[522，541]	2.5	unknown
	FS965269	[487，506]	2.5	unknown
	JK210042	[531，550]	2.5	unknown
	JK205765	[532，551]	2.5	unknown
	JK187820	[66，85]	2.5	INO80 complex subunit D
	JK179050	[531，550]	1.5	unknown
	GW970239	[522，541]	2.5	unknown
	GW934667	[227，246]	1	SPL6-like
	ES767441	[431，450]	2	SQUAMOSA-promoter binding protein 1
	unigene2351	[155，174]	1	unknown
	unigene10590	[744，763]	1	promoter-binding protein SPL10
	unigene32987	[107，126]	1	SPL6-like
	unigene52070	[46，65]	1	SPL12-like
	unigene69944	[374，393]	1	SPLtranscription factor
	t3818.cdna.v1.contig3983	[632，651]	1	SPL6-like
	t3818.cdna.v1.contig4973	[358，377]	1	SPL13-like
	t3818.cdna.v1.contig13767	[346，365]	1	SPL9-like
	t3818.cdna.v1.contig24898	[236，255]	1.5	SPL12-like
ahy-MIR159a	GO338502	[485，505]	0	no significant similarity found
	t3818.cdna.v1.contig13275	[429，449]	2	no significant similarity found
	t3818.cdna.v1.contig27551	[61，81]	3	no significant similarity found
	t3818.cdna.v1.contig30995	[199，219]	3	R2R3-MYB transcription factor
	t3818.cdna.v1.contig10210	[192，211]	2.5	unknown
ahy-MIR160a-3p	unigene4960	[168，188]	0	unknown
ahy-MIR160a	t3818.cdna.v1.contig24551	[700，719]	2	auxin response factor 18-like
	unigene11118	[2，22]	2	auxin response factor 3
	unigene58511	[336，356]	2	auxin response factor 22
	t3818.cdna.v1.contig9139	[2，22]	1	auxin response factor 17
ahy-MIR164a	GW947594	[204，224]	2.5	NAC domain-containing protein 100-like
	GO265825	[776，796]	2	NAC domain protein NAC1
	unigene3429	[7，27]	0	no significant similarity found
	unigene4021	[84，104]	0	no significant similarity found

续表

miRNA	靶基因	匹配位置	得分	功能注释
	t3818.cdna.v1.contig16173	[777，796]	2	no significant similarity found
	GO266486	[115，135]	3	BTB/POZ domain-containing protein
	unigene34587	[168，188]	2.5	NAC domain protein
ahy-MIR166a	JK159555	[100，120]	3	plastidic glucose transporter 4-like
	unigene66480	[496，516]	3	S13-b receptor kinase, S-locus-specific glycoprotein S6 precursor
	t3818.cdna.v1.contig1124	[361，381]	0	no significant similarity found
	t3818.cdna.v1.contig3445	[266，286]	3	homeobox-leucine zipper protein REVOLUTA-like
	t3818.cdna.v1.contig13228	[351，371]	0	no significant similarity found
	t3818.cdna.v1.contig25235	[625，645]	2.5	homeobox-leucine zipper protein ATHB-15-like，HD-zip
	t3818.cdna.v1.contig32859	[992，1012]	1	no significant similarity found
ahy-MIR166h-3p	unigene23692	[75，95]	1	no significant similarity found
	t3818.cdna.v1.contig3445	[268，288]	3	homeobox-leucine zipper protein REVOLUTA-like
	t3818.cdna.v1.contig1124	[363，383]	1.5	no significant similarity found
	t3818.cdna.v1.contig32859	[994，1014]	0	no significant similarity found
ahy-MIR167f	GO323850	[328，348]	2.5	t-complex protein alpha subunit of chaperonin
	unigene6400	[63，83]	1	no significant similarity found
	unigene71281	[443，463]	2.5	t-complex protein alpha subunit of chaperonin
	t3818.cdna.v1.contig5716	[62，82]	3	RNA polymerase II transcription mediator
ahy-MIR168a	unigene35083	[62，82]	2	no significant similarity found
	t3818.cdna.v1.contig8005	[47，67]	2.5	protein argonaute 1-like
ahy-MIR169l	ES718171	[462，482]	3	CCAAT binding nuclear transcription factor Y subunit A-3-like
	ES768348	[238，258]	1.5	nuclear transcription factor Y subunit A-3-like
	t3818.cdna.v1.contig24756	[641，661]	3.5	nuclear transcription factor Y subunit
ahy-MIR171a	t3818.cdna.v1.contig9750	[397，416]	2	GRAS family transcription factor，scarecrow-like protein 6-like
ahy-MIR171h	GW934794	[212，232]	3	microtubule-associated protein TORTIFOLIA1-like
ahy-MIR172a	JK183949	[513，533]	2.5	AP2 domain class transcription factor
	unigene66996	[106，126]	1.5	AP2 domain class transcription factor, ethylene-responsive transcription factor RAP2-7-like
ahy-MIR319a	t3818.cdna.v1.contig13275	[428，448]	2	no significant similarity found
	t3818.cdna.v1.contig27551	[60，80]	1	no significant similarity found

续表

miRNA	靶基因	匹配位置	得分	功能注释
	t3818.cdna.v1.contig30995	[199，218]	3.5	R2R3-MYB transcription factor
ahy-MIR390a	GW942061	[201，221]	1.5	no significant similarity found
	ES752608	[436，456]	4	embryogenesis receptor kinase
ahy-MIR390a-3p	GW966457	[154，174]	2	no significant similarity found
	GW943473	[186，206]	2.5	no significant similarity found
	t3818.cdna.v1.contig18636	[1096，1116]	1	no significant similarity found
ahy-MIR394a	unigene64324	[382，401]	3	FGGY carbohydrate kinase domain-containing protein
	t3818.cdna.v1.contig12605	[323，342]	2.5	no significant similarity found
	t3818.cdna.v1.contig19526	[1432，1451]	1	F-box only protein 6-like
ahy-miR395	JK209750	[379，398]	1	ATP sulfurylase 1、chloroplastic-like
	JK195173	[500，519]	1	ATP sulfurylase 1、chloroplastic-like
	JK189568	[165，184]	3	unknown
	JK151440	[500，519]	1	ATP sulfurylase 1、chloroplastic-like
	JK149222	[52，71]	1.5	low affinity sulfate transporter 3
	GW976755	[372，391]	1	ATP sulfurylase 1、chloroplastic-like
	GW976750	[371，390]	1	ATP sulfurylase 1、chloroplastic-like
	unigene2845	[95，114]	2.5	E3 ubiquitin-protein ligase UPL2-like
	unigene66802	[511，530]	2.5	nucleotidyltransferase
	t3818.cdna.v1.contig5889	[371，390]	1	ATP sulfurylase 1、chloroplastic-like
	t3818.cdna.v1.contig7169	[165，184]	3	serine hydroxymethyltransferase 1-like
	t3818.cdna.v1.contig18123	[964，983]	3	transmembrane protein putative
	t3818.cdna.v1.contig28486	[4403，4422]	2.5	nucleotidyltransferase
	GW939963	[193，213]	2.5	no significant similarity found
	ES720320	[369，389]	3	dynein light chain LC6、flagellar outer arm-like
ahy-MIR396a	FS969948	[337，356]	3.5	receptor-like protein kinase 、calmodulin-binding receptor-like cytoplasmic kinase 3-like
	ES757008	[69，89]	4	hypersensitive-induced response protein
ahy-MIR396b-3p	FS988041	[487，506]	2	hypersensitive induced reaction protein 1
	FS966773	[474，493]	2.5	hypersensitive induced reaction protein 1
	GW939963	[93，112]	2	no significant similarity found
	GO343231	[462，481]	2.5	hypersensitive induced reaction protein 1
	unigene12841	[101，120]	1.5	unknown
	t3818.cdna.v1.contig4768	[413，432]	3	calmodulin-binding protein
	t3818.cdna.v1.contig8785	[901，920]	2	cytochrome P450 fatty acid omega-hydroxylase
	JK194815	[231，251]	4	lipoxygenase

续表

miRNA	靶基因	匹配位置	得分	功能注释
ahy-MIR397a	GO257848	[309，329]	1	laccase
	unigene19622	[229，249]	2	laccase
	unigene72368	[734，754]	0	laccase
	t3818.cdna.v1.contig1592	[781，801]	1.5	laccase 17
	t3818.cdna.v1.contig2044	[811，831]	2	laccase 7
	t3818.cdna.v1.contig13710	[725，745]	0.5	laccase 11
	t3818.cdna.v1.contig18040	[275，295]	1.5	laccase 11
	t3818.cdna.v1.contig19115	[179，199]	1.5	laccase 4
	t3818.cdna.v1.contig26510	[323，343]	2	laccase 7
	JK180206	[220，240]	4	resveratrol synthase，chalcone synthase
ahy-MIR398b	JK188943	[7，27]	4	water-selective transport intrinsic membrane protein 1，aquaporin
ahy-miR408-5p	t3818.cdna.v1.contig27362	[145，165]	2.5	H(\+)-transporting atpase plant/fungi plasma membrane type，plasma membrane ATPase 4 isoform 1
ahy-MIR408a	GW977506	[92，112]	2.5	basic blue protein，copper binding protein
	GW952478	[515，535]	3	basic blue protein，copper binding protein
	GW956052	[642，662]	3	basic blue protein，copper binding protein
ahy-miR530a	FS986944	[342，362]	2.5	DNA repair protein RAD23-3-like isoform 2
	JK181206	[83，103]	2.5	no significant similarity found
	GW987417	[44，64]	2	centrin-2，calcium-binding protein PBP1-like
	GW973215	[150，170]	3	phosphatase 2C
	GW962442	[43，63]	2.5	centrin-2，calcium-binding protein PBP1-like
	GW951945	[349，369]	2	DNA repair protein RadA homolog
	GW930776	[47，67]	3	centrin-2，calcium-binding protein PBP1-like
	GO257544	[208，228]	1.5	unknown
	unigene13160	[367，387]	2.5	unknown，RNA polymerase II-associated factor 1 homolog
	unigene53034	[271，291]	2.5	DNA repair protein RAD23-3-like isoform 2
	unigene65067	[90，110]	3	protein phosphatase 2C 29-like
	t3818.cdna.v1.contig23555	[1236，1256]	2.5	DNA repair protein RAD23-3-like isoform 1
ahy-MIR894	GW964629	[83，102]	2	mitotic checkpoint protein bub3，transducin/WD-40 repeat-containing protein

续表

miRNA	靶基因	匹配位置	得分	功能注释
ahy-miR1310	FS981710	[53，76]	0	RRNA intron-encoded homing endonuclease
	FS984879	[626，649]	0	ATP synthase subunit beta
	FS979617	[625，648]		ATP synthase subunit beta
miR1509	FS962153	[231，252]	3	no significant similarity found
	unigene64320	[145，166]	1.5	unknown
	t3818.cdna.v1.contig4524	[74，95]	1.5	no significant similarity found
	t3818.cdna.v1.contig18390	[421，442]	0.5	no significant similarity found
ahy-MIR1511	GO265629	[244，264]	2	aluminum sensitive 3 protein
variant-miR1511	GO259836	[765，785]	2.5	no significant similarity found
ahy-MIR1515	unigene42840	[168，189]	0	no significant similarity found
ahy-MIR2118	unigene17817	[194，215]	3	no significant similarity found
	FS969962	[291，311]	3.5	cysteine synthase、chloroplastic/ chromoplastic-like
	unigene26452	[60，81]	1	no significant similarity found
ahy-miR2118b	unigene17817	[195，215]	3	no significant similarity found
	unigene22265	[135，155]	2.5	no significant similarity found
	unigene26452	[61，81]	1	no significant similarity found
ahy-miR3508	FS968008	[52，72]	0	unknown
	FS979479	[521，541]	3	polyphenol oxidase
	unigene17663	[489，509]	3	polyphenol oxidase
	unigene57351	[244，264]	2	polyphenol oxidase
	t3818.cdna.v1.contig6346	[1188，1208]	2	polyphenol oxidase
ahy-miR3510	GW970472	[457，478]	1.5	serine/threonine-protein phosphatase 7 long form homolog
ahy-miR3513-5p	t3818.cdna.v1.contig10672	[185，205]	1	no significant similarity found
	t3818.cdna.v1.contig21813	[748，768]	3	beta-amylase 3、chloroplastic-like
ahy-miR3514-3p	unigene57631	[315，336]	0.5	unknown
ahy-miR3515	t3818.cdna.v1.contig10179	[1110，1130]	0	no significant similarity found
ahy-miR3519	ES760896	[490，510]	1	LRR receptor-like serine/threonine-protein kinase GSO2- like
	ES760896	[516，536]	3	LRR receptor-like serine/threonine-protein kinase GSO2-like
ahy-miR3522a	t3818.cdna.v1.contig17741	[286，306]	3	serine/threonine-protein phosphatase 7-like
ahy-miR6300	t3818.cdna.v1.contig32258	[204，222]	0.5	mitochondrion protein，coiled-coil domain-containing protein

四、花生中响应青枯病菌侵染 miRNA 的鉴定

山东省农业科学院生物技术研究中心构建了栽培花生鲁花 14 号和野生花生（*A.*

glabrata）在青枯病菌侵染前后的 4 个小 RNA 富集文库，即鲁花 14 号对照组文库（AhyCL）、鲁花 14 号接种青枯病菌的处理组文库（AhyTL）、野生花生 *A. glabrata* 对照组文库（AglCL）和野生花生 *A. glabrata* 接种青枯病菌的处理组文库（AglTL），通过 HiSeq2000 高通量测序技术对这些文库分别进行深度测序，每个文库测得 1000 万条以上的序列。去掉各种污染的序列和长度小于 18 nt 的小片段后，得到用于分析的小 RNA 序列 4000 多万条（表 7-5）。在野生花生和栽培花生的小 RNA 文库中，种类最多的为 24 nt 的 RNA 序列，其次是 23 nt 的 RNA 序列。受青枯病菌侵染后，栽培花生中 21 nt、22 nt、23 nt 和 24 nt 的小 RNA 序列的种类有所增加，其中 21 nt 的小 RNA 种类的数量增加幅度较大。而在野生花生中仅 21 nt、22 nt 和 23 nt 的小 RNA 种类的数量在受到青枯病菌诱导后略有增加，而 24 nt 小 RNA 的数量比对照略有下降。这些结果表明小 RNA 群体在野生花生和栽培花生中的分布不同，其响应病菌侵染的反应也不同，预示着一些小 RNA 在野生种和栽培种中可能具有不同的作用（Zhao et al.，2014）。

通过生物信息学分析总计获得了 155 个已知的 miRNA，其中有 63 个是新发现的。155 个已知的 miRNA 分别属于 22 个保守的 miRNA 家族和 23 个非保守的 miRNA 家族。另外，还鉴定了 31 个新的 miRNA。对比栽培种和野生种的 miRNA，作者发现了大量在栽培种中和野生种中特异表达的新 miRNA，其中 ahy-miRn11、ahy-miRn3 等 miRNA 在栽培种中高水平表达，ahy-miRn2、ahy-miRn21 等在野生种特异表达。比较在青枯病菌侵染前后已知 miRNA 的表达模式，结果表明，栽培种中上调表达 1.5 倍以上的 miRNA 有 14 个家族，而下调表达 1.5 倍以上的有 10 个家族。在野生种中有 11 个家族的 miRNA 表达上调，5 个家族表达下调。病菌诱导后 46 个已知 miRNA 成员总表达量上调 1.53 倍，而野生花生 miRNA 总体表达水平几乎没有变化。从野生花生和栽培花生中鉴定了大量响应病菌胁迫的 miRNA，如 miR3156、miR159、miR414 等。对这些 miRNA 靶基因及调控机制的研究将有助于深入揭示 miRNA 在花生抗病过程中的作用机制。国际数据库中日益丰富的花生 EST 序列和花生转录组序列，也为花生 miRNA 的鉴定提供了更丰富的参考序列。Zhao 等（2014）通过分析花生青枯病诱导前后的 miRNA 文库，总计鉴定了 309 个 miRNA 的靶基因，其中已知 miRNA 的靶基因 165 个，新的 miRNA 的靶基因 144 个。

对 miRNA 靶基因的验证通常有两种方式：5′RACE 和降解组测序。5′RACE 靶基因验证主要针对某一个具体的 miRNA 和靶基因，降解组测序借助高通量测序可以获得某一物种在某一时期 mRNA 被 miRNA 剪切的位点信息。miRNA 与靶基因 mRNA 互补，且剪切常发生在互补区域的第 10 位核苷酸上。靶基因被切割后会产生两个片段，即 5′剪切片段和 3′剪切片段。5′剪切片段由于缺少了 polyA 尾巴，在体内不稳定。3′剪切片段包含有自由的 5′单磷酸和 3′polyA 尾巴，可被 RNA 连接酶连接，连接产物可用于下游高通量测序。而含有 5′帽子结构的完整基因，含有帽子结构的 5′剪切片段或是其他缺少 5′单磷酸基团的 RNA 是无法被 RNA 酶连接的，因而无法进入下游的测序实验。基于上述原理，对测序数据和 miRNA 序列进行深入的比对分析，可以直观地检测 mRNA 序列所有位点出现的波峰，从而判断 miRNA 对靶基因的实际裂解位置（German et al.，2008）。

山东省农业科学院生物技术研究中心构建了花生的降解组文库，通过高通量测序和生物信息学分析，验证了 74 个 miRNA 的靶基因。在这些靶基因中，未知功能的基因最多，占总数的 37.4%，转录因子次之，占靶基因总数的 22.78%。更重要的是，这些靶基因包含了大量与抗病相关的基因，如 LRR receptor-like serine/threonine-protein kinase、GRAS 家族、aquaporin 及 *LTP* 基因等，这些研究成果为理解 miRNA 在花生抗病中的作用及将来利用 miRNA 改造花生抗病性奠定了基础（表 8-5）（Zhao et al.，2014）。

表 8-5　花生 miRNA 靶基因的预测和降解组验证

miRNA	靶基因	匹配位置	得分	功能注释	分类	裂解位点	均一化丰度（TP10M）
ahy-miR157a	GW934667	[227，247]	2	SPL6	I	237	68.23
ahy-miR157a	unigene10590	[744，764]	1	SPL10	I	754	12.96
ahy-miR157a	unigene32987	[107，127]	1.5	SPL6	I	117	47.76
ahy-miR157a	unigene52070	[46，66]	1	SPL12	I	56	12.28
ahy-miR157a	unigene69944	[374，394]	2	SPL13	I	384	40.26
ahy-miR157a	unigene72161	[1087，1107]	0	SPL16	I	1098	78.47
ahy-miR157a	contig3983	[632，652]	2	SPL6	I	642	83.25
ahy-miR157a	contig4973	[358，378]	2	SPL13	I	368	40.26
ahy-miR156a	GW934667	[227，246]	1	SPL6	I	237	68.23
ahy-miR156a	unigene10590	[744，763]	1	SPL10	I	754	12.96
ahy-miR156a	unigene32987	[107，126]	1	SPL6	I	117	47.76
ahy-miR156a	unigene52070	[46，65]	1	SPL12	I	56	12.28
ahy-miR156a	unigene69944	[374，393]	1	SPL13	I	384	40.26
ahy-miR156a	contig3983	[632，651]	1	SPL6	I	642	83.25
ahy-miR156a	contig4973	[358，377]	1	SPL13	I	368	40.26
ahy-miR159a	contig30995	[199，219]	3	R2R3-MYB transcription factor	I	210	200.61
ahy-miR159a	contig10210	[192，211]	2.5	unknown	I	202	34.12
ahy-miR160a	contig24551	[700，719]	2	auxin response factor 18	I	710	11.60
ahy-miR160a	unigene11118	[2，22]	2	auxin response factor 3	I	13	193.78
ahy-miR160a	contig9139	[2，22]	1	auxin response factor 17	I	13	189.01
ahy-miR164a	GW947594	[204，224]	2.5	NAC domain-containing protein 100	I	215	424.41
ahy-miR164a	GO265825	[776，796]	2	NAC domain protein NAC1	I	787	405.31
ahy-miR164a	contig16173	[777，796]	2	No significant similarity found	I	787	405.31
ahy-miR164a	GO266486	[115，135]	3	BTB/POZ domain-containing protein	I	122	14.33
ahy-miR166a	JK159555	[100，120]	3	plastidic glucose transporter 4-like	I	111	60.73
ahy-miR166a	contig3445	[266，286]	3	homeobox-leucine zipper protein REVOLUTA-like	I	277	1897.58
ahy-miR166a	contig25235	[625，645]	2.5	homeobox-leucine zipper protein	I	636	2666.58
ahy-miR166h-3p	contig3445	[268，288]	3	homeobox-leucine zipper protein	I	277	1897.58
ahy-miR168a	unigene35083	[62，82]	2	no significant similarity found	I	73	33.43

续表

miRNA	靶基因	匹配位置	得分	功能注释	分类	裂解位点	均一化丰度（TP10M）
ahy-miR168a	contig8005	[47，67]	2.5	argonaute 1-like	I	58	36.16
ahy-miR169l	contig24756	[641，661]	3.5	nuclear transcription factor Y subunit	I	652	54.59
ahy-miR169l	ES768348	[238，258]	1.5	nuclear transcription factor Y subunit	I	249	37.53
ahy-miR171a	contig9750	[397，416]	2	GRAS family transcription factor、scarecrow-like protein 6-like	I	407	826.31
ahy-miR172a	JK183949	[513，533]	2.5	AP2 domain class transcription factor	I	524	70.28
ahy-miR172a	unigene66996	[106，126]	1.5	AP2 ethylene-responsive transcription factor RAP2-7	I	117	455.12
ahy-miR319a	contig30995	[199，218]	3.5	R2R3-MYB transcription factor	I	210	200.61
ahy-miR390a	ES752608	[436，456]	4	embryogenesis receptor kinase	II	443	37.53
ahy-miR394a	contig19526	[1432，1451]	1	F-box only protein 6-like	I	1442	63.46
ahy-miR395	JK209750	[379，398]	1	ATP sulfurylase 1、chloroplastic-like	I	389	116.68
ahy-miR395	GW976755	[372，391]	1	ATP sulfurylase 1、chlorop- lastic-like	I	382	116.68
ahy-miR395	GW976750	[371，390]	1	ATP sulfurylase 1、chlorop- lastic-like	I	381	116.68
ahy-miR395	contig5889	[371，390]	1	ATP sulfurylase 1、chloroplastic-like	I	381	116.68
ahy-miR396a	GW939963	[193，213]	2.5	no significant similarity found	I	204	15.69
ahy-miR396a	ES720320	[369，389]	3	dynein light chain LC6、flagellar outer arm-like	I	380	105.76
ahy-miR396a	FS969948	[337，356]	3.5	receptor-like protein kinase、calmodulin-binding receptor-like cytoplasmic kinase 3-like	I	347	10.92
ahy-miR396a	ES757008	[69，89]	4	hypersensitive-induced response protein		80	36.16
ahy-miR396b-3p	JK194815	[231，251]	4	lipoxygenase	II	238	17.74
ahy-miR397a	unigene72368	[734，754]	0	laccase	I	745	65.50
ahy-miR397a	contig1592	[781，801]	1.5	laccase 17	I	762	12.28
ahy-miR397a	JK180206	[220，240]	4	resveratrol synthase、chalcone synthase	II	232	37.53
ahy-miR398b	JK188943	[7，27]	4	water-selective transport int- rinsic membrane protein 1、aquaporin	I	16	11.60
ahy-miR408a	GW977506	[92，112]	2.5	Basic blue protein，copper binding protein	I	102	27.98
ahy-miR530a	FS986944	[342，362]	2.5	DNA repair protein RAD23- 3-like isoform 2	I	353	8.87
ahy-miR530a	unigene53034	[271，291]	2.5	DNA repair protein RAD23- 3-like isoform 2	I	276	8.87

续表

miRNA	靶基因	匹配位置	得分	功能注释	分类	裂解位点	均一化丰度（TP10M）
ahy-miR1509	FS962153	[231，252]	3	no significant similarity found	I	243	1055.58
ahy-miR1509	unigene64320	[145，166]	1.5	Unknown	I	157	142.61
ahy-miR1509	contig4524	[74，95]	1.5	no significant similarity found	I	86	64.82
ahy-miR2118	FS969962	[291，311]	3.5	cysteine synthase	I	302	11.60
ahy-miR3508	FS979479	[521，541]	3	polyphenol oxidase	III	532	8.87
ahy-miR3514-3p	unigene57631	[315，336]	0.5	unknown	I	327	72.33
ahy-miRn1	FS967722	[531，552]	3	unknown	I	548	12.96
ahy-miRn3	JK155442	[129，148]	3	ADP-glucose pyrophosp horylase catalytic subunit	I	136	163.76
ahy-miRn3	GO332827	[362，282]	3.5	RING-H2 finger protein RHG1a-like	I	371	152.16
ahy-miRn5	ES754259	[235，255]	5	elongation factor 1-beta	II	243	12.96
ahy-miRn7	ES764492	[72，79]	3	unknown	II	84	13.65
ahy-miRn9	contig11753	[598，621]	1	cysteine proteinase inhibitor（cystatin）	I	599	30.02
ahy-miRn9	contig27426	[426，449]	1	no significant similarity found	I	427	30.02
ahy-miRn10	GW927865	[24，44]	4.5	integral membrane HRF1-like protein	I	37	127.60
ahy-miRn10	GW981089	[94，114]	4.5	nuclear ribonuclease Z	II	108	73.69
ahy-miRn13	GO257801	[311，331]	3.5	no significant similarity found	II	321	15.01
ahy-miRn13	ES767437	[354，374]	3.5	no significant similarity found	II	364	15.01
ahy-miRn19	contig27009	[349，369]	4	RNA-binding protein、28 kDa ribonucleo protein	I	354	14.33
ahy-miRn20	JK184654	[294，314]	5	auxin-repressed protein	II	302	110.54
ahy-miRn28	contig19153	[2280，2303]	2.5	C3H4 type zinc finger protein	I	2294	12.96

从 miRNA 发现至今，该领域的研究突飞猛进，已经取得了重大进展。目前已经基本上明确了 miRNA 生物合成和作用机制。miRNA 的数量已经上升到 3 万多个，而且还在不断地增加。目前已经建立了多个 miRNA 数据库，如第三节中提到的 miRbase、PMRD 及 starBase、Tarbase 等。已经明确了多个保守的和新的 miRNA 的功能，但大部分 miRNA 的功能还有待进一步验证。随着研究技术手段的发展，更多的 miRNA 将被克隆和鉴定，更多 miRNA 的功能将被解析，通过研究 miRNA 的调控网络，更多生物学现象的分子基础将被逐渐阐明。花生 miRNA 的研究才刚刚开始，对花生 miRNA 研究，一方面要跟踪并借鉴 miRNA 在拟南芥、水稻、大豆等植物中已经取得的研究成果；另一方面，要探索 miRNA 在调控花生特有性状方面的作用。

参 考 文 献

陈磊. 2012. 杨树感染溃疡病后 microRNA 的鉴定与表达分析. 北京：北京林业大学硕士学位论文

李春贺，阴祖军，刘玉栋，等. 2009. 盐胁迫条件下不同耐盐棉花 miRNA 差异表达研究. 山东农业科学, 7: 12-17
李文超，赵淑清. 2012. 人工 miRNAs 对拟南芥 At1g13770 和 At2g23470 基因的特异沉默. 遗传, 34(3): 348-355
罗茂，彭华，宋锐，等. 2013. 玉米纹枯病胁迫相关 miRNA 功能研究. 作物学报, 39(5): 837-844
潘玉欣，刘恒蔚. 2010. 花生 miRNA 与其靶基因的生物信息学预测. 中国油料作物学报, 32(2): 290-294
王会平，遇玲，邹世慧，等. 2012. 利用 amiRNA 技术沉默矮牵牛查尔酮合成酶基因. 园艺学报, 39(12): 2491-2498
赵传志，李长生，张传坤，等. 2008. 微 RNA 在植物抗逆过程中的作用. 生命的化学, 05: 549-553
赵立群，李仁，李蔚，等. 2011. 棉花 FAD2-1 基因的克隆及其 ihpRNA 和 amiRNA 干扰载体的构建. 棉花学报, 23(2): 189-193
赵臻，邱凯，蒯本科. 2010. 人工 miRNA 干扰拟南芥 AtCDKC; 1 和 AtCDKC; 2 基因表达的初步研究，植物生理学通讯, 7(46): 693-699
周露，董春娟，刘进元. 2011. 人工 miRNA 干扰 DREB 亚族 A-5 组转录抑制子基因增强了拟南芥对低温和高盐胁迫的耐受性. 中国生物工程杂志, 31(5): 34-41
Abdel-Ghany SE, Pilon M. 2008. MiRNA-mediated systemic down-regulation of copper protein Expression in response to low copper availability in *Arabidopsis*. J Biol Chem, 283(23): 15932-15945
Arenas-Huertero C1, Pérez B, Rabanal F, et al. 2009. Conserved and novel miRNAs in the legume *Phaseolus vulgaris* in response to stress. Plant Mol Biol, 70(4): 385-401
Baker CC, Sieber P, Wellmer F, et al. 2005. The early extra petals1 mutant uncovers a role for miRNA miR164c in regulating petal number in *Arabidopsis*. Curr Biol, 15: 303-315
Bazzini AA, Hopp HE, Beachy RN, et al. 2007. Infection and coaccumulation of tobacco mosaic virus proteins alter miRNA levels, correlating with symptom and plant development. PNAS, 104(29): 12157-12162
Cai X, Hagedorn CH, Cullen BR. 2004. Human miRNAs are processed from capped, polyadenylated transcripts that can also function as mRNAs. RNA, 10: 1957-1966
Chen H, Li Z, Xiong L. 2012. A plant miRNA regulates the adaptation of roots to drought stress. FEBS Lett, 586(12): 1742-7174
Chen X. 2004. A microRNA as a translational repressor of APETALA2 in *Arabidopsis* flower development. Science, 303(5666): 2022-2025
Chi X, Yang Q, Chen X, et al. 2011. Identification and characterization of miRNAs from peanut(*Arachis hypogaea* L.)by high-throughput sequencing. PLoS One, 6(11): e27530
Chuck G, Meeley R, Hake S. 2008. Floral meristem initiation and meristem cell fate are regulated by the maize AP2 genes *ids1* and *sid1*. Development, 135(18): 3013-3019
Ding D, Zhang L, Wang H, et al. 2009. Differential expression of miRNAs in response to salt stress in maize roots. Ann Bot, 103(1): 29-38
Ding Y, Chen Z, Zhu C. 2011. Microarray-based analysis of cadmium-responsive miRNAs in rice(Oryza sativa). J Exp Bot, 62(10): 3563-3573
Fahlgren N, Montgomery TA, Howell MD, et al. 2006. Regulation of AUXIN RESPONSE FACTOR3 by TAS3 ta-siRNA affects developmental timing and patterning in *Arabidopsis*. Curr Biol, 16(9): 939-944
Filipowicz W, Jaskiewicz L, Kolb FA, et al. 2005. Post-transcriptional gene silencing by siRNAs and miRNAs. Curr Opin Struct Biol, 15(3): 331-341
Fire A, Xu S, Montgomery MK, et al. 1998. Potent and specific genetic interference by double-stranded RNA in *Caenorhabditis elegans*. Nature, 391(6669): 806-811
Fujii H, Chiou TJ, Lin SI, et al. 2005. A miRNA involved in phosphate-starvation response in *Arabidopsis*. Curr Biol, 15(22): 2038-2043
Gao P, Bai X, Yang L, et al. 2010. Over-expression of osa-MIR396c decreases salt and alkali stress tolerance. Planta, 231(5): 991-1001
Gao P, Bai X, Yang L, et al. 2011. osa-MIR393: a salinity- and alkaline stress-related miRNA gene. Mol Biol Rep, 38(1): 237-242
Geley S, Müller C. 2004. RNAi: ancient mechanism with a promising future. Exp Gerontol, 39(7): 985-998
German MA, Pillay M, Jeong DH, et al. 2008. Global identification of microRNA-target RNA pairs by parallel analysis of RNA ends. Nat Biotechnol, 26: 941-946
Girard A, Sachidanandam R, Hannon GJ, et al. 2006. A germline-specific class of small RNAs binds mammalian Piwi proteins. Nature, 442(7099): 199-202

Guo HS, Xie Q, Fei JF, et al. 2005. MicroRNA directs mRNA cleavage of the transcription factor *NAC1* to downregulate auxin signals for *arabidopsis* lateral root development. Plant Cell, 17(5): 1376-1386

Guo S, Kemphues KJ. 1995. *par-1*, a gene required for establishing polarity in *C. elegans* embryos, encodes a putative Ser/Thr kinase that is asymmetrically distributed. Cell, 81(4): 611-620

Husbands AY, Chitwood DH, Plavskin Y, et al. 2009. Signals and prepatterns: new insights into organ polarity in plants. Gene Dev, 23: 1986-1997

Jia X, Ren L, Chen QJ, et al. 2009. UV-B-responsive miRNAs in *Populus tremula*. J Plant Physiol, 166(18): 2046-2057

Jia XY, Wang WX, Ren LG, et al. 2009. Differential and dynamic regulation of miR398 in response to ABA, salt stress in *Populus tremula* and *Arabidopsis thaliana*. Plant Mol Biol, 71(1-2): 51-59

Jiao Y, Wang Y, Xue D, et al. 2010. Regulation of *OsSPL14* by OsmiR156 defines ideal plant architecture in rice. Nat Genet, 42(6): 541-544

Jones-Rhoades MW, Bartel DP, Bartel B. 2006. MiRNAS, their regulatory roles in plants. Annu Rev Plant Bio, 57: 19-53

Jorgensen RA, Cluster PD, English J, et al. 1996. Chalcone synthase cosuppression phenotypes in petunia flowers: comparison of sense vs. antisense constructs and single-copy vs. complex T-DNA sequences. Plant Mol Biol, 31(5): 957-973

Jung HJ, Kang H. 2007. Expression and functional analyses of miRNA417 in *Arabidopsis thaliana* under stress conditions. Plant Physiology and Biochemistry, 45: 805-811

Kantar M, Lucas SJ, Budak H. 2011. miRNA expression patterns of *Triticum dicoccoides* in response to shock drought stress. Planta, 233(3): 471-484

Kawashima CG, Yoshimoto N, Maruyama-Nakashita A, et al. 2009. Sulphur starvation induces the expression of miRNA-395 and one of its target genes but in different cell types. Plant J, 57(2): 313-321

Lal S, Pacis LB, Smith HM. 2011. Regulation of the SQUAMOSA PROMOTER-BINDING PROTEIN-LIKE genes/microRNA156 module by the homeodomain proteins PENNYWISE and POUND-FOOLISH in *Arabidopsis*. Mol Plant, 4(6): 1123-1132

Lang QL, Zhou XC, Zhang XL, et al. 2011. Microarray-based identification of tomato miRNAs and time course analysis oftheir response to Cucumber mosaic virus infection. J Zhejiang Univ Sci B, 12(2): 116-125

Lauter N, Kampani A, Carlson S, et al. 2005. miRNA172 down-regulates glossy15 to promote vegetative phase change in maize. PNAS, 102(26): 9412-9417

Lee RC, Feinbaum RL, Ambros V. 1993. The C. elegans heterochronic gene *lin-4* encodes small RNAs with antisense complementarity to lin-14. Cell, 75(5): 843-854

Li WX, Oono Y, Zhu J, et al. 2008. The *Arabidopsis NFYA5* transcription factor is regulated transcriptionally and post-transcriptionally to promote drought resistance. Plant Cell, 20(8): 2238-2251

Liang G, He H, Yu D. 2012. Identification of nitrogen starvation-responsive miRNAs in *Arabidopsis thaliana*. PLoS One, 7(11): e48951

Liang Z, Wu H, Reddy S, et al. 2007. Blockade of invasion and metastasis of breast cancer cells via targeting *CXCR4* with an artificial miRNA. Biochem Biophys Res Commun, 363(3): 542-546

Liu HH, Tian X, Li YJ, et al. 2008. Microarray-based analysis of stress-regulated miRNAs in *Arabidopsis thaliana*. RNA, 14(5): 836-843

Liu PP, Montgomery TA, Fahlgren N, et al. 2007. Repression of AUXIN RESPONSE FACTOR10 by miRNA160 is critical for seed germination and post-germination stages. Plant J, (1): 133-146

Liu Q, Zhang YC, Wang CY, et al. 2009. Expression analysis of phytohormone-regulated miRNAs in rice, implying their regulation roles in plant hormone signaling. FEBS Lett, 583(4): 723-728

Llave C, Kasschau KD , Rector MA, et al. 2002. Endogenous and silencing-associated small RNAs in plants. Plant Cell, 14(7): 1605-1619

Lu LF, Liston A. 2009. MiRNA in the immune system, miRNA as an immune system. Immunology, 127(3): 291-298

Lu SF, Sun YH, Chiang VL. 2008. Stress-responsive miRNAs in *Populus*. Plant J, 55(1): 131-151

Luo YC, Zhou H, Li Y, et al. 2006. Rice embryogenic calli express a unique set of miRNAs, suggesting regulatory roles of miRNAs in plant post-embryogenic development. FEBS Lett, 580(21): 5111-5116

Mallory AC, Bouché N. 2008. MiRNA-directed regulation: to cleave or not to cleave. Trends Plant Sci, 13(7): 359-367

Mendoza-Soto AB, Sánchez F, Hernández G. 2012. MiRNAs as regulators in plant metal toxicity response. Front Plant Sci, 3: 105

Nag A, Jack T. 2010. Sculpting the flower; the role of miRNAs in flower development. Curr Top Dev Biol, 91:

349-378
Nag A, King S, Jack T. 2009. miR319a targeting of TCP4 is critical for petal growth and development in *Arabidopsis*. PNAS, 106: 22534-22539
Naqvi AR, Choudhury NR, Mukherjee SK, et al. 2011. In silico analysis reveals that several tomato miRNA/miRNA * sequences exhibit propensity to bind to tomato leaf curl virus(ToLCV)associated genomes and most of their encoded open reading frames(ORFs).Plant Physiol Biochem, 49(1): 13-17
Naqvi AR, Haq QM, Mukherjee SK. 2010. MiRNA profiling of tomato leaf curl New Delhi virus(tolcndv)infected tomato leaves indicates that deregulation of mir159/319 and mir172 might be linked with leaf curl disease. Virol J, 7: 281
Navarro L, Dunoyer P, Jay F, et al. 2006. A plant miRNA contributes to antibacterial resistance by repressing auxin signaling. Science, 312. 5772.: 436-439
Nelson JM, Lane B, Freeling M. 2002. Expression of a mutant maize gene in the ventral leaf epidermis is sufficient to signal a switch of the leafs dorsoventral axis. Development, 129(19): 4581-4589
Ni Z, Hu Z, Jiang Q, et al. 2012. Overexpression of gma-MIR394a confers tolerance to drought in transgenic *Arabidopsis thaliana*. Biochem Biophys Res Commun, 427(2): 330-335
Nishikura K. 2011. A short primer on RNAi: RNA-directed RNA polymerase acts as a key catalyst. Cell, 107(4): 415-418
Niu QW, Lin SS, Reyes JL, et al. 2006. Expression of artificial miRNAs in transgenic *Arabidopsis thaliana* confers virus resistance. Nat Biotechnol, 24(11): 1420-1428
Oh TJ, Wartell RM, Cairney J, et al. 2008. Evidence for stage-specific modulation of specific miRNAs(miRNAs)and miRNA processing components in zygotic embryo and female gametophyte of loblolly pine(*Pinus taeda*). New Phytol, 179(1): 67-80
Palatnik JF, Allen E, Wu XL, et al. 2003. Control of leaf morphogenesis by miRNA. Nature, 425(6955): 257-263
Pant BD, Musialak-Lange M, Nuc P, et al. 2009. Identification of nutrient-responsive *Arabidopsis* and rapeseed miRNAs by comprehensive real-time polymerase chain reaction profiling and small RNA sequencing. Plant Physiol, 150(3): 1541-1555
Park W, Li JJ, Song RT, et al. 2002. CARPEL FACTORY, a Dicer homolog, and HEN1, a novel protein, act in miRNA metabolism in *Arabidopsis thaliana*. Curr Biol, 12(17): 1484-1495
Ray S, Golden T, Ray A. 1996. Maternal effects of the short integument mutation on embryo development in *Arabidopsis*. Dev Biol, 180: 365-369
Reinhart BJ , Weinstein EG, Rhoades MW, et al. 2002. MiRNAs in plants. Genes Dev, 16(13): 1616-1626
Reinhart BJ, Slack FJ, Basson M, et al. 2000. The 21-nucleotide *let-7* RNA regulates developmental timing in *Caenorhabditis elegans*. Nature, 403(6772): 901-906
Schwab R, Ossowski S, Riester M, et al. 2006. Highly specific gene silencing by artificial miRNAs in *Arabidopsis*. Plant Cell, 18(5): 1121-1133
Schwartz BW, Yeung EC, Meinke DW. 1994. Disruption or morphogenesis and transformation of the suspensor in abnormal suspensor mutants of *Arabidopsis*. Development, 120(11): 3235-3245
Sieber P, Wellmer F, Gheyselinck J, et al. 2007. Redundancy and specialization among plant miRNAs: role of the miR164 family in developmental robustness. Development, 134: 1051-1060
Son J, Uchil PD, Kim YB, et al. 2008. Effective suppression of HIV-1 by artificial bispecific miRNA targeting conserved sequences with tolerance for wobble base-pairing. Biochem Biophys Res Commun, 374(2): 214-218
Song QX, Liu YF. 2011. Identification of miRNAs and their target genes in developing soybean seeds by deep sequencing. BMC Plant Biol, 11: 5
Subramanian S, Fu Y, Sunkar R, et al. 2008. Novel and nodulation-regulated miRNAs in soybean roots. BMC Genomics, 10: 5
Sunkar R, Zhu JK. 2004. Novel and stress-regulated miRNAs and other small RNAs from *Arabidopsis*. Plant Cell, 16(8): 2001-2019
Takahata K. 2008. Isolation of carrot Argonaute1 from subtractive somatic embryogenesis cDNA library. Biosci Biotechnol Biochem, 72(3): 900-904
Vazquez F, Vaucheret H, Rajagopalan R, et al. 2004. Endogenous trans-acting siRNAs regulate the accumulation of *Arabidopsis* mRNAs. Mol Cell, 16(1): 69-79
Wan P, Wu J, Zhou Y, et al. 2011. Computational analysis of drought stress-associated miRNAs and miRNA co-regulation network in *Physcomitrella patens*. Genomics Proteomics Bioinformatics, 9(1-2): 37-44
Wang JW, Wang LJ, Mao YB, et al. 2005. Control of root cap formation by MiRNA-targeted auxin response factors in *Arabidopsis*. Plant Cell, 17(8): 2204-2216

Wang Y, Li P, Cao X, et al. 2009. Identification and expression analysis of miRNAs from nitrogen-fixing soybean nodules. Biochemical and biophysical research communications, 378: 799-803

Warthmann N, Chen H, Ossowski S, et al. 2008. Highly specific gene silencing by artificial miRNAs in rice. PLoS One, 3(3): e1829

Wightman B, Ha I, Ruvkun G. 1993. Posttranscriptional regulation of the heterochronic gene lin-14 by lin-4 mediates temporal pattern formation in *C. elegans*. Cell, 75(5): 855-862

Xia H, Zhao C, Hou L, et al. 2013. Transcriptome profiling of peanut gynophores revealed global reprogramming of gene expression during early pod development in darkness. BMC Genomics, 14: 517

Xin M, Wang Y, Yao Y, et al. 2010. Diverse set of miRNAs are responsive to powdery mildew infection and heat stress in wheat(*Triticum aestivum* L.). BMC Plant Biol, 10: 123

Xu Z, Zhong S, Li X, et al. 2011. Genome-wide identifi cation of miRNAs in response to low nitrate availability in maize leaves and roots. PLoS One, 6(11): e28009

Zhang B, Pan X, Cannon CH, et al. 2006. Conservation and divergence of plant miRNA genes. Plant J, 46: 243-259

Zhang JY, Xu YY, Huan Q, et al. 2009. Deep sequencing of *Brachypodium* small RNAs at the global genome level identifies miRNAs involved in cold stress response. BMC Genomics, 10: 449

Zhang W, Gao S, Zhou X, et al. 2011a. Bacteria-responsive miRNAs regulate plant innate immunity by modulating plant hormone networks.Plant Mol Biol, 75(1-2): 93-105

Zhang X, Zou Z, Gong P, et al. 2011b. Over-expression of miRNA169 confers enhanced drought tolerance to tomato. Biotechnol Lett, 33(2): 403-409

Zhang ZX, Wei LY, Zou XL, et al. 2008. Submergence-responsive miRNAs are potentially involved in the regulation of morphological and metabolic adaptations in maize root cells. Ann Bot, 102(4): 509-519

Zhao BT, Liang RQ, Ge LF, et al. 2007. Identification of drought-induced miRNAs in rice. Biochem Biophys Res Commun, 354(2): 585-590

Zhao CZ, Xia H, Cao TJ, et al. 2014. Small RNA, degradome deep sequencing reveals peanut microRNA roles in response to pathogen infection. Plant Molecular Biology Reporter, online, Doi: 10.1007/s11105-014-0806-1

Zhao CZ, Xia H, Frazier TP, et al. 2010. Deep sequencing identifies novel and conserved miRNAs in peanuts(*Arachis hypogaea* L.). BMC Plant Biol, 10: 3

Zhao H, Sun R, Albrecht U, et al. 2013. Small RNA profiling reveals phosphorus deficiency as a contributing factor in symptom expression for citrus huanglongbing disease. Mol Plant, 6(2): 301-310

Zhao M, Ding H, Zhu JK, et al. 2011. Involvement of miR169 in the nitrogen-starvation responses in *Arabidopsis*. New Phytol, 190(4): 906-915

Zhou X, Wang G, Zhang W. 2007. UV-B responsive miRNA genes in *Arabidopsis thaliana*. Mol Syst Biol, 3: 103

Zhou XF, Wang GD, Sutoh K, et al. 2008. Identification of cold-inducible miRNAs in plants by transcriptome analysis. Biochim Biophys Act, 1779(11): 780-788

Zhou ZS, Huang SQ, Yang ZM. 2008. Bioinformatic identification and expression analysis of new miRNAs from *Medicago truncatula*. Biochem Biophys Res Commun, 374(3): 538-542

Zhu QH, Upadhyaya NM, Gubler F, et al. 2009. Over-expression of miR172 causes loss of spikelet determinacy and floral organ abnormalities in rice(*Oryza sativa*). BMC Plant Biol, 9: 149

第九章　花生蛋白质组学研究

第一节　蛋白质组的概念和研究历史

一、蛋白质组的概念

1994 年澳大利亚麦考瑞大学（Macquarie University）的 Wilkins 和 Williams 在意大利锡耶纳蛋白质会议（the 1st Siena meeting）上首次提出了蛋白质组（proteome）一词，它是由“protein”与“genome”两词拼接而成的，最初被定义为“一种基因组所表达的全套蛋白质”（Wilkins et al.，1995）。1995 年蛋白质组一词第一次在 *Electrophoresis* 杂志中使用（Wasinger et al.，1995）。它有 3 种不同含义，即一个基因组、一种生物或一种细胞所表达的全套蛋白质。蛋白质组是一个动态的概念，同一个机体的不同组织和细胞中的蛋白质组不同；机体处于不同生理状态下或不同环境中的蛋白质组也不同。蛋白质组学就是从整体上分析生物体内动态变化的蛋白质组成、表达丰度、修饰状态及蛋白质之间的相互作用，揭示蛋白质的功能与生命活动规律的学科。

这一术语一经提出，很快就得到了国际生物学界的广泛关注。2001 年 2 月《自然》杂志发表了人类基因组框架图，同时刊登了一篇题为“And now for the proteome”的文章（Abbott，2001），宣告人类蛋白质组组织（Human Proteome Organization，HUPO）的成立。同年，《科学》杂志将蛋白质组学列入 2002 年六大研究热点（Service，2001）。随着人类基因组序列测定的完成，基因组计划的重心已逐渐由结构基因组研究转移到功能基因组研究，生命科学随之开始了一个新的纪元——蛋白质组学时代（贺福初，1999）。

二、蛋白质组学兴起的历史背景

20 世纪 90 年代，基因组学研究是生命科学的研究热点。1990 年，生命科学的“阿波罗登月计划”即人类基因组计划开始实施。在多国科学家的努力下，人类基因组计划取得了巨大成就。1994 年人类基因组全套遗传连锁图发表，1995 年全基因组覆盖率高达 94%的物理图谱问世，2000 年 6 月 26 日人类基因组草图发布，2001 年 2 月 12 日全基因组测序完成，并发布了初步分析结果。与此同时，模式生物的基因组研究亦在紧锣密鼓地进行。1995 年支原体 *Mycoplasma genitalium* 和流感嗜血杆菌 *Hemophilus influenzae* 基因组全序列发表，1996 年完成第一个真核生物——酵母的全基因组测序，2001 年 12 月 14 日，美英科学家宣布完成模式植物拟南芥的基因组测序，水稻基因组测序结果也在 2002 年完成。生命科学已进入了后基因组时代。

在后基因组时代，生命科学的研究重点从揭示生物体所有的遗传信息（DNA 序列）转移到从整体水平上对基因功能的研究，功能基因组学应运而生。在早期的功能基因组学研究中，人们相继使用微阵列法（microarray）、DNA 芯片（DNA chip）、SAGE（serial analysis of gene expression）等技术开展大规模基因表达检测研究，并取得了很好的进展。但这些技术检测的基因表达都是基于 mRNA 水平的，其假设前提是细胞中 mRNA 水平反映了蛋白质表达的水平。然而，事实并非如此，mRNA 由于自身存在储存、转运、降解、翻译调控，难以准确地反映蛋白质的表达水平。蛋白质复杂的翻译后修饰、亚细胞定位和迁移、蛋白质之间的相互作用等很难从 mRNA 水平来判断。蛋白质是生命活动的直接体现者，蛋白质本身的存在形式和活动规律只能通过对其本身进行分析研究（贺福初，1999）。

蛋白质研究已开展 100 多年，在 20 世纪 70 年代以前，蛋白质研究一直占据生命科学的主导地位。传统的单个蛋白质研究已无法满足功能基因组时代的要求，这是因为任何生命活动往往涉及多个蛋白质的参与，而且执行生理功能的蛋白质是动态的，表现形式也是多样的如磷酸化、去磷酸化等。因此，要全面和深入地了解复杂的生命活动，就必须在整体、动态、网络的水平上对蛋白质进行研究。于是，蛋白质组学应运而生。

三、蛋白质组学的研究内容

蛋白质组学的研究内容主要包括蛋白质的表达模式研究和蛋白质的功能模式研究两个方面（梁宇等，2004）。蛋白质的表达模式研究是蛋白质组学研究的基础内容，主要研究各种细胞或组织的所有蛋白质的表达特征。首先需要分离蛋白质，目前，分离蛋白质的主要技术手段是双向电泳。一种细胞或组织的蛋白质经等电聚焦和 SDS 聚丙烯酰胺凝胶电泳分离后形成一个蛋白质组的二维图谱，通过计算机图像分析软件分析各蛋白点的等电点、分子质量、表达量等数据，再结合以质谱分析为主要手段的蛋白质鉴定和数据库检索，从而大量鉴定其蛋白质组成员，建立起细胞、组织或机体在一定生理条件下的蛋白质组图谱和数据库。然后，在此基础上，可以比较分析在不同发育时期或者不同生理/病理条件下蛋白质组所发生的变化，如蛋白质表达丰度的变化、翻译后修饰的种类和状态、蛋白质在亚细胞水平上定位的改变等，从而发现和鉴定出特定功能的蛋白质（梁宇等，2004；姜明霞，2007）。

蛋白质功能模式研究是蛋白质组学研究的最终目标，主要包含蛋白质相互作用和蛋白质结构两方面研究。蛋白质相互作用研究是蛋白质组功能模式研究的重点，不仅包括蛋白质间的相互作用，还包括蛋白质与 DNA 间的相互作用和蛋白质与小分子间的相互作用。常用技术主要有酵母双杂交、噬菌体展示、表面等离子体共振和蛋白质芯片等。蛋白质的结构与功能是统一的，蛋白质只有形成特定的结构才能发挥其特定的生物学功能。因而，对蛋白质结构的认识也成为了解大量涌现出的新基因的功能的一个重要基础（李林等，1999；梁宇等，2004）。常用研究方法有核磁共振、X 射线和生物质谱等。

第二节　蛋白质组学的研究方法

从 1995 年蛋白质组学概念的提出到现在，经过近 20 年的发展，蛋白质组学已经形成了相对完整的实验流程和技术体系。蛋白质组学研究的基本流程包括样品制备、蛋白质分离、质谱分析、蛋白质鉴定和数据分析与整合等（图 9-1）。蛋白质组学的三大核心技术是：①基于凝胶和非凝胶的蛋白质组分离技术；②基于生物质谱技术的蛋白质组鉴定技术；③基于生物信息学的蛋白质组数据分析技术。

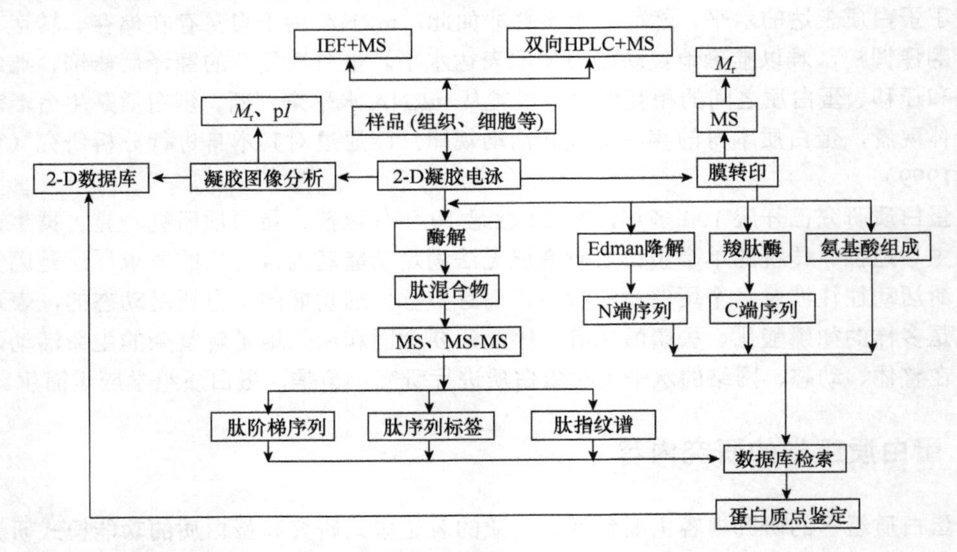

图 9-1　蛋白质组学研究的基本流程（成海平和钱小红，2000）

一、蛋白质组学的分离技术

蛋白质组的分离技术主要有两种：一种为基于凝胶的双向电泳（two-dimensional electrophoresis，2-DE）及其后来发展起来的荧光差异双向电泳技术（fluorescent difference gel electrophoresis，DIGE）；另一种为基于非凝胶的多维色谱技术，特别是高效液相色谱（high performance liquid chromatography，HPLC）。

1. 双向电泳

目前，蛋白质组学研究发展很快，新的研究方法和技术手段不断涌现，如荧光差异双向电泳、多维色谱技术等。尽管用于蛋白质分离的方法很多，但是，1975 年意大利生化学家 OFarrell 等发明的用于全细胞或组织蛋白质混合物分析的双向电泳技术，仍然是目前蛋白质组学研究最常用的、分辨率最高的蛋白质分离技术。Klose（1999）采用特大型凝胶从全细胞裂解液中可分离得到多达 10 000 个蛋白点。双向电泳技术应用两个不同分离原理、依据蛋白质的物理化学特性进行分离。第一向为等电聚焦（isoelectric focusing，IEF），在 pH 梯度胶中将带不同净电荷的蛋白质进行等电聚焦分离。第二向为十二烷基磺酸钠-聚丙烯酰胺凝胶电泳（SDS-PAGE），它依据蛋白质分子质量大小的差异，通过蛋白质与 SDS 形成复合物后，在聚丙烯酰胺凝胶电泳中的迁移速率不同，达到分离蛋白质的目的。双向电泳的基本流程包括样品制备、第一向等电聚焦、胶条平衡、第二向 SDS-PAGE 电泳、凝胶染色、凝胶成像和图像分析等。

（1）蛋白质样品制备

蛋白质样品制备是蛋白质组学研究的第一步，也是最关键的步骤，直接决定了后续蛋白质的分离和鉴定。样品制备的原则是：确保待分析样品中的蛋白质全部处于溶解状态；防止样品在等电聚焦时发生蛋白质的聚集和沉淀；防止样品制备过程中的降解和修饰；去除样品中的核酸、脂类、多糖和盐分等干扰物质；尽量去除起干扰作用的高丰度蛋白；制备方法具有重现性。为了获得最优的双向电泳分离图谱，一般都在样品裂解液中添加变性剂、表面活性剂、还原剂和两性电解质等，使其变性彻底和溶解充分。

目前，最常用的变性剂是尿素，其作用是改变或破坏氢键等次级键的结构，使蛋白质充分伸展，将其疏水中心完全暴露。硫脲和尿素联合使用，可以大大提高蛋白质的溶解性，特别是膜蛋白的溶解性。其原理是破坏蛋白质的疏水键，防止蛋白质聚集和二级结构的形成。硫脲在水中的溶解性很差，需要高浓度的尿素助溶。因此，在实际使用中，一般 2 mol/L 硫脲和 5～7 mol/L 尿素联合使用。在使用尿素配制样品裂解液时一定要注意控制温度，温度高于 37℃会造成尿素分解，分解出的异氰酸能与蛋白质的 N 端、赖氨酸、精氨酸的氨基及半胱氨酸的巯基发生氨基酰化反应，分子质量增加 43 Da。另外，异氰酸修饰后的蛋白质正电荷减少，最终造成在 2-DE 图谱上向酸性端的偏移。因此，在样品制备过程中尽量使用新鲜配制的尿素溶液，在等电聚焦时温度要控制在 20～30℃，以减少尿素的降解。

表面活性剂通过破坏离子键和氢键来防止蛋白质分子之间因疏水作用而聚集，提高样品的溶解性。目前，样品制备中常用的表面活性剂有离子去污剂 SDS、非离子去污剂 Triton X-100 和 NP-40、两性离子去污剂 CHAPS 和 SB3-10 等。阴离子型去污剂 SDS 目前使用较少，通常使用浓度不超过 2%。在等电聚焦前必须稀释 20 倍以上，使 SDS 的浓度低于 0.1%，避免其阴离子对等电聚焦的干扰。非离子型去污剂 Triton X-100 早期使用较多，但其杂质严重影响生物质谱的结果。两性离子去污剂 CHAPS 因纯度高和溶解疏水性氨基酸的能力强而得到广泛应用，其常用浓度为 1%～2%。SB3-10 是一种含有长线性基团尾端的两性去污剂，其作用强于 CHAPS，但在尿素浓度大于 5 mol/L 时不溶解。

蛋白质分子中的半胱氨酸残基之间易形成二硫键，还原剂可以将其打断，从而提高蛋白质的溶解性。最初使用的还原剂为 β-巯基乙醇，但由于经常存在角蛋白污染，且使用浓度高，在 pH＞8 时存在一定的缓冲作用，现已被二硫苏糖醇（DTT）、二硫赤藓糖（DTE）和三丁基膦（TBP）等代替。DTT 带有负电荷，在等电聚焦时易从 IPG 胶条中流失，导致某些蛋白质的二硫键重新配对，溶解度降低而重新沉淀下来。TBP 不带电荷，助溶效果优于 DTT，同时 TBP 不带巯基，不需要被烷基化，从而简化了 IPG 胶条的平衡过程。

有些蛋白质需要在一定离子强度的作用下才能保持溶解状态。载体两性电解质可以增加缓冲能力和离子强度，增加蛋白质样品的溶解性。使用时，载体两性电解质的浓度应低于 0.2%，浓度过高会降低等电聚焦的速度；同时还应注意两性电解质的 pH 应与 IPG 胶条的 pH 相匹配。

细胞中含有多种蛋白水解酶。虽然样品裂解液中含有蛋白质变性剂尿素和硫脲，但是有些蛋白酶依然可以保持部分活性，因此，需要添加蛋白酶抑制剂。蛋白酶抑制剂同蛋白酶一样，种类繁多，而且一种蛋白酶抑制剂只对某一类蛋白酶起作用，因此，通常复合使用蛋白酶抑制剂。常用的蛋白酶抑制剂有：①苯甲基磺酰氟化物（PMSF），它能不可逆地抑制丝氨酸水解酶和一些半胱氨酸水解酶；②乙二胺四乙酸（EDTA）和乙二醇二乙醚二胺四乙酸（EGTA），它们能螯合蛋白酶活性中心的金属离子，从而抑制金属蛋白酶；③多肽蛋白酶抑制剂，如亮肽素（leupeptin）能够抑制多种丝氨酸和半胱氨酸蛋白酶；抑肽素（pepstatin）能够抑制天冬氨酸蛋白酶；④苄脒（benzamidine），能够抑制丝氨酸蛋白酶；⑤磷酸酶抑制剂，如罗氏公司的 PhosSTOP 磷酸酶抑制剂混合片，可以同时抑制酸性和碱性磷酸酶。此外，罗氏公司还推出了 Complete 蛋白酶抑制剂混合片，能够抑制丝氨酸蛋白酶、半胱氨酸蛋白酶及金属蛋白酶等多种蛋白酶，并且可用于几乎所有组织或细胞提取物。

在样品制备中，样品中通常会含有盐分、核酸、多糖、脂类和酚类等干扰物质。盐离子的存在能够增强导电性，从而影响等电聚焦。核酸能够增加样品的黏度，还能与蛋白质形成超大分子质量的复合物，导致 2-DE 凝胶图谱上出现假象迁移和条纹。多糖能够增加样品黏性，堵塞 IPG 胶条的孔隙，干扰等电聚焦。脂类能够与蛋白质结合形成难溶复合物，影响蛋白质的分离。酚类物质可以修饰蛋白质并使其溶解性下降。常用的杂质去除方法有透析、沉淀和超滤等。透析法操作时间长，需要再浓缩，易造成蛋白质的降解和丢失，现已较少使用。沉淀法包括硫酸铵沉淀、丙酮沉淀和三氯乙酸（TCA）沉淀等。TCA 沉淀法目前使用较多，其优点是能够有效地去除杂质，缺点是不可逆变性和蛋白质再溶解困难。用 TCA 沉淀植物蛋白样品后，确保蛋白沉淀彻底干燥（呈粉末状），然后加入样品裂解液。如果干燥不彻底，则蛋白沉淀溶解时间长，且很难完全溶解。

植物的种类繁多，其蛋白质的提取方法也不尽相同。目前，常用的植物蛋白质提取方法包括丙酮提取法、三氯乙酸/丙酮沉淀法、特殊蛋白的分步提取法、选择性沉淀、亚细胞分离、亲和纯化等。三氯乙酸/丙酮沉淀法是植物蛋白提取的经典方法。1986 年，Damerval 等首先利用该方法提取了小麦种子蛋白。三氯乙酸是极酸性物质，丙酮为疏水性有机溶剂，二者都是蛋白质变性剂，能有效抑制蛋白酶、多酚氧化酶和过氧化物酶活性。与酚抽提法相比，TCA/丙酮沉淀法具有沉淀效果好、耗时短和操作简单等优点（李德军等，2009）。下面以花生幼嫩叶片为例，介绍具体步骤（邵媛媛等，2010）。

1）称取 1 g 新鲜的花生幼嫩叶片，加入液氮速冻，研磨成粉末。将粉末移入 10 ml 的离心管中，加入 7 ml 预冷的 10% TCA 溶液（丙酮配制，内含 0.07%β-巯基乙醇）。充分涡旋后，于–20℃条件下过夜。

2）在 4℃条件下，15 000 *g* 离心 30 min，弃上清液。加入 7 ml 预冷的丙酮（含 0.07% β-巯基乙醇）清洗沉淀，在–20℃下沉淀 2 h，期间每隔一定时间振荡一次。在 4℃条件下，15 000 *g* 离心 30 min，弃上清液。

3）加入 7 ml 80%的冷丙酮（含 0.07% β-巯基乙醇）清洗沉淀，在–20℃下沉淀 2 h。在 4℃条件下，15 000 *g* 离心 30 min，弃上清液。

4）加入 7 ml 预冷的丙酮（含 0.07% β-巯基乙醇）清洗沉淀，在–20℃下沉淀 2 h。在 4℃条件下，15 000 *g* 离心 30 min，弃上清液。

5）将沉淀冷冻干燥成粉末。按每毫克蛋白干粉加入 10～20 μl 样品裂解液[7.0 mol/L 尿素、2.0 mol/L 硫脲、4%（*W*/*V*）CHAPS、60 mmol/L 二硫苏糖醇、2 mmol/L PMSF、0.003%（*W*/*V*）溴酚蓝]，在 35℃恒温水浴中溶解 30 min，期间用液氮冻融 2～3 次以促进蛋白质溶解。在 4℃条件下，15 000 *g* 离心 30 min，取上清液进行蛋白质定量分析。

（2）蛋白质等电聚焦

第一向等电聚焦在固化 pH 梯度胶（immobilized pH gradient，IPG）中进行。目前，市场上有多种规格的 IPG 预制胶条可供选择，胶条长度从 7 cm 到 24 cm 不等，pH 梯度有线性和非线性两种，pH 梯度最宽的有 3～11，最窄的有 3.5～4.5（如通用健康保健集团的 Immobiline DryStrip pH 3.5～4.5，24 cm）。一般来说，对一个新样品或进行预备实验时，先选用宽范围、线性 pH 梯度的短 IPG 胶条，如 7 cm 的线性 pH 3～10 胶条，然后根据大多数蛋白点的分布范围选择适宜的窄 pH 梯度的长 IPG 胶条，如 18 cm 或 24 cm 的 pH 4～7 胶条，确保大多数蛋白质点达到更好的分离效果。IPG 胶条在使用前要先进行水合。下面以通用保健集团的 IPGphor 电泳仪和 24 cm 线性 pH 3～10 干胶条为例，详细介绍 IPG 胶条的水合和等电聚焦。首先，取适量的蛋白质样品加入水合液[8 mol/L 尿素、2%（*W/V*）CHAPS、0.002%（*W/V*）溴酚蓝、2%（*V/V*）IPG 缓冲液（pH 3～10）、0.28%（*W/V*）DTT]中，总体积不超过 500 μl，振荡混匀后加到胶条槽（strip holder）中。从–20℃冰箱中取出冷冻保存的干胶条，于室温放置平衡 10 min，去掉干胶条的保护膜，分清胶条的正负极，胶面朝下紧贴电极放入胶条槽中，小心赶走胶条底下的气泡，并用 3 ml 的矿物油液覆盖，防止水分蒸发造成的蛋白质样品析出。盖上胶条槽的盖子，放置在 IPGphor 电泳仪上进行水合和等电聚焦，温度设置为 20℃。IPGphor 电泳仪一次最多能够进行 12 根 IPG 胶条的水合和等电聚焦。水合和等电聚焦的程序为：30 V，5.5 h；60 V，5.5 h；200 V，1 h；500 V，1 h；1000 V，1 h；8000 V（梯度），1 h；8000 V，> 70 000 Vh（伏特小时）。水合时在胶条两端加上 30～60 V 的低电压，有利于大分子质量的蛋白质进入 IPG 胶条。另外，胶条两端接触电极处还应垫上水饱和的小纸片，防止高电压时胶条损坏，同时还可吸附等电聚焦中迁移到两端的盐离子。需要注意的是，等电聚焦所需的伏特小时数因胶条长度和蛋白质上样量的不同而有所差异。通常，胶条长度增长，伏特小时数增加；蛋白质上样量增加，伏特小时数亦增加。等电聚焦不充分，会导致水平和垂直条纹的出现；等电聚焦过度，会导致电渗现象出现，引起 2-DE 图谱变形及碱性端蛋白质的丢失（龚松林等，2006）。

（3）SDS-PAGE

等电聚焦结束后可立即进行胶条的平衡，也可置于–80℃冰箱中长期保存，但平衡后的胶条要立即开始第二向 SDS-PAGE。胶条平衡的目的是使 SDS 与 IPG 胶条中的蛋白质充分结合，避免蛋白质发生重新氧化，保证蛋白质在 SDS-PAGE 中按分子质量大小进行分离。聚焦结束后用镊子小心取出胶条，侧立于水饱和的滤纸上，吸附胶条上的矿物油覆盖液。胶条背面紧贴平衡管壁，慢慢推入平衡管中，进行两步法平衡。第一步加入平衡液 A [6 mol/L 尿素、2%（*W/V*）SDS、50 mmol/L Tris-HCl（pH 8.8）、30%（*W/V*）甘油、0.01%（*W/V*）溴酚蓝、0.1%（*W/V*）DTT]，平衡 15 min，倒出平衡液 A；第二步加入平衡液 B [6 mol/L 尿素、2%（*W/V*）SDS、50 mmol/L Tris-HCl（pH 8.8）、30%（*V/V*）甘油、0.01%（*W/V*）溴酚蓝、4%（*W/V*）碘乙酰胺]，平衡 20 min，取出胶条侧立于湿润的滤纸上，吸去多余的平衡液，准备第二向 SDS-PAGE。平衡液 B 与平衡液 A 只有一个组分不同，即平衡液 B 用碘乙酰胺代替了平衡液 A 中的还原剂 DTT。第一步平衡中的 DTT 能够保证 IPG 胶条中蛋白质的巯基保持还原状态，第二步平衡中的碘乙酰胺能够使蛋白质中的巯基烷基化，确保蛋白质不会因为巯基形成二硫键而聚集并降低溶解性；碘乙酰胺还可以烷基化IPG胶条中的自由DTT，避免自由的DTT引起2-DE图谱上出现假点和条纹。

IPG胶条平衡后，可以在水平或垂直的SDS-PAGE胶上进行第二向电泳。根据IPG胶条的长度，制备适宜长度的SDS-PAGE胶。将平衡后的胶条背面紧贴SDS-PAGE胶的长玻璃板，加少量电泳缓冲液湿润胶条，慢慢将IPG胶条置于SDS-PAGE胶的上方，排除气泡，使二者紧密接触，在碱性端或酸性端加入分子质量标准，用1%的低熔点琼脂糖封口，安装到二向电泳仪上电泳。先用5W/胶的低功率电泳30 min，使第一向IPG胶条中的蛋白质充分转移到第二向SDS-PAGE凝胶中，然后增大功率至20 W/胶，待溴酚蓝指示剂前沿距离凝胶下沿0.5～1.0 cm时，终止电泳，准备剥胶与染色。早期的第二向电泳设备一般只能进行2块凝胶电泳，重复间误差较大。目前市场上已有同时进行6块或者12块凝胶的电泳设备，大大地提高了操作的平行性，降低了实验误差，但需要较高的操作熟练性。

双向电泳的染色方法有多种，如银染法、考马斯亮蓝（comassie brilliant blue，CBB）染色法、sypro ruby荧光染色法、负染法及放射性同位素标记等。银染和CBB染色是蛋白质组学研究中最常用的两种染色方法，银染法是灵敏度最高的非放射性显影方法，其灵敏度可达1～10 ng，一般用于以图谱分析为目的的研究中，有利于检测更多的蛋白质或发现更多差异表达蛋白。该方法的缺点：一是不能与质谱兼容，因为银离子和甲醛或戊二醛能够烷基化蛋白质的α-氨基和ε-氨基，影响了蛋白质的Edman测序分析；二是线性范围窄，操作复杂，重复性较差。针对银染法的质谱不兼容性，经过不断的改进，银染后的蛋白的也可用于质谱分析鉴定（Shevchenko et al.，1996）。CBB染色法操作简单，染色后蛋白质呈蓝色，可用可见光扫描仪获得凝胶图像，并且与质谱兼容。缺点是灵敏度较低，在100 ng左右。sypro ruby荧光染色法是一种新型的荧光染色法，它利用重金属钌的螯合物与蛋白质结合，染色专一性好，灵敏度可与银染媲美，且与质谱兼容，但需要特殊的荧光扫描仪获取凝胶图像。

在可见光下灰度扫描CBB染色或硝酸银染色后的凝胶（≥400 dpi），获得每一张凝胶的数字化图像，存储为TIFF格式。目前，常用的图像分析软件有Bio-Rad公司的PDQuest、GE Healthcare的ImageMaster 2D、Phoretix的Advanced 2-D software等。利用图像分析软件可以进行图像背景噪声和人为假点的去除、蛋白质点的检测和定量、凝胶匹配和数据统计等。尽管有强大图像分析软件的帮助，但由于跑胶质量的差异，仍会有小部分蛋白质点发生错配，需要人工校正。因此，提高2-DE凝胶的跑胶质量和减少凝胶重复间的差异是提升图像分析软件准确率的重要前提。

荧光差异双向电泳（fluorescence difference gel electrophoresis，DIGE）技术是在传统双向电泳技术的基础上发展起来的，它结合了多通路荧光分析的方法，可在同一块凝胶上同时分离多个不同荧光标记的样品，有效地避免了不同凝胶间的系统误差，结果更为准确，被称为凝胶差异蛋白质组分析的金标准。1997年，Unlu等率先使用不同荧光染料标记不同样品，标记过的样品混合后在同一块凝胶中进行双向电泳，极大地提高了实验结果的重复性和定量结果的准确性。2001年，Tonge等以小鼠肝脏为材料验证该方法，并给予了高度评价。随后，安玛西亚公司（现在的通用医疗保健集团）从Carnegie Mellon大学购买了多通路荧光技术和双向电泳相结合的专利，系统地发展和改进了荧光差异凝胶电泳技术，并使之市场化。

DIGE 技术的最大特点是利用荧光染料共价标记蛋白质样品。蛋白质样品标记分为最小标记法和饱和标记法两种。最小标记法通常利用 Cy2、Cy3 和 Cy5 染料。首先，这 3 种荧光染料化学结构相似，带有相同的活化基团-NHS 脂，可以特异性地标记在赖氨酸残基的 ε 氨基上（夏丁，2009）。其次，这 3 种染料的分子质量接近（约 500 Da），确保了同一样品被任一染料标记后，在 2-DE 凝胶上的迁移是相同的。最后，3 种荧光染料均只带有一个正电荷，通过取代反应后蛋白质的等电点不会发生改变，防止了等电点的偏离和假蛋白点的出现（杜俊变等，2011）。饱和标记法是利用荧光染料饱和标记蛋白质上的半胱氨酸（Cys）残基，主要用于一些来源稀少或珍贵的微量样品的研究。这种方法需要荧光染料较多，但灵敏性比最小标记法更高，可分析 5 μg 的蛋白质样品。但该方法在技术上存在较大的挑战，需要预先根据蛋白质中半胱氨酸的含量进行染料量的优化，以便确定适宜的还原剂和荧光染料的使用量。否则，在 DIGE 胶图上很容易出现水平链状的点或垂直拖尾（甄艳等，2008）。

DIGE 的另一个特点是引入了内标。以最小标记法为例，用 Cy3 和 Cy5 分别标记样品 A 和样品 B，同时取等量的样品 A 和样品 B 混合，用 Cy2 标记后作为内标，3 种荧光染料标记的样品混合后一起电泳。这意味着所有样品中的蛋白质点都有对应的内标。内标的引入使胶内或胶间的匹配简便易行，有效地避免了匹配时出现的误差；定量分析时也不再像传统双向电泳那样依赖于胶与胶之间的重复性，而是在内标的基础上对胶内不同荧光染料标记的样品和胶间样品进行归一化定量，有效地降低了系统误差，极大地提高了结果的准确性和重复性（甄艳等，2008）。

2. 多维色谱技术

在蛋白质组学的分离技术中，双向电泳因其无可比拟的高分辨率而得到广泛应用。但双向电泳本身也存在一些难以克服的缺陷：①并非每个蛋白质点只代表一个蛋白质，许多斑点仍为两个或多个蛋白质的混合物；②操作复杂，难以实现与质谱的连用，不易自动化；③电泳结果需经染色处理，不能直接分析，并且不同蛋白质与染料的结合差异较大；④蛋白质检测存在偏向性，分子质量过大（>100 kDa）和过小（<8 kDa）的蛋白质、低丰度蛋白质、极碱性蛋白质等难以分离。这些缺陷在一定程度上限制了双向电泳的应用，而新的蛋白质分离技术如高效液相色谱、毛细管电泳等展现出强劲的竞争力。

多维液相色谱（multi-dimensional liquid chromatography，MDLC）是指串联使用不同分离原理的液相色谱来分离复杂蛋白质样品的一种技术。多维色谱的种类很多，如离子交换色谱-反相液相色谱、体积排阻色谱-反相液相色谱、反相液相色谱-反相液相色谱和亲和液相色谱-反相液相色谱等。离子交换色谱（ion exchange chromatography，IEC）利用溶质在离子交换色谱固定相上保留能力的不同来分离样品。蛋白质和多肽等生物大分子表面带有一定的电荷，它们与离子交换色谱固定相表面的电荷可以发生相互作用，样品带电荷不同，相互作用亦不同。反相液相色谱（reverse phase liquid chromatography，RPLC）是依据溶质的疏水性差异而实现样品分离的。在快速移动的水相中，蛋白质黏附在 RPLC 柱上，然后利用高速移动有机相洗脱 RPLC 柱，并自动收集不同流分。体积排阻色谱（size exclusion chromatography，SEC），又称凝胶色谱，根据溶质分子的体积差异来分离样品。体积大的溶质不能进入小的凝胶孔穴，因而能先通过凝胶填料，而体积小的溶质可以进入，则后通过凝胶填料。亲和色谱（affinity chromatography，AC）是以某些样品具有特异亲和力的性质而达到分离目的的，如抗原与抗体、激素与其受体和凝集素与糖类等。

早期的二维液相色谱技术通过复杂的设计和阀切换系统来消除不同流动相带来的影响。1999 年，Yates 实验室开发了多维蛋白鉴定技术（multi-dimensional protein identification technology，MudPIT），即“鸟枪法（shotgun）”分析。他们首次将强阳离子交换（strong cation exchange，SCX）色谱和反相（reverse phase，RP）色谱串联合并到一根色谱柱中，即在同一根色谱柱的前半部分装填强阳离子色谱材料，后半部分填装反相液相色谱材料（SCX-RP）。蛋白质复合物经胰蛋白酶消化后，产生的多肽混合物在第一维 SCX 中通过依次增加的盐浓度台阶梯度，按照带电荷的多少进行分离，在第二维 RPLC 中，多肽混合物按照疏水性质进一步分离，流出的多肽直接进入质谱分析及其随后利用 SEQUEST 算法进行的数据分析。该方法可同时鉴定成百上千种蛋白质，适用于蛋白质组学中大规模蛋白质的分离鉴定。2001 年，Washburn 等利用该方法检测对数生长中期的酵母蛋白质组，共鉴定了 1484 个蛋白质，其中包括一些转录因子和蛋白激酶等低丰度蛋白质。另外，他们还鉴定了 131 个含有 3 个或更多跨膜结构域的蛋白质。这些蛋白质都是利用常规蛋白质分离方法（双向电泳）难以企及的。之后，Wolters 等对该方法做了进一步改进，使用挥发性盐进行 SCX 洗脱，减少了离子化阶段盐离子对肽段的抑制。MudPIT 技术除了可以进行蛋白质定性研究外，还可以进行蛋白质定量研究。Washburn 等（2002）将酵母菌株在富含 ^{14}N 或 ^{15}N 的培养基中培养，分别裂解两种菌株，将它们按不同比例混合并酶解成多肽混合物，然后利用 MudPIT 技术分析混合物中的蛋白质，获得了准确、可靠的定量结果。

为了进一步分离复杂的蛋白质组学样品，针对二维液相色谱 MudPIT 技术发展了很多新的技术，如三维液相色谱分离系统。Wei 等（2005）利用三相混合色谱柱（RP1-SCX-RP2）分离了酵母细胞的酶解产物。第一段反相色谱除了具有除盐的功能外，还能对肽段进行分步洗脱，大大增加了系统的分离效率。他们在一次实验中鉴定出 1495 个蛋白，是经典 MudPIT 方法的 4.5 倍，且平均每个蛋白质对应 5 条特异肽段；而如果 RP1 不对肽段进行分步洗脱，只单纯除盐，相同样品中仅能鉴定出 632 个蛋白质，每个蛋白质平均对应的特异肽段减少至 3.5 个。由此可见，RP1 对肽段的有效分离不仅显著提高了三维色谱分离系统的鉴定能力，还大大提高了鉴定结果的可靠度。

二、蛋白质组学的鉴定技术

质谱技术是近年来蛋白质组学研究最重要的技术突破之一。世界上第一台质谱仪诞生于 1912 年，之后长达 70 多年，质谱仪一直是有机小分子结构分析的重要工具，但其始终无法应用于生物大分子的分析。20 世纪 80 年代末出现的两种软电离质谱——基质辅助激光解吸电离质谱（matrix-assisted laser desorption/ionization，MALDI）和电喷雾电离质谱（electro-spray ionization，ESI），解决了生物大分子极性大、热不稳定和多肽的离子化、分子质量测定等问题，使蛋白质组学研究发生了质的飞跃。

质谱技术的基本原理是先将样品分子离子化，然后根据不同离子间质荷比（质量/电荷，*m/z*）的差异来分离并确定其分子质量。质谱仪一般由进样装置、离子源、质量分析器、离子检测器和数据分析系统组成，其中离子源和质量分析器是核心部件。基质辅助激光解吸电离飞行时间质谱（MALDI-TOF-MS）是指其离子源为基质辅助激光解吸电离，质量分析器为飞行时间质量分析器。其原理是利用吸收激光的固体基质包埋微量样品，形成结晶薄膜，激光（常采用 337 nm 激光）照射后，小分子基质吸收热量升华，导致蛋白质或多肽的电离和汽化，汽化离子在电场的作用下进入真空飞行管，根据不同质荷比离子到达检测器时间的不同形成质谱图。MALDI 的最大特点是样品电离后离子大多只带有 1 个电荷，因而离子与多肽的质量存在一一对应关系，尤其对于分子质量较大的样品，不会形成复杂的多电荷图谱。另外，MALDI 采用固体基质，对一些缓冲液、变性剂和去污剂等杂质的忍耐性较好。ESI 是靠强大的电场使多肽离子化。在 ESI 离子源中，待分析样品溶液通过毛细管到达电喷雾室，在高电压（1000～5000 V）的作用下，样品溶液在出口处因电荷分离和静电引力而形成喷雾状的带电荷的微小液滴。在电场的作用下，带电微小液滴向质谱仪入口漂移，逆向流动的干燥气体使液滴迅速蒸发，液滴体积减小，而表面的电荷密度增大，到达临界点时液滴爆裂，离子从液相中释放出来进入气相。ESI 的特点是电离后离子带有多个电荷，大大拓展了质谱仪的分子质量分析范围。另外，ESI 没有外界能量作用分子，因而对分子结构破坏较少。ESI 的另一个优势是它可以方便地与多种分离技术联合使用，如液相色谱与质谱连用（LC-MS）。常规 ESI 中，喷雾时形成的液滴较大，部分样品不能很好地离子化，影响了质谱的灵敏度。近年发展起来的纳升电喷雾质谱使用细小的进样针代替毛细管，样品在电喷雾室出口处形成的微滴是常规 ESI 的 1/100，使样品得到有效离子化和充分利用，大大提高了检测灵敏度，可在 pmol/L（10^{-12}）甚至 fmol/L（10^{-15}）的水平上检测生物大分子。

蛋白质的鉴定有多种方法，包括氨基酸组成、一级质谱得到的肽质量指纹图谱及 Edman 降解或串联质谱得到的多肽序列等。肽质量指纹图谱（peptide mass fingerprint, PMF）是指不同蛋白质的氨基酸序列不同，蛋白质经胰蛋白酶 Trypsin、Lys-C 等特异性酶消化后，产生的肽段序列也各异，这些肽段的分子质量差异构成了该蛋白质的特征性肽质量图，像指纹一样，每种蛋白质均具有独特的肽质量指纹图谱。MALDI-TOF-MS 可以检测出所有肽段的质量，然后与数据库中所有蛋白质的理论酶解的肽质量相匹配，匹配得分最高的结果被认为是正确的，从而使蛋白质得到鉴定（图 9-2）。PMF 方法简单、快速，通量高，是最早用于大规模鉴定蛋白质的质谱方法，而且随着基因组数据和 EST

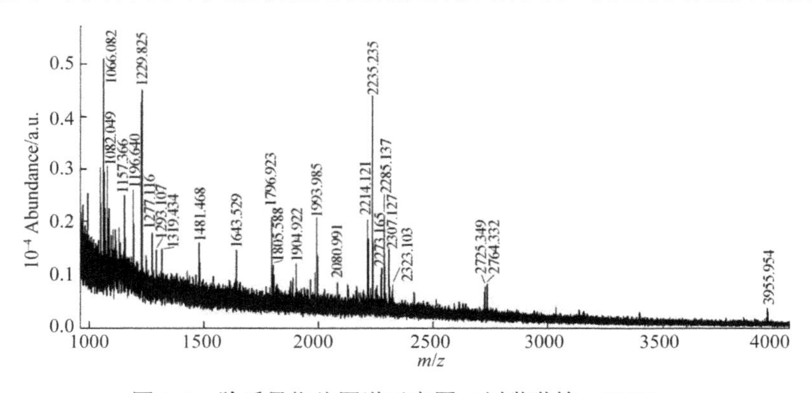

图 9-2　肽质量指纹图谱示意图（刘琳琳等，2009）

数据的飞速发展，PMF 的适用性和准确率都大大提高。通常，鉴定一个蛋白质需要匹配 4～5 个肽段的质量及 25%以上的序列覆盖率。

质谱数据检索工具较多，常用软件见表 9-1。Mascot 是分析肽质量指纹图谱最常用的软件。在使用 Mascot 软件对蛋白质数据库搜索之前，通常将 MALDI-TOF 质谱得到的肽段质量数据输入 Excel 表格，选择 800～4000 Da 的数值，去除角蛋白肽质量和胰蛋白酶自切峰值。搜索时数据库可选择 NCBInr 或 SwissProt，一般选择 NCBInr；物种名称一般选择 Virdiplantae（Green Plant）；酶切种类根据所用的蛋白酶来确定，通常使用胰蛋白酶 Trypsin；固定修饰选择 Carbamidomethyl（C）；可变修饰可选 Oxidation（M）和 Pyro-glu（N-term Q）；Mass Values 选 MH^+；肽质量误差范围可设定为±1.0 Da；可能遗漏的酶切位点数设定为 1。

表 9-1　PMF 和串联质谱分析常用软件

软件名称	网址
SEQUEST	http://fields.scripps.edu/sequest/
Mascot	www.matrixscience.com
ProteinProspector	http://prospector.ucsf.edu/prospector/mshome.htm
PepFrag	http://prowl.rockefeller.edu/prowl/pepfrag.html
Spectrum Mill	http://www.chem.agilent.com
ProbID	http://tools.proteomecenter.org/wiki/index.php?title=Software：ProbID

串联质谱的肽序列标签（peptide sequence tag，PST）是将胰蛋白酶消化后的多肽混合物经第一级质量分析器（起过滤器作用）分离，选取需要进一步结构分析的母离子进入碰撞室，母离子在碰撞室内经高速惰性气体碰撞诱导解离（collision induced dissociation，CID），产生碎片离子，由第二级质量分析器分析碎片离子的质荷比（董乃平，2009）。利用算法识别串联质谱实验数据中各种类型离子的信息，然后进行数据库检索，根据已识别的部分离子类型，推断出部分氨基酸序列，最后对蛋白质数据库进行搜索，从而鉴定该蛋白质（图 9-3）。PST 的优点是特异性强和适用性广，由几个多肽得到

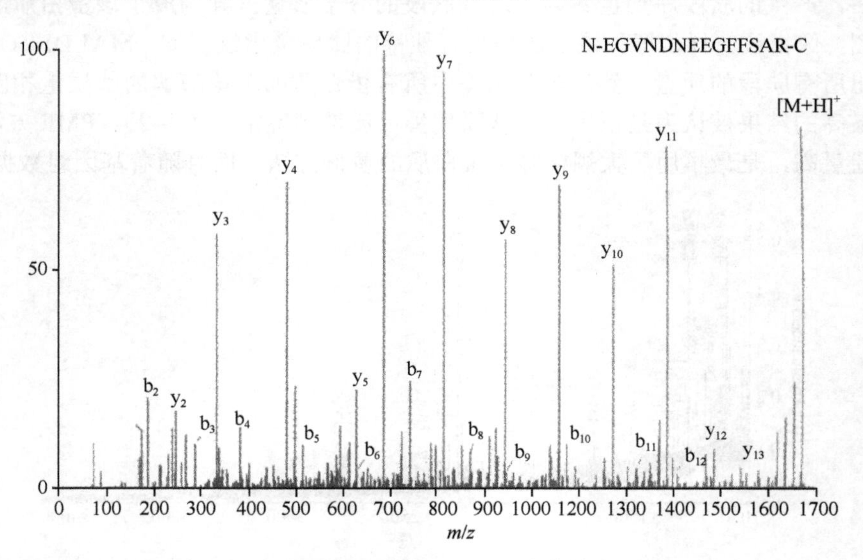

图 9-3　串联测序质谱示意图（刘清萍等，2004）

的序列信息比一系列的多肽质量更具有特异性。肽段的序列不仅可以在蛋白质序列数据库中搜寻，还可以在核酸数据库，例如 EST 数据库，甚至原始的基因组数据库中搜寻。

从头测序法（*de novo* sequencing）是直接根据碰撞诱导电离、电子捕获解离和电子转移解离等裂解的串联质谱数据，分析其裂解规律从而推断出当前质谱信息条件下最可能的多肽序列。该方法无需借助蛋白质数据库得到多肽序列，尤其对于蛋白质数据库中没有的未知蛋白的鉴定十分有效。

三、蛋白质组数据的生物信息学分析

生物信息学是蛋白质组学研究的三大核心技术之一，且随着蛋白质组学数据的大量增加，生物信息学在蛋白质组学中的作用也越来越重要。蛋白质组生物信息学的研究内容主要包括大规模蛋白质组数据的产生、存储、处理和管理等。2-D 数据库基于双向电泳的图谱而建立，图谱上每一个蛋白质点的信息（等电点、分子质量等）都可以通过点击相应位置的蛋白质点获得。有的 2-D 数据库还整合了其他数据，如蛋白质序列、结构和功能等信息，如 SWISS-2DPAGE（http://world-2dpage.expasy.org/swiss-2dpage/），包含了 7 个物种的 36 张参考图谱及 1265 个蛋白质的注释信息。ExPASy 还推出了免费使用构建 2-D 数据库的软件包 Maker2D-DB（http://world-2dpage.expasy.org/make2ddb/），可以构建自己的 2-D 数据库。

蛋白质序列信息数据库包含了蛋白质氨基酸残基顺序及其结构功能等信息。目前广泛使用的蛋白质序列数据见表 9-2。Swiss-Prot 蛋白质序列数据库是由瑞士日内瓦大学与欧洲分子生物学实验室（European Molecular Biology Laboratory，EMBL）于 1987 年共同开发维护的，现由欧洲生物信息学研究所（European Bioinformatics Institute，EBI）进行维护，旨在向基因组和蛋白质组及相关的分子生物学研究人员提供有关蛋白质序列的最新信息。Swiss-Prot 主要收录人工注释的序列及其相关文献信息。注释包括蛋白质的功能、酶学特征、功能结构域、翻译后修饰、亚细胞定位、组织特异性、相互作用、突变体等。搜索 Swiss-Prot 时，可利用关键词、Swiss-Prot 接受号、作者等方式查询。随着测序技术的发展，全基因组测序结果提供了越来越多的序列，Swiss-Prot 蛋白质数据库的工作人员由于手工注释而在时间和体力上面临巨大的挑战。为了保持高质量的注释，使序列尽快地有效变得至关重要。在这种情况下，TrEMBL 于 1996 年成立，是对 Swiss-Prot 计算机注释的补充，使 Swiss-Prot 蛋白质数据库变得更加充实和重要。

表 9-2　常用蛋白质序列数据库

数据库	网址
SWISS-PROT	http://www.expasy.org/proteomics
UniProt	http://www.ebi.ac.uk/uniprot/index.html
GenBank	http://www.ncbi.nlm.nih.gov/genbank/
RefSeq	http://www.ncbi.nlm.nih.gov/refseq/
PIR	http://pir.georgetown.edu/
EBI	http://www.ebi.ac.uk/services/proteins

UniProt 是 universal 和 protein 的英文缩写，是到目前为止收录蛋白质序列最多、功能注释最全面的蛋白质数据库。UniProt 整合了 Swiss-Prot、TrEMBL 和 PIR（protein information resource，PIR）三大数据库的数据，主要由 4 部分组成，即 UniProtKB（知识库）、UniParc（档案库）、UniRef（参考资料库）和 UniMES（宏基因组相关序列数据库）。UniProtKB 是 UniProt 的核心库，截至 2015 年 3 月 5 日，UniProtKB/Swiss-Prot 包含了 547 599 条序列，UniProtKB/TrEMBL 中含有 92 124 234 条序列。

GenBank 数据库由美国国家生物技术信息中心（the National Center for Biotechnology Information，NCBI）维护，存储经过 mRNA 翻译而来的理论蛋白质序列。该数据库储存的蛋白质序列缺乏注释，且大量冗余。为了解决冗余问题，NCBI 创建了 RefSeq 数据库，截至 2015 年 3 月 5 日，RefSeq 数据库中储存了 51 661 个物种的 52 276 468 条蛋白质序列。

PROSITE 数据库（http://prosite.expasy.org/）由瑞士生物信息研究所于 1988 年创建，包含了与蛋白质功能直接相关的位点和基序序列。这些序列基序包括酶的催化位点、配体结合位点、与小分子或者其他蛋白结合的区域等，有利于快速准确地鉴定一个未知功能的蛋白质序列。Pfam 数据库（http://pfam.sanger.ac.uk/）包含了大量蛋白质功能结构域或蛋白质保守区信息，它基于隐马可夫模型算法进行序列多重比较，鉴定未知蛋白质的功能结构域。目前，最常用的两个相似性比较工具为 BLAST（http://blast.ncbi.nlm.nih.gov/Blast.cgi）和 FASTA（http://www.ebi.ac.uk/Tools/sss/fasta/）。FASTA 可以有效地分析那些与数据库相似性较高的序列，但有时可能忽略一些评分不高的结果。BLAST 是一个寻找序列间具有相似性的区段，进而比较它们之间结果与功能的工具。

蛋白质的结构与其生物学功能息息相关，尤其是蛋白质的三维结构。通过研究蛋白质三维结构可以预测其特定的生物学功能。目前，虽然 X 射线晶体衍射结构分析、多维核磁共振波谱分析和电子显微镜二维晶体三维重构等实验方法可获得蛋白质的三维结构，但是不能运用到所有的蛋白质分子上。随着生物信息学的发展，计算机辅助预测成为新的替代方法（陈蕾，2009）。目前，在利用生物信息学对蛋白质三维空间结构预测方面的主要方法有同源模建、折叠识别和从头预测 3 种。一般先将目标蛋白质与蛋白质结构数据库中的已知结构相比较，如果两者序列相似性较高，则可用同源模建对目标蛋白质的结构进行预测（范涛，2007）。蛋白质结构数据库（protein data bank，PDB，http://www.rcsb.org/pdb/home/home.do）创建于 1971 年，主要由 X 射线晶体衍射和核磁共振测得的生物大分子的三维结构所组成，是世界上最完整的蛋白质结构数据库。PDB 主要应用于蛋白质结构预测和结构同源性比较，是进行生物分子结构研究的基本数据依据。

四、蛋白质组学研究的其他技术

1. 同位素亲和标签技术

蛋白质组学研究不仅包括蛋白质组的定性研究，也包括定量研究。定量蛋白质组学（quantitative proteomics）是把一个基因组表达的全部蛋白质或者是一个复杂样品中所有的蛋白质进行精确定量和鉴定的学科。目前使用较为广泛的方法为同位素亲和标签（isotope-coded affinity tag，ICAT）技术及相对和绝对定量同位素标记（isobaric tag for relative and absolute quantitative，iTRAQ）技术。ICAT 是一种人工合成的化学试剂，主要包括 3 部分：生物素亲和标签，用于分离 ICAT 标记的多肽；同位素标记的连接子；化学反应基团，用于特异结合蛋白质半胱氨酸的巯基。ICAT 试剂有两种形式，连接子分别含有 8 个氘原子和 8 个氢原子，两种试剂的分子质量相差 8 Da。当不同处理样品被裂解后，分别加入两种 ICAT 试剂进行标记，待充分反应后，将两者等量混合，再用胰蛋白酶消化，经亲和层析分离后，对含生物素 ICAT 标记的肽段进行串联质谱分析。一对 ICAT 标记的两个不同样品的相同肽段总是一前一后相邻分布在质谱图上，且分子质量相差 8 Da 或 4 Da（肽段离子带 2 个电荷时），比较二者峰值的差异，就可知道该蛋白质在两种处理中的表达情况（Gygi et al.，1999）。ICAT 技术具有广泛的兼容性，可分析来自不同器官、组织、体液中的绝大部分蛋白质，不受盐、去污剂和变性剂的影响，能很好地定量分析微量蛋白质。其不足之处是 ICAT 试剂的分子质量约 500 Da，相对于肽段来说是一个很大的修饰物，增加了数据库检索的复杂性。其次，该方法不能分析不含半胱氨酸的蛋白质，在酵母中，约 8%的蛋白质不含有半胱氨酸残基。2003 年，Gygi 研究组在 ICAT 试剂的基础上开发了 cICAT（cleavable ICAT），该试剂裂解后的同位素标签分子质量只有 227 Da 或 236 Da，大大减少了数据库检索的复杂性（Li et al.，2003；阮松林等，2006）。

2. iTRAQ 技术

2004 年，美国应用生物系统公司开发了新型的功能强大的 iTRAQ 技术，可同时对 4 种样品进行相对和绝对定量。iTRAQ 试剂是一种小分子同重元素化学物质，包括 3 部分：报告基团，质量分别为 114 Da、115 Da、116 Da 和 117 Da；肽反应基团，将报告基团与肽 N 端及赖氨酸侧链连接；平衡基团，质量分别为 31 Da、30 Da、29 Da 和 28 Da。4 种 iTRAQ 试剂的分子质量均为 145 Da，在一级质谱图中，保证任何一种 iTRAQ 试剂标记的不同样品中的同一肽段的质荷比相同。在二级质谱中，平衡基团发生中性丢失，报告基团产生 4 个信号离子，表现为不同质荷比（114、115、116 和 117）的峰，根据波峰的高度和面积，可以得到同一蛋白质在不同样品中的表达差异。iTRAQ 技术兼容性强，可对任何类型的蛋白质进行鉴定；灵敏度高，可检测低丰度蛋白；通量高，现在已经可以对 8 个样品进行分析（Ross et al.，2004）。

3. 蛋白质芯片技术

蛋白质芯片技术是一种高通量、微型化和自动化的蛋白质分析技术，是由固定于不同种类支持介质上的蛋白质微阵列组成，阵列中固定分子的位置和组成是已知的，用标记或未标记的生物分子与芯片上的探针发生反应，那些与探针相结合的蛋白质就会被吸附在表面上，然后把未与探针结合的蛋白质洗掉，把结合的蛋白质洗脱下来进行质谱分析，从而明确目的蛋白的功能或相互作用关系等。蛋白质芯片具有通量高、灵敏度强和特异性高等特点，现已广泛应用于蛋白质鉴定、蛋白质与蛋白质互作、蛋白质与 DNA 或 RNA 互作、翻译后修饰等研究。2000 年，美国 Ciphergen 公司发明了 SELDI（surface enhanced laser desorption/ionization）蛋白质芯片技术，它采用系统设计的具有不同化学表面修饰的芯片，使之能够选择性地富集一组蛋白质，在添加能量吸收分子后，送入阅读机，利用 MALDI-TOF-MS 检测被富集到 8～24 个样品点上的所有蛋白质（何大澄和肖雪媛，2002）。SELDI 芯片识别分子质量范围很广，可以识别低于 1 kDa 的多肽，也可以识别 500 kDa 以上的蛋白质。芯片的表面既有经典的化学层析表面，也有特异的亲和吸附表面，可以从大量样品中特异富集某一类蛋白质，降低样品的复杂度。化学层析表面包括正相的多数蛋白质结合表面、反相吸附的疏水表面、正负离子交换表面和结合金属亲和吸附表面等。特异的蛋白质也能够被共价结合在预先活化的芯片表面，使研究者可以进行抗原-抗体、DNA-蛋白质、受体结合和其他分子间的相互作用研究（于晓波等，2006；凌家瑜，2007）。

4. 蛋白质互作研究技术

蛋白质之间的相互作用及作用方式是蛋白质组研究中的一个关键问题。它的研究手段包括经典的酵母双杂交系统、双分子荧光互补、串联亲和纯化、免疫沉淀和蛋白质芯片等。1989 年，Fields 和 Song 建立了酵母双杂交（yeast two hybrid，Y2H）系统，该系统充分利用了真核细胞转录因子 GAL4 的特性，在细胞体内研究蛋白质间的互作。GAL4 的 N 端 1～147 位氨基酸为 DNA 结合域（DNA binding domain，DNA-BD），C 端 768～881 位氨基酸区域为转录激活域（activation domain，AD）。BD 和 AD 分别单独作用时并不能激活转录反应，只有二者在空间上充分接近时才有转录活性。根据这个特性，Y2H 系统将 GAL4-BD 与作为诱饵蛋白的已知基因构建在同一个表达载体上，将 GAL4-AD 和 cDNA 文库的基因构建在另一个载体上，将两个载体转化改造后的酵母，当两个载体中的融合蛋白发生相互作用时，GAL4-BD 和 GAL4-AD 就会结合在一起，从而导致报告基因转录的增加。通过营养缺陷型培养基筛选，去除没有发生相互作用的酵母克隆，提取阳性克隆的质粒 DNA 进行测序和分析。Y2H 系统具有高度灵敏性，可检测蛋白质之间微弱的或暂时的相互作用。缺点：一是分析的蛋白质相互作用发生在细胞核内，对细胞核外形成的相互作用无法检测；二是存在一定的假阳性，有些蛋白质本身具有转录激活功能，还有些蛋白质表面含有对多种蛋白质的低亲和力区域，能与其他蛋白质形成较稳定的复合物，引发报告基因的表达。

2002 年，Hu 等发明了双分子荧光互补（bimolecular fluorescence complementation，BiFC）技术。BiFC 技术巧妙地将荧光蛋白切开，形成两个不发荧光的片段。这两个片段在细胞内共表达或体外混合时，不能自发组装成完整的荧光蛋白，因而在激发光照射时不能产生荧光。将这两个片段分别与目标蛋白融合表达，如有蛋白质相互作用，荧光蛋白的两个片段在空间上靠近互补，重新构成完整的具有活性的荧光蛋白分子，在激发光照射下，发射荧光（樊晋宇等，2008）。BiFC 技术通过荧光的有无鉴定蛋白质之间是否存在相互作用，简单、快速、直观，越来越受到研究人员的青睐。目前，已开发出多色荧光互补技术，不仅能够检测多种蛋白质复合体的形成，还能对不同蛋白质间互作的强弱进行比较。

研究蛋白质相互作用还可以应用蛋白质芯片技术。将诱饵蛋白固定在芯片表面上，用蛋白质混合物进行筛查，把未与诱饵蛋白结合的蛋白质洗掉，然后将结合的蛋白质洗脱下来，通过质谱技术进行结合蛋白的功能鉴定。这样，在一个实验中，与诱饵蛋白相互作用的所有蛋白质都可以被鉴定。蛋白质芯片能够同时分析上千种蛋白质的变化情况，使得在全基因组水平研究蛋白质的功能（如酶活性、抗体的特异性、配体受体交互作用，以及蛋白质与蛋白质、核酸或小分子的结合）成为可能（梁宇等，2004；于晓波等，2006）。

第三节 植物蛋白质组学研究进展

随着拟南芥、水稻等模式植物基因组测序的完成，植物基因组学的研究重点也转变为功能基因组学。目前，蛋白质组学技术及新的研究方法和手段已在植物研究中得到广泛应用，涵盖植物生长发育、逆境防御、突变体研究和遗传变异等多个方面。

一、植物非生物胁迫蛋白质组学研究

植物在生长过程中经常会遭受到不同程度的多种非生物逆境胁迫，如干旱、高盐、缺氧、机械损伤、激素处理等，这些胁迫严重影响植物的生长发育。逆境胁迫下，植物能够感知逆境信号并通过信号转导产生应激反应，通过改变生理状态或者形状以适应不利环境。目前，人们虽然克隆了少量抗逆相关的重要基因，但对于植物响应逆境胁迫的机制知之甚少。蛋白质是生命活动的直接执行者，蛋白质组学技术的诞生为在蛋白质水平上研究植物的抗逆机制提供了便利。

在所有的非生物胁迫中，干旱造成的危害最为严重，是一个世界性难题。随着人口的增长、环境恶化，水资源日益匮乏，干旱的危害也日趋严重。植物的抗旱性是一个复杂性状，许多科学家做出了巨大努力，虽然取得了一些进展，但成果仍不尽如人意。蛋白质组学技术为深入了解植物响应干旱胁迫的机制提供了很好的机会。Riccardi 等（1998）以两个自交系及其杂交种为材料，植株出苗后 3 周，持续控水 10 天，研究缓慢干旱对叶片蛋白质组的影响。2-DE 发现 78 个干旱响应蛋白质点，其中 50 个蛋白质点上调表达，10 个蛋白质点只在干旱处理下表达。他们利用氨基酸测序分析了 19 个蛋白质点，共有 16 个蛋白质点得到鉴定，功能涉及水分胁迫响应、糖酵解和木质素合成等。祁建民等（2012）以耐旱性红麻品种 GA42 为材料，利用双向电泳技术分析了苗期叶片正常浇水和干旱处理下的蛋白质组，发现了 69 个差异表达蛋白质点，选取 9 个差异十分显著的蛋白质点进行肽质量指纹图谱分析，有 6 个蛋白质点得到功能鉴定，其中包括核酮糖-1，5-二磷酸羧化酶（Rubisco）、Rubisco 活化酶、二甲基萘醌甲基转移酶、谷氨酰胺合成酶和 ATP 合酶 β 亚基等。这些蛋白质在干旱胁迫时上调表达，预示其可能参与红麻的抗旱防御反应。章玉婷等（2013）以云南耐旱马铃薯品种宁蒗 182 为材料，取正常浇水和干旱处理（只浇一次出苗水）的 4 叶期叶片提取蛋白，双向电泳分析后发现 15 个差异表达蛋白，且均在干旱处理的叶片中上调表达，经质谱分析，12 个差异蛋白得到鉴定，功能涉及应激反应、代谢和运输蛋白等，预示马铃薯通过多个途径响应干旱胁迫。

土壤盐渍化是植物生长和分布的主要限制因子之一。盐分胁迫影响植物的生长发育、光合作用、能量代谢和产量。近年来，人们利用蛋白质组学技术分析了盐胁迫下多种植物各种器官、组织的蛋白质组变化，发现了 1400 多种盐胁迫响应蛋白（张恒等，2011）。Yan 等（2005）以 3 周龄的水稻幼苗为材料，用 150 mmol/L 的 NaCl 处理 24 h、48 h 和 72 h，提取根系蛋白进行双向电泳，发现 34 个蛋白质点盐胁迫后上调表达，20 个下调表达。经肽质量指纹图谱分析和测序质谱分析，共鉴定了 10 个非冗余蛋白，其中 4 个蛋白

质为已知盐胁迫响应蛋白，其余 6 个为新的盐胁迫响应蛋白，分别为 UDP-葡萄糖焦磷酸酸酶、细胞色素 c 氧化酶亚基 6b-1、谷氨酰胺合成酶根同工酶、初生肽有关的复合体 α 链、剪接因子样蛋白和肌动蛋白结合蛋白。这些蛋白质主要参与碳水化合物、氮和能量代谢调节，活性氧清除，mRNA 和蛋白质加工及细胞骨架稳定性等生物过程（袁坤，2007）。孔芳等（2011）将水稻盐胁迫诱导表达的烟酰胺合酶基因 *OsNAS1* 转入油菜，T_1 代和对照油菜种子种植 28 天后，用 20 mmol/L 的 Na_2CO_3 处理 9 天，提取叶片蛋白质进行双向电泳分析，发现 12 个差异表达蛋白质点。经 MALDI-TOF-MS 肽质量指纹图谱分析，11 个蛋白质点得到成功鉴定，其中 5 个差异蛋白可能与耐盐性相关，分别是二氢硫辛酸脱氢酶、谷胱甘肽-*S*-转移酶、过氧化物酶、20S 蛋白酶体 β 亚基及核酮糖-1，5-二磷酸羧化酶/氧化酶，这些蛋白质参与了物质能量代谢、蛋白质降解及细胞防卫等过程。曹尚银等（2013）以较耐盐碱枣品种七月鲜的扦插苗为材料，利用双向电泳分析了 0.60%的 NaCl 处理后枣叶片的蛋白质组变化，共发现 26 个差异表达蛋白质点，其中 20 个蛋白质盐胁迫后下调表达，6 个受盐胁迫诱导上调表达，这些差异表达蛋白为研究枣抗盐碱奠定了基础。

高温是植物生长的重要限制因子。随着温室效应的加剧，全球变暖，高温危害呈扩大化趋势。高温能够诱导植物合成大量热休克蛋白（heat shock protein，HSP）和低分子质量热休克蛋白（low molecular weight heat shock protein，LMW-HSP）。小麦灌浆期高温严重影响面团特性和小麦的品质。Majoul 等（2003）利用蛋白质组学技术分析了高温胁迫前后小麦胚乳的蛋白质组变化，发现 37 个差异表达蛋白质点，通过 MALDI-TOF-MS 分析，鉴定了 25 个热诱导蛋白和 1 个热下调蛋白。周伟辉等（2011）利用蛋白质组学技术研究了耐热品种密阳 46 号和热敏感品种明恢 63 号水稻在高温胁迫下的叶片蛋白质组变化，发现了 50 多个热响应差异表达蛋白，对 35 个蛋白质点进行质谱分析，成功鉴定了 24 个蛋白质点，功能涉及光合作用、能量代谢、抗逆反应等。他们首次发现了抗逆相关蛋白 2-Cys 过氧化物酶 BAS1 在高温下表达量上升。

低温冷害同样影响植物的生长发育。Cui 等（2005）利用双向电泳分析了水稻幼苗叶片在渐进低温处理下的蛋白质组变化，发现 60 个低温诱导蛋白，经质谱分析成功鉴定了 41 个低温响应蛋白，其中包括 8 个参与细胞壁组分合成的酶，可见细胞壁增厚对植物耐受低温胁迫具有重要作用。Yan 等（2006）以水稻为材料研究了低温胁迫下的应激反应，在 6℃低温下对水稻 3 周龄幼苗处理 6 h 和 24 h，利用双向电泳分析叶片蛋白质组的变化，共发现 96 个差异表达蛋白质点，其中 65 个蛋白质点上调表达，31 个下调表达。通过质谱鉴定了 85 个差异表达蛋白，其功能涉及信号转导、翻译过程、蛋白质加工、RNA 加工、光合作用、呼吸作用、氧化还原平衡，以及碳、氮和能量代谢。

除了干旱、高盐、温度等胁迫，非生物胁迫还包括渍涝胁迫、臭氧胁迫、机械损伤等。适宜的环境条件能够保证植物的正常生长，而渍害造成土壤水分过多，氧气含量降低，严重影响植物的生长发育，严重时甚至造成作物绝产（张阳等，2011）。Khatoon 等（2012）以大豆品种 Enrei 为材料，大豆萌发 3 天后，分别利用低氧和涝渍胁迫处理 3 天，提取幼苗根系蛋白质用于双向电泳分析。在低氧胁迫下，31 个蛋白质点的表达丰度发生变化，其中 15 个蛋白质点上调表达，16 个蛋白质点下调表达；而在涝渍胁迫中，45 个蛋白质点差异表达，其中上调表达的蛋白质点为 18 个，下调表达的为 27 个。低氧胁迫和涝渍胁迫共同拥有的差异表达蛋白质点为 27 个，其中 14 个为上调表达，13 个为下调表达。质谱分析发现，功能涉及代谢和能量的蛋白质表达量增强，而功能涉及运输和储藏的蛋白质表达量下降。Yu 等（2014）以 2 个耐渍性差异明显的玉米姊妹自交系 A3237（耐渍）和 A3239（敏感）为材料，利用 iTRAQ 和 LC-MS/MS 技术分析了涝渍和对照情况下幼苗根系的蛋白质组变化，共发现 211 个差异表达蛋白。其中 81 个仅在耐渍材料 A3237 中出现，57 个为渍害敏感材料 A3239 所特有。功能注释后发现，这些差异表达蛋白功能涉及代谢、能量、运输和病害防御等，皆与植物逆境响应紧密相关。在涝渍胁迫下，耐渍玉米 A3237 根系中的 NADP-苹果酸酶、精氨酸脱羧酶、粪卟啉原Ⅲ氧化酶、谷胱甘肽-*S*-转移酶、谷胱甘肽脱氢酶和木葡聚糖内糖基转移酶 6 表达量提高，用于调控能量消耗、维持 pH 平衡和降低氧化损伤。

臭氧胁迫能够造成植物叶片损伤，严重影响叶片对光能的利用（列淦文等，2014）。Khan 等（2013）以耐臭氧大豆品种 Enrei 和臭氧敏感品种 Nakasennari 为材料，利用双向电泳分析了臭氧处理 11 天后的大豆叶片蛋白质组，分别在 Enrei 和 Nakasennari 中发现 6 个和 3 个臭氧应激反应蛋白，经质谱鉴定，这些应激反应蛋白分别为 ATP 合酶 α 亚基、ATP 合酶 β 亚基、磷酸甘油酸激酶、醛/酮还原酶、核酮糖二磷酸羧化酶活化酶和谷氨酰胺合成酶。在臭氧胁迫下，1 mmol/L 的 ATP 处理过的臭氧敏感型大豆品种 Nakasennari 的叶片损伤程度大幅下降，说明 ATP 在植物抵抗臭氧胁迫和降低叶片损伤中起重要作用。

Shen 等（2003）以切割 0 h、12 h、24 h 和 48 h 的水稻叶鞘为材料，采用双向电泳分离叶鞘伤害反应相关蛋白，结果发现 10 个蛋白质在伤害后上调表达，19 个蛋白质下调表达。选取 14 个蛋白质用于 N 端或内部氨基酸测序，共有 9 个蛋白质得到功能鉴定。另外，采用 MALDI-TOF-MS 方法鉴定了 11 个蛋白质。在基因功能被确认的蛋白质中，下调表达的蛋白质有钙网蛋白、组蛋白 H1、血红蛋白和过氧化物酶；上调表达的蛋白质包括胰蛋白酶抑制因子、受体类蛋白激酶、钙调素相关蛋白、RuBisCO 小亚基、甘露糖结合凝集素。其中，胰蛋白酶抑制因子、受体类蛋白激酶和钙调素相关蛋白为已知的伤害反应蛋白（柳展基等，2006）。

二、植物生物逆境胁迫蛋白质组学研究

据联合国粮食及农业组织估计，全世界每年因病虫害损失粮食总产量的 24%，其中虫害损失占 14%，病害损失占 10%。病虫害不仅造成产量损失，还造成农产品品质下降，甚至产生一些有毒、有害物质。在遭受病虫危害时，植物会以在局部产生过敏反应、细胞壁增厚等方式限制病菌的入侵，或者通过信号转导启动免疫反应。

镰刀菌（*Fusarium*），种类多，分布广，是危害多种作物的常见霉菌。鹰嘴豆富含可溶性蛋白，是世界第三大豆科作物，每年因尖孢镰刀菌引起的萎蔫病造成的产量损失高达 15%。Chatterjee 等（2014）利用双向电泳和质谱技术分析了镰刀菌侵染抗病品种 WR315 和感病品种 JG62 的根系蛋白质组，结果发现 206 个差异表达蛋白，选取其中的 163 个蛋白质点用于肽质量指纹图谱分析和串联质谱分析，共有 100 个蛋白质点得到鉴定，其中 65 个蛋白质点在病菌侵染后表达量显著提高，另外 35 个则只在侵染后表达。在已鉴定

蛋白质中，代谢相关蛋白最多，占36%；其次为清除活性氧相关蛋白，占16%；防御反应相关蛋白占7%，预示其在鹰嘴豆抵御镰刀菌入侵中发挥重要作用。Chivasa等（2006）利用2D-DIGE研究了镰刀菌与拟南芥液体培养细胞间的互作，在分离到的1500多个蛋白质点中，差异表达蛋白质点仅占10%左右（154个）。选取其中45个高丰度蛋白用于质谱分析，发现差异表达蛋白主要为分子伴侣（如热激蛋白）、线粒体蛋白（如ATP合酶）、抗氧化酶（如谷胱甘肽转移酶）和植物激素合成相关蛋白等。定量PCR分析表明，在镰刀菌侵染的前6h，谷胱甘肽转移酶基因的表达量逐渐增强，预示其在抵御镰刀菌危害中发挥重要作用。Campo等（2004）利用玉米萌发种胚研究真菌侵染后的防御反应，双向电泳后发现9个蛋白质在真菌侵染后上调表达。质谱鉴定后，发现它们主要参与植物组织抗氧化和解毒、蛋白质的合成和折叠。特别是翻译起始因子elF-5A表达量提高，暗示该蛋白质可能与植物防御反应直接相关。

黄曲霉（*Aspergillus flavus*）是一种常见的霉菌，产生的黄曲霉毒素毒性极强，具有很强的致癌性。Pechanova等（2011）利用蛋白质组学技术研究了玉米穗轴与黄曲霉之间的互作，发现抗病玉米Mp313E和Mp420的幼嫩穗轴中的非生物胁迫相关蛋白和苯丙烷代谢相关蛋白表达量增强，而感病玉米B73和SC212m的幼嫩穗轴中含有较高的病原相关蛋白。同时发现逆境防御相关蛋白在抗病玉米中呈组成型表达，而在感病玉米中呈诱导型表达模式。

植物病原细菌大都具有一至多根鞭毛，通过气孔、水孔和伤口等侵入植物，发病植物表现为萎蔫、腐烂等（方献平等，2014）。Jones等（2004）分析了拟南芥叶片感染丁香假单胞菌后的蛋白质组变化，利用质谱鉴定了52个差异表达蛋白，尤其是谷胱甘肽转移酶和过氧化物酶受到丁香假单胞菌的强烈诱导。Chen等（2007）利用双向电泳分析了水稻悬浮培养细胞质膜感染黄单胞菌（白叶枯病菌）12 h和24 h后的蛋白质组变化，共发现20个差异表达蛋白质点，经质谱分析，鉴定了10种蛋白质，包含H^+-ATP酶、蛋白磷酸酶、抗增殖蛋白、过敏反应诱导蛋白HIR、醌还原酶、锌指蛋白、应激蛋白、低分子质量热激蛋白、抗坏血酸过氧化酶和乙醇脱氢酶。在这些蛋白质中除了抗坏血酸过氧化酶和乙醇脱氢酶以外，其余8种蛋白质均为质膜关联蛋白（方献平等，2014）。

植物病毒可以造成寄主的蛋白质组发生变化（方献平等，2014）。Ventelon-Debout等（2004）以部分抗病毒品种Azucena和感病品种IR64为材料，利用2-DE和质谱技术研究了水稻黄斑病病毒感染前后的叶片蛋白质表达谱变化。在感病品种IR64中发现40个差异表达蛋白质点，而在部分抗病品种Azucena中差异表达蛋白质点为24个。质谱分析后，共有32个差异蛋白得到成功鉴定，其中19个蛋白质来自IR64，13个来自Azucena。鉴定蛋白质的功能涉及蛋白质翻译、胁迫反应和新陈代谢。在Azucena和IR64中，一些非生物胁迫反应蛋白（如盐诱导蛋白、热激蛋白和超氧化物歧化酶等）和抗/感病相关蛋白（如脱水素和糖酵解相关蛋白等）都被黄斑病病毒激活，表达量增强。Casado-Vela等（2006）利用蛋白质组学技术分析了番茄果实感染烟草花叶病毒后的蛋白质组变化，发现病原相关蛋白（几丁质酶、内切葡聚糖酶）和抗氧化蛋白（抗坏血酸-谷胱甘肽循环相关蛋白）表达增强。

Chen等（2002）利用双向电泳技术分析了水稻抗、感材料的幼苗在遭受虫害48 h后的蛋白质组变化，在感病材料中发现一个分子质量为40 kDa、等电点为6.3的蛋白质

P40 明显减弱甚至消失，而抗病材料中该蛋白质的表达没有变化，推测 P40 与水稻受褐飞虱虫害后引起的应答反应相关。

三、植物突变体蛋白质组学研究

突变体是遗传学研究的重要材料，应用蛋白质组学技术比较野生型与突变型的蛋白质组变化，可在蛋白质水平发现突变效果，并且能够鉴定出突变基因编码或受其影响的蛋白质。*Opaque 2*（*o2*）玉米胚乳不透明，成熟籽粒胚乳中赖氨酸含量较普通玉米高出近 70%。Damerval 和 Guillonx（1998）利用双向电泳研究了 *o2* 突变对玉米胚乳蛋白质组的影响，发现 36 个蛋白质在 7 个不同玉米近等基因系中皆差异表达，其中 17 个蛋白质在野生型中表达量较高，19 个蛋白质在 *o2* 突变体中较高表达。36 个差异蛋白中包含 8 个已知蛋白质，分别为 6 个醇溶蛋白，1 个 b-32 蛋白，1 个高分子质量球蛋白，其余蛋白质经微测序，发现 9 个蛋白质为参与多种代谢途径的酶，说明玉米 *o2* 基因参与多种代谢途径。Hochholdinger 等（2004）以无侧根突变体 *lrt1* 和野生型玉米为材料，利用蛋白质组学技术研究了玉米侧根与主根间的互作，在 9 日龄幼苗的主根中检测到约 150 个蛋白质，选取其中 96 个高丰度蛋白用于质谱分析，有 67 个蛋白质得到鉴定。同时发现 15 个蛋白质仅在无侧根突变体 *lrt1* 中表达，其中 8 个蛋白质被鉴定，包含 4 个木质素代谢相关蛋白。

王台等（1992，1996，1997，2000）以常规粳稻农垦 58 为对照，从光敏核不育水稻农垦 58S 中鉴定出 3 个特异蛋白质（P1、P2 和 P3），P1 和 P2 在营养生长期和生殖生长期的叶片中均存在，分析证明 P2 是水稻叶绿体 ATP 酶 β 亚基的一个异构体（β1），并证明 β1 受单隐性核基因调控。Komatsu 等（1999）比较了水稻绿苗和白化苗的 2-DE 图谱，利用 N 端测序法从 85 个蛋白质中鉴定了 21 个，发现参与光合作用的蛋白质只在正常绿苗中存在，而白化苗中仅有这些蛋白质的前体。抗坏血酸过氧化物酶只在白化苗中出现，表明该酶在白化苗中具有细胞保护作用（柳展基等，2006）。

Mt6172 是通过航天育种获得的叶绿素缺失突变体，其野生型为邯 6172（H6172）。宋素洁等（2012）利用 2D-DIGE 技术比较了 Mt6172 和 H6172 的幼苗叶蛋白质组，共发现 100 个差异显著的蛋白质点。选取其中 85 个差异表达蛋白用于质谱分析，共有 62 个蛋白质点得到鉴定，其中 50 个在突变体中下调表达，12 个上调表达。生物信息学分析发现，54 个鉴定蛋白质点定位于叶绿体中，其中 40 个参与光合作用。在参与光合作用的蛋白质点中，90%的蛋白质点在突变体中下调表达，尤其是光反应途径中的相关蛋白下调最明显，如 PSI-N 和 LHCA1 等。

四、植物组织器官蛋白质组学研究

早期的植物蛋白质组学研究主要集中在各个组织器官的蛋白质表达谱方面，以构建其蛋白质数据库。Okamoto 等（2004）采用蛋白质组学技术鉴定玉米卵细胞中的主要蛋白质组分，在 SDS 蛋白质电泳中得到 7 条主要蛋白质条带，经质谱鉴定获得了 6 个已知功能蛋白，其中 3 个蛋白质（甘油醛-3-磷酸脱氢酶、甘油醛-3-磷酸激酶和磷酸丙糖异构酶）参与糖酵解途径，2 个蛋白质（ATP 合成酶 β 亚基和腺嘌呤核苷酸转运蛋白）为线粒体蛋白，1 个为膜联蛋白 P35。比较这些蛋白质在卵细胞和早期胚中的表达水平，发现膜联蛋白 P35 只在卵母细胞中高表达，甘油醛-3-磷酸脱氢酶、甘油醛-3-磷酸激酶和腺嘌呤核苷酸转运蛋白在卵母细胞中的表达水平高于早期胚。

Koller 等（2002）使用两种技术路线分离鉴定了水稻叶片、根系和种子中的蛋白质，结果表明，双向电泳加串联质谱技术共获得了 556 种蛋白质（348 种叶片蛋白，199 种根蛋白和 152 种种子蛋白），而多维液相色谱技术获得了 2363 种蛋白质（867 种叶片蛋白，1292 种根蛋白和 822 种种子蛋白），两种方法合计鉴定了 2528 种蛋白质。在已鉴定蛋白质中，大部分蛋白质呈组织特异性表达，如 622 个蛋白质在叶片中特异表达，862 个蛋白质在根中特异表达，512 个蛋白质在种子中特异表达，只有 7.5%（189 个）的蛋白质在叶片、根系和种子中都有表达。Kerim 等（2003）利用蛋白质组学技术分析了水稻花粉在不同发育时期的蛋白质组变化，共获得 2500 个蛋白质点，其中差异表达蛋白质点有 150 个，经 MALDI-TOF-MS 分析，仅有 40 个蛋白质点得到鉴定，对应 33 个非冗余蛋白。在这些蛋白质中，发现液泡酸性转移酶、果糖激酶、β-扩张素和抑制蛋白的多个异构体，这些蛋白质均与花粉萌发过程中的糖代谢、细胞伸长和细胞扩张有关。同一蛋白质的多种异构体的存在，表明在花粉发育过程中这些蛋白质发生了某种翻译后修饰。

Hajduch 等（2006）以油菜品种 Reston 为材料，利用双向电泳分析了开花后 3 周、4 周、5 周和 6 周种子的蛋白质表达谱，发现 794 个蛋白质点在不同发育时期的种子呈 12 种表达模式。利用 MALDI-TOF-MS 和 HPLC-MS 鉴定了 517 个蛋白质点，对应 289 个非冗余蛋白。功能注释发现，能量和代谢相关蛋白在发育的种子中较多，分别占 24.3%和 16.8%。

五、植物亚细胞蛋白质组学研究

随着蛋白质组学技术的发展，植物蛋白质组学研究已经深入到细胞器水平。目前，研究最多的植物细胞器是叶绿体。据估计，在高等植物中共有 21 000～25 000 个蛋白质（Bouchez and Hoffe，1998），而叶绿体蛋白质占其中的 10%～25%（van Wijk，2000），可见其在植物细胞中的重要性。Peltier 等（2000）利用双向电泳、质谱和 N 端 Edman 测序法，系统地分析了豌豆叶绿体类囊体的可溶和外周蛋白质，去除异构体和翻译后修饰，他们估计在类囊体中至少有 200～230 个蛋白质，质谱分析和在数据库中搜索序列信息后，鉴定了 61 个蛋白质，其中 33 个蛋白质的功能得到了确认，其中包括 9 个以前未知的带有腔内转运肽的蛋白质（王璐等，2006）。Yamaguchi 和 Subramanian（2000）利用 2-DE、色谱、MS、Edman 测序等多种方法鉴定了菠菜（*Spinacia oleracea*）叶绿体中的核糖体 30S 和 50S 亚基的蛋白质。发现菠菜的质体核糖体由 59 个蛋白质组成，其中 53 个与大肠杆菌蛋白质同源，其余 6 个蛋白质为非核糖体质体特异性的蛋白质（PSRP-1～PSRP-6）。PSRP 蛋白质可能参与质体中特有的翻译及其调控过程，包括蛋白质通过质体 50S 亚基在类囊体膜上的定位和转移。

Vener 等（2001）利用固相金属亲和层析（IMAC）技术富集拟南芥叶绿体中类囊体膜上的磷酸化蛋白质，然后利用质谱技术研究了蛋白质磷酸化状态，发现光系统 II 核心中的 D1、D2、CP43 蛋白质 N 端的苏氨酸（Thr）发生磷酸化，外周蛋白 PsbH 的 Thr-2 被磷酸化，同时发现成熟的光捕获蛋白 LCHII 的 Thr-3 也被磷酸化，PsbH 蛋白在 Thr-2 和 Thr-4 位置双磷酸化。另外，在连续光照条件下这些类囊体蛋白质都没有发生完全磷酸化，同样在长期黑暗条件下也没有完全去磷酸化，而在光/ 暗转换的条件下，PsbH 的 Thr-4 发生了快速、可逆的过磷酸化现象。热激处理后，D1、D2、CP43 蛋白发生了显著的去磷酸化（梁宇等，2004）。

线粒体是进行呼吸作用的细胞器。Heazlewood 等（2003）利用双向电泳、非变性凝胶电泳和反相高效液相色谱 3 种方法分离水稻线粒体蛋白，双向电泳分离到约 250 个蛋白质点，选取其中的 145 个高丰度蛋白用于质谱分析，80 个蛋白质点（63 个基因的产物）得到鉴定；非变性凝胶电泳分离到约 100 个蛋白质点，选取 89 个蛋白质点用于质谱分析，57 个蛋白质点（49 个基因的产物）得到鉴定。两种方法共得到 91 个基因的产物，其中 21 个基因产物在两种方法中共有，18 个基因产物为线粒体内膜和外膜复合体组分，仅在非变性凝胶电泳中分离得到。反相高效液相色谱方法分离到 72 个基因产物。与双向电泳相比，非变性凝胶电泳和反相高效液相色谱分离到更多的疏水性蛋白、高分子质量蛋白和碱性蛋白。2004 年，Heazlewood 等利用液相色谱和质谱技术分析了拟南芥线粒体蛋白质组，共鉴定了 416 个蛋白质，包含一些参与 DNA 合成、转录调控、蛋白质复合体组装和细胞信号转导等低丰度蛋白。

细胞核中储存了植物的主要遗传信息，也是基因复制、转录及转录后加工的大本营。研究细胞核中蛋白质的组成及其动态变化，有利于深入了解植物的生长发育调控和响应逆境胁迫的机制。Aki 和 Yanagisawa（2009）以 Percoll 密度梯度离心法纯化富集了水稻细胞核，利用液相色谱和电喷雾测序质谱初步鉴定了 563 个蛋白质，而利用 DNA 亲和层析方法鉴定了 307 个核酸相关蛋白，两种方法共鉴定了 657 个不同蛋白质。在这些蛋白质中，他们不仅发现了转录和剪接因子，还发现了糖信号转导中的传递者——己糖激酶。

六、激素诱导下植物蛋白质组学研究

激素能够调控植物的生长发育及其响应所处环境的变化。生产中，叶片喷施适宜浓度的外源生长素、细胞分裂素、赤霉素等能够促进植物的生长。利用蛋白质组学技术研究外源激素对植物的生长调控，可以分析鉴定激素应答蛋白。Shen 等（2003）以水稻品种 Nipponbare 两周龄幼苗为材料，切下水稻 3 cm 长的叶鞘，利用不同浓度的赤霉素 GA_3 处理 6～72 h，发现 5 μmol/L 的 GA_3 处理 48 h 叶鞘延伸最长。随后他们利用双向电泳比较了 GA_3 处理的叶鞘蛋白质组变化，从 352 个蛋白质点中发现 32 个蛋白质点表达发生变化，其中 21 个上调表达，11 个下调表达。经 N 端测序分析鉴定了 17 个蛋白质，其中包括与钙网蛋白高度相似的两个蛋白质点，分子质量都为 56 kDa，但等电点不同，分别为 4.3 和 4.0。有趣的是，在 GA_3 处理 12 h、24 h 和 48 h 过程中，等电点为 4.3 的钙网蛋白的表达量逐渐上升，在 48 h 达到高峰，而等电点 4.0 的钙网蛋白表达逐渐下降。随后他们克隆了钙网蛋白基因，发现过量表达该基因抑制水稻愈伤组织的再生和幼苗的生长。

Rakwal 和 Komatsu（2004）同样以水稻品种 Nipponbare 两周龄的幼苗为材料，切下水稻 3 cm 长的叶片和叶鞘，用不同浓度的脱落酸 ABA 处理，利用双向电泳研究外源 ABA 对其蛋白质组的影响，发现 36 个差异表达蛋白。氨基酸测序分析表明，ABA 主要引起光合作用的主要蛋白核酮糖-1，5-二磷酸羧化酶/加氧酶和一些防御/胁迫响应蛋白发生很大变化。他们同时发现，切割或茉莉酸 JA 处理的叶片中 ABA 含量上升，说明 ABA 在防御反应中起作用。Kim 等（2008）利用双向电泳分析了 GA 和 ABA 对萌发种胚蛋白质组的影响，发现了 16 个受 GA 或 ABA 诱导表达的蛋白质。在这些差异表达蛋白中，他们利用 Western 杂交和免疫定位技术详细分析了 PR10 和异黄酮还原酶 IFR 的表达，证实 PR10 和 IFR 只在胚中表达，且 ABA 显著下调其表达。大穗型水稻往往不能高产，原因是晚开花小穗的灌浆能力弱。通常早开花小穗比晚开花小穗含有更多的 ABA。为了研究 ABA 在水稻灌浆中的作用，Zhang 等（2012）利用差异蛋白质组学和磷酸蛋白质组学技术，分析了外源 ABA 对晚开花小穗灌浆时的蛋白质组变化产生的影响，分别发现了 111 个差异表达蛋白质和 31 个差异磷酸化蛋白。这些蛋白质的功能涉及防御反应、碳水化合物代谢、蛋白质代谢、氨基酸代谢、能量代谢、次级代谢、细胞发育和光合作用。由此可见，ABA 通过一些参与碳、氮和能量代谢的蛋白质和磷酸蛋白调控晚开花小穗的灌浆。

第四节　花生蛋白质组学研究进展和展望

花生是我国重要的油料作物，总产约占世界花生产量的 40%。在我国的油料作物生产中，花生的播种面积仅占 33%左右，而花生总产占油料作物总产量的 50%，可见花生在保障我国食用油安全方面起着举足轻重的作用。随着我国经济的快速发展，人民生活水平的逐渐提高，对花生油等食用油的品质要求越来越高。为此，培育抗病、高油和优质花生品种成为当前研究的主要目标。为了深入研究花生生长发育、油分累积和逆境响应等的机制，研究人员利用蛋白质组学技术开展了卓有成效的探索，并取得了很好的研究进展。目前，花生蛋白质组学主要集中于几个花生器官的蛋白质表达模式的研究，以及花生逆境胁迫响应过程中的差异蛋白质组学研究。

一、器官和组织蛋白质组研究

相对模式植物拟南芥和水稻而言，花生蛋白质组学研究起步较晚，目前，仅有十几篇相关报道。花生的种子是重要的储存器官，含有 25%左右的蛋白质和约 50%的油分。Liang 等（2006）以 6 个 Runner 类型的花生品种（ICGV95435、MXHY、ZQ48、GT-YY20、GT-YY7 和 GT-YY79）和 6 个 Spanish-bunch 类型的品种（Georgia Green、A100、A104、GK7、A13 和 Tifrunner）为材料，取收获后的成熟种子，利用 TCA/丙酮沉淀法提取种子蛋白质。利用一向和双向电泳分析 12 个花生品种的种子蛋白质。SDS-PAGE 发现花生种子蛋白质分为 4 类：伴花生球蛋白（conarachin）、酸性花生球蛋白（acidic arachin）、碱性花生球蛋白（basic arachin）和 20 kDa 以下的小分子质量蛋白质。Runner 类型花生品种 A13 中缺失了一条 35 kDa 的蛋白质带。在 6 个 Runner 类型花生品种和 3 个 Spanish 类型花生品种 GT-YY7、GT-YY79 和 GT-YY20 中多出一条 26 kDa 的蛋白质带，这 3 个 Spanish 类型花生品种都有 Runner 型花生 Induhuanpi 的血统。

利用双向电泳，在这 12 个花生种子中发现了 150 个蛋白质点，这些蛋白质点的分子质量分布在 10～66 kDa，等电点为 3～10。在这些蛋白质点中发现 4 个蛋白质点在 Runner 和 Spanish 花生中有多态性。对这 4 个蛋白质点进行内部和 N 端测序发现，它们都与过敏原 iso-Ara h3 高度相似。这些结果表明这 4 个多态蛋白质点可作为蛋白质标记以区分 Runner 和 Spanish 类型花生。

Katam 等(2010)开展了花生叶片蛋白质组学研究。实验材料为耐旱花生品种 Vemana，取 55 天后的完全伸展叶，利用 TCA/丙酮沉淀法提取叶片蛋白质，在 30 mg 沉淀中加入 500 μl 裂解液，发现提取的叶片蛋白质的含量较低，为 3 μg/μl，同橄榄和葡萄叶片蛋白质相似。双向电泳图谱显示大部分蛋白质的分子质量为 12～100 kDa，等电点为 3.5～8.0，与葡萄、马铃薯和大豆的叶片蛋白质组图谱相似。经 PDQuest 软件分析，在叶片双向电泳图谱上共发现 300 个蛋白质点。利用肽质量指纹 PMF 鉴定了 174 个蛋白质点，利用串联质谱鉴定了 31 个蛋白质点，在鉴定的这 205 个蛋白质点中发现 23 个蛋白质点含有不止一个蛋白质。检索 Uniprot 蛋白质数据库，发现这 205 个蛋白质点含有 133 个蛋白质，其余 72 个为冗余蛋白。亚细胞预测分析发现 99 个蛋白质为细胞组分，功能注释发现这些蛋白质涉及代谢、光合作用、转运、蛋白质合成、胁迫响应和细胞生物合成。超过 25%的蛋白质为参与代谢和光合作用中的酶，15%的蛋白质未知功能。

花生在地上开花，地下结果。果针携带胚珠向地伸长，只有进入土壤的果针才能膨大结果，而暴露在空气中的果针变绿并木质化，无法正常结果。广东省农业科学院作物研究所梁炫强研究组以粤油 7 号为材料，利用蛋白质组学技术分析了不同发育时期的未入土果针和入土果针的差异表达蛋白质谱。与未入土果针相比，开花后 10 天、12 天、16 天、20 天和 28 天的入土果针中共有 621 个差异表达蛋白质点，其中 41 个蛋白质点在入土果针中特异表达，380 个蛋白质点上调表达，200 个蛋白质点下调表达。挑选差异十分显著的部分蛋白质点进行质谱分析，鉴定了 47 个差异表达蛋白质点，对应 31 个蛋白质，暗示了翻译后修饰的存在。这 31 个蛋白质的功能涉及光合作用、氧化胁迫反应、木质素合成、脂肪酸合成、糖酵解、蛋白质分解、细胞代谢和调控等 12 个功能类型。同时，他们发现一些参与光合作用和氧化胁迫反应的蛋白质在未入土果针中上调表达，而涉及木质素合成和泛素蛋白酶体的蛋白质在入土果针中下调表达，说明这些蛋白质可能在果针膨胀和荚果发育中发挥重要作用（Zhu 等，2013）。

山东省农业科学院生物技术研究中心刘炜博士研究组以鲁花 14 花生品种为材料，选取自然生长入土前、自然生长入土、未入土施加机械刺激、未入土结合黑暗处理和未入土结合机械刺激与黑暗处理的果针，利用蛋白质组学技术分析了 5 种条件下果针顶端蛋白质丰度的变化。在 5 种处理中共发现 48 个差异表达蛋白质点，随机选取 35 个差异蛋白质点用于质谱鉴定，共得到 27 种蛋白质。这些蛋白质的功能涉及光合作用、糖和能量代谢、代谢、胁迫和防御反应、信号转导、细胞结构、转录、蛋白质折叠与降解和未知功能（Sun et al.，2013）。

二、花生非生物胁迫蛋白质组分析

干旱严重制约花生生产的发展和产量的提高，干旱还是加剧花生收获前黄曲霉污染的主要原因，严重影响花生果仁和花生油的品种（姜慧芳和任小平，2004）。利用蛋白质组学技术开展花生抗旱研究，有利于发现花生干旱胁迫响应蛋白和深入了解花生抗旱机制。Kottapalli 等（1999）利用耐旱花生 COC041、TMV-2 和干旱敏感花生 COC166 为材料，在生殖生长中期（种植后 67 天）进行控水 7 天的干旱处理，提取正常浇水和干旱处理后植株的叶片蛋白质，经 SDS-PAGE 分离，在 3 种花生基因型中发现 43 个差异表达条带。选择 23 个显著差异表达条带进行质谱分析，共鉴定了 17 个蛋白质。为了增加蛋白质的分辨率，他们采用 2-DE 技术分析干旱处理后 3 个花生材料叶片蛋白质组差异，共发现 79 个差异表达蛋白质点，经质谱分析有 48 个蛋白质得到鉴定。这些蛋白质的功能涉及光合作用、凝集素、信号转导、干旱胁迫反应、脂肪代谢、光呼吸、类黄酮途径、基因调控和未知功能等。在干旱处理条件下，他们发现脂氧合酶（lipoxygenase）和肌醇磷酸合酶（1L-myo-inositol-1-phosphate synthase）在耐旱花生中表达量提高。脂氧合酶是茉莉酸合成的前体，而茉莉酸能激活植物的防御反应，他们推测茉莉酸可能在水分胁迫中参与了细胞外信号的感知和转导。脂肪合成的关键酶——乙酰辅酶 A 羧化酶在耐旱花生中表达增强，与其表皮蜡含量的提高相对应。一些参与光合作用的蛋白质在耐旱花生中显著下降，暗示耐旱花生可能通过降低光合作用以减少水分流失。最近，Kottapalli 等（2013）又利用无标记定量蛋白质组学技术分析了开花后 65～70 天花生种子干旱胁迫下的蛋白质组变化，发现 760 个非冗余差异表达蛋白，这些蛋白质涉及细胞壁前体、生物合成、糖酵解、寡糖合成、蔗糖和淀粉代谢和脂肪酸代谢。

盐胁迫同样严重限制花生的生长与分布。Jain 等（2006）利用双向电泳分析了花生耐盐（200 mmol/L NaCl）和盐敏感愈伤组织，发现了 24 个差异表达蛋白质点。经质谱分析发现，20 个蛋白质为 PR10 蛋白家族成员，一个蛋白质为 RNA 结合蛋白，另一个蛋白质为 14-3-3 蛋白，它们都在耐盐愈伤组织中表达量提高，预示其在盐胁迫抵抗中发挥作用。

三、花生生物胁迫蛋白质组分析

黄曲霉毒素（aflatoxin）是一类由黄曲霉（*Aspergillus flavus*）和寄生曲霉等代谢产生的剧毒代谢产物。黄曲霉毒素 B1 在已知霉菌毒素中毒性最强，也是目前为止最强的致癌物质。黄曲霉毒素 B1 能够稳定共价结合到核苷酸上形成 B1-DNA 复合物，从而导致鸟嘌呤（guanine，G）到胸腺嘧啶（thymine，T）的颠换突变。花生是容易感染黄曲霉的油料作物，在收获前、收获中和收获后的储藏、运输及加工过程中受温度、湿度等条件的影响，较容易受到黄曲霉的侵染，黄曲霉在代谢过程中产生的大量毒素严重影响花生及其制品的品质，给消费者造成食品安全和身体健康的隐患。Wang 等（2010）以抗黄曲霉品种 JY-1 和感病品种 Yueyou 7 为材料，在温室中种植 60 天以后，采用 3 种处理方法即正常浇水、干旱处理和干旱+黄曲霉侵染，收获成熟种子用于蛋白质提取和双向电泳。在干旱+黄曲霉侵染条件下，发现 29 个蛋白质点在 JY-1 和 Yueyou 7 中差异表达。选取 12 个蛋白质点用于质谱分析，质谱鉴定发现 4 个蛋白质（低分子质量热击蛋白、草酸氧化酶、胰蛋白酶抑制剂和抗坏血酸过氧化物酶）与胁迫响应有关；3 个蛋白质（Os07g0179400、CDKD1 和 RIO 激酶）参与信号转导；3 个蛋白质（SAP 结构域蛋白、50 S 核糖体蛋白 L22 和 30 S 核糖体蛋白 S9）与转录调控有关；2 个蛋白质（PII 蛋白和 iso-Ara h3）为储藏蛋白。在这 12 个鉴定蛋白质中，5 个蛋白质（Os07g0179400、PII 蛋白、CDKD1、草酸氧化酶和 SAP 结构域蛋白）只在抗病材料 JY-1 中出现；6 个蛋白质（低分子质量热激蛋白、RIO 激酶、抗坏血酸过氧化物酶、iso-Ara h3、50 S 核糖体蛋白 L22 和 30 S 核糖体蛋白 S9）在 JY-1 中上调表达；只有胰蛋白酶抑制剂在 JY-1 中下调表达。

Wang 等（2012）利用产毒的黄曲霉菌系 As 3.2890 和无毒的黄曲霉菌系 AF051 侵染花生品种鲁花 14 的子叶，研究了黄曲霉毒素影响下的花生免疫反应。他们首先利用 2-DE 技术比较了干子叶、水浸泡子叶和黄曲霉侵染后子叶的蛋白质组变化，发现水浸泡 6 天后子叶和干子叶的蛋白质组中有 481 对蛋白质点高度相关（r^2=0.946），表明水浸泡 6 天后花生子叶蛋白质组没有显著变化，排除了黄曲霉侵染过程中水的影响；而 As3.2890 黄曲霉菌液侵染 1 天、2 天、4 天和 6 天后的子叶与干子叶的蛋白质组差异很大，能够匹配的蛋白质点分别为 369 对（r^2=0.779）、340 对（r^2=0.698）、135 对（r^2=0.183）和 59 对（r^2=0.032），表明黄曲霉侵染导致花生子叶蛋白质组发生很大变化。为了最大限度地消除 2-DE 凝胶间的差异，他们又采用 DIGE 技术分析了产毒黄曲霉 As 3.2890 和无毒菌株 AF051 侵染花生子叶后的蛋白质组，在侵染后 1 天、2 天和 4 天的子叶蛋白质组中分别发现 60 个、141 个和 58 个差异表达蛋白质点（合计 259 个），他们鉴定了 113 个蛋白质点，其中 95 个为植物蛋白，18 个为真菌蛋白。功能注释发现，95 个蛋白质中，61 个为储藏蛋白，2 个功能未知，其余 32 个蛋白质涉及多种功能。在黄曲霉毒素作用下，这 32 个功能蛋白质中有 25 个蛋白质表现出上调表达，7 个下调表达。下调蛋白质的功能涉及发育、碳水化合物代谢和囊泡运输；而上调表达蛋白质参与了 DNA 修复、染色体结构维护、RNA 稳定、蛋白质修饰、脂肪代谢和病害入侵引发的防御反应。18 个真菌蛋白中，16 个蛋白质在产毒黄曲霉菌株中上调表达，其功能涉及跨膜信号转导、DNA 修复、蛋白质修饰、代谢和排毒。根据差异表达蛋白质的功能，他们认为在黄曲霉侵染过程中，除了病原相关分子模式和效应蛋白质引发的免疫外，黄曲霉毒素作为一种效应子或抗原诱导了花生子叶对黄曲霉的防御反应，引发了另一种免疫反应。

花生蛋白质组学研究目前还处于比较初步的阶段，这与花生基因组学研究起步较晚密切相关。花生为异源四倍体（AABB），基因组庞大，约为 2800 Mb。目前，由美国牵头，中国、印度和巴西等国参与的花生基因组测序国际合作项目正在稳步推进，项目的第一期任务已经完成，获得了大量的基因组序列和转录组序列。相信随着花生基因组测序的完成，花生蛋白质组学研究也会同模式植物拟南芥和水稻一样越来越深入。

参考文献

曹尚银，沈程清，曹达，等. 2013. 盐胁迫下枣叶片蛋白质组差异的分析. 果树学报, 30(1): 43-47
陈蕾. 2009. 原始蛋白酶结构功能的生物信息学分析及化学基础. 济南：山东师范大学博士学位论文
成海平，钱小红. 2000. 蛋白质组研究的技术体系及其进展. 生物化学与生物物理进展, 27(6): 584-588
董乃平. 2009. 基于串联质谱数据进行蛋白质序列库搜索算法初探. 长沙：中南大学硕士学位论文
杜俊变，王丽惠，段江燕. 2011. 2D-DIGE 技术在蛋白质组学中的应用. 生物学杂志, 28(3): 84-87
樊晋宇，崔宗强，张先恩. 2008. 双分子荧光互补技术. 中国生物化学与分子生物学报, 24(8): 767-774

范涛. 2007. 小麦 TaSPX129 基因的克隆、表达及生物信息学分析. 成都: 四川师范大学硕士学位论文
方献平, 王淑珍, 赵芸, 等. 2014. 植物应答生物逆境的蛋白质组学研究进展. 分子植物育种, 12(3): 584-602
何大澄, 肖雪媛. 2002. SELDI 蛋白质芯片技术在蛋白质组学中的应用. 现代仪器, 38(1): 1-4
何瑞锋, 丁毅, 张剑锋, 等. 2000. 植物叶片蛋白质双向电泳技术的改进与优化. 遗传, 22(5): 319-321
贺福初. 1999. 蛋白质组(proteome)研究-后基因组时代的生力军. 科学通报, 44: 113-122
姜慧芳, 任小平. 2004. 干旱胁迫对花生叶片 SOD 活性和蛋白质的影响. 作物学报, 30(2): 169-174
姜明霞. 2007. 中国野生菰米与稻米的蛋白质组学比较分析. 南京: 东南大学硕士学位论文
孔芳, 毛善婧, 杜坤, 等. 2011. 转烟酰胺合酶基因甘蓝型油菜盐碱胁迫下叶片蛋白质差异. 科学通报, 56(18): 1440-1447
李德军, 邓治, 陈春柳, 等. 2009. 植物组织双向电泳样品制备方法研究进展.中国农学通报, 25(24): 78-82
李林, 吴家睿, 李伯良. 1999. 蛋白质组学的产生极其重要意义. 生命科学, 11(2): 49-50
梁宇, 荆玉祥, 沈世华. 2004. 植物蛋白质组学研究进展. 植物生态学报, 28(1): 114-125
廖翔, 应天翼, 王恒樑, 等. 2003. 考马斯亮蓝染色双向电泳凝胶胶内酶切方法的改进. 生物技术通讯, 14(6): 509-511
列淦文, 叶龙华, 薛立. 2014. 臭氧胁迫对植物主要生理功能的影响. 生态学报, 34(2): 294-306
凌家瑜. 2007. SELDI 技术分析霍奇金淋巴瘤化疗前后血清蛋白质谱动态变化. 广州: 中山大学硕士学位论文
刘琳琳, 席景会, 连杰, 等. 2009. 拟南芥和甜菜夜蛾相互作用的差异蛋白分析. 高等学校化学学报, 30(9): 1767-1772
刘清萍, 刘中华, 唐新科, 等. 2004. 串联质谱在多肽测序中的应用. 生命科学研究, 8(2): 112-116
柳展基, 杨小红, 毕玉平. 2006. 蛋白质组学在农业中的应用. 分子植物育种, 4(3S): 106-110
祁建民, 姜海青, 陈美霞, 等. 2012. 干旱胁迫下红麻叶片的差异蛋白表达分析. 中国农业科学, 45(17): 3632-3638
阮松林, 马华升, 王世恒, 等. 2006a. 植物蛋白质组学研究进展Ⅰ. 蛋白质组关键技术.遗传, 28(11): 1472-1486
阮松林, 马华升, 王世恒, 等. 2006b. 植物蛋白质组学研究进展Ⅱ. 蛋白质组技术在植物生物学研究中的应用. 遗传, 28(12): 1633-1648
邵媛媛, 柳展基, 王龙龙, 等. 2010. 花生叶片蛋白质双向电泳的方法和优化. 华北农学报, 25(2): 123-139
宋素洁, 古佳玉, 郭会君, 等. 2012. 小麦叶绿素缺失突变体 Mt6172 及其野生型叶片蛋白质组学双向差异凝胶电泳分析. 作物学报, 38(9): 1592-1606
王璐, 杜国强, 师校欣. 2006. 双向电泳技术在园艺植物蛋白质组学研究中的应用. 华北农学报, 21(增刊): 54-57
夏丁. 2009. 特发性高草酸尿症模型大鼠肝组织的蛋白质组学研究. 武汉: 华中科技大学博士学位论文
于晓波, 郝艳红, 许丹科, 等. 2006. 蛋白芯片在蛋白质组学中的应用. 东北农业大学学报, 37(2): 276-282
袁坤. 2007. 杨盘二孢菌侵染后杨树叶片差异表达蛋白质的鉴定. 南京: 南京林业大学博士学位论文
张恒, 郑宝江, 宋保华, 等. 2011. 植物盐胁迫应答蛋白质组学分析. 生态学报, 31(22): 6936-6946
张阳, 李瑞莲, 张德胜, 等. 2011. 涝渍对植物影响研究进展. 作物研究, 25(2): 420-424
章玉婷, 周德群, 苏源, 等. 2013. 干旱胁迫条件下马铃薯耐旱品种宁蒗 182 叶片蛋白质组学分析. 遗传, 35(5): 666-672
甄艳, 许淑萍, 赵振州, 等. 2008. 2D-DIGE 蛋白质组技术体系及其在植物研究中的应用. 分子植物育种, 6(2): 405-412
周伟辉, 薛大伟, 张国平. 2011. 高温胁迫下水稻叶片的蛋白响应及其基因型和生育期差异. 作物学报, 37(5): 820-831
Abbott A. 2001. And now for the proteome. Nature, 409: 747
Agrawal P, Kumar S, Das HR. 2010. Mass spectrometric characterization of isoform variants of peanut(*Arachis hypogaea*)stem lectin(SL-I). Journal of Proteomics, 73: 1573-1586
Aki T, Yanagisawa S. 2009. Application of rice nuclear proteome analysis to the identification of evolutionarily conserved and glucose-responsive nuclear proteins. Journal of Proteome Research, 8(8): 3912-3924
Bairoch A, Bucher P, Hofmann K. 1997. The PROSITE database, its status in 1997. Nucleic Acids Research, 25(1): 217-221
Boldt A, Fortunato D, Conti A, et al. 2005. Analysis of the composition of an immunoglobulin E reactive high molecular weight protein complex of peanut extract containing Ara h 1 and Ara h ¾. Proteomics, 5: 675-686
Bouchez D, Hoffe H. 1998. Functional genomics in plants. Plant Physiology, 118: 725-732

Campo S, Carrascal M, Coca M, et al. 2004. The defense response of germinating maize embryos against fungal infection: a proteomics approach. Proteomics, 4: 383-396

Casado-Vela J, Selles S, Martinez RB. 2006. Proteomic analysis of tobacco mosaic virus-infected tomato(*Lycopersicon esculentum* M.)fruits and detection of viral coat protein. Proteomics, 6(S1): 196-206

Chatterjee M, Gupta S, Bhar A, et al. 2014. Analysis of root proteome unravels differential molecular responses during compatible and incompatible interaction between chichpea(*Cicer arietinum* L.)and *Fusarium oxysporum* f. sp. *Ciceri Race1*(Foc1). BMC Genomics, 15(1): 949

Chen F, Yuan Y, Li Q, et al. 2007. Proteomic analysis of rice plasma membrane reveals proteins involved in early defense response to bacterial blight. Proteomics, 7: 1529-1539

Chen RZ, Weng QM, Huang Z, et al. 2002. Analysis of resistance-related proteins in rice against brown planthopper by two-dimensional electrophoresis. Acta Botanica Sinica, 44: 427-432

Chivasa S, Hamilton JM, Pringle RS, et al. 2006. Proteomic analysis of differentially expressed proteins in fungal elicitor-treated *Arabidopsis* cell cultures. Journal of Experimental Botany, 57(7): 1553-1562

Cui S, Huang F, Wang J, et al. 2005. A proteomic analysis of cold stress responses in rice seedlings. Proteomics, 5(12): 3162-3172

Damerval C, Guilloux ML. 1998. Characterization of novel proteins affected by the O2 mutation and expressed during maize endosperm development. Molecular and General Genetics, 257: 354-361

Fields S, Song O. 1989. A novel genetic system to detect protein-protein interactions. Nature, 340(6230): 245-246

Finnie C, Melchior S, Roepstorff P, et al. 2002. Proteome analysis of grain filling and seed maturation in barley. Plant physiology, 129: 1308-1319

Gygi SP, Rist B, Gerber SA, et al. 1999. Quantitative analysis of complex protein mixtures using isotope-coded affinity tags. Nature Biotechnology, 17: 994-999

Hajduch M, Casteel JE, Hurrelmeyer KE, et al. 2006. Proteomic analysis of seed filling in *Brassica napus* developmental characterization of metabolic isozymes using high-resolution two-dimensional gel electrophoresis. Plant Physiology, 141(5): 32-46

Heazlewood JL, Howell KA, Whelan J, et al. 2003. Towards an analysis of the rice mitochondrial proteome. Plant Physiology, 132(1): 230-242

Heazlewood JL, Millar AH. 2003. Integrated plant proteomics-putting the green genomes to work. Functional Plant Biology, 30: 471-482

Heazlewood JL, Tonti-Filippini JS, Gout AM, et al. 2004. Experimental analysis of the *Arabidopsis* mitochondrial proteome highlights signaling and regulatory components, provides assessment of targeting prediction programs, and indicates plant-specific mitochondrial proteins. Plant Cell, 16(1): 241-256

Hochholdinger F, Guo L, Schnable PS. 2004. Lateral roots affect the proteome of the primary root of maize(*Zea mays* L.). Plant Molecular Biology, 56: 397-412

Hu CD, Chinenov Y, Kerppola TK. 2002. Visualization of interactions among bZIP and Rel family proteins in living cells using bimolecular fluorescence complementation. Molecular Cell, 9(4): 789-798

Huber LA. 2003. Is proteomics heading in the wrong direction? Nature Reviews of Molecular and Cellular Biology, 4: 74-80

Jain S, Srivastava S, Sarin NB, et al. 2006. Proteomics reveals elevated levels of PR 10 proteins in saline-tolerant peanut(*Arachis hypogaea*)calli. Plant Physiology Biochemistry, 44: 253-259

Katam R, Basha SM, Suravajhala P, et al. 2010. Analysis of peanut leaf proteome. Journal of Proteome Research, 9: 2236-2254

Kerim T, Imin N, Weiman JJ, et al. 2003. Proteome analysis of male gametophyte development in rice anthers. Proteomics, 3(5): 738-751

Khan NA, Komatsu S, Sawada H, et al. 2013. Analysis of proteins associated with ozone stress response in soybean cultivars. Protein Peptide Letters, 20(10): 1144-1152

Khatoon A, Rehman S, Oh MW, et al. 2012. Analysis of response mechanism in soybean under low oxygen and flooding stresses using gel-base proteomics technique. Molecular Biology Reports, 39: 10581-10594

Kim ST, Kang SY, Wang Y, et al. 2008. Analysis of embryonic proteome modulation by GA and ABA from germinating rice seeds. Proteomics, 8(17): 3577-3587

Klose J. 1975. Protein mapping by combined isoelectric focusing and electrophoresis of mouse tissues. A novel approach to testing for induced point mutations in mammals. Humangenetik, 26: 231-243

Klose J. 1999. Genotypes and phenotypes. Electrophoresis, 20: 643-652

Koller A, Washburn M P, Lange B M, et al. 2002. Proteomic survey of metabolic pathways in rice. Proceedings of National Academy of Sciences USA, 99: 11969-11974

Komatsu S, Muhammad A, Rakwal R. 1999. Separation and characterization of proteins from green and etiolated shoots of rice(*Oryza sativa* L.): towards a rice proteome. Electrophoresis, 20(3): 630-636

Kottapalli KR, Rakwal R, Shibato J, et al. 2009. Physiology and proteomics of the water-deficit stress response in three contrasting peanut genotypes. Plant Cell and Environment, 32: 380-407

Kottapalli KR, Zabet-Moghaddam M, Rowland D, et al. 2013. Shotgun label-free quantitative proteomics of water-deficit stressed mid-mature peanut(*Arachis hypogae*a L.)seed. Journal of Proteome Research, 12(11): 5048-5057.

Li JX, Steen H, Gygi SP. 2003. Protein profiling with cleavable isotope-coded affinity tag(cicat)reagents: the yeast salinity stress response. Molcular Cellular Proteomics, 2(11): 1198-1204

Link AJ, Eng J, Schieltz DM, et al. 1999. Direct analysis of protein complexes using mass spectrometry. Nature Biotechnology, 17: 676-682

MacBeath G, Schreiber SL. 2000. Printing proteins as microarrays for high-throughput function determination. Science, 289: 1760-1763

Majoul T, Bance E, Tribo E, et al. 2003. Proteomic analysis of the effect of heat stress on hexaploid wheat grain: characterization of heat-responsive proteins from total endosperm. Proteomics, 3(2): 175-183

O Farrell PH. 1975. High resolution two-dimensional electrophoresis of proteins. Journal of Biological Chemistry, 250: 4007-4021

Okamoto T, Higuchi K, Shinkawa T, et al. 2004. Identification of major proteins in maize egg cells. Plant Cell Physiology, 45(10): 1406-1412

Pechanova O, Pechan T, Williams WP, et al. 2011. Proteomic analysis of the maize rachis: potential roles of constitutive and induced proteins in resistance to *Aspergillus flavus* infection and aflatoxin accumulation. Proteomics, 11(1): 114-127

Peltier JB, Friso G, Kalume DE, et al. 2000. Proteomics of the chloroplast: systematic identification and targeting analysis of lumenal and peripheral thylakoid proteins. Plant Cell, 12: 319-341

Rakwal R, Komatsu S. 2004. Abscisic acid promoted changes in the protein profiles of rice seedling by proteome analysis. Molecular Biology Reports, 31(4): 217-230

Riccardi F, Gazeau P, de Vienne D, et al. 1998. Protein changes in response to progressive water deficit in maize. Quantitative variation and polypeptide identification. Plant Physiology, 117: 1253-1263

Ross PL, Huang YN, Marchese JN, et al. 2004. Multiple protein quantitation in *Saccharomyces cerevisiae* using amine-reactive isobaric tagging reagents. Molecular Cellular Proteomics, 3(12): 1154-1169

Shen S, Jing Y, Kuang T. 2003a. Proteomics approach to identify wound- response related proteins from rice leaf sheath. Proteomics, 3: 527-535

Shen S, Sharma A, Komatsu S. 2003b. Characterization of proteins responsive to gibberellins in the leaf-sheath of rice(*Oryza sativa* L.)seedling using proteome analysis. Biological and Pharmaceutical Bulletin, 26(2): 129-136

Shevchenko A, Wilm M, Vorm O, et al. 1996. Mass spectrometric sequencing of proteins from silver-staining polyacrylamide gels. Analytical Chemistry, 68: 850-858

Skylas DJ, Mackintosh JA, Cordwell SJ, et al. 2000. Proteome approach to the characterization of protein composition in the developing and mature wheat-grain endosperm. Journal of Cereal Science, 32: 169-188

Sun Y, Wang Q, Li Z, et al. 2013. Comparative proteomics of peanut gynophore development under dark and mechanical stimulation. Journal of Proteome Research, 12: 5502-5511

Tonge R, Shaw J, Middleton B, et al. 2001. Validation and development of fluorescence two-dimensional differential gel electrophoresis proteomics technology. Proteomics, 1: 377-396

Unlu M, Morgan ME, Minden JS. 1997. Difference gel electrophoresis: a single gel method for detecting changes in protein extracts. Electrophoresis, 18: 2071-2077

van Wijk K J. 2000. Proteomics of the chloroplast: experimentation and prediction. Trends in Plant Science, 5: 420-425

Vener AV, Harms A, Sussman MR, et al. 2001. Mass spectrometric resolution of reversible protein phosphorylation in photosynthetic membranes of *Arabidopsis thaliana*. Journal of Biological Chemistry, 276: 6959-6966

Vensel W H, Tanaka C K, Cai N, et al. 2005. Developmental changes in the metabolic protein profiles of wheat endosperm. Proteomics, 5: 1594-1611

Ventelon-Debout M, Delalande F, Brizard JP, et al. 2004. Proteome analysis of cultivar-specific deregulations of *Oryza sativa indica* and *O. sativa japonica* cellular suspensions undergoing rice yellow mottle virus infection. Proteomics, 4(1): 216-225

Wang T, Tong Z, Kuang TY, et al. 1996. Analysis on amino terminal sequence and purification of a 61 kD protein from photoperiod-sensi2 tive genic male-sterile rice. Acta Bot Sin, 38: 772-776

Wang T, Tong Z, Kuang TY, et al. 1997. Analysis of N-terminal sequence of a 41 kD protein from a photoperiod-sensitive genic male- sterile mutant of rice. Acat Bot Sin, 39: 460- 465

Wang T, Tong Z. 1992. Specific proteins in chroloplasts of photoperiod-sensitive genic male- sterile rice. Acta Bot Sin, 34: 426-431

Wang T, Zhang E, Chen X, et al. 2010. Identification of seed proteins associated with resistance to pre-harvested aflatoxin contamination in peanut(*Arachis hypogaea* L.). BMC Plant Biology, 10: 267

Wang T, Zhao YJ, Kuang TY. 2000. P61 Protein from a male Sterile mutant of rice is an isoform of the chloroplast ATPase β subunit. Acta Botanica Sinica, 42: 169-172

Wang Z, Yan S, Liu C, et al. 2012. Proteomic analysis reveals an aflatoxin-triggered immune response in cotyledons of *Arachis hypogaea* infected with *Aspergillus flavus*. Journal of Proteome Research, 11: 2739-2753

Washburn MP, Ulaszek R, Deciu C, et al. 2002. Analysis of quantitative proteomic data generated via multidimensional protein identification technology. Analytical Chemistry, 74: 1650-1657

Washburn MP, Wolters D, Yates JR. 2001. Large-scale analysis of the yeast proteome by multidimensional protein identification technology. Nature Biotechnology, 19: 242-247

Wasinger VC, Cordwell SJ, Cerpa- Poljak A, et al. 1995. Progress with gene-product mapping the mollicutes: mycoplasma genitalium. Electrophoresis, 16: 1090-1094

Wei J, Sun J, Yu W, et al. 2005. Global proteome discovery using an online three-dimensional LC-MS/MS. Journal of Proteome Research, 4(3): 801-808

Westermeier R. 2001. Electrophoresis in Practice. 3rd Edition. Weinheim: Wiley-VCH: 81-100

Wilkins MR, Sanchez JC, Gooley AA, et al. 1995. Progress with proteome projects: why all proteins expressed by a genome should be identified and how to do it. Biotechnology & Genetic Engineering Reviews, 13: 19-50

Wolters DA, Washburn MP, Yates JR. 2001. An automated multidimensional protein identification technology for shotgun proteomics. Analytical Chemistry, 73(23): 5683-5690

Yamaguchi K, Subramanian AR. 2000. The plastid ribosomal proteins. Identification of all the proteins in the 50 S subunit of an organelle ribosome(chloroplast). Journal of Biological Chemistry, 275: 28466-28482

Yamaguchi K, von Knoblauch K, Subramanian AR. 2000. The plastid ribosomal proteins. Identification of all the proteins in the 30 S subunit of an organelle ribosome(chloroplast). Journal of Biological Chemistry, 275: 28455-28465

Yan S, Tang Z, Su W, et al. 2005. Proteomic analysis of salt stress-responsive protein in rice root. Proteomics, 5: 235-244

Yan S, Zhang Q, Tang Z, et al. 2006. comparative proteomic analysis provides new insights into chilling stress responses in rice. Molecular Cellular Proteomics, 5(3): 484-496

Yu F, Han X, Geng C, et al. 2014. Comparative proteomic analysis revealing the complex network associated with waterlogging stress in maize(*Zea mays* L.)seedling root cells. Proteomics, doi: 10.1002/pmic.201400156

Zhang ZX, Chen J, Lin SS, et al. 2012. Proteomic and phosphoproteomics determination of ABAs effects on grain-filling of *Oryza sativa* L. inferior spikelets. Plant Science, 185-186: 259-273

Zhu W, Zhang E, Li H, et al. 2013. Comparative proteomics analysis of developing peanut aerial and subterranean pods identifies pod swelling related proteins. Journal of Proteomics, 91: 172-187

第十章　花生基因组学研究

第一节　基因组学的概念

一、基因组的概念

DNA 双螺旋结构的发现促进了分子生物学的诞生。随着基因克隆技术的出现和改进及生物学和计算机科学的不断发展，分子生物学得到了迅猛的发展。高通量测序技术的出现，使得对基因的研究从对个别基因进行研究过渡到从全基因组水平上来研究生物遗传物质的组成和结构，以及从全基因组水平上系统研究基因的表达与调控。Winkler 在 1920 年首次提出基因组（genome）一词，意为 gene 与 chromosome 的组合。概括地说，基因组是指一个生物物种所携带的遗传信息的总和，包括全部的基因和调控元件等核酸分子。一般情况下，所说的基因组为染色体基因组（或称核基因组），是指单倍体细胞中所有染色体的总和，包括编码基因和非编码序列的全部 DNA 分子。除了核基因组外，生物体内还存在线粒体基因组和叶绿体基因组等。线粒体基因组则是一个线粒体所包含的全部 DNA 分子；叶绿体基因组则是一个叶绿体所包含的全部 DNA 分子。

基因组的大小是指单倍体基因组中所含 DNA 的总量，一般用核苷酸碱基对（base pair，bp）的数量表示，单位以个或百万个计，写成 bp 或 Mb。不同的物种之间基因组大小差异非常大，一般来说，从原核生物到真核生物，其基因组大小和 DNA 含量是随着生物进化复杂程度的增加而逐步上升的。其中，植物基因组多倍化和转座子积累是导致基因组增大的主要动力，而非编码 DNA 也是造成不同植物之间基因组大小差异的重要因素（Lynch and Conery，2003；陈建军和王瑛，2009）。噬菌体病毒（Φ-X174）的基因组最早完成测序，其大小仅为 5387 bp，大肠杆菌的基因组约为 5 Mb，拟南芥的基因组大小约为 125 Mb，果蝇的基因组约为 180 Mb，人的基因组大约为 3400 Mb。基因组的大小反映了基因的数量和基因产物的种类，基因组越大，预示着物种生物结构和功能越复杂。但是生物基因组的大小同生物在进化上所处地位的高低无关，这种现象称为 C 值悖理（C-value paradox）。不同植物的基因组大小差异也很大，例如，小麦的基因组大约有 17 000 Mb，是拟南芥基因组的 136 倍；花生的基因组大小约为 2800 Mb，接近于人的基因组大小。尽管不同植物基因组大小相差很大，但是总的基因的数量一般都在 3 万～5 万个，不同植物间相差不大。而且不同植物体基因组之间具有一定的相关性，表现为基因特性、结构和组成的相似。特别是亲缘关系较近的物种之间，基因组之间具有很高的线性相关性，这样的特性为通过比较基因组学的方法定位和克隆功能基因提供了理论依据。

二、基因组学的概念

1986 年美国科学家 Thomas Roderick 提出了基因组学（genomics）的概念。基因组学是研究生物基因组和如何利用基因的一门学问。它涵盖的研究内容相当广泛，包括全基因组作图、序列分析、基因定位等。基因组学是当今最为活跃、最有影响的前沿学科之一。基因组学可以分为以全基因组测序为目标的结构基因组学（structural genomics）和以基因功能鉴定为目标的功能基因组学（functional genomics）。

基因组学衍生出了药物基因组学、营养基因组学、环境基因组学、毒理基因组学、宏基因组学等新兴学科，并且促进了药物靶点筛选、营养卫生、疾病筛查和个体治疗等领域的科技进步。在医学方面，基因组学推动了医学和个体化医疗的发展。通过基因检测的方法，对于由单个基因导致的遗传性疾病进行诊断已经商业化，个体全基因组测序的检测已经开始融入临床。在植物方面，基因组学的研究也促进了人们对植物基因组结构和功能的了解，基因组学的方法已经成为作物品种改良的重要工具，例如，在水稻中已克隆分离出一系列控制水稻重要农艺性状的关键功能基因，对于改良水稻抗病、抗旱、氮磷高效利用、耐盐、品质和产量等多个方面的重要农业性状意义重大。

第二节　DNA 测序技术

基因组包含了整个生物体的遗传信息，快速和准确地获取生物体基因组的序列信息对于生命科学研究具有十分重要的意义。测序技术是读取基因组 DNA 上遗传密码的必要途径，也是现代分子生物学研究中最常用的技术。测序技术最早可以追溯到 20 世纪 50 年代，即 Whitfeld 等用化学降解的方法测定多聚核糖核酸序列。此后半个世纪先后产生了以 Sanger 法为代表的第一代测序技术。自 2005 年以来，以 Illumina 公司的 Solexa 技术（http://wvw.illumine.com/）、Roche 公司的 454 FLX 技术（http://www.454.com/applications/transcriptome-sequencing.asp）和 ABI 公司的 SOLiD 技术（http://solid.appliedbiosystems.com/）为标志的第二代测序技术相继诞生。第二代测序技术又称为深度测序技术或高通量测序技术（Margulies et al.，2005），主要特点是测序通量高、测序时间和成本显著下降（Shendure and Ji，2008），是对传统测序方法的重大突破。

一、第一代测序技术

1977 年，Sanger 等发明的双脱氧核苷酸末端终止法（Sanger 法）、Gilbert 等发明的化学降解法，标志着第一代测序技术的诞生。由于化学降解法操作过程较麻烦，逐渐被简便快速的 Sanger 法所代替。Sanger 法测序的原理是：核酸模板在 DNA 聚合酶、引物、4 种单脱氧核苷三磷酸（dNTP，其中的一种用放射性 ^{32}P 标记）存在的条件下复制时，在 4 管反应系统中分别按比例引入 4 种双脱氧核苷三磷酸（ddNTP），因为双脱氧核苷没有 3′-OH，所以只要双脱氧核苷三磷酸掺入链的末端，该链就停止延长，若链端掺入单脱氧核苷三磷酸，链就可以继续延长。如此每管反应体系中便合成以各自的双脱氧碱基为 3′端的一系列长度不等的核酸片段。反应终止后，分 4 个泳道进行凝胶电泳，分离长短不一的核酸片段，长度相邻的片段相差一个碱基。经过放射自显影后，根据片段 3′端的双脱氧核苷三磷酸，便可依次阅读合成片段的碱基排列顺序。因其操作简便，Sanger 法测序在当时得到广泛的应用。Sanger 法的优势在于单向反应的读序能力较长，目前的技术可以达到 1000 bp 以上。但是，Sanger 法测序通量较低、相对耗时耗力，而且测序成本相对较高，这极大地限制了 DNA 测序的广泛应用。随着科学的发展，传统的 Sanger 测序已经不能完全满足现在研究的需要，对模式生物进行基因组重测序，以及对一些非模式生物的基因组测序和重测序都需要费用更低、通量更高、速度更快的新技术。

二、第二代测序技术

第二代测序技术的核心思想是边合成边测序（sequencing by synthesis），即通过捕捉新合成的末端的标记来确定 DNA 的序列，二代测序的技术平台主要包括：Roche 公司的 454 技术、Illumina 公司的 Solexa 技术和 ABI 公司的 SOLiD。

（一）454 测序技术

454 生命科学公司（454 Life Sciences）成立于 2000 年，于 2005 年并入罗氏公司。Roche 454 于 2005 年推出 Genome Sequencer 20（GS20）测序系统，该方法以其相当高的读取速度揭开了测序历史上崭新的一页。2007 年推出 Genome Sequencer FLX System（GS FLX），GS FLX 系统进一步拓展了原有 GS 系统的灵活性，是 454 第二代测序平台。2008 年推出 Genome Sequencer FLX Titanium Series reagents，为 GS FLX Titanium 系列试剂和软件的补充，使 GS FLX 系统的通量大大提高，准确性、读长都进一步提升。最近该公司又推出了 GS Junior System，它的性能和特征更适合中小型实验室的需求（梁烨等，2011）。

1. 454 测序的原理

Roche/454 测序技术的基本原理是焦磷酸测序法，是由 DNA 聚合酶 I 的 Klenow 大片段、ATP 硫酸化酶、荧光素酶、双磷酸酶 4 种酶及其底物 5′-磷酰硫酸和荧光素组成反应体系中的酶级联化学发光反应。在每一轮测序反应中，只加入一种 dNTP，若该 dNTP 与待测模板配对，Klenow 片段就可以将其掺入合成链中并释放出等物质量的焦磷酸基团。释放出的焦磷酸基团经硫酸化酶催化形成等物质量的 ATP，ATP 和荧光素酶共同催化底物荧光素转化为氧化荧光素，氧化荧光素发出的可见光强度与生成的 ATP 量成正比，光信号经 CCD 摄像机捕获，并通过计算机软件转化为一个峰值，峰值的高度与反应中掺入的核苷酸数目成正比。与此同时，双磷酸酶降解多余的 dNTP 和 ATP，终止反应，开始下一个循环（Ronaghi，2001；周德贵等，2008）。

2. 454 测序技术流程

（1）DNA 剪切和连接

GS20 高通量测序的方法不需要进行烦琐的建库过程，而是利用高压氮气将基因组 DNA“剪切”成 300～800 bp 的片段。然后利用核酸内切酶、聚合酶和激酶的作用在 DNA 片断的 5′端加上磷酸基团，3′端变成平端，再和两个 44 bp 长的衔接子 A、B 进行平端连接。

（2）单链 DNA 模板的分离

在连接反应的过程中，由于是平端连接，因此，连接后的产物含有“缺口”，需要对其进行“缺口修复”。在分离步骤中，GS20 测序方法选用了包被有链霉亲合素的磁珠，由于生物素可以与链霉亲合素特异结合，加入特异性的 Melt 洗脱溶液，温度提高到 DNA 的熔解温度以上，就可以选择性地将单链的 AB 连接产物洗脱下来，得到后续 PCR 扩增和测序所使用的 DNA 模板。

（3）乳滴 PCR

得到仅含有 A、B 衔接子单链 DNA 模板后，此 DNA 模板和过量的 DNA 捕捉珠退火结合，被吸附到一种用于 PCR 的油-水混合物的乳滴上，乳滴包含了 PCR 所必需的各种试剂，在合适的条件下，以单链的 DNA 为模板进行 PCR 扩增，获得大量同一序列的 DNA 链。最后，终止 PCR 过程，对结合有大量 DNA 链的珠子进行富集，供下一步的反应使用（戴木兰，2011）。

（4）测序反应

连接有扩增元的微反应器经过 Bst 多聚酶和单链结合蛋白预处理，之后被沉淀到特制的 PicoTiter 板上进行测序。整个反应体系是皮升级的，一片平板上有大约 160 万个孔，每平方毫米面积内有 480 个孔，大约每个孔的体积是 75 pl，平均直径为 44 μm，这些小孔的直径刚好容纳一个微反应器，可以保证生化反应的条件一致性。在加入测序必需的酶（如 ATP 磺化酶和荧光素酶）之后，FLX 测序仪上的流体力学子系统会使单个的核苷酸按照固定的顺序流过含有微反应器的小孔，在 ATP 磺化酶和荧光素酶的催化下，焦磷酸的释放会立即转化为光信号，这个光信号会被 FLX 系统的 CCD 相机记录下来，形成初步的测序数据。一块平板可以得到 20 万个平均长度在 100 bp 的测序 Read，因此，一块板的测序数据最终可以达到 20 Mb（梁烨等，2011）。

（二）Illumina/Solexa 测序技术

Illumina 公司的 Solexa 平台最早是由 Turcatti 及其同事开发的。这个平台到目前为止发展出了 5 种商业化的测序仪，分别是 Genome Analyzer、HiSeq1000、HiSeq2000、HiSeq2500 和 MiSeq。早期的 Genome Analyzer 可以测得 2×150 bp 的片段，运行 14 天可得到 85～95 Gb 的数据。通过改进仪器和试剂，目前的 HiSeq1000 和 HiSeq2000 测序仪，在使用 TruSeq V3 试剂盒时，可以在一次运行中分别获得 30 亿和 60 亿条序列，所得数据达 270～300 Gb 和 540～600 Gb。 MiSeq 测序仪则是一款适合单个实验室和小型项目的测序仪，可以在几小时内获得结果，每次运行能产生超过 1 Gb 的数据量，使得测序更方便快速。Illumina 公司的第二代测序仪最早由 Solexa 公司研发，利用其专利核心技术“DNA 簇”和“可逆性末端终结（reversible terminator）”，实现自动化样本制备和大规模并行测序。Illumina 公司于 2007 年初收购 Solexa。2010 年初，Illumina 将其第二代测序仪 Genome Analyzer IIx 升级到 HiSeq 2000。

1. Illumina/Solexa 测序技术的原理

Solexa 测序的基本原理是边合成边测序。将 4 种不同的 dNTP 标记上不同的荧光，测序过程中以 DNA 单链为模板，利用 DNA 聚合酶合成互补链时，通过辨认带荧光标记的 dNTP 发出的不同颜色的荧光来确定不同碱基，新加入的 dNTP 的末端会被可逆的保护碱基封闭，因此每次反应只允许加入一个碱基，待碱基读取后去除保护基团，下一个反应继续进行。根据捕获的荧光信号，并转化为测序峰值，从而获得待测片段的序列信息。

2. Illumina/Solexa 测序技术流程

（1）文库制备

将基因组 DNA 打成几百个碱基或更短的小片段，在片段的两个末端加上接头。

（2）产生 DNA 簇

利用表面连接有一层单链引物的特殊芯片，DNA 片段变成单链后与芯片表面的引物通过碱基互补，一端被“固定”在芯片上，另外一端（5′或 3′）随机与附近的另外一个引物互补，也被“固定”住，形成“桥”。反复 30 轮扩增，每个单分子得到 1000 倍扩增，形成单克隆 DNA 簇。DNA 簇产生之后，扩增子被线性化，测序引物随后杂交在目标区域一侧的通用序列上。

（3）测序反应

Genome Analyzer 系统应用了边合成边测序的原理，加入了改造过的 DNA 聚合酶和带有 4 种荧光标记的 dNTP。这些核苷酸是“可逆终止子”，因为 3′羟基末端带有可化学切割的部分，它只容许每个循环掺入单个碱基。此时，用激光扫描反应板表面，读取每条模板序列第一轮反应所聚合上去的核苷酸种类。之后，将这些基团化学切割，恢复 3′端黏性，继续聚合第二个核苷酸。如此继续下去，直到每条模板序列都完全被聚合为双链。统计每轮收集到的荧光信号，就可以得知每个模板 DNA 片段的序列。

（4）数据分析

自动读取碱基，数据被转移到自动分析通道进行二次分析。

（三）SOLiD 测序

ABI 公司的 SOLiD 测序平台是由 McKernan 及其同事于 2006 年开发的。2008 年，SOLiD3 测序平台开始在人类基因组重测序领域使用。SOLiD3 测序平台可在一次运行中获得超过 50 Gb 的数据。2010 年初，ABI 公司推出了 SOLiD4 测序平台，可在一次运行中测得 100 Gb 的数据。2010 年底，ABI 公司又推出了新的测序平台 SOLiD5500xl。使用纳米小球的 SOLiD5500xl 平台可以在一天内测得 30～45 Gb 的数据，一次运行测完 3 个基因组或 40 个外显子组或 20 个转录组，可获得 300 Gb 的测序数据（梁烨等，2011）。

1. SOLiD 测序原理

SOLiD 系统采用微珠和微乳滴的方法，在 PCR 扩增完成后，微珠被结合到反应板上，采用连接法进行测序。每一轮循环包含荧光标记的八聚体连接。这些八聚体的结构经过处理，使得每个荧光标记会与特定的序列位点所结合。连接后，荧光信号会被收集，然后八聚体结构会在 5、6 位核苷酸之间切除，移除荧光标签。接着进行下一轮反应，测得 5 个碱基后的第 10 个碱基的荧光信号，如此循环。测完序列后解离八聚体。之后重新构造八聚体，使得荧光标记到不同的位置。再次测序，反复进行，可以测完所有的序列。由于每一个碱基被测两次，因此准确性较高（Smith et al.，2008；梁烨等，2011）。

2. SOLiD 测序技术流程

（1）文库制备

利用物理方法将待测样品 DNA 打碎，在 DNA 碎片两端加上一对接头 P1、P2。

（2）乳液 PCR/微珠富集

在微反应器中加入已加好接头的待测 DNA 片段，DNA 聚合酶，微珠及接头引物 P1、P2，其中 P2 引物的量远远大于 P1，进行乳液 PCR。PCR 完成之后，变性模板，富集带有延伸模板的微珠，去除多余的微珠。微珠上的模板经过 3′修饰，可以与玻片共价结合。此步骤与 454 的 GS FLX 基本相同。但 SOLiD 系统的微珠要小得多，只有 1 μm。

（3）连接测序

SOLiD 的独特之处在于没有采用聚合酶，而用了连接酶。测序反应开始于通用测序引物 P1 的退火，使得通用引物与模板杂交上，同时测序仪自动利用 DNA 连接酶将与待测片断第 4 位和第 5 位匹配的半简并引物连接到通用引物的 3′端。半简并引物长度为 8 个碱基，第 4 位和第 5 位碱基是确定的，根据碱基的不同组合，在末端标记不同的荧光素。当简并引物结合到第 4 位和第 5 位后，通过化学方法将第 6～8 位的碱基切除，释放出荧光团，通过捕获荧光，可以确定第 4 位和第 5 位碱基的序列。与此同时，连接酶启动下一轮连接。由于每次连接切除后都是 5 的倍数，因此，SOLiD 测序的平均读长为 25～35 bp，而由于每次读序都是 2 个碱基，同时每个碱基被读的次数是 2 次，因此，这种方法又被称为“两碱基读序”（周德贵等，2008）。

（4）数据分析

SOLiD 数据分析软件不直接将 SOLiD 原始颜色序列解码成碱基序列，而是依靠参考序列进行后续数据分析。SOLiD 序列分析软件首先根据“双碱基编码矩阵”把参考碱基序列转换成颜色编码序列，然后与 SOLiD 原始颜色序列进行比较，来获得 SOLiD 原始颜色序列在参考序列中的位置，以及两者的匹配性信息。参考序列转换而成的颜色编码序列和 SOLiD 原始序列的不完全匹配主要有两种情况：单颜色不匹配和两连续颜色不匹配。由于每个碱基都被独立地检测两次，且 SNP 位点将改变连续的两个颜色编码，一般情况下 SOLiD 将单颜色不匹配处理成测序错误，这样一来，SOLiD 分析软件就完成了该测序错误的自动校正；而连续两颜色不匹配也可能是连续的两次测序错误，SOLiD 分析软件将综合考虑该位置颜色序列的一致性及质量值来判断该位点是否为 SNP。

（四）二代测序技术的优缺点

从测序读长来看，454 测序读长最长。现在 GS Titanium 系统将片段读长升级到 400 bp，单次反应可测 100 万个序列片段（Margulies et al.，2005；Sogin et al.，2006；Turnbaugh et al.，2006）。由于在单个循环中缺乏阻止碱基连续结合的机制，454 测序系统的主要缺陷是容易生成同源多聚体（Shendure and Ji，2008）。同源多聚体的生成，会导致碱基插入或缺失的出现，这是 454 测序所产生误差的最主要类型。在测序成本方面，454 测序系统与 Illumina 和 SOLiD 测序技术相比，每个碱基的测序花费相对较高。

由于 454 读长最长，便于拼接，因此，在 *de novo* 测序方面有很大的优势。ABI SOLiD 虽然读长很短，但是 Read 数最多，而且 ABI 独有的双色球编码技术，每个碱基都会被读取两遍，准确率很高，因此，ABI SOLiD 在检测 SNP、转录组测序、ChIP-Seq 等方面很有优势。Illumina Solexa 的读长和 Read 数均位于中间，比较适合于基因组重测序。

（五）二代测序技术在植物中的应用

1. 在植物全基因组测序中的应用

高通量测序技术极大地推动了植物的全基因组测序工作，越来越多的物种基因组信息的相继公布，为科研工作者提供了重要的基因信息资源。植物全基因组测序至 2010 年已经完成 32 例，是 2002 年前完成数量的 10 多倍。在 2010 年一年中就有苹果、黄瓜和玉米基因组测序完成（Velasco et al.，2010；Huang et al.，2009；Schnable et al.，2009）。2011 年，又有可可、橡胶树、野草莓、小桐子树等多种植物基因组完成测序（Argout et al.，2011；Tangphatsornruang et al.，2011；Sato et al.，2011）。在全基因组测序的基础上，对基因组进行重测序，能够寻找到大量遗传变异，实现遗传进化分析及对重要性状的候选基因进行预测。Lai 等（2010）基于高通量测序技术对 6 个玉米骨干自交系进行全基因组重测序，获得了 100 万个 SNP，3000 个插入缺失多态性位点，101 个低序列多样性的玉米染色体间隔序列，同时还鉴定出几百个基因获得与丢失变异。

2. 在植物转录组测序中的应用

转录组测序是利用高通量测序技术将 mRNA 和其他非编码 RNA 等的序列进行测定，全面快速地获取某一物种特定器官或组织在某一状态下的几乎所有转录本。转录组测序的一个重要用途就是用于发现新基因。在研究麻竹木质化的过程中，Liu 等（2012）利用 Illumina 高通量测序技术鉴定了 68 229 unigene，通过分析发现，45 649 个 unigene 参与了 292 个生物学过程，其他的 unigene 则被认为是在麻竹中特异表达的基因，同时预测了 105 个编码木质素合成酶的关键基因。Zhang 等（2010）利用转录组测序技术，在水稻茎尖、根尖、叶片、稻穗和愈伤组织中检测到 7232 个新转录本和 1356 个融合基因，同时鉴定了 234 个候选嵌合转录本。Sara 等（2010）通过转录组测序技术鉴定出葡萄果实谷胱甘肽硫转移酶家族的 53 个新基因和 MYB 转录因子家族的 28 个新基因，而这些基因由于表达量低、缺少相应的探针序列等，利用芯片技术无法检测到。在对黑胡椒根腐病的致病机制研究时，利用 SOLiD 测序系统对黑胡椒根转录组进行了测序，获得了 22 363 个 unigene，结合生物信息学分析注释了 10 338 个 unigene（Gordo et al.，2012）。此外，研究人员还利用 454 测序技术在黄花蒿（*Artemisia annua*）、油橄榄（*Olea europaea*）、玉米、巨桉（*Eucalyptus grandis*）、紫花苜蓿（*Medicago sativa*）等植物的转录组研究中发现了新基因的存在（Wang et al.，2009；Alagna et al.，2009；Julio et al.，2009；Novaes et al.，2008；Cheung et al.，2006）。

SNP 主要是指在基因组水平上由单个核苷酸的变异所引起的 DNA 序列多态性，利用其作为分子标记可以精细到用于区分两个生物个体遗传物质的不同。高通量测序为全基因组范围内 SNP 开发提供了有利支撑。Nelson 等（2011）对 8 个高粱品种进行 Illumina 重测序，开发了 283 000 个 SNP，这些 SNP 标记对高粱基因的图位克隆、分子育种和品种鉴定都具有重要意义。利用 Illumina 对野生大豆和栽培种进行高通量测序发现，在大豆基因组中存在高度连锁不平衡的现象，同时开发了 205 614 个 SNP 标记（Lam et al.，2010）。利用 454 测序技术进行高通量测序，比较不同大豆种系间的转录组，鉴定出3899个SNP，这些SNP广泛分布于大豆基因组中，影响众多基因调控的重要农艺性状（Shu et al.，2011）。在白菜抗黑斑病的机制研究中，利用454测序分别对黑斑病易感和抗性白菜亲本C1184和C1234进行转录组测序，发现了1167个SNP，并用这些标记构建了遗传连锁图谱（Nur Kholilatul et al.，2014）。高通量测序技术在SNP开发方面具有非常明显的优势。

基因表达谱是指生物细胞在特定的条件下表达的所有基因。分析基因表达谱是了解生物组织或器官行使各项功能的分子基础，也是阐明环境和胁迫影响生物分子机制的重要手段。以往的基因表达谱分析主要靠基因芯片技术，但基因芯片技术依赖于特定探针的杂交、背景噪声及假阳性率高、检测灵敏度较低、只能检测已知序列、无法检测低丰度基因和新转录本等（Hoen et al.，2008）。高通量测序技术可获得样品中低丰度转录本，还可以对大量样品同时测序，了解样品之间基因的表达差异。Poroyko等（2005）对玉米幼苗根尖基因的种类和表达丰度进行研究，发现玉米幼苗根尖的转录组中至少有22 000个基因表达；将玉米根部转录组与拟南芥进行比较，发现二者根组织中高水平表达的基因明显不同，只有不到5%的高丰度表达的基因同时出现在两种植物中，说明玉米根尖存在大量特异表达的基因。为研究霜霉病发病机制，Wu等（2010）对葡萄接种霜霉病前后的样品进行Solexa表达谱测序，获得了15 249个候选差异表达基因，其中0.9%的基因在感病叶片中表达上调5倍，0.6%的基因下调5倍，而98.5%的基因在感病叶片和对照中表达差异不大。李滢等（2010）应用454 GS FLX Titanium对两年生丹参根的转录组进行测序，获得了46 722条EST。这些序列与GenBank丹参EST合并拼接，获得了18 235条unigene，其中，454高通量测序发现了13 980条新的unigene。Zhu等（2012）通过SOLiD测序平台对侵染尖孢镰刀菌1天和6天后的拟南芥进行测序，结果显示上调表达的基因分别有177个和571个，下调的基因分别有30个和125个。在两个时间点均上调的基因有116个，均下调的有7个，说明在侵染病菌后大多数上调的基因在早期和后期表达一致，而多数下调的基因在侵染早期和晚期表达不同。这些基因中许多为新的病菌响应基因，包括非编码RNA。Koenig等（2013）对一个栽培番茄和5个野生番茄进行Illumina测序，分析了栽培番茄和野生番茄基因序列和表达水平方面的差异。

3. 在小RNA研究中的应用

小RNA（microRNA、siRNA和piRNA等）是生命活动重要的调控因子，在基因表达调控、生物个体发育、代谢及疾病的发生等过程中起着重要作用。新一代测序技术成为研究小RNA的一条有效途径。Chen等（2010）分析了现有的通过高通量测序所得的26种显花植物的小RNA数据，发现一些24 nt的sRNA（small RNA）在转座子沉默过程中起关键作用，功能分析显示这些sRNA在显花植物中是保守的，一些miRNA家族也是保守的，如miR396家族。Nobuta等（2008）利用Illumina Solexa测序技术研究了野生玉米和*mopl*（拟南芥rdr2同源基因）突变体的非编码小RNA，结果发现在miRNA合成过程中，玉米*mopl*突变体中22～24 nt siRNA显著减少，而miRNA和siRNA却明显富集。Wang等（2011）构建了浸种24 h后玉米种子的小RNA文库并通过Solexa技术进行测序，获得了431个sRNA，其中115个已知玉米miRNA来自24个miRNA家族，167个为新的miRNA。Yang等（2013）通过Illumina高通量测序和降解组测序分析了棉花胚胎发育过程中小 RNA 的表达。结果表明，36 个已知的 miRNA 在棉花胚胎、下胚轴和胚性愈伤组织中表达差异显著，同时在胚胎发育过程中发现了 25 个新的 miRNA，并对这些 miRNA 的靶基因进行了鉴定，为研究棉花胚胎发育过程中 miRNA 的作用提供了重要信息。用 454 测序技术分析病毒侵染的甜瓜组织，鉴定了 26 个已知的 miRNA 家族基因，预测了 84 个甜瓜特异的 miRNA 候选基因（Gonzalez-Ibeas et al.，2011）。

4. 二代测序在花生研究中的应用

栽培花生是一种重要的豆类作物，具有高蛋白和高含油量的特点，但花生在生长过程中容易受到干旱和病虫害的侵袭，从而影响花生的产量和品质。野生花生具有丰富的遗传多样性，在进化过程中为适应不同环境，形成了不同的抗性特点，如 *Arachis stenosperma* 抗虫害能力强，而 *A. duranensis* 对水分胁迫具有较强的耐性。为了发现新的基因并进行分子标记开发，对这两种野生种分别进行病菌侵染和干旱胁迫处理，然后进行 454 GS FLX Titanium 测序，共获得了 7.4×10^5 read。去杂以后 *A. stenosperma* 的序列组装成 7723 contig，*A. duranensis* 的序列组装成 12 792 contig，利用这些序列开发了 2325 个 EST-SSR 标记。获得的大量野生花生 unigene，对分析鉴定参与胁迫抗性的关键基因具有重要意义（Guimarães et al.，2012）。

二代测序在花生表达谱研究中的应用较多，多数研究集中在花生荚果发育和抗病性研究方面。在花生荚果发育过程中，果针入土是一个重要因素，果针不能入土会导致胚败育。为了研究花生地上果针胚胎败育的机制，Chen 等（2013b）应用 454 测序平台，分别对花生的地上果针和两个不同发育时期的地下果针进行转录组测序，在获得的 2194 个差异表达基因中，地上果针和地下果针分别有 859 个和 1068 个转录本的表达显著上调。地上果针中与光合作用和衰老相关的基因表达显著上调，推测衰老相关基因与未入土果针的败育相关。用 HiSeq 2000 对入土前后和荚果膨大前后的果针进行转录组测序，获得了 72 527 unigene，并比较了这些基因在果针入土前后的表达差异，鉴定了一些在果针入土前后表达显著不同的基因，其中包括激素代谢、信号转导、类黄酮合成、光合作用及参与胁迫反应的关键酶或蛋白质基因，表明果针由光照到黑暗条件的转变，启动一系列基因的表达变化，最终导致花生胚胎和果实的发育（Xia et al.，2013）。Chen 等（2013a）对荚果发育 11 个时期的果仁和果皮分别进行 Illumina 测序，序列组装获得 184204 contig，鉴定 64 个花生特异的 miRNA。Zhuang 等（2011）构建了黄曲霉侵染和对照 cDNA 文库，利用 454 技术进行测序，发现黄曲霉侵染后，上调或下调 3 倍的基因有 9973 个，其中 47 个是 *NBS-LRR-like* 基因。用 Illumina HiSeq 测序技术对野生花生 *A. duranensis* 和 *A. stenosperma* 进行高通量测序，分析在水分胁迫条件下差异表达的基因，将来源于 *A. duranensis* 的序列组装成 42 075 个 contig，而来源于 *A. stenosperma* 的序列组装成 60 000 个 contig，发现抗旱相关的基因表达差异显著，这些基因包括一些转录因子、细胞壁修复、激素响应蛋白等的编码基因（Brasileiro et al.，2013）。

二代测序是研究 miRNA 的有效手段。Zhao 等（2010）通过高通量 Solexa 测序方法研究了花生中的 miRNA，获得了 75 个保守的 miRNA，鉴定了 14 个新的 miRNA 家族。随后，Chi 等（2011）构建了栽培花生叶、茎、根和种子的小 RNA 文库，并进行高通量测序，获得了属于 33 个家族的 126 个已知的 miRNA 和 25 个新的 miRNA。

限制性位点相关DNA（restriction site associated DNA，RAD）的高通量测序是开发分子标记和构建高密度遗传图谱的有效方法。其原理是首先利用内切酶进行酶切反应，然后对获得的Tag序列进行高通量测序。与其他技术相比，该方法大幅降低了基因组的复杂度。Zhou等（2013）以160个重组自交系个体及其亲本中华5号和ICGV86699的限制性位点相关DNA进行Illumina测序，获得了250多万条高质量的read，发现在亲本和作图群体间共有13 555个多态性位点。

二代测序技术的诞生可以说是基因组学研究领域一个具有里程碑意义的事件。与第一代测序技术相比，测序成本大幅度下降，大大推动了各物种的基因组测序进程。现在高通量测序已被广泛应用于以转录组测序等为代表的功能基因组学研究中。在无参考基因组序列的物种如花生中，转录组测序可以快速充实其基因序列数据库，促进该物种分子生物学研究的进展。

三、第三代测序技术

最近出现的第三代测序技术是建立在电子显微镜技术、纳米技术等基础上的测序技术，其特点是测序速度更快，测定的序列更长。例如，纳米孔单分子测序技术将不再基于一代和二代测序所采用的边合成边测序的思路，而是使用外切酶从双链DNA的末端逐个切割形成单碱基，并采用新技术对切下来的单碱基进行检测的方法，理论上测序长度是无限长，测序速度不受DNA合成速度的限制，并且省略了测序后的拼接工作，为复杂基因组的测定提供了便利。

第三节　全基因组测序

全基因组测序是建立在DNA测序技术和以下几个关键技术的基础上的，这包括PCR技术、DNA自动测序仪的发展和应用，以及生物信息学分析技术和设施。

一、全基因组测序的策略

目前常用的基因组测序策略有两种，即逐步克隆法（clone by clone）测序策略和全基因组散弹法（whole genome shot-gun）测序策略。这两种测序策略所要求的基因组的背景条件有所不同，其测序的成本、组装的难易程度等都有所差异。

1. 逐步克隆法

逐步克隆法也被称为克隆步移法。逐步克隆法的基本思路是：构建大片段基因组文库，例如，细菌人工染色体（bacterial artificial chromosome，BAC）文库，PAC P1人工染色体（P1 artificial chromosomes，PAC）文库等，根据遗传图谱，正确定位BAC或PAC文库。选择合适的BAC或PAC克隆进行测序和生物信息学拼接，形成一条完整的BAC序列。然后将相互关联、部分重叠的BAC克隆组装成大的重叠群（contig）。利用克隆步移法，BAC测序通常要达到10倍覆盖率，序列准确度达99.99%以上。理论上，高度覆盖率的BAC重叠群就是一整条染色体。但通常情况下BAC内部或者BAC文库之间会有物理空洞（physical gap），限制了文库的拼接和组装的效率。相比鸟枪法测序，逐步克隆法费用高、周期长，但是更加精细和准确。大基因组的测序目前大多都是通过这种方法。

2. 鸟枪法

鸟枪法，也称"霰弹法"，其基本思路是：先将整个基因组随机打断成小片段，然后进行测序，最终根据序列之间的重叠关系进行排序和组装，并确定它们在基因组中的正确位置。"鸟枪法"测序速度快，简单易行，而且成本较低。但是由于生物体基因组中有大量的重复序列，导致了测序量的增大，也对拼接和组装带来了困难，很多时候还离不开逐步克隆法。目前对克隆步移法和鸟枪法测序也进行了改进，并产生了 clone contig 法和靶标鸟枪法（directed shotgun）。clone contig 法是用稀有内切酶把待测基因组降解为数百 kb 以上的片段，再分别测序。靶标鸟枪法是指根据染色体上已知基因和标记的位置来确定部分 DNA 片段的相对位置，再逐步缩小各片段之间的缺口。

二、全基因组测序计划

各种测序技术的升级和创新为生物体的全基因组测序提供了保证，而各种生物全基因组测序计划的开展和实施也为基因组测序技术的升级创造了条件。

1. 人类全基因组测序

在高等生物中，人类全基因组测序的研究开展较早，在 20 世纪 80 年代中期，美国科学家首先提出了旨在通过全基因组测序鉴定人类所有基因并绘制人类基因图谱的人类基因组计划（human genome project，HGP）。人类基因组计划于 1990 年正式启动，在美国的领导下多个国家分工协作共同推进。在人类基因组计划中，美国承担了 50%以上的任务，中国承担了大约 1%的工作，中国也是参与这项工程唯一的发展中国家。经过十多年的努力，于 2003 年人类基因组计划宣布完成，结果表明，人类基因组的大小约为 29 亿碱基对，包含大约 2.5 万个编码基因（Collins，2004）。人类全基因组测序的完成，第一次让人们有能力去"阅读"大自然创造的人的基因蓝图。人类全基因组测序的完成是人类研究历史上的一个里程碑，其对生命本质、人类进化、生物遗传、个体差异、发病机制、疾病防治、新药筛选、健康长寿等领域的探索具有深远的影响，对整个生物学都具有重大意义。

2. 拟南芥全基因组测序

拟南芥（*Arabidopsis thaliana*）是十字花科的一种植物，尽管没有任何经济价值，但由于其植株小、占地面积小、生活周期短、繁殖系数高、容易进行遗传操作等特点，被广泛用于遗传和分子生物学研究中，成为一种世界通用的典型模式植物。拟南芥基因组大小为 125 Mb，共有 5 对染色体，不同国家、不同大学和科研单位分工协作进行全基因组测序。5 对染色体的测序、分析和组装结果分别在 *Nature* 杂志的 5 篇论文中发表（Mayer et al.，1999；Erfle et al.，2000；Tabata et al.，2000；Theologis et al.，2000）。拟南芥测序的完成被认为是植物科学史上的一个里程碑。其测序的结果表明，拟南芥全基因组有约 2.5 万个基因，编码 1.1 万个家族的蛋白质。拟南芥在进化过程中经历了整个基因组倍增，随后发生基因丢失和大量的局部基因加倍，形成了一个动态的基因组，基因组中富含蓝藻类祖先的横向基因转移。拟南芥是第一个完成全基因组测序的植物，拟南芥全基因组测序结果对全面理解真核生物中一些保守的生物学过程奠定了基础，鉴定了大量的植物特异性的基因功能，为之后的基因克隆和作物改良打下了坚实的基础。

3. 水稻全基因组测序

水稻是禾谷类作物中基因组最小的作物之一，主要栽培的水稻有两个变种，即粳稻（*Oryza sativa* ssp. *japonica*）和籼稻（*Oryza sativa* ssp. *indica*）。由中国科学院北京基因组研究所和基因组及生物信息学中心为主，完成了对籼稻全基因组的测序工作（Yu et al.，2002）。测序采用"鸟枪法"进行，结果表明，粳稻的基因组大小为 466 Mb，预测到 4.6 万～5.5 万个基因，测序结果发现水稻基因组中存在大量的重复序列。与拟南芥基因组比较分析发现，超过 80%的拟南芥基因，可以在水稻中找到同源序列，但只有不到 50%的水稻基因在拟南芥中可以找到同源基因（Yu et al.，2002）。由瑞士农业公司先正达（Syngenta）和美国生物技术公司 Myriad Genetics 牵头完成了粳稻的全基因组测序工作，测序方法同样是用鸟枪法，测序结果覆盖了该亚种全基因组（420 Mb）的 93%，从测序结果可预测到 3.2 万～5 万个基因，超过了人类基因的数量，玉米、小麦和大麦中 98%的已知蛋白质能在水稻中找到同源序列（Goff et al.，2002）。粳稻和籼稻的平均 GC 含量为 44%和 43.3%，高于拟南芥的基因组的 GC 含量（36%）。在水稻中，重复的 DNA 序列占水稻基因组的 42%～45%，其中包括简单重复序列、gypsk-like 和 copia-like 转座子及 MITE（微型反向重复转座元件）。水稻全基因组测序的完成，对于理解水稻生理、发育、遗传和进化具有深远的影响。

4. 玉米全基因组测序

玉米是世界最主要的农作物之一，也是很有潜力的能源作物，在很多国家被广为种植。美国是世界上玉米产量最大的国家，每年约出产 2 亿 t 玉米，占世界总产量的 40%以上。同时，玉米也是生物学研究的一种重要材料，Barbara McClintock 的杰出工作更奠定了玉米成为模式植物研究的基础。玉米遗传学研究和分子生物学研究已经取得了巨大成就，积累了丰富的知识和数据。玉米基因组是一个中等大小的基因组，比拟南芥和水稻基因组大，但比小麦（17 000 Mb）和莲的基因组（120 000 Mb）小。美国研究人员于 2009 年宣布完成玉米自交系 B73 的全基因组测序（Schnable et al.，2009）。测序结果表明，玉米基因组大小为 2300 Mb，预测到 3.2 万个基因。测序还发现，玉米 85%的基因组由数百个家族的专座序列组成，不均匀地分布在玉米基因组中。在玉米的 27 个自交系中出现了数百万个基因变异（Schnable et al.，2009）。玉米全基因组测序的完成结合了大量种质材料和自交系的重测序，通过比较基因组学方法，将使玉米高产、优质、抗逆性状形成的分子机制研究更上一个新台阶，为今后玉米遗传改良提供了强有力的支撑。

5. 小麦全基因组测序

普通小麦（*Triticum aestivum*）是世界上最古老、最广泛种植的粮食作物之一。普通小麦是由祖先野生的一粒小麦（乌拉尔图小麦，AA）与拟斯卑尔托山羊草（*Aegilops speltoides*，BB）杂交形成的四倍体小麦（*Triticum turgidum*，AABB）。大约在 8000 年前，四倍体小麦与粗山羊草（*Aegilops tauschii*，DD）经过杂交和不断的选择形成了如今广泛栽培的普通小麦或称为面包小麦。面包小麦的基因组大约为 17 000 Mb，约为水稻基因组的 40 倍，含有 A、B 和 D 3 个亚基因组，而且约 85%的序列为重复序列，因此，小麦基因组测序研究困难重重，进展也非常缓慢，成为了限制小麦基础和应用研究的瓶颈。然而，最近 3 年来，由于各个研究机构的共同努力，小麦基因组测序方面取得了重大的进展。2013 年中国科学院遗传与发育研究所等单位，首次测序完成了普通小麦 A 基因组序列草图，总共鉴定了 34 879 个编码蛋白的基因，24 个新的 miRNA，以及 3425 个 A 基因组特异的基因。通过同源比对还鉴定出一批控制重要农艺性状的基因，如控制籽粒长度和千粒重的基因等（Ling et al.，2013）。同时，中国农业科学院也联合华大基因等研究机构对粗山羊草基因组进行测序，获得了小麦 D 基因组供体种——粗山羊草基因组草图（Jia et al.，2013）。2014 年 7 月，《科学》杂志同期刊登了 4 篇研究性文章，报道了普通栽培小麦基因组测序的最新研究进展，其中最令人瞩目的是六倍体小麦全基因组草图的绘制和 3B 染色体测序的完成。该工作是由国际小麦基因组测序协作组（the International Wheat Genome Sequencing Consortium，IWGSC）牵头完成的，该草图总共注释了 124 201 个基因座在染色体上的位置（IWGSC，2014）。此外，同期《科学》杂志还公布了小麦最大的染色体——3B 染色体的参考序列。通过对 8452 个 BAC 文库的深度测序，组装成了 774 Mb 的序列，其中包含了 5326 个编码蛋白基因、1938 个假基因和 85%的转座子元件，小麦 3B 染色体的测序为小麦其余染色体的测序奠定了重要的基础（Choulet et al.，2014）。

6. 大豆全基因组测序

大豆（*Glycine max*）起源于中国，中国学者大多认为原产地是云贵高原一带，已有 5000 年栽培历史。目前，世界大豆生产主要集中于美国、巴西、阿根廷、中国和印度，美国的大豆种植面积是世界第一。大豆是一种重要的油料作物和人类重要植物蛋白质来源。大豆全基因组测序工作于 2010 年完成。大豆的基因组大小约为 1100 MB，大豆基因组测序也是采用“鸟枪法”进行的，通过测序预测到了 4.6 万个蛋白质编码基因，78%的基因位于染色体的末端。大豆基因组中编码的蛋白质数量比拟南芥多 70%。研究结果还推测大豆的基因组至少发生过两次复制过程，一次大约是在 5900 万年前，另一次则可能发生在 1300 万年前，两次基因组复制的结果使大豆的基因组产生了大量的重复序列，大约 75%的基因以多拷贝的形式出现，复制也引起了染色体的重排，导致出现了基因的多样化和基因丢失现象（Schmutz et al.，2010）。

另外，经济作物如棉花（Wang et al.，2012），主要蔬菜如黄瓜（Huang et al.，2009）、白菜（Wang et al.，2011）、马铃薯（Consortium，2011），重要水果如木瓜（Ming et al.，2008）、苹果（Velasco et al.，2010）、葡萄（Jaillon et al.，2007），能源作物如高粱（Zheng et al.，2011）等，主要林木植物如杨树（Tuskan et al.，2006）等均已完成全基因组测序。

从 1999 年至今，在中国以华大基因为代表的相关研究机构先后完成了国际人类基因组计划“中国部分（1%）”、国际人类单体型图计划（10%）、水稻、家蚕、家鸡、棉花、油菜、黄瓜、马铃薯等基因组计划等多项具有国际先进水平的科研工作，为我国基因组学研究作出了重要贡献。深圳华大基因研究院于 2010 年 1 月发起了“千种动植物基因组计划”。不到两年的时间，深圳华大基因及其合作伙伴总共启动了505种动植物基因组测序项目，其中植物基因组项目152个，动物基因组项目353个（http://ldl.genomics.cn/page/pa-research.jsp）。近年来，在植物基因组测序方面取得了很大的进展。精确的基因组序列图谱为功能基因组学的研究奠定了基础，也为研究作物性状遗传基础、加快作物品种改良提供了重要参考。

第四节　植物功能基因组学研究

植物功能基因组研究是利用植物全基因组序列的信息，通过发展和应用相应实验方法来研究基因组结构和功能的关系、基因与基因间的相互作用。植物基因组研究较人的基因组研究有不同的特点，这也与植物本身的特点有关。植物靠光合作用合成能量物质，从土壤等周围环境中吸收水分、无机盐等物质，同时植物在自然界的生长过程要面对各种各样的胁迫因素，这也决定了植物基因功能的复杂性。植物功能基因组学研究还从表达时间、部位和水平三个方面对目的基因在植物中的精细调控进行系统研究。因此，研究与植物生长发育和抗逆能力相关基因的功能及调控网络，是植物功能基因组学研究的重要内容。作为与人类生活息息相关的农作物，对其产量、品质、抗胁迫等重要农艺性状的相关功能基因组学研究具有十分重要的现实意义。

拟南芥、水稻、玉米、大豆等植物的全基因组序列的完成，拉开了植物功能基因组学研究的帷幕。通过对基因组序列进行注释，预测和鉴定基因组的全部基因信息后，需要进一步了解基因的转录产物在不同时空中的表达和调控情况，揭示基因对应的蛋白质的确切生物学功能，研究基因之间、蛋白质之间及蛋白质和基因之间的相互作用，这些都是功能基因组学的研究内容。作为一门新兴的学科，功能基因组学的研究方法也正在不断发展和完善。根据研究方式的不同，可以将植物功能基因组学研究分为两类，一类是建立在实验的基础上，通过实验研究基因的功能；另一类是建立在生物信息学分析的基础上，通过对已有信息的整理、分析，提取其中规律性的东西，用于其他生物基因组研究。

目前植物功能基因组学中常用的研究技术方法和手段有cDNA文库构建和表达序列标签（EST）测序、植物遗传转化、T-DNA插入、转座子标签、生物芯片、RNA干扰、全基因组关联分析等。

一、cDNA文库

真核生物的基因组一般较大，但通常编码基因只占基因组序列的2%～3%，如人类基因组由 3.1647×10^9 碱基对组成，约有3%的序列编码3.3万个基因；水稻基因组为 4.66×10^8 碱基对，编码5万～6万个基因。显然，直接从如此众多的碱基序列中克隆基因是相当费时费力的。如果按照传统的方法对基因组进行测序来确定几万个基因的表达方式和相互之间的关系，难度很大。如果从基因的转录本mRNA着手，对基因进行分离克隆，并进行基因定位和功能分析则相对经济快捷。cDNA是mRNA经过反转录形成的互补DNA，通常包括上游非编码区、基因编码区及下游非编码区3个部分，基因编码区是由基因组基因的外显子拼接而成，不含内含子。cDNA 文库是指真核生物 mRNA 的 DNA 拷贝集合，它只代表一定时期正在表达的基因的集合。cDNA 文库的构建是在基因组水平上研究某一生物特定器官、特定组织、特定的发育时期基因表达的前提和基础。根据文库构建过程中克隆是否全长，可以将 cDNA 文库分为普通 cDNA 文库和全长 cDNA 文库（Soares et al.，1994）。EST 是从各种 cDNA 文库中随机挑选克隆进行单次测序获得的序列，是重要的基因组研究数据，而从全长 cDNA 文库中获得的 EST 包含更多的序列信息。普通 cDNA 文库的构建最早开始于 20 世纪 80 年代初期（Woods et al.，1980），差减文库（Vitek et al.，1981）和均一化文库等都是在 cDNA 文库的基础上发展而来的（Poustka et al.，1999；Eickhoff et al.，2000）。

全长 cDNA 文库是指那些不仅包含完整的阅读框，而且包括 5′和 3′非编码区的 cDNA 文库。全长 cDNA 文库具有很多优点，已经成为植物功能基因组学研究中非常重要的技术手段，获取全长 cDNA 序列一度成为科学家追求的目标。特别是对于基因组庞大、基因组复杂，没有完成全基因组测序的生物体来说，构建 cDNA 文库是进行功能基因组学研究的重要途径，20 世纪 90 年代初全长 cDNA 文库开始应用到研究工作中。由于 cDNA 的 5′端序列各不相同，如何获得完整的 mRNA，如何扩增微量 mRNA 反转录得到全长 cDNA 文库曾经不是一件容易的事情。获取全长基因的方法大致可以分为两类：直接获取法和间接克隆法。直接克隆法一般通过构建高质量的 cDNA 文库直接得到全长 cDNA，如 CAPture 法、Oligo-capping 法、SMART 法、Cap-jumping 法及 Cap-trapper 法等，这些方法都是基于真核生物 mRNA 5′的帽子结构，但又各有各的独到之处。总的来说，每种方法都存在一定的缺陷，例如，有的涉及 PCR 扩增而可能改变文库中克隆的代表性，并影响难扩增基因的克隆；有的以质粒为载体，不利于克隆大片段的基因；有的实验流程长，步骤烦琐，构建难度大等（毛新国等，2006）。间接克隆法以 cDNA 片段为基础，通过实验的方法（如 RACE）或电子拼接的方法最终得到全长的 cDNA 序列。在全长 cDNA 文库基础上可以开展大量的研究工作，如大规模发掘新基因，研究不同生物对遗传密码子偏好性，进行基因功能预测和分类，研究转录的机制和转录后的加工、修饰机制，对不同物种的同源基因进行比对研究、生物进化过程和关联研究等（Carninci et al.，2000）。

鉴于全长 cDNA 文库在功能基因组学研究中的优点，人们先后构建了水稻（Kikuchi et al.，2003）和拟南芥（Seki et al.，2002）的 cDNA 文库。2000 年初，日本的水稻全长 cDNA 联盟（the rice full-length cDNA consortium）启动了水稻全长 cDNA 克隆和测序项目。该项目构建了粳稻品种日本晴在不同发育阶段、不同组织类型及不同处理（紫外线、冷、热和激素等）下的 21 个全长 cDNA 文库。从这些全长 cDNA 文库中随机挑取克隆进行测序获得了 2.8 万个 EST，并对这些 EST 进行了详细的分析和注释，为推动水稻基因组学研究作出了重要贡献（Kikuchi et al.，2003）。拟南芥全长 cDNA 项目由日本理化研究所（RIKEN）承担，项目从 Cap-trapper 法构建的 19 个全长 cDNA 文库中随机测序获得了 155 144 条 3′端序列，经过聚类分析和对照基因组序列 mapping 结果挑取克隆 14 668 个进行 5′端测序（Seki et al.，2002）。此外，在其他的模式生物和作物中也构建了大量的 cDNA 文库，如玉米（Jia et al.，2006）、大豆（Umezawa et al.，2008）、小麦（Ogihara et al.，2003，2004）和花生（Bi et al.，2010）等。对 cDNA 进行大规模测序，并产生了大量的 EST 数据，对这些 EST 的开发和利用是植物功能基因组学研究的重要内容。

二、表达序列标签

1. 表达序列标签概述

表达序列标签(EST)是从一个随机选择的 cDNA 克隆进行 5′端和 3′端测序获得的 cDNA 部分序列，EST 通常为 300～500 bp，由于 EST 是基因的编码区段，来源于一定环境下一个组织总 mRNA 所构建的 cDNA 文库，因此它所反映的是生物在某一特定条件下基因表达的状况（Ewing et al.，1999）。EST 是 cDNA 的部分序列，一个 EST 代表生物体某种组织某一时期的一个表达基因。EST 数据在基因作图、基因克隆、新基因识别等许多方面起到重要的作用。随着测序技术的优化，EST 平均长度从最初的 100～500 bp 发展到现在的 500～1000 bp。最早报道的 EST 是从 3 种人脑组织的 cDNA 文库中随机挑取 609 个克隆进行测序获得的，分析结果表明有些 EST 是已知基因的片段，多数是未知基因的片段(Adams et al.，1992)。后来从不同生物、不同组织中获得的 EST 数据越来越多，如美国国立卫生院（NIH）运用自动化测序技术，进行了大规模 EST 测序。人们意识到这些相对快速易得的数据是非常有用的，因此，科学家认为有必要专门建立一个 EST 数据库来系统地收集和记录已有的 EST 资料，从而使这些数据得到更好的利用。1993 年 NCBI（National Center of Biotechnology Information）建立了一个专门的 EST 数据库 dbEST 来保存和收集所有的 EST 数据(http://www.ncbi.nlm.nih.gov/dbEST)。此后，EST 广泛地用于基因克隆和功能分析等方面的研究。1993 年 NCBI 建立 dbEST 数据库后，最初只有 22 537 条 EST 序列。随着获取 EST 成本的不断降低，重要农作物 EST 的数量急剧增加，成为 GenBank 数据库中增长速度最快的数据之一。目前最新的统计数据显示，dbEST 数据库中的 EST 数据已经增加到 74 186 692 条，植物中 EST 数量最多的是玉米（2 019 137 条），其次为拟南芥（1 529 700 条）、大豆（1 461 722 条）、小麦（1 286 372 条）、水稻（1 253 557 条）、油菜（643 881 条）、大麦（501 838 条），葡萄（446 664 条），这些 EST 来源于不同组织、不同处理、不同发育时期的植物材料，为研究基因的遗传变异、表达调控等奠定了基础，也为后续的相关基因组学研究提供了大量的有用信息。由于 EST 来源于 cDNA，代表的是表达基因的序列信息，因此，EST 可以作为表达基因所在区域的分子标签。EST 的主要用途还包括：用于制备基因芯片，作为探针用于放射性杂交及用于寻找新的基因等。

2. EST 技术的基本原理

遗传信息由 DNA 序列经转录成 mRNA，mRNA 经剪接加工后，翻译产生有功能的蛋白质。一个典型的真核生物 mRNA 分子由 5′端非翻译区（5′- untranslated region，5′UTR)、编码区（coding sequence)、3′端非翻译区（3′-untranslated region，3′UTR）和 poly A4 部分组成，与 cDNA 具有对应的结构。对于任何一个基因而言，其 cDNA 的 5′UTR 和 3′UTR 都是特定的，即每条 cDNA 的 5′端或 3′端都有长 150～500 bp 序列可特异性地代表生物体某种组织在特定条件下的一个表达基因（钱学磊等，2012）。由于 cDNA 来源于 mRNA，因此，每一个 EST 均代表了所采样品特定发育时期和生理状态下基因组 DNA 中一个表达基因的部分转录序列。若构建的 cDNA 文库为非均一化文库，那么，一个基因的拷贝数越多、表达越丰富，所测得的相应 EST 数目就越多。这样，EST 测序结果在一定程度上能够反映生物体内基因的表达情况。

3. EST 测序的基本过程

要进行 EST 测序，首先要构建所要研究生物的某个组织或器官的 cDNA 文库。根据研究目的不同可以选择构建非均一化或均一化的文库。非均一化 cDNA 文库是指建库所用 mRNA 不经任何处理直接构建的 cDNA 文库，它反映的是组织中所有基因的实际表达水平（Mekhedov et al.，2000）。非均一化 cDNA 文库主要适用于基因表达谱的分析。但由于文库中存在的大量转录本来源于少数高丰度表达的基因，EST 数据的冗余度较高，因此，测序时获得的大量序列是重复的，耗时且成本较高。利用非均一化的 cDNA 文库进行 EST 测序时，一些表达较低的基因被测到的可能性相对较小。均一化 cDNA 文库是指通过杂交等方法降低生物体组织或细胞中一些表达相对较高的基因转录本的丰度后所构建的文库。从理论上来讲，在该文库中所有表达基因均包含其中，且表达基因对应的 cDNA 的拷贝数相等或接近，对低丰度表达基因的转录本会起到相对富集作用，适用于新基因挖掘（Soares et al.，1994；Zhulidov et al.，2005）。根据文库构建过程中是否对克隆进行全长选择，可将 cDNA 文库分为普通 cDNA 文库和全长 cDNA 文库。EST 的长度是由建库时所用的 cDNA 的长度和测序手段决定的，一般来讲，普通文库的 EST 是一个基因所对应序列的片段。构建全长 cDNA 文库是获得基因全长和进行基因功能分析的有效方法。全长 cDNA 不仅具有完整的阅读框，还具有两端的非编码区，对了解基因结构和功能有很好的帮助。

根据不同的实验目的，EST 测序可选择 5′端、3′端或两端测序。 由于 mRNA 的 3′端有 ployA 结构，容易引起测序酶滑动，因此，EST 测序一般是从 5′端开始。5′端测序获得的序列可能包括编码区信息和 5′端非编码区的调控信息，更方便进行基因注释和功能分析。3′端测序虽然成功率低，但是 3′端测序的优势也显而易见。研究表明，约 10%的 mRNA 的 3′端有重复序列，可以用作 SSR 标记，而且具有特异性的非编码区，可用作 STS 标记，用于图谱构建（François et al.，1998；骆蒙和贾继增，2001）。此外，3′端测序的 EST 在聚类时的准确性较高。对 cDNA 进行两端测序获得的信息更全面、更准确，但两端测序会增加数据的冗余度，提高测序的成本。

为减少 EST 数据中的低质量序列，尽可能避免后续分析中的错误，对获得的序列一般应作如下的前期处理：去除测序反应不成功的低质量序列，如含有较多不可读“N”的序列，去除构建文库时所使用的载体序列、重复序列和污染序列（如核糖体 RNA、细菌或其他物种的基因组 DNA 等），去除一个 EST 的 5′端与一个 mRNA 匹配而 3′端与另一个 mRNA 匹配的镶嵌克隆，去除长度小于 100 bp 的序列，通常太短的序列其质量较差，在后续分析时容易产生误差（Nagaraj et al.，2007）。

聚类和拼接：聚类的目的就是将来自同一个基因的具有部分重叠的 EST 整合至单一的簇中。通过聚类和拼接，可产生较长的一致序列（consensus sequence），这种序列称为重叠群（contig），不能聚类和拼接的单一序列为单拷贝序列（singlet），这样便于注释、降低数据的冗余、纠正测序错误、用于检测选择性剪切（alternative splicing）等。EST 聚类的数据库主要有 3 个，即 UniGene（http://www.ncbi.nlm.nih.gov/UniGene）、TIGR Gene

Indices（http://www.tigr.org/tdb/tgi/）和 STACK（http://www.sanbi.ac.za/Dbases.html）。在聚类时，可以根据研究目的不同，有严格聚类和不严格聚类两种方式。通常情况下，严格聚类获得的一致序列比较短，表达基因 EST 数据的覆盖率低，但序列保真度相对较高；而不严格聚类产生的共有序列比较长，表达基因 EST 数据的覆盖率高，可能含有同一基因不同的转录形式，如各种选择性剪接体，同时，序列的保真度比较低。在拼接的过程中，通常需要对拼接参数进行优化并结合人工检查，以达到较为理想的拼接效果。目前常用的拼接软件是 Phrap（http://www.genome.washington.edu/UWGC/Analysistools/Phrap.cfm）、CAP3 和 TIGR Assembler（Liang et al.，2000）。

基因注释及功能分类：注释的基本过程包括序列比对、同源基因查寻和蛋白质功能域搜索。首先利用 BLASTX 将 EST 序列翻译成蛋白质序列，与已知的非冗余蛋白质数据库比对分析，没有比对上的核苷酸序列再进行 BLASTN 比对分析，搜索相似核苷酸序列。然后将比对上的序列与蛋白质功能结构域（domain）和基序（motif）等数据库进行同源比对，获得相应蛋白质的结构域和功能位点等信息，从而推测所分析序列的功能（庞晓斌等，2006）。注释内容包括 contig 或 singlet 的名称、长度，所含 EST 的数目及名称，匹配序列的功能注释，匹配碱基的数目，所比基因的长度，匹配率，分值及 E- evalue 等。序列对齐值（score）大于 80 分且序列同一性大于 35%的搜索结果认为有生物学意义上的显著相似性（Newman et al.，1994；Anderson and Brass，1998）。在对人类基因的分化和表达模式进行研究时利用手工分类方法对基因进行功能分类，这种手工分类体系工作量大，仅适用于少量基因的功能分类（Adams et al.，1995）。随着测序技术的发展，测序量的不断增大，现在通常是根据标准基因词汇体系（gene ontology，GO）（http://www.geneontology.org），利用计算机批量处理。GO 数据库适用于对各个物种基因和蛋白质功能进行限定和描述，在 GO 数据库中将基因按照参与“生物学过程”、“细胞中组分”、“分子功能”进行分类（Ashburner et al，2000）。

代谢途径及对应基因产物的系统分析：根据已知的生物信息学知识，预测基因产物在细胞中的代谢途径，以及这些基因产物的功能，可进一步明确这些基因的功能。1995年日本科学家建立了京都基因和基因组百科全书（Kyoto Encyclopedia of Genes and Genomes，KEGG）。KEGG 数据库（http://www. genome. jp/kegg）是系统分析基因功能的数据库，主要包含核酸分子、蛋白质序列、基因表达、基因组图谱、代谢途径等内容（Kanehisa et al.，2002）。目前，KEGG 数据库放在 GenomeNet 网页下，它的 GENES、LIGAND 和 PATHWAY 三个数据库涉及基因、化学和蛋白质网络。

EST 数据的后续分析：对 EST 测序数据进行分析不但可以发现大量新基因，还可获得这些基因的序列和功能信息。同时，EST 数据还可用于比较基因组学分析、基因表达谱分析和选择性剪切分析等。但是，EST 测序所获得的序列通常不能包含基因的全部信息，有一些调控序列不能体现。在利用 EST 数据进行差异表达分析时还需要借助其他的分子生物学技术如基因芯片、qRT-PCR 或 Northern 杂交等进一步验证，以保证结果的可靠性。

4. EST 在功能基因组学研究中的应用

（1）构建遗传连锁图谱

遗传连锁图谱（genetic linkage map）是指以遗传标记间重组频率为基础的染色体或

基因位点的相对位置线性排列图（任羽等，2012）。遗传标记的发展经历了形态学标记、细胞学标记、生化标记和 DNA 分子标记四个阶段。DNA 分子标记的种类有很多，如 AFLP、SSR、SCAR、CAPS、SNP 等，详细介绍可参考第三章。EST 片段也可以作为分子标记，用来建立遗传连锁图谱（Harushima et al.，1998）。Kurata 等（1994）利用来自水稻根组织和愈伤组织的 883 条 EST 序列，265 个基因组 DNA 序列，147 个 RAPD 及 88 个其他的 DNA 序列构建完成了包含 1383 个 DNA 标记的水稻遗传图谱。Chee 等（2004）利用 EST 序列开发了以 PCR 为基础的分子标记用于棉花遗传连锁图谱的构建。STS 标记多态性好，具有共显性和重复性好的特点，很容易在不同组合的遗传图谱间进行标记转移，是沟通基因组遗传图谱和物理图谱的中介。由于大多数基因是单拷贝的，特别是从 3′端测序得到的 EST 是基因特异性的，EST 可以转换为 STS 标记进行图谱构建（Kotani et al.，1998）。

（2）分离和鉴定新基因

随着 DNA 自动测序技术的迅速发展，基因数据库中 DNA 序列的数量骤增，这为克隆鉴定基因提供了新方法。目前，虽然利用二代测序技术对植物的基因组测序和基因差异表达研究已广泛应用，但是 EST 分析仍然是寻找、鉴定基因家族新成员及进行基因功能研究的有效途径。将所获得的 EST 用生物信息学的方法与各公共数据库中已知序列进行比较，可方便地推测基因功能。如果在构建 cDNA 文库时选用全长 cDNA 文库，那么一旦发现有价值的 EST，就可以找到对应的克隆和全长 cDNA。利用 EST 方法发现和分离基因是基因组研究的重要内容（Rounsley et al.，1998；Sasaki，1998）。在对拟南芥从碳水化合物到种子中油脂的代谢途径研究中，用种子构建 cDNA 文库，EST 测序结果表明 40%的 EST 在当时 dbEST 数据库中无匹配，揭示了许多代表性的 mRNA 来源于种子特异表达的基因，它们在种子发育过程中起着关键的作用（White et al.，2000）。2003 年中国杭州华大基因研发中心对水稻 9 个 cDNA 文库进行测序，获得了 86 136 条 EST，经过分析其中有 14 711 个为新基因（Zhou et al.，2003）。Ralph 等（2008）为研究云杉抗病虫害和对所处环境的适应机制，构建了逆境胁迫下及不同发育阶段的云杉各种组织的 cDNA 文库 20 个，获得了 EST 206 875 条，通过生物信息学分析推测，得到 46 745 个转录本，是新基因挖掘的重要资源。

（3）基因表达谱研究

基因表达谱反映的是生物体在特定器官、组织或特定条件下细胞中所有基因的表达水平，可用来比较不同组织、不同发育状态或不同环境条件下的基因表达差异（胡松年，2005）。研究基因差异表达的方法很多，如差示筛选法（differential screening）、mRNA 差别显示（mRNA differential display）、cDNA 代表差异分析（cDNA representative differential analysis）、Northern 杂交（Northern blotting）、基因表达系列分析（serial analysis of gene expression，SAGE）及 cDNA 微阵列（cDNA microarray）等，这些方法各有其优缺点。相对而言，EST 技术具有快速、大规模、信息含量高等优点，既可对某一时期组织或细胞中的基因表达情况进行静态分析，又可对不同发育时期或不同条件下基因表达进行动态研究，因而得到了广泛应用（Venter，1991；Boguski，1999）。为揭示保卫细胞在分子水平的调控机制，Kwak 等（1997）构建了油菜保卫细胞的 cDNA 文库，EST 测序分析表明，保卫细胞中信号转导相关基因表达水平较高，而光合作用相关基因表达水平较低，这与保卫细胞的作用相吻合。Shin 等（2004）利用 EST 测序方法研究了盐胁迫和对照处理的冰叶日中花（*Mesembryanthemum crystallinum*）叶片中基因的表达差异。Wong 等（2005）利用 EST 测序研究了冷、干旱和盐处理盐芥的基因表达差异，通过对 6578 个 EST 序列的分析，建立了盐芥逆境胁迫下的基因表达谱。为了评价普通小麦在逆境胁迫下的基因表达模式，Mochida 等（2006）构建了来自胁迫诱导的小麦愈伤组织的 21 个 cDNA 文库，通过 EST 测序分析不同胁迫条件下基因的表达谱。

（4）制备 cDNA 芯片

DNA 芯片技术是功能基因组学研究的重要技术方法。EST 测序获得了某一生物的大量基因序列信息，这些序列是制备芯片的资源（Benton，1996）。利用 EST 序列信息制备 cDNA 芯片在很多植物如拟南芥（Horvath et al.，2003）、蒺藜苜蓿（Firnhaber et al.，2005）、玉米（Fernandes et al.，2002）等中得到了广泛应用。

（5）开发 EST-SSR 标记

SSR 标记具有数量多、共显性、重复性和多态性好等特点，已成为研究生物遗传特性的一种重要的分子标记（Thiel et al. 2003；Jiang et al. 2006）。根据获得 SSR 标记的序列来源不同，SSR 标记可分为基因组 SSR 和 EST-SSR。与开发基因组 SSR 相比，从 EST 数据库获得 EST-SSR 更经济有效。由于 EST 是表达基因的一部分，可以直接获得表达基因的信息，能直接用于鉴定决定重要表型性状的等位基因（Chen et al.，2001；Thiel et al.，2003）。近年来，随着 EST 计划的开展，数据库中已积累了大量的 EST，为 EST-SSR 的开发提供了宝贵的资源。在水稻、小麦、棉花、葡萄、草莓、黑莓、花生和大麦等多种植物中都筛选鉴定了大量 EST-SSR 标记（Scott et al.，2000；Hackauf and Wehling，2002；Thiel et al.，2003；Yu et al.，2004；Folta et al.，2005；Peng and Lapitan，2005；Han et al.，2006；Lewers et al.，2008；Song et al.，2010）。

在利用 EST 数据库中的序列时，应注意以下问题：①在获取 cDNA 时，前体 mRNA 剪接时可能存在可变剪切，因而存在多条 cDNA 对应同一个基因的情况，导致来源于同一基因的 EST 存在多样性；②在 cDNA 两端测序时是一次性测序，并未经过再次确认，而且一些无法由机械自动判断的区域，可能也未以人工方式予以校正，因此，这些序列含有不少错误；③EST 数据分析的软件在聚类拼接时，可能将同源性较高的不同基因聚在一起；④在 cDNA 文库构建时难免有来自载体 DNA、线粒体 DNA、细菌 DNA 等的污染；⑤基因的表达水平影响 EST 序列的获得，表达水高的基因所对应的 EST 在数据库中重复出现，而表达水平低基因的 EST 序列较难获得，但这些低表达的基因很可能具有非常关键的功能。针对低丰度 mRNA 对应的 cDNA 较难得到的问题，构建均一化 cDNA 文库，可增加低丰度表达基因 EST 获得的概率，但这又掩盖了在特定组织中基因的真实表达情况。由于 EST 是对大量 cDNA 克隆的随机测序获得的，因此，cDNA 文库的质量非常重要。在构建文库时应注意取材范围要广，要具有代表性，才能获得高质量、有代表性的 EST 序列。

为解决 EST 测序中存在的这些问题，有多项研究探索了各种技术方法和策略，以提高 EST 测序的质量，如反向 Northern 杂交技术，其将传统的 Northern 印迹杂交中的膜上 RNA 与探针相互颠倒位置后而进行杂交，该方法的优点是可以快速地筛查或鉴定全部的差异 cDNA 片段。Gyroyey 等（2000）在对苜蓿的根瘤发育研究中，用该技术获得了高质量的 EST，从而识别了根瘤组织中特异表达的基因。全长 cDNA 文库的构建和测序也是提高 EST 质量的重要手段，在拟南芥研究中取得了良好效果（Seki et al.，2002）。寡核苷酸指纹图谱法也是提高 EST 测序质量的方法之一，在病毒的分离和鉴定中应用广泛，在植物和动物中应用较少。Clark 等（2001）应用寡核苷酸指纹图谱法对斑马鱼 cDNA 文库进行处理，得到了一套质量较高、重复序列较少的 cDNA。

三、转录组测序和数字基因表达谱

转录组（transcriptome），广义上指某特定环境、特定组织或特定细胞内，特定时期所有转录产物的集合，包括信使 RNA、核糖体 RNA、转运 RNA 及非编码 RNA；狭义上指所有 mRNA 的集合。遗传信息的转录和翻译过程是从 DNA 传递给 RNA，再从 RNA 传递给蛋白质。蛋白质是行使细胞功能的主要承担者，mRNA 是连接基因组遗传信息与生物功能蛋白质组的纽带（Crick，1970）。对转录组的研究是基因表达研究的主要手段，转录水平的调控是目前研究最多的，也是生物体最重要的调控方式。EST 分析也属于转录组分析的范畴，转录组测序可以理解为传统 EST 测序的升级。但是随着基因芯片和新一代测序技术的发展，现在的转录组的研究通常是基于芯片杂交技术、高通量测序技术来全面快速地获得某一物种特定组织或器官在某一状态下的几乎所有转录本序列信息，探讨在一个特定的细胞群内的基因表达水平。目前，转录组研究已广泛应用于基础研究领域，例如，通过转录组测序研究可以揭示特定细胞或组织中表达的全部基因，能够检测未知转录本、发现新的基因，还可以识别一个基因不同的转录本和可变剪切位点，分析不同基因的相对表达丰度，发现转录水平的 SNP，进行 SSR 等遗传多态性分析和遗传标记研究等。RNA-seq 提供精确的数字化信号，更高的检测通量及更广泛的检测范围，是目前深入研究转录组复杂性的强大工具。我国科学家首次获得了中华绒螯蟹被 3 种病原微生物侵染的肝胰腺转录组序列，发掘了参与 Toll、IMD、JAK-STAT 和 MAPK 等免疫相关通路的基因，为阐明蟹类免疫机制及抗病研究奠定了基础（Li et al.，2013）。通过对自交和杂交的凤眼莲进行转录组测序和差异比较分析，确定了 269 个与发育相关的基因，为揭示凤眼莲不同授粉方式发育的分子机制奠定了基础（Ness et al.，2011）。

在 EST 技术的基础上，Velculescu 等（1995）建立了一种基因表达模式研究技术，即基因表达的系列分析技术 SAGE)，它可以在整体水平对细胞或组织中的大量转录本同时进行定量分析，而无论其是否为已知基因。该技术的原理是：特定转录体系中每个转录本均可以用其 3 端的 10 nt 标签来代表。通过一定的实验步骤，将这些 SAGE 标签从 cDNA 中分离出来制备成一个 SAGE 标签库，然后连接成标签多聚体进行克隆测序，能对数以千计的 mRNA 转录本进行分析，每种标签在全部标签中所占的比例可以反映它所代表的转录本在整个转录体系中的表达丰度。由于建库策略比较好，单克隆测序可以获得多条 SAGE 标签，所以能够高通量进行。

随着测序技术的进步，产生了一种 SAGE 与二代测序相结合的技术，即数字基因表达谱（digital gene expression profiling，DGE），第一代的数字基因表达谱利用了限制性内切核酸酶 *Nla* III 能够识别 CATG 位点并在其 3′端进行特异酶切的特点，并将被切割的长度为 21 bp 的序列作为标签来代表每一个转录本，然后利用二代测序技术对样本中数以百万计的 cDNA 标签同时进行序列测定，从而得到高精度、可重复的 mRNA 转录丰度结果，进一步通过生物信息学分析，鉴定这些标签序列所代表的基因，根据相同标签序列出现的频率计算该基因的表达水平，同时还能够比较不同样品间这些基因表达水平存在的差异。目前常用的还有另一种数字基因表达谱，也被称为 RNA-Seq，其工作原理类似于转录组测序，也是首先提取生物样品全部转录的 RNA，然后反转录为 cDNA 后进行二代高通量测序，进而对不同样品中的基因表达状况进行差别比较。数字基因表达谱的产生，使人们能够全面、经济、快速地检测某一物种特定组织在特定状态下的基因表达情况。与基因芯片相比，数字基因表达谱不需要预先设计探针，它能够直接用于任何物种的全基因组表达谱分析，在检测未知转录本、稀有转录本及反义转录本等方面具有很大的优势（Wang et al.，2009）。

四、基因芯片

基因芯片是根据核酸分子杂交的原理设计而成的，它按照特定的排列方式将大量的基因探针或基因片段固定在特定的载体上，通过杂交检测基因的表达状况。基因芯片的工作与经典的核酸分子杂交方法的原理是一样的，本质上都是先将已知核酸序列（探针）与靶核苷酸序列杂交，然后通过信号检测进行定性和定量的分析。不同的是，基因芯片将大量的探针集成固定在一微小的硅片或玻片的表面，通过和靶核苷酸序列进行杂交可以同时分析大量的基因，实现了高通量的基因筛选与检测分析。基因芯片分析主要包括四个步骤：第一，芯片的设计与制备；第二，靶基因的标记；第三，芯片杂交与杂交信号检测；第四，生物信息学分析。基因芯片应用广泛，是基因表达谱研究的有利工具，提供了从整体上在特定组织、特定时期或者特定处理下所有基因的表达信息，对于研究基因调控网络及基因相互作用有重要的帮助（Girke et al.，2000；Casson et al.，2005）。基因芯片的另一重要应用是基因多态位点及基因突变的检测。这一方面在医学上应用比较广泛，例如，Affymetrix 公司已将 *P53* 基因的全长序列和已知突变的序列制成探针集成在芯片上，可对与 *P53* 基因突变相关的癌症进行早期诊断（El-Kafrawy et al.，2005）。DNA 芯片技术在某些疾病相关基因可能的杂合变异的检测方面具有令人满意的灵敏度与特异性。最近，利用芯片检测基因多态性位点的技术也成为了农业研究的热点，Illumina、Affymetrix 等公司投入巨资开发了高通量多态性位点检测芯片，目前小麦、玉米和水稻等作物均有了商业化的高通量 SNP 芯片，SNP 芯片在全基因组关联分析、基因/QTL 定位等方面发挥了重要作用，已成为作物分子育种不可或缺的工具。

五、简化基因组测序

简化基因组测序是在 454、Solexa 等二代测序技术基础上发展起来的测序技术，利用简化基因组测序可在一定程度上降低物种基因组的复杂性，并能够针对基因组特定的区域进行高通量的测序。目前简化基因组测序主要有三种形式，分别为限制性酶切位点相关的 DNA（restriction-site associated DNA，RAD）测序（Davey and Blaxter，2010）、复杂度降低的多态序列（complexity reduction of polymorphic sequences，CRoPS）测序

（Altshuler et al.，2000）和基因分型测序（genotyping by sequencing，GBS）（Elshire et al.，2011）。其中 RAD-seq 是目前应用比较广泛的简化基因组测序技术。

RAD-seq 流程如下。首先，利用限制性内切核酸酶对样品的基因组 DNA 进行酶切，并产生一定大小的片段。限制性内切核酸酶的选择要根据物种基因组序列信息及实验目的，既要保证产生的 RAD 标记的均匀分布，也要保证 RAD 标记的饱和度。其次，在酶切后的基因组片段两端加上 P1 接头，构建测序文库。然后，利用 Illumina GAII 或 Illumina HiSeq2000 平台进行高通量测序。最后，利用生物信息学软件对测序数据进行分析。由于 RAD-seq 是对酶切获得的标签进行高通量测序，相比全基因组测序，RAD-seq 大幅降低了基因组的复杂度，操作更加简便，并且不受参考基因组的限制，可快速鉴定出高密度的 SNP 位点。RAD-seq 在研究群体进化、遗传图谱构建与 QTL 定位及目标性状关联分析中具有重要的应用价值。

RAD-seq 技术在高通量分子标记开发及遗传图谱构建方面具有很大的潜力。利用 RAD-seq 技术对茄子（*Solanum melongena*）的两个品种进行分析，总计得到 10 000 个左右的 SNP 和 1000 个左右的 InDel，SNP 和 InDel 出现的频率分别为 0.8/kb 和 0.07/kb。此外，还预测到 2000 个 SSR，每个 SSR 位点之间的距离约为 9 kb （Barchi et al.，2011）。利用 RAD-seq 测序技术对洋蓟的三个群体及亲本进行分析，开发出 34 000 个 SNP 和 800 个 InDel 标记，SNP 和 InDel 出现的频率分别为 5.6/kb 和 0.2/kb（Scaglione et al.，2012）。利用同样的方法对八个油菜的近交系种质材料进行测序分析，获得了 20 000 多个 SNP 和 125 个 InDel （Bus et al.，2012）。多项研究证明，RAD-seq 是一个简单而经济有效的检测高密度多态性的方法。在缺少参考基因组序列的情况下，利用简化基因组测序，得到了一张有 34 000 个 SNP 和 240 000 标签的大麦高密度遗传图谱，以及一张包含 20 000 个 SNP 和 367 000 个标签的小麦高密度遗传图谱，证明简化基因组测序技术在复杂的多倍体物种和缺少参考基因组物种中也具有重要的应用潜力（Poland et al.，2012）。

六、全基因组重测序技术和全基因组关联分析

随着二代测序技术的迅速发展，测序成本大大降低，已知基因组序列的物种也逐渐增多。全基因组重测序技术是对已知基因组序列的物种的不同个体进行的基因组测序，通过全基因组重测序，可以发现个体之间 SNP、InDel 和 SV（structure variation）位点。全基因组重测序已经成为了植物群体进化、遗传育种研究中的重要手段，例如，在亚洲栽培稻的起源上一直存在争议，一度认为亚洲栽培稻有两个起源地，分别是印度和中国。亚洲栽培稻分为籼稻和粳稻两个主要亚种，“单一起源理论”认为籼稻和粳稻均由野生稻栽培而来；“多起源理论”则认为，籼稻和粳稻在亚洲不同地点分别栽培而来。美国纽约大学等机构的研究人员对栽培稻和野生稻 8 号、10 号和 12 号染色体上 630 个基因片段进行了重测序，通过 SNP 分析，研究人员在这些染色体上鉴定出 20 个可能的选择性清除区域。SNP 数据和种群建模结果强烈支持水稻的单一起源理论。贝叶斯系统进化分析也表明亚洲驯化水稻只有一个起源。研究人员预测水稻在 8200～13 500 年前，在中国的长江流域被驯化。这一结果也与考古学数据相吻合，中国长江流域在 8000～9000 年前出现了栽培稻，而印度恒河流域大约在 4000 年前才开始出现栽培稻（Molina et al.，2011）。

此后，来自中国科学院、深圳华大基因研究院等单位的科学家对 40 个栽培稻品系和 10 个不同地理来源的野生稻进行了全基因组重测序研究。该研究发现了数千个与人工选择相关的候选基因，其中有些基因与水稻的农艺性状具有重要的相关性。研究结果还为挖掘水稻重要农艺性状基因及促进水稻分子育种改良等研究提供了基因资源（Xu et al.，2012）。中国农业大学赖锦盛团队联合华大基因研究院等单位完成了中国 6 个重要玉米杂交组合骨干亲本的全基因组重测序，发现了 100 多万个 SNP 位点和 30 000 多个插入缺失多态性位点（indel polymorphism，IDP），建立了高密度的分子标记基因图谱。此外，研究还发现了很多 B73 基因组中丢失的基因。这些发现不仅为高产杂交玉米育种骨干亲本的培育提高了重要的多态性标记，同时也补充了玉米基因数据集，为进一步挖掘玉米基因组和遗传资源提供了大量数据（Lai et al.，2010）。香港中文大学、华大基因研究院等单位的研究人员完成了对 17 株野生大豆和 14 株栽培大豆的全基因组重测序，总共发现了 630 多万个 SNP 位点，建立了高密度的分子标记图谱，该研究为大豆群体遗传学研究、分子标记育种和新基因的发现奠定了基础（Lam et al.，2010）。

随着测序技术和生物信息学的发展及拟南芥、水稻、玉米、黄瓜、苜蓿、大豆等植物全基因组测序的完成，加上部分物种的基因组重测序结果，在一些植物中开发了大量的 SNP 标记，全基因的关联分析（genome wide association study，GWAS）成了研究植物复杂数量性状基因及挖掘特异等位基因的重要手段。关联分析又称连锁不平衡作图（linkage disequilibrium，LD）或关联作图（association mapping），是一种基于连锁不平衡的作图方法。关联分析可以根据不同位点等位基因之间的连锁不平衡进行标记和性状之间的相关性分析，从而鉴定与表型性状变异紧密联系的功能性等位基因、DNA 序列或者基因型（Gupta et al.，2005）。全基因组关联分析利用覆盖整个基因组的遗传标记，统计检验每个遗传标记或标记区间与数量性状的关联，根据标记与目标性状连锁程度，确定各个 QTL 效应及其在基因组的位置。

与传统双亲 QTL 作图相比，全基因组关联分析具有高分辨率、高通量的优势，有利于鉴定现有种质资源中的有利等位基因。中国科学院上海生命科学研究院韩斌院士的研究团队联合中国科学院遗传与发育生物学研究所、华中农业大学等单位通过对 517 份籼稻和粳稻的地方品种进行高通量测序，获得了 360 万个 SNP，构建了高密度的水稻单体图谱，利用全基因组关联分析研究确定了 14 个与株型、产量、籽粒品质和生理特征等重要农艺性状相关的候选基因位点（Huang et al.，2010）。此后，他们又对 950 个水稻品种进行 GWAS 分析，鉴定了 32 个与开花期、10 个与产量性状显著关联的遗传位点（Huang et al.，2012）。美国康奈尔大学的研究团队收集了 82 个国家的 413 个水稻材料，完成了 44 100 个 SNP 位点和 34 个性状之间的全基因组关联分析（Zhao et al.，2011）。这些研究为水稻遗传学研究和水稻育种提供了重要的基础数据。结合第二代高通量基因组测序和全基因组关联分析的研究方法是对传统的通过双亲杂交来分析复杂性状方法的有力补充。

在玉米上，中国农业科学院作物科学研究所的研究团队利用 41 101 个 SNP 对 284 个玉米自交系进行株高性状全基因组关联分析，鉴定出 105 个遗传位点，其中 4 个位点可能是赤霉素、生长素和表观遗传途径相关的基因，这些基因可能与玉米的矮化性状相关（Weng et al.，2011）。美国康奈尔大学等研究机构通过全基因组关联分析研究了玉米的 160 万个遗传位点与玉米茎叶夹角性状关系，鉴定出与茎叶夹角相关的基因变异，并且证明玉米的茎叶夹角性状是这些基因变异所产生的多个微小效应累加的结果（Tian et al.，2011）。该文章的通讯作者认为全基因组关联分析是目前国际上公认的一种最先进的研究方法，其对性状预测准确度可达 80%。利用全基因组关联分析方法可帮助研究人员培育出高密度种植、高产量及抗病的玉米品种。现在正处于基因组学快速发展的时代，除了本节介绍的简化基因组测序、全基因组重测序、GWAS 等新型技术外，单细胞测序技术、纳米测序技术等的出现也给蓬勃发展的基因组学注入了新的加速度。

第五节　花生功能基因组学研究

在栽培花生全基因组测序没有完成的情况下，花生的功能基因组学研究也已经得到了一定的发展，在 EST 测序、功能基因挖掘、基因表达等方面取得了一定的成果。本节将从花生 EST 测序、基因芯片、功能基因克隆、基因表达分析等方面介绍花生功能基因组学取得的进展。

一、花生 EST 测序及应用

1. 花生 EST 测序

作为表达基因编码序列的一部分，EST 在基因识别、基因定性、基因表达、分子标记开发等方面具有重要的价值。栽培花生是异源四倍体，其基因组庞大，而且结构复杂，在花生基因组测序尚未完成的大背景下，大规模的 EST 测序是推动其功能基因组学研究的重要手段（Bi et al.，2010；李长生等，2011；Feng et al.，2012）。

鉴于 EST 测序对于花生功能基因组学的重大意义，国内外研究人员利用花生特定组织或特定发育时期的材料构建 cDNA 文库进行 EST 测序。中山大学黄上志课题组是最早开展花生 EST 测序的团队之一，构建了花生子叶 cDNA 文库并进行测序，为花生种子的后期发育特别是蛋白质积累的研究提供了有用的数据（Wang et al.，2005）。此后，中国农业科学院油料作物研究所构建了花生正常叶片和病菌诱导叶片的 cDNA 文库，进行测序获得了大量 EST 序列；山东花生研究所以高油酸花生品种 E12 为材料构建 cDNA 文库进行 EST 测序（王金彦等，2009）；福建农林大学构建花生种皮 cDNA 文库进行 EST 测序为花生种皮特异基因的克隆和抗黄曲霉基因的挖掘奠定了基础（张国林等，2010）。山东省农业科学院生物技术研究中心以花生品种鲁花 14 号未成熟种子为材料，构建了花生全长 cDNA 文库，进行大规模 EST 测序，获得了近 20 000 条 EST 序列，部分序列提交到 GenBank 中，在这些序列中有大量储藏蛋白、转录因子、胁迫或病原相关蛋白的编码基因，如蛋白质定向与储藏蛋白相关基因（protein destination and storage）占总数的 28.8%，参与代谢的基因占 12.5%，另外，还获得大量编码功能未知蛋白质的基因（20.1%）（Bi et al.，2010）。美国农业部（USDA/ARS）的分子遗传实验室，进行了花生种子 cDNA 文库的构建和测序，向 GenBank 提交了大量的 EST（Guo et al.，2009）。美国佐治亚大学的研究小组构建了花生栽培种幼胚的 cDNA 文库并测序，他们还构建了花生野生种 *Arachis duranensis* 和 *Arachis ipaensis* 的 cDNA 文库并测序。巴西科研人员也通过构建野生花生

Arachis stenosperma 的 cDNA 文库进行测序获得了大量的 EST，为野生花生种质资源的开发和利用奠定了基础 （Proite et al.，2007）。

为研究花生的抗青枯病机制，Huang 等（2008）构建了高油含量和高抗青枯病的花生品系 06-4104 正常叶片和感病叶片的 cDNA 文库，进行 EST 测序获得大量 EST 并进行分析，其中来自正常叶片的 unigene 5920 个，来自感病叶片的 unigene 7507 个。Luo 等（2005b）用栽培花生品种 C34-24（抗叶斑病和番茄斑萎病毒）的叶片及 A13（抗旱和收获前易感黄曲霉）的未成熟荚果构建了两个 cDNA 文库，并分别进行了 EST 测序，共获得了 1825 条 EST。肖洋等（2010）报道，用一个新的高油酸和高抗青枯病的花生品系构建了五个新的 cDNA 文库，对三个文库进行了 EST 测序，获得了 63 207 条 EST。Haegeman 等（2009）将感染花生荚果线虫病的不同花生组织混合在一起构建了 cDNA 文库，获得了 4847 条 EST，聚类为 2596 个 unigene，其中 43%EST 序列为功能未知或数据库中没有匹配的序列。以侵染黄曲霉真菌和华南毛蕨孢子的易感黄曲霉和抗黄曲霉花生为材料，经测序获得了 11 141 条 EST。利用该 EST 数据及 GeneBank 库中已有的 2738 条 EST 序列信息制备了一个寡核苷酸芯片，芯片所覆盖的基因占花生基因组中编码蛋白质基因的 40%，分析发现 62 个基因在真菌侵染后表达上调，说明这些基因可能参与了花生抗黄曲霉的过程。另外，还发现了 22 个黄曲霉抗性相关基因，这些基因与大豆、谷类等具有同源性（Guo et al.，2011）。

截至 2015 年 3 月，在 NCBI 的 dbEST 中注册的花生 EST 序列有 281 451 条，其中来源于栽培花生的有 205 442 条，来源于 AA 基因组野生花生（*A. duranensis*）的有 35 291 条，来源于 BB 基因组野生（*A. ipaensis*）的有 32 787 条，还有部分序列来源于 *A. stenosperma*（6264 条）和 *A. magna*（750 条）（http://www.ncbi.nlm.nih.gov/genbank/ dbest/）。

2. EST 测序在花生基因克隆上的应用

基于 cDNA 文库的构建及 EST 测序，花生中大量基因被克隆，如乙酰辅酶 A 羧化酶复合体基因（Li et al.，2010）、 II 型脂肪酸合成酶复合体基因（Li et al.，2009）、酰基载体蛋白基因（Li et al.，2010）、LEC1（leafy cotyledon 1）转录因子（李爱芹等，2009）、种子储藏蛋白基因（Su et al.，2011）、抗病抗逆相关的基因（赵传志等，2009；张梅等，2009）、种皮特异表达基因 *AhPSG13*（张国林等，2010）等。对这些基因的克隆和功能研究有力地推动了花生功能基因组学的研究进程。

花生是重要油料作物，脂肪酸合成和油脂的积累是人们非常关注的问题。花生脂肪酸合成相关基因的克隆及其功能研究报道较多。脂肪酸的生物合成是在乙酰 CoA 羧化酶、脂肪酸合成酶系、脂肪酸脱氢酶及酰基 ACP 硫酯酶等一系列酶的催化作用下进行的。在克隆这些酶的编码基因时，多是在 EST 序列的基础上通过 RACE 扩增等手段，获得其全长编码序列。花生多亚基乙酰辅酶 A 羧化酶由生物素羧基载体蛋白、生物素羧化酶和羧基转移酶 α 亚基和 β 亚基组成。花生脂肪酸合成酶系的多个基因，包括脂质载体蛋白基因均是在鲁花 14 号未成熟种子全长 cDNA 文库 EST 测序的基础上克隆获得的（Li et al.，2009，2010）。Δ12-脂肪酸脱氢酶是油酸脱氢形成亚油酸的关键酶，在油酸的 Δ12 位上脱氢形成一个双键将油酸转变为亚油酸。潘丽娟等（2007）根据 EST 数据库中的 Δ12-脂肪酸脱氢酶基因的序列信息获得了花生 Δ12-脂肪酸脱氢酶基因全长 cDNA 序列。二酰基甘油酰基转移酶是催化三酰甘油合成的限速酶。唐桂英等（2013）在EST序列分析的基础上利用RT-PCR方法，从花生品种鲁花14号未成熟种子中克隆了二酰基甘油酰基转移酶基因*AhDGAT3A*和*AhDGAT3B*的cDNA。脂肪酸去饱和酶催化脂肪酸链在特定位置上脱氢形成双键，形成不饱和脂肪酸。焦坤等（2013）通过构建花生种子全长cDNA文库，结合大规模EST测序和RACE克隆等方法，从花生中克隆得到了两个*FAB2*基因，分别命名为*AhFAB2-2*和*AhFAB2-3*。花生ω-3脂肪酸脱氢酶（FAD3、FAD7和FAD8）是催化亚油酸（18:2）脱氢生成亚麻酸（18:3）的关键酶，高继国等在EST测序的基础上，利用电子克隆结合RT-PCR方法克隆到花生*FAD8*基因。PEPC是控制蛋白质、油脂含量比例的一个关键酶，花生*PEPC*基因也是根据花生EST序列克隆的（贺晓岚，2008）。花生的油体蛋白基因家族、脂肪酶基因家族，都是利用花生EST测序的序列信息克隆的（李爱芹等，2011；肖寒等，2013）。

花生抗病相关基因的克隆和研究也是花生基因克隆的一个重要方面，这些基因的克隆同样得益于花生EST序列信息，如用花生抗黄曲霉相关EST序列，结合RACE扩增获得花生与抗黄曲霉相关的*LOX2*基因ORF全长（单世华等，2009）。通过分析黄曲霉响应EST，克隆了*PR-10*基因全长（Xie et al.，2009）。花生*LTP*基因家族的克隆是基于237个与*LTP*编码基因同源的EST序列完成的（Zhao et al.，2009）。花生金属硫蛋白基因也是在EST测序的基础上克隆的（全先庆等，2012）。另外，Clp蛋白酶和胚胎发育晚期丰富蛋白及*AhLEC1*、*AhDREB*和*AhNAC*等基因也是通过EST序列信息克隆获得全长ORF的（Shao et al.，2008；李爱芹等，2009；Zhang et al.，2009；纪鸿飞等，2011；Su et al.，2011）。

3. EST在花生分子标记开发方面的应用

大量EST序列的获得也为分子标记的开发提供了宝贵的资源。目前国内外已经根据不同来源的EST序列开发了大量的EST-SSR分子标记（详见第二章），很多标记已经应用到花生研究的多个方面，如真假杂交种的鉴定、指纹图谱构建、遗传图谱构建及分子标记辅助选择等。

（1）F_1代真假杂种鉴定

传统的杂交F_1代鉴定是通过田间表型来判断是否为真杂交种，但花生育成品种遗传基础非常狭窄，所配组合间亲本差异小，后代表型鉴定有时非常困难。而通过分子标记可以快速准确地鉴定真杂交种。李双铃等（2009）从48对SSR引物中筛选出6对SSR标记对双亲及其F_1单株进行鉴定，在其检测的7个F_1单株中只有3株为真杂种。陈静等（2009）发现有5对引物在花育22号和Sunoleic95R间有多态性扩增，并利用该引物对花育22号和Sunoleic95R杂交的F_1单株进行鉴别，效果很好。

（2）指纹图谱的构建

目前构建DNA指纹图谱的常用分子标记包括RFLP、RAPD、AFLP、SSR和SRAP等，SSR标记由于其多态性高，结果稳定，在植物中应用越来越广泛。在花生中的研究也日趋增多，而且效果很好。He等（2003）仅利用4对SSR标记就构建了19个花生栽培种的指纹图谱，而且能将这19个品种相互区分，说明SSR标记是一种构建花生品种指纹图谱的理想标记。陈本银等（2008）利用37对SSR引物构建了不同花生区组的19份种质资源，以及高抗青枯病的15份野生花生和6个栽培种的指纹图谱。姜慧芳等

（2010）筛选了 51 对 SSR 引物，用于 12 份高油种质和 6 份抗青枯病的栽培种花生的指纹图谱构建。

（3）构建遗传连锁图谱

Moretzsohn 等（2005）用二倍体野生花生 *A. duranensis* 和 *A. stenosperma* 杂交产生的 F_2 代分离群体构建了 EST-SSR 标记的连锁图谱，该图谱包含 170 个基因组 SSR 和 EST-SSR 位点，11 个连锁群覆盖 1231 cM。Moretzsohn 等（2009）用携带 B 基因组的两个二倍体花生（*A. ipaensis* 和 *A. magna*）杂交产生的 F_2 代群体构建了连锁图谱，该图谱覆盖 1294.4 cM，149 个 SSR 位点中 25%的标记来自于 cDNA 文库。Qin 等（2012）报道分别用 Tifrunner 和 GT-C20 杂交，SunOleic 97R 和 NC94022 杂交产生两个重组自交系（recombinant inbred line，RIL）的群体，然后用这两个群体构建遗传连锁图谱，在图谱中总共有 4576 个 SSR 标记，两个 CAPS（cleaved amplified polymorphic sequence）标记（Chu et al.，2007，2009），在这张图谱中包含 21 个连锁群，覆盖基因组长度 1352.1cM，由 324 个标记组成。后来，陆续还有多个以 EST-SSR 标记构建的花生分子标记遗传图谱，详细内容参考第二章分子标记部分。

（4）分子标记辅助选择育种

分子标记辅助选择育种是指利用与目标基因紧密连锁的分子标记在杂交后代中准确鉴定不同个体的基因型，从而进行辅助选择育种。它弥补了传统育种准确率低、周期长、成本高的缺点。花生分子标记辅助选择育种的报道很少，洪彦彬等（2009）鉴定了 5 个黄曲霉抗性相关的 SSR 标记，其中 pPGSseq19D9 与黄曲霉抗性关联度最高，推测该标记可能与一个贡献率较大的抗黄曲霉基因连锁，能直接区分抗、感品种，可直接用于分子标记辅助选择育种中。

二、花生基因表达谱研究

基因表达谱的分析是研究基因功能、了解基因间相互作用的重要手段。基因芯片是高通量研究基因表达谱的最重要的工具之一。在没有商业化花生基因芯片的情况下，利用大豆的基因芯片对高抗黄曲霉的花生种质与高感种质进行研究分析，鉴定出大量在抗性材料和感病材料中差异表达的基因，为理解黄曲霉的抗性机制提供了一定的参考（单世华等，2007）。为了建立花生高通量基因表达分析平台，加快花生功能基因组学的研究进展。国内外的几个研究团队相继开展了花生基因芯片的研制和表达谱研究。山东省农业科学院生物技术研究中心设计和制备了花生 cDNA 芯片，并用该芯片对花生不同组织、种子发育不同时期的基因表达谱进行了研究，获得了大量有用的基因，鉴定了在基因工程中具有重要应用价值的组织特异性启动子、发育时期特异性启动子（Bi et al.，2010）。美国科研人员利用 NCBI 中公布的 4.9 万个 EST 序列，制备了寡核苷酸芯片，利用该芯片分析了果针、荚果、根、茎和叶中的基因表达情况，发现了 108 个在荚果中特异或者高水平表达的基因，其中包括与种子储藏蛋白及与种子脱水相关的基因，还有一些与油分积累、防御功能相关的基因（Payton et al.，2009）。利用花生基因芯片比较遗传背景相似而在产量上存在显著差异的两个花生品种粤油 7 号和汕油 523 荚果与叶片的基因表达谱。鉴定出大量差异表达的基因，这些差异表达基因的功能主要为结合和催化活性，主要参与代谢、细胞和生物调控等生物过程，这些结果为深入研究花生荚果发育的分子机制奠定了基础（陈小平等，2011）。此外，福建农林大学、中国农业科学院油料作物研究所等多个单位综合国际数据库中所有花生 EST 序列信息和这些单位已经获得的尚未提交到数据库中的 EST 序列，设计和制备了花生寡核苷酸基因芯片。近年来，随着二代测序技术的快速发展，基于二代测序的花生转录组和基因表达谱技术在很多方面替代了基因芯片，并且将花生功能基因组学的研究推向了一个新高度。

山东省农业科学院生物技术研究中心研究团队收集鲁花 14 号未入土果针、入土未膨大果针和入土后荚果刚刚开始膨大的果针、构建了转录组文库，利用 Hi-Seq2000 测序平台对其进行深度测序，获得了 1400 万条短序列，每个短序列的平均长度为 200 nt，通过分析和拼接最终获得了 7 万多条 unigene，而同期 NCBI 花生 unigene 只有 11 909 条，转录组测序的结果极大地丰富了花生的序列信息，在此基础上通过数字基因表达谱分析阐明了这 7 万多个 unigene 在果针和荚果发育初期的表达模式，为揭示荚果发育初期的分子机制提供了重要数据（Xia et al.，2013）。广东省农业科学院等单位利用 Roche 454 测序平台，分别对花生的地上果针和两个不同发育时期的地下果针进行转录组测序，分别得到 704 738 条、711 496 条和 609 841 条短序列，短序列平均长度为 396 bp。经过分析组装得到了近 3 万个 contig。在三个时期中有 2194 个差异表达的基因，在地上果针中，与光合作用和衰老相关的基因表达显著上调，作者推测与衰老相关的基因很可能与地上果针的败育相关（Chen et al.，2013b）。河南农业大学利用高通量测序技术分析了高油花生种质和低油花生种质的转录组，总计得到了近 6 万个 unigene，其中包括 1500 个油脂代谢相关的基因，为揭示花生油脂形成和积累的分子机制奠定了基础（Yin et al.，2013）。

近年来，在花生 EST 测序、转录组测序、表达谱研究、遗传图谱构建等研究方面取得了很大的进步，这些研究成果将为正在进行的“花生全基因组测序计划“中基因组拼接和功能注释提供参考。

第六节　花生全基因组测序

一、花生全基因组测序的背景

花生是世界上重要的油料和经济作物，年均产量在 3000 万 t 以上，广泛分布在全球 100 多个国家，中国、印度、美国、尼日利亚、缅甸、阿根廷、印度尼西亚、塞内加尔、苏丹和越南为主要的花生主产国。其中，中国是世界上最大的花生生产、消费和出口国，总产量、消费量和出口量均占全球的 40%以上。因此，加强花生生产对于促进世界和我国的农业生产、增加植物油和蛋白质供给方面具有重要意义。

然而，花生生产、加工面临着十分严峻的问题。花生产量的进一步提高依然是世界各国花生品种培育最重要的课题；黄曲霉毒素污染已经成为影响花生生产和消费的重要问题；油用花生含油量的进一步提高及油脂品质的进一步改善，食用花生蛋白质含量的提高和品质改善也是当务之急；抗病、抗逆、适合机械化收获花生品种的培育也是摆在花生科研工作者面前的重要课题。然而，花生遗传背景狭窄，自花授粉和倍性差异严重影响了二倍体野生资源的优异基因与栽培花生基因资源的交流，利用传统杂交的方法很难在上述领域取得突破。利用现代生物技术有针对性地规模化开发分子标记，克隆控制重要农艺性状的关键基因，通过分子标记辅助选择充分利用现有种质材料中的优异性状，通过基因工程创新花生新种质，拓宽遗传背景，是解决上述问题的有效途径。花生全基因组测序是全基因组范围内开发分子标记的前提，是关键基因克隆和重要农艺性状形成分子机制解析的基础，也是理解花生起源与进化不可缺少的信息支撑。

随着测序技术的发展，越来越多生物的全基因组测序计划已经完成，如重要农作物中完成全基因组测序的物种包括水稻、玉米、小麦、大豆、棉花、油菜、黄瓜和马铃薯等。全基因组测序的完成大大促进了这些作物的基础研究和应用研究，促进了分子育种方法在这些作物上的应用。尽管栽培花生基因组较大，基因组结构复杂，但随着新一代测序技术的诞生与快速发展，在小麦、大豆、棉花、油菜等作物基因组测序方面已经积累了丰富的经验，花生全基因组测序的时机逐渐成熟。

2006 年 11 月，在广州成功举办“第一届世界花生基因组和黄曲霉大会”。这次大会奠定了花生基因组研究的国际合作基础。2007 年在美国亚特兰大举办了第二届花生基因组国际会议，修改了国际花生基因组战略计划。第三届花生国际会议“花生基因组和生物技术研究进展”于 2008 年在印度召开，接着是 2009 年在南非召开的第四次花生国际会议。在这些会议上，花生全基因组测序部署和筹备工作进一步具体化。2010 年 6 月 12 日，美国花生基金会（the Peanut Foundation）在佛罗里达州的克利尔沃特讨论了花生全基因组测序计划，同年 9 月派代表与花生基因组测序计划的中方代表会面，中美双方在花生基因组测序方面充分地交换了意见。2011 年 3 月中美测序双方在北京签署了花生基因组测序备忘录，参加这次会议的中方代表包括河南省农业科学院、山东省农业科学院生物技术研究中心、中国农业科学院油料作物研究所等单位专家。2013 年 6 月，第六次花生基因组国际会议在郑州召开，会议向全世界介绍了花生全基因组测序的重要进展。

二、花生全基因组测序的策略和进展

栽培花生是异源四倍体（AABB），染色体数为 $2n=4x=40$，是由两个二倍体野生种杂交后自然加倍形成的。花生的基因组大，含有 A 和 B 两个亚基因组，直接对栽培花生进行测序拼接难度较大。因此，将花生全基因组测序分为两部分，即首先进行二倍体野生种花生的测序和拼接，然后，开展花生栽培种的测序，结合野生种测序的结果对栽培种序列进行拼接。

过去对四倍体栽培花生 A 和 B 亚基因组的来源存在一定的争议。2006 年 Fávero 等将 *A. duranensis* 和 *A. ipaensis* 杂交后并使染色体加倍，获得了可育的人工合成双二价体花生。分子原位杂交结果证明 *A. duranensis* 和 *A. ipaensis* 更可能是栽培花生 A 和 B 亚基因组的供体（Seijo et al.，2007）。分子标记结果也证明 *A. duranensis* 和 *A. ipaensis* 是栽培花生 A 和 B 基因组的供体（Burow et al.，2009）。野生花生 *A. duranensis*（$2n=2x=20$）在南美地区被发现，特别是阿根廷、玻利维亚和巴拉圭一带，*A. ipaensis* 仅在玻利维亚被发现。在中国 *A. duranensis* 也被称为蔓花生或金花生，蔓花生观赏性强，四季常青，且不易滋生杂草与病虫害，是极有前途的优良地被植物。蔓花生对有害气体抗性较强，可用于园林绿地、公路隔离带的地被植物。蔓花生的根系发达，也可植于公路、边坡等地防止水土流失，也可用作改土绿肥、牧草、公园绿化、水土保持覆盖等，在台湾、福建、广东等地区，用于园林绿地、公路隔离带的地被植物。此外，在一些地区，蔓花生也被当作牧草种植。

作为国际花生基因组计划（International Peanut Genome Initiative，IPGI）第一阶段的重要内容，野生花生 *A. duranensis* 和 *A. ipaensis* 的测序工作进展顺利，2014 年 4 月 *A. duranensis*（accession V14167）和 *A. ipaensis*（accession K30076）的全基因组测序宣布完成，在花生基因组计划的官方网站（www.peanutbase.org）公开了 scaffolds 的序列信息，随后陆续公开了两个野生种基因组拼接草图，同时提供了与大豆、菜豆和苜蓿的同源序列比较。目前野生花生的序列草图已经和花生的转录组序列、QTL 位点信息进行了整合，一个综合的野生花生的基因组序列已经形成，将被世界各地的研究人员和植物育种者使用，会极大地加快花生基础和应用研究工作的进程。二倍体野生种草图的绘制标志着花生全基因组计划第一阶段取得了重大的进展，也为四倍体花生全基因组测序的拼接提供了重要的参考。

四倍体花生的测序品种为美国的栽培花生 Tifrunner，Tifrunner（PI 644011）是由美国农业部农业研究组织（USDA-ARS）和佐治亚农业试验站（Georgia Agricultural Experiment Stations）共同选育的，其亲本为 F439-16-10-3 和 PI 203396。该品种的生育期为 150 天左右，百粒重约为 56 g，高抗番茄斑萎病毒，中抗早斑病和晚斑病，但是容易受到黄曲霉的污染。四倍体花生 Tifrunner 全基因组测序采取高通量测序和 BAC 克隆测序相结合的策略，目前高通量测序已经完成，总结获得了 58 043 个 scaffolds，总长度超过 2 Gb。下一步将重点开展和完成 BAC 测序，最后，结合 BAC 测序和高通量测序的结果完成栽培花生全基因组的拼接。

三、花生后基因组时代展望

在花生全基因组测序完成以后，花生的基础研究和应用基础研究也将打开全新的一页，对许多重要问题的研究可以从全基因组层面入手，从根本上改变以往研究的思路、手段和途径，同时可以建立高通量分析技术平台，为更加复杂的生物现象的解释提供支撑。从此人们可以开展比较基因组学研究，系统分析我国高油、高产、优质花生种质资源的遗传基础，研究这些种质材料在基因组上的差异，结合不同材料的转录组和数字表达谱数据，阐明这些优良性状形成的分子生物学基础，建立分子设计育种的理论和技术体系，为我国花生种质创新和新品种培育提供理论指导和技术支撑。开展抗病能力极强的花生野生种和栽培种比较基因组学研究，探讨野生花生抗病的分子机制，为防治我国花生黄曲霉污染、青枯病及其他重要花生疾病开辟新的途径，为栽培花生抗性种质创新和品种培育提供理论指导。在基因组范围内鉴定分子标记，包括 SSR 标记、SNP 标记、功能基因标记等，利用我国目前已经建立的优良的花生分离群体，构建高密度的花生分子标记遗传图谱，突破目前世界花生分子标记少、分子标记图谱密度低的瓶颈，真正实现从常规育种到分子标记辅助育种的跨越；对花生栽培种、AA 基因组野生种和 BB 基因组野生种进行比较基因组学研究，探讨花生的进化规律。对花生栽培种之间（如大花生和小花生），栽培种和野生种之间表观遗传进行全基因组分析：研究全基因组范围内的甲基化、组蛋白修饰、鉴定花生 miRNA 及其靶基因，阐明表观遗传学修饰在花生关键性状形成及环境适应过程中的作用。花生全基因组测序计划是花生基因组研究的历史转折点，将极大地推进花生生物技术和花生分子育种的进程。

参考文献

陈本银，姜慧芳，任小平，等. 2008. 野生花生抗青枯病种质的发掘及分子鉴定. 华北农学报, 23(3): 170-175

陈建军，王瑛. 2009. 植物基因组大小进化的研究进展. 遗传, 31: 464-470

陈静，胡晓辉，石运庆，等. 2009. 花生品种间杂种 F1 代的 SSR 标记分析. 核农学报, 23(4): 617-620

陈小平，朱方何，洪彦彬，等. 2011. 两个南方花生主栽品种荚果与叶片基因表达谱分析. 作物学报, 37: 1378-1388

戴木兰. 2011. 加拿大草原地区不同土壤类型的丛枝菌根真菌(AMF)遗传多样性研究. 重庆: 西南大学博士学位论文

贺晓岚. 2008. 花生脂肪酸代谢重要基因的克隆与载体构建. 福州: 福建农林大学硕士学位论文

洪彦彬，李少雄，刘海燕，等. 2009. SSR 标记与花生抗黄曲霉性状的关联分析. 分子植物育种, 7(2): 360-364

胡松年. 2005. 基因表达序列标签(EST)数据分析手册. 杭州: 浙江大学出版社

纪鸿飞，彭振英，马敬，等. 2011. 花生 Clp 蛋白酶基因(AhClpP)的克隆与序列分析. 华北农学报, 25: 5-8

姜慧芳，任小平，王圣玉，等. 2010. 野生花生高油基因资源的发掘与鉴定. 中国油料作物学报, 32(1): 30-34

焦坤，迟晓元，潘丽娟，等. 2013. 花生中两个硬脂酰-ACP 去饱和酶基因的克隆与序列分析. 花生学报, 42(3): 1-7

李爱芹，夏晗，王兴军，等. 2009. 花生 LEC1 基因的克隆及表达研究. 西北植物学报, 1730-1735

李爱芹，赵传志，王兴军，等. 2011. 花生油体蛋白家族基因的克隆和表达分析. 农业生物技术学报, 19(6): 1003-1010

李长生，宋淑玉，张文刚，等. 2011. 花生 EST 数据库的分析，评价和应用前景. 生物技术进展, 1: 172-177

李双铃，王辉，任艳，等. 2009. 利用荧光标记 SSR 技术鉴定花生 F1 代杂交种. 花生学报, 38(4): 35-38

李滢，孙超，罗红梅，等. 2010. 基于高通量测序 454 GS FLX 的丹参转录组学研究. 药学学报, 45(4):524-529

梁炫强，洪彦彬，陈小平，等. 2009. 花生栽培种 EST-SSRs 分布特征及应用研究. 作物学报, 35: 246-254

梁烨，陈双燕，刘公社. 2011. 新一代测序技术在植物转录组研究中的应用. 遗传, 33(12): 1317-1326

柳展基，孙萍，步迅. 2008. 花生 EST 资源的 SSR 信息分析. 花生学报, 37: 6-11

骆蒙，贾继增. 2001. 植物基因组表达序列标签(EST)计划研究进展. 生物化学与生物物理进展, 28(4): 494-497

毛新国，景蕊莲，孔秀英，等. 2006. 几种全长 cDNA 文库构建方法比较. 遗传, 28(7): 865-873

潘丽娟，禹山林，杨庆利，等. 2007. 花生 Δ12-脂肪酸脱氢酶基因的克隆及序列分析. 花生学报, 36(3): 5-10

庞晓斌，毛新国，景蕊莲，等. 2006. 小麦 EST 数据批量分析平台的构建与应用. 麦类作物学报, 26(3): 146-151

钱学磊，闫海芳，李玉花. 2012. EST 的研究进展. 生命科学研究, 16(5): 446-450

全先庆，高成香，王兴军，等. 2012. 花生金属硫蛋白基因 AhMT3a 的克隆及其表达. 生物技术通报, (3): 75-79

单世华，李春娟，严海燕，等. 2007. 花生种皮抗黄曲霉差异基因表达分析. 植物遗传资源学报, (01): 26-29

单世华，张廷婷，闫彩霞，等. 2009. 抗黄曲霉花生种皮 PcLOX2 基因的克隆与初步鉴定//2009 年中国作物学会学术年会论文摘要集

唐桂英，柳展基，徐平丽，等. 2013. 花生二酰基甘油酰基转移酶基因克隆与功能研究. 西北植物学报, 33(5): 857-863

唐月异，张建成，王秀贞，等. 2010. GenBank 中花生栽培种基因组 DNA 及 EST 序列的 SNP 分析. 花生学报, 39: 21-23

王金彦，潘丽娟，杨庆利，等. 2009. NCBI 和 cDNA 文库中栽培花生 EST-SSR 分子标记的开发及其特点. 分子植物育种, 7: 806-810

肖寒，夏晗，李军，等. 2013. 花生脂肪酶基因的克隆分析及表达研究. 山东农业科学, (1): 1-8
肖洋，廖伯寿，晏立英，等. 2010. 栽培种花生 EST-SSR 引物的开发及应用. 湖北农业科学, 49: 2625-2628
解增言，林俊华，谭军，等. 2010. DNA 测序技术的发展历史与最新进展, 8: 64-70
叶楠. 2010. PC12 细胞输运氧化铁纳米粒子的 miRNA 表达谱研究. 南京：东南大学硕士学位论文
张国林，石新国，蔡宁波，等. 2010. 花生果种皮特异表达基因 AhPSG13 的克隆和表达研究. 中国油料作物学报, 32: 35-40
赵传志，李爱芹，王兴军，等. 2009. 花生脂质转运蛋白家族基因的克隆和表达研究. 花生学报, 38(4)15-20
周德贵，赵琼一，付崇允，等. 2008. 新一代测序技术及其对水稻分子设计育种的影响. 分子植物育种, 6(4): 619-630
Adams MD, Dubnick, M, Kerlavage AR, et al. 1992. Sequence identification of 2, 375 human brain genes. Nature, 355: 632-634
Adams MD, Kerlavage AR, Fleischmann RD, et al. 1995. Initial assessment of human gene diversity and expression patterns based upon 83 million nucleotides of cDNA sequence. Nature, 377: 3-174
Alagna F, DAgostino N, Torchia L, et al. 2009. Comparative 454 pyrosequencing of transcripts from two olive genotypes during fruit development. BMC Genomics, 10(1): 399
Altshuler D, Pollara VJ, Cowles CR, et al. 2000. An SNP map of the human genome generated by reduced representation shotgun sequencing. Nature, 407: 513-516
Anderson I, Brass A. 1998. Searching DNA database for similarities to DNA sequences: when is a match significant? Bioinformatics, 14(4): 349-356
Argout X, Salse J, Aury JM, et al. 2011. The genome of *Theobroma cacao*. Nat Genet, 43(2): 101-108
Ashburner M, Ball CA, Blake JA, et al. 2000. Gene Ontology: tool for the unification of biology. The gene ontology consortium. Nature Genet, 25: 25-29
Barchi L, Lanteri S, Portis E, et al. 2011. Identification of SNP and SSR markers in eggplant using RAD tag sequencing. BMC genomics, 12: 304
Bi Y, Liu W, Xia H, et al. 2010. EST sequencing and gene expression profiling of cultivated peanut. Genome, 53: 832-839
Brasileiro ACM, Rodrigues F, Nepomuceno A, et al. 2013. Global transcriptome profiling of *Arachis duranensis* and *A. stenosperma* in response to water deficit. *In*: Proceedings of the 6th International Conference of the Peanut Research Community on Advances in *Arachis* Through Genomics and Biotechnology, p53, Henan Province, China, June
Brenchley R, Spannagl M, Pfeifer M, et al. 2012. Analysis of the bread wheat genome using whole-genome shotgun sequencing. Nature, 491: 705-710
Burge CB, Karlin S. 1997. Prediction of complete gene structures in human genomic DNA. J Mol Biol, 268(1): 78-94
Burow MD, Simpson CE, Faries MW, et al. 2009. Molecular biogeographic study of recently described B- and A-genome *Arachis* species, also providing new insights into the origins of cultivated peanut. Genome, 52: 107-119
Bus A, Hecht J, Huettel B, et al. 2012. High-throughput polymorphism detection and genotyping in *Brassica napus* using next-generation RAD sequencing. BMC genomics, 13: 281
Carninci P, Waki K, Shiraki T, et al. 2003. Targeting a complex transcriptome: the construction of the mouse full-length cDNA encyclopedia. Genome research, 13: 1273-1289
Casson S, Spencer M, Walker K, et al. 2005. Laser capture microdissection for the analysis of gene expression during embryogenesis of *Arabidopsis*. The Plant Journal, 42: 111-123
Chee PW, Rong J, William-Coplin D. 2004. EST derived PCR-based markers for functional gene homologues in cotton. Gene, 47: 449-462
Chen M, Meng Y, Gu H, et al. 2010. Functional characterization of plant small RNAs based on next-generation sequencing data. Comput Biol Chem, 34(5-6): 308-312
Chen X, Salamini R, Gebhardt C. 2001. A potato molecularfunction map for carbohydrate metabolism and transport. Theor Appl Genet, 102: 284-295
Chen X, Yang Q, Li H, et al. 2013a. The developmental transcriptome of peanut(*Arachis hypogaea*)pod. *In*: Proceedings of the 6th International Conference of the Peanut Research Community on Advances in Arachis Through Genomics and Biotechnology, p15, Henan Province, China, June
Chen X, Zhu W, Azam S, et al. 2013b. Deep sequencing analysis of the transcriptomes of peanut aerial and

subterranean young pods identifies candidate genes related to early embryo abortion. Plant Biotechnol J, 11: 115-127

Cheung F, Haas BJ, Goldberg S, et al. 2006. Sequencing *Medicago truncatula* expressed sequenced tags using 454 Life Sciences technology. BMC Genomics, 7(1): 272

Chi XY, Yang QL, Chen XP, et al. 2011. Identification and characterization of microRNAs from peanut(*Arachis hypogaea* L.)by high-throughput sequencing. PLoS ONE, 6(11): 1-10

Choulet F, Alberti A, Theil S, et al. 2014. Structural and functional partitioning of bread wheat chromosome 3B. Science, 345: 1249721

Chu Y, Holbrook CC, Ozias-Akins P. 2009. Two alleles of ahFAD2B control the high oleic acid trait in cultivated peanut. Crop Science, 49(6): 2029-2036

Chu Y, Ramos L, Holbrook CC, et al. 2007. Frequency of a loss-of-function mutation in oleoyl-PC desaturase(ahFAD2A)in the mini-core of the U.S. peanut germplasm collection. Crop Science, 47(6): 2372-2378

Collins FS, L.E.R.J. 2004. Finishing the euchromatic sequence of the human genome. Nature, 431: 931-945

Consortium P G S. 2011. Genome sequence and analysis of the tuber crop potato. Nature, 475: 189-195

Crick F. 1970. Central dogma of molecular biology. Nature, 227: 561-563

Davey JW, Blaxter ML. 2010. RADSeq: next-generation population genetics. Briefings in Functional Genomics, 9: 416-423

Eickhoff H, Schuchhardt J, Ivanov I, et al. 2000. Tissue gene expression analysis using arrayed normalized cDNA libraries. Genome research, 10: 1230-1240

El-Kafrawy SA, Abdel-Hamid M, El-Daly M, et al. 2005. P53 mutations in hepatocellular carcinoma patients in Egypt. International Journal of Hygiene and Environmental Health, 208: 263-270

Elshire RJ, Glaubitz JC, Sun Q, et al. 2011. A robust, simple genotyping-by-sequencing(GBS)approach for high diversity species. PloS one, 6: e19379

Erfle H, Ventzki R, Voss H, et al. 2000. Sequence and analysis of chromosome 3 of the plant A*rabidopsis thaliana*. Nature, 408: 820-822

Ewing RM, Ben KA, Poirot O, et al. 1999. Large-scale statistical analyses of rice ESTs reveal correlated patterns of gene expression. Genome Res, 9: 950-959

Fávero AP, Simpson CE, Valls JFM, et al. 2006. Study of the Evolution of Cultivated Peanut through Crossability Studies among *Arachis ipaënsis*, *A. duranensis*, and *A. hypogaea*. Crop Sci, 46: 1546-1552

Feng S, Wang X, Zhang X, et al. 2012. Peanut(*Arachis hypogaea*)expressed sequence tag project: progress and application. Comparative and functional genomics, 2012:9

Fernandes J, Brendel V, Gai X, et al. 2002. Comparison of RNA expression profiles based on maize expressed sequence tag frequency analysis and micro-array hybridization. Plant Physiol, 128: 896-910

Firnhaber C, Pühler A, Küster H. 2005. EST sequencing and time course microarray hybridizations identify more than 700 Medicago truncatula genes with developmental expression regulation in flowers and pods. Planta, 222(2): 269-283

Folta KM, Staton M, Stewart PJ, et al. 2005. Expressed sequence tags(ESTs)and simple sequence repeat(SSR)markers from octoploid strawberry(*Fragaria* × *ananassa*). BMC Plant Biol, 5(1): 12

Girke T, Todd J, Ruuska S, et al. 2000. Microarray analysis of developing *Arabidopsis* seeds. Plant Physiology, 124: 1570-1581

Goff SA, Ricke D, Lan T, et al. 2002. A draft sequence of the rice genome(*Oryza sativa* L. ssp. *japonica*). Science, 296: 92-100

Gonzalez-Ibeas D, Blanca J, Donaire L, et al. 2011. Analysis of the melon(Cucumis melo)small RNAome by high-throughput pyrosequencing. Plant Physiology,150(4): 1631-1637

Gordo SMC, Pinheiro DG, Moreira ECO, et al. 2012. High-throughput sequencing of black pepper root transcriptome. BMC Plant Biology, 12: 168

Guimarães PM, Brasileiro AC, Morgante CV, et al. 2012. Global transcriptome analysis of two wild relatives of peanut under drought and fungi infection. BMC Genomics, 13(13): 387

Guo B, Chen X, Hong Y, et al. 2009. Analysis of gene expression profiles in leaf tissues of cultivated peanuts and development of EST-SSR markers and gene discovery. Int J Plant Genomics, 2009: 14

Guo BZ, Fedorova ND, Chen X, et al. 2011. Gene expression profiling and identification of resistance genes to *Aspergillus flavus* infection in peanut through EST and microarray strategies. Toxins, 3(7): 737-753

Gupta PK, Rustgi S, Kulwal PL. 2005. Linkage disequilibrium and association studies in higher plants: present status and future prospects. Plant molecular biology, 57: 461-485

Haas BJ, Volfovsky N, Town CD, et al. 2002. Full-length messenger RNA sequences greatly improve genome annotation. Genome Biol, 3(6): 1-0029

Hackauf B, Wehling P. 2002. Identification of microsatellite polymorphisms in an expressed portion of the rye genome. Plant Breeding, 121(1): 17-25

Haegeman A, Jacob J, Vanholme B, et al. 2009. Expressed sequence tags of the peanut pod nematode *Ditylenchus africanus*: the first transcriptome analysis of an Anguinid nematode. Mol Biochem Parasit, 167(1): 32-40

Han Z, Wang C, Song X, et al. 2006. Characteristics, development and mapping of Gossypium hirsutum derived EST-SSRs in allotetraploid cotton. Theor Appl Genet, 112(3): 430-439

Harushima Y, Yano M, Shomura A, et al. 1998. A high-density rice genetic linkage map with 2275 markers using a single F2 population. Genetics, 148(1): 479-494

He GH, Meng RH, Newman M, et al. 2003. Microsatellites as DNA markers in cultivated peanut(*Arachis hypogaea* L.). BMC Plant Biology, 3(1): 3

Hoen PA, Ariyurek Y, Thygesen HH, et al. 2008. Deep sequencing-based expression analysis shows major advances in robustness, resolution and inter-lab portability over five microarray platforms. Nucl Acids Res, 36(21): 141-152

Horvath DP, Schaffer R, West M, Wisman E. 2003. Arabidopsis microarrays identify conserved and differentially expressed genes involved in shoot growth and development from distantly related plant species. Plant J, 34(1): 125-134

Huang JQ, Yan LY, Lei Y, et al. 2008. Peanut cDNA library construction and EST sequence analysis. Chinese Journal of Oil Crop Sciences, 10: 121-125

Huang S, Li R, Zhang Z, et al. 2009. The genome of the cucumber, *Cucumis sativus* L. Nature genetics, 41: 1275-1281

Huang X, Wei X, Sang T, et al. 2010. Genome-wide association studies of 14 agronomic traits in rice landraces. Nature genetics, 42: 961-967

Huang X, Zhao Y, Wei X, et al. 2012. Genome-wide association study of flowering time and grain yield traits in a worldwide collection of rice germplasm. Nature genetics, 44: 32-39

Jaillon O, Aury J, Noel B, et al. 2007. The grapevine genome sequence suggests ancestral hexaploidization in major angiosperm phyla. nature, 449: 463-467

Jia J, Fu J, Zheng J, et al. 2006. Annotation and expression profile analysis of 2073 full - length cDNAs from stress - induced maize(*Zea mays* L.)seedlings. The Plant Journal, 48: 710-727

Jia J, Zhao S, Kong X, et al. 2013. *Aegilops tauschii* draft genome sequence reveals a gene repertoire for wheat adaptation. Nature, 496: 91-95

Jiang D, Zhong GY, Hong QB. 2006. Analysis of microsatellites in citrus unigenes. Acta Genetica Sinica, 33(4): 345-353

Julio V, Enrique I, Beatriz J, et al. 2009. Deep sampling of the *Palomero* maize transcriptome by a high throughput strategy of pyrosequencing. BMC Genomics, 10(1): 299

Kanehisa M, Goto S, Kawashima S, et al. 2002. The KEGG databases at GenomeNet. Nucleic Acids Res, 30: 42-46

Kikuchi S, Satoh K, Nagata T, et al. 2003. Collection, mapping, and annotation of over 28, 000 cDNA clones from japonica rice. Science, 301: 376-379

Koenig D, Jiménez-Gómez JM, Kimura S, et al. 2013. Comparative transcriptomics reveals patterns of selection in domesticated and wild tomato. PNAS, 110(28): E2655-E2662

Kotani H, Nakamura Y, Sato S, et al. 1998. Structural analysis of *Arabidopsis thaliana* chromosome 5.VI. sequence features of the regions of 1, 367, 185bp covered by 19 physically assigned P1 and TAC clones. DNA Res, 5: 203-216

Kurata N, Nagamura Y, Yamamoto K, et al. 1994. A 300 kilobase interval genetic map of rice including 883 expressed sequences. Nat Genet, 8: 365-372

Kwak JM., Kim SA, Hong SW, et al. 1997. Evaluation of 515 expressed sequence tags obtained from guard cells of *Brassica* campestris. Planta, 202(1): 9-17

Lai J, Li R, Xu X, et al. 2010. Genome-wide patterns of genetic variation among elite maize inbred lines. Nature genetics, 42: 1027-1030

Lam H, Xu X, Liu X, et al. 2010. Resequencing of 31 wild and cultivated soybean genomes identifies patterns of genetic diversity and selection. Nature genetics, 42: 1053-1059

Lewers KS, Saski CA, Cuthbertson BJ, et al. 2008. A blackberry(*Rubus* L.)expressed sequence tag library for the development of simple sequence repeat markers. BMC Plant Biology, 8(1): 69

Li M, Li A, Xia H, et al. 2009. Cloning and sequence analysis of putative type II fatty acid synthase genes from *Arachis hypogaea* L. Journal of Biosciences, 34: 227-238

Li M, Wang X, Su L, et al. 2010b. Characterization of five putative acyl carrier protein(ACP)isoforms from developing seeds of *Arachis hypogaea* L. Plant Molecular Biology Reporter, 28: 365-372

Li M, Xia H, Zhao C, et al. 2010a. Isolation and characterization of putative acetyl-CoA carboxylases in *Arachis hypogaea* L. Plant Molecular Biology Reporter, 28: 58-68

Li X, Cui Z, Liu Y, et al. 2013. Transcriptome analysis and discovery of genes involved in immune pathways from hepatopancreas of microbial challenged mitten crab Eriocheir sinensis. PloS one, 8: e68233

Liang F, Holt I, Pertea G, et al. 2000. An optimized protocol for analysis of EST sequences. Nucleic Acids Res, 28(18): 3657-65

Ling H, Zhao S, Liu D, et al. 2013. Draft genome of the wheat A-genome progenitor *Triticum urartu*. Nature, 496: 87-90

Liu M, Qiao G, Jiang J, et al.. 2012. Transcriptome sequencing and de novo analysis for Ma bamboo(*Dendrocalamus latiflorus* Munro)using the Illumina platform. PLoS One, 7(10): e46766

Lukashin AV, Borodovsky M. 1998. GeneMark.hmm: new solutions for gene finding. Nucleic Acids Research, 126(4): 1107-1115

Luo M, Dang P, Bausher MG, et al. 2005a. Identification of transcripts involved in resistance responses to leaf spot disease caused by *Cercosporidium personatum* in peanut(*Arachis hypogaea*). Phytopathology, 95(4): 381-387

Luo M, Dang P, Guo BZ, He G, et al. 2005b. Generation of expressed sequence tags(ESTs)for gene discovery and marker development in cultivated peanut. Crop Sci, 45: 346-353

Luo M, Liang XQ, Dang P, et al. 2005c. Microarray-based screening of differentially expressed genes in peanut in response to *Aspergillus parasiticus* infection and drought stress. Plant Science, 169(4): 695-703

Lynch M, Conery JS. 2003. The origins of genome complexity. Science, 302: 1401-1404

Margulies M, Egholm M, Altman WE, et al. 2005. Genome sequencing in microfabricated high-density picolitre reactors. Nature, 437: 376-380

Mayer K, Schüller C, Wambutt R, et al. 1999. Sequence and analysis of chromosome 4 of the plant Arabidopsis thaliana. Nature, 402: 769-777

Mekhedov S, Martinez O, Ohlrogge J. 2000. Towards a functional catalog of the plant genome: a survey of genes for lipid biosythesis. Plant Physiol, 122: 389-401

Ming R, Hou S, Feng Y, et al. 2008. The draft genome of the transgenic tropical fruit tree papaya(*Carica papaya Linnaeus*). Nature, 452: 991-996

Molina J, Sikora M, Garud N, et al. 2011. Molecular evidence for a single evolutionary origin of domesticated rice. Proceedings of the National Academy of Sciences, 108: 8351-8356

Moretzsohn MC, Barbosa AVG, Alves-Freitas DMT, et al. 2009. A linkage map for the B-genome of *Arachis*(Fabaceae)and its synteny to the A-genome. BMC Plant Biology, 9: 40

Moretzsohn MC, Leoi L, Proite K, et al. 2005. A microsatellitebased, gene-rich linkage map for the AA genome of *Arachis*(Fabaceae). Theoretical and Applied Genetics, 111(6): 1060-1071

Nagaraj SH, Gasser RB, Ranganathan S. 2007. A hitchhikers guide to expressed sequence tag(EST)analysis. Brief Bioinform, 8(1): 6-21

Nelson JC, Wang S, Wu Y, et al. 2011. Single-nucleotide polymorphism discovery by high-throughput sequencing in sorghum. BMC Genomics,12(135): 1-14

Ness RW, Siol M, Barrett SC. 2011. De novo sequence assembly and characterization of the floral transcriptome in cross-and self-fertilizing plants. BMC genomics, 12: 298

Newman T, Tsukaya H, Murakami N, et al. 2002. Brassinosteroids control the proliferation of leaf cells of *Arabidopsis thaliana*. Plant Cell Physiol, 43: 239-244

Nobuta K, Lu C, Shrivastava R, et al.(2008)Distinct size distribution of endogenous siRNAs in maize: Evidence from deep sequencing in the mop1-1 mutant. Proceedings of the National Academy of Sciences, 105(39): 14958-14963

Novaes E, Drost DR, Farmerie WG, et al. 2008. High-throughput gene and SNP discovery in Eucalyptus grandis, an uncharacterized genome. BMC Genomics, 9(1): 312

Nur Kholilatul I, Jonghoon L, Murukarthick J, et al. 2004.Transcriptome sequencing of two parental lines of cabbage(*Brassica oleracea* L. var. *capitata* L.)and construction of an EST-based genetic map. BMC Genomics, 15: 149

Ogihara Y, Mochida K, Kawaura K, et al. 2004. Construction of a full-length cDNA library from young spikelets of hexaploid wheat and its characterization by large-scale sequencing of expressed sequence tags. Genes & genetic systems, 79: 227

Ogihara Y, Mochida K, Nemoto Y, et al. 2003. Correlated clustering and virtual display of gene expression patterns in the wheat life cycle by large-scale statistical analyses of expressed sequence tags. The Plant Journal, 33: 1001-1011

Payton P, Kottapalli KR, Rowland D, et al. 2009. Gene expression profiling in peanut using high density oligonucleotide microarrays. BMC genomics, 10: 265

Peng JH, Lapitan NL. 2005. Characterization of EST-derived microsatellites in the wheat genome and development of eSSR markers. Functional & integrative genomics, 5(2): 80-96

Poland JA, Brown PJ, Sorrells ME, et al. 2012. Development of high-density genetic maps for barley and wheat using a novel two-enzyme genotyping-by-sequencing approach. PloS one, 7: e32253

Poroyko V, Hejlek LG, Spollen WG, et al. 2005.The maize root transcriptome by serial analysis of gene expression. Plant Physiology, 138(3): 1700-1710

Poustka AJ, Herwig R, Krause A, et al. 1999. Toward the gene catalogue of sea urchin development: the construction and analysis of an unfertilized egg cDNA library highly normalized by oligonucleotide fingerprinting. Genomics, 59: 122-133

Proite K, Leal-Bertioli SC, Bertioli DJ, et al. 2007. ESTs from a wild *Arachis* species for gene discovery and marker development. BMC Plant Biol, 7: 7

Qin H, Feng S, Chen C, et al. 2012. An Integrated genetic linkage map of cultivated peanut(*Arachis hypogaea* L.)constructed from two RIL populations. Theoretical and Applied Genetics, 124: 653-664

Ralph SG, Chun HJ, Kolosova N, et al. 2008. A conifer genomics resource of 200, 000 spruce(Picea spp.)ESTs and 6, 464 high-quality, sequence-finished full-length cDNAs for Sitka spruce(*Picea sitchensis*). BMC Genomics, 14(9): 484

Reinhart BJ, Weinstein EG, Rhoades MW, et al. 2002. MicroRNAs in plants. Genes Dev, 16(13): 1616-1626

Ronaghi M. 2001. Pyrosequencing sheds light on DNA sequencing. Genome Res, 11(1): 3-11

Salzberg SL, Pertea M, Delcher AL, et al. 1999. Interpolated Markov models for eukaryotic gene finding. Genomics, 59(1): 24-31

Sanger F, Nicklen S, Coulson AR. 1977. DNA sequencing with chain terminating inhihitors. PNAS, 74(12): 5463-5467

Sato S, Hirakawa H, Isobe S, et al. 2011. Sequence analysis of the genome of an oil-bearing tree, *Jatropha curcas* L. DNA Res, 18(1): 65-76

Scaglione D, Acquadro A, Portis E, et al. 2012. RAD tag sequencing as a source of SNP markers in *Cynara cardunculus* L. Bmc Genomics, 13: 3

Schmutz J, Cannon SB, Schlueter J, et al. 2010. Genome sequence of the palaeopolyploid soybean. Nature, 463: 178-183

Schnable PS, Ware D, Fulton RS, et al. 2009. The B73 maize genome: complexity, diversity, and dynamics. Science, 326: 1112-1115

Scott KD, Eggler P, Seaton G, et al. 2000. Analysis of SSRs derived from grape ESTs. Theoretical and applied genetics, 100(5): 723-726

Seijo G, Lavia GI, Fernandez A, et al. 2007. Genomic relationships between the cultivated peanut(*Arachis hypogaea*, Leguminosae)and its close relatives revealed by double GISH. Am J Bot, 94: 1963-1971

Seki M, Narusaka M, Kamiya A, et al. 2002. Functional annotation of a full-length Arabidopsis cDNA collection. Science, 296: 141-145

Shao FX, Liu ZJ, Wei LQ, et al. 2008. Cloning and sequence analysis of a novel NAC-like gene AhNAC1 in Peanut(*Arachis hypogaea*). Acta Botanica Boreali-Occidentalia Sinica, 10: 1929-1934

Shendure J, Ji H. 2008. Next-generation DNA sequencing. Nat Biotechnol, 26(10): 1135-1145

Shin KE, Mary AC, Inna A, et al. 2004. Transcript profiling of salinity stress responses by large-scale expressed sequence tag analysis in *Mesembryanthemum crystallinum*. Gene, 341: 83-92

Shu Y, Li Y, Zhu Z, et al. 2011. SNPs discovery and CAPS marker conversion in soybean. Molecular Biology Reporter, 38: 1841-1846

Shulaev V, Sargent DJ, Crowhurst RN, et al. 2011. The genome of woodland strawberry(*Fragaria vesca*). Nat Genet, 43(2): 109-116

Siloto RMP, Findlay K, Lopez-Villalobos A, et al. 2006. The accumulation of oleosins determines the size of seed oilbodies in *Arabidopsis*. Plant Cell, 18(8): 1961-1974

Smith DR, Quinlan AR, Peckham HE, et al. 2008. Rapid whole-genome mutational profiling using next-generation sequencing technologies. Genome research, 18(10): 1638-1642

Soares MB, Bonaldo MF, Jelene P, et al. 1994. Construction and characterization of a normalized cDNA library. Proceedings of the National Academy of Sciences, 91: 9228-9232

Sogin ML , Morrison HG , Huber JA , et al. 2006. Microbial diversity in the deep sea and the underexplored"rare biosphere". PNAS, 103(32): 12115-12120

Song GQ, Li MJ, Xiao H, et al. 2010. EST sequencing and SSR marker development from cultivated peanut(*Arachis hypogaea* L.). Electronic Journal of Biotechnology, 13: 7-8

Su L, Zhao CZ, Bi YP, et al. 2011. Isolation and expression analysis of LEA genes in peanut(*Arachis hypogaea* L.). J Biosci, 36: 223-228

Tabata S, Kaneko T, Nakamura Y, et al. 2000. Sequence and analysis of chromosome 5 of the plant *Arabidopsis thaliana*. Nature, 408: 823-826

Tangphatsornruang S, Uthaipaisanwong P, Sangsrakru D, et al. 2011. Characterization of the complete chloroplast genome of *Hevea brasiliensis* reveals genome rearrangement, RNA editing sites and phylogenetic relationships. Gene, 475(2): 104-112

Theologis A, Ecker JR, Palm CJ, et al. 2000. Sequence and analysis of chromosome 1 of the plant *Arabidopsis thaliana*. Nature, 408: 816-820

Thiel T, Michalek W, Varshney RK, et al. 2003. Exploiting EST databases for the development and characterization of gene-derived SSR-markers in barley(*Hordeum vulgare* L.). Theoretical and Applied Genetics, 106(3): 411-422

Tian F, Bradbury PJ, Brown PJ, et al. 2011. Genome-wide association study of leaf architecture in the maize nested association mapping population. Nature genetics, 43: 159-162

Turnbaugh PJ, Ley RE, Mahowald MA, et al. 2006. An obesity-associated gut microbiome with increased capacity for energy harvest. Nature, 444. 7122.: 1027-31

Tuskan GA, Difazio S, Jansson S, et al. 2006. The genome of black cottonwood, *Populus trichocarpa(*Torr. & Gray). Science, 313: 1596-1604

Umezawa T, Sakurai T, Totoki Y, et al. 2008. Sequencing and analysis of approximately 40 000 soybean cDNA clones from a full-length-enriched cDNA library. DNA research, 15: 333-346

Velasco R, Zharkikh A, Affourtit J, et al. 2010. The genome of the domesticated apple(*Malus* [times] *domestica* Borkh.). Nature genetics, 42: 833-839

Velculescu VE, Zhang L, et al. 1995. Serial analysis of gene expression. Science, 270: 484-487

Vitek MP, Kreissman SG, Gross RH. 1981. The isolation of ecdysterone inducible genes by hybridization subtraction chromatography. Nucleic acids research, 9: 1191-1202

Wang K, Wang Z, Li F, et al. 2012. The draft genome of a diploid cotton *Gossypium raimondii*. Nature genetics, 44: 1098-1103

Wang L, Liu H, Li D, et al. 2011a. Identification and characterization of maize microRNAs involved in the very early stage of seed germination. BMC genomics, 12(1): 154

Wang L, Yan YS, Liao B, et al. 2005. The cDNA cloning of conarachin gene and its expression in developing peanut seeds. Journal of Plant Physiology and Molecular Biology, 31: 107-110

Wang W, Wang YJ, Zhang Q, et al. 2009a. Global characterization of Artemisia annua glandular trichome transcriptome using 454 pyrosequencing. BMC Genomics, 10(1): 465

Wang X, Wang H, Wang J, et al. 2011b. The genome of the mesopolyploid crop species *Brassica rapa*. Nature genetics, 43: 1035-1039

Wang Z, Gerstein M, Snyder M. 2009b. RNA-Seq: a revolutionary tool for transcriptomics. Nature Reviews Genetics, 10: 57-63

Weng J, Xie C, Hao Z, et al. 2011. Genome-wide association study identifies candidate genes that affect plant height in Chinese elite maize(*Zea mays* L.)inbred lines. PLoS One, 6: e29229

White JA, Todd J, Newman T, et al. 2000. A new set of *Arabidopsis* expressed sequence tags from developing seeds. The Metabolic Pathway from Carbohydrates to Seed Oil. Plant Physiology, 124: 1582-1594

Wong CE, Li Y, Whitty BR, et al. 2005. Expressed sequence tags from the Yukon ecotype of *Thellungiella* reveal that gene expression in response to cold, drought and salinity shows little overlap. Plant Mol Biol, 58: 561-74

Woods D, Crampton J, Clarke B, et al. 1980. The construction of a recombinant cDNA library representative of the poly(A)+ mRNA population from normal human lymphocytes. Nucleic Acids Res, 8: 5157-5168

Wu J, Zhang YL, Zhang HQ, et al. 2010. Whole genome wide expression profiles of Vitis amurensis grape responding to downy mildew by using Solexa sequencing technology. BMC plant Biology, 10: 234

Xia H, Zhao C, Hou L, et al. 2013. Transcriptome profiling of peanut gynophores revealed global reprogramming of gene expression during early pod development in darkness. BMC Genomics, 14: 517

Xie CZ, Liang XQ, Li L, et al. 2009. Cloning and prokaryotic expression of AhPR10 gene with resistance to aspergillus flavus in peanut. Genomics and Applied Biology, 28(2): 237-244

Xu X, Liu X, Ge S, et al. 2012. Resequencing 50 accessions of cultivated and wild rice yields markers for identifying agronomically important genes. Nature biotechnology, 30: 105-111

Yang X, Wang L, Yuan D, et al. 2013. Small RNA and degradome sequencing reveal complex miRNA regulation during cotton somatic embryogenesis. Journal of Experimental Botany, 64(6): 1521-1536

Yin D, Wang Y, Zhang X, et al. 2013. De novo assembly of the peanut(*Arachis hypogaea* L.)seed transcriptome revealed candidate unigenes for oil accumulation pathways. PLoS One, 8: e73767

Yu J, Hu S, Wang J, et al. 2002. A draft sequence of the rice genome(*Oryza sativa* L. ssp. *indica*). Science, 296: 79-92

Yu JK, La Rota M, Kantety RV et al. 2004. EST derived SSR markers for comparative mapping in wheat and rice. Mol Genet Genomics, 271(6): 742-51

Zenoni S, Ferrarini A, Giacomelli E, et al. 2010. Characterization of transcriptional complexity during berry development in *Vitis vinifera* using RNA-Seq. Plant Physiology, 152: 1787-1795

Zhang G, Guo G, Hu X, et al. 2010. Deep RNA sequencing atsingle basepair resolution reveals high complexity of the rice transcriptome. Genome Research, 20: 646-654

Zhang M, Liu W, Bi YP, et al. 2009. Isolation and identification of PNDREB1: a new DREB transcription factor from peanut(*Arachis hypogaea* L.). Acta Agronomica Sinica, 35(11): 1973-1980

Zhao CZ, Xia H, Frazier TP, et al. 2010. Deep sequencing identifies novel and conserved microRNAs in peanuts(*Arachis hypogaea* L.). BMC Plant Biol, 5(10): 3

Zhao K, Tung C, Eizenga GC, et al. 2011. Genome-wide association mapping reveals a rich genetic architecture of complex traits in *Oryza sativa*. Nature communications, 2: 467

Zheng L, Guo X, He B, et al. 2011. Genome-wide patterns of genetic variation in sweet and grain sorghum(*Sorghum bicolor*). Genome biology, 12: R114

Zhou X, Huang S, Ren X, et al. 2013. Construction and analysis of a SNP-based genetic linkage map in peanut(*Arachis hypogaea* L.). *In*: Proceedings of the 6th International Conference of the Peanut Research Community on Advances in *Arachis* Through Genomics and Biotechnology, p15, Henan Province, China, June

Zhou Y, Tang JB, Walker MG, et al. 2003. Gene identification and expression analysis of 86136 sequence tags (EST) from the rice genome. Gen Prot Bioinfo, 1: 26-42

Zhu QH, Stephen S, Kazan K, et al. 2012. Characterization of the defense transcriptome responsive to *Fusarium oxysporum*-infection in *Arabidopsis* using RNA-seq. Gene, 8:259-266

Zhuang WJ, Chen H, Nancy PK, et al.. 2011.Isolation and characterization of important genes toward improvement peanut resistance to *Aspergillus flavus*. *In*: Proceedings of the 5th International Conference of the Peanut Research Community on Advances in *Arachis* Through Genomics and Biotechnology, p28, Brasillia, Brazil, June

Zhulidov PA, Bogdanova EA, Shcheglov AS, et al. 2005. A method for the preparation of normalized cDNA libraries enriched with full-length sequences. Russian Journal of Bioorganic Chemistry, 31(2): 170-177

第十一章　植物转基因安全

第一节　转基因作物的现状和前景

一、转基因作物的概念

“转基因作物”（transgenic crop）是指将外源目的基因转入作物体内，使之表达并能稳定遗传的作物新品种。随着生物技术的不断发展，人们发现在不导入外源基因的情况下，将作物自身的基因进行加工、敲除、修饰等也能改变作物的遗传性状，获得具有目的性状的作物新品种。在这种情况下，由于没有外源基因的转入，严格来说将其称为“转基因作物”已不太合适，因此现在用“遗传修饰作物”（genetically modified crop，GMC）来替代。但因为“转基因”一词已被普遍接受，且外源基因导入仍是生物技术育种领域所采用的主要方法之一，“转基因作物”一词就一直沿用至今。本书继续沿用“转基因作物”一词来指代所有经过遗传修饰过的作物。

相对于常规育种技术对种质资源的高度依赖性及对目标物种后代的性状无法准确预见的缺陷，转基因技术具有更高的独立性，它可以打破种属间的生殖障碍，使基因在不同生物之间进行转移和重组，定向培育具有目标性状的转基因作物，大大提高了选择效率，加快了育种进程。近年来，随着转基因作物的产业化应用和转基因技术的迅猛发展，越来越多的转基因作物新品种被培育出来，转基因生物种业已成为新的全球经济增长点，深刻影响着世界农业的发展格局。

根据转入外源基因的特性，转基因作物可分为农艺性状改良、品质改良和工业应用三类。第一类转基因作物以改良作物农艺性状为目的，主要培育高产、抗虫、抗病、抗逆、抗除草剂、高效固氮及耐储藏的农作物。第一类转基因作物的大规模商业化推广，降低了耕种成本，增加了作物产量，大幅降低了化学农药的使用量。例如，转基因抗虫、耐除草剂棉花、玉米、水稻、大豆在生产中的应用有效地降低了虫害、杂草对植物的威胁，大大降低了农田农药的使用量和用工量；转基因抗病番茄、马铃薯和抗病毒病番木瓜等的种植有效增强了作物对病害的抵抗能力，抑制了病害的蔓延（James，2010）。第二类转基因作物则将改良作物品质作为目的，意在培育口感好、营养价值高、具有医疗保健功能、无过敏原和抗营养因子的作物新品种。富含维生素 A 的黄金大米（Ye et al.，2000；Paine et al.，2005）、富含维生素 C 的玉米（Naqvi et al，2009）、高效表达植酸酶的玉米（Chen et al，2008）、高油酸大豆（Kinney，1997；Buhr et al.，2002）、高赖氨酸玉米（Lucas et al.，2007）等都属于第二类转基因作物。第三类转基因作物研发的目的则是增加作物的附加值，其特性主要集中在作物传统功能以外的其他方面。利用转基因植物作为生物反应器是当前生物医药、能源领域研究的热点，目前已应用于重要药用蛋白（抗体、血液替代品、疫苗）、特殊碳水化合物（改性淀粉、环糊精、糖醇等）、工业用酶、生物可降解塑料、脂类及其他次生代谢产物等生物制剂的生产（Huang et al.，2001；Lamphear et al.，2004；Modelska et al.，1998；Nozoye et al.，2009；Paine et al.，2005；Rommens，2010；Wigdorovitz et al.，1999；Zhou et al.，2003）。它不仅继承了其他类型生物反应器的优点，而且有其不可替代的优越性，主要体现在：①植物具有与动物非常相似的蛋白质合成途径，表达蛋白具有病毒抗原类似的免疫原性和生物学活性；②在多种植物中已经建立了高效的组织培养再生的技术体系，且多种植物的遗传转化技术已非常成熟，培养周期较短；③无毒性作用，安全性高。利用转基因植物生产出的药物蛋白不含致病微生物或潜在致病微生物，对人畜安全；④生产成本低、易于大规模生产、产品便于运输和保存。转基因植物的栽培与普通植物无异，成本低廉，产物储存在种子、果实或块茎中，易于保存和运输（Arakawa and Langridge，1998；Haq et al.，1995；Verwoerd et al.，1995）。

目前，第一类转基因作物的研发技术非常成熟，并已得到了大规模推广，世界各国的研发机构在继续推出第一类转基因产品的同时，已逐步将研究的重点转移到第二、三类转基因作物的研发上来。

二、国际转基因作物发展现状

1983 年，来自美国华盛顿大学、孟山都公司、比利时国立根特大学的三个研究团队各自独立地利用农杆菌介导法将来源于细菌的抗生素抗性基因成功导入了烟草细胞（Bevan et al.，1983；Fraley et al.，1983；Herrera-Estrella et al.，1983），宣告了转基因作物的诞生。1986 年，第一批具有抗虫、抗病毒和细菌病的转基因作物在美国获得批准进入田间试验。1994 年，美国食品药品监督管理局批准转基因耐储藏番茄“FlavrSavr”进入市场销售，这是第一个获许进行销售的转基因食品（Martineau，2001）。1996 年，美国批准转基因抗虫棉花和耐除草剂大豆进行大规模种植，种植面积为 170 万 hm^2。随后的 17 年间，转基因作物在全球近 30 个国家和地区得到推广，种植面积持续高速增长，使得转基因技术成为现代农业史上应用最为迅速的生物技术（James，2013）。

根据国际农业生物技术应用服务组织（ISAAA）的统计结果，2012 年全球转基因作物种植面积达到 1.703 亿 hm^2，是 1996 年 170 万 hm^2 的 100 倍。1996～2012 年，全球近 30 个国家的 1 亿多农民种植了转基因作物，累计种植面积达到 14.27 亿 hm^2。最近 5 年来，全球转基因作物种植面积累计达到 7.37 亿 hm^2，超过前 12 年的总和。2012 年全球共有 1730 万户农民种植了转基因作物，比 2011 年增加了 60 万人次，其中 90%以上是发展中国家的小农户（James，2012）。转基因作物带来了高额的、可持续的经济、社会和环境效益，使农民对其产生了高度的信任和依赖。

1996 年，全球仅有 6 个国家批准种植转基因作物，2012 年，全球种植转基因作物的国家增至 28 个，其中 20 个为发展中国家，8 个为发达国家。除南极洲外，其他六大洲都有转基因作物的分布。转基因作物种植面积最大的仍为美国，种植的转基因作物包括玉米、大豆、棉花、油菜、甜菜、紫苜蓿、木瓜、南瓜等，种植面积达 6950 万 hm^2，占全球转基因作物种植面积的 40%以上。排在第 2～10 位的转基因作物种植国家分别为巴西、阿根廷、加拿大、印度、中国、巴拉圭、南非、巴基斯坦、乌拉圭，其转基因作物种植面积均超过 100 万 hm^2。2012 年发展中国家的转基因作物种植面积首次超过了发达国家，占全球转基因作物种植面积的 52%。排在前 5 位的种植转基因作物的发展中国家分别是中国、印度、巴西、阿根廷和南非，这些国家共种植了 7820 万 hm^2 的转基因作物，占全球转基因作物种植面积的 46%。全球人口的快速增长进一步推动了转基因的商业化推广，预计 2100 年世界人口将达到 100 亿，届时转基因作物种植面积将大幅度提高，以应对粮食危机。此外，另有 31 个国家允许进口转基因作物用于食品、饲料和进行环境释放。因此，全球共 59 个国家和地区的人民（占世界人口的 75%）受益于转基因作物的推广（James，2013）。

自 1996 年起至今，全球共有 25 种转基因作物的 319 个事件获得 2497 项审批。其中 1129 项审批与转基因作物用于食品（直接使用或用于加工处理）有关，813 项审批与转基因作物用于饲料制备有关，555 项审批与转基因作物种植或释放到环境中有关（James，2013）。2012 年，全球主要种植了转基因大豆、玉米、棉花、甜菜、油菜、紫苜蓿、木瓜、南瓜等 11 种转基因作物。到目前为止，转基因大豆仍是种植面积最广的转基因作物。全球范围内约有 1 亿 hm^2 的土地种植了大豆，其中 8070 万 hm^2 的土地种植了转基因大豆，占全球转基因作物种植面积的 47%。其次为转基因玉米，2012 年全球转基因玉米种植面积为 5510 万 hm^2，占全球转基因作物种植面积的 32.4%。全球 81%的棉花来源于转基因棉花，特别是转基因抗虫棉，2012 年转基因棉花种植面积达 2430 万 hm^2，占全球转基因作物种植面积的 14.2%。种植面积位于第四位的是转基因油菜，它的种植面积为 920 万 hm^2，占全部转基因作物种植面积的 5.4%。其他转基因作物的种植面积较小，总的种植面积不足全球转基因作物种植面积的 1%。

目前转基因作物的性状涉及抗除草剂（草胺膦、草甘膦、咪唑啉酮类、溴苯腈等）、抗虫（抗鳞翅目、鞘翅目昆虫等）、品质（淀粉、脂肪酸含量等）、抗病（主要为病毒病）、改变育性（雄性不育和育性恢复）、延迟果实成熟等。在已商业化的转基因作物中，耐除草剂仍是最普遍的性状，约有 59%的转基因作物是携带这种性状的。抗虫也是一个主要性状，约有 15%的转基因作物是有抗虫性的。复合性状转基因作物，如同时具有耐除草剂和抗虫性状的转基因棉花、同时具有抗病和抗虫性状的转基因马铃薯、含油量高和耐除草剂的转基因大豆等，可以集抗病、虫、除草剂等性状于一身，因此，具有更高的市场价值。近年来，各国都纷纷投入巨资以研发复合性状的转基因作物，极大地推动了复合性状转基因作物的研发。2009 年，兼具抗除草剂和高产的转基因大豆进入商业化推广，它的种植不仅节约了成本，还可以增产 7%～11%。2010 年，在美国和加拿大上市的转基因玉米 SmartstaxTM 含有 8 个外源基因，同时包含多种抗虫性状及耐除草剂性状（James，2010）。复合性状的转基因作物进入市场后受到了极大欢迎，种植面积逐年扩大，已超越单纯性状的转基因作物。2012 年，13 个国家种植了两种或以上复合性状的转基因作物，面积达到 4370 万 hm^2，占全球转基因作物种植面积的 26%（James，2013）。

三、转基因作物带来的经济、社会和环境效益

转基因作物在世界范围内的推广为经济发展、粮食安全、环境安全及气候变化作出了巨大贡献。

转基因作物的推广带来了巨大的经济和社会效益。2012 年，仅转基因种子的全球市场价值就达到了约 150 亿美元，全球共有 1730 万农民收入的增加得益于转基因作物的种植，其中 90%以上的农民来自发展中国家，这有助于他们更好地解决粮食短缺问题（James，2013）。1996～2011 年，转基因作物在全球产生了约 982 亿美元的经济效益，其中 51%来源于生产成本的降低（劳动力及杀虫剂的减少），49%来源于产量收益的增加（James，2012）。

转基因作物的种植带来了良好的环境效益。种植转基因作物可有效节约耕地，在单位面积的土地上获得更高的生产率，避免了土地资源的浪费。抗虫、抗病转基因作物的成功推广，大大降低了化学农药用量，不仅降低了成本，而且保护了生物多样性。此外，转基因作物的推广，减少了矿物燃料和杀虫剂的使用，永久性地减少了 CO_2 的排放，有助于减缓全球的气候变化。据估计，2011 年转基因抗虫、耐除草剂作物的种植，直接减少了 19 亿 kg CO_2 的排放（James，2012）。

目前，全球 70%的淡水资源被用于农业生产，在人口急剧膨胀的未来，这种用量显然不能被接受，因此，耐干旱转基因作物的大面积推广势在必行。首个具有抗干旱性状的转基因玉米杂交种于 2013 年进入美国市场，首个热带抗旱转基因玉米预计将在 2017 年之前在撒哈拉以南非洲地区开始商业化（James，2013）。抗旱转基因作物将对世界范围内的种植体系的可持续性产生重大影响，尤其是对于干旱更普遍和严重的国家和地区而言。

四、全球转基因作物的发展趋势及前景

根据联合国人口司最新预测报道，到 2100 年世界人口将会增至 100 亿，而世界土地资源则是有限的，不可能出现大幅增长，如何在有限的土地中种植出能够满足人口增长需要的粮食是世界各国政府的难题。国际社会于 2001 年制定了“千年发展目标”，即以 1990 年为基准，承诺到 2015 年将贫困人口减少 50%。转基因作物新品种的推出及其商业化推广，为解决这一难题提供了一条有效途径。目前转基因作物产业化进程加快，呈现蓬勃发展的态势，前景十分乐观。

转基因作物种植面积持续增长。单纯依靠传统农业已很难满足全球人口增长及工业化和城镇化进程的需要，转基因技术在农业领域的应用可有效缓解这些压力。

种植转基因作物的国家将继续增加，尤其是发展中国家。转基因作物商业化种植，不仅有效缓解了全球人口增长带来的压力，也为农民带来了高额的收益，特别是为发展中国家农民摆脱贫困作出了一定贡献，因此其推广受到了广大发展中国家的欢迎。尽管以美国为首的发达国家种植转基因作物的时间早、种植面积大，但其种植面积的增速则低于以阿根廷、巴西、中国、印度为代表的发展中国家。在转基因作物商业化推广前期，发展中国家对其持观望态度，仅有少数的国家参与其中，2002 年以后，批准种植和进口转基因作物的国家数量逐年增多，种植面积激增。1997 年发展中国家转基因作物种植面积仅占全球转基因作物种植面积的 14%，2003 年达到 30%，2012 年则获得突破性进展，在种植转基因作物的 28 个国家中，发展中国家有 20 个，种植面积首次超越发达国家。

目前商业化推广的转基因作物性状主要集中在抗虫、抗除草剂、抗病、抗逆等方面，

这些作物的推广降低了生产成本、增加了作物产量、减少了农药的使用量，在为农民增收的同时也保护了生态环境。未来转基因作物的研发向着提高产品品质、增加产品附加值的方向发展，如增加食物营养、改善食品风味、提高油料作物含油量、用于生物制药和工业原料等。未来转基因作物将向多元化方向发展，多基因叠加或兼具抗除草剂和抗虫等特性的复合性状转基因作物将成为未来转基因作物市场的主力军。同时，具有保健功能及能应用于工业生产的转基因制品相继研究成功，部分已上市销售。转基因作物的改良正由简单性状向复杂性状发展，由农业领域向能源、医药、化工等领域扩张。

转基因作物的推广带来了巨大的社会经济效益，已成为新的经济增长点，各国纷纷增加投入，希望研制出新型优良转基因作物新品种。早在1997年，美国就出台了“国家植物基因组计划”，孟山都和杜邦公司旗下的农业公司也投入大量资金进行研发，主宰了世界转基因作物的种子市场。近年来，印度、巴基斯坦、越南等亚洲国家也加大了对转基因作物研发的投入。

五、我国转基因作物发展现状

我国是传统的农业大国，尽管我国幅员辽阔，但多以山地、丘陵为主，不适宜耕种，在过去的时间里我国以世界6%的淡水和9%的耕地养活了世界22%的人口，创造了世界农业史上的奇迹。人口的持续增长，水资源的和土地资源的流失，病虫害、旱涝等自然灾害的频发，使得我国的粮食问题日益紧张。发展转基因育种技术可以有效缓解或解决这些问题。

我国是世界上最早开发和种植转基因作物的国家之一。我国转基因作物的研发大体可以分为两个时期。第一个时期是1986～2000年，目标是追踪世界科技前沿，研究内容主要是基因克隆、植物转化和转基因农作物的大田试验。第二个时期是从2001年至今，我国开展了自主创新研发，研究内容主要是转基因农作物的商业化生产、基因组测序和基因克隆研究。在国家“863”计划、“转基因植物研究与产业化专项”、“转基因植物新品种培育重大专项”等项目的资助下，我国的转基因作物研究取得了很大进展，研究对象种类达52种，位列前10位的作物分别为棉花、水稻、玉米、马铃薯、番茄、小麦、油菜、烟草、杨树和大豆。截至2012年，我国共有7种转基因植物获得了商品化生产许可，包括抗虫棉、抗病毒番茄、抗病毒甜椒、抗病毒木瓜、抗虫欧洲黑杨、耐储藏番茄和改变花色矮牵牛（万建民，2011）。

2008年国家转基因重大专项的实施，有力地推动了我国转基因作物的研发，成效显著。“十一五”期间，我国的科研工作者共完成了一批高产、抗旱、耐热、耐盐碱、品质改良和养分高效利用等性状基因的功能研究；获得多个功能明确、具有重要应用价值、拥有自主知识产权的功能基因；建立了主要植物的规模化转基因技术体系，培育出了一批抗病虫、抗逆、优质、高产、高效的重大转基因生物新品种，为我国农业可持续发展提供了强有力的科技支撑。在生物育种产业方面，针对现有的抗虫棉后期抗虫性弱、双价抗虫基因（*Bt+CpTI*）表达不同步、抗棉铃虫而不抗蚜虫等问题，成功培育出转入新型融合抗虫基因 *Cry CI* 的转基因抗虫棉，有效减轻了以上问题的困扰。我国转基因抗虫水稻（*Cry1Ab/Cry1Ac*）、转植酸酶基因玉米已经获得了生产应用安全证书（旭日干等，

2012）。此外，还有大批农艺性状优良、新型抗虫、抗除草剂、抗旱、抗病、品质改良及具有复合性状的转基因作物处于中间试验或环境释放阶段。

2012 年，我国转基因作物种植面积达到 400 万 hm^2，占世界转基因作物种植总面积的 2.3%，位居世界第 6 位（James，2013）。转基因作物的推广推动了我国农业经济的发展。以转基因棉花为例，1999 年，我国转基因抗虫棉仅占据了市场份额的 5%，而到 2009 年，国产抗虫棉已占据了市场份额的 93%以上。到目前为止，国产抗虫棉已累计推广 3 亿多亩，每年减少农药用量 1 万～1.5 万 t，为棉农带来直接经济效益 590 多亿元（李建平等，2012）。

尽管经过 20 多年的发展，我国在基因克隆、转基因技术、新品种培育和应用等方面取得了重要进展，但整体上还是滞后于国际转基因生物产业的发展，这主要是由于核心技术自主创新能力不足。据统计，世界上 70%以上的抗虫专利和 84.5%的抗除草剂基因 EPSPS 专利都掌握在孟山都、杜邦、先正达等 5 家公司手中。其中孟山都公司控制了全球 50%以上的转基因抗虫品种和 69.2%的抗草甘膦品种，实现了抗虫、耐除草剂作物的大规模应用，且已研制成功抗旱、多基因叠加的转基因品种及转基因生物能源产品，即将投入市场（万建民，2012）。与之相比，我国转基因研发则存在较大差距，我国目前获得的基因专利总数不足美国的 10%，且其中具有真正应用价值的基因数量少（李建平等，2012）。如何优化资源配置、加大科研开发力度、挖掘更多具有自主知识产权的关键基因是我国转基因作物产业化要解决的首要问题。

第二节　转基因作物安全性

一、转基因作物及其产品潜在的危险性

转基因技术在农业生产中的大规模应用，改变了传统的育种方式，使人们可以定向改良作物的性状，带来了巨大的社会、经济和生态效益。同时，转基因作物的推广也改变了生物进化的过程，可能对人类、动物的健康和生态环境产生负面影响，因此，自转基因作物诞生以来就一直有争论（Bergelson et al.，1998；Crawley et al.，2001；Prakash，2001）。随着转基因作物商业化生产进程的加快，各国进入田间试验的转基因作物品种迅速增加，越来越多的转基因作物获准进行环境释放，进入商品化生产，人们对其安全性的疑虑也随之加剧。

转基因作物安全问题本质上是一个科学问题，与特定的转基因作物及其产品息息相关，是由特定的转基因作物或产品引起的确定的或潜在风险。新的基因、新的遗传转化方法、新的目标性状，以及由转基因而引起的生物体及其产品用途的改变都可能带来潜在的风险。同时，由转基因作物安全引发的经济、社会和政治问题也必须依靠科学来解决，评估转基因作物的安全性，协调和均衡生物技术产业发展所引起的不同利益集团的冲突，回答社会公众对转基因生物安全的关注和质疑，都必须以科学为基础。

联合国粮食及农业组织和世界卫生组织分别曾在 2004 年、2005 年发布报告指出转基因作物及其制品尚未产生已知的负面影响。此后，美国和欧洲的相关部门也明确指出现在进行商品化生产的转基因农作物尚未发现生物安全性问题。在国际公认的学术期刊

上发表的有关转基因作物安全性的文献中，绝大多数研究得出的结论支持转基因农作物的安全性，但多年来仍有一些报道认为转基因作物存在安全风险。这些报道大多被科学界或相关权威机构从方法或结果的验证上进行了否定，但这些报道的结论仍被频繁引用，误导了公众。为了保障人类、动物健康，生态环境平衡和社会和谐，建立稳定、成熟的转基因作物安全监控体系是十分必要的。转基因作物的安全监控主要针对转基因作物及其制品的安全性和生态环境安全性两个方面。

1. 转基因作物及其产品的食品（饲料）安全性

转基因作物可以作为食品和动物饲料的加工原料，以转基因食品和饲料的形式进入食物链。由于植入了动植物、病毒和细菌的基因，转基因作物中新表达的蛋白质可能具有危害性，另外，外源基因的插入会干扰受体生物自身基因的表达，例如，激活不表达或表达水平低的基因的表达，其表达产物可能有害；或抑制编码营养成分基因的表达，降低转基因作物的营养价值；或促进编码毒素基因的表达，使之产生更多的毒素。因此，转基因作物及其产品作为食品或饲料，其安全性风险主要体现在以下几个方面。

（1）潜在毒性

有些作物本身就能产生少量的毒性物质，如龙葵素、甾醇、棉酚等，但以传统作物作为原料加工的食品和饲料中的毒素含量并不会引起中毒反应。转基因作物中外源基因的非预期表达，或转基因元件的非预期产物可能造成转基因作物中毒性物质的合成和积累，损害人类和动物的健康。国际上也出现了一些由于食用转基因作物及其产品而造成人和动物健康受影响的报道，引起了人们对转基因作物的抵制和恐慌。苏格兰 Rowett 研究所的 Pusztai 博士发现用转雪花凝集素的马铃薯喂食大鼠较喂食非转基因马铃薯的大鼠体重和器官质量减轻，免疫系统遭到破坏（Ewen and Pusztai，1999），引起国际社会的广泛关注。事后，英国皇家学会组织了专家对该实验进行同行评价，结果表明该实验设计不科学，实验过程存在很多错误、实验结果无法重复和再现，结果和结论不可信。2007年，法国的研究者发现喂食转基因玉米 MON863 的小鼠，不分性别，均表现出轻微的但与剂量相关的生长指标的显著变化，并存在肝肾毒害的可能（Séralini et al.，2007）。欧洲食品安全局转基因生物小组对该论文的评价结果显示，该论文提供的数据不能支持其结论，不存在新的证据表明转基因玉米 MON863 会对人类、动物健康及环境产生负面影响。

（2）潜在致敏性

食物过敏是指由食物或食物添加剂等引起的免疫球蛋白（IgE）介导的免疫反应或非 IgE 介导的免疫反应，导致消化系统内或全身性的变态反应。大多数转基因作物中都引入了一种或几种新的蛋白质，其中有些不是人类和动物食物的成分，这些蛋白质可能会引起食物过敏。Nordlee 等（1996）证明转入巴西坚果甲硫氨酸基因的大豆会引发人体的过敏反应。因此，尽管在这种转基因大豆中甲硫氨酸含量大幅提高，但其也未获准进入商品化生产。

（3）抗生素标记基因

抗生素抗性基因多作为选择标记基因在植物遗传转化及转基因植物的筛选、鉴定中具有重要作用。研究表明，外源基因片段能够进入人的肠胃（Heritage，2004；Netherwood et al.，2004；Ferrini et al.，2007），一旦抗生素抗性基因通过水平转移与人体或动物口腔、肠道微生物等互作，则可能导致新的病原微生物的出现或促使病原微生物协同进化，产生针对某一抗生素的抗药性。

（4）营养因子与抗营养因子

转基因作物中外源基因和其他转基因元件的插入及表达，可能引起转基因作物中一些营养成分和抗营养因子含量的改变，影响人群膳食营养。

2. 转基因作物对生态环境可能存在的风险

转基因作物的环境安全性是指转基因作物释放到环境之后对生态环境及其各组成部分可能产生的风险和影响。研究表明，转基因作物对生态环境可能存在的风险是由两个方面的原因造成的：一是由转基因作物自身带来；二是通过基因漂移由转基因作物转移到周围其他物种，从而对整个生态系统产生影响。转基因作物对生态环境的潜在危害主要体现在以下几个方面。

（1）转基因作物可能成为杂草

美国杂草科学委员会将杂草定义为“对人类行为或利益有害或有干扰的植物”。杂草生存竞争力强，生长迅速，而且能够产生大量长期具有活力、传播力强的种子，甚至能以一定的方式阻碍其他植物的生长（James，1996）。杂草的存在给世界农业生产造成了巨大损失，为了控制杂草，世界各国每年都要投入大量的人力和物力。某一物种可以通过两种方式转变成杂草：一是它能够在引入地持续地存在；二是它能入侵和改变其他植物的栖息地。通过基因工程手段，对目标植物转入短片段的DNA，可以提高转基因植物的生存竞争力，使其在生长势、越冬性、种子产量等方面优于非转基因植株，理论上其转变成杂草的可能性大大提高。对于自身具有很强杂草特性的作物，如水稻、小麦、高粱、油菜、苜蓿等来说，由于它们具有比其亲本植物更强的生存竞争力而使其转变成杂草的概率大幅增加。从另一方面考虑，杂草化是多个基因共同作用的结果，而现有的转基因作物往往只植入了一两个基因，这使得它们转变成杂草的概率变得很小（贾士荣，1997）。抗病、虫、除草剂和逆境的转基因作物通常在特殊的生态环境下生长势和竞争力会有所增加，一旦离开了特定的选择压力，其生存竞争力就不会增加，有时甚至会丧失。转基因玉米、棉花、水稻、马铃薯等的田间试验结果表明，与非转基因植株相比，转基因植株在生长势、种子活力和越冬能力等方面并无优势，其演变成农田杂草的可能性极小。转入除草剂基因、抗虫基因的转基因植物的生存竞争力试验结果表明，在没有选择压力的条件下，它们的生存竞争力与常规作物也无显著差别。

（2）转基因逃逸与基因漂移

转基因逃逸是指转基因植物中的外源基因通过基因漂移或天然杂交转移到其他非转基因品种或其野生近缘种中的现象。基因漂移是转基因逃逸的一种主要方式，这种现象伴随着生物进化的过程，是指一个生物群体中的遗传物质（一个或多个基因）通过不同媒介，如花粉、种子、无性繁殖器官等转移到另一个生物群体中的过程。

花粉介导的基因漂移是由花粉传播或有性杂交导致群体内或群体间个体之间的遗传物质发生交换而引起的。花粉介导的基因漂移的发生需要满足以下条件：①作物与其近缘野生种或杂草的距离必须在有活力的花粉所能传播的范围之内，且花期相遇；②作物与其近缘野生种或杂草杂交后能产生可育的后代，且转入基因能在后代中表达；③转入基因在近缘野生种或杂草种群中能够稳定地保持（Mallory-Smith and Zapiola，2008）。宋小玲等（2003）发现，转 *bar* 基因水稻的花粉可以在药用野生稻柱头上正常萌发生长，释放内含物，但杂交后不能结实，它在稗草柱头上不能正常萌发，二者杂交不亲和。与水稻不同，玉米则可以很容易地与大刍草进行杂交，且杂种一代高度可育，可自交和回交。加强对转基因作物花粉漂移规律的研究，可通过科学地种植规划和管理，有效地防止由花粉传播带来的基因漂移。

种子或无性繁殖器官介导的基因漂移则不涉及有性杂交过程，它们是通过种子或无性繁殖器官的扩散和传播而导致群体中个体间的交换而形成的（Petit et al.，1993；Ennos，1994）。在种子的生产、储藏、运输、贸易等过程中都有可能产生基因的流动。特别是随着世界贸易的发展，转基因植物的种子可以很快从一个洲到达另一个洲，从少有近缘野生种地区转移至有大量该作物近缘野生种的区域。这种方式造成的转基因扩散速度快且规模大，需要国际社会协同防范。

基因漂移本身并不存在风险，但是转基因成分通过基因漂移而逃逸到生态环境中，则可能会带来一定的风险。转基因逃逸的对象可分为三类：一是非转基因作物，二是野生近缘种，三是杂草。转基因逃逸的对象不同，其带来的生态风险存在较大差异。①外源转基因成分从转基因作物向非转基因作物的逃逸。这类逃逸通常会使非转基因作物种子中混杂转基因的种子，导致种子纯度下降，一方面可能引起地区间或国家间的贸易问题，严重时将挑起国家和地区间的法律和经济方面的争端；另一方面，如果这些混杂有转基因成分的种子用于良种和繁殖，则可能会影响传统品种种质资源的遗传完整性。2001年，美国加州大学伯克利分校的微生物生态学家 Chapela 和 Quist 发现玉米起源中心——墨西哥的玉米存在基因污染问题，发现污染的地区位于墨西哥偏远的南部山区的奥斯科萨卡州，该地区从未种植过转基因玉米，离它最近的转基因玉米的生产地也在 100 km 之外，从而使基因漂移问题受到极大重视（Quist and Chapela，2001）。该文章发表后，很多科学家就其在实验方法上的错误提出了批评，经反复验证，证实该地区的玉米并未受到转基因污染。②外源转基因成分从转基因作物向野生近缘种的逃逸。这类逃逸所带来的潜在生态影响与前者不同，由于经过遗传修饰的转基因可能会改变作物与野生近缘种杂种各世代的生态适合度和入侵能力，导致这些含转基因成分的杂种世代扩散，带来杂草问题和其他生态影响。同时，大规模的转基因逃逸还可能通过遗传同化作用、湮没效应和选择性剔除效应等，影响野生群体的遗传完整性和多样性，严重时甚至导致野生种群的局部灭绝。随着转基因植物的大量释放，不断有研究证实不同来源的转基因可通过花粉向相关近缘种发生转移。有实验证据表明，转基因油菜在自然条件下，转基因成分可通过花粉或种子传递到野生萝卜、白芥和芜菁等近缘野生种中（Ford-Lloyd，1998）。③外源基因从转基因作物向作物的同种杂草漂移。具有抗虫、抗逆、抗除草剂等自然选择优势的转基因成分漂移到作物的同种杂草，可能会提高该杂草的生存竞争力，加剧田间杂草的危害，为田间杂草的管理和控制带来困难。这方面也有案例，如抗除草剂基因可由转基因小麦转移到邻近的圆柱山羊草（Hanson et al.，2005）等。

（3）转基因作物对靶标生物的影响

抗虫转基因作物对靶标作物及相关生物物种多样性的影响。抗虫转基因作物的连年大面积种植，将会导致靶标害虫对抗虫作物中的杀虫蛋白产生抗性。目前商业化推广的抗虫转基因作物主要转入了 Bt 毒蛋白基因，Bt 基因在植物体的整个生长周期中持续高效表达，这期间害虫都受到杀虫蛋白的选择，促使害虫对 Bt 蛋白产生抗性。害虫获得抗性将削弱转基因植物本身的效益，导致杀虫剂的再次大规模使用。有证据表明，在实验室条件下，鞘翅目（甲虫类）、鳞翅目（蝶和蛾）和双翅目（苍蝇和蚊子）昆虫对 Bt 毒蛋白耐性呈增加状态（Tabashnik，1994）。在实验室中经过 16 代筛选棉铃虫可获得对三种 Bt 杀虫物质的抗性（Liang et al.，2000）。此外，抗虫转基因作物的种植，还可能会使害虫产生"行为抗性"和寄主转移现象。经过长时间的尝试，害虫能够区分 Bt 毒蛋白在植株不同部位的表达量，选择 Bt 毒蛋白含量较低的部位，从而提高种群的存活率。另一种情况是如果目标害虫寄主植物来源广泛，在不适口的条件下害虫会转而取食其他非转基因寄主植物。

目前商业化推广的耐除草剂转基因作物主要植入了包括 5-烯醇丙酮酸莽草酸-3-磷酸合成酶基因（草甘膦耐性）、草甘膦乙酰转移酶基因（草甘膦耐性）、草甘膦氧化酶基因（草甘膦耐性）、乙酰乳酸合酶基因（磺酰脲和咪唑酮类除草剂抗性）、草铵膦乙酰转移酶（草丁膦抗性）、腈水解酶基因（苯腈类除草剂抗性）、麦草畏 *O*-脱甲基酶基因（麦草畏抗性）在内的 7 种基因。耐除草剂转基因作物与杂草和野生近缘种杂交后，可产生抗除草剂的新型杂草。此外，在使用除草剂剂量不足的情况下，对除草剂有抗性的杂草仍能生长并取代对除草剂敏感的杂草，从而改变杂草种群的结构。此外，若长期施用除草剂剂量不足，对除草剂敏感的杂草也会逐渐发展出对除草剂的耐性，转变为对除草剂耐受性更高的杂草。

转基因抗病毒作物对生物多样性的影响主要体现在如下方面。①病毒之间的重组或相似核苷酸之间的交换，会导致新病毒的产生。目前已经发现，苜蓿花叶病毒属、马铃薯病毒属、大麦病毒属等 RNA 病毒间可进行重组，花椰菜花叶病毒属和双生病毒科 DNA 病毒间可以进行重组。研究发现豇豆褪绿斑驳病毒（CCMV）和番茄丛矮病毒（TBSV）的外壳蛋白 *CP* 基因缺陷型病毒基因组 RNA 接种于各自的转 *CP* 基因植株后，能与转基因植株中的 *CP* 基因重组而形成野生型病毒（Borja et al.，1999; Greene and Allison，1994）。②病毒的转衣壳作用或重组可能扩大病毒的寄主范围。当有其他病毒入侵转衣壳蛋白的转基因作物时，入侵病毒的核酸可能会被转基因作物表达的衣壳蛋白所包装，从而改变病毒寄主范围或传播方式。在田间试验中，尚未发现转基因抗病毒作物中病毒的转衣壳现象（贾士荣等，1999）。病毒的重组也可促进病毒扩大其寄主范围。Chen 和 Francki（1990）用黄瓜花叶病毒（CMV）的衣壳蛋白包装烟草花叶病毒（TMV）的基因组，结果原来不能经蚜虫传播的 TMV 也可以被蚜虫传播。③病毒的协同作用可能会使病毒病更为严重。抗病毒转基因作物只对特定种类病毒的侵入有较好的抵抗作用，而对其他病毒没有抗性，当其他病毒侵染转基因抗病毒作物后，转化的病毒基因就可能和侵染病毒互作，导致病毒病的发展。

（4）转基因作物对非靶标生物的影响

释放到环境中的抗虫和抗病类转基因作物不仅会对靶标生物产生影响，而且会对非靶标生物产生影响。这种影响可能是直接的毒性作用，也可能是通过食物链对非靶标生物产生的间接作用。①转基因作物对非靶标害虫的影响。研究表明，以粘有转 *Bt* 基因玉米花粉的植物叶片饲喂菜粉蝶、大菜粉蝶和小菜蛾，均会导致其生长发育的延滞和存活率的下降（Felke et al.，2002）。由于转基因作物对目标害虫具有极强的针对性，势必导致目标害虫数量的下降，使田间生物群落中种与种之间的竞争格局发生改变，某些非靶标害虫上升为主要害虫（Schuler et al.，1999）。转基因抗虫棉的推广有效控制了棉铃虫，但由于施用化学农药量的减少，棉盲蝽的为害加重（Wu et al.，2002）。②转基因作物对目标害虫天敌的影响。这种影响体现在转基因作物表达的毒蛋白或改性蛋白对天敌发育和存活的直接或间接毒害，天敌对目标害虫行为、生理、生殖的反应，天敌种类和种群数量的变化等。多数研究表明，天敌的生长发育、生殖等特征，种群结构等没有受到转基因作物的影响（Zwahlen et al.，2000；Duan et al.，2002；Ferry et al.，2003；李娜等，2004），但也有少量研究表明转基因植物对其产生了不利影响，如取食 Bt 棉上的棉蚜，会使龟纹瓢虫成虫的畸形率上升（Zhang et al.，2006a）；取食 Bt 玉米的靶标害虫对普通草蛉幼虫有毒害作用（Hilbeck et al.，1998）。③转基因作物对传粉昆虫的影响。自然界中约 80%的显花植物是虫媒花，随着转基因作物种植面积的扩大，人们担心传粉昆虫是否会受到转基因作物的不良影响。对这类昆虫的研究多集中在蜂类昆虫上，目前的研究表明，转基因作物的花粉对工蜂无急性毒性作用，对蜜蜂的取食行为无显著影响，但抗虫转基因作物中转入的一些蛋白酶抑制剂基因的表达产物则会对蜂类的蛋白酶活性、嗅觉、行为特征等产生不良影响（Malone et al., 1998; Picard-Nizou et al., 1997; Pham-Delègue et al.，2000；Brodsgaard et al.，2003）。④转基因作物对经济类昆虫的影响。家蚕和柞蚕与 Bt 作物的靶标害虫同属鳞翅目，它们的养殖主要分布在我国的东部地区，北方养蚕区多采用玉米和桑树间作或混作的种植模式，南方地区则主要采用桑稻间种的种植模式。若转 Bt 玉米和水稻大面积推广，很可能会对这两类经济昆虫造成不良影响。研究表明，将桑叶上粘上高剂量 Bt 转基因水稻花粉或 Bt 转基因水稻生米粉后饲喂家蚕，家蚕的生长发育会受到一定影响，而低剂量的和煮熟的 Bt 转基因水稻米粉则对家蚕无影响（王忠华等，2001，2002）。以粘有不同浓度转 *Cry1Ac* 基因棉花、*Cry1Ab* 基因玉米和转 *Cry1AcCpT1* 基因棉花花粉的桑叶喂食家蚕，未发现实验组家蚕的发育和生殖有显著变化（李文东等，2002）。

（5）转基因作物对土壤生态系统的影响

转基因作物中外源基因及其表达产物可以根系渗出物或作物残茬形式进入土壤中，对土壤微生物和土壤动物产生影响。Saxena 等（2002）通过实验证实，转 *Bt* 基因玉米根系分泌物中的 *Bt* 蛋白可在土壤中存在 180 天以后，仍具有杀虫活性。Stotzky（2004）的研究表明，Bt 蛋白不易被土壤微生物分解，其活性持续时间与黏粒含量成正比，与土壤 pH 成反比。转基因作物产生的外源蛋白的作用范围及其在土壤中的积累量可能对土壤中微生物的种类、数量和组成产生直接影响（Morra，1994）。Donegan（1995）发现美国的几种 Bt 抗虫棉种植土壤中微生物的种类、数量和组成与常规棉存在显著差异。此后，Watrud 和 Seidler（1998）也发现转 *Bt* 基因棉花的种植导致土壤中细菌和真菌数量的增多。由于外源基因的导入和表达，转基因作物的代谢、生理生化和根系分泌物的组成都可能发生变化，转基因作物的根系分泌物或残茬进入土壤后，可与土壤微生物相互作用，改变土壤微生物对外来底物的利用，从而对土壤微生物群落结构和多样性产生影响（Morra，1994）。另外，土壤动物功能群在土壤物质转化及养分释放过程中起着重要作用。

研究表明，转基因植物的存在影响了土壤的动物群落。例如，转蛋白酶抑制剂 I 的烟草会使土壤中线虫密度增加，从而导致土壤动物群落和植物残留物分解的改变（Donegan et al.，1997）；Bt 玉米的种植影响了土壤弹尾目昆虫的繁殖率（Sims and Martin，1997）。

（6）转基因作物对生物多样性的影响

转基因作物可能会通过食物链产生累积、富集和级联效应，对生态系统稳定性和生物多样性产生影响。转基因作物较强的针对性和专一性，会改变生物群落结构和功能，使一些物种种群数量下降，另一些物种数量上升，造成生物多样性和生态系统稳定性的降低，影响正常的生态营养循环流动。转基因作物对生物多样性和生态系统的影响可能是微小的、难以觉察的，需要进行长期的监测和研究。

转基因作物的安全性问题是关系到国计民生的大事，做好转基因作物的安全性评价、加强对转基因作物的管理是保持经济、社会和环境和谐发展的必然要求。尽管国内外关于转基因作物安全性的研究已经取得一定进展，但由于缺乏完整、规范的评价转基因作物安全性的方法和程序，国内外学者对同一转基因作物的安全性作出了不同的甚至相反的评价，造成人们解读的困惑。针对目前转基因植物的研究现状，应设计科学、合理的实验对商业化大面积释放的转基因植物的安全性进行长期的监测研究，积累足够多的数据，同时发展能够快速准确检测转基因植物生态风险的新方法和新技术，建立转基因植物生态安全性评价的技术体系。只有这样，才能够充分发挥转基因技术在农业生产上的巨大应用潜力，同时将转基因植物的潜在危险降到最低水平。

二、转基因作物安全性评价的原则和目的意义

1. 转基因作物安全评价的原则

转基因作物安全是基于转基因作物及其产品的研究和应用所导致的潜在风险，它与转基因作物遗传物质的改变及改变的方式密切相关，新的基因、新的目标性状、新的遗传转化方法及新的用途，都可能带来新的风险。2007 年，农业部农业转基因生物安全管理办公室农业部科技发展中心出版了《农业转基因生物安全评价》一书，对目前被国际社会所认同的安全性评价原则进行了概括总结，内容主要包括以下几个方面。

（1）科学性原则

转基因作物及其产品安全性评价应以科学的态度和方法为基础，利用先进的科学技术和科学的评价方法，认真收集科学数据并对其进行统计分析，以获得转基因作物及其产品的安全评价的科学结论。

（2）实质等同原则

该原则是通过比较转基因作物及其产品与其非转基因对照在主要营养成分、生存竞争力、致敏性、毒理学、抗营养因子等方面是否一致，如果不存在显著差异，就认为转基因作物及其产品与非转基因对照实质等同。

（3）个案分析原则

在转基因作物及其产品的安全评价过程中，应针对个案制定相应的评价方法。必须针对具体的外源基因、受体作物、遗传转化方式、转基因作物的特性及其释放的环境等因素进行具体的研究和评价，通过综合全面的研究得出准确的评价结果。

（4）熟悉原则

在转基因作物及其产品的安全性评价过程中，必须对各个环节，包括外源基因、受体作物、遗传转化方式、转基因作物的特性及其释放的环境等非常熟悉和了解，这样才能使得转基因作物的评价得到充分简化。

（5）逐步深入原则

对转基因作物的安全性评价应分阶段进行，对每个阶段设置具体的评价内容，逐步而深入地开展评价工作。

（6）预防原则

对一些潜在的严重威胁或不可逆的危害，即使缺乏充分的科学证据证明危害发生的可能性，也应该采取有效措施防止由于出现这种危害而给环境带来的灾难性后果，以把转基因作物及其产品可能存在的风险降到最低程度。

2. 转基因作物安全评价的目的意义

鉴于转基因作物的潜在风险性，对转基因作物进行安全性评价是十分必要的，其目的意义主要体现在以下方面。

（1）为决策者提供科学的决策依据。转基因作物安全性评价是进行技术安全管理和科学决策管理的需要。尽管对于生物安全性的理解和要求因人而异，但对于每一项具体工作的安全性和危险性进行科学客观的评价，划分合理的安全等级，在技术上是可行的。安全评价的结果是制定必要的安全监测和控制措施的工作基础，也是决定该项转基因技术的工作是否应该开展或应该如何开展的主要科学依据。

（2）保障人类健康和环境安全。通过转基因作物安全性评价，可以明确转基因作物或其产品是否存在潜在风险及其危险程度，根据评价结果，可有针对性地采取与之相适应的监测、管理和控制措施，以避免或降低因转基因技术及其产品的应用对人类和环境所带来的潜在危害。

（3）回答公众疑问。由于公众缺乏对转基因技术原理及操作过程的了解，在错误的舆论导向下，容易对转基因作物及其产品产生恐惧心理。对转基因作物进行安全性评价有利于提高公众对转基因产品的了解，消除其疑虑。

（4）促进国际贸易和维护国家权益。随着全球经济一体化进程的推进，国际贸易日益发达，转基因生物技术及其产品的安全水平与用途、使用方式及其所处环境有极其密切的关系，因而应该保证转基因作物及其产品在不同环境下都具有相对安全性。对进出口转基因作物的安全性评价和检测水平，不仅关系到国际贸易的正常发展和国际竞争力，也关系到国家的整体形象和权益。

（5）促进转基因生物技术可持续发展。随着转基因技术在农业、医药等领域产业化进程的飞速发展及其所带来的巨大的经济、环境和社会效益，对其进行安全性评价显得日益迫切。通过对转基因生物技术及其产品的安全性评价，可以帮助人们更为科学、合理地认识转基因技术及其产品的安全性问题，督促人们及时采取有效的措施来降低或防止其对人类健康和生态环境可能产生的不利影响，使转基因生物技术及其产品逐渐被公众普遍接受，推动转基因生物技术产业的发展。

三、转基因作物及其产品安全性评价的内容

转基因作物及其产品的安全性评价主要包括食品安全性评价和环境安全性评价两个部分。为进一步加强与规范转基因植物的安全性评价与监管，2001 年 5 月 23 日国务院颁发了《农业转基因生物安全管理条例》（2011 年又对本条例进行了修订，见附录），根据此条例，农业部于 2002 年又发布了《农业转基因生物安全评价管理办法》、《农业转基因生物进口安全管理办法》和《农业转基因生物标识管理办法》。这些管理条例及办法的发布，标志着我国对农业转基因生物的研究、试验、生产、加工、经营和进出口活动开始实施全面管理。2007 年 9 月，农业部农业转基因生物安全管理办公室又发布了《转基因植物安全评价指南》，对转基因植物安全性评价内容做了进一步调整与扩充。现行的转基因植物安全评价内容主要包括以下几个方面。

1. 分子特征

从基因水平、转录水平和翻译水平上考察外源基因在植物基因组中的整合和表达情况。表达载体的相关资料包括：目的基因与载体构建的物理图谱，目的基因的受体生物、结构、功能和安全性评价，表达载体其他主要元件（启动子、终止子、标记基因、报告基因及其他表达调控序列）信息。目的基因在植物基因组中的整合情况：利用 PCR、Southern 杂交等方法，分析外源基因在植物基因组中的整合情况，包括目的基因和标记基因的拷贝数、外源插入片段的侧翼序列、标记基因、报告基因或其他调控序列删除情况等。外源插入片段的表达情况：外源基因的表达可在转录和翻译两个水平上进行检测。外源基因在转录水平上的表达情况可通过实时定量 PCR 和 Northern 杂交等方法进行检测，获得主要插入序列（如目的基因、标记基因等）在目标植物的组织和器官中的转录表达情况。外源插入序列在翻译水平上的表达情况则可通过 ELISA 或 Western 杂交的方法检测。

2. 遗传稳定性

评价转基因植物世代间的基因整合和表达情况。目的基因整合的稳定性，主要采用 Southern 杂交检测目的基因在转化体中的整合情况，明确转化体中目的基因的拷贝数及在后代中的分离情况。目的基因表达的稳定性，是指利用实时定量 PCR、Northern 杂交和 Western 杂交等手段提供的目的基因在转基因植株后代中转录和翻译水平表达的稳定性。目标性状表现的稳定性，即采用适当的观察手段检查目标性状在转化体不同世代中的表现情况。

3. 环境安全性

评价转基因植物对生态环境造成的影响。①生存竞争力：需提供自然环境下，转基因植物与受体在种子活力、种子休眠特性、生长势、生育期、越冬越夏能力、抗病虫能力等适合度变化与杂草化风险评估等方面的实验数据和结论。若受体植物为多年生草类，如饲草、草坪草，或目标性状会增强生存竞争力时，应根据个案增加补充材料。②基因漂移对环境的影响：如果转基因植物存在可交配的野生近缘种，需要提供其野生近缘种

的地理分布范围、发生频率、生物学特性及转基因植物与野生近缘种的亲缘关系资料。如果存在同一物种的可交配植物类型，则需提供同一物种植物类型的分布及其危害情况。对于存在以上两种情况，但又无相关数据和资料的，可设计试验对外源基因漂移风险及可造成的生态后果进行评估。③转基因植物的功能效率评价：需要提供自然条件下转基因植物的功能效率评价报告。若评估对象为有害生物抗性转基因植物，则需提供对靶标生物的抗性效率试验数据。抗病虫转基因植物需提供其在田间和室内试验条件下对靶标生物的抗性检测报告、靶标生物在转基因受体品种季节性发生危害情况和种群动态的试验数据。④有害生物抗性转基因植物对非靶标生物的影响：根据转基因植物与外源基因表达蛋白的特点和作用机制，选择性地提供对相关非靶标植食性生物、有益生物等其他非靶标生物潜在影响的评估报告。⑤对植物生态系统群落结构和有害生物地位演化的影响：根据转基因植物与外源基因表达蛋白的特异性和作用机制，选择性地提供其对相关植物、动物、微生物群落结构和多样性的影响，即转基因植物生态系统下病虫害等有害生物地位演化的风险评估报告等。⑥靶标生物的抗性风险：是指靶标生物由于连续多代取食转基因植物，敏感个体被淘汰，抗性较强的个体得以生存、繁衍，逐渐成为高抗种群的现象。抗病虫害转基因植物需提供对靶标生物的作用机制和特点等资料，其商业化种植前靶标生物的敏感性基线数据，抗性风险评估依据和结论，以及拟采取的抗性监测方案和治理措施等。

4. 食用安全性

评价转基因植物与非转基因植物食用的相对安全性。①新表达物质的毒理学评价。主要包括新表达蛋白的分子和生化特征信息、新表达蛋白与已知毒蛋白和抗营养因子氨基酸序列相似性比较、新表达蛋白热稳定性、体外模拟胃液蛋白消化稳定性等方面的信息。如果新表达蛋白质无安全食用历史，或安全性资料不足时，必须提供急性经口毒性资料；新表达的物质为非蛋白质，如脂肪、核酸、维生素和碳水化合物及其他成分，其毒理学评价包括毒性动力学、遗传毒性、慢性毒性/致癌性、亚慢性毒性等方面。②致敏性评价。主要评价基因供体是否含有致敏原、插入基因是否编码致敏原、新蛋白质在植物食用和饲用部位表达量；比较新表达蛋白与已知过敏原氨基酸序列的同源性关系；供体含致敏原的，或新蛋白质与已知致敏原有较高序列同源性的，应提供与已知致敏原为抗体的血清学试验资料；受体植物本身含有致敏原的，应提供致敏原成分含量分析的资料。③关键成分分析。应提供受试植物的基本信息，包括名称、来源、所转基因和转基因性状、种植条件等资料。提供同一物种对照物多个关键成分，如营养、天然毒素及有害物质、抗营养因子等成分的天然变异阈值及文献资料等。④营养学评价。如转基因植物在营养、生理作用等方面发生改变，应提供营养学评价资料，包括动物体内主要营养成分的吸收利用资料、人群营养成分摄入水平资料和最大可能摄入水平对人群膳食模式影响的评估资料。⑤生产加工对安全性影响的评价。应提供与非转基因对照植物相比，生产加工、储存过程是否可改变转基因植物产品特性的资料。⑥按个案分析原则需进行的其他安全性评价。对关键成分有明显改变的转基因植物，需提供其改变对食用安全性和营养学评价资料。

四、国内外转基因作物监管模式比较

转基因作物安全是环境安全的一种，具有如下特征。①在国家之间具有很高的流动性。随着全球经济一体化进程的不断加快，国与国之间的人口、贸易流动性不断上升，对于外来生物来说，不论是通过陆地、海洋还是空中航线，都可能到达世界的每个角落。②滞后性。由于科技水平的限制，转基因作物对环境、人类健康和社会等因素的影响往往不能当时得到正确的评估，只有经过相当长的一段时间之后，才能得到相对准确的评价。③协同性。协同性是指在转基因作物研发过程中所利用的原料和产品进入环境后，可能产生毒性和污染，或在转基因作物的种植过程中，转基因通过基因漂移等方式传播到周边的非转基因作物中，造成转基因污染等。④连带性。转基因作物可能带来的风险是全面的，一旦发生生物安全问题，不仅会影响生物多样性、生态平衡和人类的身心健康，而且会影响到国家的政治、经济、军事安全及社会伦理和道德等方面。

目前，世界各国对转基因作物均实行安全管理，以及时防范和发现转基因作物可能带来的风险。联合国环境规划署和《生物多样性公约》秘书处于 2000 年 1 月通过了《卡塔赫纳生物安全议定书》，从而确立了处理生物安全问题的国际法律框架。此外，世界卫生组织、联合国粮食及农业组织、国际食品法典委员会等国际组织均制定了转基因生物安全风险评价指南。各国均制定了符合本国利益需求的相关法规，并建立了不尽相同的管理模式（李宁等，2010）。

1. 以美国为代表的转基因作物监管模式

美国是世界上转基因作物研发最早也是最快的国家，最先建立了完备的转基因生物安全管理体系。美国政府早在 1986 年就颁布了“生物技术监管合作框架”，以指导相关联邦机构监管生物技术产品的研发和商业化。该框架指出，转基因产品与常规产品无本质区别，转基因生物仅以产品进行管理，以个案为原则进行审查，不需要针对转基因生物重新制定法律，而应在现有法律框架下制定实施法规。即在原有法规上增加关于转基因安全管理的内容，仍交由原部门管理，强调产品本身是否有实质性的安全问题，而不是强调是否使用了转基因技术。主张遵循“可靠科学原则”对转基因作物进行管理，只有可靠的科学证据证明转基因作物存在风险并可能导致损害时，政府才能采取管制措施。

美国的转基因生物安全管理由农业部、环境保护局和食品药品监督管理局三个部门负责执行，这三个部门分别在现有法律框架下制定了一系列具体的法规和风险评估制度。农业部主要负责转基因生物的农业和环境安全，具体管理转基因生物的进口、跨州转移、环境释放和解除田间种植管制四类活动。环境保护局主要负责用作农药的转基因生物的安全应用，具体管理农药的试验许可、登记和残留限量。转基因微生物农药和抗虫、抗病毒转基因植物被纳入《联邦杀虫剂、杀菌剂和杀鼠剂法案》的管理范畴，在农药管理模式的基础上建立了转基因生物管理制度，它与农药管理程序相同，只是在资料要求中增加了转基因的相关条款。与常规农药相比，转基因农药具有需要提交的数据资料少、审查时间短的优点。食品药品监督管理局主要负责转基因生物的食品饲料安全及标识，它建立了转基因食品的自愿咨询制度，产品安全由研发者和生产加工者共同负责，研发者可在产品上市前咨询转基因产品的安全。

按照转基因生物对农业和环境潜在风险的高低，美国农业部建立了以风险为基础的分类安全评价制度。风险较低的转基因生物的释放采用通知程序，而风险较高的转基因生物的释放则采用许可程序。除工业用和药用转基因植物外，其他转基因生物都可以申请非管制状态，一旦获准，该转基因生物将不再受《作物植物有害生物或有理由认为植物有害生物的转基因生物和产品的引入》法规的管制。

转基因生物上市后，美国联邦政府负责转基因生物的安全监管。美国农业部动植物检疫局建立了强大的、以风险为基础的监管体系，包括执法检查、人员培训和文档保存。农业部要求研发者主动报告潜在的、可疑的或已经发生的转基因生物违规事件，并设立专门的报告通道。对于植物内置式农药（如抗虫转基因作物等）的登记，美国环保局一般会要求附加两个限定条件，一是在野生近缘种存在的地区，禁止其商业化种植，二是要求研发者检测靶标生物对转基因植物的抗性，并据此制定抗性治理策略。

美国对转基因产品采取自愿标识制度。标识的阈值是指某一产品中含有转基因成分的比例，一般有两种计算方式：一种是质量百分比，另一种是外源基因拷贝数与内标准基因拷贝数的比值。目前除欧盟采用拷贝数之比计算阈值外，其他各国均采用质量比计算阈值。根据《联邦食品药物及化妆品法案》的规定，只有当转基因食品与其传统对应食品相比具有明显差别、用于特殊用途或具有特殊效果和存在过敏原时，才属于标识管理的范围。美国食品药品局要求转基因标识必须是真实的，不能误导消费者。

2. 以欧盟为代表的转基因作物监管模式

欧盟在 20 世纪 80 年代开始对转基因生物安全管理立法，90 年代初形成了比较完善的法规体系。2002 年，欧盟成立了欧洲食品安全局，统一负责转基因生物环境安全和食用安全风险评估，实现了对转基因食品从农田到餐桌的全程监控。欧盟对转基因生物安全管理采取“预防原则”，即科学有局限性，科学评估转基因产品所需的完整数据需要许多年后才能获得，而且无论研究方法多么严格，结论总会有某些不确定性，但政府不能等到最坏的结果发生后才采取行动。欧盟认为，转基因技术存在潜在风险，通过转基因技术得到的转基因生物都需要进行安全评价和监控，因此欧盟对转基因产品采取严格限制制度。

欧盟与转基因生物安全有关的法规包括两类，一是横向系列法规，二是与产品相关的法规。横向系列法规包括基因修饰微生物的封闭使用指令、基因修饰生物的有意释放指令和基因工程工作人员劳动保护指令。产品相关法规则包括基因修饰生物及其产品进入市场的指令、基因修饰生物与病原生物体运输的指令、饲料添加剂指令、医药用品指令和新食品指令等。2002 年，欧盟发布了《关于转基因生物有意环境释放的指令》（2001/18/EC 指令）以替代 1990 年颁布的 90/220/EC 指令，规范了任何可能导致转基因生物与环境接触的行为，包括转基因生物及产品田间试验、商业化种植、进口和上市销售。根据指令，转基因生物在进口和上市销售前，必须接受严格的风险评估。转基因生物及其制品上市后，欧盟对其采取追踪制度和强制标识制度进行严格的管理。追踪制度是指所有上市的转基因产品在整个生产和流通环节都必须要有记录，且记录需保存 5 年。转基因生物及其产品在投放市场前后，生产者应当以书面形式使每个接收产品者知晓该产品的转基因成分信息。此外，任何一个成员国在与该指令不相违背的前提下都可以对转基因作物的生产方式进行限制，以避免转基因产品污染非转基因农作物。强制标识制度是指不管最终产品中是否含有可检测的转基因成分，所有含有转基因成分的食品、饲料和由转基因原料生产的食品和饲料都应该标识。当食品中混入转基因成分的情况是偶然的或技术上不可避免的，且转基因成分含量低于0.9%时，可以不对其进行标识。如果混入食品中的转基因成分来源于尚未被欧盟批准上市销售的转基因品种，且其已被欧盟食品安全局认为不具有风险，只有当其中转基因成分含量低于0.5%时，才能免除标识。此外，免除标识仍然要求生产者能够充分证明其已经在每个适当的步骤中采取了措施以避免转基因的污染。

3. 以日本、韩国为代表的转基因作物监管模式

日本、韩国等国家对转基因生物安全的管理介于美国与欧盟之间，奉行“不鼓励、不抵制、适当发展”的理念。这也是世界上多数国家采用的方式。

日本对转基因生物单独立法，将转基因生物分为两类，一是使用转基因生物时不采取任何密闭措施，直接用于食品、饲料的加工，这类转基因生物的使用者需向有关部门提交生物多样性风险评估报告和相关申请，经主管部门批准后方可使用；另一类是指转基因生物在有密闭措施的情况下，使用者必须采用密闭措施并得到有关部门的认可。日本对转基因农产品采取强制标识和自愿标识共存的制度。对转基因农产品及其加工食品、不区分转基因与非转基因的农产品及其加工食品进行强制标识，而对非转基因农产品及其加工食品进行自愿标识。国内不存在转基因生物的食品不能进行非转基因标识。转基因生物经加工后不再含有重组DNA或蛋白质的产品采取自愿标识，但是在营养成分及用途上与常规食品有显著改变的需要进行强制标识。转基因食品的标识阈值为5%，即当食品主要原料中批准的转基因成分低于5%时自愿标识，5%及以上则必须进行强制性标识，而对于未批准的转基因生物，转基因食品的标识阈值为0。

韩国在转基因生物进入生产前，生产者须向农林水产省提出环境风险评估申请。申请批准后，进行环境风险评估，如果确认转基因作物与常规作物在环境安全性上无显著性差别，则允许进行环境释放。转基因食品商品化前，转基因食品制造者或进口者应向食品药品管理厅提出食品风险评估申请，获准后方能进入市场。对已经批准的转基因生物，若有新的科学证据表明对环境产生不利影响或存在潜在风险，则可以随时取消已颁发的许可。韩国对转基因农产品和食品实行强制标识制度，通过安全评价审批的转基因农产品，无论进口还是在国内种植，均需标识。当农产品中混入的转基因成分不超过3%时，可以不进行标识。

4. 我国的转基因作物监管模式

随着生物技术的发展，我国在发掘新基因、转基因植物新品种培育和转基因植物的商业化应用等方面取得了巨大进展。为了加强对国内外转基因作物的管理，我国制定了一系列的法律法规对转基因植物的安全管理进行规范。1993 年 12 月，原国家科学技术委员会颁布了《基因工程安全管理办法》，在此基础上，农业部于 1996 年 7 月发布了《农业生物基因工程安全管理实施办法》。2001 年 5 月国务院颁布了《农业转基因生物安全

管理条例》，将农业转基因生物安全管理从研究试验延伸到生产、加工、经营和进出口各个环节。2002 年以来，农业部又以部长令的形式先后发布了与《农业转基因生物安全管理条例》配套的四个管理办法，即《农业转基因生物安全评价管理办法》、《农业转基因生物进口安全管理办法》、《农业转基因生物标识管理办法》和《农业转基因生物加工审批办法》。这些法律法规的实施，标志着中国农业转基因生物安全管理进入了法制化、规范化的管理轨道。

根据《农业转基因生物安全管理条例》及配套办法的规定，我国建立了农业转基因生物安全评价制度，对农业转基因生物实行分级、分阶段的安全评价和管理。我国设立了农业转基因生物安全委员会，按照法律法规的要求，遵循“科学、个案、熟悉、逐步”的原则，参考世界卫生组织、国际食品法典委员会、联合国粮食及农业组织等制定的转基因生物安全评价指南，开展农业转基因生物安全评价工作。我国的安全评价分为实验研究、中间试验、环境释放、生产性试验和申请领取安全证书五个阶段。对于转基因作物及其产品的监管，农业部还出台了一系列的监管政策和措施，包括生产许可证制度、经销许可证制度、标识制度、进出口管理制度和加工审批制度，对转基因生物安全管理涉及研究、试验、生产、加工、经营和进出口等各个环节，实行全程管理。

在标识管理方面，我国实行强制性标识制度，但没有设置具体的标识阈值。含有转基因成分并符合我国《农业转基因生物标识管理办法》规定的五大类 17 种转基因产品的必须进行标识，这些产品包括大豆、大豆种子、大豆粉、大豆油、豆粕、玉米、玉米种子、玉米油、玉米粉、油菜籽、油菜种子、油菜籽油、油菜籽粕、棉花种子、鲜番茄、番茄种子和番茄酱。

5. 低水平混杂的管理

近年来，大量转基因作物的商业化应用不可避免地造成了不同转基因作物或转化事件间的相互污染与混杂。转基因产品低水平混杂成为世界各国日益关注的问题。根据 2008 年国际食品法典委员会在《Codex 植物准则》附件 3 中的规定，转基因产品低水平混杂是指对于一个给定的转基因作物，其在一个或多个国家得到批准而在进口国尚未获得批准，但在进口国进口的农产品中出现了该种未批准转基因作物成分的微量混杂的现象。

转基因品种一旦在出口国进入商业化生产，就极有可能随着转基因作物的商业化流动在粮食供应链里扩散开来，造成低水平混杂现象。转基因技术的蓬勃发展和转基因作物种植面积的连年扩大，进一步提高了转基因产品低水平混杂的频率。为了加强对转基因作物低水平混杂的监管，各国纷纷围绕出口国向进口国申请进口安全的时机要求和低水平混杂阈值设定两个关键点逐步制定了相应管理措施（黄雪涛等，2013）。目前仅有欧盟、日本、加拿大等少数几个地区国家建立了较为成熟的转基因产品低水平混杂政策，大部分国家，特别是发展中国家还未出台相应政策。部分国家准许转基因品种在生产国申请商业化生产的同时，提出进口安全许可，另外一部分国家则要求转基因品种在向进口国提出进口安全认证申请前，必须获得至少包括出口国在内的一个国家的商业化生产许可。在转基因低水平混杂阈值的设定上，各国具有较大的差异。欧盟采取了接近“零容忍”的政策，将未授权的转基因成分的最大阈值设为 0.1%。加拿大设定的阈值为 0.1% 或 0.2%。日本对进口饲料的转基因低水平混杂设定的阈值为 1%，而对食用转基因作物则不采用低水平混杂管理政策。中国则采取了最为严苛的“零容忍”政策，即在进口产品中不允许检出任何非授权的转基因成分。

转基因新品种的快速增长和日趋严格的转基因低水平混杂管理，使全球农产品贸易因低水平混杂发生争端的可能性大幅增加。国际上已经发生了多起转基因产品低水平混杂事件，如2006年美国出口到欧盟的非转基因玉米中混入了转基因玉米Herculex，遭到了欧盟对美国玉米的强烈抵制，此后几年美国出口到欧盟的玉米和玉米酒糟大幅降低（Kalailzandonakes，2011）。2010年11月，我国从美国进口的玉米中检出了未经我国政府批准的转基因玉米成分MON89034，导致5.4万吨玉米被拒（Huang and Yang，2011）。

作为转基因作物研发、种植和农产品贸易大国，我国农业产业的多个方面都有发生转基因产品低水平混杂的可能性。2001年以来，我国相继批准了转基因玉米和大豆等多个品种的进口，随着转基因玉米和大豆新品种的不断问世，转基因产品低水平混杂发生的概率越来越大；我国自主研发的转基因Bt水稻和转植酸酶玉米安全证书的获得，意味着我国的水稻、玉米相关产品的出口也可能发生转基因成分低水平混杂问题。

6. 我国转基因作物及其产品安全监管对策

尽管我国已制定了一些与转基因作物及其产品安全管理相关的法律法规，但与美国等发达国家相比，我国的转基因作物及其产品安全立法级别较低，体系不够健全，还不能满足我国现行转基因作物及其产品安全管理的需要。因此，需尽快制定相应的法规，明确转基因作物安全管理的原则、目标、基本管理制度、实施程序、监督体制和违法责任等内容。

为了及时控制和避免转基因作物及其产品带来的危害，必须建立全面、快速的反应体系，一旦发现安全问题，能够及时组织专家、学者进行鉴定、研究，制定控制方针，并采取控制对策，在最短时间内将危害控制到最低的程度。

公众是转基因作物及其产品的最终消费者，理应参与监管。目前我国的转基因作物及其产品的法律控制仅仅是政府行为，没有关于公众参与监管的相关制度，对于转基因作物及其产品的安全监管极为不利。在转基因作物及其产品研发、试验及销售等环节，应充分考虑公众对转基因作物及其产品安全知识水平的重要性，采取必要的宣传措施，提高公众对转基因作物及其产品的监管能力。

由于转基因作物种植具有一定风险，为保障公民的经济利益、人身健康安全免受损害，加强救济赔偿制度建设极为重要。该制度应包括事前预防性救济制和事后保障性救济制两方面。事前预防性救济制包括安全检测和安全预警等制度；事后保障性救济制是指在公民种植转基因作物或消费其产品后，对其人身、财产带来的损害进行补偿的制度。

由于转基因作物及其产品的安全监管涉及多个政府部门，现行的监管效率较为低下，因此有必要建立一个具有决策功能的综合体系和常设性安全监管综合协调部门，对各类转基因作物及其产品带来的安全问题进行统一、高效监管。

五、转基因作物及其产品的主要检测技术

无论是在转基因植物新品种培育还是在转基因植物进行商业化推广的过程中，都需

要快速、高效的检测技术进行转基因植物的鉴定。根据检测靶标的不同，可将检测技术分为两类，一是以核酸为靶标的检测技术，二是以蛋白质为靶标的检测技术。

1. 以核酸为靶标的检测技术

（1）转基因植物核酸成分检测的靶序列

由于核酸的稳定性高于蛋白质，因此以核酸为靶标的检测技术是转基因成分检测的首选技术。根据所检测的转基因核酸分子的靶序列位置和特征，可将检测方法分为筛选法、基因特异性方法、构建特异性方法和品系特异性方法（Holst-Jensen et al.，2003）。

筛选法以转基因植物所导入外源基因的通用调控元件或基因为扩增的靶序列。由于通用序列普遍存在于转基因产品中，因此通过对这些通用元件或通用基因的检测可确定待测样品中是否含有转基因成分。通用的调控元件包括启动子和终止子，如 CaMV35S 启动子、CaMV35S 终止子、T-nos 终止子等，常用的通用基因则包括 *bar*、*htp*、*nptII* 等标记基因和报告基因。筛选法适用于大规模样品的检测，可节省时间、减少工作量、提高工作效率。但这种方法检测转基因核酸成分的特异性较差，且由于这些基因在自然环境中存在，在 PCR 扩增时容易受到污染而出现假阳性结果，因而只适合作为转基因产品的初步筛查。

基因特异性检测法检测的靶序列是转基因植物所导入外源基因的核酸序列。不同的转基因植物，所含有的外源基因往往不同，对外源目的基因的检测可直接鉴定样品中含有何种转基因成分。

构建特异性检测法是以转基因植物中所导入的 T-DNA 序列为检测对象。T-DNA 中含有的调控序列、外源基因和载体序列的连接方式取决于转化所用的质粒。以 T-DNA 内含基因间的边界序列作为标志物鉴定样品中含有的转基因核酸成分，其特异性明显高于基因特异性鉴定法。

转化体特异性检测法是最为精确的一种检测方法，其检测的靶序列为转基因植物中所导入的 T-DNA 与受体植物基因组之间的边界序列。由于即使采用相同的转化质粒载体，经过同一次转化事件所获得的各转基因株系中 T-DNA 的插入位点也不可能完全相同，因此转化体特异性检测法不仅能够特异性地鉴定样品中含有何种转基因成分，而且可以鉴定出样品中所含的转基因核酸成分来自何种品系和株系。基于这种检测方法的高特异性，其已被广泛用于转基因产品核酸成分的鉴定和溯源检测。

（2）基于 PCR 的检测技术

PCR 技术是目前最为常用的以核酸为靶标的检测技术，可分为定性 PCR 和实时定量 PCR 两种。

定性 PCR 法是根据不同的靶基因序列设计不同的特异引物，经过 PCR 扩增使样品中的微量 DNA 片段在极短的时间内得到几百万倍的扩增，并通过凝胶电泳和染料染色检测待测样品中是否含有目的核酸分子。这种检测方法具有易于观察、快速、灵敏的特点。

普通的定性 PCR 虽然具有较高的灵敏度，但对于少量和受到严重破坏的核酸样品则无能为力。为了解决这个问题，在普通 PCR 的基础上又发展出了巢式 PCR 和半巢式 PCR 两种检测方法。应用这两种方法，针对同一模板，设计两对特异引物，第二对引物扩增的片段在第一对引物扩增片段的内部，以第一次PCR扩增产物为模板而进行第二次PCR扩增。这两种检测方法的区别是巢式PCR需要设计两对引物，而半巢式PCR只需要设计一对半引物，第一对引物中的一个引物与重新设计的另一个引物共同组成第二轮扩增所需引物。这两种方法可以大大降低假阳性结果出现的频率，同时使检测的下限降低几个数量级。Huang和Luo（2003）利用了巢式PCR和半巢式PCR对转基因大豆及其深加工产品中转基因成分的含量进行了检测，发现这两种检测方法灵敏度极高，在DNA被严重破坏的情况下也能够有效地检测到转基因成分。

由于转基因植物种类的不断增加，转基因样品鉴定所涉及的基因数目也不断增长，普通定性PCR技术一次反应仅能检测一个靶序列，难以满足转基因成分快速检测的需求。在这种情况下，多重PCR技术应运而生。多重PCR是将两对或两对以上的引物加入同一反应体系中，以达到同时检测两个或两个以上目的DNA片段的方法。该方法由于操作简单、成本低廉、节约时间，在国内外的转基因产品成分检测中得到了广泛应用。2004年，Germini等利用多重PCR法对多个转基因玉米品系进行了检测，取得了很好的结果。此后，我国学者金芜军也利用该方法检测了Event176、MON810、Bt11等六种转基因玉米。由于多重PCR反应体系中含有多对引物，因此在引物设计、反应条件等方面具有更高的要求（金芜军等，2005；谢为龙等，2002）。

实时定量PCR，是指在PCR体系中加入荧光基团，利用荧光信号积累实时监测整个PCR进程，最后通过标准曲线对未知模板进行定量分析的方法。该技术实现了PCR从定性到定量的飞跃，而且它具有特异性更强、自动化程度高等特点。它采用一个双标记荧光探针来检测PCR产物的积累，可以非常精确地检测转基因成分的含量，同时有效避免了PCR污染问题。该技术已广泛应用于对转基因产品的定量检测。荧光定量PCR所用的荧光探针主要有三种：TaqMan荧光探针、杂交探针和分子信标探针，其中TaqMan荧光探针使用最为广泛。Wurz等（1999）应用TaqMan实时荧光PCR检测了转基因大豆。随后有学者将该方法应用于转基因大豆、转基因玉米的定量检测，并认为该方法可以定量检测各种食品中转基因成分的含量。到目前为止，实时荧光定量PCR被认为是转基因作物和转基因食品中转基因成分含量定量检测最有效的检测方法。

（3）基于等温核酸扩增的检测技术

等温扩增技术也是近年发展起来的一种核酸快速检测技术，利用此技术可在恒定温度下进行核酸体外扩增，不需要温度循环。与PCR技术相比，具有快速、灵敏、成本低等优点。等温核酸扩增技术可分为针对特异目标序列的等温扩增技术和基于全基因组的等温扩增技术两种。

Notomi等（2000）发明了环介导等温扩增（loop-mediated isothermal amplification，LAMP）技术，LAMP技术通过能识别靶标序列六个区域的两对引物，在*Bst*聚合酶作用下，经过约40 min的恒温（60～65℃）培养，即可完成核酸扩增，扩增产物为不同长度、不同茎环个数的DNA混合物。LAMP技术无需PCR仪，在恒定温度下即可实现靶基因的扩增，扩增效率高、耗时短、操作简单，适于现场和实验条件简单的实验室进行快速检测。LAMP技术产物的检测方法有三种，分别是凝胶电泳法、荧光染料法和扩增副产物焦磷酸镁沉淀法。凝胶电泳法需要电泳仪、电泳槽等设备，所需时间较长，不能满足快速、便捷的检测需求。利用荧光染料法进行扩增产物的检测，虽然检测产物肉眼可见，但是这种方法检测灵敏度和准确度都较差。LAMP 扩增过程中，从脱氧核糖核酸三磷酸底物中析出的焦磷酸离子与反应溶液中的镁离子反应，形成大量白色浑浊的焦磷酸镁沉淀，肉眼可见，也可通过 LAMP 终点浊度测定仪来判定结果，但是焦磷酸镁沉淀法的检测限比前两种方法低了 10 倍（Maeda et al.，2005）。Lee 等（2009）利用 LAMP 技术检测到了转基因油菜和大豆中的 35S 启动子和 NOS 终止子，检测灵敏度达到 0.01%。刘彩霞等（2009）利用 LAMP 技术对 Roundup Ready 转基因大豆及加工品外源基因 *EPSPS* 进行检测，凝胶电泳推测的检测限为 0.01%，高于现行的国际最低检测量 0.5%的要求。

全基因组扩增（whole-genome amplification，WGA）是基于全基因组序列进行非特异性扩增的技术，其目的是在没有序列倾向性的前提下大幅增加微量样品的 DNA。基于这个原理，Dean 等（2002）发明了一种新的等温扩增全基因组的技术——多重置换扩增（multiple displacement amplification，MDA）技术。该技术的原理是基于环状噬菌体的滚环复制，通过使用具有 3′→5′外切核酸酶活性及超强链置换能力的 Phi29 DNA 聚合酶，在温度恒定情况下，利用抗外切核酸酶活性的硫代随机寡核苷酸引物，与模板多个位点结合后开启合成。合成新链的同时，模板的互补链被置换出来重新作为模板再进行扩增，形成一个级联分支的放大系统，最终产生大量的 DNA 产物。利用 MDA 技术进行扩增的特点是：①扩增效率高。MDA 技术能在恒定温度 30℃下持续扩增 16 h，扩增的最终产量不随初始模板量的变化而变化，产量为 20～30 μg。②扩增片段长。MDA 技术扩增过程采用的 Phi29 聚合酶能与 DNA 模板紧密结合并具有超强的链置换能力，能扩增出很长的 DNA 产物，一般在 12 kb 左右，最长可达 100 kb。③无偏扩增。由于 MDA 技术扩增效率非常高，任何一个分支都有可能产生级联再分支，且扩增产物长度长，因此扩增片段丢失的可能性极小，扩增的覆盖率高。Roth 等（2008）采用 MDA 技术进行转基因检测标准物质的制备，以转基因玉米 MON810 为对象，MDA 扩增基因组 DNA，利用实时荧光定量 PCR 检测扩增效率和偏移性。结果表明，100 ng 基因组 DNA 经过扩增增加了 10 倍，0.1 ng 基因组 DNA 经过扩增增加了 2300 倍，偏移在预期范围内。因此，利用此技术获得的基因组 DNA 适合作为标准物质进行转基因产品的定性分析检测。

（4）基于芯片的检测技术

随着转基因作物种类和数量的快速增长，开发多靶标、高通量的检测技术成为转基因检测的新需求。基因芯片技术的出现为解决这个问题提供了一条便捷的途径。基因芯片技术是指将大量探针分子（通常每平方厘米点阵密度高于 400）固定于支持物上，之后与标记的样品分子进行杂交，通过检测每个探针分子的杂交信号强度获取样品分子的数量和序列信息，可以一次性地对大量样品序列进行检测和分析。基因芯片与传统的检测方法相比，具有灵敏性高、特异性高，假阳性率低、假阴性率低，操作简便、快速，自动化程度高及结果准确率高等特点。

目前，基因芯片技术检测转基因产品成分的方法主要是结合多重 PCR 技术进行的。Leimanis 等（2006）应用多重 PCR 结合芯片检测技术，对 Bt176、Bt11、MON810、GA21、T25/T45/Topas、RRS 和 StarLink 七个转基因品系，四个筛查元件（35S 启动子、NOS 终止子、*nptII*、*pat*），五种植物（玉米、大豆、马铃薯、油菜籽和甜菜）进行了多重 PCR 芯片检测，结果表明该技术的检测灵敏度为 0.03%～0.3%。Xu 等（2007）对六种转基因玉米（MON863、MONS10、Bt176、Bt11、GA21、T25）和一种转基因大豆（GTS40-3-2）

设计了事件特异性多重 PCR 寡核苷酸芯片，结果表明该技术对转基因玉米的最低检出限为 1%，对转基因大豆的最低检出限为 0.5%。由于多重 PCR 技术存在一定的局限性，如多对引物共存往往会抑制扩增效率，增加副反应的可能性，使得多重 PCR 结合芯片技术的应用受到了极大限制。

随着转基因技术的进步，转基因新品种层出不穷，在这个过程中，故意或非故意释放转基因生物的可能性呈上升趋势。现行的转基因产品检测技术都是基于已知插入的外源序列建立的，无法对未知转基因产品进行检测。2007 年，Tengs 等提出以 T-DNA 为模板，根据常用的 235 个载体设计长度为 25 个碱基的探针 37 257 条，制成高密度的芯片，用以检测转基因拟南芥和水稻的全基因组，可得到未知转基因产品的序列及结构信息。新发展起来的 Tilling 芯片含有高密度的覆瓦式寡核苷酸探针，能实现高密度、高通量地从全基因组水平上对转基因生物进行分析，也可用于未知或非法转基因生物的检测（Mockler et al.，2005）。

（5）基于高通量测序的检测技术

基于高通量测序的检测技术即高通量的测序技术，通过一次实验就可以读取 1～14 G 的碱基数，通过这种技术可实现高通量大规模全基因组检测，且检测结果准确可靠，这种优势尤其体现在对未知转基因生物的检测上。国际上现行的检测未知转基因产品的程序是先通过转基因成分的筛查判定样品中是否含有转基因成分，再利用其他方法鉴定样品中含有何种转基因成分，而通过高通量的测序技术，可直接读取样品的核酸序列信息，相比传统的鉴定方法更为简便快捷。高通量测序技术在转基因检测领域的应用具有广阔的前景。Tengs 等（2009）利用高通量的测序技术，通过计算机减法算法建立了一种未知转基因拟南芥的检测方法，为未知转基因生物的检测提供了可能。

2. 以蛋白质为靶标的检测技术

（1）酶联免疫吸附法

酶联免疫吸附法是一种将免疫反应和酶的高效催化反应相结合的检测方法。外源目的蛋白与抗体结合后，再与酶标抗体结合，加入底物后通过酶促反应形成有色物质，根据颜色的变化即可判断目标蛋白是否存在，并可计算其含量。该种方法具有很多优点：样品易于保存、结果易于观察、仪器和试剂简单、特异性强、灵敏度高、可以定量检测等。目前，这种方法已经被广泛应用于分析测定转基因作物中外源基因表达的靶蛋白质的水平。国外已开发出针对转基因产品中有 Bt 杀虫蛋白 CrylAb、Cry1Ac、Cry1C、Cry3A、Cry2A、Cry9C、EPSPS、nptII 和 pat 蛋白质的特异抗体，并研制出了检测试剂盒。国内在这方面也有一些跟踪研究，如芮玉奎等（2004）建立了转基因作物中豇豆胰蛋白酶抑制剂（CpTI）的酶联免疫检测方法，严吉明等（2005）建立了转 Bt 抗虫棉酶联免疫吸附测定的方法。

（2）侧向流动免疫试纸条法

侧向流动型免疫试纸条法是以硝化纤维为固相载体，在抗体上联结显色剂并固定在试纸条内，将试纸条一端放入含有外源蛋白的组织提取液中，通过毛细管作用使提取液向上流通，抗体与外源蛋白结合就会呈现颜色反应，一般只需 5～10 min 即可获得检测结果（Lipp et al.，2000）。该技术使操作过程趋于简单化和自动化，可不受场地及实验室条件限制，灵敏度高，方便，适合于田间快速检测。国外已有公司成功开发出多种检测转基因农产品的检测试纸条，如检测转 Cry1Ab 基因玉米的试纸条，以及检测转基因大豆、油菜、棉花和甜菜中的 CP4-EPSPS 蛋白的试纸条等。国内也开发了检测 Cry1Ab/1Ac 的试纸条，但国内缺乏对复合性状的转基因产品的多种外源蛋白同时检测的试纸条产品。Liu 等（2013）发明了一种胶体金免疫试纸条，可用于检测转基因牛乳中的人乳铁蛋白。

然而，基于外源蛋白质的免疫检测方法用于检测转基因产品具有一定的局限性：①目的蛋白抗原必须保持完整的结构以识别特定的抗体，因此不适用于经过深加工的、抗原发生变性的转基因产品；②外源基因并非都能导致特异性重组蛋白质的表达或表达的水平太低而无法检测；③不能区别转入同一目的蛋白的两种不同的转基因植物。

第三节　花生转基因的建议

一、建立高效的花生转基因技术平台

利用基因工程技术可以将其他生物中经鉴定、分离的目的基因插入植物基因组中，人为地改变其遗传组成，培育出具有目的性状的生物新品种。这种技术可以在短时间内克服种属间的生殖障碍，定向改变生物性状，因而在植物新品种培育过程中得到了越来越广泛的应用。1993 年，国际上首例转基因花生培育成功（Ozias-Akins et al.，1993）。目前，转基因花生研究主要集中在美国、中国和印度等国家，尽管已有抗盐（Asif et al.，2011）、抗旱（Asif et al.，2011；Bhatnagar-Mathur et al.，2007，2009；Qin et al.，2011）、抗病（Swathi Anuradha et al.，2008；Chenault et al.，2006）及与品质改良相关的基因（Chu et al.，2008；Dodo et al.，2008）已被成功转入花生中，但由于转化率低及受基因型限制等，转基因花生的培育进程远远落后于玉米、水稻、棉花等作物。因此，建立高效的花生转基因技术平台，是促进花生转基因进程的关键。

常用的花生遗传转化方法主要有两种，即农杆菌介导法和基因枪法。农杆菌介导法具有外源基因表达稳定、易于操作、费用低等优点，但存在转化效率低、重复性差、受花生品种基因型影响大等缺点。中国和印度的多个实验室主要采用这项技术进行花生的遗传转化。美国的花生转基因工作则主要是通过基因枪转化法来实现的。该方法最早是由康奈尔大学的 Sanford 等发明的，它是利用高压条件使事先包裹有目的 DNA 的微小金属钨或金粒高速穿透受体组织或细胞，使外源基因进入受体细胞核并整合表达的技术。这项技术的优点是受体材料、靶细胞来源广泛，且受体材料受基因型限制较小。相对于农杆菌介导的花生转化技术，这项技术更为成熟。但其随机性强，外源基因进入宿主基因组的整合位点不固定，往往以多拷贝形式插入，使得转基因后代易出现突变，丢失外源基因，引起基因沉默，且造价相对较高。

为了克服细胞核转化中经常出现的外源基因表达效率低、位置效应及由于核基因随花粉扩散而带来的不安全性等问题，近年来发展了一种安全的遗传转化技术——叶绿体转化技术。叶绿体是具有核外遗传物质且具有转录和翻译机制的细胞器之一，基因组大小为 120～180 kb，为环状双链 DNA。叶绿体是理想的外源基因表达载体，外源基因同源重组到叶绿体中，可以在叶绿体中高效表达（Verma and Daniell，2007）。同核转化相

比，叶绿体转化具有如下优点。①表达量高。显花植物每个叶肉细胞含有约10 000个叶绿体基因组拷贝，如果完全同质化并有强启动子的驱动，外源基因就可高效表达，同时叶绿体对外源基因的表达具有极强的承受能力。实验表明，利用叶绿体转化技术在烟草叶绿体中表达人的血清白蛋白，其表达量将比利用核系统的表达量高 500 倍（Fernández-San Millán et al., 2003）。②叶绿体是母系遗传，外源基因不会随花粉传播，可以有效地避免基因漂移带来的影响。③利用叶绿体转化技术进行转化时定点插入，具有很好的遗传稳定性，不会出现性状分离的现象。④叶绿体基因组具有类似于原核生物基因组的多顺反子转录、基因排列、调控方式和密码子的偏好性，可以直接表达来源于原核生物的基因。⑤真核基因也能在叶绿体基因中高效表达。目前该技术已在马铃薯、烟草、油菜、甜菜、大豆、水稻、番茄等植物中获得成功。近年来，叶绿体转化技术已被广泛应用于改良作物性状，并作为生物反应器用来生产疫苗、药物和工业产品等。针对花生的叶绿体转化技术虽然尚未有成功报道，但由于这项转化技术具有广阔的应用前景，因此，加紧对花生的叶绿体转化技术的研究，对于建立安全的花生遗传转化平台具有重要意义。

此外，一些不依赖于组织培养的转化方法，如花粉介导法、子房微注射法、花粉管通道法等也开始逐步应用于花生的遗传转化方面，并已取得一定成效。如何改进和整合现有的转化方法，建立新型高效的转化方法是当今花生转基因领域必须思考的问题。

二、选择适当的启动子

转基因作物培育过程中转入的外源基因的表达时间、位置和强度是由与其连接的启动子决定的。按照作用方式及功能，在植物基因工程中常用的启动子可分为三类，即组成型启动子、组织特异性启动子和诱导型启动子。

组成型启动子在所有组织中都表达，不具有时空特异性，由其启动表达的基因和蛋白质表达量相对恒定。目前已经商业化的转基因作物所利用的启动子，如花椰菜花叶病毒 CaMV35S 启动子，水稻肌动蛋白基因 Actin1 启动子、玉米泛素基因 Ubiquitin 启动子、胭脂碱合成酶基因 NOS 启动子、章鱼碱合成酶基因 Ocs 启动子等都是组成型启动子。组成型启动子能够使目的基因在植物体内持续高水平表达，会造成生物体本身能量的浪费，影响植物的生长发育，甚至由于毒性物质在植株体内不断积累，最终导致整株植物死亡（Gittins et al., 2000）。农业生产中需要具有多个优良性状的作物品种，常常需要将多个目的基因引入同一植株中，以获得复合性状的转基因作物新品种。但由于可用的启动子十分有限，就会出现同时使用一种组成型启动子介导两个或两个以上外源基因表达的情况，但是这种方法极有可能引起基因沉默或共抑制现象（Kumpatla et al., 1998）。

相对于组成型启动子，组织特异性启动子是一类较为理想的启动子。在组织特异性启动子的调控下，目的基因的表达仅限于某些特定的组织或器官，既能够降低植物体自身能量浪费，又能大幅降低对植物其他性状的影响。花生是我国最重要的油料作物和经济作物，进一步提高花生的含油量、改良花生种子脂肪酸和蛋白质成分是未来花生育种的重要方向。花生油体蛋白 Oleosin 主要存在于种子中，其含量占种子储藏蛋白的 30%

以上。将拟南芥 Oleosin 启动子连接 GUS 报告基因的载体转入油菜、大豆、棉花等九种植物胚中，发现 Oleosin 启动子可高效驱动 GUS 在种子中表达，说明 Oleosin 启动子是一种强的种子特异型启动子（Abenes et al.，1997）。此后，油菜、大豆、花生、水稻的 Oleosin 启动子也相继被克隆，并用以培育相应的转基因作物（睦顺照，2003；谢金喜等，2006；李小东，2008；Kuwano et al.，2009）。此外，一些编码花生其他储藏蛋白的基因也相继被克隆出来，有些基因的启动子是种子特异性的，如编码过敏原的 Ara h1 和 Ara h3 蛋白基因的启动子（Viquez et al.，2003，2004；Ramos et al.，2006）。

诱导型启动子是在特定物理或化学信号刺激下，快速诱导目的基因高效表达的一类启动子。按刺激来源，可分为光、热、环境胁迫、创伤、真菌、共生细菌诱导表达基因启动子等多种类型。在转基因植物培育过程中使用这类启动子，可实现在植物生长发育的特定阶段或生长环境下转入基因的表达。但使用这类启动子不能保证目的基因在特定组织器官中表达，且一定诱导条件下，也会导致植物其他性状的改变。

由于涉及转基因作物生物安全性问题，使用植物来源的启动子代替病毒来源的启动子是未来转基因作物育种的方向。因此，在转基因花生培育过程中，要注重挖掘来源于花生本身的新型组织特异性启动子和诱导型启动子，以推动转基因花生工作的更好进行。

三、发掘具有重要应用价值和自主知识产权的基因

目前，70%以上在商业化生产中得到广泛应用的抗虫基因和抗除草剂基因的专利都掌握在孟山都、杜邦、先正达、拜耳、陶氏益农等国外公司中。孟山都公司控制着全世界 50%以上的转基因抗虫和抗草甘膦品种，实现了抗虫、抗除草剂转基因作物的大规模推广，成功研制了多种复合性状的转基因植物新品种。与之相比，我国的转基因作物研发则相对薄弱。截至 2010 年初，我国通过 PCT 途径申请的国际专利仅有不足 2000 件，占世界份额的 2%。从转基因花生育种方面来说，尽管我国的研究人员已从多种植物中克隆了大量具有抗病、虫、草、非生物胁迫及对植物品质改良有一定效果的基因，但是这些基因转化植物后表达量低，达不到生产应用的要求。因此，加大对转基因花生的研发投入，发掘对生产应用有重要价值的新基因，建立规模化的转基因花生培育体系，对于推进我国转基因花生的商业化生产具有重要意义。

四、培育无选择标记转基因花生

选择标记基因可以帮助人们快速筛选转化细胞，因此，在植物基因工程中被广泛应用。常用的选择标记基因主要是编码抗生素抗性或除草剂抗性的基因，如潮霉素磷酸转移酶（hygromycin phosphotransferase，*hpt*）、新霉素磷酸转移酶（neomycin phosphotransferase，*npt*II）、膦丝霉素乙酰转移酶（phosphinothricin acetyltransferase，*bar*）基因等。当转基因植株分化形成后，选择标记基因仍存在于植物基因组中，并会随着转基因植物的繁殖而传递。尽管目前尚无研究证明标记基因的存在影响了人类健康或破坏了生态环境安全，但关于其安全性的质疑仍深深地困扰着人们。

选择标记基因可能存在的安全风险主要体现在以下方面：①食用含有选择标记基因的转基因植物对人类和牲畜可能具有潜在的毒性或致敏性，选择标记基因可能被转移到肠道微生物中，提高病原微生物的耐药性，使抗生素失效；②选择标记基因可能扩散到周围其他物种中，威胁生态环境安全。另外，选择标记基因的存在也阻碍了转基因作物的进一步改良。植物基因工程可以通过多次转化，导入新的外源目的基因，从而达到培育集高产、优质、抗病虫等多种优良性状于一体的转基因植株的目的。由于可利用的选择标记基因种类有限，不可能每次转化都更换新的选择标记基因，因此，转基因植物中的选择标记基因的存在限制了多次转化的进行。去除转基因植物中的选择标记基因，培育无选择标记的转基因植物，无论是对于食用安全性、生态环境安全性，还是对于转基因育种本身都具有十分重要的意义。

培育无选择标记植物的策略主要有两种：一是在转化时使用标记基因，获得转基因植株后将其剔除；二是直接利用无选择标记的基因转化系统。适用于第一种策略的方法有共转化法、位点特异性重组系统、转座子法、同源重组法等。共转化法不依赖其他辅助因子，简单易学，适用于有性繁殖植物的培育。目前，已在水稻（Afolabi et al.，2005）、玉米（Miller et al.，2002；Shiva et al.，2009）、大豆（张秀春等，2006）、高粱（Zhao et al.，2003；Nguyen et al.，2007）、苜蓿（Ferradini et al.，2011）、烟草（Zhou et al.，2003）等转基因作物培育中得到广泛应用。位点特异性重组法是指由重组酶介导的，在特异的重组位点间进行重组，从而使重组位点间相互交换的方法。该方法不仅适用于有性生殖植物，而且适用于无性生殖植物，扩展了无选择标记转基因植物的培育范围。同时，该方法具有极高的精确性和重组频率，使其在无选择标记转化方面受到越来越多的重视。利用该技术已相继培育出无选择标记的转基因玉米（Zhang et al.，2003）、烟草（Wang et al.，2005；Mlynarova et al.，2006）、水稻（Sreekala et al.，2005；Song et al.，2008）、番茄（Zhang et al.，2006b；Jia et al.，2006）等多种植物。其他的转化方法由于转化效率低、耗时长、工作量大等缺点尚未得到广泛应用。de Vetten 等（2003）利用含有超强毒株 *A. tumefaciens* A281 质粒 pTiBo542 的 Ti 区 DNA 片段的强致病性农杆菌菌株 *A. tumefaciens* AGL10 侵染马铃薯外植体，获得了无选择标记的转基因植株。Ahmad 等（2008）也利用这个系统，获得了无选择标记的抗氧化胁迫转基因马铃薯。

此外，利用无争议的生物安全标记基因也是一个不错的选择。这类基因包括与糖代谢、氨基酸代谢、激素、化学解毒酶、抗逆相关基因等。与抗生素和除草剂抗性基因相比，这类基因在选择时并非直接杀死非转化细胞，而是使转化细胞处于一种有利的生长条件下，从而筛选出转化细胞，且这类基因本身及其表达产物对人和其他动植物无毒、无抗性。目前最为常用的这类基因为：磷酸甘露糖异构酶基因 *pmi*、天冬氨酸激酶基因 *AK*、异戊烯基转移酶基因 *IPT*、甜菜碱醛脱氢酶基因 *BADH*、色氨酸脱羧酶基因 *TDC*、汞离子还原酶基因 *merA*、转录因子 DREB 同系物的编码基因等。应用这些基因作为转基因花生培育时的标记基因，可以避免由转基因带来的潜在风险。花生是一种重要的油料和经济作物，其食用安全性及生态环境安全性是关系到国计民生的大事。为了预防和避免转基因花生可能引发的社会和环境问题，开发适用于花生的无选择标记基因的转化系统，并将其推广，是未来花生育种的必经之路。

五、建立高效转基因花生的筛查检测技术

为了加强对转基因作物研发、生产、加工、经营和进出口活动的监管，2001 年我国颁发了《农业转基因生物安全管理条例》，并随后发布了一系列配套的管理办法。但是随着花生转基因技术的进步，转基因花生的种类和数量将会迅速增长，处于试验阶段的转基因花生品种发生非法释放、意外泄漏等事件的概率也会随之加大，这就给转基因花生的安全管理带来了更大的难度。建立高效的转基因花生的筛查检测技术，是解决这一难题的关键环节。

传统的转基因成分检测尽管可以有效检出含有转基因成分的植物，但是耗时耗力，不利于大批量转基因作物的准确检测。近年来发展起来的基因芯片技术、高通量测序技术、生物分子互作技术和近红外光谱分析法等技术能有效克服传统检测方法的缺陷，实现快速、灵敏、高通量及准确定量的转基因成分检测。但是以上各项技术仍存在缺陷，使得这些技术的推广应用受到极大限制。因此，改进现有技术、开发新型检测技术是大势所趋。

我国现行的转基因作物安全评价需经过试验研究、中间试验、环境释放、生产性试验和安全证书五个阶段。尽管目前尚未有转基因花生获得安全证书，但随着花生转基因技术的进步，将来会有转基因花生新品种被研发出来，在转基因花生安全管理过程中，国家相关部门应加强对转基因花生研发和安全评价各个过程的监督，明确研发者的责任义务，增强行政主管部门的安全监控能力，建立和完善公众对转基因作物的安全监控沟通机制和激励机制，鼓励公众参与到安全监管工作中来，进而提升应对突发事件的能力和水平。除此之外，还应开发安全监控数据库信息系统，整合转基因花生研发、安全评价、检测等各方面的信息，实现对转基因花生的信息化管理。

参 考 文 献

黄雪涛，杨军，董婉璐，等. 2013. 转基因低水平混杂问题——政策与内涵. 中国生物工程杂志, 33: 149-155
贾士荣. 1997. 转基因植物的环境及食品安全性. 生物工程进展, 17(6): 14-19
金芜军，郝旸，程红梅，等. 2005. 用复合 PCR 方法检测 6 种转基因玉米中外源 DNA 的特异性. 农业生物技术学报, 13(5): 562-567
李建平，肖琴，周振亚，等. 2012. 转基因作物产业化现状及我国的发展策略. 农业经济问题, 01: 23-28, 110
李娜，孟玲，翟保平，等. 2004. 在转 Bt 基因棉压力下棉铃虫和异色瓢虫的波动性不对称. 昆虫学报, 47(2): 198-205
李宁，付仲文，刘培磊，等. 2010. 全球主要国家转基因生物安全管理政策比对. 农业科技管理, 29(1): 1-6
李文东，叶恭银，吴孔明，等. 2002. 转抗虫基因棉花和玉米花粉对家蚕生长发育影响的评价. 中国农业科学, 35(11): 1543-1549
李小东. 2008. 花生种子特异表达载体构建与农杆菌介导基因转化技术体系的优化. 济南：山东农业大学硕士学位论文
刘彩霞，梁成珠，徐彪，等. 2009. 抗草甘膦转基因大豆及加工品 LAMP 检测研究. 大豆科学, 28: 305-309
睦顺照. 2003. 油菜 Oleosin 基因克隆及其与 GUS 基因融合子表达载体的构建. 重庆：西南农业大学硕士学位论文
芮玉奎，王保民，李召虎，等. 2004. 转基因抗虫作物中豇豆胰蛋白酶抑制剂(CpTI)酶联免疫检测方法的建立.

中国农业科学, 37(10): 1575-1579
宋小玲，强胜，孙明珠．2003．在蒙导条件下转 *bar* 基因你水稻与无芒稗间的基因漂移．中国水稻科学，3: 191-195
万建民. 2011．我国转基因植物研发形式及发展战略．生命科学, 23(2): 157-167
王忠华，倪新强，徐孟奎，等. 2001. Bt 水稻"克螟稻"花粉对家蚕生长发育的影响．遗传, 23(5): 463-466
王忠华，舒庆尧，崔海瑞，等. 2002. Bt转基因水稻米粉对家蚕生长发育及中肠亚显微结构的影响．中国农业科学, 35: 714-718
谢金喜．2006．花生脂肪酸品质改良关键基因 *FAD2* 的克隆与特异表达载体构建．福建：福建农林大学硕士学位论文
谢为龙，陈其文，喻国泉，等. 2002．转基因植物快速检测方法的研究．生物技术通讯, 4: 39-42
徐丽丽，李宁，田志宏. 2012．转基因产品低水平混杂问题研究．中国农业大学学报, 29(2): 125-132
旭日干，范云六，戴景瑞，等. 2012．转基因 30 年实践．北京：中国农业科学技术出版社: 9-10
严吉明，叶华智，伍光庆，等．2005．转 Bt 抗虫基因植物中杀虫蛋白的酶联免疫检测技术研究 III．酶联免疫(ELISA)间接法检测 Bt 杀虫蛋白研究．四川农业大学学报, 23(3): 280-284
张秀春，彭明，吴坤鑫，等．2006．利用双 T-DNA 载体系统培育无选择标记转基因大豆．大豆科学，25(4): 369-372
Abenes M, Holbrook L, Moloney M. 1997. Transient expression and oil body targeting of an Arabidopsis oleosin-GUS reporter fusion protein in a range of oilseed embryos. Plant Cell Reports, 17: 1-7
Afolabi AS, Worland B, Snape J, et al. 2005. Novel pGreen/pSoup dual-binary vector system in multiple T-DNA co-cultivation as a method of producing marker-free(clean gene)transgenic rice(*Oriza sativa* L.)plant. African Journal of Biotechnology, 4: 531-540
Ahmad R, Kim YH, Kim MD, et al. 2008. Development of selection marker-free transgenic potato plants with enhanced tolerance to oxidative stress. Journal of Plant Biology, 51: 401-407
Arakawa T, Langridge WHR. 1998. Plants are not just passive creatures! Nature Medicine, 4: 550-551
Asif MA, Zafar Y, Iqbal J, et al. 2011. Enhanced expression of AtNHX1, in transgenic groundnut(*Arachis hypogaea* L.)improves salt and drought tolerence. Molecular biotechnology, 49: 250-256
Bergelson J, Purrington CB, Wichmann G. 1998. Promiscuity in transgenic plants. Nature, 395: 25
Bevan MW, Flavell RB, Chilton M. 1983. A chimaeric antibiotic resistance gene as a selectable marker for plant cell transformation. Nature, 304: 184-187
Bhatnagar-Mathur P, Devi MJ, Reddy D S, et al. 2007. Stress-inducible expression of *At* DREB1A in transgenic peanut(*Arachis hypogaea* L.)increases transpiration efficiency under water-limiting conditions. Plant Cell Reports, 26: 2071-2082
Bhatnagar-Mathur P, Devi MJ, Vadez V, et al. 2009. Differential antioxidative responses in transgenic peanut bear no relationship to their superior transpiration efficiency under drought stress. Journal of Plant Physiology, 166: 1207-1217
Borja M, Rubio T, Scholthof HB, et al. 1999. Restoration of wild-type virus by double recombination of tombusvirus mutants with a host transgene. Molecular Plant-Microbe Interactions, 12: 153-162
Brodsgaard HK, Brodsgaard CJ, Hansen H, et al. 2003. Environmental risk assessment of transgene products using honey bee(*Apis mellifera*)larvae. Apidologie, 34: 139-145
Buhr T, Sato S, Ebrahim F, et al. 2002. Ribozyme termination of RNA transcripts down-regulate seed fatty acid genes in transgenic soybean. The Plant Journal: for cell and molecular biology, 30: 155-163
Chen B, Francki RIB. 1990. Cucumovirus transmission by the aphid *Myzus persicae* is determined solely by the viral coat protein. Journal of General Virology, 71: 939-944
Chen R, Xue G, Chen P, et al. 2008. Transgenic maize plants expressing a fungal phytase gene. Transgenic Research, 17: 633-643
Chenault KD, Melouk HA, Payton ME. 2006. Effect of anti-fungal transgene(s)on agronomic traits of transgenic peanut lines grown under field conditions. Peanut Science, 33: 12-19
Chu Y, Faustinelli P, Ramos ML, et al. 2008. Reduction of IgE binding and non-promotion of *Aspergillus flavus* fungal growth by simultaneously silencing Ara h 2 and Ara h 6 in peanut. Jounal of Agricultural and Food Chemistry, 56: 11225-33
Crawley MJ, Brown SL, Hails RS, et al. 2001. Transgenic crops in natural habitats. Nature, 409: 682-683
de Vetten N, Wolters AM, Raemakers K, et al. 2003. A transformation method for obtaining marker-free plants of a

cross-pollinating and vegetatively propagated crop. Nature Biotechnology, 21: 439-442
Dean FB, Hosono S, Fang L, et al. 2002. Comprehensive human genome amplification using multiple displacement amplification. Proceeding of the National Academy of Sciences of the United States of Ameica, 99: 5261-5266
Dodo HW, Konan KN, Chen FC, et al. 2008. Alleviating peanut allergy using genetic engineering: the silencing of the immunodominant allergen Ara h 2 leads to its significant reduction and a decrease in peanut allergenicity. Plant Biotechnology Journal, 6: 135-145
Donegan KK, Seidler RJ, Fieland VJ. 1997. Decomposition of genetically engineered tobacco under field conditions: persistence of the proteinase inhibitor I product and effects on soil microbial respiration and protozoa, nematode and microarthropod populations. Journal of Applied Ecology, 34: 767-777
Donegna KK, Palm CJ, Fieland VJ, et al. 1995. Changes in levels, species, and DNA fingerprints of soil microorganisms assciated with cotton expressing the *Bacillus thuringiensis* var. *kurstaki* endotoxin. Applied Soil Ecology: 111-124
Duan JJ, Head G, McKee MJ, et al. 2002. Evaluation of dietary effects of transgenic corn pollen expressing Cry3Bb1 protein on a non-target ladybird beetle, Coleomegilla maculata. Entomologia Experimentalis et Applicata, 104: 271-280
Ennos RA. 1994. Estimating the relative rates of pollen and seed migration among plant populations. Heredity, 72: 250-259
Ewen SW, Pusztai A. 1999. Effect of diets containing genetically modified potatoes expressing *Galanthus nivalis* lectin on rat small intestine. Lancet, 354: 1353-1354
Felke M, Lorenz N, Langenbruch G-A. 2002. Laboratory studies on the effects of pollen from Bt-maize on larvae of some butterfly species. Journal of Applied Entomology, 126: 320-325
Fernández-San Millán A, Mingo-Castel A, Miller M, et al. 2003. A chloroplast transgenic approach to hyper-express and purify Human Serum Albumin, a protein highly susceptible to proteolytic degradation. Plant Biotechnology Journal, 1: 71-79
Ferradini N, Nicolia A, Capomaccio S, et al. 2011. Assessment of simple marker-free genetic transformation techniques in alfalfa. Plant Cell Reports, 30: 1991-2000
Ferrini AM, Mannoni V, Pontieri E, et al. 2007. Longer resistance of some DNA traits from Bt176 maie to gastric juice from gastrointestinal affected patients. International Journal of Immunopathology and Pharmacology, 20(1): 111-118
Ferry N, Raemaekers RJ, Majerus ME, et al. 2003. Impact of oilseed rape expressing the insecticidal cysteine protease inhibitor oryzacystatin on the beneficial predator *Harmonia axyridis*(multicoloured Asian ladybeetle). Molecular ecology, 12: 493-504
Ford-Lloyd BV. 1998. Transgene risk is not too low to be tested. Nature, 394: 715
Fraley RT, Rogers SG, Horsch RB, et al. 1983. Expression of bacterial genes in plant cells. Proceedings of the National Academy of Sciences of the United States of America, 80: 4803-4807
Germini A, Zanetti A, Salati C, et al. 2004. Development of a seven-target multiplex PCR for the simultaneous detection of transgenic soybean and maize in feeds and foods. Journal of Agricultural and Food Chemistry, 52: 3275-3280
Gittins JR, Pellny TK, Hiles ER, et al. 2000. Transgene expression driven by heterologous ribulose-1, 5-bisphosphate carboxylase/oxygenase small-subunit gene promoters in the vegetative tissues of apple(*Malus pumila* Mill.). Planta, 210: 232-240
Greene AE, Allison RF. 1994. Recombination between viral RNA, transgenic plant transcripts. Science, 263: 1423-1425
Hanson D, Mallory-smith CA, Price WJ, et al. 2005. Interspecific hybridization: potential for movement of herbicide resistance from wheat to jointed goatgrass(*Aegilops cylindrica*). Weed Technology, 19: 674-682
Haq TA, Mason HS, Clements JD, et al. 1995. Oral immunization with a recombinant bacterial antigen produced in transgenic plants. Science, 268: 714-716
Heritage J. 2004. The fate of transgnes in the human gut. Nature Biotechnology, 22: 170-173
Herrera-Estrella L, Block MD, Messens E, et al. 1983. Chimeric genes as dominant selectable markers in plant cells. EMBO Journal, 2: 987-995
Hilbeck A, Baumgartner M, Fried PM, et al. 1998. Effects of transgenic *Bacillus thuringiensis* corn-fed prey on mortality and development time of immature *Chrysoperla carnea*(Neuroptera: Chrysopidae). Environmental Entomology, 27: 480-487

Holst-Jensen A, Ronning SB, Lovseth A, et al. 2003. PCR technology for screening and quantification of genetically modified organisms(GMOs). Analytical and Bioanalytical Chemistry, 375: 985-993

Huang J, Yang J. 2011. Chinas agricultural biotechnology regulations export and import considerations: trade and economic implications of low level presence and asynchronous authorizations of agricultural biotechnology varieties. International Food & Agricultural Trade Policy Council, Position Paper, 2011. http://www.agritrade.org/Publications/documents/LLPChina.pdf [2014-12-03]

Huang K, Luo Y. 2003. Detecting genetically modified soybean roundup ready ingredient in food stuffs by nested PCR and semi-nested PCR. Chinese Journal of Agricultural Biotechnology, 11: 461-466

Huang Z, Dry I, Webster D, et al. 2001. Plant-derived measles virus hemagglutinin protein induces neutralizing antibodies in mice. Vaccine, 19: 2163-2171

James C. 2010. A global overview of biotech(GM)crops: adoption, impact and future prospects. GM Crops, 1: 8-12

James C. 2012. Global Status of Commercialized Biotech/GM Crops: 2012. ISAAA Brief No 44. ISAAA: Ithaca, NY

James C. 2013. Global Status of Commercialized Biotech/GM Crops: 2013. ISAAA Brief No. 46. ISAAA: Ithaca, NY

James K. 1996. Could transgenic supercrops one day breed superweeds. Science, 274: 180-181

Jia H, Pang Y, Chen X, et al. 2006. Removal of the selectable marker gene from transgenic tobacco plants by expression of Cre recombinase from a tobacco mosaic virus vector through agroinfection. Transgenic Research, 15: 375-384

Kalaitzandonakes N. 2011. The economic impacts of asynchronous authorizations and low level presence: an overiew: position paper of IFATPC. Washington D. C.: International Food & Agricultural Trade Policy Council. http:// www.agritrade. org/Publications/documents/LLPOverview.pdf[2015-1.12]

Kinney AJ. 1997. Genetic engineering of oilseeds for desired traits. *In*: Setlow J K. Genetic Engineering. Vol. 19. New York: Plenum Press: 149-166

Kumpatla SP, Chandrasekharan MB, Lyer LM, et al. 1998. Genome intruder scanning and modulation systems and transgene silencing. Trends in Plant Science, 3: 97-104

Kuwano M, Mimura T, Takaiwa F, et al. 2009. Generation of stable low phytic acid transgenic rice through antisense repression of the 1d-*myo*-inositol 3-phosphate synthase gene (*RINO1*) using the 18-kDa oleosin promoter. Plant Biotechnology Journal, 7: 96-105

Lamphear BJ, Jilka JM, Kesl L, et al. 2004. A corn-based delivery system for animal vaccines: an oral transmissible gastroenteritis virus vaccine boosts lactogenic immunity in swine. Vaccine, 22: 2420-2424

Lee D, La Mura M, Allnutt TR, et al. 2009. Detection of genetically modified organisms(GMOs)using isothermal amplification of target DNA sequences. BMC Biotechnology, 9: 7

Leimanis S, Hernandez M, Fernandez S, et al. 2006. A microarray-based detection system for genetically modified (GM) food ingredients. Plant molecular biology, 61: 123-139

Liang GM, Tan WJ, Guo YY. 2000. Studies on the resistance screening and cross-resistance of cotton bollworm to *Bacillus thuringiensis*(Berliner). Scientia Agricultura Sinica, 33: 46-53

Lipp M, Anklam E, Stave JW. 2000. Validation of an immunoassay for detection and quantitation of a genetically modified soybean in food and food fractions using reference materials: interlaboratory study. Journal of AOAC International, 83: 919-927(919)

Liu C, Zhai S, Zhang Q, et al. 2013. Immunochromatrography detection of human Lactoferrin protein in milk from transgenic cattle. Journal of AOAC International, 96: 116-120(115)

Lucas DM, Taylor ML, Hartnell GF, et al. 2007. Broiler performance and carcass characteristics when fed diets containing lysine maize(LY038 or LY038 x MON 810), control, or conventional reference maize. Poultry Science, 86(10): 2152-2161

Maeda H, Kokeguchi S, Fujimoto C, et al. 2005. Detection of periodontal pathogen *Porphyromonas gingivalis* by loop-mediated isothermal amplification method. FEMS immunology and medical microbiology, 43: 233-239

Mallory-Smith C, Zapiola M. 2008. Gene flow from glyphosate-resistant crops. Pest management science, 64: 428-440

Malone LA, Burgess EP, Christeller JT, et al. 1998. *In vivo* responses of honey bee midgut proteases to two protease inhibitors from potato. Journal of Insect Physiology, 44: 141-147

Martineau B. 2001. First Fruit: The Creation of the Flavr Savr Tomato and the Birth of Biotech Foods. New York: Schaum: 1-20

Mason HS, Warzecha H, Mor T, et al. 2002. Edible plant vaccines: applications for prophylactic and therapeutic molecular medicine. Trends in molecular medicine, 8: 324-329

Miller M, Tagliani L, Wang N, et al. 2002. High efficiency transgene segregation in co-transformed maize plants using an *Agrobacterium tumefaciens* 2 T-DNA binary system. Transgenic Research, 11: 381-396

Mlynarova L, Conner AJ, Nap JP. 2006. Directed microspore-specific recombination of transgenic alleles to prevent pollen-mediated transmission of transgenes. Plant Biotechnology Journal, 4: 445-452

Mockler TC, Chan S, Sundaresan A, et al. 2005. Applications of DNA tiling arrays for whole-genome analysis. Genomics, 85: 1-15

Modelska A, Dietzschold B, Sleysh N, et al. 1998. Immunization against rabies with plant-derived antigen. Proceedings of the National Academy of Sciences of the United States of America, 95: 2481-2485

Morra MJ. 1994. Assessing the impact of transgenic plant products on soil organisms. Molecular ecology, 3: 53-55

Naqvi S, Zhu C, Farre G, et al. 2009. Transgenic multivitamin corn through biofortification of endosperm with three vitamins representing three distinct metabolic pathways. Proceedings of the National Academy of Sciences of the United States of America, 106: 7762-7767

Netherwood T, Martin-Orue SM, ODonnell AG, et al. 2004. Assessing the survival of transgenic plant DNA in the human gastrointestinal tract. Natural Biotechnology, 22: 204-209

Nguyen T, Thu TT, Claeys M, Angenon G. 2007. *Agrobacterium*-mediated transformation of sorghum(*Sorghum bicolor* (L.) Moench) using an improved in vitro regeneration system. Plant Cell, Tissue and Organ Culture, 91: 155-164

Nordlee JA, Taylor SL, Townsend JA, et al. 1996. Identification of a Brazil-nut allergen in transgenic soybeans. The New England Journal of Medicine, 334: 688-692

Notomi T, Okayama H, Masubuchi H, et al. 2000. Loop-mediated isothermal amplification of DNA. Nucleic Acids Research, 28: E63

Nozoye T, Takaiwa F, Tsuji N, et al. 2009. Production of Ascaris suum As14 protein and its fusion protein with cholera toxin B subunit in rice seeds. The Journal of veterinary medical science / the Japanese Society of Veterinary Science, 71: 995-1000

Ozias-Akins P, Schnall JA, Anderson WF, et al. 1993. Re-generation of transgenic peanut plants from stably transformed embryogenic callus. Plant Science, 93: 185-194

Paine JA, Shipton CA, Chaggar S, et al. 2005. Improving the nutritional value of Golden Rice through increased pro-vitamin A content. Nature Biotechnology, 23: 482-487

Petit RJ, Kremer A, Wagner DB. 1993. Finite island model for organelle and nuclear genes in plants. Heredity, 71: 630-641

Pham-Delègue H, Girard C, Métayer ML, et al. 2000. Long-term effects of soybean protease inhibitors on digestive enzymes, survival and learning abilities of honeybees. Entomologia Experimentalis et Applicata, 95: 21-29

Picard-Nizou AL, Grison R, Olsen L, et al. 1997. Impact of proteins used in plant genetic engineering: Toxicity and behavioral study in the honeybee. Journal of Economic Entomology, 90: 1710-1716

Poirier Y, Somerville C, Schechtman LA, et al. 1995. Synthesis of high-molecular-weight poly([R]-(-)-3-hydroxybutyrate)in transgenic Arabidopsis thaliana plant cells. International journal of biological macromolecules, 17: 7-12

Prakash CS. 2001. The genetically modified crop debate in the context of agricultural evolution. Plant Physiology, 126: 8-15

Qin H, Gu Q, Zhang J, et al. 2011. Regulated expression of an isopentenyltransferase gene(IPT)in peanut significantly improves drought tolerance and increases yield under field conditions. Plant & cell physiology, 52: 1904-1914

Quist D, Chapela IH. 2001. Transgenic DNA introgressed into traditional maize landraces in Oaxaca, Mexico. Nature, 414: 541-543

Ramos ML, Fleming G, Chu Y, et al. 2006. Chromosomal and phylogenetic context for conglutin genes in Arachis based on genomic sequence. Molecular Genetics and Genomics, 275: 578-592

Rommens CM. 2010. Barriers and paths to market for genetically engineered crops. Plant Biotechnology Journal, 8: 101-111

Roth L, Zagon J, Laube I, et al. 2008. Generation of reference material by the use of multiple displacement amplification (MDA) for the detection of genetically modified organisms (GMOs). Food Analytical Mathods, 1: 181-189

Saxena D, Flores S, Stotzky G. 2002. Bt toxin is released in root exudates from 12 transgenic corn hybrids representing three transformation events. Soil Biology and Biochemistry, 31: 133-137

Schuler TH, Potting RP, Denholm I, et al. 1999. Parasitoid behaviour and Bt plants. Nature, 400: 825-826

Séralini GE, Cellier D, de Vendomois JS. 2007. New analysis of a rat feeding study with a genetically modified maize reveals signs of hepatorenal toxicity. Archives of Environmental Contamination and Toxicology, 52: 596-602

Shiva Prakash N, Bhojaraja R, Shivbachan SK, et al. 2009. Marker-free transgenic corn plant production through co-bombardment. Plant Cell Reports, 28: 1655-1668

Sims SR, Martin JW. 1997. Effects of the *Bacillus thuringiensis* insecticidal proteins Cry IA(b), Cry IA(c), Cry IIA, and Cry IIIA on *Folsomia candida* and *Xenylla grisea*(Insecta: Collembola). Pedobiologia, 41: 412-416

Song H, Ren X, Si J, et al. 2008. Construction of marker-free GFP transgenic tobacco by Cre/Iox site-specific recombination system. Agricultural Science in China, 7: 1061-1070

Sreekala C, Wu L, Gu K, et al. 2005. Excision of a selectable marker in transgenic rice(*Oryza sativa* L.)using a chemically regulated Cre/loxP system. Plant Cell Reports, 24: 86-94

Stotzky G. 2004. Persistence and biological activity in soil of the insecticidal proteins from *Bacillus thuringiensis*, especially from transgenic plants. Plant and Soil, 266: 77-89

Swathi Anuradha T, Divya K, Jami SK, et al. 2008. Transgenic tobacco and peanut plants expressing a mustard defensin show resistance to fungal pathogens. Plant Cell Reports, 27: 1777-1786

Tabashnik BE. 1994. Evolution of resistance to *Bacillus Thuringiensis*. Annual Review of Entomology, 39: 47-79

Tengs T, Kristoffersen AB, Berdal KG, et al. 2007. Microarray-based method for detection of unknown genetic modifications. BMC biotechnology, 7: 91

Tengs T, Zhang H, Holst-Jensen A, et al. 2009. Characterization of unknown genetic modifications using high throughput sequencing and computational subtraction. BMC Biotechnology, 9: 87

Thompson AR. 1973. Persistence of biological activity of seven insecticides in soil assayed with *Folsomia candida*. Journal of economic entomology, 66: 855-857

Verma D, Daniell H. 2007. Chloroplast vector systems for biotechnology applications. Plant Physiology, 145: 1129-1143

Verwoerd TC, van Paridon PA, van Ooyen AJ, et al. 1995. Stable accumulation of Aspergillus niger phytase in transgenic tobacco leaves. Plant physiology, 109: 1199-1205

Viquez OM, Konan KN, Dodo HW. 2003. Structure and organization of the genomic clone of a major peanut allergen gene, *Ara h 1*. Molecular Immunology, 40: 565-571

Viquez OM, Konan KN, Dodo HW. 2004. Genomic organization of peanut allergen gene, Ara h 3. Molecular immunology, 41: 1235-1240

Wang Y, Chen B, Hu Y, et al. 2005. Inducible excision of selectable marker gene from transgenic plants by the cre/lox site-specific recombination system. Transgenic Research, 14: 605-614

Wartrud LS, Seidler RJ. 1998. Nontarget ecological effects of plant, microbial, and chemical introductions to terrestrial systems, soil chemistry and ecosystem health. Wisonsin: Special Publication 52 Soil Chemistry and Ecosystem Health, 313-340

Wigdorovitz A, Carrillo C, Dus Santos MJ, et al. 1999. Induction of a protective antibody response to foot and mouth disease virus in mice following oral or parenteral immunization with alfalfa transgenic plants expressing the viral structural protein VP1. Virology, 255: 347-353

Wu K, Li W, Feng H, et al. 2002. Seasonal abundance of the mirids, *Lygus lucorum* and *Adelphocoris* spp. (Hemiptera: Miridae)on Bt cotton in northern China. Crop Protection, 21: 997-1002

Wurz A, Bluth A, Zeltz P, et al. 1999. Quantitative analysis of genetically modified organisms(GMO)in processed food by PCR-based methods. Food Control, 10: 385-389

Xu J, Zhu S, Miao H, et al. 2007. Event-specific detection of seven genetically modified soybean and maizes using multiplex-PCR coupled with oligonucleotide microarray. Journal of agricultural and food chemistry, 55: 5575-5579

Ye X, Al-Babili S, Kloti A, et al. 2000. Engineering the provitamin A(beta-carotene)biosynthetic pathway into(carotenoid-free)rice endosperm. Science, 287: 303-305

Zhang G, Wang F, Lövei GL, et al. 2006a. Transmission of Bt toxin to the predator *Propylaea japonica*(Coleoptera: Coccinellidae)through its aphid prey feeding on transgenic *Bt* cotton. Environmental Entomology, 35: 143-150

Zhang W, Subbarao S, Addae P, et al. 2003. *Cre/lox*-mediated marker gene excision in transgenic maize(*Zea mays*

L.)plants. Theoretical and Applied Genetics, 107: 1157-1168

Zhang Y, Li H, Ouyang B, et al. 2006b. Chemical-induced autoexcision of selectable markers in elite tomato plants transformed with a gene conferring resistance to lepidopteran insect. Biotechnology Letters, 28: 1247-1253

Zhao Z, Glassman K, Sewalt V, et al. 2003. Nutritionally improved transgenic sorghum. *In*: Vasil I K Plant Biotechnology 2002 and Beyond, Proceedings of the 10th IAPTC & B Congress, Kluwer Academic Publishers: 413-416

Zhou H, Chen S, Li X, et al. 2003a. Generating marker-free transgenic tobacco plants by *Agrobacterium*-mediated transformation with double T-DNA binary vector. Acta Botanica Sinica, 45: 1103-1108

Zhou JY, Wu JX, Cheng LQ, et al. 2003b. Expression of immunogenic S1 glycoprotein of infectious bronchitis virus in transgenic potatoes. Journal of Virology, 77: 9090-9093

Zwahlen C, Nentwig W, Bigler F, et al. 2000. Tritrophic interactions of transgenic *Bacillus thuringiensis* corn, *Anaphothrips obscurus*(Thysanoptera: Thripidae), and the predator *Orius majusculus*(Heteroptera: Anthocoridae). Environmental Entomology, 29: 846-850

附　　录

农业转基因生物安全管理条例
（国务院令第304号，2011年修正本）

第一章　总　　则

第一条　为了加强农业转基因生物安全管理，保障人体健康和动植物、微生物安全，保护生态环境，促进农业转基因生物技术研究，制定本条例。

第二条　在中华人民共和国境内从事农业转基因生物的研究、试验、生产、加工、经营和进口、出口活动，必须遵守本条例。

第三条　本条例所称农业转基因生物，是指利用基因工程技术改变基因组构成，用于农业生产或者农产品加工的动植物、微生物及其产品，主要包括：（一）转基因动植物（含种子、种畜禽、水产苗种）和微生物；（二）转基因动植物、微生物产品；（三）转基因农产品的直接加工品；（四）含有转基因动植物、微生物或者其产品成分的种子、种畜禽、水产苗种、农药、兽药、肥料和添加剂等产品。

本条例所称农业转基因生物安全，是指防范农业转基因生物对人类、动植物、微生物和生态环境构成的危险或者潜在风险。

第四条　国务院农业行政主管部门负责全国农业转基因生物安全的监督管理工作。县级以上地方各级人民政府农业行政主管部门负责本行政区域内的农业转基因生物安全的监督管理工作。县级以上各级人民政府有关部门依照《中华人民共和国食品安全法》的有关规定，负责转基因食品安全的监督管理工作。

第五条　国务院建立农业转基因生物安全管理部际联席会议制度。农业转基因生物安全管理部际联席会议由农业、科技、环境保护、卫生、外经贸、检验检疫等有关部门的负责人组成，负责研究、协调农业转基因生物安全管理工作中的重大问题。

第六条　国家对农业转基因生物安全实行分级管理评价制度。农业转基因生物按照其对人类、动植物、微生物和生态环境的危险程度，分为Ⅰ、Ⅱ、Ⅲ、Ⅳ四个等级。具体划分标准由国务院农业行政主管部门制定。

第七条　国家建立农业转基因生物安全评价制度。农业转基因生物安全评价的标准和技术规范，由国务院农业行政主管部门制定。

第八条　国家对农业转基因生物实行标识制度。实施标识管理的农业转基因生物目录，由国务院农业行政主管部门和国务院有关部门制定、调整并公布。

第二章　研究与试验

第九条　国务院农业行政主管部门应当加强农业转基因生物研究与试验的安全评价

管理工作，并设立农业转基因生物安全委员会，负责农业转基因生物的安全评价工作。农业转基因生物安全委员会由从事农业转基因生物研究、生产、加工、检验检疫以及卫生、环境保护等方面的专家组成。

第十条　国务院农业行政主管部门根据农业转基因生物安全评价工作的需要，可以委托具备检测条件和能力的技术检测机构对农业转基因生物进行检测。

第十一条　从事农业转基因生物研究与试验的单位，应当具备与安全等级相适应的安全设施和措施，确保农业转基因生物研究与试验的安全，并成立农业转基因生物安全小组，负责本单位农业转基因生物研究与试验的安全工作。

第十二条　从事Ⅲ、Ⅳ级农业转基因生物研究的，应当在研究开始前向国务院农业行政主管部门报告。

第十三条　农业转基因生物试验，一般应当经过中间试验、环境释放和生产性试验三个阶段。中间试验，是指在控制系统内或者控制条件下进行的小规模试验。环境释放，是指在自然条件下采取相应安全措施所进行的中规模的试验。生产性试验，是指在生产和应用前进行的较大规模的试验。

第十四条　农业转基因生物在实验室研究结束后，需要转入中间试验的，试验单位应当向国务院农业行政主管部门报告。

第十五条　农业转基因生物试验需要从上一试验阶段转入下一试验阶段的，试验单位应当向国务院农业行政主管部门提出申请；经农业转基因生物安全委员会进行安全评价合格的，由国务院农业行政主管部门批准转入下一试验阶段。

试验单位提出前款申请，应当提供下列材料：（一）农业转基因生物的安全等级和确定安全等级的依据；（二）农业转基因生物技术检测机构出具的检测报告；（三）相应的安全管理、防范措施；（四）上一试验阶段的试验报告。

第十六条　从事农业转基因生物试验的单位在生产性试验结束后，可以向国务院农业行政主管部门申请领取农业转基因生物安全证书。

试验单位提出前款申请，应当提供下列材料：（一）农业转基因生物的安全等级和确定安全等级的依据；（二）农业转基因生物技术检测机构出具的检测报告；（三）生产性试验的总结报告；（四）国务院农业行政主管部门规定的其他材料。

国务院农业行政主管部门收到申请后，应当组织农业转基因生物安全委员会进行安全评价；安全评价合格的，方可颁发农业转基因生物安全证书。

第十七条　转基因植物种子、种畜禽、水产苗种，利用农业转基因生物生产的或者含有农业转基因生物成分的种子、种畜禽、水产苗种、农药、兽药、肥料和添加剂等，在依照有关法律、行政法规的规定进行审定、登记或者评价、审批前，应当依照本条例第十六条的规定取得农业转基因生物安全证书。

第十八条　中外合作、合资或者外方独资在中华人民共和国境内从事农业转基因生物研究与试验的，应当经国务院农业行政主管部门批准。

第三章　生产与加工

第十九条　生产转基因植物种子、种畜禽、水产苗种，应当取得国务院农业行政主管管部门颁发的种子、种畜禽、水产苗种生产许可证。生产单位和个人申请转基因植物种子、种畜禽、水产苗种生产许可证，除应当符合有关法律、行政法规规定的条件外，还应当符合下列条件：（一）取得农业转基因生物安全证书并通过品种审定；（二）在指定的区域种植或者养殖；（三）有相应的安全管理、防范措施；（四）国务院农业行政主管部门规定的其他条件。

第二十条　生产转基因植物种子、种畜禽、水产苗种的单位和个人，应当建立生产档案，载明生产地点、基因及其来源、转基因的方法以及种子、种畜禽、水产苗种流向等内容。

第二十一条　单位和个人从事农业转基因生物生产、加工的，应当由国务院农业行政主管部门或者省、自治区、直辖市人民政府农业行政主管部门批准。具体办法由国务院农业行政主管部门制定。

第二十二条　农民养殖、种植转基因动植物的，由种子、种畜禽、水产苗种销售单位依照本条例的规定代办审批手续。审批部门和代办单位不得向农民收取审批、代办费用。

第二十三条　从事农业转基因生物生产、加工的单位和个人，应当按照批准的品种、范围、安全管理要求和相应的技术标准组织生产、加工，并定期向所在地县级人民政府农业行政主管部门提供生产、加工、安全管理情况和产品流向的报告。

第二十四条　农业转基因生物在生产、加工过程中发生基因安全事故时，生产、加工单位和个人应当立即采取安全补救措施，并向所在地县级人民政府农业行政主管部门报告。

第二十五条　从事农业转基因生物运输、贮存的单位和个人，应当采取与农业转基因生物安全等级相适应的安全控制措施，确保农业转基因生物运输、贮存的安全。

第四章　经　　营

第二十六条　经营转基因植物种子、种畜禽、水产苗种的单位和个人，应当取得国务院农业行政主管部门颁发的种子、种畜禽、水产苗种经营许可证。

经营单位和个人申请转基因植物种子、种畜禽、水产苗种经营许可证，除应当符合有关法律、行政法规规定的条件外，还应当符合下列条件：（一）有专门的管理人员和经营档案；（二）有相应的安全管理、防范措施；（三）国务院农业行政主管部门规定的其他条件。

第二十七条　经营转基因植物种子、种畜禽、水产苗种的单位和个人，应当建立经营档案，载明种子、种畜禽、水产苗种的来源、贮存、运输和销售去向等内容。

第二十八条　在中华人民共和国境内销售列入农业转基因生物目录的农业转基因生物，应当有明显的标识。

列入农业转基因生物目录的农业转基因生物，由生产、分装单位和个人负责标识；未标识的，不得销售。经营单位和个人在进货时，应当对货物和标识进行核对。经营单位和个人拆开原包装进行销售的，应当重新标识。

第二十九条　农业转基因生物标识应当载明产品中含有转基因成分的主要原料名

称；有特殊销售范围要求的，还应当载明销售范围，并在指定范围内销售。

第三十条 农业转基因生物的广告，应当经国务院农业行政主管部门审查批准后，方可刊登、播放、设置和张贴。

第五章 进口与出口

第三十一条 从中华人民共和国境外引进农业转基因生物用于研究、试验的，引进单位应当向国务院农业行政主管部门提出申请；符合下列条件的，国务院农业行政主管部门方可批准：（一）具有国务院农业行政主管部门规定的申请资格；（二）引进的农业转基因生物在国（境）外已经进行了相应的研究、试验；（三）有相应的安全管理、防范措施。

第三十二条 境外公司向中华人民共和国出口转基因植物种子、种畜禽、水产苗种和利用农业转基因生物生产的或者含有农业转基因生物成份的植物种子、种畜禽、水产苗种、农药、兽药、肥料和添加剂的，应当向国务院农业行政主管部门提出申请；符合下列条件的，国务院农业行政主管部门方可批准试验材料入境并依照本条例的规定进行中间试验、环境释放和生产性试验：（一）输出国家或者地区已经允许作为相应用途并投放市场；（二）输出国家或者地区经过科学试验证明对人类、动植物、微生物和生态环境无害；（三）有相应的安全管理、防范措施。生产性试验结束后，经安全评价合格，并取得农业转基因生物安全证书后，方可依照有关法律、行政法规的规定办理审定、登记或者评价、审批手续。

第三十三条 境外公司向中华人民共和国出口农业转基因生物用作加工原料的，应当向国务院农业行政主管部门提出申请；符合下列条件，并经安全评价合格的，由国务院农业行政主管部门颁发农业转基因生物安全证书：（一）输出国家或者地区已经允许作为相应用途并投放市场；（二）输出国家或者地区经过科学试验证明对人类、动植物、微生物和生态环境无害；（三）经农业转基因生物技术检测机构检测，确认对人类、动植物、微生物和生态环境不存在危险；（四）有相应的安全管理、防范措施。

第三十四条 从中华人民共和国境外引进农业转基因生物的，或者向中华人民共和国出口农业转基因生物的，引进单位或者境外公司应当凭国务院农业行政主管部门颁发的农业转基因生物安全证书和相关批准文件，向口岸出入境检验检疫机构报检；经检疫合格后，方可向海关申请办理有关手续。

第三十五条 农业转基因生物在中华人民共和国过境转移的，货主应当事先向国家出入境检验检疫部门提出申请；经批准方可过境转移，并遵守中华人民共和国有关法律、行政法规的规定。

第三十六条 国务院农业行政主管部门、国家出入境检验检疫部门应当自收到申请人申请之日起 270 日内作出批准或者不批准的决定，并通知申请人。

第三十七条 向中华人民共和国境外出口农产品，外方要求提供非转基因农产品证明的，由口岸出入境检验检疫机构根据国务院农业行政主管部门发布的转基因农产品信息，进行检测并出具非转基因农产品证明。

第三十八条 进口农业转基因生物，没有国务院农业行政主管部门颁发的农业转基因生物安全证书和相关批准文件的，或者与证书、批准文件不符的，作退货或者销毁处理。进口农业转基因生物不按照规定标识的，重新标识后方可入境。

第六章　监督检查

第三十九条　农业行政主管部门履行监督检查职责时，有权采取下列措施：（一）询问被检查的研究、试验、生产、加工、经营或者进口、出口的单位和个人、利害关系人、证明人，并要求其提供与农业转基因生物安全有关的证明材料或者其他资料；（二）查阅或者复制农业转基因生物研究、试验、生产、加工、经营或者进口、出口的有关档案、账册和资料等；（三）要求有关单位和个人就有关农业转基因生物安全的问题作出说明；（四）责令违反农业转基因生物安全管理的单位和个人停止违法行为；（五）在紧急情况下，对非法研究、试验、生产、加工、经营或者进口、出口的农业转基因生物实施封存或者扣押。

第四十条　农业行政主管部门工作人员在监督检查时，应当出示执法证件。

第四十一条　有关单位和个人对农业行政主管部门的监督检查，应当予以支持、配合，不得拒绝、阻碍监督检查人员依法执行职务。

第四十二条　发现农业转基因生物对人类、动植物和生态环境存在危险时，国务院农业行政主管部门有权宣布禁止生产、加工、经营和进口，收回农业转基因生物安全证书，销毁有关存在危险的农业转基因生物。

第七章　罚　则

第四十三条　违反本条例规定，从事Ⅲ、Ⅳ级农业转基因生物研究或者进行中间试验，未向国务院农业行政主管部门报告的，由国务院农业行政主管部门责令暂停研究或者中间试验，限期改正。

第四十四条　违反本条例规定，未经批准擅自从事环境释放、生产性试验的，已获批准但未按照规定采取安全管理、防范措施的，或者超过批准范围进行试验的，由国务院农业行政主管部门或者省、自治区、直辖市人民政府农业行政主管部门依据职权，责令停止试验，并处1万元以上5万元以下的罚款。

第四十五条　违反本条例规定，在生产性试验结束后，未取得农业转基因生物安全证书，擅自将农业转基因生物投入生产和应用的，由国务院农业行政主管部门责令停止生产和应用，并处2万元以上10万元以下的罚款。

第四十六条　违反本条例第十八条规定，未经国务院农业行政主管部门批准，从事农业转基因生物研究与试验的，由国务院农业行政主管部门责令立即停止研究与试验，限期补办审批手续。

第四十七条　违反本条例规定，未经批准生产、加工农业转基因生物或者未按照批准的品种、范围、安全管理要求和技术标准生产、加工的，由国务院农业行政主管部门或者省、自治区、直辖市人民政府农业行政主管部门依据职权，责令停止生产或者加工，没收违法生产或者加工的产品及违法所得；违法所得10万元以上的，并处违法所得1倍以上5倍以下的罚款；没有违法所得或者违法所得不足10万元的，并处10万元以上20万元以下的罚款。

第四十八条 违反本条例规定，转基因植物种子、种畜禽、水产苗种的生产、经营单位和个人，未按照规定制作、保存生产、经营档案的，由县级以上人民政府农业行政主管部门依据职权，责令改正，处1000元以上1万元以下的罚款。

第四十九条 违反本条例规定，转基因植物种子、种畜禽、水产苗种的销售单位，不履行审批手续代办义务或者在代办过程中收取代办费用的，由国务院农业行政主管部门责令改正，处2万元以下的罚款。

第五十条 违反本条例规定，未经国务院农业行政主管部门批准，擅自进口农业转基因生物的，由国务院农业行政主管部门责令停止进口，没收已进口的产品和违法所得；违法所得10万元以上的，并处违法所得1倍以上5倍以下的罚款；没有违法所得或者违法所得不足10万元的，并处10万元以上20万元以下的罚款。

第五十一条 违反本条例规定，进口、携带、邮寄农业转基因生物未向口岸出入境检验检疫机构报检的，或者未经国家出入境检验检疫部门批准过境转移农业转基因生物的，由口岸出入境检验检疫机构或者国家出入境检验检疫部门比照进出境动植物检疫法的有关规定处罚。

第五十二条 违反本条例关于农业转基因生物标识管理规定的，由县级以上人民政府农业行政主管部门依据职权，责令限期改正，可以没收非法销售的产品和违法所得，并可以处1万元以上5万元以下的罚款。

第五十三条 假冒、伪造、转让或者买卖农业转基因生物有关证明文书的，由县级以上人民政府农业行政主管部门依据职权，收缴相应的证明文书，并处2万元以上10万元以下的罚款；构成犯罪的，依法追究刑事责任。

第五十四条 违反本条例规定，在研究、试验、生产、加工、贮存、运输、销售或者进口、出口农业转基因生物过程中发生基因安全事故，造成损害的，依法承担赔偿责任。

第五十五条 国务院农业行政主管部门或者省、自治区、直辖市人民政府农业行政主管部门违反本条例规定核发许可证、农业转基因生物安全证书以及其他批准文件的，或者核发许可证、农业转基因生物安全证书以及其他批准文件后不履行监督管理职责的，对直接负责的主管人员和其他直接责任人员依法给予行政处分；构成犯罪的，依法追究刑事责任。

第八章 附 则

第五十六条 本条例自公布之日起施行。